utb 3526

Eine Arbeitsgemeinschaft der Verlage

Böhlau Verlag · Wien · Köln · Weimar
Verlag Barbara Budrich · Opladen · Toronto
facultas · Wien
Wilhelm Fink · Paderborn
A. Francke Verlag · Tübingen
Haupt Verlag · Bern
Verlag Julius Klinkhardt · Bad Heilbrunn
Mohr Siebeck · Tübingen
Ernst Reinhardt Verlag · München · Basel
Ferdinand Schöningh · Paderborn
Eugen Ulmer Verlag · Stuttgart
UVK Verlagsgesellschaft · Konstanz, mit UVK/Lucius · München
Vandenhoeck & Ruprecht · Göttingen · Bristol
Waxmann · Münster · New York

Alfons Willam
Henner Simianer

Tierzucht

2., vollständig überarbeitete und erweiterte Auflage

51 Zeichnungen
55 Tabellen

Verlag Eugen Ulmer Stuttgart

Prof. Dr. Alfons Willam ist Assistenzprofessor und wissenschaftlicher Mitarbeiter am Institut für Nutztierwissenschaften im Department für nachhaltige Agrarsysteme an der Universität für Bodenkultur Wien (BOKU).

Prof. Dr. Henner Simianer ist Universitätsprofessor und Leiter der Abteilung Tierzucht und Haustiergenetik im Department für Nutztierwissenschaften an der Georg-August-Universität Göttingen.

Bibliografische Information der Deutschen Nationalbibliothek
Die Deutsche Nationalbibliothek verzeichnet diese Publikation in der Deutschen Nationalbibliografie; detaillierte bibliografische Daten sind im Internet über http://dnb.d-nb.de abrufbar.

Wollgrasweg 41, 70599 Stuttgart (Hohenheim)
E-Mail: info@ulmer.de
Internet: www.ulmer-verlag.de
Lektorat: Sabine Mann, Sabine Grobis
Herstellung: Jürgen Sprenzel
Umschlagbild: isak55/Shutterstock.com (Hintergrundmotiv)
Umschlaggestaltung: Atelier Reichert, Stuttgart
Satz und Repro: primustype Hurler GmbH, Notzingen
Druck und Bindung: Grafischer Großbetrieb Friedr. Pustet, Regensburg
Printed in Germany

UTB Band-Nr. 3526
ISBN 978-3-8252-4805-5

Inhaltsverzeichnis

Vorwort zur 1. Auflage

Die Tierzucht stellt in Kombination mit Tierernährung und Tierhaltung den Kern eines tierischen Produktionssystems dar. Jedes tierische Produktionssystem bildet mit den vor- und nachgelagerten Bereichen wie der Be- und Verarbeitung von tierischen Produkten zu Lebensmitteln und deren Vermarktung eine Wertschöpfungskette, an deren Ende die Konsumenten mit ihrer ganzen Vielfalt an Ansprüchen und Verhalten stehen. Die züchterische Weiterentwicklung von Nutztieren ist deshalb von großer Bedeutung für eine (hoffentlich) nachhaltige tierische Produktion, weil der Produktivitätsfortschritt – neben management- und umweltbedingten Verbesserungen – zu einem guten Teil auf genetischen Verbesserungen beruht.

Die praktische Tierzucht und die Zuchtprogramme unterliegen einem schnellen strukturellen und methodischen Wandel, der häufig durch technologische Innovationen getrieben wird. Deshalb ist es aus unserer Sicht vorrangig, in einem Lehrbuch die allgemeinen Grundlagen sowie die wichtigsten Konzepte und Strukturen der Tierzucht zu vermitteln, anstatt in großem Umfang Daten und Details zu den aktuell durchgeführten Zuchtprogrammen zu liefern.

Das mit diesem Lehrbuch vermittelte Wissen soll den Leser in die Lage versetzen, aktuelle Maßnahmen und Entwicklungen in der Tierzucht zu verstehen und methodisch bewerten zu können. Dieses Lehrbuch unterscheidet sich daher von anderen Büchern zum selben Thema, indem es einen deutlichen Schwerpunkt auf die methodischen Grundlagen der Tierzucht legt und diese in einen Zusammenhang stellt. Wir haben uns bemüht, die einzelnen Elemente der Tierzucht systematisch, umfassend und nachvollziehbar darzustellen. Beim Einsatz in der Lehre muss das Buch jeweils durch aktualisierte Beispiele aus den tierartspezifischen Zuchtprogrammen ergänzt werden.

Der klare didaktische Aufbau des Buches ermöglicht durch kurze einführende Kapitelübersichten eine schnelle inhaltliche Orientierung. Rechenbeispiele mit Lösungen und Fragen am Ende jedes Kapitels erlauben eine rasche Überprüfung des gelernten Stoffes. Definitionen von fachlichen Grundbegriffen und ein ausführliches Sachregister ermöglichen zudem einen direkten Zugriff auf einzelne Passagen zum Nachlesen und Wiederholen.

Wir persönlich finden, dass Tierzucht zwar ein intellektuell anspruchsvolles und komplexes, aber auch ein spannendes und interessantes Fachgebiet ist. Auch wenn sich die ganze Faszination der Tierzucht erst bei einer tieferen Beschäftigung mit der Materie, z. B. im Rahmen eines Master- oder Doktoratsstudiums ergibt, hoffen wir, dass es uns gelungen ist, mit dem vorliegenden Lehrbuch zumindest eine Vorstellung zu vermitteln, wie spannend Tierzucht sein kann. Wir würden uns freuen, wenn durch dieses Buch der eine oder andere Leser angeregt würde, sich in weiteren Studien intensiver mit tierzüchterischen Fragestellungen zu befassen.

Wien und Göttingen im Herbst 2010

Alfons Willam und
Henner Simianer

Vorwort zur 2. Auflage

Es freut uns, dass dieses Buch bei den Lesern so viel Interesse und Anklang gefunden hat, dass nun bereits die 2. Auflage notwendig ist. Dies gab uns die Möglichkeit, einige, trotz aller Sorgfalt leider unvermeidbare Fehler in der 1. Auflage zu korrigieren, und selbstverständlich wurden auch alle Statistiken und Zahlenangaben aktualisiert.

Seit dem Erscheinen der 1. Auflage im Jahr 2011 hat sich in der Tierzucht etwas ereignet, was von vielen mit Fug und Recht als „genomische Revolution" bezeichnet wird. Die umfangreiche Verfügbarkeit genetischer Marker von sehr vielen Tieren hat, insbesondere in der Milchrinderzucht, zu einer strukturellen Veränderung der seit den 1960er-Jahren etablierten Besamungs-Zuchtprogramme geführt. Die theoretisch erwartete Verdoppelung des Zuchtfortschritts pro Jahr für bestimmte Merkmale kann inzwischen auch annähernd in der züchterischen Praxis beobachtet werden. Genomisch-unterstützte Zuchtprogramme werden mittlerweile ebenso in anderen Nutztierarten (z.B. Schwein und Huhn) etabliert, auch wenn bei diesen nicht vergleichbare Effizienzsteigerungen erwartet werden können.

Aufgrund dieser Entwicklungen wurde die 2. Auflage in einigen Kapiteln erweitert, um die Grundlagen der Hochdurchsatz-Genotypisierung und Sequenzierung (Kap. 3.9), der genomischen Zuchtwertschätzung (Kap. 8.3.4), der genomisch-unterstützten Selektion (Kap. 8.3.5) sowie deren Anwendung in kooperativen Zuchtprogrammen (Kap. 8.4.1) und Nukleus-Zuchtprogrammen (Kap. 8.4.2) darzustellen. Entsprechend dem allgemeinen Charakter des Buches haben wir wiederum versucht, die grundsätzlichen Zusammenhänge und Vorgehensweisen in verständlicher Weise zu beschreiben, ohne allzu sehr auf die technischen Details einzugehen.

Wien und Göttingen im Herbst 2016

Alfons Willam und
Henner Simianer

1 Einführung

Ziel und Aufgabe der **praktischen Tierzucht** ist die planmäßige und zielgerichtete genetische Veränderung von Tieren einer Zuchtpopulation. Dabei gilt es, vitale Tiere mit der erforderlichen genetischen Veranlagung bereitzustellen, um unter den zukünftigen Rahmenbedingungen die vom Markt nachgefragten Produkte und Leistungen in wirtschaftlicher und nachhaltiger Weise erzeugen zu können. Die **Tierzucht als Wissenschaft** ist eine anwendungsorientierte Querschnittswissenschaft, die auf den Erkenntnissen in Biologie, Technik, Ökonomie sowie Mathematik und Statistik aufbaut. Somit hat die Tierzuchtwissenschaft – genauso wie alle anderen agrarwissenschaftlichen Disziplinen – einen ausgeprägten interdisziplinären Charakter. Dieses Lehrbuch **Tierzucht – Grundwissen Bachelor** bietet in knapper und didaktisch ausgearbeiteter Form eine Einführung in das tierzüchterische Grundwissen. Es richtet sich gezielt an Studierende mit Allgemeinbildung, die sich ohne spezielle Vorkenntnisse in das neue Fachgebiet Tierzucht einarbeiten und dafür ein vorlesungsbegleitendes oder zum Selbststudium geeignetes Buch suchen. Der klare didaktische Aufbau des Buches ermöglicht durch kurze einführende Kapitelübersichten und Schlagwörter in der Randspalte eine schnelle inhaltliche Orientierung. Rechenbeispiele mit Lösungen und Fragen am Ende jedes Kapitels erlauben eine rasche Überprüfung des gelernten Stoffes. Definitionen von fachlichen Grundbegriffen und ein ausführliches Sachregister ermöglichen zudem einen direkten Zugriff auf einzelne Passagen zum Nachlesen und Wiederholen. Abweichend von den meisten Lehrbüchern wird ganz bewusst zum besseren Verständnis wichtiger Fachbegriffe deren Etymologie *(gr. etymología: Erklärung eines Wortes)* in *Kursivschrift* in Klammer angeführt. Diese Vorgehensweise soll es dem interessierten Leser ermöglichen, die Herkunft und Bedeutung von Fachbegriffen besser zu verstehen bzw. nachvollziehbar zu machen. Der Aufbau des Buches wird nachfolgend kurz erläutert, um die Zusammenhänge zwischen den Kapiteln aufzuzeigen und dem Leser die Auswahl der einzelnen Kapitel für die Erarbeitung bestimmter Teilgebiete der Tierzucht zu erleichtern.

Evolution – Domestikation – Rassen – Tierzucht

Im Kap. 1.1 Evolution – Domestikation – Rassen – Tierzucht wird in sehr gestraffter Form der Zusammenhang zwischen dem tierzüchterischen Schlüsselbegriff Rasse und den beiden biologischen Schlüsselprozessen Evolution und Domestikation hergestellt. Zusätzlich wird mit einem kurzen historischen Abriss die Entwicklung der wissenschaftlich begründeten Tierzucht seit ihren Anfängen in der zweiten Hälfte des 19. Jahrhunderts beschrieben.

Bedeutung der tierischen Produktion

Mit dem Kap. 1.2 Bedeutung der tierischen Produktion soll verdeutlicht werden, dass Tierzucht von den Züchtern nicht zum Selbstzweck betrieben wird, sondern es ihre Aufgabe ist, geeignete Tiere für die weltweit unterschiedlichen natürlichen und wirtschaftlichen Produktionsbedingungen zur Verfügung zu stellen. Um die Bedeutung der tierischen Produktion überblicksartig beurteilen zu können, werden deshalb die Bestände der wichtigsten Nutztierarten und Produktionskennzahlen für einige tierische Produkte aus einer weltweiten und EU-bezogenen Perspektive dargestellt.

Tierische Leistungen

Das Ziel jeder tierzüchterischen Tätigkeit ist es, Leistungen von landwirtschaftlichen Nutztieren von Generation zu Generation zu verbessern oder zu stabilisieren. Voraussetzungen dafür sind die Kenntnis der anatomischen und physiologischen Grundlagen der Leistungen sowie der deutschen Fachbegriffe für die Merkmale, die in der tierzüchterischen Praxis verwendeten werden. Im Kap. 2 Tierische Leistungen werden deshalb die grundlegenden Kenntnisse für die Leistungen Reproduktion, Milch, Wachstum und Fleisch, Eier, Wolle, Zug-, Reit- und Rennleistung, Produkte und Bestäubungsleistung der Honigbienen sowie Vitalität und Krankheiten überblickartig beschrieben. Die züchterisch nicht relevanten zusätzlichen Leistungen tierische Nebenprodukte, Exkremente der Nutztiere und Beitrag von Nutztieren zur Landschaftspflege werden im Hinblick auf eine möglichst vollständige Darstellung der Vielfalt der tierischen Leistungen ebenfalls kurz beschrieben. Der für ein Tierzucht-Lehrbuch relativ große Umfang dieses Kapitels hat sich dadurch ergeben, dass die tierischen Leitungen nicht nur aus einer reduzierten tierzüchterischen Perspektive im Sinne von Definition der züchterischen Merkmale gesehen werden sollten. Es wurde deshalb ganz bewusst versucht, die tierischen Leistungen mit ihrem anatomischen und physiologischen Hintergrund zu verknüpfen und dadurch ein grundsätzliches und vernetztes Verständnis zu erreichen.

Molekulargenetische Grundlagen

Für ein Grundverständnis tierzüchterischer Zusammenhänge ist es unerlässlich, die funktionalen Grundlagen der Vererbung zu verstehen. Es ist aber andererseits auch nicht erforderlich – und würde außerdem den Rahmen dieses Lehrbuches sprengen – diese sehr komplexen Vorgänge im Detail zu durchdringen. Daher werden im Kap. 3 Molekulargenetische Grundlagen nur die für das weitere Verständnis wichtigsten Aspekte und Prozesse erläutert, wobei der Schwerpunkt auf dem Verständnis der funktionalen Zusammenhänge liegt.

Züchterische Grundlagen

Im Kap. 4 Züchterische Grundlagen werden jene Aspekte der Populationsgenetik und Quantitativen Genetik überblicksartig zusammengefasst, die für das tierzüchterische Verständnis grundlegend notwendig sind. Dabei wurde bewusst versucht, die mathematisch-statistische Betrachtungsweise (d. h. Formeln) in den Hintergrund zu stellen – auch wenn es nicht ganz ohne Formeln möglich ist – und primär die grundsätzlichen genetischen Konzepte, deren Zusammenhänge und Relevanz aus Sicht der Tierzucht darzustellen.

Zuchtfortschritt

Das allgemeine Ziel der Tierzucht besteht darin, die Tiere einer Zuchtpopulation genetisch im Sinne des Zuchtziels zu verändern. Die Wirkung dieser gerichteten genetischen Veränderung kann durch den Zuchtfortschritt quantifiziert werden. Im **Kap. 5 Zuchtfortschritt** werden die wesentlichen theoretischen Grundlagen für die Abschätzung des Zuchtfortschritts dargestellt. Es handelt sich hierbei um einen der wichtigsten methodischen Bereiche der Tierzucht, da für alle züchterischen Entscheidungen deren Auswirkung auf den Zuchtfortschritt ein wesentliches Bewertungskriterium ist.

Selektion und Zuchtmethoden

Grundsätzlich stehen den Tierzüchtern zwei Möglichkeiten zur Verfügung, die genetischen Veranlagungen der Tiere einer Zuchtpopulation zu verändern. Die erste Möglichkeit ist die Auswahl von Tieren als Eltern, also die Selektion, und die zweite Möglichkeit ist die Art, wie die ausgewählten Elterntiere miteinander gepaart werden, also die gerichtete Paarung. Im **Kap. 6 Selektion** werden deshalb die verschiedenen Aspekte der Selektion dargestellt und im **Kap. 7 Zuchtmethoden** die Methoden der gerichteten Paarung unter dem Überbegriff Zuchtmethoden ausführlich behandelt.

Zuchtprogramm

Allgemein ausgedrückt ist ein Zuchtprogramm nichts anderes als eine systematische Abfolge von züchterischen Maßnahmen mit dem Zweck, einem definierten Zuchtziel näher zu kommen und somit Zuchtfortschritt zu erreichen – oder anders ausgedrückt – die genetischen Veranlagungen der Zuchttiere einer Population zu verändern. Im **Kap. 8 Zuchtprogramm** werden zuerst überblicksartig die wirtschaftlichen und rechtlichen Rahmenbedingungen für ein Zuchtprogramm beschrieben und anschließend wird das Grundkonzept eines Zuchtprogramms skizziert und besprochen, das für alle Nutztierarten gültig ist. Trotz dieser Allgemeingültigkeit haben die jeweiligen Zuchtprogramme in der Praxis in Abhängigkeit von Reproduktionsrate (unipare, multipare Tierart), Reproduktionstechnik (Natursprung, künstliche Besamung, Embryotransfer etc.), Zuchtmethode (Rein- oder Kreuzungszucht), Daten-Informations-System (Leistungsprüfung, Zuchtwertschätzung), Populationsgröße, finanziellen Ressourcen etc. unterschiedliche organisatorische Strukturen und Abläufe. Es werden deshalb abschließend die beiden organisatorischen Grundstrukturen von Zuchtprogrammen gegenübergestellt.

Nutzungsrichtungen und Rassen

Die Einteilung der Rassen einer Nutztierart ist von jeher uneinheitlich und kann nach verschiedenen Gesichtspunkten erfolgen, was vor allem in alten Lehrbüchern ersichtlich ist. Heute werden die Rassen überwiegend nach der dominierenden Nutzungsrichtung bzw. der Stellung in einem Kreuzungs-Zuchtprogramm eingeteilt. Im **Kap. 9 Nut-**

zungsrichtungen und Rassen landwirtschaftlicher Nutztiere werden deshalb die wichtigsten Kennzeichen der Nutzungsrichtungen der einzelnen Nutztierarten erläutert und die entsprechenden Rassen zugeordnet, wobei wir uns auf die in Deutschland, Österreich und der Schweiz züchterisch bearbeiteten Rassen beschränken. Zusätzlich wird die Stellung der jeweiligen Nutztierart in der zoologischen Systematik dargestellt und deren Abstammung von der entsprechenden Wildart kurz beschrieben.

1.1 Evolution – Domestikation – Rassen – Tierzucht

Die Tierzucht hat im Laufe der Zeit eine beeindruckende Vielfalt an Nutz- und Heimtieren hervorgebracht. Innerhalb der Arten Rind, Schwein, Schaf, Ziege, Pferd, Huhn, Hund, Katze etc. werden Tiere, die sich in ihrem Aussehen, ihrer Leistung und ihrem Verhalten ähnlich sind, zu Rassen zusammengefasst. Fotos von Nutztierrassen sind in ausführlicher Form in vielen anderen Büchern (z. B. Farbatlas Nutztierrassen von H. H. Sambraus, Verlag Eugen Ulmer Stuttgart) oder im Internet zu finden (Link-Adressen siehe Kap. 9). Die Vielfalt bezüglich Größe, Gewicht, Fruchtbarkeit, Milch-, Fleisch-, Woll- und Legeleistung ist sehr groß und die Leistungsfähigkeit einiger Rassen eindrucksvoll. Laut Schätzungen der Welternährungsorganisation der Vereinten Nationen, der FAO (Food and Agriculture Organization) in Rom, gibt es weltweit ca. 5.000 Nutztierrassen, von denen allerdings ungefähr ein Fünftel vom Aussterben bedroht ist, und jährlich sterben auch etwa 1–2% der Nutztierrassen aus. Bei den wichtigsten Heimtierarten Hund und Katze gibt es ebenfalls sehr unterschiedliche Rassen, wie z. B. Dogge, Schäferhund, Pit Bull, Dackel oder Pekinese bzw. Hauskatze, Perser oder Siam. Es stellt sich nun die Frage: Wie ist es zu dieser Vielfalt gekommen? Voraussetzung für die Beantwortung dieser Frage und somit auch für die Tierzucht ist die Entwicklung von Lebewesen – die Evolution *(lat. evolutio: heraus-, entwickeln)* – und die Umwandlung von Wildtieren in Haustiere – die **Domestikation** *(lat. domesticus: zum Haus gehörig)*.

1.1.1 Evolution

Evolution ist jener Prozess, aus dem alle Lebewesen und ihre vielfältigen Ausprägungsformen während der **Phylogenese** *(gr. phýlon: (Volks) Stamm; génesis: Entstehung)* aus einfachen Organismen durch Abänderung hervorgegangen sind. Einfach strukturierte Organismen haben sich zu komplexen Lebensformen weiterentwickelt. Diese Veränderungen schließen morphologische *(gr. morphé: Gestalt, Form; logós: Lehre)* und physiologische *(gr. physiología: Stoffwechsel)* Strukturen sowie angeborenes und erlerntes Verhalten ein. Die Höherentwicklung und

Spezialisierung geht dabei bildhaft dargestellt im Sinne eines verzweigten Stammbaums von wenigen Stammformen aus.

Selektions- und Abstammungstheorie

Über die Ursachen und Mechanismen solcher Veränderungen und die Entstehung von **Arten** formulierten CHARLES DARWIN (1809–1882) und ALFRED WALLACE (1823–1913) – auf Basis der Vererbung – die **Selektions- und Abstammungstheorie**. Die gemeinsame Veröffentlichung der Grundgedanken ihrer Theorien, basierend auf Variation und Selektion, im Jahr 1858 im „Journal of the Linnean Society of London" wurde wenig beachtet. Berühmt dagegen wurde das 1859 publizierte Hauptwerk DARWINS „On the Origin of Species by Means of Natural Selection, or the Preservation of Favoured Races in the Struggle for Life". Die oft zitierten Formulierungen „struggle for existence" und „survival of the fittest" stammen ursprünglich von WALLACE. Beide gingen bei der Vererbung von der Beobachtung aus, dass Nachkommen den Eltern ähnlicher sind als nicht verwandte Individuen. Sie kannten zu dieser Zeit die MENDEL-Regeln allerdings noch nicht.

Grundprinzipien der Selektions- und Abstammungstheorie

Kurz zusammengefasst basiert die Selektions- und Abstammungstheorie, auch als Darwinismus bezeichnet, auf folgenden **Naturbeobachtungen** und **Schlussfolgerungen**:

- Individuen einer Population unterscheiden sich auf eine Art, die **vererblich** ist. Individuen sind deshalb nicht exakt gleich. Es besteht also **Variation**.
- Es werden bei gegebenen begrenzten Ressourcen mehr Individuen geboren als überleben können. Es gibt deshalb einen **Kampf ums Dasein** („struggle for existence").
- Bestimmte vererbte Eigenschaften vergrößern die Chancen ihrer Träger zu überleben und sich weiter zu vermehren. Es findet eine **natürliche Selektion** *(lat. selectio: Auswahl)* statt. Nur die der Umwelt am besten angepassten Individuen haben eine Chance zu überleben und sich fortzupflanzen („survival of the fittest"), wobei im Englischen der Begriff „fittest" eher im Sinne von „am besten angepasst" als im Sinne von „kampfkräftig oder durchsetzungsfähig" zu verstehen ist.
- Individuen mit einer höheren **Fitness** tragen durch eine größere Anzahl Nachkommen mehr zur nächsten Generation bei, sodass deren günstige Eigenschaften durch natürliche Selektion in der Population angereichert werden.
- Natürliche Selektion führt zu einer ständigen Anpassung der Individuen an die sich verändernden Umweltbedingungen und über lange Zeit hinweg (d. h. Millionen von Jahren) können sich deshalb neue Lebensformen entwickeln. Es kommt zur Entstehung **neuer Arten**.
- Aufgrund der historischen Verwandtschaft aller Lebewesen stammen alle heutigen Organismen von einer **Urform des Lebens** ab, die vor langer Zeit aus unbelebter Materie hervorgegangen ist.

Biografie Charles Darwin (1809–1882)

CHARLES DARWIN wurde 1809 in Shrewsbury/England als Sohn wohlhabender Eltern geboren. Nach einem abgebrochenen Medizinstudium studierte er Theologie und beschäftigte sich intensiv mit Botanik und Geologie. Nach dem Studium schloss er sich 1831 einer 5-jährigen Expedition mit dem Kriegsschiff Beagle für Vermessungsaufgaben auf verschiedenen Kontinenten an. Während dieser Expedition sammelte er geologische Proben, Fossilien, Tiere und Pflanzen. Nach der Auswertung der umfangreichen Proben fand er auffallende Ähnlichkeiten zwischen Fossilien und noch existierenden Arten, vor allem bei Schildkröten und Vögeln des Galapagos-Archipels. Ausgehend von diesen Beobachtungen entwickelte er die Theorie der Evolution, die er 1859 in einem Hauptwerk „On the Origin of Species by Means of Natural Selection, or the Preservation of Favoured Races in the Struggle for Life" veröffentlichte und in den Büchern „The Variation of Animals and Plants Under Domestication" (1868) und „The Descent of Man and Selection in Relation to Sex" (1871) weiterentwickelte.

DARWIN war ein typischer viktorianischer Privatgelehrter, der sich dank eines ererbten Vermögens nie um seinen Lebensunterhalt sorgen musste. Dies gab ihm die Freiheit, seinen Interessen und Ideen in radikaler Form nachzugehen und die Ergebnisse ohne Rücksicht auf bestehende Dogmen zu formulieren. Gleichzeitig konnte er auf einem gewissen Zeitgeist aufbauen, denn seine Theorien beruhen großteils auf Vorarbeiten anderer, wie z. B. JEAN-BAPTISTE DE LAMARCK, CHARLES LYELL, THOMAS MALTHUS oder ALEXANDER VON HUMBOLDT. Obwohl die Idee der „Evolution" also sozusagen in der Luft lag – die Veröffentlichung von DARWINS Hauptwerk wurde wesentlich dadurch beschleunigt, dass ALFRED WALLACE ein ähnliches Konzept entwickelt hatte und veröffentlichen wollte – ist es DARWIN zu verdanken, diese Idee konzeptionell klar formuliert und mit eindeutigen empirischen Beweisen untermauert zu haben. Anders als sein Vetter FRANCIS GALTON oder GREGOR MENDEL war er mehr beobachtender Naturforscher als planender und mathematisch analysierender, experimenteller Naturwissenschaftler. So wurde MENDELS Hauptwerk „Versuche über Pflanzen-Hybriden" zwar in DARWINS Nachlass gefunden, von ihm aber wahrscheinlich nie gelesen.

DARWIN zog durch seine Bücher vor allem aus Kirchenkreisen viele Anfeindungen auf sich, da die Evolutionstheorie mit der biblischen Schöpfungslehre in offensichtlichem Widerspruch stand. Gleichzeitig erfuhr er jedoch in aufgeklärteren Kreisen Ehre und Anerkennung. Er wurde Mitglied der Britischen Royal Society und der Französischen Akademie der Wissenschaften. CHARLES DARWIN starb 1882 in London als hoch angesehener Naturforscher und wurde, obwohl zuletzt bekennender Agnostiker, in der Westminster Abbey unter dem Grabmal NEWTONS beigesetzt.

Art bzw. Spezies

Als **Art** bzw. **Spezies** im biologischen Sinn wird allgemein eine Gruppe von Tieren bzw. Individuen bezeichnet, die sich unter natürlichen Bedingungen freiwillig paaren und fruchtbare Nachkommen haben. Grundvoraussetzung für die Entstehung von Arten ist die ständige Erneuerung der genetischen Variabilität in einer Population. Neue genetische Varianten können durch Mutationen oder andere Prozesse wie z. B. Rekombination entstehen.

Mutation und Rekombination

Mutationen *(lat. mutatio: Veränderung)* sind spontane Veränderungen der Basensequenz eines Gens (Gen- oder Punktmutation), einzelner Chromosomen (Chromosomenmutation) oder Teilen des Genoms (Genommutation). Mutationen gehören zu den grundlegenden Eigenschaften lebender Organismen und bedingen die Variabilität der Gene. Sie werden deshalb auch als „Motor der Evolution" bezeichnet. **Rekombination** wiederum ist die Neukombination der Gene auf den Chromosomen im Rahmen der Entwicklung der männlichen und weiblichen Geschlechtszellen, auch Gameten *(gr. gamétes: Gatte; gameté: Gattin)* genannt. Neue Arten können entstehen, wenn Teile einer Population z. B. aus geografischen Gründen isoliert werden und sich die Tiere durch evolutionäre Mechanismen an die Umweltbedingungen ihrer „Insel" optimal anpassen. Andere mögliche Auslöser sind drastisch veränderte Umweltbedingungen, unter denen Träger bislang neutraler oder „stiller" Mutationen einen Fitnessvorteil haben.

Kennzeichen der Evolution

Die wichtigsten **Kennzeichen der Evolution** sind:

- Die Evolution spielt sich in **erdgeschichtlichen Zeitdimensionen** ab. Die Entstehung der Säugetiere geht z. B. auf das Jura-Zeitalter vor etwa 150 Millionen Jahren zurück. Die Differenzierung in die verschiedenen Gattungen (Kap. 9) geschah überwiegend im Tertiär-Zeitalter vor 50–10 Millionen Jahren.
- Die **Differenzierung einer Population** in verschiedene Arten im biologischen Sinn vollzieht sich über lange Zeiträume (Hunderte von Generationen), in denen Zwischen- und Übergangsformen existieren.
- Neuere Erkenntnisse weisen darauf hin, dass die Evolution **nicht kontinuierlich**, sondern in **„Schüben"** verlief. Es entstanden also in bestimmten, relativ kurzen Perioden viele, und in anderen, längeren Perioden relativ wenige neue Arten. Diese Schübe sind wahrscheinlich von externen Einflussfaktoren, wie z. B. globalen Klimaänderungen, ausgelöst worden.
- Da sich der Mensch *(Homo sapiens)* erst vor ca. 150.000 Jahren entwickelte und sich vor etwa 100.000 Jahren von Ostafrika in andere Regionen der Welt ausbreitete, erfolgte die Evolution der heutigen **Nutztierarten** die weitaus längste Zeit **ohne Einfluss des Menschen**.

Darwinismus und Kreationismus

Der an die neuesten Forschungsergebnisse angepasste **Darwinismus** gilt heute als die einzige wissenschaftlich fundierte Theorie zur Deutung der Evolution, wobei die Erkenntnisse der modernen Genetik zu einer wichtigen Stütze der **Evolutionstheorie** geworden sind. Der berühmte

Evolutionsbiologe THEODOSIUS DOBZHANSKY (1900–1975) fasste die Bedeutung der Evolutionstheorie in folgendem Zitat zusammen: „Nichts in der Biologie ist sinnvoll, außer im Licht der Evolution betrachtet".

Im Gegensatz dazu steht der **Kreationismus** *(lat. creatio: Schöpfung)*, der auch als biblische Schöpfungslehre bezeichnet wird. Eine These christlicher, muslimischer und jüdischer Religionsrichtungen, die davon ausgeht, dass das Universum und alle Lebensformen von einem Schöpfer geschaffen wurden und die Arten somit unwandelbar bzw. konstant sind. Vertreter des Kreationismus sind im Internet und in einigen Staaten der USA politisch aktiv, aber auch in Europa findet vereinzelt immer wieder eine Kreationismus-Debatte statt. Neuerdings wird dieser Ansatz auch unter dem Schlagwort „Intelligent Design" propagiert. Im wissenschaftlichen Diskurs wird unter einem kreationistischen Ansatz eine Theorie verstanden, die die Evolutionstheorie oder Teile davon infrage stellt.

Lamarckismus

Schon ein halbes Jahrhundert vor DARWIN und WALLACE war der französische Zoologe JEAN-BAPTISTE DE LAMARCK (1744–1829) der erste naturwissenschaftlich denkende Gegner der Schöpfungslehre und gilt deshalb als wichtiger Vordenker der Evolutionstheorie. In seinem 1809 publizierten Buch „Philosophie Zoologique" postulierte er eine auf Beobachtungen basierende Umwandelbarkeit (Transformation) der Arten im Verlauf sehr langer Zeitperioden. Dieser Mechanismus des Artenwandels ist auch noch heute unter der Bezeichnung „Vererbung erworbener Eigenschaften" oder **Lamarckismus** bekannt. LAMARCK vermutete, dass Lebewesen durch den Gebrauch bzw. Nichtgebrauch einzelner Organe diese allmählich stärken bzw. schwächen. Lebewesen entwickeln also in Abhängigkeit von der Umwelt Eigenschaften, die sie benötigen, und verlieren solche, die sie nicht benötigen. Diese erworbenen bzw. verlorenen Eigenschaften werden durch Fortpflanzung an die Nachkommen weitergegeben, und im Verlauf vieler Generationen entstehen deshalb aus Urformen neue Arten, wobei der Endpunkt dieser Entwicklungsreihe der Mensch ist. Durch die Erkenntnisse von DARWIN, WALLACE und MENDEL waren LAMARCKS Thesen in der zweiten Hälfte des 19. Jahrhunderts bereits überholt. Deren grundlegende Konzeption – vor allem die neue Idee der Veränderbarkeit der Arten und die Anpassung von Arten an die Umwelt – hatte eine große Bedeutung für die weitere Entwicklung der Evolutionstheorie, was DARWIN in seinen Büchern deutlich betonte.

Missbrauch des Lamarckismus und Darwinismus

Im 20. Jahrhundert missbrauchte TROFIM LYSSENKO (1898–1976), ein ukrainischer Agrarbiologe, die Thesen LAMARCKS aus ideologischen Gründen. Unter Stalins Protektion und als Präsident der Akademie der Agrarwissenschaften der Sowjetunion (1938–1953) versuchte er, seine unwissenschaftlichen Thesen in groß angelegten pflanzenbaulichen Projekten zu beweisen. Eine seiner Annahmen lautete: durch veränderte Umweltbedingungen können erbliche Veränderungen bewirkt werden. Der Charakter der Veränderung entspricht dem Charakter der auslösenden Bedingungen. Als treuer Parteianhänger versprach er, ertragreiche Sorten zu züchten – indem er z. B. Sommergetreidesorten strengem Frost aussetzte, was sie zu Wintergetreide „transformieren“ sollte – und damit alle Ernährungsprobleme zu lösen. Auf seine Anweisung hin wurde deshalb Weizen auf großen Flächen gepflanzt, die dafür klimatisch nicht geeignet waren. Die Folge waren dramatische Missernten, die die schlechte Ernährungslage deutlich verschärften und zu Hungersnöten führten. Er missbrauchte seine Stellung auch dafür, anders denkende Wissenschafter politisch verfolgen zu lassen, viele mussten emigrieren und einige wurden im Archipel Gulag ermordet. Die traditionsreiche russische Biologie- und Genetikforschung erlitt durch LYSSENKO große Rückschläge, von denen sie sich nur mühsam wieder erholen konnten.

In der Zeit des Nationalsozialismus wurden in Deutschland „sozialdarwinistische“ Konzepte propagiert, die einige Elemente der Evolutionstheorie auf einen Wettstreit der Völker um Lebensraum und Ressourcen übertrugen und mit pseudo-wissenschaftlichen *(gr. pseúdos: Lüge, Täuschung, Betrug)* Argumenten die Überlegenheit bestimmter Volksgruppen („Rassen“) ableiteten. Dass es sich hier um eine sinnentstellende Fehlinterpretation der Evolutionstheorie handelt, ist schon daran zu erkennen, dass in der Evolution Arten prinzipiell kein Wert zugewiesen wird. Entscheidend ist nur die Anpassung an die herrschenden Lebensbedingungen. Leider haben sich in der nationalsozialistischen Zeit auch einige deutsche Tierzuchtwissenschaftler an der völkischen Rassenforschung beteiligt.

1.1.2 Domestikation

Domestikation, ein aktiv gesteuerter Prozess

Domestikation bezeichnet den Prozess, aus Wildtieren Haustiere hervorzubringen. Häufig wird auch der Begriff „Haustierwerdung“ verwendet, der aber die Domestikation als einen zu passiven Vorgang erscheinen lässt. Bei der Domestikation handelt es sich nämlich um einen durch den Menschen aktiv gesteuerten, zielgerichteten Prozess. **Haustiere** – ein Begriff der im heutigen Sprachgebrauch **Nutz-** und **Heimtiere** umfasst – sind also Tiere, die an den Umgang mit Menschen angepasst sind und der Befriedigung menschlicher Bedürfnisse dienen. Diese Bedürfnisse können dabei in der Erzeugung tierischer Produkte liegen (Milch, Fleisch, Wolle, Eier), eine Dienstleistung darstellen (z. B. Zug- und Reittiere, Hüte-, Wach- oder Jagdhunde, Brieftauben) oder emotionaler Natur sein (z. B. Begleittiere, Heimtiere).

Anders als die **Evolution** erfolgte die **Domestikation** durch den **Menschen**. Sie war einer der kulturgeschichtlich entscheidenden Schritte auf dem Weg vom Jäger und Sammler zur bäuerlichen Gesellschaft. Eine sesshafte Lebensweise erforderte eine systematische und kontrollierte Produktion von tierischen und pflanzlichen Nahrungsmitteln. Die entscheidenden Voraussetzungen dafür waren die Entwicklung von Kulturpflanzen und die Domestikation von Tieren. Diese Tätigkeiten werden oft auch als erste kulturelle Leistung des Menschen bezeichnet.

„Ko-Evolution" Mensch und Wiederkäuer

So war die Besiedlung nördlicher Gebiete wie z. B. Mittel- und Nordeuropa mit langen, vegetationsarmen Wintern nur möglich, indem durch Vorratswirtschaft und Tierhaltung die Nahrungsversorgung auch über die Wintermonate sichergestellt wurde. Hier kam es sogar zu einer **„Ko-Evolution"** von Mensch und Wiederkäuern, indem sich beim Mensch eine genetische Mutation anreicherte, die es dem Erwachsenen ermöglicht, Milch und hier insbesondere den Milchzucker ohne Verdauungsstörungen zu konsumieren. Diese Genvariante ist noch heute in den meisten im Norden lebenden Völkern nachweisbar, wohingegen Afrikaner und die meisten Asiaten eine genetische Laktose-Intoleranz aufweisen. Mit der Steigerung der Milchleistung von Rind, Schaf und Ziege hat sich also parallel auch eine genetische Anpassung des Menschen abgespielt, die erst dazu führte, dass Milch und Milchprodukte als wichtige Nahrungsgrundlage fungieren konnten.

Die Domestikation hatte Auswirkungen auf die menschliche Geschichte, die in ihrer Größenordnung nur noch von der industriellen Revolution im 19. Jahrhundert erreicht wurde. Die Beziehung des Menschen zum Tier hat sich aber im Verlauf der Domestikation bis heute sehr stark verändert. Während in der Agrargesellschaft mehr als 90% der Bevölkerung Kontakt zu Nutztieren hatten, haben in der Industrie- und Dienstleistungsgesellschaft mehr als 95% der Bevölkerung diesen Kontakt zu Nutztieren nicht mehr. Dadurch haben sich Kenntnis und Verständnis für die Nutzung der Tiere deutlich gewandelt. Eine Situation, die für das gegenseitige Verständnis der agrarischen und nicht-agrarischen Bevölkerung und deshalb auch für die Zucht, Ernährung und Haltung von landwirtschaftlichen Nutztieren eine große Bedeutung hat.

Domestikation und künstliche Selektion

Die neue Lebensweise der Tiere war dadurch bestimmt, dass sie unter Kontrolle des Menschen gehalten wurden. Dies erfolgte standortgebunden oder in nomadenhafter Lebensweise mit gehüteten Herden. Damit war es möglich, die kontinuierliche Versorgung mit tierischen Produkten zu sichern. Aber auch kultisch-religiöse Motive oder der Geselligkeitstrieb der Menschen haben eine Rolle gespielt. Die kontrollierte Haltung und Fortpflanzung der Tiere ermöglichte eine – anfangs sicherlich unbewusste – züchterische Einflussnahme auf die gehaltenen Tierarten. Es entwickelte sich das **wesentliche Charakteristikum** der Domestikation, nämlich der Ersatz der natürlichen Selektion („survival of the fittest") durch die **künstliche Selektion**, bei der der Mensch entscheidet, welche Tiere sich wie oft fortpflanzen können und wie viele Nachkommen sie haben. Der Mensch begann also allmählich, seine Vorstellungen und Vorlieben in der Selektion umzusetzen. Zusätzlich gelangten die Haustiere durch die Wanderungen der Menschen in Gebiete, in denen die Wildformen nicht beheimatet waren. Die Tiere mussten sich neuen ökologischen Bedingungen anpassen und ihre Anpassungsfähigkeit erwies sich als außerordentlich groß.

Zahmheit, Zähmung, Prägung

Domestikation ist ein Prozess, der auf züchterischen Maßnahmen (Selektion) beruht und sich über viele Generationen erstreckt. Sie umfasst große Tiergruppen, meist Tierarten, und führt zur Entwicklung von Populationen, die sich in wesentlichen Merkmalen von der Ausgangspopulation unterscheiden. Im Zusammenhang mit der **Domestikation** müssen die Begriffe **Zahmheit** und **Zähmung** genauer betrachtet werden. Zahmheit oder Zutraulichkeit ist die Vertrautheit eines Tieres gegenüber Menschen. Zähmung ist die bewusste Einflussnahme des Menschen auf einzelne Tiere, um eine Zahmheit zu erreichen. Wildtiere können an Fütterungsstellen, aber auch in Gefangenschaft „futterzahm" oder „handzahm" werden. In diesen Fällen handelt es sich um eine erlernte Zahmheit. Zahmheit gegenüber dem Menschen kann aber auch auf **Prägung** beruhen. Sie erfolgt frühzeitig im Leben und führt zu einer dauerhaften Beeinflussung von einzelnen Tieren. Zähmung bezieht sich immer auf einzelne Tiere und die individuelle Zahmheit wird nicht an die Nachkommen vererbt. Diese müssen wiederum neu gezähmt werden. Zähmung allein wirkt deshalb nicht domestizierend. Die Zähmung von Wildtieren kann – muss aber nicht – am Beginn der Domestikation gestanden haben. Die ersten Haustiere können Zahmheit erlernt haben und die „ruhigen" zur Zahmheit neigenden Tiere wurden sicher von den Menschen bevorzugt. Die Zahmheit bei Haustieren kann deshalb als Folge der Domestikation gewertet werden. Haustiere sind nicht nur individuell, sondern in ihrer Gesamtheit zahm bzw. individuell leichter zähmbar als Wildformen. Die Zahmheit wurde durch die Domestikation genetisch verankert und wird deshalb an die Nachkommen vererbt. Allerdings ist die Zahmheit nicht bei allen Haustieren gleich ausgeprägt. So sind z.B. Rinder und Schafe, die zur Fleischproduktion in großen Herden gehalten werden, individuell deutlich weniger zahm als Tiere, die gemolken werden, sowie Zug-, Last-, Reit- oder Begleittiere.

Veränderungen durch Domestikation

Im Laufe der Domestikation kam es zu beträchtlichen **morphologischen, physiologischen** und **verhaltensbezogenen Veränderungen** bei den Tieren:

- Schnelleres **Wachstum** und Veränderung der **Körperproportionen**: Haustiere zeigen eine Verlagerung der Muskulatur von der Vor- auf die Hinterhand, häufig einen verkürzten Gesichtsschädel und eine Verminderung des Geschlechtsdimorphismus *(gr. dímorphos: zweigestaltig)*, d.h. Unterschiede in Größe und Gewicht zwischen den Geschlechtern.
- Steigerung der **Fruchtbarkeit**: Haustiere sind früher geschlechtsreif und wegen der geringeren Abhängigkeit von saisonalen Klimaschwankungen sind bei vielen Arten eine ganzjährige Brunst und mehr Nachkommen möglich.
- Steigerung der **Nutzleistungen**: Durch eine höhere Futteraufnahme und effizientere Futterverwertung, zum Teil auch durch einen längeren Darm, erbringen Haustiere deutlich höhere Leistungen (Milch, Fleisch, Wolle, Eier).
- Variabilität der **Haut-** und **Haarfarbe** sowie **Haarqualität**: Bei Wildtieren dienen Färbungen und Musterungen des Haarkleids zur Tar-

nung. Bei Haustieren dagegen sind auffällige Färbungen und Musterungen zu finden. Es treten schwarze, weiße, rote, braune und gelbe Grundfärbungen auf, die Flecken, Schecken und Streifen in großer Vielfalt haben können. Diese Vielfalt der Färbungen und Musterungen war neben der variierenden Größe der Tiere ein wichtiger Grund für die Entstehung von Rassen. Auch heute noch sind Färbungen und Musterungen als Teil des äußeren Erscheinungsbildes eines Tieres wichtige Kennzeichen für die Identifizierung und Zuordnung zu Rassen. Je nach Nutzungsrichtung wurde das Haarkleid ausgedünnt (z. B. Schwein) oder verstärkt und strukturell verändert (z. B. Schaf). Hornlosigkeit bei Hornträgern ist ebenfalls eine typische Folge der Domestikation.

- Reduktion des **Hirngewichts**: Haustiere haben je nach Art ein um 10–30% geringeres Hirngewicht als die Wildarten. Dieses Phänomen betrifft verschiedene Hirnregionen in unterschiedlichem Ausmaß. Hirnregionen, die die Bewegungskoordination und die Sinneswahrnehmung steuern, sind besonders betroffen. Haustiere müssen sich durch die Obhut und Fürsorge des Menschen weniger mit komplexen Herausforderungen der natürlichen Umwelt auseinander setzen. So haben z. B. Tiere, die sich in der freien Natur nicht ernähren könnten, als Haustiere keinen Fitnessnachteil. Auf diese Weise ist die Reduktion der für diesen Funktionsbereich zuständigen Hirnregion im Verlauf der Domestikation erklärbar.
- Änderung des **Verhaltens**: Die Reduktion des Hirngewichtes steht in einem engen Zusammenhang mit der Änderung des Verhaltens. Durch den Wegfall der Nahrungssuche und der Verteidigung gegen natürliche Feinde leben Haustiere laut KONRAD LORENZ (1903–1989) im „entspannten" Feld. Sie zeigen deshalb natürliche Verhaltensweisen in übersteigerter (z. B. Nahrungsaufnahme, Fortpflanzung) oder abgeschwächter Form (z. B. Aggressivität, Fluchtverhalten) oder überhaupt nicht mehr. Haustiere zeigen gegenüber Wildtieren im Verhalten eine große Vielfalt. Der Ablauf dieser Verhaltensweisen hat sich gegenüber Wildtieren grundsätzlich aber nicht geändert. Durch Domestikation wurden also weder neu auftretende Verhaltensweisen „angezüchtet" noch fehlende Verhaltensweisen „weggezüchtet". Domestikationsbedingte Änderungen des Verhaltens sind keine „Degenerationen", sondern Anpassungen an die vom Menschen geschaffenen Haltungsbedingungen.
- Höhere **genetische Plastizität**: Haustiere zeigen im Vergleich zu den Wildarten eine höhere genetische Rekombinationshäufigkeit; Ähnliches ist auch für die Mutationshäufigkeit zu vermuten. Die Selektion extremer Typen (z. B. Zwerg- und Riesenformen sowie extreme Farbvarianten) hat zu einer Erhöhung der sichtbaren genetischen Variabilität in Haustierarten geführt.

Beginn der Domestikation

Allgemein wird davon ausgegangen, dass die **Domestikation landwirtschaftlicher Nutztiere** vor ca. 9.000 Jahren mit Schwerpunkt im vorderen Orient begann (heute: Libanon, Jordanien, Syrien, Osttürkei, Iran, Irak). Die ersten Arten waren Schaf und Ziege, gefolgt von Schwein, Rind und mit deutlichem Abstand das Pferd (vor ca. 6.000 Jahren). Das Huhn wurde ungefähr vor 4.500 Jahren in Ostasien (Raum Indien/China/Indonesien) domestiziert. In Amerika wurden interessanterweise nur wenige Nutztierarten (Pute, Lama, Alpaka und Meerschweinchen), aber viele wichtige Nutzpflanzen (z. B. Kartoffel, Mais, Tabak) domestiziert. Die Domestikation ist kein zeitlich scharf abzugrenzender Prozess und zieht sich mindestens über einige Dutzend Generationen hin, bis erste Auswirkungen nachweisbar sind. Auch heute noch werden Wildtiere in haustierartige Haltungsformen übernommen und somit einem Domestikationsprozess unterworfen. Beispiele dafür sind Damwild, Strauße und diverse Fischarten in Aquakulturen. Von den ca. 5.000 Säugetier- und ca. 10.000 Vogelarten werden derzeit weltweit allerdings nur etwa 20 Säugetier- und ca. 10 Vogelarten in einem relevanten Umfang wirtschaftlich genutzt. Von den wirbellosen Tieren werden sogar nur Bienen, Schnecken, Seidenspinner und einige Krustentier- und Muschelarten als Nutztiere verwendet.

Erforschung der Domestikation

Die **Erforschung der Domestikation** beruht vor allem auf Knochenfunden, Grabbeigaben und künstlerischen Darstellungen wie Höhlenmalereien. In jüngster Zeit gelang es mit molekulargenetischen Analysen neue Erkenntnisse zu erzielen, die zum Teil die bisherigen Vorstellungen bezüglich Zeit und Ort der Domestikation sowie der Wildformen massiv infrage stellen. Insofern müssen Aussagen zum Zeitpunkt und Ort der Domestikation und zur Abstammung der Haustierrassen immer als Hypothesen betrachtet werden. Klar ist jedoch, dass die gleiche Art den Domestikationsprozess zu verschiedenen Zeiten und an verschiedenen Orten durchlaufen haben kann. Häufig hat auch noch lange nach Beginn der Domestikation ein Austausch von Genen zwischen Wildform und domestizierter Form stattgefunden.

1.1.3 Rassen

Die zoologische Systematik bis zur Ebene der Art orientiert sich weitgehend an objektiven, meist anatomischen Kriterien. So bilden alle Tiere, die für die Ernährung der Nachkommen Milch verwenden, die Klasse der Säugetiere. Die Differenzierung in Rassen innerhalb einer Art dagegen ist überwiegend subjektiv und kulturell bedingt. Der Begriff **Rasse** ist deshalb im genetischen Sinn **nicht eindeutig** definierbar.

Rasse

Im Allgemeinen versteht man unter einer **Rasse** eine Gruppe von domestizierten Tieren der gleichen Art, die sich in morphologischen, physiologischen und ethologischen Merkmalen, d. h. im Aussehen bzw. Exterieur *(lat. exterior: auf der Außenseite)*, in der Leistung und im Verhalten ähnlich sind und eine gemeinsame **Zuchtgeschichte** haben.

Population

Im Zusammenhang mit Rasse wird in der Tierzucht auch häufig der Begriff Population verwendet. Genetisch gesehen ist eine **Population** *(lat. populus: Volk, Menge)* eine Gruppe von Tieren der gleichen Art, die eine **Paarungsgemeinschaft** bildet und einen gemeinsamen **Genpool** darstellt. Der Begriff Population kann sich deshalb sowohl auf Wild- als auch Haustiere beziehen und wird in der Tierzucht üblicherweise mit einer Rasse oder nur einem Teil einer Rasse, der sogenannten **Zuchtpopulation**, gleichgesetzt.

Domestikation und Rassen

Domestikation und die Differenzierung in verschiedene **Rassen** sind nicht zwingend als getrennte Prozesse zu verstehen. In der Regel hat Domestikation schon recht früh in Abhängigkeit von den wilden Ausgangspopulationen in den verschiedenen Regionen zu unterschiedlichen Haustierrassen geführt. Neben der Bedeutung der Ausgangspopulation spielen bei der Entwicklung von Rassen gezielte (künstliche) Selektion und genetische Drift eine wichtige Rolle. Bei der **gezielten Selektion** werden vom Menschen jene Tiere als Eltern der nächsten Generation ausgewählt, die die an sie gestellten Anforderungen besonders gut erfüllen. Diese Vorgangsweise ist im Grunde ein züchterischer Prozess, der zur Annäherung der Haustierpopulationen an das – meistens nicht explizit formulierte – Zuchtziel führt und häufig als „Primitivzucht" bezeichnet wird. Zunächst entstanden dadurch sogenannte **Landschläge**. Es handelt sich dabei um geografische Rassen, die in bestimmten Gebieten entstanden sind. Sie sind an die regionalen Bedingungen (z. B. Klima, Futtergrundlage, Haltungsbedingungen) gut angepasst und zeigen eine große Variabilität in der Leistung, weil sie züchterisch noch nicht systematisch bearbeitet wurden.

Rassen und genetische Drift

Genetische Drift bedeutet, dass in einer Population die Allelfrequenzen (Kap. 4.3) von einer Generation zur nächsten zufällig schwanken können und seltene Allele sogar verloren gehen können. Genetische Drift ist immer dann von Bedeutung, wenn Zucht in mehr oder weniger geschlossenen Zuchtpopulationen erfolgt. Es kommt dann selbst bei gleichen Zuchtzielen zu driftbedingten zufälligen Verschiebungen der Allelfrequenzen, die zur Entwicklung unterschiedlicher Rassen führen kann. Dieser Effekt ist besonders stark, wenn die Zuchtpopulationen sehr klein sind oder auf wenige Ausgangstiere zurückzuführen sind. In diesem Fall spricht man von einem **„genetischen Flaschenhals"**. So wurden z. B. im 18. und 19. Jahrhundert in verschiedenen englischen Grafschaften veredelte Schafrassen entwickelt. Dabei wurden die regional vorhandenen Landschläge als Ausgangspopulationen verwendet. Ziel war es, ein jeweils an die regionalen Gegebenheiten (Klima, Futtergrundlage etc.) angepasstes Schaf mit höherer Fleisch- und Wollleistung sowie guter Fruchtbarkeit zu züchten. Diese parallele Entwicklung hat dazu geführt, dass viele Rassen entstanden sind, die in ihrem Leistungsvermögen sehr ähnlich sind, **phänotypisch** *(gr. phaíno: erscheinen; týpos: Bild, Umriss)* aber recht unterschiedlich aussehen können. Ursache für diese phänotypischen Unterschiede sind zufällige genetische Differenzen; z. B. in Farb-Allelen, die durch gezielte Selektion und teilweise auch durch Inzucht in den einzelnen Rassen fixiert wurden. Einige **Landschläge** entwickelten sich noch vor Beginn einer organisierten Tierzucht in isolierten Insellagen. Entweder auf Inseln im geografischen Sinn wie z. B. das Jersey- und Guernsey-Rind auf den Kanalinseln oder in natürlich begrenzten Gebirgstälern, wie z. B. das Simmentaler Rind in der Schweiz, der Vorläufer der Rasse Fleckvieh. Häufig wurden und werden bestimmte Musterungen und Färbungen des Haarkleids als Leitmerkmale für die Definition der Zugehörigkeit von Tieren zu einer Rasse verwendet. Beispiele dafür sind beim Rind die Rassen Pinzgauer, Fleckvieh, Schwarzbunte und Vogesenrind, die Tigerschecken bei der Pferderasse Noriker oder die Schweinerassen Hampshire und Angler Sattelschwein.

Rassen und Züchtervereinigungen

Ein anderer wichtiger Einflussfaktor auf die Entstehung von **Nutztierrassen** war die Gründung von **Züchtervereinigungen**, die in der zweiten Hälfte des 19. Jahrhunderts vor allem in England ihren Ausgang nahm. Durch die Abgrenzung von Zuchtpopulationen, d. h. die Bestimmung von Tieren innerhalb derer gezielt selektiert wird, die Definition von **Rassestandards** (phänotypische Merkmale) und eine mehr oder weniger konsistente **Zuchtstrategie** (häufig unter Anwendung milder Inzucht) bildeten sich in wenigen Generationen eigenständige Rassen heraus. Dies führte in den wichtigsten Nutztierarten zu einer Vielzahl geografisch definierter Rassen, die häufig einer Rassengruppe zuzuordnen waren; z. B. die dem Roten Höhenvieh zugehörenden Rassen Harzer Rotvieh, Vogelsberger Rotvieh, Wittgensteiner Rotvieh und Vogtländisches Rotvieh oder die dem Gelbvieh zugehörenden Rassen Frankenvieh, Limpurger, Glan-Donnersberger und Murbodner. Viele dieser Rassen haben heute ihre eigenständige Bedeutung verloren und sind durch die „Leistungsrassen" verdrängt worden oder in diesen aufgegangen. In den wichtigsten Nutztierarten sind heute jeweils nur weniger als ein Dutzend Rassen von globaler wirtschaftlicher Bedeutung. Andererseits existieren, wie schon erwähnt, nach Schätzungen der FAO, weltweit ca. 5.000 Nutztierrassen. Ungefähr ein Fünftel dieser Rassen ist allerdings vom Aussterben bedroht und jährlich sterben etwa 1–2% dieser Rassen aus. Die Erhaltung der Rassenvielfalt bei Nutztieren ist ein wichtiges Element der allgemeinen Zielsetzung der Erhaltung der Biodiversität. Hierzu haben sich im Rahmen der „Convention on Biological Diversity" 1992 mehr als 100 Staaten verpflichtet, darunter Deutschland, Österreich und die Schweiz.

1.1.4 Tierzucht

Anfänge der Tierzucht

Die Basis für die heutige praktische Tierzucht wurde in der zweiten Hälfte des 18. Jahrhunderts in England von züchterischen Pionieren wie z. B. Robert Bakewell (1725–1795) gelegt. Er führte auf seiner Farm Dishley in Leicestershire/England erstmalig und systematisch die züchterischen Maßnahmen **Leistungsprüfung** und **gerichtete Paarung** ein. Durch genaue Beobachtung der Leistungsfähigkeit der Tiere, durch gerichtete (gezielte) Paarung von männlichen und weiblichen Tieren –

auch unter Anwendung von Inzucht – und durch die Einkreuzung „exotischer“ (z. B. aus Frankreich importierter Rassen) konnte er aus regionalen Landschlägen neue leistungsfähigere Rassen wie das New Leicester-Schaf, das Longhorn-Rind und das Shire-Pferd züchten. Die züchterischen Erfolge BAKEWELLS führten zu einer weiten Verbreitung seiner Methoden. Diese Zeit kann als Beginn der Blütezeit der englischen Tierzucht gesehen werden, während der viele der heutigen Nutztierrassen entstanden sind.

Biografie Robert Bakewell (1725–1795)

ROBERT BAKEWELL wurde 1725 als Farmersohn in Dishley in der englischen Grafschaft Leicester geboren. In seiner Jugend bereiste er England und den Kontinent, bevor er als ältester Sohn 1760 die Farm von seinem verstorbenen Vater übernahm. Auf 440 Acres (178 Hektar) hielt er die erstaunliche Menge von 60 Pferden, 160 Rindern und 400 Schafen. Er war ein innovativer Farmer und experimentierte in vielen Bereichen. So entwickelte und erprobte er verschiedene Bewässerungssysteme, nutzte den Parzellenanbau für systematische Vergleiche verschiedener Pflanzen-Anbaumethoden, entwickelte strohsparende Winter-Haltungssysteme für Rinder und vieles mehr.

Von besonderer Bedeutung sind jedoch die auf ihn zurückgehenden tierzüchterischen Maßnahmen. Schafe wurden im 18. Jahrhundert in England primär zur Wollerzeugung gehalten und Lämmer und Fleisch waren nur Nebenprodukte. BAKEWELL erkannte jedoch, dass eine spezifische Nachfrage nach fettem Schaffleisch bestand und setzte sich deshalb ein entsprechendes Zuchtziel. Dieses versuchte er zu erreichen, indem er aus der bestehenden Rasse Lincolnshire Elterntiere auswählte und jene Tiere gezielt paarte, die in ihrem Typ dem Zuchtziel entsprachen. In den folgenden Generationen gelang es ihm durch genaue Beobachtung der Leistungsfähigkeit der Tiere (Leistungsprüfung) und durch Anwendung von Inzucht – damals „Purification“ genannt – den gewünschten Typ zu stabilisieren und zu vereinheitlichen. Das Ergebnis – das New Leicester-Schaf – entsprach dem Zuchtziel und war kommerziell sehr erfolgreich, bis um 1800 die Nachfrage nach fettem Schaffleisch stark zurückging. Neben dem New Leicester-Schaf wirkte BAKEWELL auch an der Zucht des Longhorn-Rindes, des Shire-Pferdes und des Yorkshire-Schweins mit. Um den von ihm erreichten Zuchtfortschritt breit zu nutzen, aber auch um ihn zu monopolisieren, gründete er mit der Dishley Society 1783 die erste Züchtervereinigung der Welt. Die Mitglieder waren an gemeinsame Regeln gebunden, um die Reinheit der Rassen zu erhalten. Die Weitergabe des Zuchtfortschritts erfolgte über die Vermietung von preisgekrönten Vatertieren. 1786 betrug die Miete für einen Schafbock 50 Guineen, drei Jahre später hatte sie sich bereits auf 400 Guineen verachtfacht.

ROBERT BAKEWELL starb 1795 als angesehener und reicher Farmer auf seinem Gut Dishley. Die von ihm eingeführten Zuchtmethoden haben zuerst in England und später in ganz Europa und dem Commonwealth viele Nachahmer gefunden und der modernen Tierzucht entscheidende Impulse gegeben.

Ein wichtiger Schritt für die Tierzucht war die Einführung von **Zuchtbüchern** – auch Herd- oder Stammbücher genannt –, in denen die Tiere einer Zuchtpopulation systematisch erfasst wurden, um deren **Abstammung** zu dokumentieren und dieses Wissen für die **Anpaarungen** zu verwenden. Das erste Zuchtbuch war 1793 das „General Stud Book" für die Pferderasse Englisches Vollblut; das erste Zuchtbuch für eine Rinderrasse folgte 1822 für die Rasse Shorthorn. Ab der zweiten Hälfte des 19. Jahrhunderts wurden in vielen Ländern **Züchtervereinigungen** gegründet, deren Hauptaufgaben die Führung der **Zuchtbücher** und die Definition von **Rassestandards** waren. Ab 1900 wurden die ersten Versuche unternommen, die Leistung der Tiere in größerem Umfang möglichst objektiv zu messen und dadurch das Leistungspotenzial der Zuchttiere über die Betriebe hinweg besser vergleichbar zu machen. Es etablierte sich langsam die **Leistungsprüfung**, eine zentrale züchterische Maßnahme jedes heutigen Zuchtprogramms. So fand im Jahr 1893 in Bayern ein öffentliches Probemelken von Kühen der Allgäuer Herdbuch-Gesellschaft statt. Der erste Milchkontrollverein wurde in Deutschland 1897 gegründet. Es folgte die erste Schweine-Prüfanstalt 1907 in Dänemark und 1926 in Deutschland. Die breite Umsetzung der Leistungsprüfung und die Anwendung neuer wissenschaftlicher Erkenntnisse in der praktischen Tierzucht wurden im deutschsprachigen Raum aber durch ineffiziente Zuchtziele, bei denen das Aussehen der Tiere (Farbe, Größe) und nicht die Leistung im Vordergrund standen (Typenzucht, Formalismus), vor allem beim Rind, bis etwa 1950 stark behindert.

Tierzucht und Wissenschaft

Entscheidend für die großen **Zuchtfortschritte** in der praktischen Tierzucht ab der zweiten Hälfte des 20. Jahrhunderts war die gezielte **Anwendung wissenschaftlicher Erkenntnisse**. Aufbauend auf den Vererbungsregeln von GREGOR MENDEL (1822–1884), der ausschließlich mit Pflanzen experimentiert hatte, leistete WILLIAM BATESON (1861–1926) einen wichtigen Beitrag zur Anerkennung der MENDEL-Regeln in der Haustierzucht. Er verwendete 1905 als Erster in einem Brief den Begriff **„Genetics"** im Zusammenhang mit der Bezeichnung einer Professur für „Heredity and Variation". FRANCIS GALTON (1822–1911) war ein Vetter von CHARLES DARWIN und untersuchte für verschiedene Merkmale die Ähnlichkeit von Verwandten. Er beobachtete dabei, dass z. B. die Kinder überdurchschnittlich großer Eltern auch größer als der Durchschnitt sind, aber ein „Rückschlag *(engl.: regression)* zum Mittel" stattfindet. Dies ist der Ursprung des in der Statistik weit verbreiteten Begriffs der **Regression**, gleichzeitig enthält diese Beobachtung auch implizit das Konzept der Heritabilität (Kap. 4.9.1), ohne dass GALTON diesen Begriff aber verwendete.

Genotyp und Phänotyp

Der dänische Botaniker WILHELM L. JOHANNSEN (1857–1927) prägte und definierte 1909 den Begriff „Gen" und löste damit den von MENDEL verwendeten Begriff „Erbfaktor" ab. Er führte aber nicht nur ein neues Wort ein, sondern aufbauend auf der Bezeichnung Gen differenzierte er zum ersten Mal zwischen den zwei Kategorien **Genotyp** und **Phänotyp**, also zwischen den genetischen Anlagen eines Individuums und seinen körperlichen Merkmalen. THOMAS H. MORGAN (1866–1945) konnte bei der Fruchtfliege *(Drosophila melanogaster)* nachweisen, dass die Gene auf den Chromosomen liegen und publizierte mit seinen Mitarbeitern 1911 die erste genetische Karte – also lange vor der Entdeckung der Struktur der DNA-Moleküle (Doppelhelix) durch JAMES WATSON und FRANCIS CRICK im Jahr 1953. Außerdem beschrieb er das Phänomen des Crossing-Over (Überkreuzung der Chromosomen) bzw. der Rekombination und die geschlechtsgekoppelte Vererbung. Heute ist die Einheit „Morgan (M)" die Maßzahl für die genetische Länge auf Chromosomen.

Quantitative Genetik und Populationsgenetik

Die Unterscheidung zwischen **qualitativen** und **quantitativen Merkmalen**, also Merkmalen, die von einem bis wenigen Genorten bzw. sehr vielen Genorten und der Umwelt beeinflusst werden, führte zur Etablierung der Wissenschaftsdisziplinen **Quantitative Genetik** und **Populationsgenetik**. Die Populationsgenetik befasst sich mit der Dynamik von Allel- und Genotypfrequenzen innerhalb und zwischen Populationen, während sich die Quantitative Genetik mit der Verbindung zwischen Genotyp und Phänotyp befasst. Voraussetzung dafür war die Verknüpfung mathematisch-statistischer Methoden mit Erkenntnissen aus der Genetik. Wichtige Persönlichkeiten in diesem Zusammenhang waren SEWALL WRIGHT (1889–1988: Inzuchtkoeffizient, genetische Drift, Statistische Genetik) und Sir RONALD A. FISHER (1890–1962: Grundgesamtheit und Verteilungstheorie, Varianzanalyse, Maximum-Likelihood-Prinzip), der auch mit dem „infinitesimalen Vererbungsmodell" eines der grundlegenden Konzepte der Quantitativen Genetik definierte.

Basis der modernen Tierzucht

JAY L. LUSH (1896–1982) war ein Pionier in der Umsetzung der theoretischen Erkenntnisse der Quantitativen Genetik in die praktische Tierzucht. Sein Standardwerk aus dem Jahr 1937 „Animal Breeding Plans" und die Arbeit über die Gewichtung verschiedener Merkmalsinformationen für die Selektionsentscheidung im sogenannten **Selektions-Index** (HAZEL und LUSH, 1942) gilt als Basis der modernen Tierzucht. CHARLES R. HENDERSON (1911–1989), ein Schüler von LUSH, entwickelte die mathematisch-statistische Theorie der gemischten linearen Modelle und der **BLUP-Zuchtwertschätzung**, die heute weltweit in vielen Zuchtprogrammen bei verschiedenen Nutztierrassen in der Praxis angewendet wird. Ein Zitat von HENDERSON, das ihn treffend charakterisiert, lautet: „When I see a flock of cattle, I don't see hoofs and horns, but I see a mean and a variance".

Wissenschaft und praktische Anwendung

Die **praktische Anwendung** dieser wissenschaftlichen Erkenntnisse verknüpft mit reproduktionsbiologischen Methoden wie künstlicher Besamung und Embryotransfer (v. a. beim Rind), systematischer Kreuzungszucht (v. a. bei Schwein und Geflügel) sowie die Einbeziehung molekularbiologischer Methoden (z. B. Gendiagnostik für Abstammungskontrolle und Erkennung von Erbfehlern, Genomanalyse, marker- und genomisch-unterstützte Selektion) waren und sind die **Basis der eindrucksvollen Leistungen** der verschiedenen Nutztierarten in der heutigen Tierzucht und lassen auch in Zukunft weitere quantitative und qualitative Leistungsverbesserungen erwarten.

Fragen zu Kapitel 1.1

- Was verstehen Sie unter Evolution?
- Auf welchen Naturbeobachtungen und Schlussfolgerungen basiert die DARWIN'sche Selektions- und Abstammungstheorie?
- Nennen Sie die wichtigsten Kennzeichen der Evolution.
- Was verstehen Sie unter einer Art bzw. Spezies im biologischen Sinn? Was ist die Grundvoraussetzung für die Entstehung von Arten?
- Was verstehen Sie unter Domestikation? Erläutern Sie das wichtigste Charakteristikum der Domestikation.
- Nennen Sie Beispiele für die durch Domestikation verursachten morphologischen, physiologischen und verhaltensbedingten Veränderungen bei Tieren.
- Was verstehen Sie aus genetischer Sicht unter Rasse und Population?
- Erklären Sie aus historischer Sicht in groben Zügen die wichtigsten Maßnahmen („Meilensteine“) für die Entwicklung der heutigen praktischen Tierzucht.

1.2 Bedeutung der tierischen Produktion

Die tierische Produktion basiert auf den drei Säulen Tierzucht, Tierernährung und Tierhaltung. Die **Nutztiere** erbringen ihre vielseitigen Leistungen (Kap. 2) **weltweit** unter sehr **verschiedenen Umweltbedingungen**. Tierzucht wird von den Züchtern also nicht zum Selbstzweck betrieben, sondern es ist ihre Aufgabe, geeignete Tiere für die verschiedenen natürlichen und wirtschaftlichen Produktionsbedingungen zur Verfügung zu stellen. Um die Bedeutung der tierischen Produktion überblicksartig beurteilen zu können, werden in diesem Kapitel die Bestände der wichtigsten Nutztierarten und Produktionskennzahlen für einige tierische Produkte aus einer **weltweiten** und **EU-bezogenen Perspektive** dargestellt. Die dafür verwendeten Daten beziehen sich auf das Jahr 2014 und stammen aus der Internet-Datenbank der Food and Agriculture Organization (FAOSTAT, www.fao.org).

Tierische Produktion und Lebensmittelversorgung

Da die tierische Produktion in einem direkten Zusammenhang mit der Versorgung der Bevölkerung mit Lebensmitteln steht, wird in den Tab. 1.1–1.8 auch die prozentuelle Verteilung der Bevölkerung angeführt. Zusätzlich sollen durch die Kriterien Anzahl Tiere pro Einwohner

(Stk/EW) bzw. Kilogramm tierisches Produkt pro Einwohner (kg/EW) die Nutztier- bzw. Produktionsdichte in der jeweiligen Region beschrieben werden. Für agrarische Statistiken wird die **Nutztierdichte** üblicherweise als Anzahl Tiere bzw. Großvieheinheiten pro Hektar landwirtschaftlicher Nutzfläche definiert. Da diese Informationen in der FAO-Datenbank nicht zur Verfügung stehen und auch aus Gründen der leichteren Vorstellbarkeit wird deshalb die Anzahl Tiere pro Einwohner verwendet. Die **Produktionsdichte** ist ein ungewohntes Kriterium und darf auf keinen Fall mit der **Produktionsintensität** verwechselt werden, weil sie nur das jeweilige auf die Bevölkerungsanzahl umgelegte regionale Produktionsvolumen beschreibt. Und zwar unabhängig davon, ob das Produktionsvolumen von vielen Tieren mit niedrigem Leistungsniveau oder von wenigen Tieren mit hohem Leistungsniveau erzeugt wird. Die Produktionsdichte hängt mit dem **Grad der Selbstversorgung** in einer Region zusammen. Liegt die Produktionsdichte über bzw. unter dem durchschnittlichen Pro-Kopf-Konsum, so ist eine Über- bzw. Unterversorgung gegeben. Bei den Werten für die verschiedenen **Fleischarten** muss darauf hingewiesen werden, dass diese Zahlen auf Schlachtgewichten basieren und deshalb die nicht essbaren Knochen enthalten. Für Schlussfolgerungen bezüglich des Kriteriums **Pro-Kopf-Konsum** (auch Pro-Kopf-Verzehr genannt) muss dieser Umstand unbedingt berücksichtigt werden. Faustzahlen gehen davon aus, dass für den Knochenanteil und andere Verluste bei Rind-, Schwein-, Schaf + Ziegenfleisch etwa 30% und beim Geflügelfleisch etwa 40% angenommen werden können.

1.2.1 Tierische Produktion weltweit

Die weltweite prozentuelle **Verteilung** der verschiedenen **Nutztierarten** und **tierischer Produkte** ist in den Tab. 1.1–1.4 zusammengefasst. Dabei werden als Betrachtungsebenen die Kontinente (Amerika getrennt in Nord-, Mittel- und Südamerika) und innerhalb der Kontinente die bevölkerungsreichsten Länder verwendet. Weltweit am stärksten verbreitet ist das Rind (1.482 Mio.), gefolgt von Schaf (1.210 Mio.), Ziege (1.002 Mio.), Schwein (987 Mio.), Wasserbüffel (195 Mio.) und Pferd (59 Mio.). Esel und Maultier zusammen haben als Trag- und Zugtier etwa die gleiche Bedeutung wie das Pferd (44 bzw. 10 Mio.). Während etwa 46% der Esel in Afrika, 37% in Asien und ca. 14% in Zentral- und Südamerika genutzt werden, werden von den Maultieren etwa 56% in Zentral- und Südamerika, knapp 29% in Asien und nur etwa 10% in Afrika gehalten.

Rinder weltweit

Die Bedeutung der **Rinder** ist in Tab. 1.1 dargestellt, wobei der Begriff Rinder die beiden Gruppen **Europäische Hausrinder** *(Bos taurus)* und **Buckelrinder** bzw. **Zebus** *(Bos indicus)* aller Nutzungsrichtungen (Milch, Fleisch, kombiniert) umfasst. Die großen **Rinderregionen** der Welt sind Asien, Südamerika und Afrika, gefolgt von Europa und Nord-

Tab. 1.1 Prozentuelle Verteilung der Einwohner, der Nutztiere **Rinder** und der tierischen Produkte **Rind+Kalbfleisch**, **Kuhmilch** und **Käse** (alle Sorten) auf Kontinente und ausgewählte Länder sowie die jeweilige Nutztier- und Produktionsdichte, ausgedrückt in Anzahl Tiere pro Einwohner (Stk/EW) bzw. Kilogramm pro Einwohner (kg/EW); Rind+Kalbfleisch entspricht dem Schlachtgewicht (SG) und enthält deshalb die nicht essbaren Knochen (FAOSTAT, 2014, www.fao.org)

Kontinent	Einwohner	Rinder		Rind+Kalbfleisch		Kuhmilch		Käse	
bzw. Land	% Welt	% Welt	Stk/ EW	% Welt	kg/ EW	% Welt	kg/ EW	% Welt	kg/ EW
Asien	59,9	33,6	0,12	22,5	3,3	27,9	41	6,1	0,3
China	19,3	7,9	0,08	10,0	4,6	5,8	26	0,6	0,1
Indien	17,8	12,6	0,14	1,5	0,8	9,5	47	–	–
Japan	1,7	0,3	0,03	0,8	4,0	1,2	59	0,6	1,1
Afrika	15,9	20,9	0,27	8,9	4,9	5,4	29	2,5	0,5
Europa	10,2	8,3	0,17	15,8	13,7	33,1	285	55,7	17,6
EU28	7,0	6,0	0,18	11,5	14,6	24,0	302	48,3	22,2
Russland	2,0	1,3	0,14	2,6	11,4	4,8	212	4,3	6,9
Nordamerika	4,9	6,8	0,28	19,9	35,9	15,7	281	26,6	17,4
Zentralamerika	2,3	3,2	0,28	3,5	13,3	2,3	86	1,0	1,4
Mexiko	1,7	2,2	0,26	2,8	14,5	1,7	88	0,6	1,1
Südamerika	5,7	23,8	0,85	24,4	37,7	10,9	167	5,2	2,9
Argentinien	0,6	3,5	1,20	4,4	65,6	1,9	274	2,4	13,1
Brasilien	2,8	14,3	1,03	15,1	47,0	5,4	166	0,2	0,3
Ozeanien	0,5	2,7	1,03	4,5	74,4	4,5	730	2,8	16,4
AUS+NSL	0,4	2,7	1,41	4,5	102,9	4,5	1.015	2,8	22,9
Welt	7.266	1.482	0,20	63,9	8,8	635,6	88	23,2	3,2
Einheit	Mio.	Mio.	Stk/EW	Mio. t SG	kg/EW	Mio. t	kg/EW	Mio. t	kg/EW

amerika. Die mit Abstand höchste Rinderdichte gibt es in Australien+Neuseeland und Südamerika. Diejenigen von Nord- und Zentralamerika sind nahezu gleich wie jene von Afrika, gefolgt von Europa. Betrachtet man das Produktionsvolumen von **Rind+Kalbfleisch**, dann werden in Nord- und Südamerika, Europa und Asien jeweils zwischen 15–25% der weltweiten Produktion erzeugt, während Afrika nur knapp 9% beisteuern kann. Die große Bedeutung der **Kuhmilch** und deren Verarbeitung zu Käse verschiedenster Sorten in der „westlichen Welt" (Europa, Nordamerika, Australien+Neuseeland und teilweise in Südamerika) ist klar erkennbar. Auffallend ist, dass in Australien+Neuseeland etwa ähnlich viel Kuhmilch erzeugt wird wie in ganz Afrika oder China. Die Produktionsdichte der verschiedenen Produkte in Europa, Nord- und Südamerika und vor allem Australien+Neuseeland widerspiegelt

Tab. 1.2 Prozentuelle Verteilung der Einwohner, der Nutztiere **Schafe, Ziegen** und der tierischen Produkte **Schaf+Ziegenfleisch** und rohe **Schafwolle** auf Kontinente und ausgewählte Länder, sowie die jeweilige Nutztier- und Produktionsdichte ausgedrückt in Anzahl Tiere pro Einwohner (Stk/EW) bzw. Kilogramm pro Einwohner (kg/EW); Schaf+Ziegenfleisch entspricht dem Schlachtgewicht (SG) und enthält deshalb die nicht essbaren Knochen (FAOSTAT, 2014, www.fao.org)

Kontinent	Einwohner	Schafe		Ziegen		Schaf+Ziegenfleisch		Schafwolle	
bzw. Land	% Welt	% Welt	Stk/ EW	% Welt	Stk/ EW	% Welt	kg/ EW	% Welt	kg/ EW
Asien	59,9	45,4	0,13	58,2	0,14	57,7	1,9	44,6	0,2
China	19,3	16,7	0,14	18,7	0,13	29,3	2,9	18,8	0,3
Indien	17,8	5,2	0,05	13,2	0,10	5,3	0,6	2,4	< 0,1
Japan	1,7	–	–	–	–	–	–	–	–
Afrika	15,9	28,6	0,30	36,2	0,32	21,4	2,6	11,2	0,2
Europa	10,2	10,8	0,18	1,7	0,02	8,9	1,7	12,5	0,4
EU28	7,0	8,1	0,19	1,3	0,03	6,7	1,8	9,9	0,4
Russland	2,0	1,8	0,16	0,2	0,02	1,4	1,3	2,2	0,3
Nordamerika	4,9	0,5	0,02	0,3	< 0,01	0,6	0,3	0,7	< 0,1
Zentralamerika	2,3	0,8	0,05	0,9	0,05	0,7	0,6	0,2	< 0,1
Mexiko	1,7	0,7	0,07	0,9	0,07	0,7	0,8	0,2	< 0,1
Südamerika	5,7	5,7	0,17	2,1	0,05	2,3	0,8	6,0	0,3
Argentinien	0,6	1,2	0,34	0,2	0,06	0,4	1,4	2,8	1,4
Brasilien	2,8	1,5	0,09	0,9	0,04	0,8	0,6	0,5	0,1
Ozeanien	0,5	8,5	2,63	0,4	0,10	8,2	29,2	24,7	13,5
AUS+NSL	0,4	8,5	3,66	0,4	0,13	7,7	38,6	24,7	18,8
Welt	7.266	1.210	0,17	1.007	0,14	14,0	1,9	2,1	0,3
Einheit	Mio.	Mio.	Stk/EW	Mio.	Stk/EW	Mio. t SG	kg/EW	Mio. t	kg/EW

die wirtschaftliche Bedeutung der Rinderhaltung in diesen Gebieten, während die Rinderhaltung im hoch industrialisierten Land Japan eine unbedeutende Rolle spielt.

Schafe, Ziegen weltweit

In Tab. 1.2 ist die Bedeutung der kleinen Wiederkäuer **Schafe** und **Ziegen** zusammengefasst. Die zwei großen **Schaf-** und **Ziegenregionen** der Welt sind Asien und Afrika. Während Schafe auch noch in Europa, Australien+Neuseeland und Südamerika in einem nennenswerten Umfang gehalten werden, haben Ziegen in diesen Regionen nur eine geringe Bedeutung. In Nord- und Zentralamerika haben Schafe und Ziegen und daraus folgend deren Produkte nur eine sehr untergeordnete Bedeutung. Die Schafdichte in Australien+Neuseeland ist extrem hoch und beträgt ca. das 22-fache im Vergleich zum Weltdurchschnitt. Bemerkenswert ist auch, dass in Australien+Neuseeland nur etwas weni-

Tab. 1.3 Prozentuelle Verteilung der Einwohner, der Nutztiere **Schweine, Wasserbüffel, Pferde** und des tierischen Produktes **Schweinefleisch** auf Kontinente und ausgewählte Länder, sowie die jeweilige Nutztier- und Produktionsdichte ausgedrückt in Anzahl Tiere pro Einwohner (Stk/EW) bzw. Kilogramm pro Einwohner (kg/EW); Schweinefleisch entspricht dem Schlachtgewicht (SG) und enthält deshalb die nicht essbaren Knochen (FAOSTAT, 2014, www.fao.org)

Kontinent	Einwohner	Schweine		Schweinefleisch		Wasserbüffel		Pferde	
bzw. Land	% Welt	% Welt	Stk/ EW	% Welt	kg/ EW	% Welt	Stk/ EW	% Welt	Stk/ EW
Asien	59,9	59,9	0,14	57,0	14,8	97,1	0,04	24,4	< 0,01
China	19,3	48,7	0,34	41,8	33,7	12,2	0,02	10,2	< 0,01
Indien	17,8	1,0	0,01	0,4	0,4	56,4	0,09	1,1	< 0,01
Japan	1,7	1,0	0,08	1,1	9,8	–	–	–	–
Afrika	15,9	3,5	0,03	1,2	1,1	2,0	< 0,01	10,3	< 0,01
Europa	10,2	18,8	0,25	24,0	36,6	0,2	< 0,01	9,4	< 0,01
EU28	7,0	15,1	0,30	19,7	44,1	0,2	< 0,01	5,9	< 0,01
Russland	2,0	1,9	0,13	1,8	14,3	< 0,1	< 0,01	2,3	0,01
Nordamerika	4,9	8,2	0,23	11,1	35,2	–	–	18,1	0,03
Zentralamerika	2,3	2,1	0,12	1,3	8,6	–	–	12,4	0,04
Mexiko	1,7	1,6	0,13	1,0	9,3	–	–	10,8	0,05
Südamerika	5,7	6,6	0,16	4,8	13,0	0,7	< 0,01	21,9	0,03
Argentinien	0,6	0,5	0,12	0,2	5,6	–	–	6,1	0,08
Brasilien	2,8	3,8	0,18	2,7	14,6	0,7	< 0,01	9,2	0,03
Ozeanien	0,5	0,5	0,14	0,4	12,8	–	–	0,7	0,01
AUS+NSL	0,4	0,3	0,09	0,4	14,3	–	–	0,5	0,01
Welt	7.266	987	0,14	113,0	15,6	195	0,03	59	< 0,01
Einheit	Mio.	Mio.	Stk/EW	Mio. t SG	kg/EW	Mio.	Stk/EW	Mio.	Stk/EW

ger Schafe gehalten werden als in ganz Europa. Die Verteilung der Produktion von **Schaf+Ziegenfleisch** korreliert mit jener der Tierbestände, herausragend ist wieder die Produktionsdichte in Australien+Neuseeland. Die weltweite **Schafwollproduktion** wird von Asien und Australien+Neuseeland dominiert, gefolgt von Europa, Afrika und Südamerika. Die extrem hohe Produktionsdichte in Australien+Neuseeland (ca. Faktor 63 verglichen mit dem Weltdurchschnitt) widerspiegelt den hohen Anteil spezieller Wollrassen in diesem Gebiet. In Japan haben Schafe und Ziegen keinerlei Bedeutung.

Schweine, Wasserbüffel, Pferde weltweit

Die Bedeutung der **Schweine**, Wasserbüffel und Pferde ist in Tab. 1.3 dargestellt. Die mit Abstand wichtigste **Schweineregion** der Welt ist mit 60% aller Schweine Asien – in China allein werden 49% gehalten – gefolgt von Europa, Nord- und Südamerika. In einigen Gebieten kommen

Tab. 1.4 Prozentuelle Verteilung der Einwohner, der Nutztiere Hühner, Puten (Truthühner) und der tierischen Produkte Geflügelfleisch und Hühnereier auf Kontinente und ausgewählte Länder, sowie die jeweilige Nutztier- und Produktionsdichte ausgedrückt in Anzahl Tiere pro Einwohner (Stk/EW) bzw. Kilogramm pro Einwohner (kg/EW); Geflügelfleisch entspricht dem Schlachtgewicht (SG) und enthält deshalb die nicht essbaren Knochen (FAOSTAT, 2014, www.fao.org)

Kontinent	Einwohner	Hühner		Puten		Geflügelfleisch		Hühnereier	
bzw. Land	% Welt	% Welt	Stk/ EW	% Welt	Stk/ EW	% Welt	kg/ EW	% Welt	kg/ EW
Asien	59,9	55,1	2,70	3,0	< 0,01	31,8	7,4	58,6	9,2
China	19,3	21,7	3,31	< 0,1	< 0,01	10,9	7,9	33,3	16,2
Indien	17,8	3,4	0,56	–	–	2,5	1,9	4,0	2,1
Japan	1,7	1,5	2,45	–	–	1,3	10,8	3,7	20,1
Afrika	15,9	8,7	1,61	5,1	0,02	4,8	4,2	4,5	2,7
Europa	10,2	9,9	2,87	23,9	0,15	17,3	23,8	16,0	14,8
EU28	7,0	6,2	2,62	18,4	0,17	10,3	20,8	9,6	13,0
Russland	2,0	2,1	3,14	4,3	0,14	2,0	14,0	3,1	14,8
Nordamerika	4,9	10,1	6,06	52,7	0,69	20,9	59,9	8,9	17,1
Zentralamerika	2,3	3,3	4,08	0,9	0,02	3,6	21,7	4,4	17,6
Mexiko	1,7	2,5	4,22	0,8	0,03	2,6	20,8	3,4	18,6
Südamerika	5,7	11,0	5,66	14,1	0,16	19,7	48,3	6,8	11,2
Argentinien	0,6	0,5	2,54	0,7	0,07	1,2	27,7	0,7	11,2
Brasilien	2,8	6,2	6,46	6,3	0,14	10,5	51,7	2,7	8,8
Ozeanien	0,5	0,6	3,23	0,3	0,04	1,3	32,8	0,5	8,1
AUS+NSL	0,4	0,5	4,02	0,3	0,05	1,2	44,6	0,4	10,5
Welt	7.266	21.322	2,93	461	0,06	101,6	14,0	68,3	9,4
Einheit	Mio.	Mio.	Stk/EW	Mio.	Stk/EW	Mio. t SG	kg/EW	Mio. t	kg/EW

Schweine aus religiösen Gründen kaum vor oder die klimatischen Bedingungen (z. B. Tropen) eignen sich nur bedingt für deren Haltung. Die Produktionsdichte in den drei wichtigsten Gebieten China, Europa und Nordamerika (87% aller Schweine) ist mit ca. 35 kg pro Einwohner sehr ähnlich. Der **Wasserbüffel** ist die domestizierte Form der Wildart Asiatischer Wasserbüffel und kommt fast ausschließlich in Asien vor; etwa 56% allein in Indien. Wasserbüffel werden für die Milch- und Fleischproduktion sowie als Arbeitstiere gehalten. Die Bedeutung der Wasserbüffel wird oft unterschätzt, schließlich gibt es weltweit mehr als drei Mal so viele Wasserbüffel wie Pferde. **Pferde** findet man in größerem Umfang noch dort, wo sie als Zug- und Reitpferde in der Landwirtschaft genutzt werden. Die wichtigsten **Pferderegionen** sind zu etwa gleichen Teilen Asien und Südamerika, gefolgt von Nord-, Zentralamerika und Europa. Die höchsten Pferdedichten gibt es in Argentinien und Mexiko.

Hühner, Puten, weltweit

In Tab. 1.4 ist die Bedeutung der Geflügelarten **Hühner** und **Puten** (Truthühner) zusammengefasst, wobei der Begriff Hühner die beiden Nutzungsrichtungen **Lege-** und **Masthühner** umfasst. Weltweit werden 55% aller Hühner in Asien gehalten, gefolgt von Süd-, Nordamerika und Europa mit ungefähr gleichen Anteilen. Die höchsten Hühnerdichten gibt es in Brasilien und Nordamerika, sowie Mexiko und Australien+Neuseeland. Die Verbreitung der **Puten** beschränkt sich auf Nordamerika, Europa und mit einigem Abstand Südamerika, wobei Nordamerika mit 53% die klar dominierende Rolle einnimmt (wie Asien bei Hühnern und Schweinen). Afrika, Asien, Zentralamerika und Australien+Neuseeland haben für die Putenhaltung nur eine sehr geringe Bedeutung. Betrachtet man die Produktion von **Geflügelfleisch**, d. h. Hühner- und Putenfleisch zusammen, so findet sie in den Gebieten mit hohen Hühnerbeständen statt, während in der Produktionsdichte Nord-, Südamerika und Australien + Neuseeland dominieren. Die Produktion von **Hühnereiern** erfolgt mit knapp 59% wiederum überwiegend in Asien und mit großem Abstand in Europa, Nord- und Südamerika. Auffallend ist die sehr hohe Produktionsdichte in Japan. Hühnerfleisch und Hühnereier sind die einzigen tierischen Produkte – abgesehen von Fisch – die Japan zu einem nennenswerten Anteil selbst erzeugt. Das große Land Indien dagegen hat für die Geflügelproduktion nur eine sehr bescheidene Bedeutung.

1.2.2 Tierische Produktion in der Europäischen Union (EU)

Die **EU-bezogene Perspektive** der Bedeutung der tierischen Produktion ist in den Tab. 1.5–1.8 dargestellt, wobei im Hinblick auf eine vollständige Abdeckung des deutschsprachigen Raumes auch die **Schweiz** miteinbezogen wird. Für die Länder der EU und die Schweiz stehen umfangreiche und detaillierte statistische Daten über die tierische Produktion zur Verfügung. Es werden aber bewusst dieselben einfachen Kriterien wie für die weltweite Perspektive verwendet, um einen direkten Vergleich zu ermöglichen. Ausgehend von der Beobachtungsebene Europäische Union mit 28 Mitgliedern plus die Schweiz (EU28+CH) werden die sechs bevölkerungsreichsten Länder Deutschland, Frankreich, Großbritannien, Italien, Spanien und Polen, die agrarisch traditionell starken Länder Niederlande, Dänemark und Irland sowie Österreich und die Schweiz als Alpenländer mit sehr hohem Dauergrünland-Anteil im Einzelnen dargestellt. In den sechs bevölkerungsreichsten Ländern leben ca. 69% der EU28+CH-Einwohner und in diesen Ländern wird auch der überwiegende Anteil des tierischen Produktionsvolumens erzeugt. Das Schwein (150,5 Mio.) ist in der EU28+CH am stärksten verbreitet, gefolgt von Schaf (98,1 Mio.), Rind (91,1 Mio.) und Ziege (12,7 Mio.). Wasserbüffel (370.000) haben nur in Italien für

Tab. 1.5 Prozentuelle Verteilung der Einwohner, der Nutztiere **Rinder** und der tierischen Produkte **Rind+Kalbfleisch, Kuhmilch** und **Käse** (alle Sorten) auf ausgewählte Länder innerhalb der EU28 + CH, sowie die jeweilige Nutztier- und Produktionsdichte, ausgedrückt in Anzahl Tiere pro Einwohner (Stk/EW) bzw. Kilogramm pro Einwohner (kg/EW); Rind+Kalbfleisch entspricht dem Schlachtgewicht (SG) und enthält deshalb die nicht essbaren Knochen (FAOSTAT, 2014, http://www.fao.org)

Land	Einwohner	Rinder		Rind+Kalbfleisch		Kuhmilch		Käse (alle Sorten)	
	%*	%*	Stk/EW	%*	kg/EW	%*	kg/EW	%*	kg/EW
Deutschland	15,7	14,0	0,16	13,6	13,7	20,3	386	31,5	34,4
Frankreich	12,5	21,1	0,30	17,2	21,8	15,4	370	24,6	33,8
Großbritannien	12,5	10,8	0,15	10,4	13,2	9,1	217	4,7	6,5
Italien	11,7	6,7	0,10	10,3	14,1	6,8	174	14,5	21,3
Spanien	9,0	6,7	0,13	7,1	12,6	4,3	142	2,9	5,6
Polen	7,5	6,5	0,15	4,7	10,0	8,3	329	11,9	27,2
Niederlande	3,3	4,6	0,25	4,6	22,1	8,0	722	9,6	50,0
Österreich	1,7	2,2	0,23	2,8	26,9	2,2	399	3,0	31,3
Dänemark	1,1	1,7	0,28	1,6	22,9	3,3	911	4,2	66,5
Irland	0,9	7,6	1,47	6,4	110,1	3,6	1188	2,4	44,4
Schweiz	1,6	1,7	0,19	1,8	17,4	2,6	488	2,7	29,4
* EU28+CH	512,9	91,1	0,18	8,1	15,9	153,5	299	8,8	17,2
Einheit	Mio.	Mio.	Stk/EW	Mio. t SG	kg/EW	Mio. t	kg/EW	Mio. t	kg/EW

die Käseerzeugung („Mozzarella di bufala") eine sehr begrenzte Bedeutung. Während das Pferd (3,5 Mio.) überwiegend als Freizeit- und Sportpferd genutzt wird (ausgenommen Rumänien, Bulgarien, Polen), haben Esel (411.000) und Maultiere (230.000) als Zug- und Tragtiere nur noch in Spanien, Portugal, Griechenland, Bulgarien und Rumänien eine gewisse Bedeutung.

Rinder EU-weit

Die Bedeutung der **Rinder** in der EU28+CH ist in Tab. 1.5 dargestellt, wobei der Begriff Rinder diesmal natürlich nur die **Europäischen Hausrinder** *(Bos taurus)* mit allen Nutzungsrichtungen (Milch, Fleisch, kombiniert) umfasst. Das Land mit der absolut höchsten **Rinderdichte** ist Irland, gefolgt von Frankreich, Dänemark, den Niederlanden und Österreich. Diese fünf Länder dominieren auch die Produktionsdichte für **Rind+Kalbfleisch**, wobei auffällt, dass das Gebirgsland Österreich an zweiter Stelle liegt. Die meiste **Kuhmilch** pro Einwohner wird ebenfalls mit großem Abstand in Irland erzeugt, gefolgt von Dänemark, den Niederlanden, der Schweiz und Österreich. Bemerkenswert ist die Rinder- und Produktionsdichte für Rind+Kalbfleisch bzw. Kuhmilch in Irland – nämlich das 8-, 6- bzw. 4-fache des EU28+CH-Durchschnitts. In der Produktionsdichte **Käse** aus Kuhmilch (alle Sorten) sind wiederum Dä-

Tab. 1.6 Prozentuelle Verteilung der Einwohner, der Nutztiere **Schafe, Ziegen** und der tierischen Produkte **Schaf+Ziegenfleisch** und rohe **Schafwolle** auf ausgewählte Länder innerhalb der EU28+CH, sowie die jeweilige Nutztier- und Produktionsdichte, ausgedrückt in Anzahl Tiere pro Einwohner (Stk/EW) bzw. Kilogramm pro Einwohner (kg/EW); Schaf+Ziegenfleisch entspricht dem Schlachtgewicht (SG) und enthält deshalb die nicht essbaren Knochen (FAOSTAT, 2014, www.fao.org)

Land	Einwohner	Schafe		Ziegen		Schaf+Ziegenfleisch		Schafwolle	
	%*	%*	Stk/EW	%*	Stk/EW	%*	kg/EW	%*	kg/EW
Deutschland	15,7	1,6	0,02	0,9	< 0,01	3,4	0,4	6,6	0,2
Frankreich	12,5	7,4	0,11	10,1	0,02	11,9	1,9	6,8	0,2
Großbritannien	12,5	34,4	0,53	0,7	< 0,01	28,0	4,5	33,2	1,1
Italien	11,7	7,3	0,12	7,4	0,02	3,4	0,6	4,1	0,1
Spanien	9,0	15,7	0,33	21,2	0,06	12,3	2,8	11,2	0,5
Polen	7,5	0,2	< 0,01	0,6	< 0,01	0,1	< 0,1	0,5	< 0,1
Niederlande	3,3	1,1	0,06	3,2	0,02	1,3	0,8	1,3	0,2
Österreich	1,7	0,4	0,04	0,6	< 0,01	0,8	0,9	0,1	< 0,1
Dänemark	1,1	0,2	0,03	–	–	0,1	0,3	0,1	< 0,1
Irland	0,9	5,2	1,09	0,1	< 0,01	5,6	12,2	7,1	3,1
Schweiz	1,6	0,4	0,05	0,7	0,01	0,5	0,7	0,3	0,1
* EU28+CH	512,9	98,1	0,19	12,7	0,03	1,03	2,0	0,2	0,4
Einheit	Mio.	Mio.	Stk/EW	Mio.	Stk/EW	Mio. t SG	kg/EW	Mio. t	kg/EW

nemark und die Niederlande führend, gefolgt von Deutschland, Frankreich und Österreich. Auffallend ist die sehr große Bedeutung der Rinderproduktion in Irland, aber auch deren Stellung in den Gebirgsländern Österreich und Schweiz.

Schafe, Ziegen EU-weit

In Tab. 1.6 ist die Bedeutung der kleinen Wiederkäuer **Schafe** und **Ziegen** zusammengefasst. Die wichtigsten **Schafländer** in der EU28+CH bezüglich der Verteilung der Schafe sind ganz klar Großbritannien und Spanien, gefolgt von Frankreich und Italien; in Griechenland und Rumänien (in Tab. 6.1 nicht angeführt) werden mit jeweils 9,3% sogar etwas mehr Schafe als in Frankreich und Italien gehalten. Bezüglich der Schafdichte führt Irland wiederum ganz klar vor Griechenland (0,82 Stk/EW), Großbritannien, Rumänien (0,46 Stk/EW) und Spanien. Die mit Abstand wichtigsten **Ziegenländer** sind Griechenland (34,8% und 0,48 Stk/EW) und Spanien, gefolgt von Rumänien (10,4% und 0,07 Stk/EW), Frankreich und Italien. Die Verteilung der Produktion von **Schaf+Ziegenfleisch** korreliert mit jener der Tierbestände (Griechenland: 12,2%), wobei die Produktionsdichten in Irland und Griechenland (10,4 kg/EW) mit jeweils dem 6- bzw. 5-fachen des EU28+CH-Durchschnitts deutlich herausragen. Der bedeutendste **Schafwollprodu-**

Tab. 1.7 Prozentuelle Verteilung der Einwohner, der Nutztiere Schweine, Pferde und des tierischen Produktes Schweinefleisch auf ausgewählte Länder innerhalb der EU28+CH sowie die jeweilige Nutztier- und Produktionsdichte, ausgedrückt in Anzahl Tiere pro Einwohner (Stk/EW) bzw. Kilogramm pro Einwohner (kg/EW); Schweinefleisch entspricht dem Schlachtgewicht (SG) und enthält deshalb die nicht essbaren Knochen (FAOSTAT, 2014, www.fao.org)

Land	Einwohner	Schweine		Schweinefleisch		Pferde	
	%*	%*	Stk/EW	%*	kg/EW	%*	Stk/EW
Deutschland	15,7	18,8	0,35	24,7	68,2	10,5	< 0,01
Frankreich	12,5	8,8	0,21	9,5	33,1	11,7	< 0,01
Großbritannien	12,5	3,2	0,08	3,7	13,0	11,4	< 0,01
Italien	11,7	5,8	0,15	7,3	27,2	11,1	< 0,01
Spanien	9,0	17,6	0,56	15,4	74,1	7,1	< 0,01
Polen	7,5	7,8	0,30	7,8	45,2	6,0	< 0,01
Niederlande	3,3	8,1	0,72	5,8	75,9	4,0	< 0,01
Österreich	1,7	1,9	0,34	2,4	62,3	2,3	< 0,01
Dänemark	1,1	8,2	2,20	7,1	283,8	1,4	< 0,01
Irland	0,9	1,0	0,33	1,1	50,9	2,8	0,02
Schweiz	1,6	1,0	0,18	1,0	28,2	1,7	< 0,01
* EU28+CH	512,9	150,5	0,29	22,3	43,5	3,5	< 0,01
Einheit	Mio.	Mio.	Stk/EW	Mio. t SG	kg/EW	Mio.	Stk/EW

zent ist Großbritannien, gefolgt von Spanien, Rumänien (9,7%), Irland, Frankreich und Deutschland. Die höchste Produktionsdichte weist Irland (8-fache des EU28+CH-Durchschnitts) auf, gefolgt von Großbritannien, Rumänien (1,0 kg/EW), Griechenland (0,7 kg/EW) und Spanien. Die neben der Rinderproduktion sehr große Bedeutung der Schafproduktion in Irland ist klar ersichtlich, sodass Irland als das Rinder- und Schafland innerhalb der EU28+CH bezeichnet werden kann.

Schweine, Pferde EU-weit

Die Bedeutung der **Schweine** und Pferde ist in Tab. 1.7 dargestellt. Die wichtigsten **Schweineländer** bezüglich Verteilung der Schweine und Schweinedichte sind Deutschland und Spanien und mit Abstand Frankreich, Dänemark, die Niederlande und Polen. Sehr bemerkenswert ist aber vor allem Dänemark, das mit 2,20 Schweinen pro Einwohner die mit Abstand höchste Schweinedichte aufweist (7,5-fache des EU28+CH-Durchschnitts). Die beschriebene Situation spiegelt sich auch in der Produktion von **Schweinefleisch** wider. Was für Irland bei Rind und Schaf zutrifft, gilt für Dänemark beim Schwein.

Pferde werden in den meisten EU28+CH-Ländern mit Ausnahme von Rumänien, Bulgarien und Polen überwiegend als Freizeit- und Sportpferde genützt. Rumänien hat mit 15,9% (in Tab. 1.7 nicht angeführt) den höchsten **Pferdebestand**, gefolgt von Frankreich, Großbritannien,

Tab. 1.8 Prozentuelle Verteilung der Einwohner, der Nutztiere Hühner, Puten (Truthühner) und der tierischen Produkte Geflügelfleisch und Hühnereier auf ausgewählte Länder innerhalb der EU28+CH sowie die jeweilige Nutztier- und Produktionsdichte, ausgedrückt in Anzahl Tiere pro Einwohner (Stk/EW) bzw. Kilogramm pro Einwohner (kg/EW); Geflügelfleisch entspricht dem Schlachtgewicht (SG) und enthält deshalb die nicht essbaren Knochen (FAOSTAT, 2014, www.fao.org)

Land	Einwohner	Hühner		Puten		Geflügelfleisch		Hühnereier	
	%*	%*	Stk/EW	%*	Stk/EW	%*	kg/EW	%*	kg/EW
Deutschland	15,7	9,1	1,50	13,6	0,14	13,3	17,5	13,2	11,1
Frankreich	12,5	12,8	2,65	21,8	0,29	13,8	22,8	13,9	14,7
Großbritannien	12,5	11,9	2,47	4,4	0,06	15,4	25,4	9,9	10,5
Italien	11,7	10,3	2,30	28,9	0,41	11,5	20,3	11,4	13,0
Spanien	9,0	10,4	2,98	0,9	0,02	11,4	25,9	10,9	16,0
Polen	7,5	9,8	3,36	11,2	0,25	15,3	41,9	8,2	14,5
Niederlande	3,3	7,7	6,10	1,0	0,05	9,3	58,0	10,4	41,6
Österreich	1,7	1,2	1,94	0,6	0,06	1,2	15,3	1,6	12,6
Dänemark	1,1	1,3	3,20	0,3	0,05	1,6	30,1	1,2	14,6
Irland	0,9	1,1	3,21	2,1	0,38	1,1	25,1	0,7	10,0
Schweiz	1,6	0,8	1,29	0,1	< 0,01	0,6	7,9	0,6	4,8
* EU28+CH	512,9	1.331,5	2,60	84,7	0,17	10,6	20,6	6,8	13,2
Einheit	Mio.	Mio.	Stk/EW	Mio.	Stk/EW	Mio. t SG	kg/EW	Mio. t	kg/EW

Italien und Deutschland mit jeweils etwa 11%. Die Bedeutung als landwirtschaftliches Zugtier wird auch in Rumänien, Bulgarien und Polen in Zukunft sicher zurückgehen. Das Pferd als Fleischlieferant wird im deutschsprachigen Raum oft nicht wahrgenommen, liegt aber mit einem Produktionsvolumen von etwa 76.000 t in der Größenordnung von Ziegenfleisch (78.000 t). Davon entfallen ca. 20% auf Italien, etwa jeweils 15% auf Polen und Spanien, gefolgt von Rumänien mit ca. 12% sowie Frankreich und Irland mit jeweils ungefähr 6% (in Tab. 7.1 nicht angeführt).

Hühner, Puten EU-weit

In Tab. 1.8 ist die Bedeutung der Geflügelarten Hühner und Puten (Truthühner) zusammengefasst, wobei der Begriff Hühner die beiden Nutzungsrichtungen Lege- und Masthühner umfasst. In der Geflügelproduktion gibt es kein eindeutig dominierendes Land bezüglich Tier- und Produktionsdichte wie bei Rind, Schaf und Schwein. Dies liegt auch daran, dass in einigen großen Ländern die Geflügelproduktion in wenigen Regionen extrem konzentriert ist. So werden z. B. über 50% der deutschen Masthähnchen im Bundesland Niedersachsen, und dort auch nur in wenigen Kreisen im Nordwesten des Landes, produziert. Die wichtigsten Hühnerländer sind Frankreich, Großbritannien, gefolgt von Spanien, Italien, Polen und Deutschland. Bemerkenswert ist die auffallend hohe Hühnerdichte in den Niederlanden. **Putenländer** sind ganz klar Italien und Frankreich, gefolgt von Deutschland und Polen. Betrachtet man die Produktion von **Geflügelfleisch**, d. h. Hühner- und Putenfleisch zusammen, so findet sie in den sechs größten Ländern zu ungefähr gleichen Teilen statt. Auffallend ist, dass die Niederlande sowohl bei Geflügelfleisch als auch Hühnereier die mit Abstand höchste Produktionsdichte pro Einwohner aufweisen (58,0 bzw. 41,6 kg/EW). Die meisten **Hühnereier** werden mit 13,9% in Frankreich produziert, dicht gefolgt von Deutschland mit 13,2% und zu jeweils etwa 10% Italien, Spanien, die Niederlande und Großbritannien. Polen steuert mit gut 8% auch einen beachtlichen Anteil bei.

2 Tierische Leistungen

Das Ziel jeder tierzüchterischen Tätigkeit ist es, Leistungen von landwirtschaftlichen Nutztieren von Generation zu Generation zu verbessern oder zu stabilisieren. Voraussetzungen dafür sind die Kenntnis der **anatomischen** *(gr. anatomé: das Aufschneiden, Lehre vom Bau der Organismen)* und **physiologischen** *(gr. physiología: Lehre von den Lebensvorgängen, Stoffwechsel)* **Grundlagen** der Leistungen sowie der deutschen Fachbegriffe für die Merkmale, die in der tierzüchterischen Praxis verwendet werden. In diesem Kapitel werden die grundlegenden Kenntnisse für die Leistungen Reproduktion, Milch, Wachstum und Fleisch, Eier, Wolle, Zug-, Reit- und Rennleistung, Produkte und Bestäubungsleistung der Honigbienen sowie Vitalität und Krankheiten überblicksartig beschrieben. Die züchterisch nicht relevanten zusätzlichen Leistungen, tierische Nebenprodukte, Exkremente der Nutztiere und Beitrag von Nutztieren zur Landschaftspflege werden im Hinblick auf eine möglichst vollständige Darstellung der Vielfalt der tierischen Leistungen ebenfalls kurz beschrieben. Der für ein Tierzucht-Lehrbuch relativ große Umfang dieses Kapitels hat sich dadurch ergeben, dass die tierischen Leistungen nicht nur aus einer reduzierten tierzüchterischen Perspektive im Sinne von Definition der züchterischen Merkmale gesehen werden sollten. Es wurde deshalb ganz bewusst versucht, die tierischen Leistungen mit ihrem anatomischen und physiologischen Hintergrund zu verknüpfen und dadurch ein grundsätzliches und vernetztes Verständnis zu erreichen.

2.1 Reproduktion

Remontierung, uni- und multipare Tiere, reproduktionsbiologische Verfahren

Die Reproduktion landwirtschaftlicher Nutztiere – d.h. die Fortpflanzung bzw. Erzeugung von Nachkommen – ist eine grundlegende Voraussetzung der Tierzucht und aller tierischen Leistungen. Es wird nämlich einerseits ein bestimmter Anteil der jungen Tiere für den Ersatz von ausgeschiedenen „alten“ Zuchttieren, den sogenannten Elterntieren, benötigt. Dieser Vorgang wird Bestandesergänzung bzw. **Remontierung** genannt und entspricht im biologischen Sinn der Funktion der Arterhaltung. Andererseits werden neben den Elterntieren junge Tiere für die Erzeugung der tierischen Produkte Milch, Fleisch, Wolle und Eier benötigt. Die Erzeugung von Milch und Eiern ist ursächlich mit der Reproduktion verbunden, da weibliche Tiere nur nach einer Geburt ausreichend Milch produzieren können, und die Legeleistung beim Geflügel ein direktes Reproduktionsmerkmal darstellt. Für die wirtschaftliche Erzeugung von Fleisch und Wolle spielt die Reproduktionsleistung der Elterntiere eine indirekte Rolle, da sie die grundsätzliche Voraussetzung für eine ausreichende Anzahl junger Tiere für die Produktion von Fleisch und Wolle ist. Bezüglich der Anzahl Nachkommen pro Geburt wird grundsätzlich zwischen **uniparen** und **multiparen** Tieren unterschieden. Während unipare Tiere *(lat. parere: gebären)* normalerweise nur einen Nachkommen je Geburt haben (Rind, Pferd), wird bei multiparen Tieren ein aus mehreren Jungtieren bestehender Wurf geboren (Schwein, Schaf und Ziege). Die Reproduktion ist ein großer Komplex verschiedener tierart- und geschlechtsspezifischer Merkmale und Prozesse. Sie umfasst die Entwicklung von Spermien und Eizellen (Spermatogenese, Oogense), männliche und weibliche Formen des Sexualverhaltens, Paarung und Befruchtung, vorgeburtliche Entwicklung und Geburt sowie die Aufzucht der Nachkommen. Paarung und Befruchtung sind in der züchterischen Praxis – v. a. bei Rind, Schwein und Pferd – durch **reproduktionsbiologische Verfahren** wie künstliche Besamung (KB), Embryotransfer (ET), Tiefgefrierung (Kryokonservierung) von Samen, Eizellen und Embryonen in ihrem Ablauf und der züchterischen Effizienz modifiziert worden (Kap. 8.3.6). An die reproduktive Leistungsfähigkeit der Nutztiere werden hohe Anforderungen gestellt. Deren Realisierung setzt deshalb einerseits eine genetische Veranlagung für hohe Fruchtbarkeit und andererseits ein gutes Management der Umweltbedingungen für die Tiere voraus. Eine leistungsgerechte Fütterung und tiergerechte Haltungsbedingungen (v. a. Bewegungsmöglichkeiten) fördern das Fortpflanzungspotenzial der Tiere. In Tab. 2.1 sind einige physiologische Merkmale der Reproduktion verschiedener Nutztierarten zusammengefasst.

Geschlechtsreife und Zuchtreife

Die **Geschlechtsreife** (Pubertät) ist jenes Entwicklungsstadium, in dem die Fortpflanzungsfähigkeit erreicht wird. Sie ist gekennzeichnet durch die Ausbildung befruchtungsfähiger Spermien und den ersten Eisprung bzw. die erste Brunst. Der Eintritt der Geschlechtsreife wird hormonell gesteuert und ist tierartspezifisch. Die Einteilung von Rassen innerhalb einer Tierart in früh- und spätreife Rassen weist darauf hin, dass die Geschlechtsreife unterschiedlich sein kann und deshalb auch rasseabhängig ist. Zusätzlich können Fütterung und Haltungsbedingungen den Eintritt der Geschlechtsreife beschleunigen oder verzögern. Die **Zuchtreife** ist dann erreicht, wenn ein Tier für den züchterischen Einsatz – d.h. für die erste Belegung – körperlich entwickelt ist. Das zuchtreife männliche Tier produziert eine ausreichende Menge Ejakulat

Tab. 2.1 Größenordnungen für physiologische Merkmale der Reproduktion verschiedener Nutztierarten (w = weiblich, m = männlich, i. d. R. = in der Regel)

Kriterium	Rind	Schwein	Schaf	Ziege	Pferd
Geschlechtsreife (Monate)	w: 8–11 m: 8–10	w: 5–7 m: 5–7	w: 5–10 m: 5–7	w: 5–10 m: 5–7	w: 12–18 m: 12–20
Zuchtreife (Monate)	w: 15–20 m: 12–15	w: 7–9 m: 7–9	w: 8–18 m: 8–12	w: 8–18 m: 8–12	w: 30–36 m: 27–36
Zyklustyp	**ganzjährig polyöstrisch**	**ganzjährig polyöstrisch**	**(i. d. R.) saisonal polyöstrisch**	**(i. d. R.) saisonal polyöstrisch**	**saisonal polyöstrisch**
Zykluslänge (Tage)	**21 ±3**	**21 ±1**	**17 ±2**	**21 ±3**	**21 ±3**
Brunstdauer (Tage)	1	2–3	1–2	1–2	5–7
Trächtigkeitsdauer (Tage)	**285 ±7**	**115 ±2**	**150 ±2**	**150 ±2**	**335 ±7**
Besamungszeitpunkt	Ende Brunst	Mitte bis Ende Brunst	Mitte bis Ende Brunst	Mitte bis Ende Brunst	Mitte bis Ende Brunst

mit vielen befruchtungsfähigen Spermien, während das Ejakulat zum Zeitpunkt der Geschlechtsreife noch mengenmäßig geringer und weniger konzentriert ist. Die Zuchtreife beim weiblichen Tier ist dann gegeben, wenn die Skelettentwicklung so weit fortgeschritten ist, dass genügend Platz für das fötale Wachstum der Nachkommen vorhanden ist und damit das Risiko einer Schwergeburt reduziert ist. Die Zuchtreife tritt also erst nach der Geschlechtsreife ein und bestimmt in Verbindung mit dieser das tierart- und rassespezifisch angestrebte Alter bei der Geburt der ersten Nachkommen (Erstkalbealter, Erstferkelalter etc.).

Fortpflanzungsfrequenz, Brunst

Die **Fortpflanzungsfrequenz** weiblicher Tiere beschreibt den zeitlichen Abstand, in dem normalerweise Nachkommen geboren werden. Sie ist abhängig vom **Sexualzyklus** (Zykluslänge und Zyklustyp), der Trächtigkeitsdauer und der Zeitspanne zwischen Geburt und neuer Trächtigkeit. Die physiologischen Vorgänge in den weiblichen Geschlechtsorganen laufen periodisch ab. Sie bilden den Sexualzyklus, der von einer Brunst zur nächsten dauert. Die **Brunst** bzw. Östrus *(gr. oístros: heftige Leidenschaft, Wutanfall)* ist äußerlich durch die Brunstsymptome erkennbar. Allgemeine Brunstsymptome sind: Schwellung der Schamlippen, Ausfluss von klarem, mehr oder weniger dünnflüssigem Schleim, Unruhe der Tiere, geringe Fresslust und Duldung von Aufspringen (Duldungsreflex). Die Brunst wird in der züchterischen Praxis bei den Tierarten und regional verschieden bezeichnet: z. B. eine Kuh rindert, eine Sau ist rauschig, ein Schaf oder eine Ziege ist bockig, eine Stute ist rossig, eine Hündin ist läufig, eine Katze ist rollig.

Zykluslänge und Zyklustyp

Die Brunst ist jene Phase im Zyklus, während der die Begattung (Belegung) und die Befruchtung erfolgen können. Die **Zykluslänge** ist von

Tierart zu Tierart unterschiedlich mit einer gewissen Variabilität zwischen Rassen und Tieren. Beim **Zyklustyp** wird zwischen monoöstrischen, diöstrischen und polyöstrischen Tieren unterschieden. Monoöstrische Tiere *(gr. mónos: einzig, allein)* werden nur einmal im Jahr brünstig (z. B. Reh, Hirsch), diöstrische Tiere *(gr. dís: zweimal, doppelt)* zweimal (z. B. Hund) und polyöstrische Tiere *(gr. polýs: viel, zahlreich)* mehrmals im Jahr (z. B. Rind, Schwein, Schaf, Ziege und Pferd). Rind und Schwein können während des ganzen Jahres brünstig werden und werden deshalb als **ganzjährig polyöstrisch** bezeichnet. Schaf, Ziege und Pferd werden in der Regel nur während einer bestimmten Periode brünstig (Decksaison) und zeigen deshalb einen **saisonal polyöstrischen** Zyklustyp. Für die Auslösung der saisonalen Brunst spielen Tageslänge und Lichtintensität eine große Rolle. Die Decksaison beim Pferd findet im Frühling, bei Schaf und Ziege üblicherweise im Herbst statt. Es gibt einige wenige Schaf- und Ziegenrassen, die während des ganzen Jahres brünstig werden können und deshalb als **asaisonal polyöstrisch** bezeichnet werden. Beim Huhn werden durch die zeitliche Steuerung der künstlichen Beleuchtung in den Ställen – sogenannte Lichtprogramme – die saisonal bedingten Unterschiede im Reproduktionsmerkmal „Eierlegen" ausgeglichen und dadurch eine über das ganze Jahr verteilte gleichmäßige Legeleistung erreicht. Andere Nutztierarten wie Kaninchen, Lamas oder Kamele weisen eine zusätzliche Besonderheit auf: die induzierte Ovulation. Dies bedeutet, dass die Ovulation direkt durch den Deckakt ausgelöst wird und nicht unabhängig davon nur hormonal bedingt ist.

Brunstintensität und -symptome

Dauer und Ablauf der Brunst sind tierartspezifisch mit einer gewissen Variabilität zwischen Rassen und Tieren. Sie haben mehr Bedeutung für das Herdenmanagement als für züchterische Zwecke. Während beim Natursprung das Erkennen des richtigen Zeitpunkts der Begattung durch das männliche Tier erfolgt, muss diese Entscheidung bei der künstlichen Besamung vom Tierhalter getroffen werden. Die subjektiv vom Tierhalter zu beurteilende **Brunstintensität** ist entscheidend für den Zeitpunkt der Belegung und daraus folgend für eine erfolgreiche künstliche Besamung. Werden die **Brunstsymptome** nicht richtig erkannt oder zeigen die weiblichen Tiere keine äußerlich erkennbaren Brunstsymptome – eine sogenannte stille Brunst –, so ist eine erfolgreiche künstliche Besamung erst wieder bei der nächsten Brunst möglich. Dies führt zu einer Verminderung der Fortpflanzungsfrequenz. Eine erfolgreiche Belegung und Befruchtung ist nur in der Phase der Brunst möglich.

Trächtigkeitsdauer

Die **Trächtigkeitsdauer** ist tierartspezifisch, zeigt aber auch eine gewisse rassebedingte und individuelle Variabilität. Voraussetzung für eine Trächtigkeit, auch **Gravidität** *(lat. graviditas: Schwangerschaft)* genannt, ist die Verschmelzung von Ei- und Samenzelle (Befruchtung) und die Einnistung des Embryos in der Gebärmutter. Für eine erfolgreiche Trächtigkeit ist neben den weiblichen Voraussetzungen natürlich auch die Befruchtungsfähigkeit des männlichen Tieres entscheidend.

Tab. 2.2 Größenordungen für Ejakulatmenge, Spermien pro ml Ejakulat und Spermien pro Besamungsportion verschiedener Nutztierarten (1 Liter = 1000 ml)

Tierart	Ejakulat in ml		Spermien pro ml Ejakulat		Spermien pro Besamungsportion
Rind	5	(2–10)	1,2 Mrd.	(0,5–2,0)	10–20 Mio.
Schwein	250	(100–500)	300 Mio.	(150–600)	1,5–2,5 Mrd.
Schaf	1,5	(0,5–3,0)	2,5 Mrd.	(1,0–5,0)	150–250 Mio.
Ziege	1,5	(0,5–3,0)	2,5 Mrd.	(1,0–5,0)	150–250 Mio.
Pferd	60	(30–150)	200 Mio.	(100–500)	200–400 Mio.

Zwei wichtige Merkmale der **Samenqualität** sind Ejakulatmenge und Anzahl Spermien pro Milliliter Ejakulat (Spermiendichte). Diese Merkmale sind tierartspezifisch und werden auch von anderen Faktoren wie Alter, Kondition und Sprunghäufigkeit beeinflusst. Die sexuelle Belastungsfähigkeit männlicher Tiere drückt sich in der möglichen Sprunghäufigkeit bei weitgehend gleichbleibenden Ejakulateigenschaften aus. Sie nimmt in der Reihenfolge Schaf-/Ziegenbock – Bulle – Hengst – Eber ab. Für den Besamungserfolg bei der künstlichen Besamung ist die Anzahl normal beweglicher und morphologisch einwandfreier Spermien pro Besamungsportion von entscheidender Bedeutung. Die Unterschiede der notwendigen Spermien pro Besamungsportion zwischen den Tierarten sind beachtlich. In Tab. 2.2 sind Größenordnungen für Ejakulatmenge, Spermien pro Milliliter Ejakulat und Spermien pro Besamungsportion verschiedener Nutztierarten gegenübergestellt.

2.1.1 Züchterische Merkmale der Reproduktionsleistung

Merkmale der Reproduktion, die in der praktischen Tierzucht von Bedeutung sind, werden unter dem Begriff **Zucht-** oder **Reproduktionsleistung** zusammengefasst und können allgemein in drei Gruppen eingeteilt werden:

Beginn, Rhythmus und Dauer der reproduktiven Phase

Für eine übersichtliche Darstellung und zum besseren Verständnis sind die Merkmale für Beginn, Rhythmus und Dauer der reproduktiven Phase am Beispiel weibliches Rind entlang der Zeitachse in Tab. 2.3 zusammengefasst.

Der **Beginn** der reproduktiven Phase entspricht dem Erreichen der Zuchtreife und der ersten Belegung, dem sogenannten **Erstbelegalter**. Nach einer erfolgreichen Trächtigkeit kommt es zur Geburt der ersten Nachkommen. Dieses Alter der weiblichen Tiere wird je nach Tierart als **Erstkalbealter, Erstferkelalter, Erstlammalter** oder **Erstfohlalter** bezeichnet. Die Periode zwischen der Geburt und einer neuerlichen Belegung

Erstbelegalter

Erstkalbealter, Erstferkelalter, Erstlammalter oder Erstfohlalter

Tab. 2.3 Beginn, Rhythmus und Dauer der reproduktiven Phase am Beispiel weibliches Rind

Zeitachse	Merkmal
Geburt	–
Geschlechtsreife	–
Zuchtreife (Belegung)	**Erstbelegalter**
Trächtigkeit	**Trächtigkeitsdauer**
1. Abkalbung	**Erstkalbealter, Kalbeverlauf**
Belegung	**Rastzeit** (Abkalbung bis Belegung)
Belegung erfolgreich	**Verzögerungszeit** (Belegung bis erfolgreiche Belegung)
2. Trächtigkeit	**Serviceperiode** (Rastzeit + Verzögerungszeit), Trächtigkeitsdauer
2. Abkalbung	**Zwischenkalbezeit** (1. Abkalbung bis 2. Abkalbung)
usw.	usw.
Letzte Abkalbung	**Nutzungsdauer** (Anzahl Abkalbungen)

Rastzeit

Verzögerungszeit
Güstzeit
Serviceperiode

ist die **Rastzeit** (das weibliche Tier „rastet"). Ist die erste Belegung bzw. Besamung nach der Geburt nicht erfolgreich, so verlängert sich die Rastzeit um mindestens eine weitere Zykluslänge, die sogenannte **Verzögerungszeit**, und somit auch das Intervall bis zur nächsten Geburt. Rastzeit und Verzögerungszeit summieren sich zur **Güstzeit**, beim Rind auch **Serviceperiode** genannt. Güstzeit bzw. Serviceperiode beschreiben somit die Periode zwischen der Geburt der Nachkommen und einer erfolgreichen Belegung bzw. neuen Trächtigkeit und bestimmen das Intervall bis zur nächsten Geburt. Das Geburtsintervall wird je nach Tierart **Zwischenkalbezeit, Zwischenwurfzeit, Zwischenlammzeit** bzw. **Zwischenfohlzeit** genannt.

Zwischenkalbezeit, Zwischenwurfzeit, Zwischenlammzeit bzw. Zwischenfohlzeit

Der **Rhythmus** der reproduktiven Phase und die Fortpflanzungsfrequenz sind von der Güstzeit und der Trächtigkeitsdauer abhängig und nur bei ganzjährig polyöstrischen Tierarten wie Rind und Schwein von Bedeutung. Die Güstzeit wird direkt vom Besamungserfolg und somit auch vom Menschen beeinflusst und gibt deshalb wie das Geburtsintervall primär Auskunft über die Güte des Reproduktionsmanagements in einer Herde.

Nutzungsdauer

Die **Dauer** der reproduktiven Phase wird mit der **Nutzungsdauer** als Anzahl Kalbungen beim Rind bzw. Anzahl Würfe bei Schwein, Schaf und Ziege beschrieben. Der Fachbegriff Nutzungsdauer wird auch als Merkmal für die Milchleistung verwendet und beschreibt die Zeitdauer (in Tagen oder Jahren) von der ersten Abkalbung bzw. Ablammung bis zum Ausscheiden des Tieres (Kap. 2.2.5).

Geburtsverlauf und Anzahl geborener, aufgezogener, abgesetzter Nachkommen

Ein problemloser **Geburtsverlauf** ist eine wichtige Voraussetzung für die Lebensfähigkeit der geborenen Jungtiere und die Gesundheit und Fertilität des Muttertieres. Der Geburtsverlauf wird von den anatomischen Voraussetzungen (z. B. Beckenbreite) der Mutter, der **maternalen** Komponente *(lat. mater: Mutter)*, aber auch von der Größe der geborenen Jungtiere, der **paternalen** Komponente *(lat. pater: Vater)*, beeinflusst. Vor allem bei uniparen Tierarten wie dem Rind ist das Merkmal **Kalbeverlauf** bzw. **Geburtsverlauf** ein züchterisch wichtiges Merkmal und wird subjektiv mit Punkten bewertet (z. B. ohne Geburtshilfe, mit Geburtshilfe, Kaiserschnitt). Tot geborene Jungtiere oder Jungtiere, die innerhalb einer festgelegten Frist (z. B. 24 oder 48 h) nach der Geburt verenden, werden mit dem Merkmal **Totgeburtenrate** erfasst.

Kalbeverlauf bzw. Geburtsverlauf

Totgeburtenrate

Die **Anzahl Nachkommen** je Geburt bei multiparen Tieren wird als **Wurfgröße** bezeichnet und ist das Resultat aus Ovulations-, Befruchtungs- und Entwicklungsrate. Die Wurfgröße ist vor allem beim Schwein von züchterischem Interesse, aber auch in Form der Mehrlingshäufigkeit bei Schaf und Ziege. Neben der **Anzahl lebend geborener Ferkel** bzw. **Lämmer pro Wurf** sind aus züchterischer und wirtschaftlicher Sicht die **Anzahl aufgezogener** und **abgesetzter Ferkel** bzw. **Lämmer pro Wurf** von Bedeutung. Ein Ferkel bzw. Lamm gilt als aufgezogen, wenn es zu einem bestimmten Zeitpunkt (z. B. 21. bzw. 42. Tag) nach der Geburt lebt. Üblicherweise wird zu diesem Zeitpunkt – aber auch früher oder später – die Säugeperiode beendet; d. h., die Jungtiere werden vom Muttertier abgesetzt oder abgespänt (davon leitet sich auch die Bezeichnung Spanferkel ab). Diese Merkmale repräsentieren neben der Reproduktionsleistung auch die **Aufzuchtleistung** des Muttertieres, die vor allem von ihrer Milchleistung und den Muttereigenschaften bestimmt wird. Die Differenz zwischen der Anzahl lebend geborener und aufgezogener Ferkel bzw. Lämmer wird durch das Merkmal **Aufzuchtverluste** oder **Verlustrate** beschrieben. Ausgehend von der Wurfgröße je Geburt und dem Geburtsintervall kann die Anzahl Nachkommen je Zeiteinheit anhand der Merkmale **Anzahl lebend geborener, aufgezogener** oder **abgesetzter Ferkel** bzw. **Lämmer pro Muttertier und Jahr** ausgedrückt werden.

Wurfgröße

Anzahl lebend geborener Ferkel bzw. Lämmer pro Wurf

Anzahl aufgezogener und abgesetzter Ferkel bzw. Lämmer pro Wurf

Aufzuchtverluste oder Verlustrate

Anzahl lebend geborener, aufgezogener oder abgesetzter Ferkel bzw. Lämmer pro Muttertier und Jahr

Trächtigkeitserfolg bei künstlicher Besamung

Die **Non-Return-Rate (NRR)** ist jener Anteil der weiblichen Tiere, bei denen innerhalb einer bestimmten Frist nach einer Besamung keine weitere Besamung durchgeführt wurde. Diese Tiere sind „nicht zur Besamung zurückgekehrt“ und gelten deshalb als trächtig. Beim Rind wird die Frist üblicherweise mit 56 oder 90 Tagen festgesetzt (NRR56 bzw. NRR90). Der Vorteil des Merkmals Non-Return-Rate besteht darin, dass es einfach und ohne großen Aufwand aus den Daten der künstlichen Besamung berechnet werden kann. Es hat allerdings den Nachteil, dass die Ergebnisse durch Einflussfaktoren wie Krankheit, stille

Non-Return-Rate (NRR)

Besamungsindex

Brunst, embryonaler Frühtod etc. verzerrt sein können. Da diese Einflussfaktoren in einer Population aber relativ konstant sind, kann die NRR durchaus als Reproduktionsmerkmal verwendet werden. Der **Besamungsindex** gibt an, wie viele Besamungen im Durchschnitt nötig waren, damit ein weibliches Tier von einem bestimmten männlichen Tier trächtig wurde. Non-Return-Rate und Besamungsindex können aus zwei verschiedenen Perspektiven betrachtet und interpretiert werden: Aus Sicht eines Bullen liefern sie Informationen über die Befruchtungsfähigkeit des Bullen (**paternale** Komponente), die vor allem von seiner Spermaqualität abhängt. Gute Ergebnisse sagen aus, dass die Kühe, die mit diesem Bullen belegt wurden, auch leicht trächtig wurden. Aus Sicht der Töchter eines Bullen liefern sie Informationen über die Fruchtbarkeit der Töchter dieses Bullen (**maternale** Komponente) und gute Ergebnisse bedeuten, dass die Töchter dieses Bullen leicht trächtig wurden. Für aussagekräftige Ergebnisse für Non-Return-Rate und Besamungsindex müssen allerdings viele Besamungen pro männliches Tier zur Verfügung stehen.

Fragen zu Kapitel 2.1

- Was verstehen Sie unter Remontierung und uni- bzw. multiparen Tieren?
- Erläutern Sie die Unterschiede zwischen Geschlechts- und Zuchtreife und deren Bedeutung für die Tierzucht.
- Erklären Sie den Zusammenhang zwischen Fortpflanzungsfrequenz, Brunst, Zyklustyp und Zykluslänge.
- Wie lange dauert im Durchschnitt die Trächtigkeit von Rind, Schwein, Schaf, Ziege und Pferd? Beschreiben Sie den Zyklustyp und die durchschnittliche Zykluslänge der genannten Nutztierarten.
- In welche drei Gruppen können die Merkmale der Zuchtleistung (Reproduktion), die in der Praxis züchterisch bearbeitet werden, allgemein zusammengefasst werden? Nennen Sie für jede Gruppe Beispiele.

2.2 Milch

Milch ist das erste Nahrungsmittel jedes Säugetiers und wird in den Milchdrüsen der weiblichen Tiere gebildet. Die Bezeichnung der zoologisch-systematischen Klasse Säugetiere leitet sich von der säugenden Ernährung der Neugeborenen durch Milch in der ersten Lebensphase ab. Der Mensch nützt Milch und Milchprodukte verschiedener Tierarten für seine Ernährung schon seit Beginn der Domestikation. Großen Einfluss auf die Bedeutung der Milch und Milchprodukte für die menschliche Ernährung in Europa hatten das Aufkommen der Labkäserei im 16. Jahrhundert in der Schweiz, die Anwendung der Zentrifuge für die mechanische Rahmgewinnung am Ende des 19. Jahrhunderts und die Entwicklung der Melkmaschine am Anfang des 20. Jahrhunderts. Im Hinblick auf Bestandeszahlen und Leistungsentwicklung haben sich weltweit Rind, Wasserbüffel, Schaf und Ziege zu den bedeutendsten Tierarten für die Milcherzeugung entwickelt. Aber auch andere Tierarten wie Yak, Kamel und Pferd spielen in bestimmten Regionen eine gewisse Rolle.

Milchdrüsen, Euter, Gesäuge

Milchdrüsen sind entwicklungsbiologisch gesehen modifizierte Schweißdrüsen, deren grundsätzliche Anlage bei weiblichen und männlichen Tieren vorhanden ist. Eine Milchdrüse, auch Milchdrüsen- oder Mammarkomplex genannt, besteht aus einem Drüsenkörper mit Alveolen, Milchgängen, Zisterne und einer Zitze mit Zisterne und Strichkanal. Hat eine Zitze mehrere Strichkanäle, so besteht dieser Michdrüsenkomplex aus mehreren getrennten Drüsenkörpern. Die Bezeichnung **Euter** oder **Gesäuge** umfasst alle Milchdrüsenkomplexe eines weiblichen Tieres. Das Euter des Rindes und Wasserbüffels besteht aus 4 Milchdrüsen mit 1 Strichkanal pro Zitze, das Euter des Schafes und der Ziege aus 2 Milchdrüsen mit 1 Strichkanal pro Zitze, das Euter des Pferdes aus 2 Milchdrüsen mit 2 Strichkanälen pro Zitze und das Gesäuge des Schweines aus 12–16 Milchdrüsen mit 2–3 Strichkanälen pro Zitze. Die Euter der genannten Nutztierarten befinden sich am Bauch zwischen den Hinterbeinen, das Gesäuge paarig am Bauch bis zur Brust. Aufgrund der großen Bedeutung des Rindes für die Milcherzeugung wird im Folgenden der Aufbau des Euters, die Milchbildung, Eutergesundheit und Milchgewinnung beim Rind kurz dargestellt.

2.2.1 Euter der Kuh

Aufhängung des Euters, Zitzen

Das Euter der Kuh besteht aus vier getrennten Milchdrüsenkomplexen mit jeweils einer Zitze, nämlich den beiden Vorder- und Hintervierteln. Die **Aufhängung des Euters** besteht aus elastischen Bändern oder Faszien (Abb. 2.1). Das tiefe Blatt der äußeren Rumpffaszie (gelbe Bauchhaut) spaltet im Bereich des Euters sowohl seitlich als auch median Blätter ab. Diese äußeren und medianen Hauptblätter verlaufen an der Oberfläche der Drüsenkörper Richtung Zitzen und spalten Nebenblätter ab,

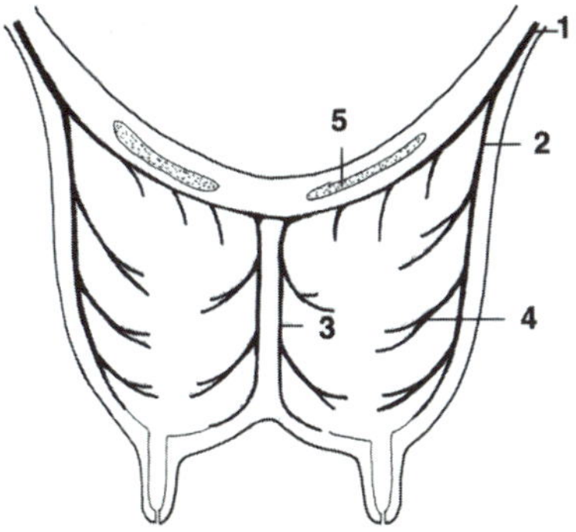

Abb. 2.1 Aufhängeapparat des Rindereuters: 1 – tiefes Blatt der gelben Bauchhaut (äußere Rumpffaszie), 2 – äußeres Hauptblatt, 3 – medianes Hauptblatt, 4 – Nebenblatt, 5 – gerader Bauchmuskel (Löffler, 2002)

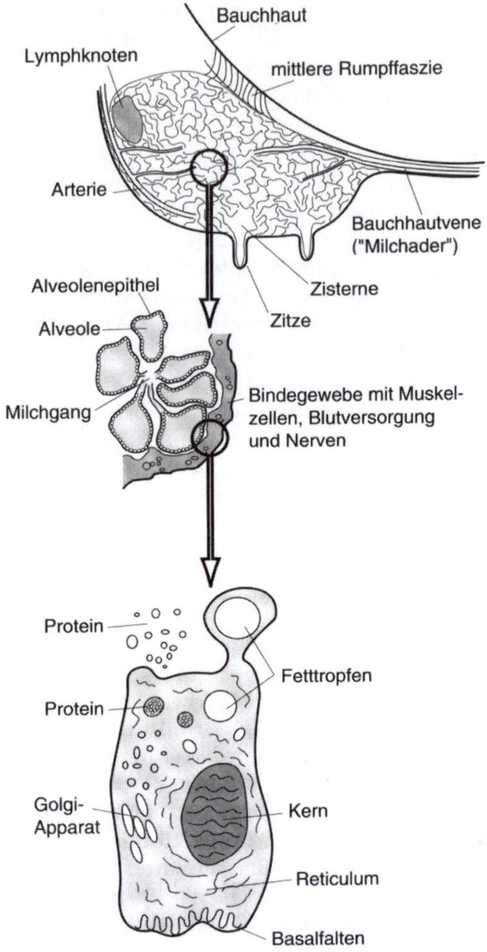

Abb. 2.2 Aufbau des Rindereuters (GRAVERT 1994)

die sich zwischen die Drüsenlappen einsenken und schließlich im Drüsengewebe aufgehen. Diese Anordnung gewährleistet eine druck- und zugfreie Aufhängung des Euters.

Die Drüsenkörper sind von einer Fettkapsel umgeben, auf der die fein behaarte und leicht verschiebbare Haut aufliegt. An den **Zitzen** lässt sich die haarlose, mit vielen druckempfindlichen Nervenenden ausgestattete Haut nicht verschieben. Sie ist Teil der Zitzenwand, die aus kollagenem und elastischem Bindegewebe besteht und von Bündeln glatter Muskulatur durchzogen wird. Am Zitzenausgang verdichten sich diese Bündel zum **Zitzenschließmuskel**. Das Gewicht des leeren Euters beträgt bei jungen Kühen etwa 10 kg und steigt bei ausgewachsenen Kühen auf über 20 kg. Ein gefülltes Euter kann daher bei hochleistenden Kühen mehr als 50 kg schwer sein. Diese wiederholte Gewichtsbelastung erfordert eine einwandfreie und kräftige Aufhängung des Euters. Die korrekte Aufhängung des Euters, die gleichmäßige Ausbildung der Viertel und die gerade Stellung der Zitzen sind wichtige Kriterien der Euterform und Voraussetzung für einen raschen, routinemäßigen Melkvorgang.

Parenchym, Alveolen, Milchgang

Die vier Milchdrüsenkomplexe sind vollständig getrennt. Ein Austausch kann nur über das Blut- und Lymphsystem stattfinden. Jeder Milchdrüsenkomplex besteht aus dem **Parenchym** *(gr. pará: daneben, égchymos: mit Saft drin)* – das Milch bildende Gewebe, dessen kleinste Einheit die Alveolen sind –, dem Milchableitungssystem (Milchgänge, Zisterne, Zitze und Strichkanal), dem Binde- und Stützgewebe, den Blut- und Lymphgefäßen sowie dem Nervensystem (Abb. 2.2). **Alveolen** *(lat. alveolus: kleine Wanne, Säckchen)* bestehen aus einer Schicht Epithelzellen, die auf einer Basalmembran kugelförmig angeordnet sind. Die Epithelzellen umschließen das Innere der Alveole, das sogenannte Lumen, in das die gebildete Milch abgegeben wird. Zwischen der Basalmembran und den Epithelzellen liegen die sogenannten Körbchenzellen, die die Milch aus dem Lumen in den Milchgang pressen. Im Parenchym sind jeweils ca. 150–200 Alveolen durch einen gemeinsamen winzigen Milchgang verbunden, von Bindegewebe mit Muskelzellen umgeben und mit Blut- und Nervengefäßen versorgt. Diese Drüsenläppchen bilden weintraubenartig einen Drüsenlappen mit einem gemeinsamen Milchgang. Die aus vielen Drüsenlappen zusammenführenden Milchgänge vereinigen sich zu großen Milchgängen, die in die Zisterne einmünden.

Zisterne, Strichkanal

Die **Zisterne** besteht aus einem im Drüsenkörper gelegenen Teil, der Drüsenzisterne, und einem in der Zitze gelegenen Teil, der Zitzenzisterne. Ein stark ausgeprägter Venenring (FÜRSTENBERGscher Venenring) trennt die Drüsenzisterne von der Zitzenzisterne. Dieser Venenring muss durch den Saug- oder Melkreiz überwunden werden, damit Milch abfließen kann. Die Zitzenzisterne ist mit faltiger Schleimhaut ausgebildet, die sich bis in den abschließenden Strichkanal fortsetzt. Diese Schleimhaut spielt bei der Abwehr eingedrungener pathogener Erreger eine wichtige Rolle. Mechanische Reizungen durch eine nicht richtig funktionierende Melkmaschine tragen daher zur Verringerung der Resistenz gegen Euterinfektionen bei. Der abschließende **Strichkanal** ist etwa 1 cm lang und wird am Ende durch den Zitzenschließmuskel abgeschlossen, der das Ausfließen der Milch zwischen den Melkzeiten verhindert.

Blut- und Lymphgefäße, Nervenrezeptoren

Da für die Synthese von einem Liter Milch etwa 300–500 Liter Blut das Euter durchströmen müssen, verfügt das Euter über ein ausgeprägtes **Blutgefäßsystem**, bestehend aus je drei großen Arterien und Venen. Äußerlich gut sichtbar ist die große Bauchhautvene. Die **Lymphgefäße** des Euters vereinigen sich in den Lymphknoten, die über den Hintervierteln liegen. Sammelt sich Lymphflüssigkeit in größeren Mengen im Euter an, so bildet sich ein Euterödem. Diese gutartige Schwellung kann hauptsächlich vor und nach einer Geburt auftreten und verschwindet wieder. Die Versorgung des Euters mit sensiblen **Nervenrezeptoren** ist vor allem in den Zitzenwänden lokalisiert. Sie reagieren besonders auf Druck- und Temperaturreize und spielen für die Milchabgabe eine wichtige Rolle.

2.2.2 Milchbildung

Die Milchbildung findet innerhalb der Epithelzellen der **Alveolen** statt und ist ein kontinuierlicher Prozess, bei dem bestimmte Bestandteile der Milch direkt aus dem Blut übernommen werden wie z. B. Vitamine, Mineralstoffe, Spurenelemente, Harnstoff, Hormone, aber auch Schwermetalle und Pestizide. Der größte Teil wird nach Übernahme von Bausteinen aus dem Blut in den Epithelzellen der Alveolen neu synthetisiert: wie Milchfett, Milchproteine und Milchzucker. Die hohe **Stoffwechselaktivität** des Euters erfordert neben einem intensiven Zu- und Abfluss des Blutes auch eine ausreichende Versorgung der Kuh mit Trinkwasser für die Milchsynthese (60–80 Liter pro Tag und mehr).

Milchfett

Das **Milchfett** liegt in der Milch in Form feinster Tröpfchen mit einem durchschnittlichen Durchmesser von 3–4 µm vor (1 mm = 1000 µm). Sie werden im endoplasmatischen Reticulum der Epithelzellen der Alveolen gebildet, steigen an die Zelloberfläche auf, werden dort schließlich abgeschnürt und als Fetttröpfchen in das Lumen der Alveole abgegeben (Abb. 2.2). Die Fetttröpfchen sind von einer Protein-Phospholipid-Cholesterin-Membran umgeben, damit sie keine Klumpen bilden. Diese Membran wird bei der „Verbutterung“ mechanisch zerstört, und die Fetttröpfchen verklumpen sich dann zu Butter. Die **Fettsäuren** des Milchfettes bestehen aus kurz-, mittel- und langkettigen Fettsäuren. Die kurz- und mittelkettigen Fettsäuren (C_2–C_{12}) werden direkt in den Epithelzellen der Alveolen synthetisiert. Die dafür notwendigen Vorstufen Essig- und Buttersäure entstehen im Pansen durch den mikrobiellen Abbau des Futters und werden direkt aus dem Blut entnommen. Die langkettigen Fettsäuren (C_{14}–C_{22}) stammen aus dem Futterfett und werden in einer speziellen Transportform über den Lymph- und Blutweg zu den Alveolen geführt. Die Zusammensetzung des Futters beeinflusst somit das **Fettsäurenmuster** und daraus folgend die Zusammensetzung des Milchfettes. Frisches Grünfutter führt in der Regel zu einem höheren Anteil ungesättigter, langkettiger Fettsäuren (v. a. Ölsäure C 18:1) und resultiert im weicheren „Sommerfett“. Der Anteil ungesättigter Fettsäuren ist deshalb für die Streichfähigkeit der Butter bedeutsam.

Milchproteine

Die **Milchproteine** werden in den Epithelzellen der Alveolen aus überwiegend im Pansen mikrobiell gebildeten Aminosäuren synthetisiert, die aus dem Blut entnommen werden. Die Proteinsynthese findet in den Ribosomen im endoplasmatischen Reticulum statt (Abb. 2.2). Nach der Synthese der Polypeptidkette wird das Protein vom Ribosom

Tab. 2.4 Zusammensetzung des Milchproteins der Kuhmilch

Caseine (ca. 80%)	Molkenproteine (ca. 20%)
α-Casein (ca. 50%)	β-Laktoglobulin (ca. 55%)
β-Casein (ca. 35%)	α-Lactalbumin (ca. 20%)
κ-Casein (ca. 12%)	Immunglobuline (ca. 15%)
γ-Casein (ca. 3%)	Blutserumalbumin (ca. 7%)
	Lactoferrin (ca. 2%)

gelöst, in das Zellplasma abgegeben, am Golgi-Apparat gesammelt und in kleinen Bläschen (Vakuolen) durch die Zellmembran der Epithelzelle in das Lumen der Alveole ausgeschleust. Die Verknüpfung der **Aminosäuren** ist ein energieintensiver Prozess. Aus diesem Grund hat primär der Energiegehalt und nicht der Proteingehalt des Futters Einfluss auf den Proteingehalt der Milch. Die Hauptfraktionen des Milchproteins der Kuhmilch sind zu etwa 80% Caseine, zu etwa 20% Molkenproteine (Milchserumproteine) und in sehr geringem Ausmaß Enzyme und Bestandteile der Fettkügelchenmembran (Tab. 2.4). **Caseine** können durch Zusatz von Labferment oder schwachen Säuren, nicht aber durch Kochen, ausgefällt werden. Sie sind deshalb für die Herstellung von Käse- und Sauermilchprodukten von großer Bedeutung. Die **Molkenproteine** werden besonders zahlreich nach der Geburt in der Kolostralmilch (Biestmilch) ausgeschieden und sind für den Aufbau des Immunsystems des Kalbes von großer Bedeutung.

Milchzucker

Der **Milchzucker** (Laktose) wird aus der Vorstufe Glucose aus dem Blut zur Gänze in den Epithelzellen der Alveolen gebildet. Die Synthese der Laktose findet im Golgi-Apparat statt, und die Laktose wird zusammen mit den Proteinen in Bläschen durch die Zellmembran der Epithelzelle in das Lumen der Alveole ausgeschleust. Ein Schlüsselprotein für die Laktosesynthese ist das Molkenprotein α-Lactalbumin. Der Laktosegehalt der Milch ist sehr stabil und wird durch die Fütterung kaum beeinflusst. Neben ihrer Wirkung als Nähr- und Geschmacksstoff hat die Laktose eine weitere Funktion als wichtigster **osmotisch** wirksamer Bestandteil der Milch. Die in das Lumen der Alveole abgegebene Laktose zieht regelrecht Wasser nach, um das osmotische Gleichgewicht wieder herzustellen. Auf diese Weise wird die erzeugte Milchmenge mitgesteuert. Aus den kurz beschriebenen Vorgängen der Fett-, Protein- und Laktosesynthese in der Milchdrüse ist der enge Zusammenhang zwischen dem **Pansenstoffwechsel** und der **Milchbildung** ersichtlich.

Zusammensetzung der Milch

Die wichtigsten Einflussfaktoren auf die **Zusammensetzung der Milch** und die Milchmenge sind neben der Fütterung und der genetischen Veranlagung das Alter und die Haltung der Kühe. Die Zusammensetzung der Milch ist tierartspezifisch und variiert teilweise erheblich. In Tab. 2.5 sind der durchschnittliche Fett-, Protein-, Laktose- und Trockenmassegehalt der Milch verschiedener Tierarten, verglichen mit

Tab. 2.5 Durchschnittliche Zusammensetzung der Milch (%) verschiedener Nutztierarten und des Menschen (Kielwein 1988, Loeffler 2002, Lengerken und Eder 2003; ergänzt und Werte gerundet)

Nutztierart, Mensch	Fett	Protein	Laktose	Trockenmasse
Rind, Kolostrum (1. Gemelk)	3,5	14,0	3,0	20,5
Rind	4,0	3,5	4,5	12,0
Schaf	6,0	5,0	5,0	16,0
Ziege	3,5	3,0	4,5	11,0
Pferd	1,5	2,0	6,0	9,5
Schwein	6,5	5,0	5,0	16,5
Mensch	4,0	1,0	7,0	12,0

Kolostralmilch

dem Mensch, zusammengefasst. Der hohe Wassergehalt von etwa 80–90% unterstreicht die große Bedeutung der Wasserversorgung für die Milchbildung. Die erste Milch nach der Geburt wird Kolostrum, **Kolostralmilch** oder Biestmilch genannt und unterscheidet sich deutlich von einer normalen Milch. Sie ist gelblich bräunlich und zeichnet sich durch einen reduzierten Laktosegehalt, einen deutlich erhöhten Proteingehalt (v. a. Immunglobuline) und einen hohen Salz- und Vitamingehalt aus. Jedes Kalb sollte unmittelbar nach der Geburt Kolostralmilch in ausreichender Menge erhalten, da sie die unbedingt notwendigen stallspezifischen Immunglobuline für den ersten Infektionsschutz enthält. Dies gilt für die Kolostralmilch aller Säugetiere. Die Kolostralmilch ist nicht verkehrsfähig und darf deshalb nicht in den Handel gebracht werden. Nach vier bis fünf Tagen zeigt die Kuhmilch ihre normale Zusammensetzung.

Schafmilch hat einen deutlich höheren Fett- und Proteingehalt als Kuhmilch, während Ziegenmilch dieser ähnlich ist. Stutenmilch hat den höchsten Laktosegehalt, aber auch die geringste Trockenmasse, während die Milch des Schweins die höchste Trockenmasse aufweist und in der Zusammensetzung der Schafmilch sehr ähnlich ist. Die menschliche Milch hat im Vergleich zur Kuhmilch einen geringeren Proteingehalt und der Anteil an Molkenproteinen in der Proteinfraktion ist mit ca. 60% gegenüber ca. 20% in der Kuhmilch deutlich höher. Der Laktosegehalt ist klar höher, während der Fettgehalt sehr ähnlich ist. Stutenmilch ist der menschlichen Milch, abgesehen vom geringeren Fettgehalt, sehr ähnlich. Sie hat ebenfalls einen niedrigen Proteingehalt mit einem hohen Anteil an Molkenproteinen und ist reich an Laktose.

2.2.3 Eutergesundheit

Mastitis

Bei allen Erkrankungen der Kühe muss mit einer Beeinträchtigung der Milchbildung gerechnet werden. Besonders ausgeprägt ist dieser Einfluss bei einer Euterentzündung, der sogenannten **Mastitis**. Euterentzündungen werden in klinische (akute) und subklinische (chronische) Mastitis unterschieden, die überwiegend bakteriell durch Staphylokokken *(Staphylococcus aureus)* und Streptokokken *(Streptococcus agalactiae, Streptococcus dysgalactiae)* verursacht werden. Klinische Mastitis ist durch Anschwellen der Milchdrüse, Schmerzhaftigkeit und teilweise Verfärbung der Euterhaut und grobsinnlich wahrnehmbare Veränderungen der Milch erkennbar. Solche Milch kann Flocken, Eiter oder auch Blut enthalten. Subklinische Mastitis ist äußerlich nicht zu erkennen, da die Milchdrüse keine auffälligen Veränderungen zeigt und die Milch keine grobsinnlich wahrnehmbare Veränderungen aufweist. Eine erhöhte Anzahl **somatischer Zellen** (Leukozyten, Lymphozyten, Epithelzellen) in der Milch von erkrankten Eutervierteln zeigt sich in einer Erhöhung der sogenannten Zellzahl, die deshalb für die indirekte Erkennung einer subklinischen Mastitis verwendet wird. Die **Zellzahl** wird aber auch von anderen Stressfaktoren wie Futterumstellung, Transport, schlechte Haltungsbedingungen, Hitzestress oder dem Alter der Kühe beeinflusst. Der Einfluss der euterpathogenen Mikroorganismen ist aber am größten, und deshalb wird die Zellzahl für die Diagnose einer Mastitis verwendet. Milch aus einem gesunden Euter hat im Durchschnitt mehrerer Proben eine Zellzahl von <100.000/ml; 100.000–400.000/ml bedeuten steigender Mastitisverdacht, bei Werten > 400.000/ml liegt Mastitis vor und eine Behandlung ist notwendig. Subklinische **Mastitis** führt zu einer Verminderung der Milchmenge, verändert die Milchzusammensetzung, beeinflusst die technologische Verwertbarkeit und die hygienische Wertigkeit der Milch. Sie ist die bedeutendste **Rinderkrankheit** in der intensiven Milchwirtschaft und hat, neben dem negativen Einfluss auf das Wohlbefinden der Kühe, auch große negative ökonomische Auswirkungen (Leistungsrückgang, Milchlieferverbot während der Behandlung mit Antibiotika, Behandlungskosten etc.). Die **Zellzahl** kann im Rahmen der routinemäßigen Analyse der Milchinhaltsstoffe im Milchlabor leicht bestimmt werden. Sie ist für züchterische Entscheidungen als **Hilfsmerkmal** geeignet, weil sie leicht bestimmt werden kann, mit subklinischer Mastitis in einer engen Beziehung (genetischen Korrelation) steht und deshalb für deren Diagnostik „zu Hilfe“ gezogen werden kann.

Zellzahl

2.2.4 Milchgewinnung

Melken

Grundvoraussetzung für die Aufrechterhaltung der Milchbildung ist ein regelmäßiger Milchentzug durch Säugen oder **Melken**. Die Milchgewinnung setzt die Überwindung der Schließkraft des Zitzenschließ-

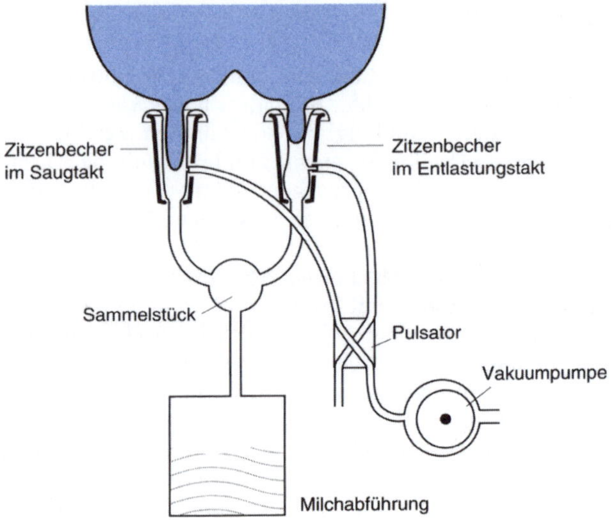

Abb. 2.3
Wirkungsprinzip der Melkmaschine (Gravert, 1994)

muskels voraus. Dies ist entweder durch Erhöhung des Zitzeninnendruckes (Milchentzug durch Überdruck) oder durch Absenkung des Umgebungsdruckes der Zitze (Milchentzug durch Unterdruck) möglich. Der Milchentzug durch das saugende Kalb erfolgt durch eine Kombination von Unterdruck (saugen) und Überdruck (pressen), die durch das Zusammenspiel von Zunge, Unter- und Oberkiefer sowie Schluckbewegungen erzeugt wird. Beim händischen Melken erfolgt der Milchentzug nur durch Überdruck, beim maschinellen Melken mit der Melkmaschine nur durch Unterdruck. In der Melktechnik wird der Unterdruck allgemein als „Vakuum" bezeichnet. Üblicherweise werden die Kühe in einem etwa 12-stündigen Rhythmus zweimal am Tag gemolken. Setzt man damit aus, kommt die Milchbildung nach ungefähr 36 Stunden zum Stillstand.

Melkmaschine

Jede **Melkmaschine** funktioniert nach dem Saugmelk-Prinzip mit Zweiraum-Zitzenbechern und pulsierendem Milchentzug. Das **Melkzeug**, jener Teil einer Melkanlage, der unmittelbar am Euter arbeitet, besteht aus den Zitzenbechern (Melkbechern), Milch führenden Schläuchen, dem Sammelstück, Luft führenden Schläuchen und dem Pulsator (Abb. 2.3). Der Zitzenbecher ist mit dem Zitzengummi ausgekleidet, der sich im kurzen Milchschlauch zum Sammelstück fortsetzt und den Innenraum des Zitzenbechers in zwei Bereiche unterteilt (Zweiraum-Zitzenbecher): den Innenraum für die Aufnahme der Zitze und die Ableitung der Milch und den Zwischenraum zwischen Zitzengummi und Zitzenbecher. Der Lufteintritt bzw. das Vakuum im Zwischenraum werden wechselseitig durch den Pulsator gesteuert. Die Pulsfrequenz (Taktzahl) beträgt zwischen 50 und 70 pro Minute. In der **Saugphase** steht der Innen- und Zwischenraum unter Vakuum (etwa 40–50 Kilopascal), die Milch tritt aus der Zitze aus und wird über das

Sammelstück abgeleitet. In der **Entlastungsphase** strömt Luft in den Zwischenraum ein, der Zitzengummi kollabiert unterhalb der Zitze, dadurch wird das Vakuum an der Zitze reduziert und der Milchfluss wird unterbrochen. Voraussetzungen für eine ordnungsgemäße Melkarbeit sind eine einwandfreie Beschaffenheit der Gummiteile, ein stabiles Vakuum mit ausreichender Pumpleistung, eine exakte Steuerung des Vakuums (Pulsator) und ein regelmäßiges Service der Melkanlage.

Melkanlagen

Bei den Melkanlagen werden zwei Gruppen unterschieden: die Stall-Melkanlagen und die Melkstände. Bei **Stall-Melkanlagen** werden die Kühe in Anbinde-Haltung gehalten und an ihrem Standplatz gemolken, d. h., die melkende Person muss zu den Kühen gehen. Es gibt zwei Gruppen von Stall-Melkanlagen: Eimer-Melkanlagen und Rohr-Melkanlagen. Bei der **Eimer-Melkanlage** ist das Melkzeug mit einem Eimer gekoppelt, in dem die Milch gesammelt wird. Melkzeug und Eimer müssen zum Standplatz der Kuh getragen werden und werden dort über ein Ventil an eine Vakuumleitung (in der Praxis oft Luftleitung genannt) angeschlossen. Bei einer **Rohr-Melkanlage** wird die Milch nicht in einem Eimer gesammelt, sondern über eine parallel zur Vakuumleitung geführte Milchleitung abgeführt und außerhalb des Stalles in einem Tank gesammelt. Es muss also nur das Melkzeug zu den Kühen getragen werden. **Melkstände** dagegen sind an einem Ort errichtet, zu dem die Kühe zum Melken getrieben werden, d. h., die Kühe müssen zur melkenden Person gehen. Melkstände sind deshalb mit Laufstall-Haltung gekoppelt. Melkstände bieten gegenüber Stall-Melkanlagen den Vorteil, dass die Kühe ca. einen Meter höher stehen als die melkende Person. Daraus ergeben sich eine günstigere Arbeitshaltung und kürzere Arbeitswege sowie bessere melktechnische und milchhygienische Verhältnisse. **Automatische Melksysteme**, auch Melkroboter genannt, werden der Gruppe der Melkstände zugeordnet. Sie haben den Vorteil, dass die Kühe sich „nach Bedarf" melken lassen können und daher die Melkfrequenz besser den physiologischen Bedürfnissen angepasst und damit euter- und tierschonender ist. Obgleich bei Automatischen Melksystemen das Melken ohne direkte Beteiligung eines Menschen erfolgt, benötigen diese Systeme trotzdem eine intensive Überwachung, weil die Tierbeobachtung (z. B. Brunsterkennung), die ansonsten zu einem großen Teil im Zusammenhang mit dem Melken erfolgt, zusätzlich eingeplant und aktiv durchgeführt werden muss. Einer Arbeitszeitersparnis in Höhe von etwa 50% stehen die deutlich höheren Anschaffungskosten der Melkroboter gegenüber.

2.2.5 Züchterische Merkmale der Milchleistung

Die **Milchleistung** einer Kuh kann mit mehreren Merkmalen erfasst und züchterisch bearbeitet werden. Die quantitative Milchleistung beschreibt, welche Menge Milch, Fett und Protein von einer Kuh während einer biologisch bestimmten Zeitperiode, der sogenannten **Laktation**

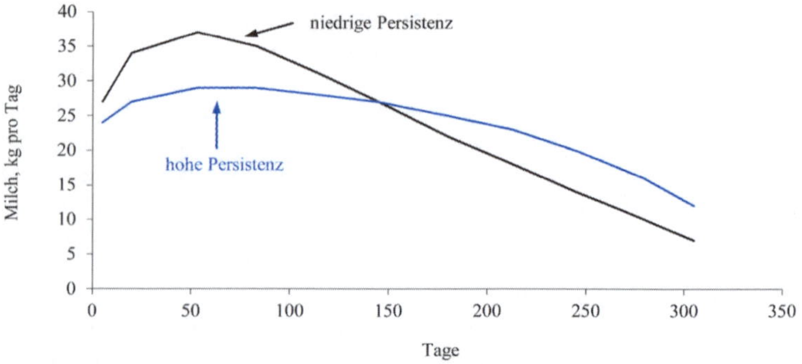

Abb. 2.4 Persistenz bzw. Laktationskurvenverlauf beim Rind

Standardlaktation oder 305-Tage-Laktation

Milchmenge

Fettgehalt

Fettmenge

Proteingehalt

Proteinmenge

Erstlaktation

Laktationsdurchschnitt

Lebensleistung

Nutzungsdauer

Persistenz

(lat. lactare: Milch geben), erzeugt wird. Die Laktation wird durch die Zwischenkalbezeit bestimmt und ist für Vergleichszwecke und mathematisch-statistische Analysen international mit 305 Tagen als **Standardlaktation** oder **305-Tage-Laktation** definiert. Sie umfasst die **Milchmenge**, den durchschnittlichen **Fettgehalt** und die **Fettmenge** sowie den durchschnittlichen **Proteingehalt** und die **Proteinmenge** der ersten 305 Tage einer Laktation. Da die tägliche Erfassung der Milchleistung einer Kuh viel zu aufwwndig und teuer wäre, erfolgt die Berechnung der Leistung einer Laktation mithilfe mathematischer Modelle auf Basis der an 8–10 Prüftagen exakt erfassten Milchmenge einer Kuh und der im Labor bestimmten Fett- und Proteingehalte dieser Milch. Die Leistung der ersten Laktation wird als **Erstlaktation** bezeichnet und ist üblicherweise geringer als die der nachfolgenden Laktationen. Die Leistungen mehrerer Laktationen werden im **Laktationsdurchschnitt** zusammengefasst. Alle Laktationen einer Kuh summieren sich zur **Lebensleistung**, die neben den Laktationsleistungen auch von der **Nutzungsdauer** (Tage oder Jahre in Milch) der Kuh abhängt. Die hier beschriebenen Merkmale der quantitativen Milchleistung werden auch beim Milchschaf und der Ziege verwendet, allerdings ist die Standardlaktation in Abhängigkeit von der Rasse kürzer definiert (z. B. 240, 200 oder 150 Tage).

Der Verlauf der Laktation kann grafisch als **Laktationskurve** dargestellt werden und ist tierspezifisch. Beide in Abb. 2.4 dargestellten Kühe haben dieselbe Standardlaktation, zeigen allerdings einen unterschiedlichen Verlauf der Laktationskurve und deshalb eine unterschiedliche Persistenz. Unter **Persistenz** versteht man die Fähigkeit der Kuh, die Milchleistung über den Verlauf der Laktation hinweg auf einer bestimmten Höhe zu halten. Man spricht in diesem Zusammenhang auch vom Durchhaltevermögen einer Kuh. Eine hohe Persistenz bewirkt daher einen flacheren Verlauf der Laktationskurve. Eine möglichst hohe Persistenz ist erstrebenswert, weil zur Zeit des Leistungsmaximums eine neue Trächtigkeit beginnen soll. Bei einer niedrigen Persistenz ist das Leistungsmaximum zu diesem Zeitpunkt sehr ausgeprägt. Um das durch hohe Tagesleistungen verursachte hohe Energiedefizit bei der Milchbildung zu reduzieren, muss viel Depotfett mobilisiert werden. Es kommt zu einer hohen physiologischen Belastung der Kuh, was wiederum Stoffwechselerkrankungen (z. B. Ketose, Milchfieber) oder eine verminderte Fruchtbarkeit, d. h. keine Trächtigkeit bei der ersten Besamung zur Folge haben kann. Eine verzögerte Trächtigkeit verursacht eine verlängerte Serviceperiode und dadurch bedingt auch eine verlängerte Zwischenkalbezeit. Eine hohe Persistenz ermöglicht außerdem, dass ein größerer Anteil der Milchmenge aus dem (billigen) Grundfutter (Gras, Heu, Silagen) erzeugt werden kann, während sehr hohe Tagesleistungen nur mit viel (teuerem) zusätzlichem Kraftfutter erzielt werden können.

Melkbarkeit

Arbeitswirtschaftlich spielt die **Melkbarkeit** eine wichtige Rolle, da die Melkarbeit einen großen Teil der Stallarbeit ausmacht. Unter Melkbarkeit versteht man die Veranlagung einer Kuh, sich bei richtiger Melktechnik und ordnungsgemäß funktionierender Melkmaschine schnell, gleichmäßig und vollständig ausmelken zu lassen. Ein einfaches Merkmal für die Beschreibung der Melkbarkeit ist das **durchschnittliche Minutengemelk (DMG)**. Es ergibt sich aus der mit der Melkmaschine gemolkenen Milchmenge dividiert durch die Dauer des Milchflusses und wird in kg/min angegeben. Angestrebt wird ein DMG von ca. 2–3 kg/min, wobei ein zu geringer Milchfluss die Melkzeit verlängert und daher sowohl aus arbeitswirtschaftlicher Sicht als auch unter dem Aspekt der mechanischen Belastung der Zitze gesundheitlich unerwünscht ist. Ein zu hoher Michfluss (> 3 kg/min) geht meist mit einem nicht ausreichenden Abschluss der Zitze durch den Zitzenschließmuskel einher und birgt daher das Risiko des Eindringens von Keimen in das Euter mit einer nachfolgenden Mastistiserkrankung. Neben dem DMG spielt auch die Vermeidung sogenannter „Blindmelkzeiten“, also dem Einwirken des Vakuums ohne Milchfluss, und das Melkverhalten der Kühe eine Rolle.

Durchschnittliches Minutengemelk (DMG)

Fragen zu Kapitel 2.2

- Beschreiben Sie den grundsätzlichen Aufbau eines Milchdrüsenkomplexes am Beispiel des Rindereuters.
- Skizzieren Sie die grundsätzlichen physiologischen Zusammenhänge bei der Milchbildung.
- Vergleichen Sie die durchschnittliche Zusammensetzung der Milch der Nutztierarten Rind, Schaf, Ziege, Pferd und Schwein.
- Erklären Sie den Begriff Mastitis, seinen Zusammenhang mit der Zellzahl und die Bedeutung für die Milchwirtschaft.
- Mit welchen Merkmalen kann die quantitative Milchleistung der Kuh erfasst werden? Erläutern Sie kurz die Merkmale.
- Was verstehen Sie unter Persistenz? Fertigen Sie als unterstützende Erklärung eine Skizze an. Erklären Sie den Zusammenhang zwischen Persistenz und der physiologischen Belastbarkeit der Kuh zu Beginn einer neuen Trächtigkeit.
- Was verstehen Sie unter guter Melkbarkeit und wie kann sie erfasst werden?

2.3 Wachstum und Fleisch

2.3.1 Wachstum

Gewichtszunahme, Mastleistung

Wachstum ist ein außerordentlich komplexer biologischer Prozess, der grundsätzlich aus anabolen (Stoffansatz) und katabolen (Stoffumsatz) Vorgängen besteht. In der tierischen Produktion versteht man unter **Wachstum** im einfachsten Fall die **Gewichtszunahme** junger Tiere, die in einem engen Zusammenhang mit der Bildung von Fleisch steht, und als Mastleistung bezeichnet wird. Dabei verläuft das Wachstum der Körperteile nicht gleichmäßig intensiv, sodass es im Laufe der Entwicklung von Tieren zu Veränderungen der Körperproportionen kommt. Abb. 2.5 veranschaulicht die Veränderungen aller Körperproportionen vom Kalb bis zur ausgewachsenen Kuh. Im Jugendstadium überwiegt das Höhen- und Längenwachstum, während sich später das Wachstum auf die Breite und die Tiefe des Tieres beschränkt. Die Zunahme an Körpermasse beruht auf der Zunahme der Gewebearten **Muskeln, Fett** und **Knochen**, wobei das Wachstum der Gewebearten schwerpunktmäßig in zeitlichen Phasen verläuft. Die Reihenfolge Knochen – Muskeln – Fett gilt für alle Tierarten und ist für die Mast von landwirtschaftlichen Nutztieren von großer Bedeutung.

Zellvermehrung, -differenzierung und -vergrößerung

Wachstum ist eine wesentliche Eigenschaft des Lebens und wird in einen pränatalen *(lat. prae: vor; natalis: Geburtstag)* und postnatalen *(lat. post: nach)* Entwicklungsabschnitt unterteilt. Prä- und postnatales Wachstum sind durch die drei Vorgänge Zellvermehrung (Hyperplasie), Zelldifferenzierung und Zellvergrößerung (Hypertrophie) bestimmt. Während die **Zellvermehrung** und **Zelldifferenzierung** das pränatale Wachstum kennzeichnen, findet im postnatalen Wachstum fast ausschließlich eine Zellvergrößerung statt. Wachstum durch **Zellvergrößerung** macht den überwiegenden Teil der Zunahme an Körpermasse vom juvenilen *(lat. iuvenilis: jugendlich)* zum adulten *(lat. adultus: er-*

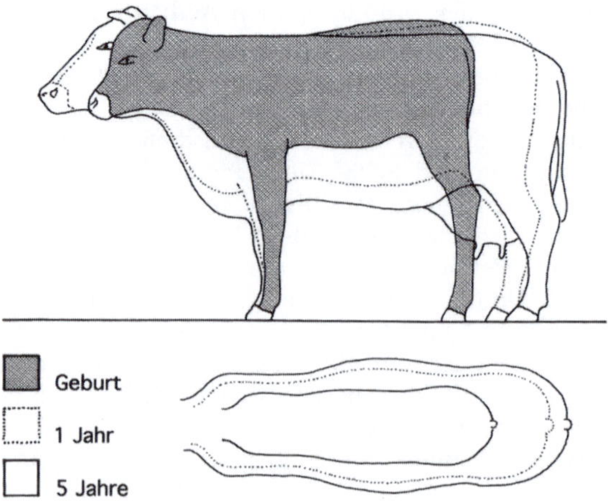

Abb. 2.5 Veränderungen in den Körperproportionen mit zunehmendem Alter (Schönmuth und Seeland 1994)

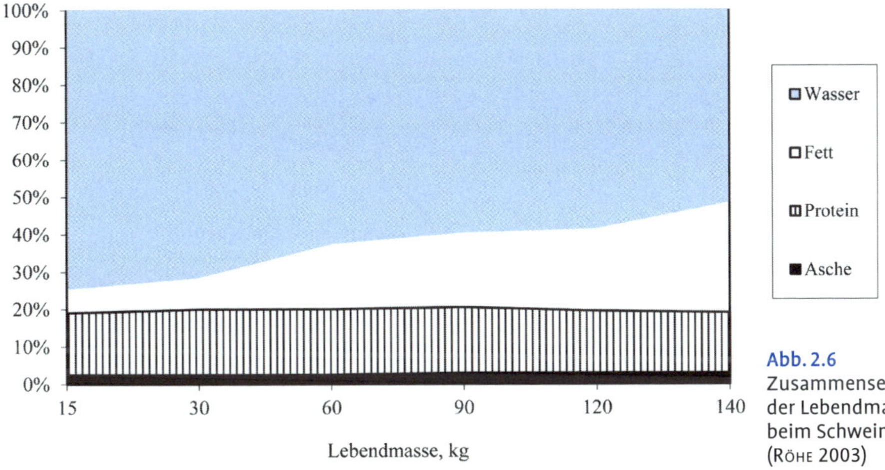

Abb. 2.6 Zusammensetzung der Lebendmasse beim Schwein (Röhe 2003)

wachsen) Tier aus. In Abhängigkeit vom Alter des wachsenden Tieres verändert sich allerdings die **Zusammensetzung** des Zuwachses an **Lebendmasse**. Allgemein kann gesagt werden, dass mit zunehmendem Alter der Anteil an Wasser deutlich sinkt und der Fettgehalt deutlich steigt, während der Proteingehalt mehr oder weniger konstant bleibt. Der Gehalt an mineralischen Substanzen (Asche) ist ebenfalls sehr konstant (Abb. 2.6). Mit fortschreitender Mastdauer und daraus folgend mit höherer Lebendmasse, auch Lebendgewicht genannt, besteht der Zuwachs zunehmend aus Fett. Diese Tatsache hat eine wichtige Bedeutung für die Erzeugung von Fleisch, weil die Mast von wachsenden Tieren aus diesem Grund nur bis zu einem bestimmten Alter bzw. Gewicht effizient ist. Die stärkere Verfettung des Tierkörpers im späteren Alter setzt deshalb Grenzen für das Mastendgewicht von Tieren.

Jugend-, Reife- und Altersstadium

Die postnatale Lebensphase gliedert sich in drei Perioden. Das **Jugendstadium** dauert von der Geburt bis zum Beginn der Geschlechtsreife und ist durch anabole Prozesse gekennzeichnet. Es schließt sich das **Reifestadium** an, das die Geschlechtsreife und die Entwicklung zum ausgewachsenen Tier umfasst. Während der Reifephase kommt es zur Anlage von Fettdepots und am Ende dieser Phase wird ein Gleichgewicht zwischen den anabolen und katabolen Prozessen erreicht. In der dritten Periode, dem **Altersstadium**, nimmt die Protein-Syntheseaktivität stark ab und es kommt, abhängig von der Zeit, zu Abbauerscheinungen. Ein intensives Wachstum findet nur im Jugendstadium statt und gegen Ende des Reifestadiums kommt es praktisch zum Erliegen. Für die wirtschaftliche Erzeugung von Fleisch ist deshalb das Jugendstadium von entscheidender Bedeutung. In Abb. 2.7 ist die typische, allgemeingültige, S-förmige (sigmoide) **Wachstumskurve** dargestellt. Sie beschreibt die Beziehung zwischen Gewicht und Alter eines Tieres.

Abb. 2.7
Beziehung zwischen Gewicht und Alter eines Tieres
Warriss, 2000)

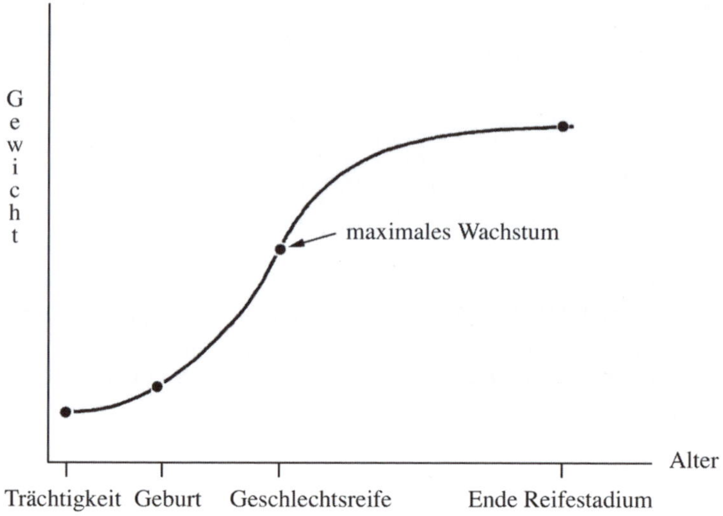

Züchterische Merkmale der Mastleistung

Für die Quantifizierung des Wachstums wird die Zunahme des Körpergewichts auf die dafür benötigte Zeit umgelegt und damit die **Wachstumsintensität** ausgedrückt. Ein in der praktischen Tierzucht verwendetes Merkmal als Maß für die Wachstumsintensität ist die tägliche Zunahme an Lebendgewicht. Sie kann als Durchschnittswert von der Geburt bis zu einem bestimmten Zeitpunkt in der Entwicklung des Tieres (z.B. Schlachtreife, Geschlechtsreife, Zuchtreife) ermittelt werden und wird dann als **Lebenstageszunahme** bezeichnet. Es ist jedoch auch üblich und zweckmäßig, die mittlere tägliche Zunahme nur für einen bestimmten Teilabschnitt des Wachstums eines Tieres zu ermitteln. Dieser Teilabschnitt kann ein genau definierter Gewichtsabschnitt mit einheitlichen Fütterungs- und Haltungsbedingungen in einer sogenannten Prüfstation sein (z.B. von 30–100 kg beim Schwein) oder die Zeit zwischen Beginn und Ende der Mast auf einem landwirtschaftlichen Betrieb. Es werden dann die Bezeichnungen **Prüf-** bzw. **Masttageszunahme** verwendet. Im Zusammenhang mit der Erzeugung von Fleisch spielt auch das Merkmal **Futterverwertung** eine wichtige Rolle. Es beschreibt den Futteraufwand pro Kilogramm Gewichtszunahme in einem definierten Zeitabschnitt. Bei den Wiederkäuern (Rind, Schaf, Ziege) wird aufgrund der heterogenen Futtermittel (Grund- und Kraftfutter) die Futterverwertung als Energieaufwand in Megajoule und Gramm Rohprotein pro Kilogramm Gewichtszunahme ausgedrückt, bei den Monogastriden *(gr. mónos: einzig, allein; gastér: Magen)* Schwein und Geflügel, aufgrund der standardisierbaren Futtermittel (Kraftfutter), als Kilogramm Fertigfutter pro Kilogramm Gewichtszunahme.

Lebenstageszunahme

Prüf- bzw. Masttageszunahme

Futterverwertung

Tab. 2.6 Kenngrößen des Wachstums verschiedener Nutztierarten: GG = Geburtsgewicht, LGS = Lebendgewicht bei Schlachtung, AS = Alter bei Schlachtung, LTZ = Lebenstageszunahme, WI = Wachstumsintensität (LTZ : LGS × 100)

Tierart	GG (kg)	LGS (kg)	AS (Tage)	LTZ (g)	LGS : GG	WI (%)
Rind, Bulle*	45	650	500	1.210	14 : 1	0,19
Rind, Ochse*	45	630	700	835	14 : 1	0,13
Rind, Kalb*	45	190	110	1.318	4 : 1	0,69
Lamm	4	40	120	300	10 : 1	0,75
Schwein	1,5	115	185	622	77 : 1	0,54
Broiler	0,040	2	35	56	50 : 1	2,80
Pute, weiblich	0,060	10	110	90	167 : 1	0,90
Pute, männlich	0,060	22	150	146	367 : 1	0,66

* Fleckvieh

In Abhängigkeit vom Verlauf des Wachstums und der Entwicklung unterscheidet man zwischen früh- bzw. spätreifen Tierarten, Rassen oder Typen innerhalb einer Rasse. Der Begriff **Reife** ist allerdings nicht eindeutig festgelegt. Er kann sich auf den Eintritt der Geschlechts-, Zucht- oder Schlachtreife beziehen. Neben der genetisch bedingten Veranlagung der Tiere haben vor allem die nicht genetischen Faktoren Fütterungsintensität (Nährstoffmenge im Futter), Geschlecht und Alter einen großen Einfluss auf die Wachstumsintensität und Verfettung des Tierkörpers. Die **Schlachtreife** ist deshalb von diesen Faktoren abhängig und wird vor, mit oder nach der Geschlechtsreife erreicht. In Tab. 2.6 sind **Kenngrößen des Wachstums** verschiedener Nutztierarten bei praxisüblicher hoher Fütterungsintensität gegenübergestellt.

Das Verhältnis Lebendgewicht bei Schlachtung (Mastendgewicht) zu Geburtsgewicht (LGS : GG) zeigt deutlich, dass Schweine, Broiler (Masthühner) und vor allem Puten am Ende der Mastperiode ein Vielfaches ihres Geburtsgewichtes erreichen. Auffallend ist außerdem der ausgeprägte Geschlechtsdimorphismus bei der Pute. Werden die Lebenstageszunahmen in Prozent des Lebendgewichtes bei der Schlachtung ausgedrückt (LTZ : LGS × 100), so ist die extrem hohe Wachstumsintensität der Broiler klar ersichtlich. Die Wiederkäuer Bulle und Ochse zeigen eine deutlich geringere Wachstumsintensität, während Kalb und Lamm (im frühen Jugendstadium) ähnlich intensiv wachsen wie die Monogastriden Schwein und Pute.

2.3.2 Fleisch

Schlachtausbeute oder Ausschlachtung

Nach Erreichen des optimalen Mastendgewichtes, d. h. der Schlachtreife, werden die Tiere zum Schlachtbetrieb transportiert und geschlachtet. Der **Schlachtertrag** wird durch das Schlachtkörpergewicht (kurz: Schlachtgewicht) und die Schlachtausbeute bestimmt. Die **Schlachtausbeute** oder **Ausschlachtung** ist der prozentuelle Anteil des Schlachtgewichts am Lebendgewicht zum Zeitpunkt der Schlachtung. Größenordnungen für die Schlachtausbeute bei Rind, Schwein, Lamm und Broiler sind in Tab. 2.7 zusammengefasst. Das Lebendgewicht zum Zeitpunkt der Schlachtung wird auch als Mastendgewicht bezeichnet. Die Differenz zwischen Lebendgewicht und Schlachtgewicht ist der **Schlachttierabgang**, bestehend aus Schlachtabfällen, Schlachtnebenprodukten und Fleisch- und Fettabschnitten. Der Schlachttierabgang fällt vor der Feststellung des Schlachtkörpergewichts durch die Verwiegung am Ende der Schlachtung an. Die genaue Definition des Schlachttierabgangs ist durch EU- und nationales Recht geregelt. Allgemein versteht man unter **Schlachtabfällen** genussuntaugliche Teile, die während der Schlachtung und beim Ausweiden anfallen, wie z. B. Haut/Fell/Federn, Klauen, Füße, Kopf (ausgenommen Schwein), Hörner, Augen, Geschlechtsorgane, Eingeweide (inkl. Magen-Darm-Inhalte). **Schlachtnebenprodukte** (z. B. Blut, Innereien wie Leber, Niere, Herz, Zunge) und **Fleisch- und Fettabschnitte** sind grundsätzlich genusstaugliche Teile des Schlachtkörpers, die aber von dem für die Vermarktung zugerichteten Schlachtkörper entfernt werden. Aufgrund der geringen Nachfrage für die menschliche Ernährung werden die Schlachtnebenprodukte, Fleisch- und Fettabschnitte überwiegend mit den Schlachtabfällen zu verschiedenen Produkten weiterverarbeitet (Kap. 2.9.1). Die genaue Regelung, welche Teile vom Schlachtkörper entfernt werden dürfen und somit das Schlachtkörpergewicht bzw. die Schlachtausbeute verringern, ist deshalb so wichtig, weil bei der sogenannten **Totvermarktung** das Schlachtkörpergewicht die Basis für die Bezahlung darstellt.

Tab. 2.7 Grobgewebliche Zusammensetzung der Schlachtkörper bei Rind (Fleckvieh-Bulle, -Ochse, -Färse), Schwein, Lamm und Broiler (Augustini et al., 1993; Ender et al., 1998; Willam et al., 1990; Willam et al., 1994; Scholtyssek, 1987; ergänzt und Werte gerundet)

Gewichte, Gewebe	Einheit	Bulle	Ochse	Färse	Schwein	Lamm	Broiler
Lebendgewicht	kg	650	630	510	115	40	2,0
Schlachtgewicht	kg	380	360	280	90	20	1,4
Schlachtausbeute	%	58	57	55	78	51	70
Muskeln	%	66	58	61	57	59	70
Fett	%	15	24	21	27	19	4
Knochen	%	14	14	14	13	19	24

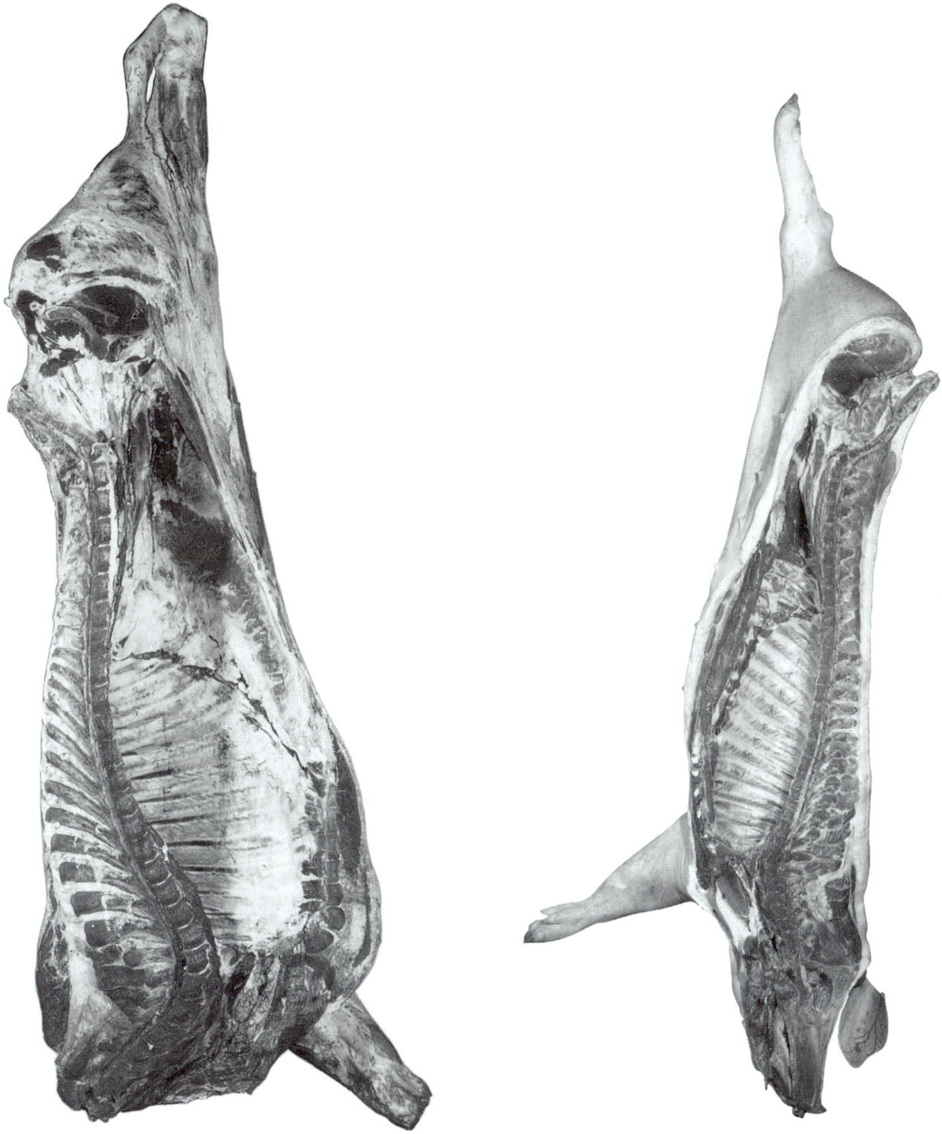

Abb. 2.8 Schlachthälfte Rind (links) und Schwein (rechts) (AMA, 1999); Abbildungen von Teilstücken von Rind, Schwein, Kalb, Lamm, Huhn und Pute (Truthuhn) siehe: www.fleisch-teilstuecke.at

Nettotageszunahmen

Wird das Schlachtköpergewicht (Schlachtgewicht) durch das Alter des Tieres dividiert, so steht mit dem Merkmal **Nettotageszunahmen** ein wichtiges Merkmal für die Schlachtleistung zur Verfügung. Während der Schlachtung werden bei Rind und Schwein die Schlachtkörper in Schlachthälften geteilt. Das Gewicht der linken und rechten Schlachthälfte, das Zweihälftengewicht, entspricht dem Schlachtkörpergewicht bzw. Schlachtgewicht. In Abb. 2.8 sind eine verkaufsfertige rechte Rinder- und eine linke Schweine-Schlachthälfte abgebildet. Der wichtigste Einflussfaktor auf den Marktwert eines Schlachtkörpers ist, neben dessen Gewicht, die **grobgewebliche Zusammensetzung** (Muskeln, Fett, Knochen) sowie der Anteil wertvoller Teilstücke. Die Anteile der Gewebe Muskeln, Fett und Knochen können durch eine grobgewebliche Zerlegung einer Schlachthälfte ermittelt werden. Dabei werden die Gewebe voneinander getrennt, soweit sie mit dem Messer erfasst werden können. Eine grobgewebliche Zerlegung ist sehr zeitaufwendig und teuer und wird deshalb nur in wissenschaftlichen Untersuchungen durchgeführt. In Tab. 2.7 ist die grobgewebliche Zusammensetzung der Schlachtkörper bei Rind, Schwein, Lamm und Broiler gegenübergestellt.

Anteil wertvoller Teilstücke

Pistolenanteil

Fleischanteil

Muskelfleischanteil

Züchterische Merkmale der Schlachtleistung

Auf die grobgewebliche Zusammensetzung des Schlachtkörpers haben neben der genetischen Veranlagung (Tierart, Rasse) vor allem die Fütterungsintensität (intensiv, extensiv), das Geschlecht (männlich, weiblich, kastriert), das Gewicht und das Alter (junges Tier, adultes Tier) einen großen Einfluss. Das Merkmal **Anteil wertvoller Teilstücke** umfasst die durch Zerteilung des Schlachtkörpers ermittelten muskelreichen und fettarmen Teilstücke, die sich in der Keule (Schinken) und im Lendenbereich des Schlachtkörpers befinden und noch die Knochen enthalten. Der Anteil wertvoller Teilstücke wird auch als **Pistolenanteil** bezeichnet. Bei Broiler und Pute sind die Brust und die Schenkel die wertvollen Teilstücke. Da eine exakte Erfassung des Anteils Muskeln durch eine grobgewebliche Zerlegung für die züchterische Praxis viel zu aufwendig und zu teuer ist, wird das Merkmal **Fleischanteil**, auch **Muskelfleischanteil** genannt, mit Schätzformeln geschätzt, die auf verschiedenen Merkmalen – wie z. B. Dicke bestimmter Muskeln und Fettschichten, Fläche bestimmter Muskeln, Gewicht bestimmter Fettabschnitte, Anteil wertvoller Teilstücke etc. – basieren. Die **züchterisch wichtigen Merkmale** Schlachtausbeute, Nettotageszunahme, Anteil wertvoller Teilstücke (Pistolenanteil) und Fleischanteil (Muskelfleischanteil) beschreiben die **Schlachtleistung** von Nutztieren. Als **Fleischleistung** von Nutztieren wiederum wird die Summe aus Mast- und Schlachtleistung bezeichnet. Allgemein sollen Schlachtkörper im Hinblick auf den Marktwert möglichst von jungen Tieren stammen, gut bemuskelt sein und eine mittlere Verfettung aufweisen, sodass eine hohe Fleischausbeute erreicht wird. In diesem Zusammenhang stellt sich die Frage, was eigentlich unter Fleisch zu verstehen ist.

Fleisch laut EU-Richtlinie

Der Begriff **Fleisch** wird in unterschiedlicher Bedeutung verwendet. Die umfassendste Definition versteht unter Fleisch alle Teile von geschlachteten oder erlegten warmblütigen Tieren, die für den menschlichen Genuss geeignet sind. Häufig werden auch noch die aus diesen Teilen hergestellten Nahrungsmittel unter dem Begriff Fleisch zusammengefasst. Eine sehr eng gefasste Definition dagegen versteht unter Fleisch nur die rote, quer gestreifte Muskulatur, soweit sie durch manuelle Zerlegung mit dem Messer erfasst werden kann. Diese Definition bezieht sich auf die grobgewebliche Zerlegung und setzt Muskeln mit Fleisch gleich. Im Zusammenhang mit der Etikettierung von Fleisch und Wurstwaren, Fertiggerichten und Fleischkonserven darf der Begriff **Fleisch** laut EU-Richtlinie 2001/101/EG sinngemäß nur noch bei der Verwendung von **Skelettmuskeln** und dem damit verbundenen Fett- und Bindegewebe verwendet werden. Das mit den Skelettmuskeln verbundene Fett- und Bindegewebe darf aber bestimmte Höchstgrenzen nicht überschreiten. Innereien (Herz, Leber, Nieren etc.), Fett und das sogenannte Separatorenfleisch müssen auf dem Etikett als solche ausgewiesen werden. Diese Definition von Fleisch wurde deshalb festgelegt, weil sie den Vorstellungen der Konsumenten, die sich unter **Fleisch** üblicherweise **Muskelfleisch** vorstellen, besser entspricht.

Muskelgewebe

Es werden drei Arten von Muskelgewebe unterschieden:

- glatte Muskulatur
- Herzmuskulatur
- quer gestreifte Skelettmuskulatur

Glatte Muskulatur, Herz- und Skelettmuskulatur

Die **glatte Muskulatur** besteht aus langen, unregelmäßig geformten Muskelfasern, die im Gegensatz zur quer gestreiften Muskulatur keine Querstreifung aufweisen. Glatte Muskulatur kommt z. B. in den Wänden von Därmen und Blutgefäßen, Hohlorganen des Bauches und Geschlechtsorganen vor. Die **Herzmuskulatur** hat morphologisch eine größere Ähnlichkeit mit der **Skelettmuskulatur**, weil sie eine gewisse Querstreifung erkennen lässt. Sie verzweigt sich jedoch, während Skelettmuskelfasern weitgehend parallel verlaufen. Glatte Muskulatur und Herzmuskulatur werden über das vegetative Nervensystem versorgt, sodass die Kontraktionen überwiegend reflektorisch erfolgen. Als Nahrungsmittel spielen glatte Muskulatur und Herzmuskulatur keine Rolle, während die quer gestreifte Skelettmuskulatur der wesentliche Proteinträger des Nahrungsmittels Fleisch ist.

Muskelfasern, Sehnen, Bindegewebe

Der Skelettmuskel setzt sich aus einer Vielzahl von unterschiedlich langen **Muskelfasern** zusammen, die wiederum aus den Untereinheiten **Myofibrillen** *(gr. mys: Muskel; lat. fibra: feine Faser)* bestehen. Die Bezeichnung quer gestreift geht auf abwechselnd dunkle und helle Streifen der Myofibrillen im Licht- und Elektronenmikroskop zurück. Die Muskelfasern verschmelzen an ihren Enden zu **Sehnen** und setzen am Skelett an. Zwischen den Muskelfasern sind Fett und **Bindegewebe** eingelagert. In Abb. 2.9 ist der Aufbau eines Skelettmuskels dargestellt.

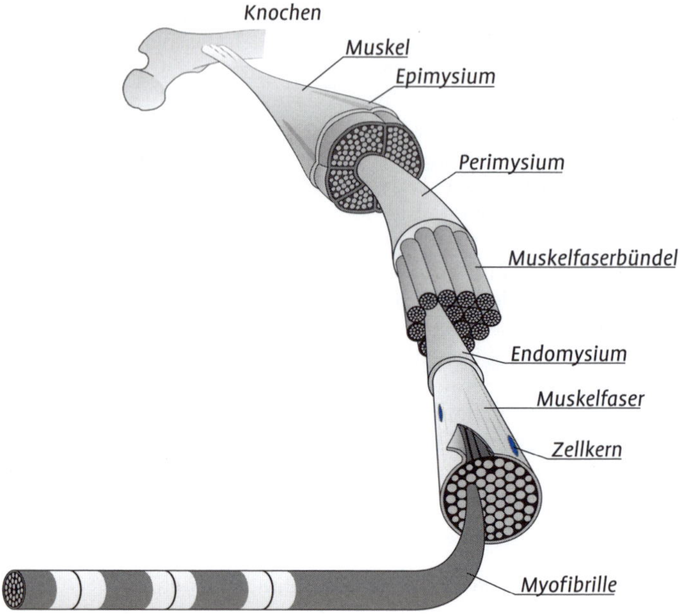

Abb. 2.9 Aufbau des Skelettmuskels (Loeffler/Gäbel 2015)

Es sind klare Strukturen zu erkennen, die durch verschiedene Bindegewebsarten gebildet werden. Die Muskelfasern werden vom Endomysium *(gr. éndon: innerhalb; mys: Muskel)* umgeben. Das Perimysium *(gr. perí: um ... herum)* umschließt mehrere Muskelfasern zu Primärbündeln, die wiederum zu Sekundärbündel zusammengefasst werden. Im Perimysium verlaufen auch Blutgefäße und Nervenbahnen. Der gesamte Muskel wird vom Epimysium *(gr. epí: auf)* abgeschlossen. **Bindegewebe** ist sehr heterogen und kommt in fast allen Geweben des Tierkörpers vor. Seine Aufgaben sind Stabilisierung und Formgebung, Speicherung von Fett und Wasser, Stoffaustausch und Abwehrfunktionen. Im Fleisch ist das Bindegewebe an der Struktur beteiligt und hat Einfluss auf dessen Zartheit bzw. Zähigkeit. Die Vernetzung der Bindegewebsfasern nimmt mit dem Alter zu und dadurch werden diese schwerer löslich. Dies ist der Grund für die höhere Zähigkeit des Fleisches älterer Tiere. Das Bindegewebe im Fleisch kommt als lockeres Bindegewebe (in und um Muskeln, Organe, Blutgefäße), straffes Bindegewebe (Sehnen, Faszien, obere Hautschichten) oder elastisches Bindegewebe (gelbe Bänder, siehe gelbe Bauchhaut im Kap. 2.2.1) vor.

Aufgaben des Bindegewebes

Die durchschnittliche **Zusammensetzung** (Wasser-, Protein- und Fettgehalt) und der Energiegehalt (KJ je 100 g) von rohem **Muskelfleisch** und Fettgewebe verschiedener Nutztierarten sind in Tab. 2.8 zusammengefasst. Muskelfleisch verschiedener Nutztierarten unterscheidet sich nur geringfügig in seiner Zusammensetzung. Der Vergleich mit dem Fettgewebe bei Schwein (Rückenspeck) und Rind (sub-

Zusammensetzung Muskelfleisch

Tab. 2.8 Durchschnittliche Zusammensetzung (%) und Energiegehalt (KJ je 100 g) von rohem Muskelfleisch und Fettgewebe verschiedener Nutztierarten (Schönmuth und Seeland, 1994)

Muskelfleisch, Fettgewebe	Wasser	Protein	Fett	Energie
Rindfleisch	75,0	22,3	1,8	485
Kalbfleisch	76,4	21,3	0,8	411
Schweinefleisch	75,1	22,8	1,2	469
Hühnerfleisch	75,0	22,8	0,9	441
Rückenspeck Schwein	7,7	2,9	88,7	3400
Subkutanes Fettgewebe Rind	4,0	1,5	94,0	3570

kutanes Fettgewebe) zeigt klar, dass die Energiegehalte im Muskelfleisch erheblich niedriger liegen.

Muskelfleisch enthält Protein von hohem biologischem Wert, der vor allem durch die essenziellen Aminosäuren gegeben ist. Essenzielle Aminosäuren können vom Menschen nicht durch Eigensynthese gebildet werden und müssen deshalb über die Nahrung aufgenommen werden. Muskelprotein hat mit 85% (± 10%) fast die biologische Wertigkeit des Hühnerei-Proteins, das als Bezugsgröße verwendet wird (Kap. 2.4). Fleisch ist auch vitaminreich (v. a. wasserlösliche Vitamine der B-Gruppe) und enthält alle für die menschliche Ernährung wesentlichen Mineralstoffe (v. a. Phosphor, Kalium und Eisen) und Spurenelemente. Der Gehalt an Kohlenhydraten ist sehr gering und spielt deshalb aus ernährungsphysiologischer Sicht keine Rolle.

Fettgewebe

Das **Fettgewebe** ist eine Ansammlung von Fettzellen, die mit kleinen Fetttröpfchen gefüllt und von einem feinen Netz aus Bindegewebsfasern umsponnen sind. Das Anwachsen des Fettgewebes erfolgt überwiegend durch Auffüllen von Fettzellen. Fettzellen können bei entsprechender Fütterungsintensität auf das Vielfache ihrer Ausgangsgröße anwachsen (und wieder schrumpfen). Die wichtigste Funktion des Fettgewebes ist die **Fettsynthese** und **Fettspeicherung** sowie die **Mobilisierung** der gespeicherten Energie. Fettgewebe ist ein hochaktives, über ein dichtes Netz feinster Blutkapillaren intensiv durchblutetes Gewebe. Fettreichtum ist daher auch immer mit einer Kreislaufbelastung verbunden. Das Fettgewebe ist an vielen Stoffwechselprozessen beteiligt und stellt aufgrund des hohen Energiegehalts eine gewichtssparende **Energie-Speicherform** für den Organismus dar. Die wohl effizienteste Energie-Speicherform sind die Fettdepots in den Kamelhöckern und im oberen Schwanzteil der Fettschwanzschafe. Im Bereich der Gelenke, Nieren, Augen, Rückenmark und anderen Stellen hat Fettgewebe die Funktion als mechanisches, leicht verformbares **Gleit-** und **Polstergewebe**. Wegen seiner biomechanischen Bedeutung wird dieses Fettgewebe während Hungerzuständen nicht abgebaut. Fettgewebe ist ein schlechter Wärmeleiter und dient somit der thermischen Isolierung des Körpers. Diese Funktion des Fettgewebes hat allerdings nur bei frei lebenden, winterschlafenden Tierarten eine Bedeutung.

Morphologisch *(gr. morphé: Gestalt, Form; logós: Wort, Lehre)* betrachtet ist **Fettgewebe** eine Abart des lockeren Bindegewebes mit einer sehr großen Anreicherung von Fetttröpfchen. Aufgrund der Lokalisation im Tierkörper wird Fettgewebe unterteilt in:

- Depotfett (subkutanes Fett *(lat. sub: unter; cutis: Haut)* und Körperhöhlenfett)
- intermuskuläres Fett *(lat. inter: zwischen)*
- intramuskuläres Fett *(lat.intra: innerhalb)*

Depotfett, inter- und intramuskuläres Fett, Marmorierung

Das **Depotfett** macht etwa 80% des gesamten Fettgewebes aus und spielt im Hinblick auf die optimale Verfettung des Schlachtkörpers eine wichtige Rolle. Zu lange und zu intensiv gemästete Tiere haben einen hohen Anteil Depotfett, der sich negativ auf den Marktwert der Schlachtkörper auswirkt. Die wichtigsten Teile des subkutanen Fettes (auch Auflagefett genannt) und des Körperhöhlenfettes sind Rücken- und Bauchspeck bzw. Nieren- und Beckenhöhlenfett und Gekrösefett. Das **intermuskuläre Fett** liegt erkennbar zwischen den Muskeln, während sich das intramuskuläre Fett innerhalb eines Muskels (zwischen den Muskelbündeln und Muskelfasern) befindet. Ab einer bestimmten Höhe (2–3%) ist das **intramuskuläre Fett** in Form der sogenannten **Marmorierung** an der Muskelanschnittfläche sichtbar. Inter- und intramuskuläres Fett sind für Geschmack, Aroma und Saftigkeit und damit für die Genussqualität von entscheidender Bedeutung. Fettarmes Fleisch schmeckt fad und trocken. Da das intramuskuläre Fett aber nach dem Körperhöhlenfett, dem subkutanen und intermuskulären Fett als Letztes gebildet wird, ist für eine gute Marmorierung eine geringere Wachstumsintensität und eine bestimmte Gesamtverfettung notwendig. Dies steht aber im Widerspruch zu der vom Markt (Konsumenten) geforderten geringen Verfettung der Schlachtkörper.

Zusammensetzung Fettgewebe

Die **Zusammensetzung** des **Fettgewebes** (Wasser-, Protein- und Fettgehalt) ist abhängig von Tierart, Rasse, Alter des Tieres, Geschlecht, Lokalisation des Fettes und Verfettungsgrad. Der Proteingehalt des Fettgewebes ist generell gering (Tab. 2.8) und im Wesentlichen auf das stützende Bindegewebe zurückzuführen. Allgemein gilt, dass mit zunehmendem Verfettungsgrad der Wassergehalt ab- und der Fettgehalt zunimmt. Tierisches Fett besteht in etwa zur Hälfte aus ungesättigten Fettsäuren, allerdings handelt es sich überwiegend um einfach ungesättigte Fettsäuren. Fette der Monogastriden Schwein und Geflügel haben eine höhere biologische Wertigkeit als die der Wiederkäuer Rind und Lamm, weil sie mehr Polyensäuren enthalten. Für die Erzeugung von Wurstwaren spielt Geflügelfett aber – im Gegensatz zu Schweinefett – keine Rolle. So wünschenswert ein hoher Anteil mehrfach ungesättigter Fettsäuren im Schweinefett aus ernährungsphysiologischer

Sicht des Menschen ist, so negativ wirkt sich dieser auf die Verarbeitungseignung aus. Die Konsistenz und Haltbarkeit des Specks wird vermindert. Der Speck ist weicher und schmieriger und wird leichter ranzig. Bei Schwein und Geflügel kann das Fettsäurenmuster über das Fett im Futter beeinflusst werden, weil die Fettsäuren vom Darm resorbiert und als Depotfett eingelagert werden. Bei Wiederkäuern ist dies nur bis zur vollen Funktionsfähigkeit des Pansens möglich. Ab diesem Zeitpunkt werden fast ausschließlich tierartspezifische körpereigene Fette gebildet.

2.3.3 Fleischqualität

Im Zusammenhang mit der Erzeugung von Fleisch und Fleischwaren spielt der Begriff Fleischqualität eine große Rolle. **Qualität** wird meistens im Sinne von „Güte", „hervorragendes Produkt", „Qualität ist, was mir schmeckt" oder „Qualität ist, was die Konsumenten wünschen" verwendet und verstanden. Diese Begriffe beinhalten eine persönliche Wertschätzung der jeweiligen Person und beschreiben den **subjektiven Aspekt** des Begriffs Qualität. Abgeleitet vom lateinischen Wort *qualitas* bedeutet Qualität „Beschaffenheit, Eigenschaft" und beschreibt den **objektiven Aspekt** des Begriffs Qualität. Der zusammengesetzte Begriff **Fleischqualität** im Sinne von Fleischbeschaffenheit ist objektiv definierbar, während im Gegensatz dazu der Begriff Qualitätsfleisch von positiven Vorstellungen im Sinne von Güte geprägt ist. Beide Bedeutungen existieren nebeneinander und sollten nicht vermengt werden, weil es dann zu Missverständnissen kommt. Die Fleischqualität im Sinne von **Fleischbeschaffenheit** wird von verschiedenen Qualitätsfaktoren und Eigenschaften beeinflusst. Die in Tab. 2.9 zusammengefassten Qualitätsfaktoren und damit verbundenen Eigenschaften sind objektiv erfassbar, und sie bestimmen die **Produktqualität**, also die Fleischqualität.

Tab. 2.9 Qualitätsfaktoren des Fleisches (WILLAM, 1994; HOFMANN, 1998)

Qualitätsfaktoren	Eigenschaften
Genusswert (sensorische Eigenschaften)	Farbe, Geruch, Geschmack, Zartheit, Saftigkeit, Marmorierung
Nährwert (ernährungsphysiologische Eigenschaften)	Art und Menge der Nährstoffe (Protein, Fett, Kohlenhydrate, Mineralstoffe, Vitamine, Spurenelemente), Verdaulichkeit, biologische Wertigkeit
Gesundheitswert (hygienisch-toxikologische Eigenschaften)	Mikroorganismen (Bakterien, Sporen, Schimmelpilze), Haltbarkeitseinflüsse (pH-Wert, Temperatur), Zusatzstoffe (Nitrat, Nitritpökelsalz), Rückstände (Antibiotika, Hormone, Pestizide, toxische Schwermetalle etc.)
Eignungs- und Gebrauchswert (verarbeitungstechnologische Eigenschaften)	Wasserbindungsvermögen, Gehalt und Zustand der Proteine und Fette, Gehalt an Bindegewebe und Sehnen, Gewebestruktur (Textur), Konsistenz, pH-Wert, Farbe

Daraus folgend kann **Fleischqualität** definiert werden als die Summe der:

- sensorischen Eigenschaften (Genusswert)
- ernährungsphysiologischen Eigenschaften (Nährwert)
- hygienisch-toxikologischen Eigenschaften (Gesundheitswert)
- verarbeitungstechnologischen Eigenschaften (Eignungs- und Gebrauchswert)

des Fleisches.

Fleischreifung

Einen großen Einfluss auf die Fleischqualität haben die biochemischen Prozesse während der **Fleischreifung**, der Umwandlung der Skelettmuskeln zu genießbarem, zartem Fleisch. Die Fleischreifung ist ein Vorgang in den Muskelzellen, der direkt nach der Schlachtung einsetzt, aber vor allem während der Kühlung des Schlachtkörpers oder der verschiedenen Teilstücke bei Temperaturen zwischen −1 bis +7 °C stattfindet. Bei diesen Temperaturen dauert eine vollständige Fleischreifung beim Geflügel mindestens 1,5 Tage, beim Schwein 3 Tage, bei Lamm und Kalb 5 Tage und beim Rind 14 Tage. Die unterschiedlichen Reifezeiten sind sowohl vom Alter der Tiere als auch den Aktivitäten der für die Fleischreifung verantwortlichen Enzyme bestimmt. Im Verlauf der **ersten Phase** der Fleischreifung werden unter anaeroben Bedingungen Glykogenreserven verbraucht (Energieabbau) und wegen der Bildung von Milchsäure sinkt der pH-Wert auf einen Endwert von etwa 5,5 ab. Während dieses ersten postmortalen *(lat. post: nach; mors: Tod)* Abschnitts entwickelt sich die Totenstarre oder Rigor mortis *(lat: rigor: Steifheit, Starrheit)*, und die Muskulatur erreicht ihre maximale Zähigkeit. In der **zweiten Phase** kommt es durch Veränderungen in der Struktur der Myofibrillen zu einer langsamen Verbesserung der Zartheit des Fleisches. Die Hauptursache ist die **Proteolyse** *(gr. lysis: Auflösung)* des myofibrillären Proteins, die zu einem Verlust der geordneten Strukturen führt und dadurch die zunehmende Zartheit des Fleisches während der Fleischreifung bewirkt. Der Einfluss des „Alterns oder Abhängens von Fleisch“ auf die Zartheit ist schon seit langem bekannt. Trotzdem wird die Fleischreifung aber wegen der Kosten für Kühlung und Lagerung oft zu früh beendet.

Fleischfehler

Die beiden bedeutendsten Abweichungen in der Fleischbeschaffenheit, die bei Schwein und Rind auftreten können, sind **PSE-** und **DFD-Fleisch**. **PSE** steht für **P**ale, **S**oft, **E**xudative (blass, weich, wässrig) und tritt bei Schweinen, aber nur selten bei Rindern auf. Auslösender Faktor ist Stress vor der Schlachtung, der nach der Schlachtung zu stürmischen Stoffwechselvorgängen in den Muskeln führt, weil die **Glykolyse** (Energieabbau) überstürzt abläuft. Durch den zu schnellen Abfall des **pH-Wertes** innerhalb einer Stunde nach der Schlachtung kommt es zu einer raschen Zunahme der Milchsäurekonzentration in den Muskeln (Abb. 2.10).

pH-Wert

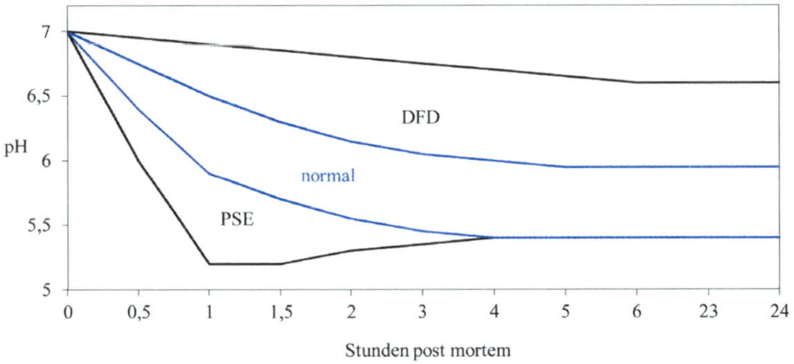

Abb. 2.10 pH-Abfall im Muskel nach der Schlachtung (post mortem) und daraus folgende Fleischfehler PSE und DFD

Die durch den raschen Energieabbau bedingte Temperaturerhöhung und die starke Übersäuerung der Muskeln führen zur teilweisen Denaturierung von Muskelproteinen und zur Schädigung der Zellmembranen, sodass Flüssigkeit aus den Muskelzellen austreten kann. Diese biochemischen Vorgänge führen zu den typischen PSE-Veränderungen der **Fleischfarbe** (blass), der Konsistenz (weich) und des **Wasserbindevermögens** (wässrig) des Fleisches. Betroffen sind vor allem die Rücken- und Schinkenmuskulatur. PSE-Fleisch ist aufgrund des geringeren Wasserbindevermögens für bestimmte Verarbeitungsprodukte (z. B. Kochschinken) nicht geeignet und schmeckt in zubereiteter Form trocken, zäh und fad.

Fleischfarbe
Wasserbindevermögen

Die **Stressempfindlichkeit** von Schweinen kann genetisch bedingt sein und steht in einem ursächlichen Zusammenhang mit der überstürzten Glykolyse nach der Schlachtung und daraus folgend mit PSE-Fleisch. Schweine mit einem sehr hohen Muskelfleischanteil und wenig Fett können stressempfindlich sein und die Entgleisung des Muskelstoffwechsels tritt dann häufiger auf, weil die Reizschwelle für Stressbelastungen niedriger und die Reaktion darauf viel heftiger ist. Die Häufigkeit von PSE-Fleisch kann allerdings züchterisch beeinflusst werden, indem mit einem Gentest (MHS-Test: **M**alignes-**H**yperthermie-**S**yndrom) stressempfindliche Schweine identifiziert und von der Zucht ausgeschlossen werden.

Wenn der Glykogenvorrat in der Muskulatur bereits vor der Schlachtung weitgehend durch hohe Stressbelastungen in Verbindung mit Erschöpfungszuständen (z. B. Transport, lange Nüchterungszeiten) verbraucht ist, kann nach der Schlachtung nur sehr wenig Milchsäure über die Glykolyse gebildet werden. Der pH-Wert in der Muskulatur sinkt deshalb nur noch geringfügig ab, was wiederum zur Ausbildung von **DFD-Fleisch** führt (Abb. 2.10). **DFD** steht für **D**ark, **F**irm, **D**ry (dunkel, fest, trocken). DFD-Fleisch ist wegen seiner sehr dunklen Farbe, seiner festen Konsistenz und seiner Trockenheit (fader Geschmack), vor allem aber wegen seiner verminderten Haltbarkeit, die durch den hohen pH-Wert bedingt ist, unerwünscht. Aufgrund der leichten mikrobiellen

Verderblichkeit ist es für die Produktion von Rohfleischwaren nicht geeignet und muss daher rasch verbraucht oder verarbeitet werden.

Die genetische Veranlagung für die beiden beschriebenen Fleischfehler PSE- bzw. DFD-Fleisch kann **züchterisch** mit den Merkmalen **ph-Wert, Fleischfarbe** und **Wasserbindevermögen**, auch **drip-Verlust** genannt *(engl. drip: Tropfen, abtröpfeln)*, bearbeitet werden. Dabei werden für alle Merkmale optimale und keine hohen oder niedrigen Ausprägungsniveaus angestrebt. Für die Selektionsentscheidung können die Merkmale gemäß dem Indexprinzip (Kap. 6.3.3) rechnerisch zur **Fleischbeschaffenheitszahl (FBZ)**, manchmal auch Fleischqualitäts-Index genannt, zusammengefasst werden.

Fleischbeschaffenheitszahl (FBZ)

Prozessqualität

Die Summe der Qualitätsfaktoren des Fleisches (Tab. 2.9) bestimmen die Fleischqualität, also die Produktqualität. Neben diesen Faktoren gibt es aber auch eine Reihe anderer Faktoren, die die Qualität von Fleisch und Fleischprodukten in den verschiedenen Abschnitten der **Produktionskette** mitbestimmen und beeinflussen. Dazu gehören:

- Genetische Veranlagung (Rasse)
- Haltung und Fütterung der Tiere
- Tiertransport
- Betäubung und Schlachtung der Tiere
- Kühlung (Reifung) der Schlachtkörper/Teilstücke
- Zerlegung und Verarbeitung der Schlachtkörper/Teilstücke
- Fleischtransport (Kühlung)
- Verpackung und Verkauf des Fleisches (Kühlung)
- Zubereitung des Fleisches.

Diese Einflussfaktoren und Prozessschritte machen in ihrer Gesamtheit die **Prozessqualität** aus (wird auch als Produktionsqualität bezeichnet). Aufgrund der Vielzahl der Einflussfaktoren ist ersichtlich, dass für die Erreichung einer entsprechenden Fleischqualität die vier Stufen landwirtschaftliche Produktion, Be- und Verarbeitung, Vermarktung und Zubereitung mit ihren zahlreichen Prozessschritten aufeinander abgestimmt sein müssen. Die **Produktqualität** kann daher nur dann stimmen, wenn die **Prozessqualität** stimmt; d. h., wenn alle Glieder dieser langen Kette aufeinander abgestimmt sind. Es ist also ein integriertes **Qualitätssicherungs-System** erforderlich. Qualitätssicherung beim Fleisch ist deshalb besonders wichtig, weil Fleisch nicht nur ein hochwertiges, sondern auch ein sehr empfindliches Lebensmittel ist.

Qualitätsfleisch

Die Bewertung der Qualität von Fleisch durch die Konsumenten ist von subjektiven Aspekten und Wertvorstellungen abhängig. Die **Wertschätzung** wird von individuellen und sozialen Einflüssen bestimmt, wie z. B. Gewohnheiten, Tradition, Image, ökologische, ethische, religiöse und politische Aspekte, aber auch Vorurteile und Ängste der Menschen. Die

Beurteilung einer bestimmten Qualität kann zu verschiedenen Zeiten sehr unterschiedlich sein. So galt bis in die 70er-Jahre des letzten Jahrhunderts fetteres Fleisch als qualitativ hochwertig. Danach kam es zu einem Imagewandel, und es wird seither ausgesprochen mageres Fleisch bevorzugt. **Qualitätsfleisch** ist also Fleisch, das aufgrund besonders positiver Eigenschaften besonders geschätzt wird und einen überdurchschnittlichen Preis erzielt. Qualitätsfleisch beinhaltet somit die **subjektive Seite** des Begriffs **Qualität** und ist immer – im Gegensatz zur Fleischqualität – mit einer **positiven Wertung** verbunden. Dies ergibt sich schon aus der Sprachlogik: „Schlechtes Qualitätsfleisch" widerspricht sich und ist deshalb nicht möglich. Eine schlechte oder ungeeignete Fleischqualität dagegen schon. Eine wichtige Bedeutung im Zusammenhang mit der subjektiven Wertschätzung von Fleisch und somit der Definition von Qualitätsfleisch spielen zunehmend ethische und ökologische Aspekte, die sich vor allem auf die Haltung der Tiere und die Wirtschaftsweise der landwirtschaftlichen Betriebe (extensiv, ökologisch, regional, tierwohlorientiert) beziehen. Qualitätsfleisch wird im Allgemeinen über spezielle Vermarktungsschienen wie Qualitäts- und Markenfleischprogramme oder Herkunfts- und Gütesiegel vermarktet.

Fragen zu Kapitel 2.3

- Was verstehen Sie unter Wachstum bei landwirtschaftlichen Nutztieren? Durch welche Vorgänge ist Wachstum gekennzeichnet?
- Wie kann Wachstum quantitativ beschrieben werden? Welche Merkmale werden dafür in der Tierzucht verwendet? Erläutern Sie kurz die Merkmale.
- Erläutern Sie den Zusammenhang zwischen Schlachtkörpergewicht, Schlachtausbeute und Schlachttierabgang.
- Was verstehen Sie unter grobgeweblicher Zusammensetzung eines Schlachtkörpers? Welche Merkmale bestimmen den wirtschaftlichen Wert eines Schlachtkörpers?
- Erklären Sie den grundsätzlichen Aufbau eines Skelettmuskels. Fertigen Sie als unterstützende Erklärung eine Skizze an.
- Welche Aufgaben hat das Bindegewebe im Tierkörper?
- In welche Arten wird Fettgewebe aufgrund der Lokalisation im Tierkörper unterschieden? Beschreiben Sie die verschiedenen Arten.
- Welche Funktionen hat Fettgewebe bezüglich des Stoffwechsels eines Tieres und des Genusswertes von Fleisch?
- Was verstehen Sie unter Fleischqualität bzw. Fleischbeschaffenheit? Welche Qualitätsfaktoren beeinflussen die Fleischqualität? Nennen Sie Beispiele für diese Qualitätsfaktoren.
- Was verstehen Sie unter PSE- bzw. DFD-Fleisch? Erläutern Sie kurz, wie PSE- bzw. DFD-Fleisch entstehen kann.

2.4 Eier

Konsum- und Bruteier

Eier verschiedener Geflügelarten werden aufgrund ihrer vollwertigen Zusammensetzung und vielseitigen Verwendbarkeit, unabhängig von religiösen oder ethnischen Gründen, weltweit als Nahrungsmittel verwendet. Die Bezeichnung Ei umfasst sowohl Eier für den menschlichen Konsum (Konsumeier) als auch Eier für die Reproduktion (Bruteier). Für die Erzeugung von **Konsumeiern** werden fast ausschließlich Legehennen verwendet, wobei in den Herden keine Hähne benötigt werden. **Bruteier** dagegen können nur aus befruchteten Eizellen entstehen – es sind also Henne und Hahn daran beteiligt. Die Spermien eines Deckaktes – des sogenannten Hahnentritts – können einige Tage in kleinen Ausstülpungen im oberen Teil des Eileiters befruchtungsfähig bleiben. Die Henne kann deshalb ein Gelege von ca. 10 Bruteiern erzeugen, die in Brutschränken künstlich ausgebrütet werden. Für die kontinuierliche Erzeugung von Bruteiern sind deshalb regelmäßige Begattungen notwendig. Bruteier sind bei allen Geflügelarten für die Reproduktion unentbehrlich und sie werden vor allem für die Erzeugung von Legehennen- und Mastküken (Broiler, Puten) in sehr großen Mengen benötigt; für Gänse, Enten, Perlhühner und Wachteln in deutlich geringerem Umfang.

Dotter, Eiklar, Schale

Die **Eibildung** findet im Eierstock und Eileiter statt und ist am Beispiel der Henne schematisch in Abb. 2.11 dargestellt. Die Henne und andere Vogelarten haben nur einen linken Eierstock und einen bis zu 60 cm langen Eileiter. Im Eierstock entwickeln sich aus mikroskopisch kleinen Keimzellen über verschiedene Reifestadien die Dotterkugeln bis zu den reifen Follikeln. Durch Platzen eines reifen Follikels wird die **Dotterkugel** freigegeben und gelangt über den Trichter in den Eileiter. Das Platzen der Follikelhaut wird hormonell gesteuert und erfolgt an der Sprungnarbe (Stigma), einer Stelle ohne Blutgefäße. Während der Passage durch den Eileiter, die etwa 24–25 Stunden dauert, werden um den Dotter herum das **Eiklar** (Eiweiße bzw. Proteine), die Schalenhäute und die Schale gebildet. Der Begriff **Eiweiß** ist die ursprüngliche deutsche Bezeichnung für Protein und geht auf eine Eigenschaft des Proteins Ovalbumin im Eiklar zurück. Wird Eiklar erhitzt, so gerinnt (koaguliert) Ovalbumin und das Eiklar verfärbt sich weiß; das Eiklar wird zu Eiweiß. Dieser Effekt kann bei der Zubereitung von Spiegeleiern beobachtet werden. Im Eiweiß bildenden Teil des Eileiters (Magnum) wird innerhalb von etwa 3 Stunden ca. die Hälfte des Eiklars gebildet. Während der nächsten ca. 1,25 Stunden werden im Engpass (Isthmus) weitere 10% des Eiklars gebildet und die innere und äußere Schalenhaut (Eihülle) aufgebaut. Am runden Pol des Eies entsteht nach der Eiablage zwischen der inneren und äußeren Schalenhaut mit fortschreitender Zeit die Luftkammer. Den letzten Abschnitt des Eileiters bildet der eigentliche Eihalter (Uterus), wo während der nächsten ungefähr 20 Stunden der Rest des Eiklars durch die Schalenhäute diffundiert und das Ei durch die Bildung der Schale einschließlich Schalenfarbe

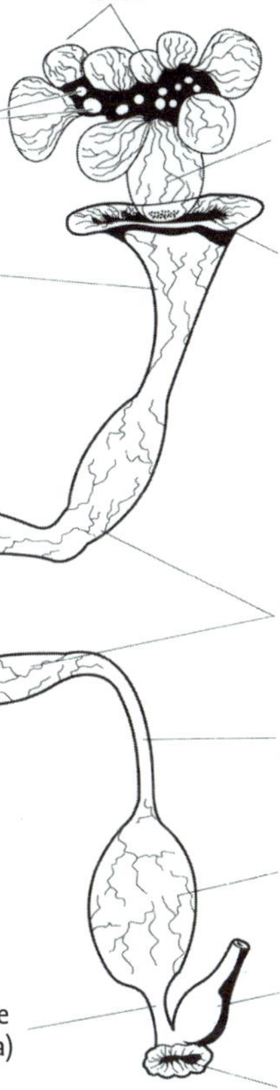

Abb. 2.11 Eierstock und Eileiter der Henne (Petersen, 1994)

fertiggestellt wird. Für die **Schalenbildung** werden Calciumsalze auf der äußeren Schalenhaut an eine proteinhaltige Trägersubstanz angelagert. Unmittelbar vor der Eiablage wird das Ei mit einer proteinhaltigen Schicht, der Oberhaut (Cuticula), überzogen. Bei der Eiablage passiert das fertige Ei die Scheide und stülpt dabei die Eileiterhaut über den Kloakenausgang. Durch diesen Vorgang kann kein Kot auf das Ei gelangen, und jedes Ei wird sauber und üblicherweise mit dem runden Pol zuerst auf die entsprechende Unterlage abgelegt.

Zusammensetzung Ei, biologische Wertigkeit

Das **Eigewicht** hängt von der Herkunft und dem Alter der Hennen ab. Es nimmt vom Beginn bis zum Ende der Legeperiode leicht zu und beträgt im Durchschnitt 60–65 g. Davon macht der Dotteranteil etwa 30%, der Eiklaranteil etwa 60% und der Schalenanteil 10% aus. Das **Vollei** hat einen Trockenmassegehalt von ca. 25% und setzt sich im Nährwert aus 12% Protein, 11% Fett und 1% Kohlenhydrate zusammen. Im Proteingehalt liegt das Hühnerei zwischen Milch und magerem Fleisch, der Fettgehalt ist beachtlich hoch und hauptsächlich durch den Dotter bestimmt. Die Proteinfraktion des Hühnereies ist ernährungsphysiologisch sehr hochwertig und wird deshalb in der **biologischen Wertigkeit** mit 100 eingestuft und als Bezugsgröße (Standard) für Vergleiche verwendet. Das Hühnerei weist damit eine höhere Proteinqualität als Milch, Fleisch und Fisch auf. Diese hohe Wertigkeit beruht vor allem auf dem hohen Gehalt an essenziellen Aminosäuren und deren günstigem Verhältnis zueinander sowie auf der hohen Verdaulichkeit der Proteine. Die Aminosäuren-Zusammensetzung des Eiklars gilt als ideal und wird von keinem anderen Protein erreicht.

Züchterische Merkmale der Legeleistung und Eiqualität

Legereife

Die Legetätigkeit der Hennen beginnt mit der **Legereife** im Alter von ca. 5 Monaten (20.–23. Woche). Die Legeperiode dauert üblicherweise etwa bis zum 500. Lebenstag, d. h. ca. 1 Jahr lang. Daran anschließend kann eine durch Fütterungs- und Beleuchtungsmaßnahmen ausgelöste **Mauser** (Federwechsel) erfolgen, während der die Legetätigkeit eingestellt wird (Erholungsphase von 2–3 Wochen), und danach eine zweite Legeperiode beginnen. Meistens werden die Hennen aber schon nach der ersten Legeperiode ausgestallt und anschließend neue Junghennen eingestallt. Neben der Legereife ist die **Eizahl je Henne** ein wichtiges Merkmal der Legeleistung. Die Erfassung der Eizahl erfolgt üblicherweise für eine Gruppe von Hennen für eine bestimmte Zeitperiode und nicht für einzelne Tiere. Da während der definierten Zeitperiode Hennen aus verschiedenen Gründen ausfallen können, wird die Eizahl entweder je Anfangshenne oder je Durchschnittshenne ausgedrückt. Die **Eizahl je Anfangshenne** entspricht der Anzahl Eier umgelegt auf die Anzahl Hennen zu Beginn der Legeperiode. Bei der **Eizahl je Durchschnittshenne** wird die Anzahl Eier auf die durchschnittliche Anzahl Hennen während der Legeperiode umgelegt. Die durchschnittliche Anzahl Hennen pro Legeperiode wiederum ergibt sich aus der Summe der Futtertage der einzelnen Hennen, dividiert durch die Anzahl Tage der Legeperiode. Für die Produktivität der Erzeugung von Konsumeiern sind die erzeugte **Eimasse je Henne** (Eizahl × Eigewicht) und der **Futterverbrauch je kg Eimasse** wichtige Leistungsmerkmale. Die Tierverluste während der Legeperiode werden in Prozent der eingestallten Tiere ausgedrückt und als **Mortalitätsrate** bezeichnet.

Eizahl je Henne

Eizahl je Anfangshenne

Eizahl je Durchschnittshenne

Eimasse je Henne

Futterverbrauch je kg Eimasse

Das wichtigste Merkmal der **äußeren Eiqualität** ist neben der Eiform (ellipsoid-ähnlich) und **Schalenfarbe** (weiß oder braun) die **Schalenstabilität**, gemessen durch die **Bruchfestigkeit**. Die Bruchfestigkeit beschreibt die Belastbarkeit des Eies auf Druck, parallel zur Längsachse bis zum Bruch der Kalkschale. Die Schalenstabilität ist für die Gewichtssortierung, die Verpackung und den Transport von Eiern von großer praktischer Bedeutung. Im Hinblick auf die Akzeptanz der Eier durch die Konsumenten ist das Merkmal **Anteil Fleckeneier** das wichtigste Merkmal der **inneren Eiqualität**. Fleckeneier sind Eier mit Spuren von Blut- und Gewebeflecken an der Dotteroberfläche oder im Eiklar, die wahrscheinlich durch kleinste Blutungen oder Gewebestücke bei der

Schalenfarbe

Schalenstabilität

Bruchfestigkeit

Anteil Fleckeneier

Entwicklung des Eies im Eihalter (Uterus) verursacht wurden. Der Anteil Fleckeneier ist auch genetisch bedingt: Braune Eier weisen durchschnittlich einen höheren Anteil Fleckeneier auf als weiße Eier.

Fragen zu Kapitel 2.4

- Erklären Sie den Unterschied zwischen Konsum- und Bruteiern.
- Beschreiben Sie den grundsätzlichen Ablauf der Eibildung.
- Kommentieren Sie den Nährwert von Volleiern hinsichtlich des Gehalts an Protein, Fett, Kohlenhydraten und der biologischen Wertigkeit.
- Welche Merkmale der Legeleistung des Huhnes kennen Sie? Erläutern Sie kurz die Merkmale.
- Mit welchen Merkmalen kann die Eiqualität beschrieben werden? Erläutern Sie kurz die Merkmale.

2.5 Wolle

Nutztiere und ihre Wolle

Unter Wolle versteht man im Allgemeinen tierische Haare, die sich zur textilen Verarbeitung eignen. Wolle zählt somit zu den nachwachsenden Rohstoffen, und wirtschaftlich hat Schafwolle die größte Bedeutung. Die wichtigsten wolltragenden Nutztiere und die Bezeichnung ihrer Wolle sind:

- Schaf – Schafwolle
- Angorakaninchen – Angorawolle
- Angoraziege – Mohair
- Kaschmirziege – Kaschmir
- Kamele Afrikas und Asiens – Kamelhaar
- Kamele Südamerikas – Alpaka-, Lamawolle
- Yak – Yakwolle

Haarfollikel, Markkanal, Wollhaare, Vlies

Die Grundlage der **Wollbildung** ist die Haut *(lat. cutis)*, die aus den verschiedenen Schichten der Oberhaut *(lat. epidermis)* und Lederhaut *(lat. corium)* besteht. Die Haut ist durch das lockere Bindegewebe der Unterhaut *(lat. subcutis)* mit dem Tierkörper verbunden, was eine gewisse Verschiebbarkeit der Haut ermöglicht. Haare entwickeln sich aus den Haarpapillen in der Lederhaut und bestehen aus Haarschaft (außerhalb der Haut) und Haarwurzel, die in einer Wurzelscheide eingebettet ist (Abb. 2.12). Haarpapille, Wurzelscheide mit Haarwurzel und Haarschaft zusammen werden als **Haarfollikel** bezeichnet. In der Nähe der Haarwurzel mündet üblicherweise eine Talgdrüse, die dem Haar Geschmeidigkeit verleiht. Haare wachsen immer nur in die Länge, nicht in die Dicke und der Querschnitt ist nicht kreisrund, sondern mehr oder weniger oval.

Von außen nach innen bestehen Haare aus Schuppendecke *(lat. cuticula)*, Rindenschicht *(lat. cortex)* und Markkanal *(lat. medulla)* mit Markzellen. Der **Markkanal** mit Markzellen ist aber nicht in allen Haa-

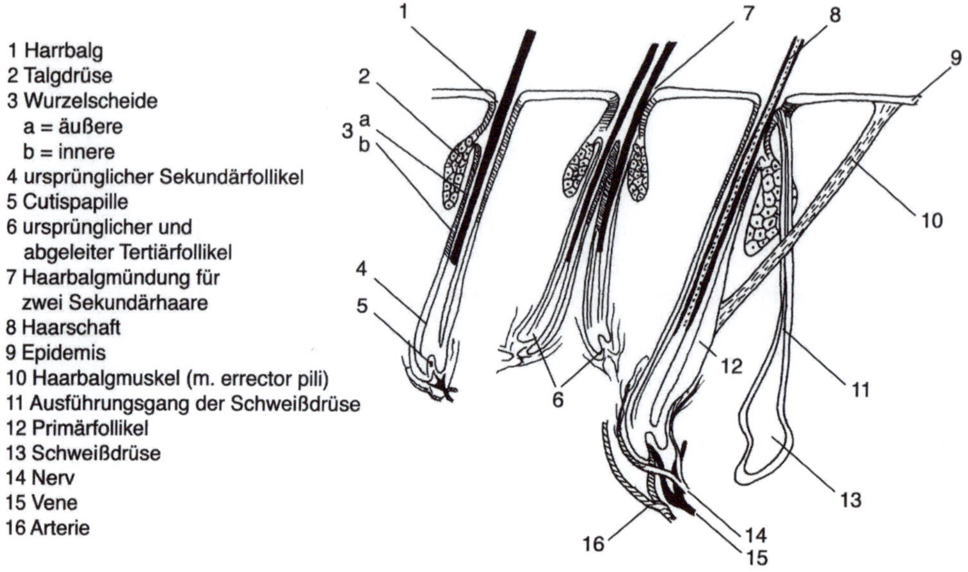

Abb. 2.12 Schematische Darstellung der Haaranlagen (Fischer und Süss, 2003)

ren ausgebildet. Sein Fehlen ist vielmehr charakteristisch für **Wollhaare**, denn erst das Fehlen des Markkanals ermöglicht die typische Kräuselung und Geschmeidigkeit der Wolle. Werden die Markzellen teilweise zurückgebildet und durch Luft ersetzt, so spricht man von **Grannen-** oder **Deckhaaren**. Die langen, glatten Grannenhaare haben durch die Lufteinschlüsse im Markkanal wärmeisolierende Wirkung und überdecken die feinen Woll- oder Flaumhaare. Grannenhaare sind wichtig für Tiere in kühlen und niederschlagsreichen Gebieten, weil sie das Regenwasser schnell ableiten und einen Schutz gegen Kälte bieten. **Stichelhaare** sind glatte, dicke Haare mit gitterartigen Markzellen. Bei Schafen befinden sie sich üblicherweise nur an den Füßen und im Bereich des Nasenbeins. Bei Haarschafen in warmen Gebieten bedecken sie den ganzen Körper.

Wollhaare unterscheiden sich von Grannen- und Stichelhaaren durch ihre **Spinnfähigkeit**, was eine entsprechende Kräuselung, Feinheit und Länge voraussetzt. In Abb. 2.13 sind verschiedene Kräuselungsformen (flach-, normal-, hochbogig) von Wollhaaren dargestellt. Überbogige und gezwirnte Wollhaare sind fehlerhafte Kräuselungsformen, die entweder genetisch bedingt sind oder durch Krankheiten und Fütterungsfehler (v. a. Kupfermangel) verursacht werden können. Wollhaare verbinden sich durch Wollschweiß und Kräuselung zu Strähnchen, Stapelchen und Stapeln; sie haben also die Fähigkeit zur Stapel- und Vliesbildung. **Vlies** ist die Gesamtheit der auf dem Körper eines Tieres gewachsenen, zusammenhängenden Wollhaare.

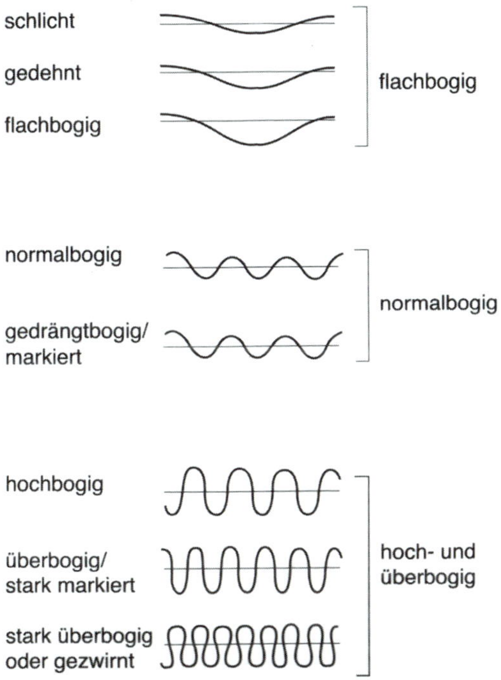

Abb. 2.13 Kräuselungsformen von Wollhaaren (Fischer und Süss, 2003)

Züchterische Merkmale der Wollleistung

Das wichtigste Qualitätskriterium der Wolle ist die Feinheit, da ein hochwertiges, feines Garn nur aus feinen Wollen hergestellt werden kann. Als Merkmal für die **Feinheit** wird der durchschnittliche Durchmesser der Wollhaare in Mikrometer (µm, 1 mm = 1000 µm) verwendet. Die Ursache für unterschiedliche Wollfeinheiten ist in erster Linie die Größe der Haarfollikel und damit weitgehend genetisch festgelegt (Rassen), aber auch Alter, Geschlecht und Fütterung der Tiere haben einen gewissen Einfluss. Von feinwollig spricht man bei durchschnittlichen Haardurchmessern von < 25 µm, von grobwollig bei > 35 µm, dazwischen von halbfein/halbgrob. Sehr feine Wollen (< 20 µm) sind Angora, Kaschmir und Merinowolle von australischen Merinoschafen. Die feinste Wolle befindet sich am Schafkörper auf den Schultern, Rücken, Rippen und Hals und nicht auf den Keulen oder am Bauch (Abb. 2.14).

Feinheit

Neben der Feinheit sind die **Ausgeglichenheit** und die **Länge** der Wolle wichtige Qualitätskriterien. Die Ausgeglichenheit der Wolle bezieht sich entweder auf die Wolle einer bestimmten Körperstelle oder das ganze Vlies. Wenn 60–70% der Wollhaare eines Vlieses in einem Feinheitsbereich liegen, spricht man von guter Ausgeglichenheit. Die Länge der Wolle ist sehr wichtig, weil für die textile Verarbeitung der Wolle bestimmte Mindestlängen in Abhängigkeit von der Feinheit notwendig sind. Die **natürliche Länge** wird an geschorenen, gekräuselten Wollhaa-

Ausgeglichenheit

Länge

natürliche Länge

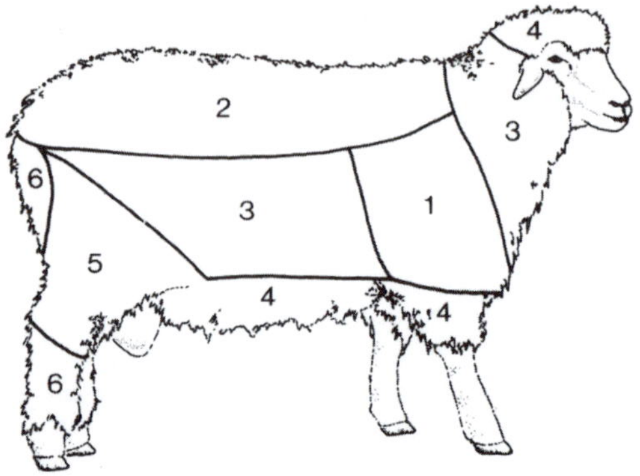

Abb. 2.14
Feinheit der Wolle auf dem Schaf. Mit steigender Ziffer nimmt die Qualität ab (Nowak und Forkel, 1989)

wahre Länge
Stapellänge

ren und die **wahre Länge** an geschorenen, gestreckten Wollhaaren gemessen. Die **Stapellänge** wiederum wird am gescheitelten Vlies auf dem Rücken des Tieres mit einem Lineal erfasst. Neben Feinheit und Länge ist die **Wollfarbe** für die Wollverarbeitung wichtig. Die Textilindustrie verlangt Wollen mit hohem Weißgrad, weil nur dann die unterschiedliche Färbung der Garne ohne Probleme möglich ist. Die physikalischen Eigenschaften Festigkeit, Dehnbarkeit und Elastizität sind für die maschinelle Verarbeitung der Wolle (krempeln und kämmen) von Bedeutung. Der **Schurertrag** entspricht der quantitativen Wollleistung und wird durch das **Rohwollgewicht** (oder: Schweißwollgewicht, Schurgewicht, Vliesgewicht) und **Reinwollgewicht**, auch **Rendement** genannt, erfasst. Unter Rendement versteht man den Anteil chemisch reiner Wolle am Schurertrag bei 18% Wassergehalt. Bei der Wollwäsche werden neben Schmutzpartikeln Wollfett (hauptsächlich Lanolin) und Wollschweiß entfernt. Feine Wollen weisen ein geringeres Rendement (30–40%) auf als grobe Wollen (> 50%).

Wollfarbe

Rohwollgewicht
Reinwollgewicht

Produkte aus Schafwolle

Schafwolle kann in der Industrie und im privaten Gebrauch vielseitig verwendet werden. Traditionelle Möglichkeiten sind die Herstellung von **Bekleidung** und **Teppichen**, alternativ kann Schafwolle für **Dämmstoffprodukte** (Temperatur, Akustik) oder **Bettwaren** (Matratzen, Decken) verwendet werden. Entsprechend dem gewünschten Endprodukt kann Wolle gesponnen oder gefilzt werden. Die zu Garn versponnenen Wollfasern werden zu gewebten, gestrickten, gewirkten oder geknüpften Textilien verarbeitet und können durch Färben und Bedrucken weiterveredelt werden. Beim Filzen und Walken wird die Eigenschaft der Wollfasern genutzt, sich unter Einwirkung von Wasser, Seife, Stoß oder Schub fest miteinander zu verschlingen. Durch Ausnutzung dieses Effektes werden textile Flächengebilde erzeugt, die für die Herstellung verschiedenster Produkte verwendet werden (z. B. Lodenprodukte wie Mäntel oder Trachtenjanker, Hausschuhe, Hüte, Dekor- oder Polierfilze). Im internationalen Wollhandel und der Wollindustrie richtet sich der Preis der Wolle nach der Feinheit. Preislich höher bewertete feine

Wollen (z. B. von australischen Merinoschafen) werden für die Produktion leichter, feiner Wollgewebe für die Bekleidungsindustrie verwendet. Die in Europa erzeugten Wollen dienen hauptsächlich der Herstellung von gröberen Stoffen (z. B. Tweed, Mantel-, Möbelstoffe), Strick- und Wirkwaren, Teppichen, Filzen, Bettwaren und diversen Dämmstoffprodukten.

Fragen zu Kapitel 2.5

- Wodurch unterscheiden sich Woll-, Grannen- und Stichelhaare?
- Was verstehen Sie unter einem Vlies?
- Mit welchen Merkmalen wird die Wollqualität erfasst? Erläutern Sie kurz die Merkmale.
- Mit welchen Merkmalen wird die quantitative Wollleistung erfasst? Erläutern Sie kurz die Merkmale.

2.6 Zug-, Reit- und Rennleistung

2.6.1 Zugleistung

Zug- und Tragtiere

Weltweit werden Tiere, deren physisches Leistungsvermögen genutzt wird, überwiegend als landwirtschaftliche **Zugtiere** und im einfachen Gütertransport eingesetzt. Ein großer Teil der Ackerfläche in den tropischen und subtropischen Regionen wird mithilfe tierischer Zugkraft pflanzenbaulich genutzt. Aber auch in anderen Teilen Asiens und Lateinamerikas spielen die menschliche und tierische Arbeits- bzw. Zugkraft immer noch eine wichtige Rolle. Rind, Büffel und Esel haben als Arbeitstiere weltweit Bedeutung. Während Rinder und Büffel (Reisanbau in Südostasien) überwiegend als Zugtiere im Ackerbau eingesetzt werden, werden Esel, Maulesel und Maultiere vor allem als **Tragtiere** für den einfachen Gütertransport verwendet. Andere Tierarten sind nur regional begrenzt als Arbeitstiere von Bedeutung, wie z. B. Kamele in Wüsten- und Trockengebieten, Yaks in den Hochländern der Himalaya-Region, Hunde und Rentiere in den nördlichen Gebieten. Die Zugleistung der Pferde hatte viele Jahrhunderte einen entscheidenden Anteil an den Entwicklungen im zivilen und militärischen Bereich. Seit Mitte des letzten Jahrhunderts aber haben Motorisierung und Technisierung in den industrialisierten Regionen der Welt das Pferd als Zugtier aus Landwirtschaft und Transportwesen weitgehend verdrängt. Die Zugleistung hat nur noch im Fahrsport, Tourismus (Kutschen und Schlitten fahren) und in der bodenschonenden Waldarbeit in ökologisch sensiblen Gebieten eine gewisse Bedeutung.

2.6.2 Reit- und Rennleistung

Die Reit- und Rennleistung von Pferden wird vielseitig für die Freizeitgestaltung und im Pferdesport genutzt. Ausgangsbasis für den Verwendungszweck und die Leistungsfähigkeit von Pferden sind die natürlichen **Gangarten** Schritt, Trab, Galopp – bei einigen Rassen zusätzlich noch Pass und Tölt – sowie das sogenannte Exterieur und Interieur. Unter **Exterieur** *(lat. exterior: auf der Außenseite)* versteht man das äußere Erscheinungsbild des Pferdes. Es wird bestimmt durch die Dimension der Körperteile Kopf, Hals, Rumpf (Vor-, Mittel- und Hinterhand), Fundament (Vorder- und Hintergliedmaßen) und deren Relationen zueinander. Das **Interieur** *(lat. interior: im Inneren befindlich)* umfasst die „inneren“ Eigenschaften wie Charakter, Temperament, Lernverhalten, Trainierbarkeit und Leistungswilligkeit. Im Gegensatz zu anderen Nutztierarten gibt es bei Pferden keine großen Geschlechtsunterschiede. Hengste sind nur einige Zentimeter höher als Stuten und nur wenig schwerer. Sie sind im Allgemeinen leicht am kompakteren Körperbau, dem stärkeren Oberhals (Hengstkamm) und am heftigeren Temperament zu erkennen. Dieses Temperament ist auch der Grund, warum im Hinblick auf die Sicherheit in der Haltung und dem Umgang mit Hengsten die meisten nicht zur Zucht verwendeten Hengste kastriert werden. Ein kastrierter Hengst wird als Wallach bezeichnet.

Gangarten

Exterieur

Interieur

Reitleistung: Springreiten, Dressurreiten, Vielseitigkeitsreiten

Die **Reitleistung** im Pferdesport umfasst primär das Sprungvermögen beim **Springreiten** und die Dressureignung beim **Dressurreiten**. Die Kombination Spring-, Dressur- und Geländereiten erfordert beim **Vielseitigkeitsreiten** (Military) ein sehr breites Leistungsvermögen der Pferde. Turniersportliche Springprüfungen werden im Parcours in mehreren Durchgängen durchgeführt. Parcours *(frz. parcours: Durchlauf)* ist die internationale Bezeichnung für die Springbahn, auf der eine bestimmte Anzahl Hindernisse unterschiedlicher Schwierigkeitsgrade auf einer vorgegebenen Länge aufgebaut ist. Die Dressurausbildung *(frz. dresser: abrichten)* hatte ursprünglich das Ziel, das Pferd zum absolut gehorsamen Kampfgefährten des Soldaten abzurichten. Die Sportdisziplin Dressurreiten wiederum verfolgt das Ziel, das Lauftier Pferd durch systematisches Training in seinen angeborenen Bewegungsabläufen zur vollen Entfaltung seiner Fähigkeiten zu veranlassen. Dazu sind bestimmte Voraussetzungen im Körperbau sowie Sensibilität, Lernfähigkeit und Trainierbarkeit erforderlich. Die **klassische Dressurarbeit** für den Turniersport beinhaltet die vollendete Ausformung der Gangarten Schritt, Trab, Galopp und die Ausführung bestimmter Figuren und Lektionen der Hohen Schule in verschiedenen Schwierigkeitsgraden. Die Reitweise der Hohen Schule hat sich im 18. Jahrhundert zum Selbstzweck einer ästhetischen Kunstform für Repräsentationszwecke entwickelt. Sie wird in der Spanischen Hofreitschule in Wien, der Nationalen Reitschule Spaniens in Jerez de la Frontera (Andalusien) und der Nationalen Reitschule Frankreichs in Saumur (Département Maine-et-Loire, südwestlich von Paris) bis heute gepflegt und touristisch erfolgreich vermarktet. Eine gewisse dressurmäßige Grundausbildung ist für jedes Reitpferd, unabhängig vom Verwendungszweck, unbedingt notwendig. Denn dadurch wird der Rücken des Pferdes ausreichend gestärkt, um das Gewicht des Reiters auf Dauer ohne Schäden tragen zu können. Ein untrainiertes Pferd kann auf Anweisungen des Reiters nicht gehorsam reagieren, weil es überfordert ist und Unbehagen oder sogar Schmerzen empfindet. Die weitaus meisten Reitpferde werden nicht im Pferdesport eingesetzt, sondern auf verschiedene Art und Weise für die **Freizeitgestaltung** des Menschen verwendet.

Voltigieren und therapeutisches Reiten

Besondere Formen der Nutzung des Pferdes sind Voltigieren und therapeutisches Reiten. Beim **Voltigieren** werden von Kindern und Jugendlichen (teilweise auch Erwachsenen) gymnastisch-turnerische Übungen auf einem ruhig galoppierenden Pferd ausgeführt. Das Pferd wird dabei an einer langen Leine – der sogenannten Longe – im Kreis geführt. **Therapeutisches Reiten** ist eine anerkannte Therapieform mit ganzheitlicher Wirkung. Dabei tritt das Pferd als Mittler auf und hilft dem Klienten, eine Weiterentwicklung seiner körperlichen Fähigkeiten und seiner Persönlichkeit zu erzielen; wie z. B. positive Beeinflussung blockierter Bewegungsabläufe oder günstige Beeinflussung verschiedener Verhaltenstörungen.

Rennleistung: Galopprennen, Trabrennen, Distanzritte

Die **Rennleistung** im Pferdesport umfasst die Schnelligkeit und Ausdauer über verschiedene Distanzen in Form von Galopp- und Trabrennen. Bei **Galopprennen** werden die Pferde von Berufsreitern, sogenannten Jockeys, geritten und die Rennen werden überwiegend als Flach- (500–4.000 m) oder Hindernisrennen (3.000–7.200 m) durchgeführt. Bei **Trabrennen** müssen die Pferde einen leichten, zweirädrigen, gummibereiften Rennwagen, den sogenannten Sulky, mit dem Fahrer ziehen und die vorgegebene Strecke (1.100–4.200 m) in der Gangart Trab absolvieren. Dabei handelt es sich um einen speziellen, flachen Renntrab, der nahezu die Geschwindigkeit des gestreckten Galopps erreicht. Springt das Pferd während des Trabrennens in die Gangart Galopp um, so führt dies zur Disqualifikation. **Distanzritte** wiederum sind Wettbewerbe über große Entfernungen (ca. 40–160 km), die teilweise durch unwegsames Gelände führen und bei denen neben der benötigten Zeit vor allem der körperliche Zustand der Pferde während und am Ende des Rittes gewertet werden.

Fragen zu Kapitel 2.6

- Wie werden die natürlichen Gangarten des Pferdes bezeichnet?
- Was verstehen Sie unter dem Exterieur bzw. Interieur eines Pferdes?
- Welche Leistungsverlangung umfasst die Reitleistung?
- Welche Leistungsveranlagung umfasst die Rennleistung?

2.7 Produkte und Bestäubungsleistung der Honigbienen

Honigmenge, Sanftmut

Widerstandsfähigkeit bzw. Toleranz

Honigbienen werden von den Menschen zur Gewinnung von Honig und Wachs schon seit einigen tausend Jahren genutzt und gehalten. Seit einigen Jahrzehnten können Honigbienen aufgrund der kontrollierbaren natürlichen Paarung oder künstlichen Besamung in verschiedenen Merkmalen wie **Honigmenge, Sanftmut** und **Widerstandsfähigkeit** bzw. **Toleranz** gegenüber Parasiten (z. B. Varroamilbe) züchterisch bearbeitet werden. Obwohl die überwiegende Mehrheit der Bienenvölker nicht mehr auf landwirtschaftlichen Betrieben gehalten wird, ist die Bienenhaltung (Imkerei) Teil der Landwirtschaft. Die Honigbienen sammeln nämlich einerseits Nektar und Honigtau von verschiedenen Pflanzen für die Honigerzeugung und sichern andererseits durch die Bestäubung der Blüten die Erträge zahlreicher Nutzpflanzen. Für ein besseres Verständnis der Leistungen der Honigbienen sind grundlegende Kenntnisse über den Aufbau und die Arbeitsteilung in einem Bienenvolk notwendig. Da diese Kenntnisse in Tierzüchterkreisen üblicherweise nicht vorhanden sind, werden sie in diesem Buch bewusst etwas ausführlicher beschrieben.

2.7.1 Aufbau eines Bienenvolkes

Arbeitsteilung im Bienenvolk

Ein Bienenvolk ist eine hoch spezialisierte Lebensgemeinschaft, die je nach Jahreszeit aus mehreren zehntausend Bienen, der Brut (Eier und Larven) und den dazugehörigen Waben und Vorräten besteht. Ein reibungsloses Zusammenleben einer so großen Anzahl Individuen erfordert eine entsprechende **Arbeitsteilung**, die durch die drei Gruppen **Königin, Arbeiterinnen** und **Drohnen** möglich ist. Die Koordination und der soziale Zusammenhalt eines Bienenvolkes erfolgen über Pheromone, die von der Königin abgegeben werden. Die Arbeitsteilung der drei Gruppen innerhalb eines Volkes ist so ausgeprägt, dass eine Honigbiene als einzelnes Individuum nicht überleben kann.

Königin

Die **Königin** ist das Zentrum eines Bienenvolkes. Sie ist etwa ein Drittel länger als Arbeiterinnen und ihre wichtigste Aufgabe ist die **Reproduktion**, da sie als einziges weibliches Wesen im Volk Eier legen kann. Diese Fähigkeit ist nicht genetisch bedingt, sondern auf die Ernährung im Larvenstadium zurückzuführen. Alle Larven werden bis zum dritten Lebenstag mit einem Sekret (Gelée Royale) aus den Futtersaftdrüsen der Arbeiterinnen gefüttert. Werden die Larven über diesen Zeitpunkt hinaus nur mit Futtersaft ernährt, entwickeln sich Königinnen. Erfolgt die Fütterung mit einem Gemisch aus Pollen, Nektar und Futtersaft, so entwickeln sich Arbeiterinnen, deren Eierstöcke verkümmert sind. Eine Königin hat eine durchschnittliche Lebenserwartung von drei Jahren, während derer sie in der Brutzeit bis zu 2000 Eier pro Tag legen kann. Die Königin wird permanent von einer Gruppe junger Arbeiterinnen, dem **Hofstaat**, umsorgt. Sie wird gefüttert, geputzt, Exkremente werden entfernt und Pheromone werden von ihr übernommen und an die anderen Bienen weitergegeben.

Arbeiterinnen

Die **Arbeiterinnen** sind nicht voll entwickelte weibliche Individuen, deren Eierstöcke (Ovarien) verkümmert sind. Die Aufgaben der Arbeiterinnen sind vom Alter abhängig und umfassen als **Stockbiene** Reinigung der Wabenzellen, Brutpflege, Königinbetreuung, Wabenbau, Honig- und Pollenmanipulation und Wächtertätigkeit; als **Flugbiene** sammeln von Nektar, Honigtau, Pollen, Propolis und Wasser. Die durchschnittliche Lebenserwartung von Arbeiterinnen beträgt in den Sommermonaten etwa 3–6 Wochen, während die Winterbienen etwa 6–8 Monate alt werden können.

Drohnen

Die **Drohnen** sind die männlichen Individuen eines Bienenvolkes und kommen nur während der Paarungszeit in den Sommermonaten im Volk vor. Sie sind breiter und stämmiger als die Königin, aber nicht ganz so lang. Die Lebenserwartung beträgt etwa 6–7 Wochen, wobei die Drohnen die volle Geschlechtsreife mit 2 Wochen erreichen. Drohnen können wegen des zu kurzen Rüssels und der fehlenden Bürstchen und Körbchen an den Beinen keine Nahrung sammeln. Außerdem besitzen sie keine Wachs- und Duftdrüsen und können sich wegen des fehlenden Stachels nicht verteidigen. Ihre einzige Aufgabe ist die **Begattung** von Königinnen. Deshalb werden sie auch nach der Paarungszeit von den Arbeiterinnen nicht mehr geduldet und aus dem Stock vertrieben. Drohnen entstehen durch **Parthenogenese** *(gr. parthénos: Jungfrau; génesis: Ursprung, Erzeugung)* aus unbefruchteten Eiern und haben deshalb nur einen einfachen (haploiden) Chromosomensatz; d. h. die Spermien eines Drohns sind genetisch identisch. Drohnen können daher auch im wahrsten Sinne des Wortes als „fliegende Spermien" betrachtet werden. In einem Bienenvolk gibt es also ein bei diploiden Lebewesen unbekanntes Verwandtschaftsverhältnis, und die Nachkommen eines Drohns werden deshalb als Supergeschwister bezeichnet.

Hochzeitsflug

Eine Königin verlässt etwa ab dem 5. Lebenstag für den **Hochzeitsflug** (Begattungsflug) das Volk. Während dieses Ausfluges wird sie an bestimmten Plätzen, den sogenannten Drohnensammelplätzen, im Flug von durchschnittlich 7–10 Drohnen begattet. Ein Drohn setzt dabei durchschnittlich 10 Millionen genetisch identische Spermien in die Eileiter der Königin ab. Aufgrund verschiedener Mechanismen werden aber von den Spermien aller Drohnen nur etwa 5 Millionen in der Samenblase der Königin gespeichert. Dieser Spermienvorrat reicht bis zum Lebensende der Königin. Die Drohnen sterben unmittelbar nach der Kopulation. Sie stellen genetisch gesehen keine eigene Generation dar. Wird die Samenblase beim ersten Hochzeitsflug ungenügend gefüllt, können an den nächsten Tagen auf weiteren Hochzeitsflügen zusätzliche Begattungen erfolgen. Etwa 1–3 Tage nach dem letzten Hochzeitsflug beginnt die Königin mit der Eiablage, während der sie durch Absperrung des Spermazuflusses aus der Samenblase unbefruchtete

Eier ablegen kann, aus denen sich haploide Drohnen entwickeln. Werden die Eier befruchtet, so entwickeln sich diploide Arbeiterinnen oder Königinnen.

2.7.2 Produkte der Honigbienen

Honig

Nektar und Honigtau

Honig ist ein flüssiges, dickflüssiges oder kristallines Lebensmittel, das von Honigbienen erzeugt wird, indem sie Nektar oder Honigtau sammeln, durch körpereigene Sekrete verändern, in Waben speichern und dort reifen lassen. **Nektar** ist eine zuckerhaltige wässrige Flüssigkeit, die aus dem Siebröhrensaft höherer Pflanzen stammt und von drüsenartigen Gebilden, den Nektarien, in der Blütenregion abgegeben wird. Die Nektarproduktion erfolgt üblicherweise in der Zeit der Reife des Pollens und der Empfängnisbereitschaft der Narbe. Die Art und Menge der Nektarsekretion, man spricht vom „Honigen" der Pflanzen, hängt neben der Pflanzenart von mehreren Faktoren wie Temperatur, Luft- und Bodenfeuchtigkeit, Bodenverhältnisse, Tageszeit etc. ab. Neben dem Nektar ist der Honigtau – vor allem in waldreichen Gebieten –, der wichtigste Rohstoff für die Honigbildung. **Honigtau** ist eine klare, süß schmeckende Flüssigkeit, die von sogenannten Honigtauerzeugern ausgeschieden wird. **Honigtauerzeuger** sind an Pflanzen saugende Insekten wie Blattläuse, Rindenläuse, Schildläuse und Blattflöhe, die vor allem auf Nadelbäumen wie Fichte, Tanne, Lärche und Kiefer, aber auch auf Laubbäumen wie Ahorn, Linde, Eiche, Buche und Birke zu finden sind. Die Honigtauerzeuger stechen die Rinde junger Triebe bzw. die Blätter an, um sich vom Siebröhrensaft zu ernähren. Nach der Darmpassage werden die überschüssigen Bestandteile, vor allem Kohlenhydrate, als Honigtau in kleinen Tröpfchen ausgeschieden und von den Honigbienen eingesammelt.

Honigblase

Nektar und Honigtau sind aber noch kein Honig, sondern nur die Rohstoffe. Unmittelbar nach der Aufnahme des Nektars oder Honigtaus beginnt in der **Honigblase** der Bienen die chemische Veränderung durch Beigabe von fermentierenden Sekreten. Der wichtigste Vorgang ist die Aufspaltung der Saccharose (Rohrzucker) in Glucose (Traubenzucker) und Fructose (Fruchtzucker). Die heimkehrenden Flugbienen würgen den Inhalt der Honigblase hervor und geben ihn an Stockbienen weiter, die ihn an andere Stockbienen weitergeben, bis er in den Wabenzellen eingelagert wird. Während dieser **„Futterkette"** wird der Honigblaseninhalt immer wieder mit fermentierenden Sekreten versetzt, eingedickt und zu Honig umgewandelt. Sinkt der Wassergehalt unter 20%, wird der Honig in den Zellen schließlich mit einem fast vollständig luft- und wasserundurchlässigen Wachsdeckel verschlossen. Verdeckelter **Honig** gilt als reif und kann daher für den menschlichen Genuss durch Schleuderung aus den Waben gewonnen werden.

Die chemische **Zusammensetzung** schwankt von Honig zu Honig. Sie hängt bei Nektar von der Blütenart, bei Honigtau von der Art der Honigtauerzeuger und von der Verarbeitungsintensität der Bienen ab. Im Durchschnitt enthält Honig 15–20% Wasser, ca. 60–70% Glucose und Fructose, etwa 10% Saccharose und Polysaccharide (Mehrfachzucker), geringe Mengen Proteine, Mineralstoffe, Aromastoffe, Vitamine und Farbstoffe. Die äußeren Merkmale Farbe, Geruch, Geschmack und Konsistenz zeigen ebenfalls die Verschiedenartigkeit der Honige. Generell werden Honige auf Nektarbasis als **Blütenhonige** und solche auf Honigtaubasis als **Waldhonige** bezeichnet. Blütenhonige haben überwiegend eine helle bis goldgelbe Farbe, Waldhonige dagegen sind hell- bis dunkelbraun.

Blüten- und Waldhonige

Pollen

Pollen oder Blütenstaub dient den Honigbienen als **Proteinquelle** und in erster Linie für die Ernährung der Brut. Er ist reich an Proteinen und Fett, enthält aber auch Kohlenhydrate und vor allem Vitamine und Mineralstoffe. Pollen ist wie Honig ein Sammelprodukt der Flugbienen und wird in Form kleiner Klümpchen, den sogenannten „Pollenhöschen", an den Hinterbeinen in den Bienenstock getragen. Die Stockbienen drücken den abgestreiften Pollen fest in die dafür vorgesehenen Zellen über dem Brutnest und überziehen ihn mit einer Schicht Honig. Der in Wabenzellen eingelagerte Pollen wird als **Bienenbrot** bezeichnet. Pollen insektenblütiger Pflanzen ist vielfältig geformt, verschiedenartig gefärbt und oft klebrig, um am Insektenkörper zu haften. Für den menschlichen Verzehr wird Pollen mithilfe sogenannter Pollenfallen am Flugloch gewonnen. Im Prinzip beruhen alle Pollenfallen darauf, dass die Flugbienen durch ein Gitter schlüpfen müssen und dabei ein Teil des Pollens abgestreift wird. **Pollen** kann pur, in Flüssigkeiten gelöst oder mit Honig vermischt eingenommen werden, stärkt das Allgemeinbefinden und fördert die körperliche und geistige Leistungsfähigkeit.

Protein für Brut und Mensch

Bienenwachs

Bienenwachs ist ein körpereigenes Produkt, das in den Wachsdrüsen der Arbeiterinnen produziert wird. Die **Wachsdrüsen** befinden sich unter den mittleren Bauchschuppen. Das aus den Wachsdrüsen austretende flüssige Wachs erstarrt zu Wachsplättchen, die sich durch Bewegung des Hinterleibes ablösen, von den Hinterbeinen der Biene erfasst und nach vorne zu den Mundwerkzeugen weitergereicht werden. Die Wachsplättchen werden von den Bienen zu **Waben** weiterverarbeitet und für die Verdeckelung der Brut- und Honigzellen verwendet. Bienenwachs ist ursprünglich weiß und verfärbt sich mit zunehmender Benützung durch die Honigbienen zu gelb bis gelbbraun. Chemisch ist es ein vielschichtiges Gemisch aus Estern hochmolekularer Säuren, Alkoholen, Kohlenwasserstoffen und zahlreichen anderen Substanzen. Es ist unverdaulich, außer für die Larven der Wachsmotten. Die Bedeutung des Bienenwachses ist durch den Einsatz synthetischer Wach-

Waben

se stark zurückgegangen. Eine gewisse Bedeutung hat das Bienenwachs noch in der kosmetischen und pharmazeutischen Industrie für die Herstellung von Cremen, Lippenstiften, Salben etc., weil Bienenwachs nicht nur Wasser, sondern vor allem ätherische Öle bindet. Auch Kerzen erzeugende Betriebe verwenden noch zum Teil Bienenwachs.

Propolis, Gelée Royale, Bienengift

Propolis

Propolis, auch Kittharz genannt, wird von den Flugbienen von Knospen gesammelt und besteht aus verschiedenen klebrigen Harzen. Es dient im Bienenstock zum Verkitten, Abdichten, Isolieren und Konservieren und besitzt zudem eine breite antibiotische *(gr. antí: gegen; bíos: Leben)* Wirkung. Diese Wirkung wird auch in der Humanmedizin genützt, indem Propolis Salben zugesetzt oder als alkoholische Lösung für Wundbehandlungen und Entzündungen im Mund- und Rachenraum verwendet wird.

Gelée Royale

Gelée Royale, auch Weiselfuttersaft genannt, ist ein Drüsensekret der Stockbienen und dient den Königinnen- und jungen Arbeiterinnenlarven als Nahrung. Für den menschlichen Gebrauch wird Gelée Royale als hochwertiges Protein- und Vitaminpräparat vielseitig eingesetzt. Das weißliche, cremige, säuerlich schmeckende Gelée Royale wird durch Absaugen aus den Zellen junger Königinnenlarven gewonnen und zu Kapseln, Pillen oder Trinkampullen in Kombination mit anderen Wirkstoffen verarbeitet.

Bienengift

Bienengift wird in der Giftdrüse der Honigbiene erzeugt und ist eine wasserklare Flüssigkeit, deren Hauptwirkstoffe Proteine sind. Es kann, wie auch andere Tier- und Pflanzengifte, für den Menschen gefährlich sein. In der richtigen Dosis und gezielt angewendet, ist seine heilende Wirkung schon seit langem bekannt. Bienengift wird gewonnen, indem Bienen durch elektrische Reizung zur unwillkürlichen Abgabe von Bienengift animiert werden. In der pharmazeutischen Industrie wird Bienengift zu verschiedenen Präparaten wie Salben, Tinkturen oder Injektionslösungen verarbeitet und vor allem für die Behandlung von rheumatischen Beschwerden eingesetzt.

2.7.3 Bestäubungsleistung der Honigbienen

Blütenbestäubung

Etwa 80% der Blütenpflanzen in Mitteleuropa werden von Insekten bestäubt, d.h. sie sind für die Übertragung des Pollens (männlicher Samen) auf die Narbe (weibliche Geschlechtsteile der Blüte) auf Insekten angewiesen. Von den **landwirtschaftlichen Nutzpflanzen** sind dies vor allem Obstarten (z.B. Apfel, Birne, Kirsche, Pflaume, Zwetschke), Beerenfrüchte (z.B. Himbeere, Brombeere, Stachelbeere), diverse Heil-, Gewürz- und Gemüsepflanzen, Ölfrucht- und Futterpflanzen (z.B. Raps, Sonnenblume, Luzerne, Kleearten) und nicht zuletzt viele Wiesenblumen. Teilweise werden auch in Glashäusern oder Folientunneln

Bienenvölker für die Bestäubung eingesetzt (z. B. Paprika, Tomate, Erdbeere). Im intensiven Obstanbau und für die Saatguterzeugung von Rotklee und Luzerne werden in einigen Ländern Bienenvölker für die Bestäubung sogar gemietet und gezielt aufgestellt.

Blütenstetigkeit

Honigbienen sind gegenüber anderen Insekten wie Hummeln, Wespen, solitäre *(lat. solus: allein, einzeln lebend)* Wildbienen, Schmetterlingen, Käfern etc. für die Bestäubung deshalb so bedeutsam, weil sie sehr große soziale Gruppen (Völker) bilden und auch als **Völker** überwintern. Zu Beginn der Blüte im Frühjahr stehen deshalb einige tausend Flugbienen pro Volk für die Sammlung von Nektar und Pollen und somit für die Bestäubung zur Verfügung, während andere Insekten sich zuerst vermehren müssen. Eine weitere besondere Eigenschaft der Honigbienen ist die **Blütenstetigkeit**. Die Honigbiene wechselt bei ihren Blütenbesuchen nicht, wie andere Insekten von einer Blütenart zu einer anderen, sondern bleibt, solange es sich lohnt, der gleichen Blütenart treu. Sie befliegt z. B. entweder nur Apfel- oder nur Löwenzahnblüten und bringt auf diese Weise und durch die große Anzahl Individuen einen hohen Befruchtungserfolg bei den bestäubten Blüten zustande. Der indirekte Nutzen der Honigbienen, also der gesteigerte Ertrag durch intensive Bestäubung, ist um ein Vielfaches höher als der direkte Nutzen über die Produkte der Honigbienen. Schätzungen gehen von einem Faktor 10–20 aus.

Fragen zu Kapitel 2.7

- Welche Aufgaben haben Königin, Arbeiterinnen und Drohnen in einem Bienenvolk?
- Aus welchen Rohstoffen können Honige bestehen? Erläutern Sie kurz deren unterschiedliche Herkunft.
- Welche Bedeutung hat Pollen für die Ernährung eines Bienenvolkes und für den Menschen?
- Wie erzeugen Bienen Wachs für den Bau von Waben?
- Kommentieren Sie die Bedeutung der Bestäubung durch Bienen für landwirtschaftliche Nutzpflanzen.

2.8 Vitalität und Krankheiten

Vitalität und Adaptation

Vitale Tiere sind die Basis für hohe Leistungen über längere Zeiträume und damit auch für eine erfolgreiche Tierzucht. Unter **Vitalität** *(frz. vitalité, lat. vitalitas: Lebenskraft)* versteht man im Allgemeinen die genetisch bedingte und durch Umwelteinflüsse modifizierte Lebensfähigkeit eines Tieres oder einer Gruppe von Tieren (Population). Voraussetzung dafür ist die **Adaptation** *(lat. adaptare: anpassen)* bzw. das **Adaptationsvermögen** der Tiere. Unter Adaptationsvermögen versteht man generell die Fähigkeit eines Tieres, sich in morphologischen (Körperform), physiologischen (Leistung) und ethologischen (Verhalten) Eigenschaften an die speziellen Bedingungen seiner Umwelt anzupassen. Das Adaptationsvermögen wiederum ist ein wesentlicher Bestandteil der Konstitution bzw. der Kondition eines Tieres.

Konstitution und Kondition

Die **Konstitution** *(lat. constitutio: körperliche Beschaffenheit, Verfassung)* ist die genetisch bestimmte Reaktionsfähigkeit eines Tieres auf Umwelteinflüsse aller Art. Während die Konstitution genetisch bedingt und durch Umwelteinflüsse beeinflussbar ist, versteht man unter dem Begriff **Kondition** *(lat. condicio: Zustand)* einen durch die Konstitution, die Fütterung und Haltung bestimmten körperlichen Zustand eines Tieres. Zucht- und Masttiere werden unterschiedlich intensiv gefüttert und zeigen deshalb die entsprechende Zucht- bzw. Mastkondition.

Disposition und Resistenz

Weitere wichtige Begriffe im Zusammenhang mit der Konstitution eines Tieres sind Disposition, Resistenz, Toleranz und Immunität. Als **Disposition** *(lat. dispositio: Anordnung, Einteilung)* wird die Anfälligkeit bzw. Empfänglichkeit gegenüber Krankheitserregern bezeichnet. Für einige Krankheiten zeigen Tiere eine genetische Disposition, genauso wie umgekehrt auch eine Resistenz möglich ist. Unter dem Begriff **Resistenz** *(lat. resistere: Widerstand leisten)* oder Widerstandsfähigkeit versteht man die genetisch bedingte Fähigkeit, mit biotischen Einflüssen (z. B. Infektionen durch Bakterien, Viren, Pilzen oder Parasiten) sowie abiotischen Umwelteinflüssen wie Hitze, Kälte und Trockenheit zurechtzukommen. Die Variation in der Resistenz gegenüber Krankheiten ist ein Phänomen, das in allen Tierarten vorkommt. Obwohl die Krankheitsresistenz als ein Parameter der Konstitution genetisch bedingt ist, kann ihre Realisierung durch äußere und innere Faktoren wie z. B. Stress, Ernährungsmangel, Trächtigkeit, Laktation beeinträchtigt werden: Es kommt zu einem Zusammenbruch der Resistenz. Die Zucht auf **Krankheitsresistenz** ist im Sinne der Tiergesundheit eine große Herausforderung, die allerdings aufgrund der Vielfalt an Krankheitserregern und anderer Umstände, wie z. B. die geringe Heritabilität, sehr aufwendig und schwierig ist.

Toleranz und Immunität

Die **Toleranz** *(lat. tolerantia: geduldiges Ertragen)* bedeutet die Fähigkeit, eine Infektion mit Krankheitserregern oder einen Parasitenbefall in einem bestimmten Bereich ohne Schädigung zu ertragen. Beispiele dafür sind die Toleranz einiger weniger westafrikanischer Rinderrassen gegenüber Trypanosomen (Geißeltierchen, Erreger der Schlafkrankheit), die durch die Tsetse-Fliege übertragen werden, oder die Toleranz bestimmter Honigbienen-Völker gegenüber der Varroamilbe. Die **Immunität** *(lat. immunitas: Befreitsein von etwas)* ist eine angeborene oder erworbene Abwehrfähigkeit gegenüber Krankheitserregern. Erworbene Immunität lässt sie sich auch durch künstliche Infektionen mit abgeschwächten Erregern hervorrufen. Dieser Vorgang wird als **Impfung** oder Vakzination bezeichnet. Derartige Schutzimpfungen haben für die Menschen und die Nutztierhaltung eine große Bedeutung.

Fitness und Tiergesundheit

Vitale Nutztiere zeigen also eine gute Konstitution und ein entsprechendes Adaptationsvermögen. Sie müssen, sehr allgemein ausgedrückt, eine gewisse **Fitness** *(engl. fitness: Eignung, Tauglichkeit)* haben bzw. gesund sein. **Tiergesundheit** kann, ausgehend von der Definition der humanen Gesundheit der World Health Organization (WHO), als Zustand körperlichen, geistigen und sozialen Wohlbefindens und nicht nur als Abwesenheit von Krankheiten und Gebrechen, definiert werden. Das soziale und geistige Wohlbefinden bezieht sich bei Nutztieren unter anderem auf die Möglichkeit, grundlegende artspezifische Verhaltensweisen ausleben zu können, also auf die Tierhaltung.

Die **Tiergesundheit** ist ein wichtiger Merkmalskomplex in der Tierzucht und es sind dabei drei Aspekte zu berücksichtigen:

- **Tierschutz-Aspekt** am Beispiel deutscher Gesetze: Die Erhaltung der Vitalität der Tiere ist im deutschen Tier**zucht**gesetz als eine Zweckbestimmung des Gesetzes angeführt. Im deutschen Tier**schutz**gesetz ist klar formuliert, dass durch züchterisches Handeln den Tieren keine Leiden und Schmerzen zugefügt werden dürfen. Mit der Aufnahme des Tierschutzes als Staatsziel in das Grundgesetz kommt diesem Aspekt eine noch größere Bedeutung zu. Die angemessene Berücksichtigung der Tiergesundheit im züchterischen Handeln ist eine wesentliche Voraussetzung für eine ausreichende Akzeptanz der Tierzucht in der Gesellschaft. Ein über den Tierschutz hinausgehendes Konzept ist das des Tierwohls, welches dann vorliegt, wenn die Anpassungsfähigkeit der Tiere in der gegebenen Haltungsumwelt nicht überfordert wird.
- **Verbraucherschutz-Aspekt:** Erhöhte Krankheitsanfälligkeit bei Nutztieren führt zu vermehrten tierärztlichen Behandlungen. Damit steigt das Risiko der Belastung der erzeugten Produkte mit Rückständen von Arzneimitteln. Ebenso besteht bei einem notwendigen Einsatz von Antibiotika das Risiko der Entwicklung von Erreger- oder Kreuzresistenzen.
- **Ökonomischer Aspekt:** Wirtschaftliche Nutztierhaltung ist nur mit gesunden Tieren möglich. Krankheiten verursachen sowohl direkte Kosten (z. B. Tierarzt, Medikamente) als auch indirekte Kosten (z. B. Leistungsminderung, Liefer- und Verkaufsverbote, Kosten für Ersatz von ausgefallenen Tieren). Schätzungen gehen davon aus, dass allein durch Infektionskrankheiten die wirtschaftliche Belastung der tierischen Produktion in den industrialisierten Ländern etwa 15–20% und in den Entwicklungsländern etwa 35–50% des Produktionswertes ausmacht.

Krankheiten

Aufgrund dieser drei Aspekte ist die Tiergesundheit ein Teil des Zuchtziels bei allen Tierarten. Dessen Umsetzung ist aber wegen der Vielfalt an Krankheitserregern methodisch-züchterisch aufwendig und schwierig. **Krankheiten** bei Nutztieren können allgemein in drei Gruppen eingeteilt werden:

- **Infektionskrankheiten:** Gemeinsames Kennzeichen dieser Krankheiten ist, dass sie durch biotische Erreger wie Bakterien, Viren, Prionen, Pilze und Parasiten (z. B. Fadenwürmer) verursacht werden. Pilze können Nutztiere einerseits direkt über Infektionen der Haut

oder diverse Schleimhäute schädigen. Sie können aber auch andererseits indirekt durch die Wirkung der von ihnen in schlecht konserviertem oder falsch gelagertem Futter erzeugten Mykotoxine *(gr. mycés: Pilz; toxikón: Gift)* Stoffwechselstörungen bei den Tieren hervorrufen. Neben den klassischen Infektionskrankheiten, wie z. B. Maul- und Klauenseuche, Schweinepest, Tuberkulose, Brucellose, u. v. a., zählen auch die, mit großer Wahrscheinlichkeit durch Prion-Proteine übertragenen transmissiblen spongioformen Enzephalopathien (BSE beim Rind, Scrapie beim Schaf), zu dieser Gruppe.
- **Anomalien und genetische Defekte (Erbfehler):** Dabei handelt es sich meistens um erhebliche, für das Tier fatale bis tödliche Abweichungen anatomischer Art (z. B. Afterlosigkeit, Spinnengliedrigkeit, Brüche, Unterkieferverkürzung, Blindheit) oder stoffwechselbedingter Art (z. B. BLAD – Bovine Leucocyte Adhesion Deficiency, DUMPS – Deficiency of Urdine Monophosphate Synthase). Bei den meisten dieser Erkrankungen wird zumindest die Veranlagung, die jeweilige Krankheit zu entwickeln, vererbt. Ob die Krankheit dann bei einem Tier ausbricht, ist oft auch von weiteren nicht-genetischen Faktoren abhängig. In der Regel treten diese Krankheiten zwar selten, aber familiär gehäuft auf.
- **Faktorenkrankheiten:** Zu dieser Gruppe zählen Krankheiten, die durch eine funktionale Überbeanspruchung der Tiere bzw. als Ergebnis einer für die geforderte Leistung unzureichenden Fütterung oder Haltung resultieren. Dabei kann es sich entweder um Stoffwechselentgleisungen (z. B. Ketose, Milchfieber, Acidose) oder um anatomische Probleme als Folge von Stoffwechselbelastungen (v. a. Klauen, Hufe, Gliedmaßen, Euter) oder falschen Haltungsbedingungen handeln.

Die Grenzen zwischen den Krankheitsgruppen können allerdings fließend sein. So wirkt z. B. an der Entstehung der typischen Infektionskrankheit Mastitis beim Rind oft eine funktionale Überbeanspruchung des Euters mit, die dann zu einer Lockerung des Zitzenschließmuskels führt, und dadurch das Eindringen der Krankheitskeime in das Euter erleichtert wird.

Zucht auf Krankheitsresistenz

Zusammenfassend kann gesagt werden, dass Zucht auf **Krankheitsresistenz** und **Gesundheit** grundsätzlich möglich ist und auch erfolgreich sein kann. Auch wenn die dazu notwendigen züchterischen Maßnahmen in den Bereichen Leistungsprüfung, Zuchtplanung und Selektionsstrategie aufwendig sind, sind sie im Sinne des Tierschutzes und des Verbraucherschutzes erforderlich. Sie können sowohl zur Wirtschaftlichkeit der Nutztierhaltung als auch zur Sicherung der Qualität tierischer Produkte einen nachhaltig positiven Beitrag leisten.

Fragen zu Kapitel 2.8

- Erläutern Sie den Zusammenhang der Begriffe Vitalität, Adaptation, Konstitution, Kondition, Fitness und Tiergesundheit.

- Erläutern Sie den Zusammenhang der Begriffe Disposition, Resistenz, Toleranz und Immunität.
- Kommentieren Sie die drei wichtigsten Aspekte, die im Zusammenhang mit dem Merkmalskomplex Tiergesundheit berücksichtigt werden müssen.
- In welche drei Gruppen können Krankheiten bei Nutztieren grundsätzlich eingeteilt werden? Nennen Sie die wichtigsten Kennzeichen dieser Krankheitsgruppen.

2.9 Zusätzliche Leistungen

Unter dem Begriff zusätzliche Leistungen werden die **züchterisch nicht relevanten** tierischen Nebenprodukte, Exkremente von Nutztieren und der Beitrag von Nutztieren zur Landschaftspflege zusammengefasst. Die zusätzlichen Leistungen werden im Hinblick auf eine vollständige Darstellung der Vielfalt der tierischen Leistungen kurz beschrieben.

2.9.1 Tierische Nebenprodukte

Schlachttierabgang

Ausgehend von der Schlachtausbeute und dem Knochenanteil im Schlachtkörper bei den verschiedenen Nutztierarten (Kap. 2.3.2, Tab. 2.7) ist klar ersichtlich, dass bei der Schlachtung und der Zerlegung der Schlachtkörper erhebliche Mengen an Schlachttierabgang anfallen. Der **Schlachttierabgang** besteht aus Schlachtabfällen, Schlachtnebenprodukten (z. B. Innereien wie Leber, Niere, Herz, Zunge), Fleisch- und Fettabschnitten und beträgt in Deutschland ca. 2,5 Mio. Tonnen pro Jahr. Ein Teil der genusstauglichen Fettabschnitte wird direkt für die Erzeugung von Fleisch- und Wurstwaren sowie Brat- und Backfetten verwendet. Wegen des Geschmacks und der weicheren Konsistenz wird dafür überwiegend Schweine- und nur ein kleiner Teil Rinderfett herangezogen. Aufgrund der veränderten Verzehrsgewohnheiten werden von den genussfähigen Innereien nur noch ca. 10% für die menschliche Ernährung verwendet.

Tierische Nebenprodukte

Laut EU-Verordnung 1774/2002 werden Schlachtabfälle, nicht für den menschlichen Verzehr bestimmte Schlachtnebenprodukte, Fett- und Fleischabschnitte zu den **tierischen Nebenprodukten** gezählt. Sie werden in drei Kategorien eingeteilt (Tab. 2.10) und deren Behandlung und Verwertung detailliert geregelt. Tierische Nebenprodukte der Kategorien 1 und 2 müssen von speziellen Verarbeitungsbetrieben, sogenannten **Tierkörper-Beseitigungsanlagen (TBA)**, eingesammelt und unter Drucksterilisation zu Tiermehl und Tierfett verarbeitet werden. Tiermehl und Tierfett der **Kategorie 1** kann nur durch Verbrennen oder Mitverbrennen in zugelassenen Verbrennungsanlagen für die Energiegewinnung verwertet werden (z. B. Zementindustrie). Tiermehl und Tierfett der **Kategorie 2** können neben der Verbrennung auch in zugelasse-

Tab. 2.10 Kategorien für tierische Nebenprodukte laut EU-Verordnung 1774/2002

Kategorie	Tierische Nebenprodukte
Kategorie 1	Tote Heim-, Zoo- und wissenschaftliche Versuchstiere; Spezifiziertes Risikomaterial (SRM): tierische Gewebe von Rind, Schaf und Ziege, die für die Übertragung von TSE-Erregern ein Risiko darstellen (Transmissible Spongioforme Enzephalopathie: BSE beim Rind, Scrapie beim Schaf); Rind: Kopf mit Gehirn, Augen, Mandeln, Zunge, Wirbelsäule mit Rückenmark und gesamter Darm; Schaf und Ziege: Kopf mit Gehirn, Augen, Mandeln, Milz, Rückenmark und Hüftdarm
Kategorie 2	Verendete („gefallene") und zur Tilgung einer Tierseuche getötete Nutz- und Wildtiere; Magen- und Darminhalte
Kategorie 3	Schlachtkörperteile aus Schlachtung, Zerlegung und Fleischverarbeitung, die aus kommerziellen Gründen nicht für den menschlichen Verzehr bestimmt sind; Häute/Schwarten/Felle/Federn, Klauen/Hufe, Hörner, Knochen und Blut (ausgenommen von Wiederkäuern)

nen Biogas- oder Kompostieranlagen verarbeitet oder als organische Dünge- oder Bodenverbesserungsmittel verwendet werden. Tierische Nebenprodukte der **Kategorie 3** werden von speziellen Verarbeitungsbetrieben oder Tierkörper-Beseitigungsanlagen zu verschiedenen Produkten wie z.B. Hunde- und Katzenfutter, Tierfett, Knochenfett, Fleischknochenmehl, Blutmehl, Federnmehl oder Leder weiterverarbeitet. Tierfette werden je nach Ausgangsmaterial in unterschiedlichen Qualitätsstufen erzeugt und als Rohstoffe in der Lebensmittel-, Futtermittel-, Kosmetik-, Pharma- und chemischen Industrie verwendet. Häute von Rindern, Kälbern, Schafen und Ziegen werden fast vollständig zu Leder und Fellen (Lamm) verarbeitet. Schweineschwarten wiederum werden überwiegend in der Wursterzeugung und Heimtierfutter-Industrie weiterverwertet. Nur ein geringer Teil wird gemeinsam mit einem Teilstück (z.B. Kotelett) als Frischfleisch verkauft. Federn und Daunen von Gänsen und Enten finden Verwendung bei der Erzeugung von Bettwaren (Kissen bzw. Polster).

Die verschiedenen tierischen Nebenprodukte müssen vom Anfall bis zur Verwertung strikt nach Kategorien getrennt bleiben. Werden Kategorien vermischt, so müssen alle tierischen Nebenprodukte der Mischkategorie entsprechend der niedrigeren (schlechteren) Kategorie verarbeitet und verwertet werden.

2.9.2 Exkremente von Nutztieren

Gülle, Festmist, Kompost

Die Exkremente *(lat. excrementum: Ausscheidung)* von Nutztieren in Form von Gülle, Festmist oder Kompost sind als **organische Dünger** eine tierische Leistung mit großer Bedeutung für die Landwirtschaft und die

Umwelt. In den ärmsten Regionen der Welt werden getrocknete Exkremente oft aus Mangel an Holz als Brennstoff verwendet. Sie sind meistens die einzige Energiequelle, die sich die Menschen leisten können, und deshalb eine Frage des Überlebens. Die Exkremente fehlen dann als Dünger und können nicht für die Verbesserung der Erträge der pflanzlichen Produktion verwendet werden. Ein klassischer Teufelskreis, der nur durch die Lösung des Energieproblems durchbrochen werden kann. In bestimmten Regionen der industrialisierten Welt dagegen verursachen sehr große Tierbestände pro Produktionseinheit riesige Mengen Exkremente, die mit viel Transportaufwand auf zum Teil sehr weit entfernte landwirtschaftliche Nutzflächen verteilt werden müssen. In einigen Regionen werden diese riesigen Mengen Exkremente allerdings immer noch einfach deponiert (z. B. Güllelagunen), was früher oder später zu gravierenden **Umweltproblemen** führt.

2.9.3 Beitrag von Nutztieren zur Landschaftspflege

Weidetiere und Kulturlandschaften

Die Nutzung der Wiederkäuer Rind, Schaf und Ziege als **Weidetiere** und Nahrungsmittel-Lieferanten hat bei der Umwandlung der europäischen Naturlandschaft in eine Kulturlandschaft für den Menschen eine zentrale Rolle gespielt. Besonders das Schaf hat bei der Entstehung und Erhaltung der Kulturlandschaften und bei der Ausprägung besonderer Landschaften einen großen Beitrag geleistet: z. B. Lüneburger Heide, Schwäbische Alb, Insel Rügen und alpine Regionen. Für die Erhaltung vieler solcher großflächigen **Kulturlandschaften** ist auch zukünftig die Haltung von Wiederkäuern unverzichtbar, weil nur sie das Futter von Dauergrünland-Flächen über den Pansen verwerten können. Für die Nutzung von ertragreicheren und nicht zu steilen Dauergrünland-Flächen eignen sich Rinder in Form der Mutterkuh-Haltung. Schafe – und zum Teil auch Ziegen – sind sehr gut für die Beweidung von extensiven und steilen Dauergrünland-Flächen sowie speziellen, ökologisch wertvollen Flächen geeignet. Ökologisch wertvolle Flächen sind z. B. Magerrasen, Heiden, Feuchtgebiete (Moore), Brachen, Streuobstwiesen, Salzwiesen und Deiche.

Landschaftspflege

Der Beitrag von Nutztieren zur **Landschaftspflege** kann grundsätzlich in drei Bereiche zusammengefasst werden:

- Nutzung des Weidefutters ohne übermäßigen Nährstoffentzug durch mittlere bis extensive Bewirtschaftung.
- Schutz von erosionsgefährdeten Hanglagen und Deichen. Dieser Beitrag ist für die meisten Skigebiete in den Alpen und die Deiche an Meeren und Flüssen (z. B. Rhein, Elbe) aus ökologischen und ökonomischen Gründen unverzichtbar, weil die Beweidung zur Schaffung einer dauerhaften und dichten Grasnarbe beiträgt.
- Offenhalten der Landschaft und damit Verhinderung einer nachhaltigen Verbuschung und Verwaldung.

Erholungswert

Durch diese Beiträge leisten die Nutztiere zusätzlich auch einen aktiven Beitrag zum Schutz von Boden, Wasser, Luft und für die Erhaltung des **Erholungswertes** ganzer Landschaften für den Menschen. Dies ist für tourismusorientierte Regionen und Länder von besonderer Bedeutung. Es ist aber auch eine Tatsache, dass Landschaftspflege nicht kostenlos durchgeführt werden kann und deshalb eine finanzielle Förderung durch die Gesellschaft notwendig ist. Im Allgemeinen ist die Erhaltung der Kulturlandschaft durch landwirtschaftliche Nutzung für die Gesellschaft aber kostengünstiger als durch mechanische Pflegemaßnahmen, die von den Kommunen selbst oder branchenfremden Unternehmen durchgeführt werden müssen.

3 Molekulargenetische Grundlagen

Für ein Grundverständnis tierzüchterischer Zusammenhänge ist es unerlässlich, die funktionalen Grundlagen der Vererbung zu verstehen. Es ist aber andererseits auch nicht erforderlich – und würde außerdem den Rahmen dieses Lehrbuches sprengen – diese sehr komplexen Vorgänge im Detail zu durchdringen. Daher werden in diesem Kapitel nur die für das weitere Verständnis wichtigsten Aspekte und Prozesse erläutert, wobei der Schwerpunkt auf dem Verständnis der funktionalen Zusammenhänge liegt. Abschließend werden Methoden zur Darstellung genetischer Marker beschrieben, die für die marker- bzw. genomisch-unterstützte Selektion von praktischer Bedeutung sind.

Vererbung, Genetik, Molekulargenetik

Ein wesentliches Element der Tierzucht ist die Auswahl von leistungsmäßig überlegenen Elterntieren. Diese Maßnahme ist allerdings nur dann zielführend, wenn zumindest ein Teil der besonderen Leistungsfähigkeit der Eltern auf die Nachkommen übertragen wird. Dies erfolgt in dauerhafter Form nur, wenn die Merkmale ganz oder teilweise genetisch fundiert sind und diese genetische Veranlagung von den Eltern an die Nachkommen weitergegeben wird. Diesen Prozess bezeichnen wir auch als **Vererbung**. Da also Vererbung von Eigenschaften und Leistungen eine wesentliche Voraussetzung für züchterisches Handeln darstellt, ist es erforderlich, die molekularen Grundlagen der Vererbung zu verstehen. Jener Teil der Naturwissenschaften, der sich mit der Vererbung befasst, wird als **Genetik** bezeichnet. Der Begriff „Genetik" ist ein aus dem Altgriechischen abgeleitetes Kunstwort und wurde 1905 in einem Brief des englischen Forschers William Bateson an Adam Sedgewick für die damals neu entstandene Forschungsrichtung im Zusammenhang mit der Bezeichnung einer Professur für „Heredity and Variation" *(dt. Erblichkeit und Variation)* vorgeschlagen. Die Ursprünge der wissenschaftlichen Genetik liegen allerdings mit der Veröffentlichung von Charles Darwins Hauptwerk „The Origin of Species by means of Natural Selection, or the Preservation of Favoured Races in the Struggle for Life" (1859) und Gregor Mendels „Versuche über Pflanzen-Hybriden" (1865) bereits in der Mitte des 19. Jahrhunderts. Obwohl die wissenschaftliche Genetik also schon etwas mehr als 150 Jahre alt ist, hat sie vor allem seit ca. 1985 einen rapiden Aufschwung genommen. Auslöser hierfür war die Möglichkeit, mit speziell entwickelten biochemischen Techniken die genetische Codierung detailliert zu analysieren. Dieser Ansatz wird als **Molekulargenetik** bezeichnet.

3.1 Genom und Chromosomen

Die Gesamtheit der Erbanlagen eines Individuums wird als **Genom** bezeichnet. Der wesentliche Informationsträger der Vererbung sind die **Chromosomen**. Chromosomen *(gr. chroma: Farbe; soma: Körper)* sind Strukturen im Zellkern, der in den meisten Zellen vorhanden ist. Sie wurden schon 1842 als anfärbbare Körperchen im Zellkern mikroskopisch entdeckt und deshalb als Chromosomen bezeichnet. Höhere Organismen haben mehrere verschiedene Chromosomen, die sich strukturell und in der Länge unterscheiden. Chromosomen können nach Anfärbung unter dem Mikroskop aufgrund der typischen Bänderung und der Lage des Centromers (d. h. der primären Einschnürung) unterschieden werden. Bei höheren Organismen sind die Chromosomen im Zellkern paarweise vorhanden. So hat das Rind z. B. 30 Chromosomenpaare, also insgesamt 60 Chromosomen. 29 dieser 30 Chromosomenpaare sind **homolog** *(gr. homólogos: entsprechend, übereinstimmend)*, d. h. die beiden Chromosomen eines Paares sind strukturell identisch. Diese Chromosomen werden deshalb auch als **Autosomen** *(gr. autós: derselbe, selbst; soma: Körper)* bezeichnet. Tierarten mit paarigen Chromosomensätzen werden als **diploid** *(gr. diplóos: zweifach)* bezeichnet. Hierzu gehören fast alle landwirtschaftlich genutzten Tiere. Ausnahmen finden sich lediglich bei landwirtschaftlich genutzten Insekten wie den Bienen, bei denen die männlichen Tiere, die sogenannten Drohnen, **haploid** *(gr. haplóos: einfach)* sind und deshalb nur einen einfachen Chromosomensatz tragen; oder bei Fischen, bei denen zum Teil durch biotechnologische Manipulationen eine weitere Verdoppelung des Genoms ausgelöst werden kann. Dies führt dann zu polyploiden Tieren mit einem mehrfachen Chromosomensatz.

Geschlechtschromosomen

Eine besondere Stellung unter den Chromosomen nehmen die **Geschlechtschromosomen** ein. Bei Säugetieren wird zwischen dem X- und dem Y-Chromosom unterschieden. Da sich die Chromosomen dieses Paars strukturell unterscheiden, bezeichnet man sie auch als **Heterosomen** *(gr. héteros: verschieden; soma: Körper)*. Das Y-Chromosom ist kleiner als das X-Chromosom und enthält weniger Erbinformation. Die Heterosomen spielen bei der Festlegung des Geschlechts eine zentrale Rolle. Bei Säugetieren sind die weiblichen Tiere homogametisch mit zwei X-Chromosomen (XX) und die männlichen Tiere heterogametisch mit je einem X- und einem Y-Chromosom (XY).

Anzahl Chromosomen ist artspezifisch

Das Kerngenom des Rindes besteht also aus 2 × 29 Autosomen und den beiden Geschlechtschromosomen. Die gesamte Chromosomenzahl wird in der Regel in der Form 2N = 60 angegeben. Generell ist die Anzahl Chromosomen für eine Art charakteristisch: So hat z. B. das Rind 60, das Schwein 38, das Schaf 54, die Ziege 60, das Pferd 64, das Huhn 78, die Honigbiene 16, der Hund 78 und der Mensch 46 Chromosomen. Allerdings gibt die Anzahl der Chromosomen innerhalb einer zoologischen Klasse – wie z. B. der Säugetiere – keinerlei Hinweis auf die biologische Komplexität des Organismus. So hat der Mensch mit 2N = 46 nur etwas mehr als halb so viele Chromosomen wie der Hund mit 2N = 78. Die abstammungsgeschichtlich benachbarten Arten Rind, Schaf und Ziege haben ähnliche Chromosomenzahlen. Bei den Equiden hingegen unterscheidet sich die Chromosomenzahl deutlich. So hat das Pferd (2N = 64) deutlich mehr Chromosomen als die verschiedenen Zebraarten (2N = 32–46). Der Esel wiederum hat mit 2N = 62 ein Chromosomenpaar weniger als das Pferd. Dieser Unterschied führt dazu, dass die aus Pferd × Esel-Kreuzungen erzeugten Maultiere bzw. Maulesel (Kap. 7.2.1) mit einem unpaarigen Chromosomensatz von 2N = 63 ausgestattet sind, und sich deshalb in der Regel nicht fortpflanzen können. Eine Besonderheit liegt beim Huhn vor, dessen Genom aus 9 Paaren Makrochromosomen und 30 Paaren Mikrochromosomen (2N = 78) besteht. Wie der Name schon sagt, sind die Mikrochromosomen sehr viel kleiner als die Makrochromosomen. Als weitere Besonderheit erfolgt die Geschlechtsvererbung beim Huhn (wie bei den Vögeln allgemein) über die Makrochromosomen Z und W. Anders als bei den Säugetieren ist bei Vögeln das weibliche Geschlecht heterogametisch (ZW), während das männliche Geschlecht homogametisch (ZZ) ist.

Mitochondrien-Genom

In den **Mitochondrien**, den „Kraftwerken der Zelle“, sind in geringem Umfang auch chromosomenähnliche Strukturen vorhanden, die ebenfalls Erbinformation tragen. Das Mitochondrien-Genom besteht üblicherweise aus einer einzigen, ringförmigen Struktur. Es wird vermutet, dass die Mitochondrien der Tierzellen ursprünglich eigenständige einzellige Organismen waren, die in die jeweiligen Zellen der höheren Lebensformen integriert wurden. Während die Weitergabe von Chromosomeninformation im Zellkern unabhängig vom Geschlecht erfolgt, wird die mitochondriale Erbinformation immer nur von der Mutter auf die Nachkommen übertragen, da die Mitochondrien nur mit der Eizelle und nicht mit den Spermien weitergegeben werden. Insbesondere für einige Merkmale des Energiestoffwechsels wurde **mitochondriale Vererbung** nachgewiesen, die manchmal auch als **zytoplasmatische Vererbung** bezeichnet wird. Zur Erinnerung: Als Zytoplasma, manchmal auch Cytoplasma *(gr. kýtos: Hülle; plásma: Gebilde)* geschrieben, wird die von der Zellmembran umhüllte Substanz einer lebenden Zelle außerhalb des Zellkerns bezeichnet. Zellkern und Zytoplasma sind durch die Kernmembran getrennt.

3.2 Desoxyribonukleinsäure (DNA) und genetischer Code

DNA

Chromosomen bestehen im Wesentlichen aus extrem langen Molekülen der **Desoxyribonukleinsäure**, die aber, von der englischen Bezeichnung **D**esoxyribo-**N**ucleic-**A**cid ausgehend, meistens als **DNA** abgekürzt wird. Die DNA ist ein fadenförmiges Kettenmolekül, das aus den Bausteinen Zucker, Phosphatbrücken und organische Basen besteht. Das Rückgrat des Fadens bilden die ringförmigen Moleküle des Zuckers **Desoxyribose**, die über **Phosphatbrücken** miteinander verbunden sind. An jedem Desoxyribose-Molekül ist eine von vier **organischen Basen** angehängt. Diese vier Basen und ihre gebräuchliche Abkürzungen sind **Adenin (A), Guanin (G), Cytosin (C)** und **Thymin (T)**. Die ebenso einfache wie unter funktionalen Gesichtspunkten elegante Grundstruktur des DNA-Moleküls wurde 1953 von James Watson und Francis Crick zusammen mit Maurice Wilkins und Rosalind Franklin aufgeklärt. Die drei erstgenannten erhielten hierfür 1962 den Nobelpreis für Medizin. Sie konnten zeigen, dass es sich bei der DNA um eine Doppelhelix handelt, die man sich wie eine verdrehte Strickleiter vorstellen kann, in der die DNA-Ketten paarweise angeordnet sind (Abb. 3.1).

Dabei bilden die Zuckermoleküle das Grundgerüst des zweisträngigen Kettenmoleküls und die Basen stehen „seitlich" ab. In der paarweisen Anordnung bilden zwei gegenüberliegende Basen zusammen eine „Sprosse" der Leiter. Dabei kann sich immer nur **Adenin** mit **Thymin** und

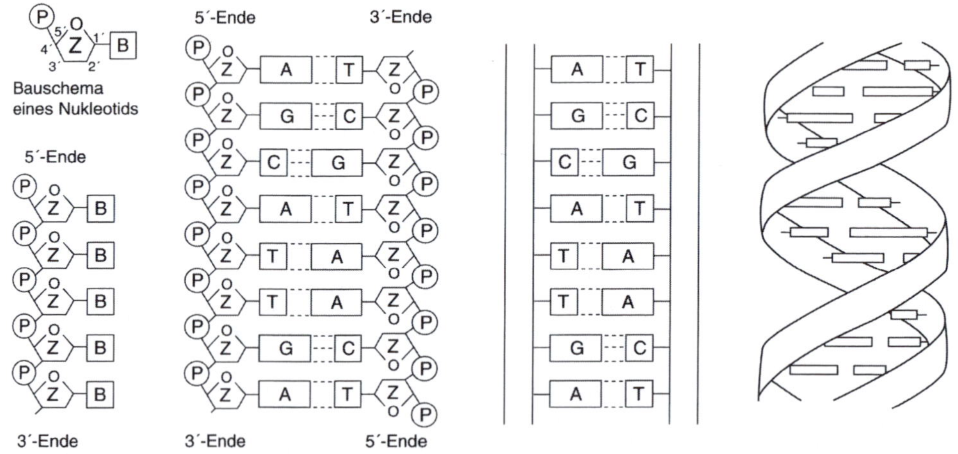

Aufbau einer Nukleinsäure

Aufbau eines Nukleinsäure-Doppelstranges

Strickleiter-Modell zur vereinfachten Darstellung eines Doppelstranges

Schema zur Raumlage einer DNA-Doppelhelix

Abb. 3.1 Schematische Darstellung zum Aufbau von Nukleinsäuren. P = Phosphatbrücke, Z = Zucker, B = organische Base, wobei A = Adenin, C = Cytosin, G = Guanin, T = Thymin (Geldermann, 1994)

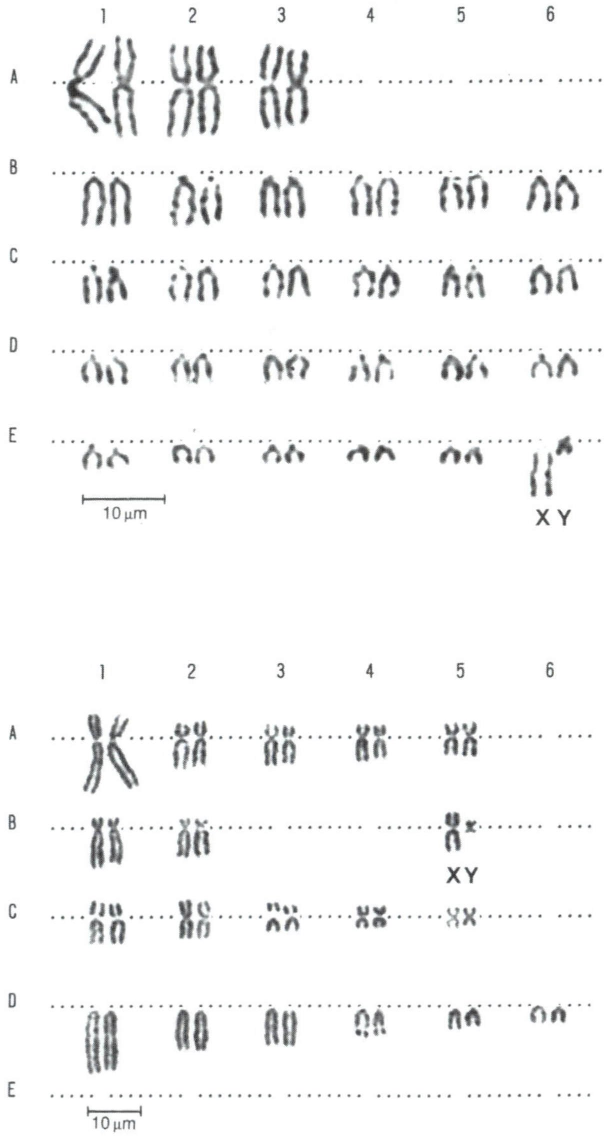

Abb. 3.2 Karyogramm: Schaf (oben) und Schwein (unten) (Geldermann, 1994)

Cytosin mit **Guanin** verbinden. Man kann sich leicht merken, dass mit **A** und **T** die alphabetisch erste und letzte Base komplementär sind, **C** und **G** bilden das andere Paar. Die paarweise Spezifität dieser Basen wird anhand der Bindung durch zwei (A = T) bzw. drei (C ≡ G) Wasserstoffbrücken sichergestellt. Somit ist durch die Basenabfolge des einen Stranges diejenige des anderen, komplementären Stranges vollständig festgelegt. Dies wird, wie wir später noch sehen werden, weitreichende Folgen haben.

Sichtbare Form der Chromosomen

Die DNA-Makromoleküle der Chromosomen liegen im Zellkern normalerweise in einer diffusen, nicht beobachtbaren Form vor. Nur in bestimmten Stadien der Zellteilung ordnen sich die Chromosomen in einer vorgegebenen Form an und sind zu diesem Zeitpunkt mikroskopisch in Form eines **Karyogramms** sichtbar (Abb. 3.2). Hierin lassen sich die Chromosomen anhand der Länge, der Positionierung des Centromers und ihrer typischen Bänderung nach Anfärbung unterscheiden. Die physische Länge von Chromosomen oder Chromosomenabschnitten wird in Basenpaaren angegeben. Ein Basenpaar steht hierbei für eine Sprosse der gedrehten Strickleiter, also zwei Zuckermoleküle, die durch ein Paar komplementärer Basen verbunden sind. Einzelne Chromosomen können aus mehreren hundert Millionen Basenpaaren bestehen. Insgesamt umfasst das Säugergenom ca. 3 Milliarden Basenpaare. Diese Gesamtlänge des Genoms gilt unabhängig von der Anzahl Chromosomen. Die Chromosomen von Säugerarten mit wenigen Chromosomen sind im Durchschnitt länger.

Genetischer Code

Mit dem Aufbau der DNA als Abfolge der vier Basen A, C, G und T ist der Zeichenvorrat des **genetischen Codes** vorgegeben. Ähnlich wie in unserem Alphabet mit 26 Buchstaben handelt es sich im genetischen Code um ein Alphabet mit nur vier Buchstaben. Die Information wird durch die Abfolge der Buchstaben codiert. Dabei beträgt die Länge eines „Wortes“ immer nur drei Buchstaben. Daher werden diese Worte auch als **Tripletts** bezeichnet. Da sie in der genetischen Codierung von zentraler Bedeutung sind, wird auch der Begriff **Codon** verwendet. Mit vier verschiedenen Buchstaben sind $4^3 = 64$ verschiedene Tripletts (Codons) möglich. Wichtig ist dabei, dass die Basensequenz eines Chromosoms eine Richtung hat, die sich aus der chemischen Struktur ergibt. Chromosomen werden immer vom sogenannten 3' zum 5' (sprich „drei Strich“ und „fünf Strich“) Ende gelesen. Dies hat zur Folge, dass das Triplett CCT nicht mit TCC identisch ist.

3.3 Gene, Genorte und Allele

Gene und Genorte

Biologische Prozesse wie z. B. Gewebedifferenzierung, Wachstum, Immunsystem und viele andere Bereiche werden primär durch **Proteine** *(gr. proteios: grundlegend)* gesteuert. Proteine, auch Eiweiße genannt, sind spezifische Aminosäurensequenzen, also lange Ketten verschiedener Aminosäuren. Da Aminosäuren über die sogenannte Peptidbindung Ketten bilden, spricht man auch von Polypeptiden. Proteine haben als biologisch aktive Substanzen, z. B. als Enzyme, Hormone oder Trägerstoffe, im Stoffwechsel eine zentrale Rolle. Bestimmte Abschnitte der DNA enthalten die Baupläne für diese biologisch aktiven Proteine. Diese Abschnitte bezeichnet man als **Gene**. Ein Gen kann deshalb definiert werden als eine zusammenhängende DNA-Teilsequenz eines

Chromosoms, die in bestimmten Zellen als Bauplan für ein biologisch aktives Proteinmolekül dient. Gene können sehr umfangreich sein (bis zu mehreren hunderttausend Basenpaare) und sind meist komplex strukturiert und reguliert. Tatsächlich ist der **Begriff Gen** viel umfassender als hier dargestellt werden kann Für das Verständnis der genetischen Grundlagen der Tierzucht ist jedoch die hier gegebene einfache, modellhafte Definition völlig ausreichend. Die Position eines Gens auf einem Chromosom wird als **Genort** oder **Locus** *(lat. locus: Ort; Plural: loci)* bezeichnet. Die verschiedenen Genorte auf einem Chromosom sind in einer **genetischen Karte** beschrieben. Für die Bestimmung dieser Positionen wird daher auch der Begriff Genkartierung (Kap. 3.7) verwendet.

Allele und Genotyp

Gene können in verschiedenen Varianten vorliegen, die als **Allele** *(gr. állos: der eine von zweien, der andere)* bezeichnet werden. Verschiedene Allele des gleichen Gens zeichnen sich durch mehr oder weniger große Unterschiede in der Basensequenz aus. Dabei können sich unterschiedliche Allele auch nur in einer einzelnen Base unterscheiden. Manchmal findet man aber auch sehr große Unterschiede in der Basensequenz zwischen verschiedenen Allelen. Für die meisten untersuchten Gene wurde eine Vielzahl von Allelen gefunden. Allele sind dann züchterisch relevant, wenn verschiedene Allele zu einer unterschiedlichen Ausprägung des vom jeweiligen Gen gesteuerten Merkmals führen. So können z. B. unterschiedliche Allele eines Gens zu unterschiedlichen Fellfarben führen. Allele an anderen Genorten können die Milchmenge eines Tieres steigern oder senken. Da in einer diploiden Körperzelle die Chromosomen paarig vorliegen, liegt auch jedes Gen in zwei Kopien vor. Diese Redundanz *(lat. redundantia: Überfluss, Üppigkeit)* führt dazu, dass selbst im Fall, wenn ein Allel z. B. durch eine Mutation seine biologische Funktion eingebüßt hat, meist noch ein zweites, nicht mutiertes Allel vorhanden ist, das die biologische Funktion sicherstellen kann. Die Kombination der beiden Genvarianten wird als **Genotyp** bezeichnet. Auf einen Genort bezogen kann der Genotyp **homozygot** *(gr. homós: gleich; zygotós: verbunden)* oder **heterozygot** *(gr. héteros: verschieden)* sein. Bei Homozygotie liegen an einem Genort zwei Kopien des gleichen Allels vor. Bei Heterozygotie liegt je eine Kopie von zwei verschiedenen Allelen des gleichen Gens vor.

Aufgrund der Komplexität der Lebensvorgänge ist man lange davon ausgegangen, dass die Genome höherer Organismen etwa 100.000 Gene umfassen sollten. Die Sequenzierung des menschlichen Genoms im Rahmen des Human Genome Project hat dann allerdings im Jahr 2003 gezeigt, dass das Säugetiergenom nur etwa 23.000 Gene umfasst. Dabei belegen die eigentlichen Gene mit den sie begleitenden regulierenden Sequenzen weniger als 10% der gesamten DNA-Sequenz. Nachdem lange Zeit davon ausgegangen wurde, dass es sich dabei um „nutzlose" DNA (sogenannte „junk DNA") handelt, hat sich mittlerweile die Erkenntnis durchgesetzt, dass wichtige regulatorische Prozesse (die z. B. die Genexpression steuern) in der DNA außerhalb der Gene codiert sind. Es gibt sogar Hinweise darauf, dass ein erheblicher Teil der genetischen Variation nicht durch Polymorphismen *(gr. polýs: viel, zahlreich; morphé: Gestalt, Form)* in den codierenden Sequenzen der Gene begründet ist, sondern in der Variabilität der regulierenden Elemente. Die biologische Funktion der verbleibenden mehr als 90% der DNA wird derzeit sicher nicht ausreichend verstanden. Entsprechende Forschungsinitiativen sollen sowohl für den Mensch („ENCODE" – ENCyclopedia Of DNA Elements) als auch für Nutztiere („FAANG" – Functional Annotation of Animal Genomes) bessere Erklärungsmodelle liefern.

3.4 Vom Gen zum Protein

Allen vererbten Merkmalen ist eine Steuerung durch biologisch aktive Proteine gemeinsam. Dies gilt sowohl für Merkmale wie Fellfarbe oder Behornung, für Leistungsmerkmale wie Milchmenge oder tägliche Zunahme, aber auch für die Anfälligkeit für Krankheiten oder für Verhaltensmerkmale. Bei den biologisch aktiven Proteinen kann es sich um sehr große und hoch komplexe Moleküle handeln, die jedoch immer eine Abfolge von nur 20 verschiedenen Aminosäuren-Bausteine sind. Nicht jedes Gen wird in jeder Zelle in ein biologisch aktives Protein umgesetzt. Zunächst ist es vom Zelltyp abhängig, welche Gene in einer Zelle aktiv werden. So ist die Information über die Fellfarbe wohl in einer Haarfollikelzelle, nicht aber in einer Leberzelle relevant. Insgesamt besteht ein Säugetierorganismus aus etwa 200 verschiedenen Zelltypen. Darüber hinaus ist dieser Prozess auch von einer Vielzahl von externen und internen Faktoren abhängig. So können z. B. externe Einflüsse wie eine Infektion die Bildung bestimmter immunologisch relevanter Proteine anregen. Andere Prozesse wiederum sind alters- oder geschlechtsabhängig.

Expression eines Gens

Die Aktivierung eines Gens in einem Gewebe bezeichnet man als **Expression** *(lat. expressus, exprimere: (her)ausdrücken)*. Der wesentliche Vorgang in der Expression ist die Übersetzung der Basensequenz der DNA in die Aminosäurensequenz des Proteins. Es existieren 20 verschiedene biologisch relevante Aminosäuren. Jede dieser Aminosäuren wird durch eines oder mehrere Basen-Tripletts auf der DNA codiert. Einem Triplett hingegen ist eindeutig eine Aminosäure zugeordnet. So steht z. B. das Triplett TTA für die Aminosäure Asparagin. Da 64 verschiedenen Tripletts nur 20 Aminosäuren gegenüberstehen, wird eine Aminosäure meist durch verschiedene Tripletts codiert. So codieren z. B. alle Tripletts, die mit G und C beginnen, also GCA, GCC, GCG und GCT, die Aminosäure Arginin. Die Umsetzung der DNA in ein Protein erfolgt in einem zweistufigen Prozess (Abb. 3.3).

Transkription und Translation

Soll in einer Zelle eine bestimmte genetische Information in ein Protein umgesetzt werden, erfolgt zunächst eine **Transkription** *(lat: transcribere: umschreiben, abschrieben)*. Hierzu wird zunächst der Doppel-

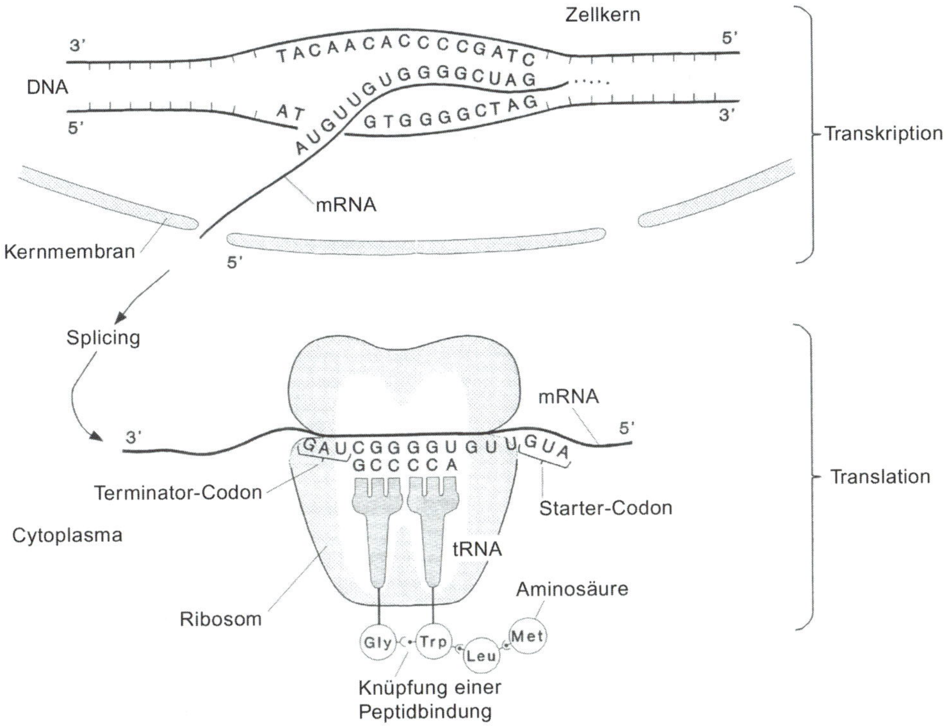

Abb. 3.3 Schema der Protein-Biosynthese: Im oberen Teil wird dargestellt, wie sich komplementär zum DNA-Strang ein einsträngiges mRNA-Molekül bildet (Transkription). Der untere Teil illustriert die Translation der rRNA an einem Ribosom. Dabei hängen sich tRNA-Moleküle mit ihren Anticodons an passende mRNA-Codons. Die tRNA auf der rechten Seite des Ribosoms (Akzeptorstelle) trägt das zuvor synthetisierte Peptid, bestehend aus drei Aminosäuren. Mit der tRNA in der linken Position (Donorstelle) gelangt eine neue Aminosäure an den Peptidbindungsort, wo sie an das schon vorhandene Peptid geknüpft wird. Die Synthese eines Peptids wird abgebrochen, sobald auf der mRNA ein bestimmtes Codewort (Terminations-Codon) erscheint (Geldermann, 1994)

strang der DNA in zwei Teilstränge aufgetrennt. Anschließend wird von einem Teilstrang eine „Arbeitskopie“ erstellt, die nur noch die das Protein codierenden Teile der Basensequenz, die sogenannten „Exons“ umfasst, nicht aber die Teilsequenzen, die die Expressionstätigkeit regulieren, die sogenannten „Introns“. Somit enthält die Kopie nur noch die für die Protein-Biosynthese relevanten Informationen. Die Arbeitskopie unterscheidet sich von der DNA dadurch, dass sie einstrangig ist und es sich um eine Kette von nicht desoxydierten Ribonukleinsäuren handelt; sie wird daher als **RNA** (**R**ibo-**N**ucleic-**A**cid) bezeichnet. Weiterhin wird in der Kopie die Base **Thymin** durch die chemisch verwandte Base **Uracil (U)** ersetzt. Bei diesem Prozess spielt die paarweise Homologie der Basen eine entscheidende Rolle. Im Verlauf der Transkription spaltet sich die DNA im relevanten Abschnitt in zwei Teilketten auf. An eine der Teilketten lagern sich einzelne RNA-Bausteine in komplementärer Form an, und zwar A an T, C an G, G an C und U an A. So entsteht eine homologe und eindeutige Kette, indem z. B. die DNA-Sequenz ... AACGAG ... in die RNA-Sequenz ... UUGCUC ... umgeschrieben wird. Diese einsträngige Kopie wird als **Boten-RNA (messenger RNA, mRNA)** bezeichnet. Die mRNA verlässt den Zellkern und wird in den Ribosomen als Bauplan für eine spezifische Protein-Biosynthese verwendet. Diesen Prozess bezeichnet man als **Translation** *(lat. translatio: Übersetzung, Übertragung)*. Während bei der Transkription nur eine Kopie in der gleichen Sprache, nämlich der Basensequenzen, angefertigt wird, so stellt die Translation eine Übersetzung in die neue Sprache der **Aminosäurensequenz** dar. Hierbei lagern sich an die Codons der mRNA passende Anticodons der **Transfer-RNA (tRNA)** an. Diese tRNA-Moleküle besitzen eine Bindungsstelle, an die die jeweils spezifische Aminosäure angehängt ist. Über die Abfolge der Codons in der mRNA werden so die Aminosäuren in der richtigen Reihenfolge aneinander gefügt. Sie gehen dann eine Peptidbindung ein und ergeben nach der Trennung von der tRNA ein Proteinmolekül (Abb. 3.3). Die Synthese biologisch aktiver Proteinmoleküle nach dem in der DNA vorliegenden Bauplan ist der Startpunkt ausgesprochen komplexer und hochgradig regulierter Prozesse in der Zelle. Obwohl ein erheblicher Anteil der Variabilität der sichtbaren Merkmale erst in diesem komplexen Prozess der Genexpression zustande kommt, ist die DNA-gesteuerte Protein-Biosynthese der für das Verständnis der Merkmalsvererbung zentrale Mechanismus.

3.5 Mitose und Meiose

Mitose und Funktionen der DNA

Alle somatischen *(gr. soma: Körper)* Zellen, d. h. also alle Körperzellen, enthalten die gleiche genetische Information und damit die gleiche DNA. Da letztlich alle Zellen durch wiederholte Teilung aus einer einzigen befruchteten Eizelle entstehen, muss bei jeder Zellteilung eine identische Kopie des Genoms der Mutterzelle entstehen. Dieser Verdopplungsprozess der DNA wird als identische **Replikation der DNA** oder als **Mitose** *(gr. mítos: Kette, Faden)* bezeichnet. In der Mitose, die in einer Abfolge verschiedener Phasen geschieht, trennt sich die doppelsträngige DNA in zwei Teilstränge auf, die dann jeweils durch komplementäre DNA-Bausteine mit den passenden Basen ergänzt werden. Somit werden aus einem DNA-Strang zwei identische DNA-Stränge, von denen jeweils einer in eine der beiden neu entstandenen Zellen wandert. Zum besseren Verständnis sind in Abb. 3.4 die zwei grundsätzlichen **Funktionen der DNA**, nämlich **Vererbung** und **Genexpression**, und die damit verbundenen Eigenschaften Replikation und Transkription (Kap. 3.4) gegenübergestellt. Einerseits können durch Replikation bzw. Mitose von DNA-Molekülen identische Kopien gebildet werden, die dann normalerweise in Tochterzellen übertragen werden. Dieser Übertragungsvorgang wird als **Transmission** *(lat. transmittere: hinüberschicken, übergeben)* bezeichnet. Andererseits können sich an Teilregio-

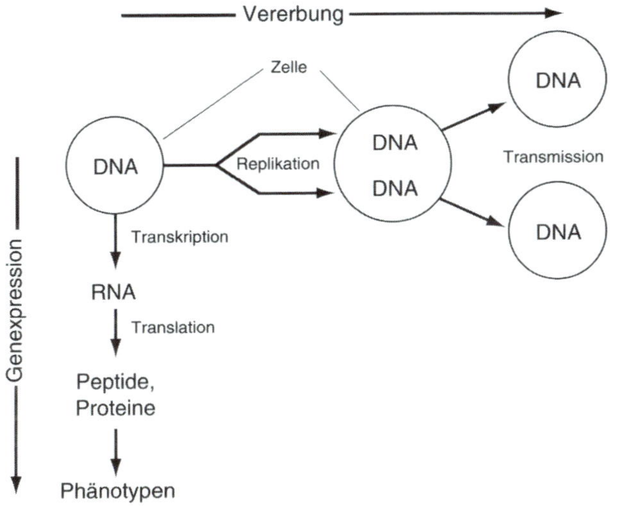

Abb. 3.4 Grundsätzliche Funktionen der DNA: Vererbung und Genexpression (Geldermann, 1994)

nen der DNA komplementäre RNA-Moleküle bilden (Transkription) und über eine mehr oder weniger große Zahl von Zwischenstufen letztlich zur Ausbildung spezieller Merkmale (Leistung, Aussehen) beitragen.

Diploide Organismen vermehren sich mittels **haploider Gameten** *(gr. gamétes: Gatte, gameté: Gattin)*, d. h. Ei- und Samenzellen. Sowohl die von der Mutter bereitgestellte Eizelle als auch die väterliche Samenzelle enthalten jeweils nur einen haploiden (d. h. halben) Chromosomensatz. Beim Rind mit 2N = 60 Chromosomen enthält also die Ei- bzw. Samenzelle jeweils nur N = 30 Chromosomen. Diese setzen sich aus jeweils einer Kopie der 29 Autosomen sowie einem X-Chromosom (in der Eizelle) bzw. einem X- oder Y-Chromosom (in der Samenzelle) zusammen. Nach der Verschmelzung der beiden Gameten im Zuge der Befruchtung der Eizelle durch eine Samenzelle ergibt sich, als Summe der beiden haploiden Chromosomensätze, wieder eine diploide somatische Urzelle, aus der sich durch wiederholte Teilung zunächst ein Embryo *(gr. émbryon: im Anfangstadium der Entwicklung befindlicher Keimling)* und später ein Tier entwickelt.

Meiose

Da in einer Körperzelle jeweils ein diploider Chromosomensatz vorliegt, bedarf die Erzeugung haploider Gameten einer besonderen Art von Zellteilung. Diese wird als **Meiose** *(gr. meíosis: Verringerung)* oder **Reife-** bzw. **Reduktionsteilung** bezeichnet. Die Meiose läuft im Prinzip zweistufig ab, wobei einer regulären Mitose ein weiterer Teilungsschritt nachgeschaltet wird, bei dem der in der Mitose entstandene diploide Chromosomensatz in zwei haploide Sätze aufgeteilt wird. Es ist für das Verständnis der Gesetze der Vererbung von zentraler Bedeutung, dass es im Zuge der **Meiose** zu einer **zufälligen Auswahl** des genetischen Materials kommt. Dies ist einer der ganz wenigen naturwissenschaftlichen Fälle, bei dem ein echter Zufallsprozess abläuft, weil auch bei einer vollständigen Kenntnis der Rahmenbedingungen eine Vorhersage des Ergebnisses nicht möglich ist (wie es z. B. beim Münzwurf mit dem Ergebnis Kopf oder Zahl prinzipiell der Fall ist). Ein anderes Beispiel für einen echten Zufallsprozess findet sich allenfalls in der physikalischen Quantentheorie. Der echte genetische Zufallsprozess in der **Meiose** ist die **Grundlage der genetischen Variabilität**, deren Nutzung im Mittelpunkt der züchterischen Strategien steht.

Eine diploide Zelle trägt zwei Varianten eines Chromosoms. Wie bereits im Kap. 3.3 ausgeführt wurde, ist damit auch jeder Genort doppelt vorhanden, sodass von jedem Gen zwei Allele vorliegen, die gleich (homozygot) oder unterschiedlich (heterozygot) sein können. Dies gilt grundsätzlich für alle Autosomen, allerdings nur mit Einschränkung für die beiden Geschlechtschromosomen (Heterosomen). Diese bestehen nämlich nur zu einem kleinen Teil aus einem Chromosomenabschnitt, der zwischen dem X- und dem Y-Chromosom homolog ist. Da sich dieser Abschnitt in der Meiose genauso wie Autosomen verhält, wird er als pseudo-autosomale Region bezeichnet. Der weitaus größere Teil der X- und Y-Chromosomen ist allerdings nicht homolog und trägt X- bzw. Y-spezifische Genorte. Diese Genorte unterliegen einem speziellen Vererbungsmuster.

Haplotyp und Genotyp

Betrachten wir eine Reihe von Genorten auf dem gleichen Chromosom, so finden wir eine Abfolge von Allelen. Diese Serie von Allelen wird auch als **Haplotyp** *(gr. haplóos: einfach týpos: Form, Bild)* oder **Gametentyp** eines Chromosoms bezeichnet. Während der sexuellen Fortpflanzung fusionieren zwei Haplo- bzw. Gametentypen zu einem **Geno-** bzw. **Zygotentyp** *(gr. zygotós: verbunden, paarweise)*, wie er dann in allen Körperzellen eines Säugetieres vorliegt. In Abb. 3.5 sind für ein Elternpaar mit drei Nachkommen die Haplotypen zweier homologer Chromosomen schematisch dargestellt. Hierbei werden die Genorte mit unterschiedlichen Großbuchstaben (A, B, C, D, E) und die verschiedenen Allele eines Genorts durch verschiedene Indizes (A_1, A_2, B_1, B_2, ... D_3, D_4, E_3, E_4) gekennzeichnet. In der Meiose wird eine zufällige Auswahl der elterlichen Chromsomen vorgenommen. In dem in Abb. 3.5 dargestellten Beispiel könnte also grundsätzlich entweder das „obere" oder „untere" Chromosom der Eltern vollständig in die jeweilige Gamete übernommen werden. Dies würde allerdings dazu führen, dass der Haplotyp eines Chromosoms immer stabil weitervererbt wird, wodurch es nur zu einer begrenzten Variabilität der Nachkommen käme, was bei den ersten beiden Nachkommen (links und Mitte) ersichtlich ist.

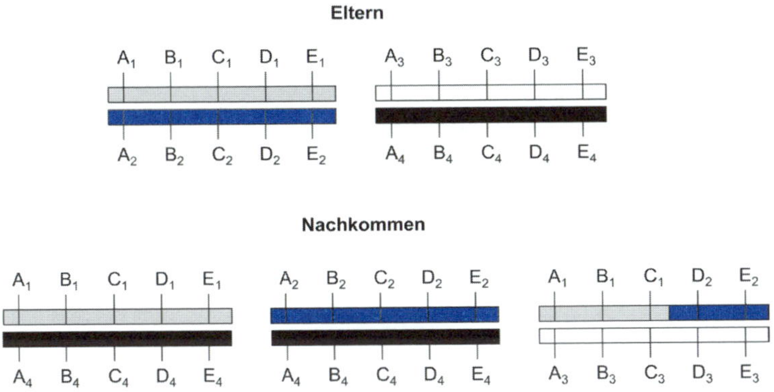

Abb. 3.5 Schematische Darstellung der Haplotypen zweier homologer Chromosomen (5 Genorte mit je 4 verschiedenen Allelen) eines Elternpaares mit stabilen (Nachkomme links und Mitte) sowie einem rekombiniertem Haplotyp (Nachkomme rechts)

3.6 Crossing-Over und Rekombination

Crossing-Over ist Grundlage für Rekombination

Um ein größeres Maß an genetischer Variabilität zwischen den Nachkommen zu erzeugen, kommt es in der Meiose in einem begrenzten Umfang zu einer Durchmischung von Haplotypen durch den Prozess der **Rekombination**. Grundlage der Rekombination ist **Crossing-Over**. Dieser Begriff entstammt der bildlichen Vorstellung, dass sich in der Meiose die homologen Chromosomen „überkreuzen" und es dann an der Kreuzungsstelle zu einem Bruch kommt, der als **Chiasma** („Überkreuzung", benannt nach der Form des griechischen Buchstaben Chi = χ) bezeichnet wird. Die Teilstücke der Chromosomen wachsen danach zu einem Chromosom mit einem neu kombinierten, d. h. **rekombinierten Haplotyp** zusammen und werden als Gamete an mögliche Nachkommen weitergegeben. Dies ist schematisch beim dritten Nachkommen in Abb. 3.5 dargestellt, der vom Vater einen rekombinierten Haplotyp erhalten hat, bei dem das Segment mit den Loci A, B und C von dem einen paternalen *(lat. pater: Vater)* und das Segment mit den Loci D und E von dem zweiten paternalen Chromosom stammt. Während sich ein Crossing-Over an jeder Stelle eines Chromosomensegments ereignen kann, spricht man von Rekombination bei der Betrachtung von zwei (oder mehr) Genorten. In Abb. 3.6 ist ein Chromosomensegment durch die Genorte A und B begrenzt. Ein Vatertier hat den bekannten Haplotyp A_1B_1 auf dem einen und A_2B_2 auf dem anderen Chromosom. Die resultierenden Gameten sind nicht rekombiniert, wenn sie entweder Haplotyp A_1B_1 oder Haplotyp A_2B_2 aufweisen. Gameten mit Haplotyp A_1B_2 oder A_2B_1 sind hingegen rekombiniert. **Rekombination** liegt immer dann vor, wenn zwischen zwei Genorten eine ungerade Anzahl Crossing-Over-Ereignisse erfolgt. Liegen zwischen zwei Loci z. B. zwei Crossing-Over-Ereignisse vor, so sind die Loci nicht rekombiniert.

Genetische Interferenz

Beobachtungen haben gezeigt, dass innerhalb einer Meiose mehrere Crossing-Over-Ereignisse auf einem kürzeren Chromosomensegment seltener auftreten, als man es unter Zufallsbedingungen erwarten wür-

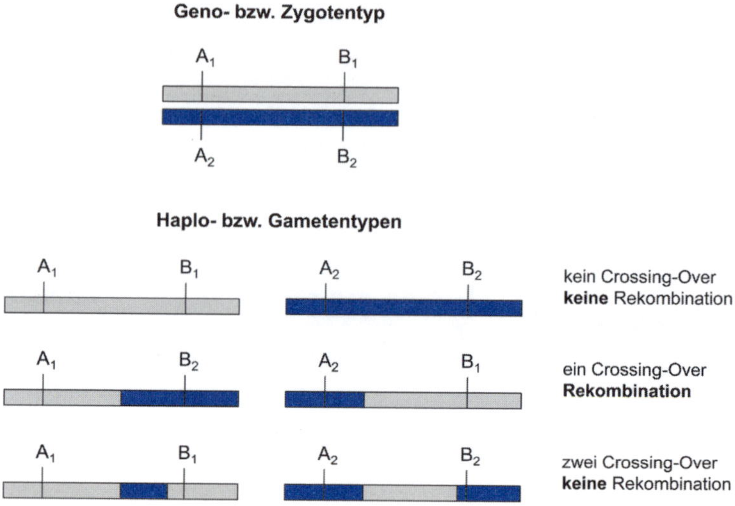

Abb. 3.6 Schematische Darstellung des Zusammenhangs zwischen Crossing-Over und Rekombination

de. Vielmehr scheint ein Crossing-Over zu verhindern, dass in unmittelbarer Nähe ein zweites Crossing-Over stattfindet. Dieses Phänomen der Hemmung eines Chromosomenaustausches in der Nähe eines bereits erfolgten Chromosomenaustausches wird als **genetische Interferenz** bezeichnet. Der Prozess von Crossing-Over und Rekombination ist genetisch sehr komplex und stark reguliert. So ist die Crossing-Over-Aktivität in verschiedenen Chromosomen und Chromosomenregionen sehr unterschiedlich. Zusätzlich besteht ein erheblicher Geschlechtsunterschied, da im heterogametischen Geschlecht (männlich beim Säugetier, weiblich bei den Vögeln) die Crossing-Over-Aktivität meist geringer ist als im homogametischen Geschlecht. Weiterhin konnten Unterschiede in der Rekombinationshäufigkeit zwischen Rassen und sogar zwischen einzelnen Familien empirisch nachgewiesen werden.

Rekombination ist kein „Betriebsunfall“

Wichtig ist allerdings, dass die **Rekombination** nicht als „Betriebsunfall“ in der Meiose verstanden werden darf, sondern dass sie ein **fundamentaler Prozess** zur permanenten Erzeugung neuer Allelkombinationen und damit genetischer Variabilität ist. Da bei wechselnden Zuchtzielen eine hohe genetische Variabilität einen Selektionsvorteil darstellt, hat sich im Laufe der Domestikation die Rekombinationshäufigkeit bei den Nutztierarten im Vergleich zu den wilden Stammformen erhöht.

3.7 Genetische Skalen und Genkartierung

Genetische und physische Länge des Genoms

Die Häufigkeit, mit der sich auf einem definierten Chromosomenabschnitt ein Crossing-Over ereignet, wird auch als Maßzahl für die **genetische Länge** verwendet. Die Einheit für die genetische Länge ist 1 Morgan (M) = 100 CentiMorgan (cM). Sie wurde nach dem amerikanischen

Genetiker THOMAS H. MORGAN (1866–1945) benannt. Dieser erstellte mit seinen Mitarbeitern bereits im Jahr 1911 – also lange vor der Entschlüsselung der Struktur der DNA-Moleküle (Doppelhelix) durch JAMES WATSON und FRANCIS CRICK im Jahr 1953 – die erste **genetische Karte** für die Fruchtfliege *Drosophila melanogaster*, wofür er 1933 mit dem Nobelpreis für Medizin ausgezeichnet wurde. Während einer Meiose treten im Säugetiergenom etwa 30 Crossing-Over-Ereignisse auf. Daher beträgt die genetische Länge des Säugetiergenoms etwa 30 Morgan. Genetische Karten können auch geschlechtsspezifisch erstellt werden. Da im heterogametischen Geschlecht weniger Crossing-Over-Ereignisse auftreten, ist beim Säuger die weibliche genetische Karte um ca. 60% länger als die männliche Karte. Dieser Unterschied bezieht sich auf die Abstände der Loci, wogegen die Abfolge der Loci identisch ist. Traditionell werden die Autosomen in den einzelnen Tierarten entsprechend ihrer Länge angeordnet, sodass das längste Chromosom die Nummer 1, das zweitlängste die Nummer 2 usw. hat. Das Säugetiergenom umfasst etwa 3 Milliarden Basenpaare. Dies wird auch als **physische Länge** des Genoms bezeichnet. Auf dieser Skala werden Angaben in Basenpaaren (bp) oder häufiger in Kilo-Basenpaaren (1 kbp = 1000 bp) gemacht. Bei einer genetischen Gesamtlänge von 30 Morgan entspricht 1 Morgan durchschnittlich 100 Millionen physischen Basenpaaren bzw. 1 CentiMorgan (cM) einer Million Basenpaare. Wie schon erwähnt, ist die Crossing-Over-Aktivität in verschiedenen Genomregionen sehr unterschiedlich, sodass diese Umrechnungsfaktoren im Durchschnitt zutreffen, im konkreten Fall allerdings stark nach oben oder unten abweichen können.

Rekombinationsrate

Ein weiteres genetisches Längenmaß ist die **Rekombinationsrate**, die häufig mit dem griechischen Buchstaben Theta = θ symbolisiert wird. Sie ist als Wahrscheinlichkeit definiert und kann daher theoretisch Werte zwischen $0 \leq \theta \leq 1$ annehmen. Tatsächlich ist der maximale Wert der Rekombinationsrate aber $\theta = 0{,}5$. In Abb. 3.7 ist im linken Teil der Fall dargestellt, dass zwei Loci A und B auf zwei verschiedenen Chromosomen liegen. Ein Tier, d. h. sein Genotyp, sei an beiden Loci heterozygot, also A_1A_2 am einen und B_1B_2 am anderen Genort. Während der Meiose entstehen Gameten, die zufällig und mit der gleichen Wahrscheinlichkeit von 0,25 einen der vier möglichen Haplotypen A_1B_1, A_1B_2, A_2B_1 oder A_2B_2 erhalten. Wenn wir nun annehmen, dass die beiden Loci auf einem Chromosom liegen und das Elterntier den Haplotyp A_1B_1/A_2B_2 hat, entstehen mit gleicher Wahrscheinlichkeit rekombinierte (A_1B_2 und A_2B_1) und nicht rekombinierte (A_1B_1 und A_2B_2) Haplo- bzw. Gametentypen. Die Rekombinationsrate hätte ihren maximalen Wert von $\theta = 0{,}5$. Das gleiche Ergebnis erhält man, wenn für das Elterntier der Haplotyp A_1B_2/A_2B_1 angenommen wird. Den Fall, dass die Loci auf unterschiedlichen Chromosomen liegen und die Rekombinationsrate $\theta = 0{,}5$ ist, bezeichnet man auch als **freie Rekombination**.

Kopplung

Im rechten Teil von Abb. 3.7 ist der gleiche Fall dargestellt, nur befinden sich die beiden Loci diesmal auf demselben Chromosom. Die Wahrscheinlichkeit der Haplo- bzw. Gametentypen ist nun von der Re-

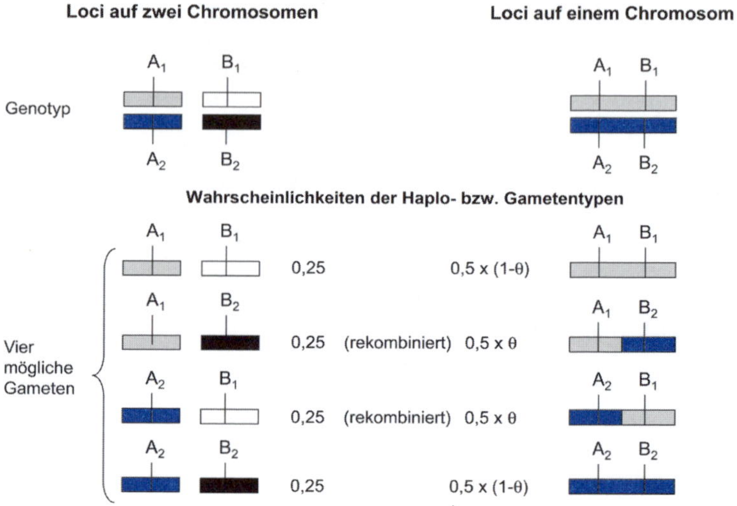

Abb. 3.7 Schematische Darstellung der möglichen Gameten- bzw. Haplotypen und deren Wahrscheinlichkeiten in Abhängigkeit von der Rekombinationsrate (θ), wenn sich die Loci auf zwei Chromosomen (freie Rekombination) bzw. auf einem Chromosom (Kopplung) befinden

kombinationsrate θ abhängig. Im wahrscheinlicheren Fall, dass die beiden Loci nicht rekombinieren, entstehen mit der gleichen Wahrscheinlichkeit von 0,5 × (1−θ) die Hapoltypen A_1B_1 und A_2B_2. Wenn wir z. B. annehmen, dass die Rekombinationsrate der beiden Loci θ = 0,1 beträgt, so würden die beiden Haplotypen A_1B_1 und A_2B_2 in jeweils 45% [0,5 × (1−0,1)] aller Meiosen gebildet. Tritt hingegen Rekombination auf, so entstehen mit der gleichen Wahrscheinlichkeit von 0,5 × θ die Haplotypen A_1B_2 und A_2B_1; im genannten Beispiel also in jeweils 5% (0,5 × 0,1) aller Fälle. Den Fall, dass Genorte die auf dem gleichen Chromosom liegen und deren Rekombinationsrate θ < 0,5 ist, bezeichnet man als **Kopplung**. Allgemein ausgedrückt liegt Kopplung dann vor, wenn Gene auf demselben Chromosom nicht unabhängig voneinander vererbt werden können.

Genetische und Kopplungskarte

Eine **genetische Karte** stellt die Abfolge von Loci auf einem Chromosom dar und ist im MORGAN-Maßstab skaliert. Die Konstruktion einer genetischen Karte beruht bei der genetischen Kartierung *(engl. linkage mapping)* allerdings auf der Schätzung von Rekombinationsraten zwischen Loci. Aus diesem Grund ist es notwendig, zwischen den verschiedenen genetischen Skalen umzurechnen, also z. B. eine geschätzte Rekombinationsrate in MORGAN-Einheiten umzuwandeln. Hierzu wurden verschiedene Kartierungsfunktionen, wie etwa die HALDANE- oder die KOSAMBI-Kartierungsfunktion vorgeschlagen. Diese unterscheiden sich im Wesentlichen im Grad der Berücksichtigung der genetischen Interferenz. Für niedrige Rekombinationsraten (θ < 0,1) gilt approximativ, dass θ × 100 ≈ cM entspricht; eine Rekombinationsrate von θ = 0,05 entspricht also etwa 5 cM. Die so entstehende Karte wird auch als **Kopplungskarte** bezeichnet, und pro Chromosom lässt sich eine Kopplungsgruppe erkennen (Abb. 3.8).

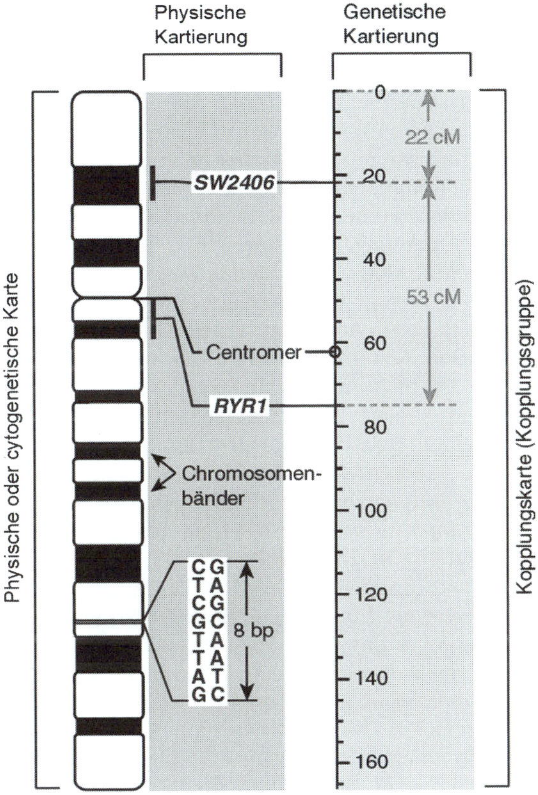

Abb. 3.8 Begriffe der Genomkartierung, dargestellt am Beispiel des Chromosoms 6 beim Schwein (Geldermann, 2005)

Gen- bzw. Genomkartierung

Die genetische Kartierung ist eine der Möglichkeiten der **Gen- bzw. Genomkartierung** *(engl. gene mapping or genome mapping)*, bei der, allgemein ausgedrückt, Positionen (d.h. Loci oder andere Messpunkte) in einem DNA-Molekül (z.B. dem eines Chromosoms) identifiziert und die Abstände zwischen einzelnen Positionen geschätzt werden. Die andere Möglichkeit besteht darin, die Abstände zwischen den Positionen eines Chromosoms in physisch messbaren Einheiten auszudrücken. Dabei werden die Abstände zwischen Chromosomenbändern (d.h. durch spezielle Färbung darstellbare Muster der einzelnen Chromosomen) verwendet oder durch die Anzahl Nukleotide (in Form von Basenpaaren) im DNA-Doppelstrang angegeben. Bei einer physischen Kartierung werden also die betrachteten Loci im DNA-Molekül lokalisiert. Das Ergebnis der Kartierung in Bezug auf die Positionen der Chromosomenbänder wird auch als **cytogenetische Karte** bezeichnet (Abb. 3.8). Die Kartierungsdaten für verschiedene Spezies wie Mensch, Labortiere (Maus, Ratte, Fruchtfliege etc.) aber auch für Nutztiere stehen aus vielen Genomprojekten ständig aktualisiert im Internet zur Verfügung.

3.8 Fehler und Fehlerkorrekturen

Mutationen

Sowohl in der **Mitose** als auch in der **Meiose** kann es beim Kopieren der DNA zu Fehlern kommen. Diese Fehler können in jeder Größenordnung geschehen. Es kann zum Austausch einer einzelnen Base in der DNA-Sequenz kommen, es können aber auch ganze Stücke der Basensequenz oder sogar ganze Chromosomen oder gar Chromosomensätze betroffen sein. Solche Fehler bezeichnet man allgemein als **Mutationen** *(lat. mutatio: Veränderung)*. Systematisch kann zwischen den folgenden Formen von Mutation unterschieden werden:

- **Punktmutation:** In einer Sequenz wird eine Base durch eine andere ausgetauscht (z. B. ein Adenin durch ein Thymin).
- **Sequenzmutation:** Auf einem Chromosom wird eine ganze Basensequenz, d. h. ein mehrere Basenpaare umfassendes Teilstück der DNA, fehlerhaft kopiert. Hierbei lassen sich wieder folgende Varianten unterscheiden: **Deletion** *(lat. delere: auslöschen, tilgen)*: Eine Teilsequenz geht verloren; **Insertion** *(lat. inserere: einfügen, hineinstecken)*: Eine Teilsequenz wird zusätzlich eingefügt; **Duplikation** *(lat. duplicare: verdoppeln, vermehren)*: Eine Teilsequenz wird verdoppelt; **Translokation** *(lat. trans: über-, jenseits; locus: Ort, Stelle)*: Eine Teilsequenz wird an einer anderen Stelle eingefügt; **Inversion** *(lat. inversio: Umkehrung, Umstellung)*: Eine Teilsequenz wird in umgekehrter Reihenfolge eingefügt. Beim Vergleich zweier Sequenzen ist es eine Frage der Perspektive, ob es sich um eine Insertion oder eine Deletion handelt: wenn eine Sequenz A um 3 Basenpaare länger ist als eine Sequenz B, so handelt es sich um eine Deletion, wenn A als Referenz genommen wird, oder um eine Insertion, wenn B als Referenz genommen wird. Daher wird für Insertion und Deletion gemeinsam häufig der Kunstbegriff **„Indel"** verwendet. Ein weiterer in diesem Zusammenhang verwendeter Oberbegriff für die Möglichkeit, dass manche Segmente in unterschiedlicher Frequenz auftreten können ist **„Copy Number Variation" (CNV)**.
- **Chromosomenmutation:** Ganze Chromosomen gehen verloren oder werden überzählig kopiert. Im ersten Fall spricht man von einer Chromosomendeletion, im zweiten Fall spricht man z. B. von einer Trisomie, wenn ein Chromosom dreimal vorhanden ist. Beim Menschen kann z. B. beim 21. Chromosom eine Trisomie auftreten, was als Trisomie 21 bezeichnet wird und das Down-Syndrom auslöst.
- **Genommutation:** In diesem Fall enthalten die Zellen nicht nur einen doppelten, sondern z. B. einen drei- oder vierfachen Chromosomensatz. Dies wird dann als Tri- oder Tetraploidie oder allgemein als Polyploidie bezeichnet. Während dies bei Säugern oder Vögeln nicht vorkommt, kann bei manchen in Aquakultur genutzten Fischarten, wie z. B. bei Lachs, Polyploidie künstlich ausgelöst werden.

Somatische Mutationen

Am häufigsten treten Punkt- und Sequenzmutationen auf, da der bei jeder Zellteilung benötigte Kopierprozess mit einer gewissen Fehlerrate abläuft. Selbst wenn nur bei einer von 10 Millionen Basen ein Kopierfehler auftritt, ist bei einer einzigen Zellteilung bei 3 Milliarden Basenpaaren mit 300 Mutationen zu rechnen. Die meisten dieser Fehler werden jedoch sofort wieder durch einen komplexen Reparaturmechanismus korrigiert, sodass die letztendliche Anzahl Mutationen viel geringer ist. Geschieht eine Mutation im Verlauf einer Mitose, führt dies dazu, dass die nach der Zellteilung entstehende Körperzelle mit der Ausgangszelle genetisch nicht völlig identisch ist. Dies wird auch als **somatische Mutation** bezeichnet. Wenn die Mutation in einer codierenden oder regulierenden Teilsequenz geschieht, so wird die entstehende Zelle häufig biologisch nicht lebensfähig sein und sich nicht weiter teilen, sodass die entstandene genetische Variante keinen Bestand hat, aber auch keinen Schaden anrichtet. In vielen Fällen handelt es sich allerdings um **neutrale Mutationen** ohne Auswirkung auf die biologische Funktion der Zelle, sodass diese sich wieder teilen kann, und das mutierte Chromosom an die Tochterzellen weitergeben wird. Dies kann selbst dann der Fall sein, wenn die Mutation die Funktionsfähigkeit eines lebenswichtigen Gens (z. B. des Leberstoffwechsels) zerstört hat, diese Mutation aber in einem Gewebe (z. B. dem Knochenmark) erfolgt ist, in dem dieses Gen nicht exprimiert wird. In seltenen Fällen kann eine Mutation aber auch eine unkontrollierte Zellteilung im betroffenen Gewebe auslösen, wir sprechen dann von **Krebs**. Während des Alterungsprozesses eines Individuums reichern sich somatische Mutationen in den Gewebezellen an. Gleichzeitig werden an den Enden der Chromosomen, den sogenannten **Telomeren**, die Kopierprozesse nicht mehr vollständig ausgeführt, sodass mit zunehmendem Alter die Chromosomen in diesem Bereich immer kürzer werden. Beides stellt nach heutigem Verständnis die biologische Grundlage für die Zellalterung dar, die dazu führt, dass die biologische Funktionsfähigkeit mit dem Alter abnimmt und letztlich die natürliche Lebenserwartung begrenzt ist.

Keimbahnmutationen

Aus züchterischer Sicht sind Mutationen in der Keimbahn, also in jenen Zellen, die später die Gameten (Ei- und Samenzellen) für die Fortpflanzung erzeugen, viel bedeutender als somatische Mutationen. **Keimbahnmutationen** führen dazu, dass die aus den Gameten entstehenden Nachkommen Allele oder Chromosomensegmente tragen, die so bei keinem ihrer Eltern vorhanden waren. Mutationen bringen also neue genetische Varianten und, auf die Population bezogen, neue genetische Varianz hervor. Da in diesem Fall aus einer mutierten befruchteten Eizelle durch Zellteilung ein ganzes Individuum entsteht, ist die Wahrscheinlichkeit viel größer, dass die Mutation eines Gens Auswirkungen auf Fitness, Leistung und Aussehen bzw. Exterieur *(lat. exterior: auf der Außenseite)* des Nachkommen hat. In den häufigsten Fällen wird ein mutiertes Gen seine Funktion ganz oder teilweise einbüßen. Handelt es sich um ein essenziell lebensnotwendiges Gen, kann dies zum Tod des Trägers der Mutation führen, man spricht dann von einer **letalen Mutation** *(lat. letalis: tödlich)*. Andere Mutationen können beim

Träger zu anatomischen Anomalien *(gr. anomalía: Unregelmäßigkeit, Missbildung)* oder physiologischen Krankheiten führen.

Erbfehler, genetische Defekte bzw. Anomalien

Eine wichtige biologische Sicherheitsvorkehrung besteht schon darin, dass in diploiden Organismen jedes autosomale Gen doppelt vorhanden ist. Selbst wenn z. B. das vom Vater stammende Allel in der Spermatogenese *(gr. spérma: Same, Keim; génesis: Entstehung, Ursprung)* durch eine Mutation zerstört wurde, wird der Nachkomme zumindest ein von der Mutter stammendes funktionsfähiges Allel besitzen. Wenn es sich dabei um ein Allel handelt, das die Bauanleitung für ein lebensnotwendiges Enzym enthält, so werden die Zellen dieses Enzym zumindest noch anhand des mütterlichen Allels synthetisieren können, wenn auch gegebenenfalls nur in reduzierter Menge. Es ist allerdings zu beachten, dass der heterozygote Träger eines solchen Letalgens, der selbst vollständig gesund sein kann, die letale Mutation an die Hälfte seiner Nachkommen weitergeben wird. Erst wenn in einem Tier beide homologen Allele eines Gens defekt sind, fehlt dieses Enzym völlig und der Defekt kommt zur vollen Geltung. Dies ist der Hintergrund vieler rezessiver Letalfaktoren, auch **Erbfehler** oder **genetische Defekte** bzw. **Anomalien** genannt, die in allen Populationen vorkommen. Man kann damit rechnen, dass jedes Tier und jeder Mensch an mehreren Dutzend Genorten ein nicht funktionsfähiges Allel trägt.

Mutation als Motor der Evolution

In seltenen Fällen kann eine **Mutation** auch **positive Wirkungen** haben, indem sie z. B. die Effizienz eines Stoffwechselprozesses erhöht, zu anatomischen Veränderungen mit günstigen Wirkungen auf die Fitness führt oder Varianten hervorbringt, die dem Zuchtziel besser entsprechen. Obwohl diese positiven Mutationen viel seltener sind als die negativen oder gar letalen Mutationen, wäre weder die Evolution noch die Tierzucht ohne diese Quelle neuer günstiger genetischer Varianten denkbar. Mutationen sind seltene Ereignisse. Die Wahrscheinlichkeit, dass an einem Genort eine Mutation geschieht ist etwa 1 zu 10 Millionen. Das bedeutet, dass bei 10 Millionen Zellteilungen an dem betrachteten Genort mit einer Mutation zu rechnen ist. Da im Laufe der Evolution allerdings Milliarden von Zellteilungen durchlaufen wurden, konnte sich eine entsprechende Anzahl Mutationen ereignen und so zur bestehenden genetischen Variabilität führen. Die Häufigkeit von Mutationen kann zudem durch Bestrahlung oder verschiedene biologische und chemische, sogenannte mutagene Substanzen, erhöht werden.

3.9 Genetische Marker

Als genetische Marker bezeichnet man ganz allgemein Varianten der Basensequenz, die sich mit geeigneten Methoden eindeutig darstellen lassen. Die verschiedenen Varianten eines Markers werden als Allele bezeichnet, obwohl es sich bei den meisten Markern nicht um Gene im eigentlichen Sinn handelt. Wie Gene haben genetische Marker eine festgelegte Position auf einem Chromosom, weshalb man auch vom Locus eines Markers spricht. Genetische Marker werden für unterschiedliche Zwecke genutzt. Sie sind zunächst **Referenzpunkte** in genetischen Karten und dienen dazu, verschiedene Chromosomenregionen abzugrenzen und deren Vererbung nachzuvollziehen. Da genetische Marker den MENDEL'schen Vererbungsregeln unterliegen, können sie auch genutzt werden, um die Korrektheit von **Abstammungen** zu überprüfen. Ein weiterer wichtiger Anwendungsbereich ist die Schätzung der **genetischen Ähnlichkeit** verschiedener Populationen (z. B. Rassen) und damit der Rekonstruktion der Rassendifferenzierung. Eine große Bedeutung hat die Nutzung genetischer Marker im Rahmen der **marker-unterstützten** und vor allem der **genomisch-unterstützten Selektion** (Kap. 8.3.5).

Eigenschaften genetischer Marker

Man unterscheidet zwischen verschiedenen Markertypen, die sich in ihrer biologischen Natur und in der Art der Darstellung der Allele (auch Typisierung genannt) unterscheiden. Wünschenswerte Eigenschaften genetischer Marker sind:

- Es sollten möglichst viele Marker im gesamten Genom vorkommen.
- Die Marker sollten möglichst polymorph *(gr. polýs: viel, zahlreich; morphé: Gestalt, Form)* sein, also viele Allele mit möglichst ähnlichen Allelfrequenzen aufweisen.
- Die Marker sollten codominant vererbt werden, d. h. beide Allele eines Tieres sollten gleichzeitig nachweisbar sein.
- Die Allele sollten möglichst eindeutig und mit geringer Fehlerrate darstellbar sein.
- Die Typisierungsergebnisse sollten gut standardisierbar und zwischen Labors und über längere Zeiträume vergleichbar sein.
- Die Darstellung (Typisierung) der Allele sollte möglichst billig sein, was insbesondere eine gute Automatisierbarkeit des Typisierungsprozesses voraussetzt.

Marker-Typen

Historisch wurden zunächst als Marker qualitative Gene verwendet, deren verschiedene Allele klar unterscheidbare Wirkungen haben. Bei diesen Wirkungen kann es sich um von einzelnen Genen verursachte phänotypisch *(gr. phaíno: erscheinen, sich zeigen; týpos: Bild, Umriss)* erkennbare Unterschiede (z. B. Fellfarbe, Behornung) oder um Protein-Polymorphismen (z. B. Blutgruppen, Kaseinvarianten in der Milch) handeln, die mit dem Verfahren der Elektrophorese dargestellt werden können. Solche als Marker verwendete Gene werden auch als „Typ-I-Marker" bezeichnet.

Seit dem Aufkommen molekulargenetischer Techniken sind jedoch die sogenannten „Typ-II-Marker" von entscheidender Bedeutung. Bei diesen handelt es sich meist um Basensequenzen, die vor allem aufgrund ihrer technischen Darstellbarkeit als Marker ausgewählt werden. Da der weitaus größte Teil der DNA nicht an der Codierung funktionaler Gene beteiligt ist, liegen auch die meisten dieser Marker im nichtcodierenden DNA-Sequenzbereich.

Mikrosatelliten-Marker

Die erste Klasse von Markern, die in der Tierzucht ab etwa dem Jahr 1990 in der Praxis verwendet wurden, waren die sogenannten Mikrosatelliten-Marker. **Mikrosatelliten** beruhen auf dem Phänomen, dass im Nutztiergenom an vielen Stellen repetitive, d.h. wiederholte, Basensequenzen vorkommen. Hierbei handelt es sich um vielfache Wiederholungen der immer gleichen kurzen Basensequenz, also z.B. **... TATATATATATA ...**, wobei die wiederholte Kombination auch mehr als zwei Basen umfassen kann. Als Mikrosatelliten werden jedoch meist nur Wiederholungen von zwei Basenpaaren genutzt und sie werden deshalb auch **Tandem-Repeats** genannt. Der biologische Hintergrund dieser repetitiven Basensequenzen ist bislang unklar. Man vermutet, dass sie durch Kopierfehler bei der Zellteilung entstehen, worauf auch die etwa um den Faktor 10 erhöhte Mutationsrate hinweist. Die verschiedenen Allele eines Mikrosatelliten-Markers unterscheiden sich durch die Anzahl Wiederholungen. So kann z.B. die Kombination TA in verschiedenen Allelen des gleichen Markers in 51, 52, ... 59, 60 Wiederholungen vorliegen, sodass es in diesem Fall 10 verschiedene Allele gibt. Die Darstellung der Mikrosatelliten-Allele erfolgt in der Regel mithilfe der Polymerase-Kettenreaktion *(engl. Polymerase Chain Reaction, PCR)*. Bei dieser molekulargenetischen Schlüsseltechnologie werden kurze, maximal einige hundert Basenpaare lange Teilstränge aus der DNA herausgeschnitten. Anfang und Ende dieser Teilstränge sind durch 10–20 Basen lange Erkennungssequenzen, die sogenannten **Primer**, charakterisiert. Diese Teilstränge werden in mehreren Reaktionszyklen identisch vervielfältigt. Es handelt sich dabei um ein Schneeballsystem, in dem in jedem Reaktionszyklus die Anzahl Kopien verdoppelt wird, sodass schließlich das herausgeschnittene Segment in einer ausreichend hohen Konzentration in der Reaktionslösung vorhanden ist. Nachfolgend kann dann z.B. die Länge dieses Fragments mit elektrophoretischen Methoden bestimmt werden.

Mikrosatelliten-Allele werden in nummerischer Form mit der Länge in Anzahl Basen angegeben, wobei die Gesamtlänge die Primer, die repetitive Basensequenz und gegebenenfalls noch dazwischen liegende Sequenzen umfasst. Ein Beispiel für ein Mikrosatelliten-Allel könnte folgendermaßen aussehen:

```
ACGTTAGGTACCTTATATATATATATATATATATATACGGTAGTAGTTACGCCT
<   Primer    ><     Tandem Repeats      ><    Primer     >
```

Die Gesamtlänge dieses Mikrosatelliten-Allels mit 12 TA-Repeats wäre 54 Basen ($13 + 12 \times 2 + 17$). Da sich Allele durch die Anzahl Tandem-Repeats unterscheiden, können die Längenunterschiede von Allelen nur in Zweierschritten auftreten: d.h. ein Allel mit 13 TA-Repeats hätte eine Gesamtlänge von 56 Basen ($13 + 13 \times 2 + 17$) und der daraus folgende Mikrosatelliten-Genotyp würde als 54–56 codiert werden. Mikrosatelliten sind meist sehr polymorph und in ausreichender Zahl vorhanden. Entscheidend für die Eignung als genetischer Marker ist, dass sich ein bestimmter Mikrosatellit in der Nähe eines QTL (Kap. 4.7) auf einem bestimmten Chromosom befindet – also eine **Kopplung** vorliegt – und somit einen Hinweis auf ein oder mehrere kausale Gene geben kann. Da eine Kopplung während der Reifeteilung (Entstehung von Ei- und Samenzellen) mit einer gewissen Wahrscheinlichkeit durch Rekombination aufgebrochen werden kann, muss die Verbindung zwischen dem Mikrosatellit-Allel und QTL-Allel, die sogenannte **Kopplungphase**, so lange von Generation zu Generation überprüft werden, wie der QTL in der Selektion verwendet wird. Für die wichtigsten Nutztierarten sind jeweils mehr als tausend Mikrosatelliten kartiert. Allerdings sind Mikrosatelliten-Typisierungen relativ aufwendig und nur begrenzt zu automatisieren. Außerdem ist die Standardisierbarkeit zwischen Labors nicht einfach und das Risiko von Fehltypisierungen relativ hoch.

SNP-Marker

Eine weitere Form eines „Typ-II-Markers" sind die sogenannten SNP-Marker. **SNP** (sprich SNiP) bedeutet **Single-Nucleotide-Polymorphism** und man versteht darunter punktuelle Veränderungen einer Base (d. h. einen Basenaustausch) in der DNA-Sequenz. SNPs (sprich SNiPs) sind daher molekulargenetisch gesehen nichts anderes als Punktmutationen. Die beiden Allele eines SNP könnten z. B. folgende Basensequenzen aufweisen:

```
Allel 1: ... ACCGTGTAACTGTAACT ...
Allel 2: ... ACCGTGTTACTGTAACT ...
```

Wie zu sehen ist, wurde in diesem Fall an der 8. Stelle durch eine Punktmutation die Base **A**denin durch **T**ymin ersetzt. Solche Punktmutationen kommen insbesondere in den nicht-codierenden DNA-Sequenzabschnitten sehr häufig vor. Annahmen gehen davon aus, dass im Säugetiergenom durchschnittlich alle 100–300 Basenpaare ein SNP auftritt. Da das Säugetiergenom etwa 3 Milliarden Basenpaare umfasst, bedeutet dies, dass 10–30 Millionen SNPs existieren sollten, während für die wichtigsten Nutztierenarten jeweils nur etwas mehr als 1.000 Mikrosatelliten identifiziert und beschrieben sind. Für die Darstellung von SNP-Allelen existiert eine Vielzahl von molekulargenetischen Techniken, die auf verschiedenen chemisch-physikalischen Verfahren wie z. B. PCR, Sequenzierung, Hybridisierung oder Massenspektrometrie beruhen. Aufgrund der geradezu rasanten Entwicklung der sogenannten Array-Technologie (ein Miniaturisierungsverfahren) kann seit etwa 2005 mit **„SNP-Chips"**das Genom eines Tieres über alle Chromosomen hinweg für identifizierte (d. h. aus der Genkartierung bekannte) SNPs typisiert werden. Dabei können mit vollautomatischen Typisiermaschinen mehrere 100.000 SNPs je „SNP-Chip" und Tier analysiert werden.

SNP wichtig für praktische Tierzucht

SNPs sind allerdings nur **diallel**, d. h. sie treten nur in zwei Allel-Varianten auf, und daraus folgend sind nur drei Genotypen pro SNP-Locus möglich. In unserem Beispiel wären dies die **SNP-Genotypen** AA, AT oder TT. Obwohl SNPs also im Vergleich zu Mikrosatelliten wenig polymorph sind, sind sie aufgrund ihrer Vorteile derzeit die wichtigsten genetischen Marker für die praktische Tierzucht. Neben ihrer nahezu unbegrenzten Anzahl, der guten Standardisierbarkeit und der damit verbundenen sehr guten Automatisierbarkeit, sind vor allem die geringen Kosten der Typisierung pro Tier ein entscheidender Vorteil. Verglichen mit der Mikrosatelliten-Typisierung kann davon ausgegangen werden, dass die SNP-Typisierung pro Tier bei gleicher Informationsmenge um den Faktor > 100 günstiger ist. Außerdem ist die Berücksichtigung von SNP-Informationen in der genomisch-unterstützten Zuchtwertschätzung (Kap. 8.3.4) aus methodischer Sicht deutlich einfacher als die Berücksichtigung von Mikrosatelliten-Informationen, weil SNPs flächendeckend über das ganze Genom eines Tieres verteilt sind, und somit die **Kopplungsphase** zwischen SNPs und Genen (genauer QTL) nicht von Generation zu Generation überprüft werden muss.

Genomsequenz, Sequenzierung

Die gesamte genetische Variation kann mittels der **genomweiten Sequenzierung** bestimmt werden. Dies bedeutet, dass (weitgehend) die gesamte **Genomsequenz** eines Individuums bestimmt wird. Dieses Verfahren ist derzeit mit unterschiedlichen Technologien möglich und liegt auch finanziell im Rahmen des Machbaren (Stand 2016: Sequenzierung eines Säugergenoms mit ausreichender Genauigkeit ca. 1.000–1.500 Euro). Die verwendeten sogenannten **„Next Generation Sequencing“**-Methoden beruhen im Grunde auf folgender Vorgehensweise: Zunächst wird die DNA eines Individuums enzymatisch mittels sogenannter Nukleasen in kurze (meist ca. 100–1.000 Basenpaare lange) Stücke klein geschnitten. Diese Stücke werden mittels PCR (Polymerase Chain Reaction) angereichert und dann in einer Gesamtreaktion von den Enden her „ansequenziert“, d. h. jeweils von beiden Enden ausgehend wird ein Stück der Basenabfolge „gelesen“. Allerdings wird das gesamte Genom nicht nur einmal, sondern mehrfach gelesen und man spricht deshalb von der sogenannten „Coverage“ (Abdeckung); wird also ein Genom z. B. 7-fach abgelesen, so spricht man von einer 7-fachen Coverage (auch mit 7X bezeichnet). Da es sich um einen zufälligen Prozess handelt, wird aber nicht jedes Fragment genau 7-mal abgelesen, sondern manche häufiger und manche weniger häufig. In Summe führt eine 7X coverage eines 3 Gigabasen großen Säugergenoms zu 21 Gigabasen Sequenzinformation. Als Ergebnis der Sequenzierung stehen also zig-Millionen DNA-Fragmente zur Verfügung, für die die jeweilige Basenabfolge bekannt ist und auch zusätzliche Informationen, wie z. B. Qualitätsparameter, die die Wahrscheinlichkeit eines Lesefehlers beschreiben.

Referenzsequenz

Als nächstes müssen diese Fragmente dann in einer komplexen **bioinformatischen Analyse** in die korrekte Reihenfolge gebracht werden. Dies geschieht, indem man versucht, für jedes aus der Sequenzierung resultierende Fragment die passende Position in der sogenannten **Referenzsequenz** der jeweiligen Tierart zu finden. Für alle Nutztierarten bestehen solche Referenzsequenzen, die historisch für ein weitgehend zufällig ausgewähltes Individuum erstellt wurden (z. B. im Falle der

```
Position            111111111122222222223333333333444444444455555555556666
                    012345678901234567890123456789012345678901234567890123
Referenzsequenz     AACTTGTACACGGAGGTATTCGAGGTATATACCTATTACGCCGATGCCGATGAT
Fragment 01         ............GAGGTATTCGAGGTATATACCTATT.................
Fragment 02         ..............GGTATTCGAGGTATAAACCTATTACGCCGA..........
Fragment 03         ..............GGTATTgGAGGTATAAACCTATTACGCC............
Fragment 04         ..............GGTATTCGaGGTATATACCTATTACGC.............
Fragment 05         ................TATTCGAGGTATATACCTA..ACGCCGA..........
Fragment 06         .................ATTCGAGGTATAAACCTA..ACGCCGATG........
Fragment 07         .....................GAGGTATATACCTATTACGCCGATGC.......
Fragment 08         .......................GGTATATACCTA..ACGCCGATGccga....
Fragment 09         ..........................ATAAACCTATTACGCCGATGCCGATG..
Fragment 10         ..........................ATATACCTATTACGCCGATGCCGATGAT
```

Abb. 3.9 Beispiel für das Ergebnis der Sequenzierung eines DNA-Abschnitts. Insgesamt sind 10 Fragmente an die Referenzsequenz angeordnet. Von der Referenzsequenz abweichende Ergebnisse sind blau unterlegt. Großbuchstaben sind sichere Ergebnisse, Kleinbuchstaben sind unsicher und Punkte kennzeichnen fehlende Basen. An Position 30 befindet sich in Fragment 3 ein von der Referenzsequenz abweichendes Allel g; da dieses Ergebnis allerdings unsicher ist und nur in einem von 6 an dieser Stelle informativen Fragmenten auftritt, würde man hier von einem Sequenzierungsfehler ausgehen. An Position 39 befindet sich ein SNP, für den das sequenzierte Tier heterozygot ist. Die Fehlstellen an Position 45 und 46 legen nahe, dass an dieser Stelle eine Deletion segregiert

Rinder-Referenzsequenz für die Hereford-Kuh „Dominette“) und aus entprechenden Datenbanken abgerufen werden können. Die Zuordnung der Fragmente zur Referenzsequenz ist nicht trivial, da es sich um enorme Datenmengen handelt **(Stichwort „Big Data“)** und sowohl die Referenzsequenz als auch die zu kartierenden Fragmente Lücken und Fehler enthalten können. Nach erfolgter Anordnung („Alignment“) der Fragmente an die Referenzsequenz kann dann geprüft werden, an welchen Stellen sich das Genom des sequenzierten Tieres von der Referenzsequenz unterscheidet. Dabei kann es sich um Variationen in einzelnen Basen (SNP), Teilsequenzen (Indel, CNV) oder auch um größere Unterschiede (z. B. Inversionen, Translokationen) handeln (Abb. 3.9).

Der Vorteil der **genomweiten Sequenzierung** liegt darin, dass im Idealfall sämtliche Varianten der Sequenz im Vergleich zur Referenzsequenz erkannt werden, was z. B. auch die ursächlichen (d. h. kausalen) Mutationen für qualitative Merkmale (Farbvarianten, Erbfehler etc.) umfasst. Heute basiert die Entwicklung von SNP-Chips z. B. auf der Sequenzierung einer ausreichenden Stichprobe von Tieren der Rassen, für die der Chip aussagekräftig sein soll. In verschiedenen Großprojekten, wie z. B. dem „1000 Bulls Genomes Project“ wird versucht, die globale genetische Diversität von Nutztierarten umfassend zu beschreiben. Aufgrund der rapiden Effizienzsteigerungen und damit einhergehender Kostensenkung der genomweiten Sequenzierung ist es durchaus möglich, dass über kurz oder lang die SNP-Genotypisierung durch die genomweite Sequenzierung abgelöst wird **(„Genotyping by Sequencing“)**. Mittlerweile liegen die Herausforderungen hier weniger in der molekularbiologischen Generierung der Sequenzen, sondern zunehmend in der bioinformatischen Verarbeitung und Analyse der entstehenden gewaltigen Datenmengen.

Fragen zu Kapitel 3

- Erklären Sie die Begriffe Genom, Chromosomen, Autosomen, Heterosomen, homolog, haploid sowie diploid und deren Zusammenhänge.
- Warum nehmen Geschlechtschromosomen innerhalb der Chromosomen eine besondere Stellung ein?
- Wo außer im Zellkern befindet sich noch DNA in einer Zelle?
- Erläutern Sie die Grundstruktur des DNA-Moleküls.
- Was verstehen sie unter dem genetischen Code und in welchem Zusammenhang steht dieser mit den Begriffen Triplett bzw. Codon?
- Erklären Sie die Begriffe Gen, Allel, Genort, Genotyp, homozygot sowie heterozygot und deren Zusammenhänge.
- Erläutern Sie den grundsätzlichen Ablauf der Protein-Biosynthese vom DNA-Molekül zum biologisch aktiven Proteinmolekül.
- Erläutern Sie das Prinzip der Transkription und Translation.
- Welche zwei grundsätzlichen Funktionen der DNA und welche damit verbundenen Eigenschaften kennen Sie?
- Was verstehen Sie unter Mitose und Meiose?
- Was verstehen Sie unter einem Haplo- bzw. Gametentyp?
- Wie trägt die Meiose zur Erhaltung bzw. Steigerung der genetischen Variabilität bei?
- Erklären Sie grundsätzlich den Vorgang der Rekombination und den Begriff rekombinierter Haplotyp.
- Erklären Sie den Zusammenhang zwischen Crossing-Over und Rekombination.
- Ein Ziegenbock hat auf einem Autosom an zwei Loci den Haplotyp A_1B_1 auf dem einen und A_2B_2 auf dem anderen homologen Chromosom. Welche vier Haplotypen können in seinen Gameten mit welchen Wahrscheinlichkeiten auftreten, wenn die Rekombinationsrate der beiden Loci 0,2 ist (d. h. $\theta = 0{,}2$)?
- Welche genetischen Skalen kennen Sie?
- Was versteht man unter Genkartierung?
- Was verstehen Sie unter Mutation und welche Formen von Mutation kennen Sie?
- Was verstehen Sie allgemein unter genetischen Markern und wofür können diese genutzt werden?
- Welche Eigenschaften sollten genetische Marker haben, um in der Tierzucht nützlich zu sein?
- Worin besteht der grundsätzliche Unterschied zwischen Mikrosatelliten und SNPs?
- Wie viele Basenpaare umfasst etwa das Genom von Säugern, und wie viele SNPs sind dort enthalten?
- Beschreiben Sie den prinzipiellen Ablauf der Genomsequenzierung.
- Was verstehen Sie unter dem Begriff „Referenzsequenz“?

4 Züchterische Grundlagen

Ziel dieses Kapitels ist es, jene Aspekte der Populationsgenetik (Kap. 4.2–4.5) und Quantitativen Genetik (Kap. 4.6–4.11) überblicksartig zusammenzufassen, die für das tierzüchterische Verständnis notwendig sind. Dabei wurde bewusst versucht, die mathematisch-statistische Betrachtungsweise (d. h. Formeln) in den Hintergrund zu stellen – auch wenn es nicht ganz ohne Formeln möglich ist – und primär die grundsätzlichen genetischen Konzepte, deren Zusammenhänge und Relevanz aus Sicht der Tierzucht darzustellen.

4.1 Grundbegriffe

Die wichtigsten molekular- und populationsgenetischen Grundbegriffe sind in diesem Unterkapitel in Form eines kurzen Glossars *(lat. glossarium: Wörterbuch mit Erklärungen)* zusammengefasst. Diese Grundbegriffe sind Voraussetzung für das Verständnis der züchterischen Grundlagen. Die lexikalische Darstellung soll es dem Leser ermöglichen, bei Verständnisschwierigkeiten in den folgenden Kapiteln, die Bedeutung dieser Grundbegriffe schnell und einfach nachschlagen zu können.

- **Allel** *(gr. állos: der eine von zweien, der andere):* Eine Genvariante an einem Locus. An einem Locus können verschiedene Genvarianten auftreten. Bei diploiden *(gr. diplóos: zweifach)* Organismen liegen pro Locus zwei Allele (z. B. A und a) vor. Die Allele auf dem väterlichen und mütterlichen Chromosom können entweder gleich oder verschieden sein. Im ersten Fall wird das Tier als **homozygot** (z. B. AA bzw. aa; *gr. homós: gleich; zygotós: verbunden)*, im zweiten Fall als **heterozygot** (z. B. Aa; *gr. héteros: verschieden*) bezeichnet. Hat ein Gen mehr als zwei Allele (z. B. Blutgruppen, Fellpigmentierung etc.) dann liegt **multiple Allelie** vor. Gene mit mehreren Allelen werden als **polymorph** *(gr. polýs: viel, zahlreich; morphé: Gestalt, Form)* bezeichnet.
- **Allelwirkungen** (auch Genwirkungen genannt): 1. Wechselwirkungen zwischen Allelen an **einem Locus** (Intra-Locus-Interaktion, *lat.*

intra: innerhalb): **Additive Allelwirkung** *(lat. additivus: hinzufügend)*: Allele an einem Locus wirken additiv. Heterozygote Tiere (Aa) zeigen eine mittlere Erscheinungsform zwischen den Phänotypen der homozygoten Tiere (AA, aa); die additive Allelwirkung wird auch intermediäre Allelwirkung genannt. **Dominante** *(lat. dominans: herrschend)* bzw. **rezessive** *(lat. recessum: nicht in Erscheinung tretend)* **Allelwirkung**: Ein Allel dominiert die Wirkung des anderen Allels an einem Locus. **Vollständige Dominanz:** Die dominant homozygoten (AA) und heterozygoten (Aa) Tiere zeigen den gleichen Phänotyp; in diesem Fall ist A das dominante und a das rezessive Allel. **Unvollständige Dominanz:** Der Phänotyp der heterozygoten Tiere (Aa) liegt nahe dem Phänotyp der dominant homozygoten (AA) Tiere. **Überdominanz:** Der Phänotyp der heterozygoten (Aa) Tiere zeigt eine stärkere Merkmalsausprägung als die dominant homozygoten (AA) Tiere. 2. Wechselwirkungen zwischen Allelen an **verschiedenen Loci** (Inter-Loci-Interaktion, *lat.inter: zwischen*): **Epistatische Allelwirkung** *(gr. epístasis: Aufsicht über, Leitung)*: Die Wirkung eines Allels an einem Genort wird durch die Wirkung eines Allels an einem anderen Genort verstärkt oder reduziert. **Epistatische** und **dominante** Allelwirkungen bilden die Gruppe der **nicht-additiven** Allelwirkungen.

- **Chromosom** *(gr. chroma: Farbe; soma: Körper; weil es mit Farbe sichtbar gemacht werden kann)*: Fadenförmiges, aus DNA und Proteinen bestehendes Gebilde im Zellkern mit der Fähigkeit der identischen Vervielfältigung (Replikation). Die Anzahl Chromosomen ist für eine Art charakteristisch (z.B. Mensch 46, Rind 60, Schwein 38, Schaf 54, Ziege 60, Pferd 64, Huhn 78, Honigbiene 16). Je zwei Chromosomen (väterlich, mütterlich) bilden zusammen ein **homologes** *(gr. homólogos: entsprechend, übereinstimmend)* Chromosomenpaar. Chromosomenpaare werden unterschieden in **Autosomen** und ein Paar **Geschlechtschromosomen**, auch **Heterosomen** *(gr. héteros: verschieden; soma: Körper)* genannt.
- **Crossing-Over** und **Rekombination:** Austausch von homologen Chromosomenstücken während der **Meiose** (Reduktions- oder Reifeteilung; *gr. meíosis: Verringerung*) im Verlauf der **Gametogenese** *(gr. génesis: Entstehung)*. Während der Meiose kommt es einerseits zur Halbierung des diploiden *(gr. diplóos: zweifach)* Chromosomensatzes, andererseits zu Crossing-Over und zu einer zufälligen Verteilung ganzer ursprünglich mütterlicher und väterlicher Chromosomen (**„Mendelian sampling“** genannt), sodass aus der Meiose hervorgehende Gameten sowohl ursprünglich mütterliche als auch väterliche Chromosomen enthalten können. Die beiden letzteren Vorgänge führen zu neuen Kombinationen von Genen (Rekombination). Je weiter zwei Gene auf einem Chromosom auseinanderliegen, desto größer ist die Wahrscheinlichkeit, dass sie durch Crossing-Over getrennt und ausgetauscht werden (Rekombinationsrate).

- **Gamete** *(gr. gamétes: Gatte, gameté: Gattin)*: Keim- bzw. Geschlechtszelle (Spermium, Eizelle) mit **haploidem** *(gr. haplóos: einfach)* Chromosomensatz.
- **Gen** *(gr. génos: Erzeugtes, Gewordenes, Sprössling, Geschlecht, Gattung, Art)*: Funktionseinheit der Vererbung. Eine DNA-Sequenz auf einem Chromosom, die für ein funktionsfähiges Protein codiert. Der Begriff Gen wurde 1909 vom dänischen Botaniker WILHELM L. JOHANNSEN geprägt; er löste den von GREGOR MENDEL verwendeten Begriff „Erbfaktor“ ab.
- **Genom:** Summe der Gene eines Tieres. Der weitaus größte Teil des Genoms befindet sich im Zellkern, ein kleiner Teil in den Mitochondrien *(gr. mítos: Faden; chóndrion: Körnchen)*; im zweiten Fall spricht man von zytoplasmatischer oder mitochondrialer DNA bzw. Vererbung.
- **Genlocus:** siehe Locus.
- **Genotyp:** Aufbauend auf dem Begriff **Gen** differenzierte der dänische Botaniker WILHELM L. JOHANNSEN erstmalig zwischen den Kategorien **Genotyp** und **Phänotyp**, also zwischen den genetischen Anlagen eines Tieres und seinen sichtbaren körperlichen Merkmalen. Je nach Betrachtungsweise wird der Genotyp unterschiedlich interpretiert: 1. **Genotyp** im **engeren** Sinn: Kombination der Allele an einem (z. B. AA, Aa, aa), zwei (z. B. RREE, RrEe, rree) oder einigen wenigen Loci (Genorten). 2. **Genotyp** im **weiteren** Sinn: Kombinationen aller Allele an allen Loci eines Tieres (d. h. genetischen Anlagen eines Tieres) und deren Zusammenwirken.
- **Genpool:** Summe der Erbanlagen aller Tiere (d. h. Genotypen im weiteren Sinn) einer Population.
- **Geschlechtsbegrenzte Merkmale:** Merkmale werden über beide Geschlechter vererbt, aber nur von einem Geschlecht phänotypisch ausgeprägt; z. B. Milch, Eier.
- **Geschlechtsgebundene (oder -gekoppelte) Vererbung:** Gene einiger weniger Merkmale sind auf den Geschlechtschromosomen lokalisiert. Bei Säugetieren besteht ein Chromosomenpaar aus den Geschlechtschromosomen X bzw. Y: weibliche Tiere = XX (homogametisches Geschlecht), männliche Tiere = XY (heterogametisches Geschlecht), bei Vögeln verhält es sich umgekehrt; d. h. das männliche Geschlecht ist homogametisch ZZ und das weibliche Geschlecht heterogametisch ZW. Bestimmte phänotypische Merkmale haben ihren Sitz auf dem X-Geschlechtschromosom; z. B. Bluterkrankheit (Hämophilie) und Rot-Grün-Blindheit beim Menschen. Für das Auftreten der Krankheit müssen alle im jeweiligen Individuum vorhandenen X-Chromosomen Träger des Allels sein. Deshalb treten diese Krankheiten fast ausschließlich bei Männern auf, weil Frauen üblicherweise zumindest ein „gesundes“ X-Chromosom haben. In der Nutztierzucht sind nur sehr wenige geschlechtsgebundene Gene identifiziert worden, z. B. Farbfaktoren bei Hühnerküken, die für das Trennen der Tiere nach Geschlechtern (das sogenannte „Sexen“) genutzt

werden können, Hämophilie bei Pferden und Hunden, Gehirn-Rückenmarks-Defekt bei Schweinen, Fellfarbe bei Katzen.

- **Kopplung:** Gene auf demselben Chromosom, die nicht unabhängig voneinander vererbt werden, sind gekoppelt. Eine Kopplung kann nur durch Crossing-Over aufgebrochen werden. Je enger der räumliche Abstand zwischen den Genen ist, umso größer ist die Wahrscheinlichkeit für eine Kopplung.
- **Locus** *(lat. locus: Ort, plural: loci)*: Spezifischer Ort eines Gens auf einem Chromosom. Charakterisiert die Position des Gens auf einem Chromosom.
- **Marker:** Allgemein: Markierungen oder Hinweise auf die Existenz bestimmter Gene: **Phänotypische Marker:** Leicht zu messen oder zu beobachten (z. B. Fellfarbe, Scheckung, Hornlosigkeit, Blutgruppen); **Genetische Marker:** Polymorphe *(gr. polýs: viel, zahlreich; morphé: Gestalt, Form)* DNA-Sequenzen, die in der Regel außerhalb des codierenden Bereichs der Gene liegen und deshalb nicht direkt an der Merkmalsausprägung beteiligt sind; genetische Marker, z. B. Mikrosatelliten oder SNP (Single Nucleotide Polymorphism, auch „SNiPs" genannt), sind mit molekulargenetischen Methoden bestimmbar und werden für die Identifizierung von Allelen an gekoppelten Loci verwendet.
- **Migration** *(lat. migratio: Ein-/Auswanderung)*: Einwanderung oder Auswanderung einzelner Tiere, größerer Gruppen oder einer Population in eine andere Population der gleichen Art.
- **Monogenie** *(gr. mónos: einzig, allein)*: Die phänotypische Ausprägung eines Merkmals wird vollständig oder ganz überwiegend durch ein einzelnes Gen (genauer: die Allele eines Locus) bestimmt. Solche Merkmale werden als **qualitative Merkmale** bezeichnet.
- **Mutation** *(lat. mutatio: Veränderung)*: Spontane oder künstlich (z. B. durch Strahlung oder bestimmte Chemikalien) erzeugte Veränderung der Nukleotidsequenz eines DNA-Moleküls innerhalb des codierenden Bereichs eines Gens (Gen- oder Punktmutation), oder zwischen Genen im nicht codierenden Bereich (stille Mutation), oder von einzelnen Chromosomen (Chromosomenmutation) oder des Genoms (Genommutation). Mutationen sind sehr selten, gehören aber zu den grundlegenden Eigenschaften lebender Organismen und erzeugen Variabilität in der DNA (Motor der Evolution).
- **Oligogenie** *(gr. olìgos: wenig, gering)*: Die phänotypische Ausprägung eines Merkmals wird vollständig oder ganz überwiegend durch einige wenige Gene (genauer: die Allele einiger weniger Loci) bestimmt. Ein Beispiel hierfür ist die Farbvererbung, in der die Grundfarbe meist durch zwei Gene bestimmt wird und weitere Gene Veränderungen wie z. B. eine Aufhellung der Grundfarbe bewirken.
- **Paarung: Zufällige Paarung** (Panmixie – *gr. pan: ganz und gar, míxo: mischen)*: Zufällige Paarungen zwischen den Tieren einer Population. Es besteht keine Beschränkung der Fortpflanzungsfähigkeit zwischen den Tieren einer Population; d. h. jedes Tier hat im Prinzip die

gleiche Chance sich mit jedem Tier des anderen Geschlechts zu paaren. **Gerichtete Paarung** (assortative Paarung): Vom Mensch gesteuerte Paarung zwischen den Tieren einer Population. Werden ähnliche Phäno- oder Genotypen gepaart, liegt **positiv gerichtete Paarung** vor; werden besonders unähnliche Phäno- oder Genotypen gepaart, so liegt **negativ gerichtete Paarung** vor (die manchmal auch als Ausgleichspaarung bezeichnet wird).

- **Penetranz** *(lat. penetrabilis: durchdringend)*: Häufigkeit mit der alle Tiere des gleichen Genotyps denselben Phänotyp zeigen. Zeigt ein Teil der Tiere des gleichen Genotyps nicht den erwarteten Phänotyp, spricht man von **unvollständiger Penetranz**. So tragen z. B. manche Tiere einen genetischen Defekt und zur Ausprägung der Krankheit müssen aber noch weitere Faktoren, wie z. B. Alter, bestimmte Erreger oder Umweltbedingungen hinzukommen. Auch zeigen z. B. eineiige Zwillinge oder Klone bei Rindern oft nicht die exakt gleiche Fellmusterung.
- **Phänotyp** *(gr. phaíno: erscheinen, sich zeigen; týpos: Bild, Umriss)*: Sichtbare oder messbare Ausprägung eines Merkmals eines Tieres („äußeres Erscheinungsbild"). Siehe auch Genotyp.
- **Pleiotropie** *(gr. pleístos: sehr oft, trópos: Art und Weise, Richtung)*: Eigenschaft eines Gens (genauer: Eigenschaft der Allele an einem Locus), die phänotypische Ausprägung von mehreren Merkmalen zu beeinflussen. Pleiotropie ist eine wesentliche Ursache dafür, dass zwischen Merkmalen genetische Beziehungen (Korrelationen) bestehen können.
- **Polygenie** *(gr. polýs: viel, zahlreich)*: Beteiligung vieler Gene (genauer: Beteiligung der Allele vieler Loci) an der phänotypischen Ausprägung eines Merkmals. Solche Merkmale werden als **quantitative Merkmale** bezeichnet.
- **Population** *(lat. populus: Volk, Bevölkerung, Menge)*: Gruppe von domestizierten Tieren der gleichen Art, die sich in morphologischen, physiologischen und ethologischen Merkmalen, d. h. im Aussehen bzw. Exterieur *(lat. exterior: auf der Außenseite)*, in der Leistung und im Verhalten ähnlich sind, eine **Paarungsgemeinschaft** bilden und einen **gemeinsamen Genpool** darstellen. Der Begriff Population wird in der Tierzucht üblicherweise mit einer Rasse (z. B. Fleckvieh, Edelschwein etc.) oder nur einem Teil einer Rasse, der sogenannten **Zuchtpopulation** (z. B. Fleckvieh in Deutschland, Edelschwein in Österreich etc.) gleichgesetzt.
- **Rasse:** Gruppe von domestizierten Tieren der gleichen Art, die sich in morphologischen, physiologischen und ethologischen Merkmalen, d. h. im Aussehen bzw. Exterieur *(lat. exterior: auf der Außenseite)*, in der Leistung und im Verhalten ähnlich sind, und eine **gemeinsame Zuchtgeschichte** haben. Der Begriff Rasse ist im genetischen Sinn nicht eindeutig definierbar. So bestehen vor allem die wirtschaftlich wichtigsten Nutztierrassen aus mehreren Zuchtpopulationen, die in verschiedenen Ländern züchterisch bearbeitet werden

und durch Austausch von Zuchttieren (siehe Migration) mehr oder weniger stark genetisch verbunden sind.

- **Rekombination:** siehe Crossing-Over
- **Selektion** *(lat. selectio: Auswahl)* **Natürliche Selektion:** Natürliche Auswahl und Fortpflanzung der am besten an die Umwelt angepassten Tiere. Die natürliche Selektion ist ein Eckpfeiler der Evolution. **Künstliche Selektion:** Im tierzüchterischen Sinne ist dies die gezielte Auswahl von Zuchttieren als Eltern der nächsten Generation, wobei die Züchter entscheiden, ob und wie viele Nachkommen die Tiere haben werden und wie lange sie als Eltern in der Zuchtpopulation genutzt werden.
- **Zygote** *(gr. zygotós: verbunden, paarweise)*: Nach Verschmelzung der beiden Gameten entstandene somatische Zelle mit **diploidem** *(gr. diplóos: zweifach)* Chromosomensatz.

4.2 Mendel-Regeln

Die Populationsgenetik beschäftigt sich mit der Verteilung von Allelen und Genotypen in Populationen. Die Kenntnis der populationsgenetischen Gesetzmäßigkeiten ist eine wichtige Grundlage für das Verständnis der darauf aufbauenden Quantitativen Genetik, in der den Allelen und Genotypen bestimmte Allelwirkungen zugeordnet werden. In der Summe über viele Genorte ergeben diese Allelwirkungen den genetischen Teil der Merkmalsausprägung für die meisten züchterisch relevanten Leistungsmerkmale wie z. B. Milchmenge, Wurfgröße, tägliche Zunahme oder Muskelfleischanteil.

Vererbung einzelner Merkmale und mathematisch-statistische Methoden

Als Beginn der wissenschaftlich betriebenen Populationsgenetik können sicher die Versuche des Augustinermönchs Gregor Mendel (1822–1884) in der Mitte des 19. Jahrhunderts gesehen werden. Er führte mit der Gartenerbse *(Pisum sativum)* acht Jahre lang gezielte Kreuzungsexperimente durch und war der erste, der die **Vererbung einzelner Merkmale** eines Organismus über mehrere Generationen verfolgt und detailliert dokumentiert hat. Bis zu diesem Zeitpunkt war es üblich, immer nur das Gesamtbild eines Individuums zu betrachten. Für die Auswertung der Daten (tausende Samen und Pflanzen) verwendete er **mathematisch-statistische Methoden** wie die Formulierung einer Hypothese und deren Prüfung sowie die Wahrscheinlichkeits-Rechnung. Diese Vorgangsweise war für die damalige Zeit völlig unüblich. Obwohl Mendel ausschließlich mit Pflanzen experimentiert hat, werden die daraus abgeleiteten Mendel-Regeln in diesem Kapitel kurz besprochen, da Mendel für die Erklärung seiner empirischen Beobachtungen ein theoretisches Interpretations-Modell entwickelt hat, das noch heute als Grundlage der gesamten Genetik Gültigkeit hat.

Biografie Gregor Mendel (1822–1884)

JOHANN MENDEL wurde 1822 in Heinzendorf in Schlesien (heute Tschechien) geboren und trat 1843 als Mönch in den Augustinerorden in der Abtei St. Thomas in Altbrünn (heute Brno, Tschechien) ein. Unter dem Ordensnamen Gregor brachte er es 1868 bis zum Abt. Als zunächst einfacher Mönch war er für die Bewirtschaftung der Gärten und Gewächshäuser der Abtei verantwortlich. Doch anstatt nur für die Lebensmittelversorgung der Mönche zu sorgen, begann er systematische Kreuzungsversuche mit verschiedenen Erbsensorten. Die Ergebnisse seiner mehr als achtjährigen Versuche präsentierte er 1865 vor dem von ihm mitgegründeten „Naturforscher-Verein Brünn". Die schriftliche Version seiner Arbeit erschien 1866 im lokalen Wissenschaftsjournal desselben Vereins als „Versuche über Pflanzen-Hybriden". Nach seiner Ernennung zum Abt blieb ihm allerdings nur noch wenig Zeit und Gelegenheit, seine Versuche fortzusetzen. GREGOR MENDEL starb 1884, Jahre bevor die bahnbrechende Bedeutung seiner Erkenntnisse allgemein anerkannt wurde. MENDELS Kreuzungsversuche weisen alle Kennzeichen moderner Forschung auf: Sie waren auf die Bestätigung oder das Verwerfen von Hypothesen ausgerichtet, sie folgten einem klaren Versuchsplan und sie basierten zudem auf ausreichend großen Stichproben. Insgesamt kultivierte er ca. 28.000 Erbsenpflanzen. Bestechend ist dabei der mathematisch-statistische Ansatz, den MENDEL sich als Autodidakt weitgehend selbst erarbeitet hatte. Anders als oft beschrieben waren MENDELS Erkenntnisse zu seinen Lebzeiten und nach seinem Tod bis 1900 nicht gänzlich unbekannt. MENDEL selbst schickte Abschriften seiner Arbeit an die wichtigsten Forscher im Bereich der Botanik und der gerade erst aufkeimenden Genetik. Er war aber wohl in seinem Denken und seinen Erkenntnissen seiner Zeit so weit voraus, dass seine Zeitgenossen nicht in der Lage waren, die allgemeingültige Bedeutung seiner Forschungsergebnisse zu erkennen.
Um 1900 behaupteten die Forscher HUGO DE VRIES (Niederlande), CARL CORRENS (Deutschland) und ERICH TSCHERMAK-SEYSENEGG (Österreich) zu denselben Schlussfolgerungen gelangt zu sein wie MENDEL; und zwar zeitgleich und unabhängig voneinander. Dies ist ein Mythos und der Wettlauf um die „Wiederentdeckung" der MENDEL-Regeln kann wohl mit Fug und Recht als „Wissenschaftskrimi" bezeichnet werden. In den darauffolgenden Jahrzehnten wurden die MENDEL-Regeln als allgemeingültige Grundlage der Vererbung bestätigt und GREGOR MENDEL wurde als einer der ganz großen Wissenschafter anerkannt. Seine Bedeutung lässt sich auch daran erkennen, dass sein Name als einer von ganz wenigen in Verbform im Duden steht: wir sprechen heute von „mendelnden" Genen.

GREGOR MENDELS Erkenntnisse

GREGOR MENDEL kam aufgrund seiner **Erkenntnisse** zu folgenden **Erklärungen**:

- Es gibt **einen Erbfaktor** (heute: Gen), der in **zwei Ausprägungen** (heute: Allele) vorkommt.
- Die Ausprägungen des Erbfaktors wirken entweder **dominant** *(lat. dominans: herrschend)* oder **rezessiv** *(lat. recessum: nicht in Erscheinung tretend)*.
- **Eltern** geben nur **je eine Ausprägung** des Erbfaktors an ihre Nachkommen weiter (heute: haploider Chromosomensatz der Gameten).
- Die **Weitergabe** des Erbfaktors durch die Eltern erfolgt **zufällig („mendelian sampling")**. Eine Aussage über die Wirkung der Erbfaktoren der Eltern ist deshalb nur aufgrund vieler Nachkommen möglich.

Diese komplexen Erkenntnisse sind umso erstaunlicher, weil MENDEL kein **Konzept** über **Genotypen** und **Phänotypen** hatte und auch die Bedeutung der Chromosomen für die Vererbung (1902 von W. S. SUTTON, T. BOVERI entdeckt), die Gametogenese (Meiose) und vieles mehr nicht kannte. Er formulierte seine Erklärungen ungefähr ein Jahrhundert bevor die molekulare Struktur der Vererbung entschlüsselt wurde (J. WATSON und F. CRICK im Jahr 1953) und MENDELS hellsichtige Analysen weitestgehend bestätigte. Es muss allerdings auch erwähnt werden, dass MENDEL bei der Auswahl der sieben Merkmale der Gartenerbse wohl auch Glück hatte, weil diese Merkmale nicht gekoppelt sind und deshalb unabhängig vererbt werden.

MENDEL-Regeln

Im Folgenden werden die drei **MENDEL-Regeln** allgemein definiert und anschließend anhand von drei tierzüchterischen Beispielen demonstriert.

1. **Uniformitätsregel:** Werden homozygote (reinerbige) Eltern, die sich in einem Merkmal unterscheiden (AA, aa), miteinander gepaart, so entsteht eine phänotypisch und genetisch **uniforme** (Aa) Nachkommengeneration (F1-Generation). Reziproke *(lat. reciprocus: wechsel-, gegenseitig)* Kreuzungen der Eltern (d. h. Vater AA × Mutter aa bzw. Vater aa × Mutter AA) bringen dasselbe Ergebnis. Liegt der Phänotyp der Nachkommen zwischen denen der Eltern, so spricht man von einem **additiven** (oder intermediären) Phänotyp. Entspricht der Phänotyp der Nachkommen einem der Eltern, so wird dieser Phänotyp als **dominant** und der bei den Nachkommen nicht auftretende Phänotyp als **rezessiv** bezeichnet.
2. **Spaltungsregel** (Segregationsregel): Werden heterozygote (Aa) Nachkommen untereinander gepaart, so spalten sich (d. h. segregieren) die Merkmale der homozygoten (AA, aa) Vorfahren in der zweiten Nachkommengeneration (F2-Generation) **phänotypisch** in einem **bestimmten Zahlenverhältnis** heraus, und zwar: bei **additiver** Allelwirkung: AA : Aa : aa = **1 : 2 : 1** und bei **dominanter** Allelwirkung: AA + Aa : aa = **3 : 1**.
3. **Unabhängigkeitsregel** (Regel der freien Kombination): Verschiedene Merkmale werden unter bestimmten Voraussetzungen **unabhängig**

Tab. 4.1 Uniformitäts- und Spaltungsregel (additive Allelwirkung): In der Rinderrasse Shorthorn treten Tiere mit roter (RR), weißer (**WW**) und rot-weiß-melierter (auch „roan" oder „stichelhaariger" genannt) Farbe (R**W**) auf. Als Eltern werden rote Bullen (RR) mit weißen Kühen (**WW**) gepaart. P = Parental- bzw. Elterngeneration, F1 = 1. Filial- bzw. Nachkommengeneration, F2 = 2. Filial- bzw. Nachkommengeneration.
Welche **Genotypen** und **Phänotypen** sind in welchen relativen Häufigkeiten in der F1- und F2-Generation zu erwarten?

P:		RR	x	WW	Phänotypen:	RR = rot, WW = weiß
F1:			Eizellen			
			W	W		
	Spermien	R	RW (roan)	RW (roan)	**Genotypen:**	4/4 RW d. h. 100% uniform
		R	RW (roan)	RW (roan)	Phänotypen:	4/4 roan d. h. 100% uniform
F2:		RW	x	RW	Phänotypen:	RW = roan
			Eizellen			
			R	W		
	Spermien	R	RR (rot)	RW (roan)	**Genotypen:**	1/4 RR, 2/4 RW, 1/4 WW d. h. 1 : 2 : 1
		W	RW (roan)	WW (weiß)	Phänotypen:	1/4 rot, 2/4 roan, 1/4 weiß d. h. 1 : 2 : 1

voneinander vererbt und in der F2-Generation kommt es zu **phänotypischen Neukombinationen**. Voraussetzung dafür ist, dass sich die Gene für die verschiedenen Merkmale auf verschiedenen Chromosomen befinden oder, wenn auf demselben Chromosom, sehr weit auseinanderliegen (d. h. es darf keine Kopplung vorliegen).

Die **Uniformitäts-** und **Spaltungsregel** werden in Tab. 4.1 (additive Allelwirkung) bzw. Tab. 4.2 (dominante Allelwirkung) und die **Unabhängigkeitsregel** in Tab. 4.3 demonstriert. Die dafür getroffenen Annahmen für die Farbvererbung bei Nutztieren wurden allerdings der Verständlichkeit halber etwas vereinfacht, d. h. es wird angenommen, dass die Farbe bzw. Farbverteilung jeweils nur von 1 Locus mit 2 Allelen bestimmt wird. Für die Ermittlung der Genotypen in der F1- und F2-Generation wird das sogenannte **PUNNETT-Quadrat** (auch Kombinationsquadrat genannt) verwendet. Dabei werden die Allele bzw. bei mehreren Loci die Allelkombinationen der Spermien (männliche Gameten) und Eizellen (weibliche Gameten) symbolisch zu den theoretisch möglichen Genotypen (Zygoten) verschmolzen. Danach können durch Auszählen die relativen Häufigkeiten – oder anders gesagt – die Frequenzen der Geno- und Phänotypen bestimmt werden.

Spaltungsverhältnisse entsprechen Wahrscheinlichkeiten

Die MENDEL-Regeln treffen generell für alle Organismen zu, die eine Meiose durchlaufen. Die **MENDEL'schen Spaltungsverhältnisse** entspre-

Tab. 4.2 Uniformitäts- und Spaltungsregel (dominante Allelwirkung): Die Schweine der Rasse Duroc sind rot (**RR**) und die der Rasse Landrasse weiß (**WW**). Das rote Allel (**R**) wirkt dominant über das weiße Allel (**W**). In einem Kreuzungs-Zuchtprogramm werden als Eltern rote Duroc-Eber (**RR**) an weiße Landrasse-Sauen (WW) angepaart. P = Parental- bzw. Elterngeneration, F1 = 1. Filial- bzw. Nachkommengeneration, F2 = 2. Filial- bzw. Nachkommengeneration.
Welche **Genotypen** und **Phänotypen** sind in welchen relativen Häufigkeiten in der F1- und F2-Generation zu erwarten?

P:		RR	x	WW	Phänotypen:	RR = rot, WW = weiß
F1:			Eizellen			
			W	W		
	Spermien	R	RW (rot)	RW (rot)	**Genotypen:**	4/4 RW d. h. 100% uniform
		R	RW (rot)	RW (rot)	Phänotypen:	4/4 rot d. h. 100% uniform
F2:		RW	x	RW	Phänotypen:	RW = rot
			Eizellen			
			R	W		
	Spermien	R	RR (rot)	RW (rot)	**Genotypen:**	1/4 RR, 2/4 RW, 1/4 WW d. h. 1 : 2 : 1
		W	RW (rot)	WW (weiß)	Phänotypen:	3/4 rot, 1/4 weiß d. h. 3 : 1

chen **Wahrscheinlichkeiten**, die empirisch exakt nur bei sehr vielen (theoretisch unendlich vielen) Nachkommen auftreten. Die beobachteten Spaltungsverhältnisse weichen allerdings dann von den MENDEL'schen Erwartungswerten ab, wenn genetische Phänomene wie z. B. Kopplung, Epistasie, multiple Allelie, Pleiotropie, Polygenie, unvollständige Penetranz oder geschlechtsgekoppelte Vererbung vorliegen.

MENDEL-Regeln und Tierzucht

In der **Tierzucht** spielen die **Uniformitäts-** und **Spaltungsregel** bei der Vererbung von **Erbfehlern** eine direkte Rolle. Einige Erbfehler werden nur von den Allelen an einem Genort verursacht. Es sind also **monogene** bzw. **qualitative Merkmale** (Kap. 4.6), die in der homozygot rezessiven Form (aa) als Erbfehler auftreten: z. B. Arachnomelie (Spinnengliedrigkeit) beim Rind, Malignes Hyperthermie-Syndrom (MHS) beim Schwein, Spongioforme Enzephalopathie (Scrapie) beim Schaf, Schwere-kombinierte-Immundefizienz (SCID) beim Pferd. Die Aufgabe der Tierzucht besteht nun darin, die heterozygoten Anlageträger zu identifizieren und deren Häufigkeit zu kontrollieren (Kap. 4.3). Die züchterisch relevanten **Leistungsmerkmale** dagegen werden von den Allelen an vielen Loci beeinflusst. Es sind also **polygene** bzw. **quantitative Merkmale** (Kap. 4.6) für die die MENDEL'schen Spaltungsverhältnisse nicht direkt beobachtet worden. Betrachtet man allerdings einzelne

Tab. 4.3 Unabhängigkeitsregel: Die beiden Merkmale Farbe (rot bzw. braun) und Farbverteilung (gescheckt bzw. einfarbig) werden jeweils dominant an 2 Loci vererbt (d. h. dihybrider Erbgang). Die Tiere der Rinderrasse Rotbunte sind rot und gescheckt (rot = **RR**, gescheckt = **ee**), die der Rasse Braunvieh braun und einfarbig (braun = **rr**, einfarbig = **EE**). In einem Kreuzungs-Zuchtprogramm werden als Eltern Rotbunt-Bullen an Braunvieh-Kühe angepaart. P = Parental- bzw. Elterngeneration, F1 = 1. Filial- bzw. Nachkommengeneration, F2 = 2. Filial- bzw. Nachkommengeneration.
Welche **Genotypen** und **Phänotypen** sind in welchen relativen Häufigkeiten in der F1- und F2-Generation zu erwarten?

P:		RRee	x	rrEE			Phänotypen:	RRee = rot, gescheckt rrEE = braun, einfarbig
F1:				Eizellen				
			rE	rE	rE	rE		
	Spermien	Re	RrEe	RrEe	RrEe	RrEe	**Genotypen:**	16/16 RrEe
		Re	RrEe	RrEe	RrEe	RrEe		d. h. 100% uniform
		Re	RrEe	RrEe	RrEe	RrEe	Phänotypen:	16/16 rot, einfarbig
		Re	RrEe	RrEe	RrEe	RrEe		d. h. 100% uniform
F2:		RrEe	x	RrEe			Phänotypen:	RrEe = rot, einfarbig
				Eizellen				
			RE	Re	rE	re		
	Spermien	RE	RREE	RREe	RrEE	RrEe		
		Re	RREe	RRee	RrEe	Rree		
		rE	RrEE	RrEe	rrEE	rrEe		
		re	RrEe	Rree	rrEe	rree		

Genotypen	relativ	Phänotypen	Phänotypen zusammengefasst	
RREE	1/16	rot, einfarbig	9/16 rot, einfarbig	→ siehe F1
RREe	2/16	rot, einfarbig	3/16 rot, gescheckt	→ siehe P
RrEE	2/16	rot, einfarbig	3/16 braun, einfarbig	→ siehe P
RrEe	4/16	rot, einfarbig	**1/16 braun, gescheckt**	**→ NEU**
RRee	1/16	rot, gescheckt		
Rree	2/16	rot, gescheckt	**Merkmale unabhängig betrachtet**	
rrEE	1/16	braun, einfarbig	12/16 rot	12/16 einfarbig
rrEe	2/16	braun, einfarbig	4/16 braun	4/16 gescheckt
rree	1/16	braun gescheckt	entspricht 3 : 1 in beiden Merkmalen	

Loci isoliert – was durch molekulargenetische Methoden möglich ist – so unterliegen die Allele an diesen Genorten wieder den MENDEL-Regeln. MENDEL kommt also praktisch durch die „Hintertür“ in die quantitative Tierzucht.

4.3 Genotyp- und Allelfrequenz

Populationsgenetik

Tierzucht kann aus zwei verschiedenen Perspektiven betrachtet werden: Einerseits aus Sicht der Züchter (Zuchtbetriebe), für die ihre Zuchttiere im Mittelpunkt des Interesses stehen (tierbezogene Perspektive). Andererseits aus Sicht einer Zuchtorganisation, für die die Population und daraus folgend die relativen Häufigkeiten von bestimmten Genotypen und Allelen in dieser Population im Vordergrund stehen (populationsbezogene Perspektive). Mit den Auswirkungen von bestimmten Faktoren wie Populationsgröße, Mutation, Migration und Selektion auf **Genotyp-** und **Allelfrequenzen** in **Populationen** beschäftigt sich die **Populationsgenetik**. Ein Tierzüchter muss deshalb die Grundprinzipien der Populationsgenetik verstehen. Eine **Population** im tierzüchterischen Sinn ist eine Gruppe von domestizierten Tieren der gleichen Art, die sich in morphologischen, physiologischen und ethologischen Merkmalen, d. h. im Aussehen (Exterieur), in der Leistung und im Verhalten ähnlich sind, eine **Paarungsgemeinschaft** bilden und einen gemeinsamen Genpool darstellen. Der Begriff Population wird in der Tierzucht üblicherweise mit einer Rasse (z. B. Fleckvieh, Edelschwein etc.) oder nur einem Teil einer Rasse, der sogenannten **Zuchtpopulation** (z. B. Fleckvieh in Deutschland, Edelschwein in Österreich etc.), gleichgesetzt.

Als Ausgangspunkt für unsere einfachen populationsgenetischen Überlegungen nehmen wir eine **ideale Situation** für eine Population an: d. h. die Population ist sehr groß, die Tiere können sich zufällig paaren, und es findet keine Mutation, Migration und Selektion statt. Außerdem betrachten wir nur ein Merkmal, dessen phänotypische Ausprägung von zwei Allelen (A, a) an einem Genort bedingt ist (qualitatives Merkmal). In Tab. 4.4 sind die entsprechenden Symbole und die absoluten und relativen Häufigkeiten der Genotypen und Allele in einer Population (oder einer Stichprobe daraus) dargestellt.

Genotyp- und Allelfrequenz

Allgemein ausgedrückt ist die **Genotypfrequenz** also die relative Häufigkeit eines bestimmten Genotyps in einer Population – und daraus folgend – die **Allelfrequenz** die relative Häufigkeit eines bestimmten Allels an einem bestimmten Genort in einer Population. Da das Allel A in den Genotypen AA und Aa vorkommt, ergibt sich die Allelfrequenz p

Tab. 4.4 Symbole, absolute und relative Häufigkeiten für Genotypen und Allele

Genotypen	abs. Häufigkeit Genotypen	rel. Häufigkeit Genotypen		rel. Häufigkeit der Allele A bzw. a	
AA	n1	n1/N = P	→	P + 0,5 H = p	p = 1 − q
Aa	n2	n2/N = H	↗ ↘		
aa	n3	n3/N = Q	→	Q + 0,5 H = q	q = 1 − p
Summe	N	P + H + Q = 1,0		p + q = 1	p + q = 1

für das Allel A aus der Genotypfrequenz P und der halben Genotypfrequenz H (P + 0,5 H = p), und dementsprechend die Allelfrequenz q für das Allel a aus der Genotypfrequenz Q und der halben Genotypfrequenz H (Q + 0,5 H = q). Da p + q = 1 sein muss, folgt: p = 1 − q und umgekehrt q = 1 − p. Die Summe der Genotyp- und Allelfrequenzen einer Population muss natürlich immer jeweils 1 ergeben. Genotyp- und Allelfrequenzen sind grundlegende Parameter für die Beschreibung der genetischen Struktur einer Population, und deren Berechnung soll anhand des Beispiels 4.1 gezeigt werden.

Beispiel 4.1: Bei Schweinerassen ist die genetische Veranlagung zum Malignen Hyperthermie-Syndrom (MHS) in unterschiedlichen Frequenzen vertreten. Diese Störung des Kalziumstoffwechsels der Muskelzellen verursacht eine höhere Stressempfindlichkeit und kann dadurch zu Fleischbeschaffenheits-Mängeln (sogenanntes PSE-Fleisch) führen. Genetische Ursache des MH-Syndroms ist eine Mutation des Ryanodin-Rezeptor-Gens. Tiere, die diese Mutation homozygot tragen, neigen zum MH-Syndrom. Das rezessive Defektallel wird in diesem Beispiel mit „T“, die Normalvariante mit „C“ bezeichnet. Seit 1991 existiert ein direkter Gentest, der die eindeutige Bestimmung des Genotyps am MHS-Genort ermöglicht (FUJI et al., 1991). In Tab. 4.5 sind die Ergebnisse einer MHS-Typisierung von Stichproben der Schweinerassen Edelschwein und Pietrain zusammengefasst.

Frage: Wie hoch sind die Genotyp- und Allelfrequenzen für die Schweinerassen Edelschwein und Pietrain?

Tab. 4.5 Anzahl MHS-Genotypen in Stichproben der Schweinerassen Edelschwein und Pietrain

	MHS-Genotypen			
Population	C/C	C/T	T/T	gesamt
Edelschwein	225	20	5	250
Pietrain	120	80	50	250

Edelschwein:

Genotypfrequenzen:

C/C = **P** = 225/250 = 0,90

C/T = **H** = 20/250 = 0,08

T/T = **Q** = 5/250 = 0,02

Allelfrequenzen:

p = P + 0,5 H = 0,90 + 0,5 · 0,08 = 0,90 + 0,04 = 0,94

q = Q + 0,5 H = 0,02 + 0,5 · 0,08 = 0,02 + 0,04 = 0,06

Pietrain:
Genotypfrequenzen:
C/C = **P** = 120/250 = 0,48
C/T = **H** = 80/250 = 0,32
T/T = **Q** = 50/250 = 0,20
Allelfrequenzen:
p = P + 0,5 H = 0,48 + 0,5 · 0,32 = 0,48 + 0,16 = 0,64
q = Q + 0,5 H = 0,20 + 0,5 · 0,32 = 0,20 + 0,16 = 0,36

Aus Beispiel 4.1 ist klar ersichtlich, dass sich Edelschwein und Pietrain in ihrer genetischen Struktur, d. h. in den Genotyp- und Allelfrequenzen, deutlich unterscheiden.

4.4 Hardy-Weinberg-Gesetz

Zusammenhang Allel- und Genotypfrequenzen

Der englische Mathematiker G. H. Hardy und der deutsche Arzt und Vererbungstheoretiker W. Weinberg entdeckten 1908 unabhängig voneinander einen **direkten Zusammenhang** zwischen den **Allel-** und **Genotypfrequenzen** verschiedener Generationen in einer idealen Population. Dieser Zusammenhang wird als Hardy-Weinberg-**Gesetz** bezeichnet und seine Definition lautet:

Definition Hardy-Weinberg-Gesetz

Die Allel- und Genotypfrequenzen in einer Population sind von Generation zu Generation konstant, wenn die Population unendlich groß ist und keine Mutation, Migration und Selektion stattfindet. Dabei sind unter Zufallspaarung die Genotypfrequenzen in Generation t+1 unmittelbar von den Allelfrequenzen in Generation t abhängig.

Treffen diese Bedingungen zu, so wird eine Population (oder auch ein Genort) als im **Hardy-Weinberg-Gleichgewicht (HWG)** bezeichnet. Der Zusammenhang zwischen Allel- und Genotypfrequenzen von zwei Generationen kann mit folgender Überlegung gezeigt werden: Männliche und weibliche Tiere erzeugen bei der Gametenbildung Spermien bzw. Eizellen mit den Allelen A oder a. Die Frequenz der elterlichen Gameten, die die Allele A bzw. a tragen, entspricht genau den Allelfrequenzen p bzw. q und ist für männliche und weibliche Tier gleich hoch. Da die männlichen und weiblichen Gameten zufällig aufeinandertreffen, ergeben sich gemäß dem Punnett-Quadrat die in Tab. 4.6 dargestellten **Frequenzen** der **Nachkommen-Genotypen**.

Die **Genotypfrequenzen** der Nachkommen (F1-Generation) stehen in einem **direkten Zusammenhang** mit den **Allelfrequenzen** der Eltern, nämlich:

AA: $P = p^2 = 0{,}36$ **Aa:** $H = 2pq = 0{,}48$ **aa:** $Q = q^2 = 0{,}16$

Tab. 4.6 Frequenzen der elterlichen Gameten (z. B. p = 0,6; q = 0,4) und entsprechende Nachkommen-Genotypen bei HWG

		Weibliche Gameten (Eizellen)	
		A (p = 0,6)	a (q = 0,4)
Männliche Gameten (Spermien)	A (p = 0,6)	AA (p^2 = 0,36)	Aa (pq = 0,24)
	a (q = 0,4)	Aa (pq = 0,24)	aa (q^2 = 0,16)

Und daraus ergeben sich gemäß Tab. 4.4 folgende **Allelfrequenzen** der Nachkommen (F1-Generation):

A: $p = P + 0{,}5\ H = 0{,}36 + 0{,}24 = 0{,}6$
a: $q = Q + 0{,}5\ H = 0{,}16 + 0{,}24 = 0{,}4$

Sie sind also genau gleich wie jene der Elterngeneration. Dies beweist die Konstanz der Allelfrequenzen von einer Generation zur nächsten. Wenn wir diese einfachen Berechnungen für die F2-Generation und folgende weiterführen, so werden wir feststellen, dass neben den Allel- auch die Genotypfrequenzen von Generation zu Generation konstant sind.

Hardy-Weinberg-Gleichgewicht

Das **Hardy-Weinberg-Gleichgewicht** einer Population wird durch folgenden Zusammenhang ausgedrückt und kann anhand dieser Beziehung überprüft werden:

$$P : H : Q = p^2 : 2pq : q^2 \qquad \text{Formel 4.1}$$

Der Zusammenhang zwischen **Allel-** und **Genotypfrequenzen** in einer Population im **Hardy-Weinberg-Gleichgewicht** ist in Abb. 4.1 grafisch dargestellt, und die wichtigsten Schlussfolgerungen sind klar ersichtlich.

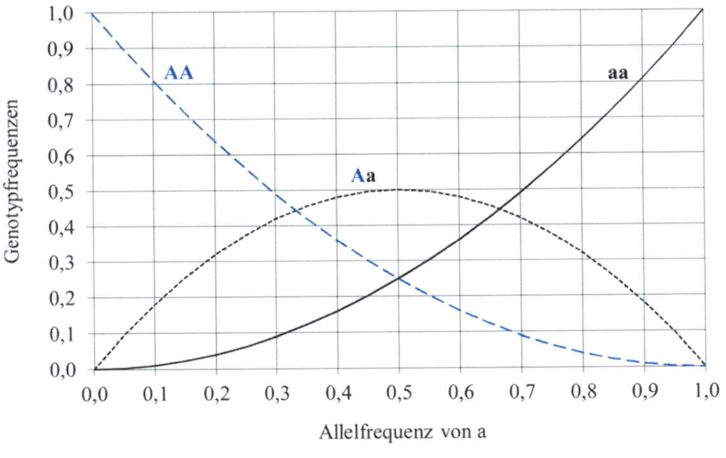

Abb. 4.1 Zusammenhang zwischen Allel- und Genotypfrequenzen für zwei Allele (A, a) einer Population im Hardy-Weinberg-Gleichgewicht (HWG)

Die Genotypfrequenz der **Heterozygoten (Aa)** kann maximal 0,5 erreichen, und zwar nur dann, wenn die Allelfrequenzen gleich hoch sind (p = q = 0,5). Die Genotypfrequenz der **Homozygoten (AA, aa)** steigt mit der Erhöhung der Frequenz zugunsten eines Allels; und zwar quadratisch. Bei **niedriger Frequenz** eines Allels nimmt der Anteil der homozygoten Tiere natürlich auch quadratisch ab. In diesem Fall kommt daher der überwiegende Teil des Allels in der Population in den heterozygoten Tieren vor. Diese Tatsache ist aus züchterischer Sicht vor allem bei der Bekämpfung von **Erbfehlern** von praktischer Relevanz.

Praktische Schlussfolgerungen aus HARDY-WEINBERG-Gesetz

Allgemein sind die Beziehungen zwischen Allel- und Genotypfrequenzen von großer Bedeutung, weil viele Schlüsse in der Populationsgenetik und Quantitativen Genetik auf ihnen beruhen. Für die Tierzucht sind zwei **Schlussfolgerungen** aus dem HARDY-WEINBERG-Gesetz von praktischer Relevanz:

- Das HARDY-WEINBERG-Gesetz gilt auch **innerhalb** einer **Generation**; d.h. wenn sich eine Population im HARDY-WEINBERG-Gleichgewicht befindet, kann aus den Allelfrequenzen auf die Genotypfrequenzen geschlossen werden und umgekehrt.
- Die **Genotypfrequenzen** der **Nachkommen** hängen nur von den **Allelfrequenzen** der **Eltern** ab, nicht aber von deren Genotypfrequenzen. Dies kann mit folgender Überlegung demonstriert werden: Wir nehmen an, dass alle Eltern in einer Population heterozygot (100% Aa) sind, was nur möglich ist, wenn deren Allelfrequenzen p = q = 0,5 sind. Die aus den zufälligen Elternpaarungen (Aa × Aa) zu erwartenden Genotypfrequenzen der Nachkommen sind 0,25 (AA), 0,5 (Aa) und 0,25 (aa). Die entsprechenden Allelfrequenzen der Nachkommen sind wiederum p = q = 0,5 (also genau gleich wie die der Eltern). Daraus ergibt sich die zusätzliche Schlussfolgerung, dass eine Population, die sich nicht im HARDY-WEINBERG-Gleichgewicht befindet, bereits nach einer Generation Zufallspaarung wieder das Gleichgewicht erreicht.

4.4.1 Anwendung des HARDY-Weinberg-Gesetzes

Erbfehler und HARDY-WEINBERG-Gesetz

Das HARDY-WEINBERG-Gesetz ist in der Tierzucht (und in der Humanmedizin) für die Bekämpfung von monogenen Erbfehlern von praktischer Bedeutung. Erbfehler werden auch als genetische Anomalien *(gr. anomalía: Unregelmäßigkeit, Missbildung)* oder genetische Defekte bezeichnet. Sie werden überwiegend durch rezessive Allele verursacht und sind bei den homozygot rezessiven Genotypen, den sogenannten Merkmalsträgern, sichtbar. Die grundsätzliche Vorgangsweise besteht darin, zuerst die Frequenz des rezessiven Allels zu schätzen und anschließend die Frequenz der sogenannten Anlageträger (heterozygote Genotypen) zu ermitteln. Aufbauend auf diesen Ergebnissen können dann züchterische Konsequenzen umgesetzt werden.

Schätzung der Frequenz eines rezessiven Allels

Die Schätzung der Allelfrequenzen gemäß Tab. 4.4 setzt voraus, dass alle Genotypen direkt bestimmbar sind, was allerdings nur bei gewissen Erbfehlern mithilfe eines direkten Gentests möglich ist (Beispiel 4.1). Steht kein direkter Gentest zur Verfügung, so können phänotypisch nur die homozygot rezessiven Tiere (aa) erkannt werden, weil sie eben den Erbfehler zeigen. Die homozygot dominanten (AA) und heterozygoten Tiere (Aa) dagegen sind nicht direkt erkennbar, weil beide Genotypen phänotypisch gesund (normal) sind. In diesen Fällen kann die **Frequenz des rezessiven Allels** nur geschätzt werden, wenn davon ausgegangen wird, dass sich die Population im HARDY-WEINBERG-Gleichgewicht befindet, weil dann die Frequenz der homozygot rezessiven Genotypen (aa) $Q = q^2$ entspricht und die Allelfrequenzen daher als $q = \sqrt{Q}$ und $p = 1 - q$ geschätzt werden können.

Schätzung der Frequenz der Anlageträger

Anlageträger sind jene Tiere, die das unerwünschte (rezessive) Allel in **heterozygoter Form** tragen und daher **phänotypisch gesund (normal)** sind. Um die Effizienz der Bekämpfung von Erbfehlern beurteilen zu können, ist es notwendig, den Anteil der Anlageträger in der Population zu kennen. Unter der Annahme, dass sich die Population im HARDY-WEINBERG-Gleichgewicht befindet, kann die **Frequenz der Anlageträger** (Heterozygoten) in der Population gemäß Formel 4.1 aus den Allelfrequenzen p und q als $H = 2pq$ und die Frequenz der homozygot gesunden (normalen) Tiere als $P = p^2$ geschätzt werden. In Beispiel 4.2 wird die beschriebene Vorgangsweise demonstriert.

Beispiel 4.2: Vor der Einführung des MHS-Gentests konnte die Stressempfindlichkeit bei Schweinen nur phänotypisch durch den sogenannten Halothantest beurteilt werden. Dabei reagierten die homozygot rezessiven Genotypen (T/T) bei Beatmung mit dem Narkosegas Halothan mit einer heftigen Verkrampfung der Muskulatur, vor allem der Extremitäten. Die beiden anderen Genotypen dagegen reagierten nicht auf Halothan, d. h. die Muskulatur blieb entspannt (Abb. 4.2). Es ließen sich also nur zwei Phänotypen (stressempfindlich bzw. stressresistent) unterscheiden. In der im Beispiel 4.1 beschriebenen Untersuchung zeigten bei der Rasse Edelschwein 3 von 250 Schweinen eine stressempfindliche Reaktion, bei der Rasse Pietrain 42 von 250 Tieren.
Frage: Schätzen Sie die Frequenz für das rezessive Allel „T“ und darauf aufbauend den Anteil der Anlageträger sowie der homozygot stressresistenten Tiere in der Population für Edelschwein und Pietrain.

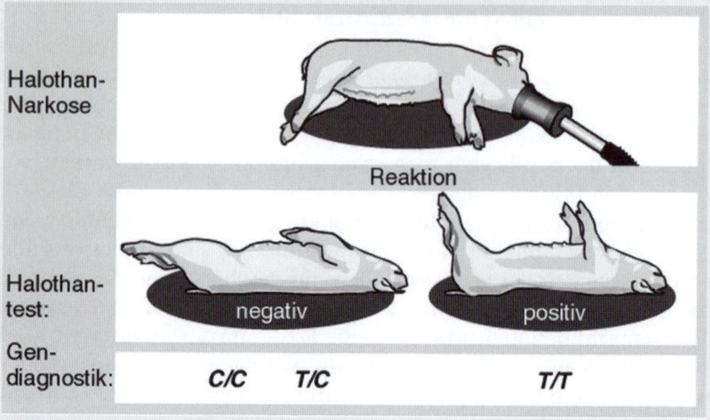

Abb. 4.2 Reaktionen auf Halothan-Narkose bei Schweinen (GELDERMANN, 2005)

Edelschwein:

Allelfrequenzen:

T/T = Q = 3/250 = 0,012

$Q = q^2 \rightarrow \mathbf{q} = \sqrt{Q} = \sqrt{0{,}012} = 0{,}1095 \rightarrow \mathbf{p} = 1 - 0{,}1095 = 0{,}8905$

Genotypfrequenzen:

$\mathbf{P} = C/C = \mathbf{p^2} = 0{,}8905^2 = 0{,}7930$ (stressresistent)

$\mathbf{H} = C/T = \mathbf{2pq} = 2 \cdot 0{,}8905 \cdot 0{,}1095 = 0{,}1950$ (Anlageträger, stressresistent)

$\mathbf{Q} = T/T = \mathbf{q^2} = 0{,}1095^2 = 0{,}0120$ (stressempfindlich)

Pietrain:

Allelfrequenzen:

T/T = Q = 42/250 = 0,168

$Q = q^2 \rightarrow \mathbf{q} = \sqrt{Q} = \sqrt{0{,}168} = 0{,}4099 \rightarrow \mathbf{p} = 1 - 0{,}4099 = 0{,}5901$

Genotypfrequenzen:

$\mathbf{P} = C/C = \mathbf{p^2} = 0{,}5901^2 = 0{,}3482$ (stressresistent)

$\mathbf{H} = C/T = \mathbf{2pq} = 2 \cdot 0{,}5901 \cdot 0{,}4099 = 0{,}4838$ (Anlageträger, stressresistent)

$\mathbf{Q} = T/T = \mathbf{q^2} = 0{,}4099^2 = 0{,}1680$ (stressempfindlich)

Aus den Ergebnissen von Beispiel 4.2 lässt sich eine wichtige züchterische Schlussfolgerung für Erbfehler ziehen. Auch bei einer relativ niedrigen Frequenz des rezessiven Allels von 11% beim Edelschwein sind noch immerhin etwa 20% aller Tiere Anlageträger. Werden diese Tiere untereinander gepaart (C/T x C/T), so muss in deren Nachkommen mit einer Wahrscheinlichkeit von 25% mit dem Auftreten von stressempfindlichen Tieren (T/T) gerechnet werden.

Abschließend stellt sich die Frage, ob in der praktischen Tierzucht überhaupt Populationen im HARDY-WEINBERG-Gleichgewicht existieren? Genau genommen nicht, weil keine Zuchtpopulation einer idealen Population (d. h. unendlich groß, Zufallspaarung, keine Mutation, Migration und Selektion) entspricht. Wenn eine Zuchtpopulation allerdings eine vernünftige Größe hat, die Immigration von Tieren aus anderen Populationen gering ist, und in der letzten Elterngeneration die Selektionsentscheidungen und die Paarung der Tiere unabhängig vom Zielmerkmal (in unserem Fall dem Erbfehler) getroffen wurde, kann HARDY-WEINBERG-Gleichgewicht angenommen werden. Abgesehen davon müssen wir quasi gezwungenermaßen HARDY-WEINBERG-Gleichgewicht annehmen, wenn die homozygot dominanten (AA) und heterozygoten Tiere (Aa) phänotypisch nicht unterscheidbar sind, weil wir sonst die entsprechenden Allelfrequenzen gar nicht schätzen könnten. Molekulargenetische Untersuchungen zeigen allerdings, dass erstaunlich viele Loci im HARDY-WEINBERG-Gleichgewicht sind.

4.4.2 Einflussfaktoren auf Allelfrequenzen

Tierzucht verändert Allel- und Genotypfrequenzen

Laut HARDY-WEINBERG-Gesetz sind die Allel- und Genotypfrequenzen in einer Population von Generation zu Generation konstant, wenn die Population unendlich groß ist, zufällige Paarung durchgeführt wird und keine Mutation, Migration und Selektion stattfindet. Diese idealisierten Voraussetzungen treffen in einer realen Zuchtpopulation aber nicht zu. Im Gegenteil, **Ziel** der **Tierzucht** ist die **Veränderung** der **Allel-** und daraus folgend der **Genotypfrequenzen** in einer Population, also eine Veränderung der genetischen Struktur einer Population. Tierzüchter versuchen durch gerichtete Paarung, Selektion sowie Migration von Tieren (oder Samen bzw. Embryonen) direkt Einfluss auf die genetische Veränderung im Sinne des Zuchtziels zu nehmen. Stellt sich also die Frage, auf welche Art und Weise die verschiedenen Einflussfaktoren eine Änderung der Allelfrequenzen bewirken? Nachfolgend werden deshalb die wichtigsten Aspekte der verschiedenen Einflussfaktoren kurz besprochen.

Populationsgröße

Genetische Drift

Besonders in kleinen Populationen kann sich die **Allelfrequenz** durch **Zufall** von einer Generation zur anderen mit gleicher Wahrscheinlichkeit erhöhen oder verringern. Diese zufällige, in ihrer Richtung nicht vorhersagbare Veränderung wird als **genetische Drift** bezeichnet. Bei der Bildung der Gameten (Spermien, Eizellen) spielt sich ein Zufallsprozess ab, der dazu führt, dass Allelfrequenzen von Generation zu Generation schwanken und seltene Allele auch ganz verloren gehen können. Je niedriger die Allelfrequenz und je kleiner die Population ist, umso größer ist die Wahrscheinlichkeit, dass ein Allel durch genetische Drift verloren geht. Fälle, in denen ein Allel verloren geht oder fixiert wird, sind irreversibel. Bei der **Fixierung eines Allels** existiert in einer Population am betrachteten Genort nur noch ein Allel. Der Genort ist also monomorph *(gr. mónos: einzig, allein; morphé: Gestalt, Form)*, und genetische Drift spielt erst wieder eine Rolle, wenn neue Allele durch Mutation in der Population entstehen oder durch Immigration in die Population eingebracht werden. Dies trifft auch für den **Verlust eines Allels** zu, wobei in diesem Fall durchaus noch andere Allele am betreffenden Genort existieren können. In kleinen und geschlossenen Populationen führt genetische Drift langfristig immer zu einer Reduzierung der genetischen Varianz durch Verlust und Fixierung von Allelen, und zwar umso schneller, je kleiner die Population ist. Genetische Drift ist deshalb neben der Inzuchtproblematik (Kap. 4.5.2) der zweite wichtige Grund, warum Zuchtpopulationen eine gewisse Mindestgröße nicht unterschreiten sollten. Unerwünschte Effekte der genetischen Drift können auch auftreten, wenn in einer im Grunde sehr großen Population nur eine sehr geringen Anzahl Elterntiere für die Fortpflanzung eingesetzt wird, wie dies z. B. bei Verwendung der künstlichen Besamung in der Rinderzucht der Fall ist.

Mutation

Mutationsrate

Wir betrachten hier nur Genmutationen (es gibt auch Genom- und Chromosomenmutationen), weil nur diese zu einem neuen Allel eines Gens und somit zu einer Veränderung der Allelfrequenz führen. Die **Wahrscheinlichkeit** einer **Mutation** wird durch die **Mutationsrate** beschrieben. Die durchschnittliche Mutationsrate pro Genort beträgt etwa 10^{-5}–10^{-6} pro Generation, d. h. an einem Genort entsteht nur in jeder 100.000sten–1,000.000sten Gamete ein neues Allel. Obwohl Mutationen selten auftreten, ist ein großer Teil der in der Tierzucht genutzten genetischen Variabilität auf Mutationen zurückzuführen. Diese Mutationen haben sich überwiegend in den sehr langen Zeiträumen der Evolution und Differenzierung der Arten ereignet (Mutation als Motor der Evolution). Dies hat dazu geführt, dass in den Arten eine Vielzahl von genetischen Varianten existierte. Während der Domestikation und Rassendifferenzierung wurden dann die vom Menschen bevorzugten Varianten durch Selektion angereichert.

Migration

Migrationsrate

Migration umfasst die **Ein-** bzw. **Auswanderung** (Immigration bzw. Emigration) von **Tieren** in bzw. aus einer Population und deren **Einfluss** auf die **Allelfrequenzen**. In der Tierzucht erfolgt dies durch Zu- bzw. Verkauf von Tieren, Samen oder Embryonen. Der Einfluss der Migration hängt von der **Migrationsrate** (relativer Anteil der ein- bzw. auswandernden Tiere an der Anzahl vorhandener Tiere in der Population) und der **Differenz** in den **Allelfrequenzen** zwischen den beiden Populationen ab. Die beiden Zuchtmethoden Veredlungs- und Verdrängungszucht (Kap. 7.1.1) sind Formen der Migration in der praktischen Tierzucht. Ziel der Veredlungszucht ist die Zuführung von fremden (anderen) Allelen in geringem Umfang (z. B. Einkreuzung von Vollblütern in der Hannoverschen Warmblutzucht). Bei der Verdrängungszucht dagegen werden die einheimischen Allele nach und nach durch die immigrierenden Allele ersetzt. Auch Kreuzungszucht-Methoden (Kap. 7.2) können im weiteren Sinn unter dem Aspekt der Migration gesehen werden.

Selektion

Unter Selektion im tierzüchterischen Sinne versteht man immer die **künstliche Selektion**, bei der die Auswahl der Zuchttiere als Eltern der nächsten Generation durch die Züchter erfolgt und diese entscheiden, wie viele Nachkommen die Tiere haben werden und wie lange sie als Eltern in der Zuchtpopulation genutzt werden. Die Selektion ist eine der zentralen züchterischen Maßnahmen (Kap. 6) und hat einen entscheidenden **Einfluss** auf die **Veränderung** der **Allelfrequenzen** in einer Population, indem die Fortpflanzung der erwünschten Genotypen durch die Züchter gefördert bzw. die der unerwünschten Genotypen verhindert wird.

Selektion gegen den rezessiven Genotyp

Eine besondere Art der Selektion wirkt bei Anomalien oder genetischen Defekten (Erbfehlern), bei denen die homozygot rezessiven Tiere (aa) lebensunfähig sind, im Laufe ihres Lebens erkranken oder sterben und damit aus der Population ausscheiden. Diese Art der Selektion wird auch als **Selektion gegen den rezessiven Genotyp** bezeichnet. Sie ist in der Tierzucht von praktischer Bedeutung, weil der Einsatz von unerkannten männlichen Anlageträgern (Aa) in der künstlichen Besamung die Frequenz einzelner rezessiver Defektallele schnell erhöhen kann. Aus diesem Grund sollten vor dem breiten Einsatz von Bullen oder Ebern in der künstlichen Besamung sogenannte Testanpaarungen durchgeführt und die Nachkommen auf Anomalien überprüft werden. Sollte ein Erbfehler in einer Population verstärkt auftreten, so muss durch zuchthygienische Maßnahmen eine Sanierung der Population durchgeführt werden. Es stellt sich also zuerst die Frage, wie viele Generationen dauert es, bis eine gewünschte Verringerung der Frequenz des rezessiven Allels durch Selektion gegen den rezessiven Genotyp erreicht wird? Die Beantwortung dieser Frage hat für die Beurteilung der Effizienz von zuchthygienischen Maßnahmen praktische Bedeutung. Der **Zusammenhang** zwischen **Zeit** (Generationen) und **Verringerung** der **Allelfrequenz** ist in Formel 4.2 dargestellt und wird im Beispiel 4.3 demonstriert:

$$n = \frac{1}{q_n} - \frac{1}{q_o} \qquad \text{Formel 4.2}$$

wobei:

n = Anzahl Generationen,
q_n = Allelfrequenz in der n-ten Generation
q_o = Allelfrequenz in der Ausgangsgeneration

Beispiel 4.3: In der Rasse Pietrain wurde im Beispiel 4.2 für die Allelfrequenz des MHS-Allels (T) ein Wert von 0,4099 geschätzt.
Frage: Wie viele Generationen dauert es bei Selektion gegen den rezessiven Genotyp (T/T) bis sich die Allelfrequenz des MHS-Allels (T) halbiert bzw. auf 0,10 und 0,01 absinkt?

q_o = 0,4099
q_n = 0,4099/2 → n = (1/0,20495) − (1/0,4099) = 4,8792 − 2,4396 = 2,4396 ≈ 2,4 Generationen
q_n = 0,10 → n = (1/0,10) − (1/0,4099) = 10,0 − 2,4396 = 7,5604 ≈ 7,6 Generationen
q_n = 0,01 → n = (1/0,01) − (1/0,4099) = 100,0 − 2,4396 = 97,5604 ≈ 97, 6 Generationen

Um die Ergebnisse des Beispiels 4.3 leichter interpretieren zu können, ist die Verringerung der Allelfrequenz des MHS-Allels (T) für die ersten 30 Generationen zusätzlich grafisch in Abb. 4.3 dargestellt. Es können folgende allgemeingültigen Schlussfolgerungen abgeleitet werden: Die **Effizienz** der **Selektion gegen den rezessiven Genotyp** ist bei einer hohen Ausgangsfrequenz des unerwünschten Allels sehr hoch. Mit abnehmender Allelfrequenz nimmt die Effizienz aber sehr rasch ab. Unter einer Allelfrequenz von 0,10 sind kaum noch Erfolge zu erzielen, weil wegen der niedrigen Allelfrequenz nur noch sehr wenig homozygot rezessive Genotypen (Merkmalsträger) auftreten. Allerdings befinden sich (unter der Annahme von HARDY-WEINBERG-Gleichgewicht) bei einer Allelfrequenz von q = 0,10 immer noch 18% (H = 2pq) heterozygote Anlageträger in der Population. Für eine schnelle und erfolgreiche Sa-

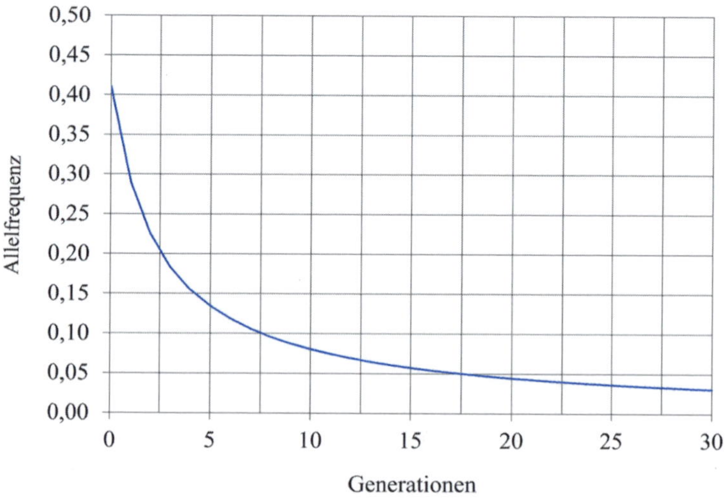

Abb. 4.3 Abnahme der Allelfrequenz des MHS-Allels (T) bei Pietrain (siehe Beispiel 4.3) bei Selektion gegen homozygot rezessive Merkmalsträger (T/T)

nierung einer Population durch zuchthygienische Maßnahmen sind deshalb die **Erkennung** und der **Ausschluss** der **heterozygoten Anlageträger** von großer Bedeutung.

Anpaarungs-management

Wenn für die Identifizierung der heterozygoten Anlageträger keine molekulargenetische Tests (d. h. Gen- oder Markertests) zur Verfügung stehen, dann ist das Ziel einer **vollständigen Eliminierung** des unerwünschten Allels nicht sinnvoll, weil die für die Identifizierung der restlichen Anlageträger notwendigen Testanpaarungen sehr zeitaufwendig und teuer sind. Wenn aber molekulargenetische Tests (wie z. B. für MHS) verfügbar sind, dann kann auch auf eine vollständige Eliminierung verzichtet werden, wenn heterozygote Tiere nur an homozygot dominante Tiere angepaart werden und Paarungen zwischen heterozygoten Tieren vermieden werden. Diese Strategie ist deshalb sinnvoll, weil dadurch heterozygote Anlageträger, die in anderen Leistungsmerkmalen genetisch sehr wertvolle Tiere sein können, in der Population bleiben und züchterisch genutzt werden können. Voraussetzung dafür ist aber, wie schon erwähnt, ein konsequentes **Anpaarungsmanagement**.

4.5 Verwandtschaft und Inzucht

Die genetische Verbindung von Tieren in einer Population, also die Verwandtschaft, ist die Grundlage für einige tierzüchterische Konzepte und Maßnahmen wie z. B. die Leistungsprüfung (Kap. 4.10) und die Zuchtwertschätzung (Kap. 4.11). Werden verwandte Tiere miteinander gepaart, so sind deren Nachkommen zu einem gewissen Ausmaß ingezüchtet. Verwandtschaft und Inzucht stehen in einem Zusammenhang, wobei zwei Perspektiven unterschieden werden müssen: **Verwandtschaft** bezieht sich immer auf die Beziehung der Allele an einem zufälligen Genort zwischen **zwei Tieren**, während die **Inzucht** die Beziehung der Allele an einem zufälligen Genort **eines Tieres** (d. h. innerhalb eines Tieres) beschreibt.

4.5.1 Verwandtschaft

Stammbaum, Pedrigree

Verwandtschaft liegt dann vor, wenn **zwei Tiere** (gilt natürlich auch für Menschen) zumindest einen **gemeinsamen Vorfahren** (Ahnen) in ihren **Stammbäumen** haben. Offensichtlich bestehen in der Verwandtschaft graduelle Unterschiede, da die Verwandtschaft zwischen Geschwistern, die von den gleichen Eltern abstammen (also Vollgeschwister), sicher enger ist als etwa die Verwandtschaft von Tieren, die nur einen gemeinsamen Urgroßvater haben. Der Begriff **Stammbaum** wird in der züchterischen Praxis immer häufiger durch den englischen Begriff **Pedigree** ersetzt. Verwandtschaft kann durch zwei Maße quantitativ beschrieben werden, nämlich durch den Verwandtschaftskoeffizienten

Tab. 4.7 Verwandtschaftskoeffizienten (VK) nach S. Wright für wichtige Verwandtschaftsverhältnisse

	Urgroßelter *0,125*		*Urgroßelter* *0,125*	
	Großelter 0,25		Großelter 0,25	
Onkel, Tante 0,25	**Vater** **0,50**		**Mutter** **0,50**	Onkel, Tante 0,25
Halbgeschwister 0,25	**Vollgeschwister** **0,50**	**TIER**	**Vollgeschwister** **0,50**	Halbgeschwister 0,25
	Neffe, Nichte 0,25	**Nachkomme** **0,50**	Neffe, Nichte 0,25	
		Enkel 0,25		
		Urenkel *0,125*		

(VK) nach Sewall Wright oder den Abstammungskoeffizienten (AK) nach Gustave Malécot, wobei der VK dem doppelten AK entspricht. Da der Verwandtschaftskoeffizient aus einem Stammbaum relativ leicht abgelesen werden kann, ist er allgemein besser bekannt, und deshalb verwenden auch wir den Verwandtschaftskoeffizienten für die weiteren Überlegungen. In Tab. 4.7 sind die Verwandtschaftskoeffizienten für wichtige Verwandtschaftsverhältnisse zusammengefasst.

Verwandtschafts-koeffizient

Stellt sich nun die Frage, wie ein Verwandtschaftskoeffizient zu interpretieren ist? Allgemein ausgedrückt entspricht der **Verwandtschaftskoeffizient** jenem erwarteten Anteil von Allelen eines Tieres, der mit den Allelen eines zweiten Tieres aufgrund ihrer gemeinsamen Abstammung identisch ist. Er schwankt von VK = 0 für nicht verwandte Tiere bis VK = 1 für eineiige (d. h. genetisch identische) Zwillinge. Die Grundlage seiner Berechnung bildet der biologische Prozess, dass ein Elter (Vater bzw. Mutter) immer 50% seiner Allele an seine direkten Nachkommen weitergibt. Der Verwandtschaftskoeffizient kann aber auch (im statistischen Sinn) als die durch die gemeinsame Abstammung bedingte Korrelation zwischen den additiven Allelwirkungen von zwei Tieren interpretiert werden, wobei diese Korrelation natürlich wiederum von 0–1 schwanken kann. Die Verwandtschaftskoeffizienten zwischen den Tieren (d. h. auf tierindividueller Ebene) repräsentieren in ihrer Gesamtheit die **Verwandtschaftsstruktur** einer Population. Die Berechnung der Verwandtschaftskoeffizienten kann mit verschiedenen Methoden (Pfadkoeffizienten-Methode oder Tabellen-Methode), auf die wir hier aber nicht weiter eingehen werden, durchgeführt werden. Eine einfache Kennzahl für die Verwandtschaftsstruktur ist der **durchschnittliche Verwandtschaftskoeffizient** aller Tiere einer Population (d. h. auf Populationsebene).

Tab. 4.8 Beispiele für die Darstellung des Stammbaums (Pedigree) für das Tier P mit dem gemeinsamen Vorfahren C (links: Stammbaum oder Pedigree oder Ahnentafel; rechts: Pfaddiagramm)

Tier	Eltern	Großeltern
P	A	C
		D
	B	C
		E

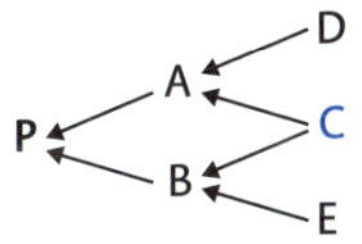

4.5.2 Inzucht

Inzucht entsteht immer dann, wenn **verwandte Tiere** miteinander **gepaart werden**. Der Grad der Inzucht für ein einzelnes Tier oder für den Durchschnitt einer Population kann mit dem Inzuchtkoeffizienten quantitativ beschrieben werden und liegt zwischen 0 (keine Inzucht) und 1 (vollständig ingezüchtet). Voraussetzung für Inzucht ist, dass das entsprechende Tier in **seinem Stammbaum** (Pedigree) auf der **väterlichen** und **mütterlichen Seite** mindestens einen **gemeinsamen Vorfahren** aufweist (Tab. 4.8). Je weiter zurück im Stammbaum ein gemeinsamer Vorfahre vorkommt und je entfernter verwandt die gepaarten Tiere (d. h. die Eltern) sind, umso kleiner ist der Inzuchtkoeffizient des Tieres.

Inzuchtkoeffizient

Es stellt sich nun die Frage, wie der Inzuchtkoeffizient zu interpretieren ist? Allgemein ausgedrückt, entspricht der **Inzuchtkoeffizient** eines Tieres der Wahrscheinlichkeit, dass die beiden Allele an einem zufällig gewählten Genort abstammungsgleich sind. **Abstammungsgleich** (auch als herkunftsgleich bezeichnet) bedeutet, dass die beiden Allele Kopien eines einzelnen Allels sind, das in einem Vorfahren des Tieres vorhanden war. Oder in anderen Worten: Abstammungsgleich bedeutet, dass die beiden Allele an einem zufällig gewählten Genort identisch durch Abstammung sind. Da die Kopien dieses Allels sowohl von der väterlichen als auch von der mütterlichen Seite an das Tier weitergegeben werden mussten, liegt Inzucht – wie schon erwähnt – immer dann vor, wenn ein Tier mit mindestens einem Vorfahren sowohl über die väterliche als auch mütterliche Seite verwandt ist. Die Berechnung des Inzuchtkoeffizienten kann, wie die des Verwandtschaftskoeffizienten, mit verschieden Methoden durchgeführt werden. Wir verwenden die Methode von SEWALL WRIGHT, die einerseits für einfache Pedigrees sehr anschaulich ist, andererseits aber für komplexe und tiefe Pedigrees einen hohen Rechenaufwand erfordert. Der WRIGHT'sche **Inzuchtkoeffizient** eines Tieres wird mit Formel 4.3 berechnet. Die Anwendung der Formel 4.3 wird anhand der Beispiele 4.4. und 4.5 demonstriert:

$$F_p = \sum_{i=1}^{m} \left(\frac{1}{2}\right)^{n1+n2+1} \cdot (1+F_{Vi})$$ Formel 4.3

wobei:

F_p = Inzuchtkoeffizient des Probanden (Tieres),
m = Anzahl gemeinsamer Vorfahren,
$n1$ = Anzahl Generationen zwischen dem Proband (Tier) und dem gemeinsamen väterlichen Vorfahren,
$n2$ = Anzahl Generationen zwischen dem Proband (Tier) und dem gemeinsamen mütterlichen Vorfahren,
F_{vi} = Inzuchtkoeffizient des i-ten gemeinsamen Vorfahren.

Beispiel 4.4: a) Welche Art der Verwandten-Paarung liegt aufgrund des Stammbaums in Tab. 4.8 vor?
b) Berechnen Sie den Inzuchtkoeffizienten für das Tier P und interpretieren Sie das Ergebnis.
Lösung:
zu a): Da die Eltern des Tieres P das Tier C als gemeinsamen Vater haben, sind sie Halbgeschwister und es liegt somit eine Halbgeschwister-Paarung vor.
zu b): m = 1 (Tier C), n1 = 1, n2 = 1, weil für das Tier C keine Abstammungsinformationen vorliegen, müssen wir $F_C = 0$ annehmen;
→ $F_P = (1/2)^{1+1+1}. (1 + 0) = (1/2)^3 = 1/8 = 0{,}125$.
Interpretation: Die Wahrscheinlichkeit, dass die beiden Allele an einem zufälligen Genort des Tieres P abstammungsgleich sind, d. h. Kopien eines Allels des Tieres C sind, beträgt 12,5%.

Zusammenhang Inzucht- und Verwandtschaftskoeffizient

Mit dem Ergebnis des Beispiels 4.4. kann auch der **Zusammenhang** zwischen **Inzucht-** und **Verwandtschaftskoeffizient** gezeigt werden, nämlich: Der Inzuchtkoeffizient eines Tieres entspricht dem halben Verwandtschaftskoeffizienten der Eltern. Da in unserem Fall die Eltern Halbgeschwister sind, haben Sie einen Verwandtschaftskoeffizienten von 0,25 und der Inzuchtkoeffizient des Nachkommen beträgt 0,125. Dieser Zusammenhang gilt aber nur dann, wenn die Eltern nicht ingezüchtet sind. Ist zumindest ein Elter ingezüchtet, so ist der Inzuchtkoeffizient des Nachkommen etwas höher als der halbe Verwandtschaftskoeffizient der Eltern. Dieser Zusammenhang zwischen Inzuchtkoeffizient eines Tieres und Verwandtschaftskoeffizient der Eltern beinhaltet aber auch, dass ingezüchtete Eltern nicht unbedingt ingezüchtete Nachkommen haben müssen. **Inzucht** ist also **reversibel** *(lat. reversus: umkehrbar)*. In einer ingezüchteten Population kann deshalb der durchschnittliche Inzuchtkoeffizient innerhalb einer Generation auf Null gesenkt werden, wenn nur noch nicht verwandte Elterntiere gepaart werden.

Beispiel 4.5: Für den Fleckvieh-Bullen LEO mit der Zuchtbuchnummer AT 927.146.534 ist der Stammbaum über 4 Generationen bekannt (Tab. 4.9). Es wird angenommen, dass die Inzuchtkoeffizienten der gemeinsamen Vorfahren Null sind.
Frage: Berechnen Sie den Inzuchtkoeffizienten des Bullen LEO und interpretieren Sie das Ergebnis.

Tab. 4.9 Stammbaum des Bullen LEO (Zuchtbuchnummer AT 927.146.534) der Rasse Fleckvieh

LOCK (AT 541.950.446)	LOTUS (DE 09 22565884)	LONER DE 09 21304677)	HASSAN (DE 09 28286513)
			LINA (DE 09 21221968)
		GERDA (DE 09 26356135)	STREIF (DE 09 29276244)
			GERLIND (DE 09 26544490)
	STUTZI (AT 477.737.946)	HARKO (AT 305.988.946)	nicht bekannt
			nicht bekannt
		SENTA (AT 437.029.746)	HOLT (AT 386.867.446)
			SUMSI (AT 372.890.346)
LOTI (AT 662.268.446)	HAPP (AT 477.120.346)	HARKO (AT 305.988.946)	nicht bekannt
			nicht bekannt
		LERCHE (AT 382.332.746)	PRAEFEKT (AT 481.414.932)
			LEDI (AT 324.433.746)
	LILLI (AT 549.166.246)	STREITL (DE 09 28590625)	STREIF (DE 09 29276244)
			HELGA (DE 09 28441263)
		LIESA (AT 458.688.146)	HASSAN (DE 09 28286513)
			LUXI (AT 400.089.246)

Berechnung: $m = 3$; HARKO: $n1 = 2$, $n2 = 2$; STREIF: $n1 = 3$, $n2 = 3$; HASSAN: $n1 = 3$, $n2 = 3$; $F_{HARKO} = F_{STREIF} = F_{HASSAN} = 0$

$\rightarrow F_{LEO} = (1/2)^{2+2+1} \cdot (1 + 0) + (1/2)^{3+3+1} \cdot (1 + 0) + (1/2)^{3+3+1} \cdot (1 + 0)$
$= (1/2)^5 + (1/2)^7 + (1/2)^7 = 0{,}03125 + 0{,}00781 + 0{,}00781 = 0{,}04687 \approx 0{,}0469$

Interpretation: Die Wahrscheinlichkeit, dass die beiden Allele an einem zufälligen Genort des Bullen LEO abstammungsgleich sind, d.h. Kopien eines Allels der Bullen HARKO, STREIF oder HASSAN sind, beträgt 4,69%.

Interpretation Inzuchtkoeffizient

Für die **Interpretation** von **Inzuchtkoeffizienten** müssen in der züchterischen Praxis einige Aspekte zusätzlich berücksichtigt werden. Der Inzuchtkoeffizient eines Tieres bezieht sich auf die sogenannte Basispopulation. Die **Basispopulation** bilden jene Tiere im Pedigree, für die selbst keine Abstammungsinformationen vorliegen und es wird davon ausgegangen, dass diese Tiere selbst nicht ingezüchtet und untereinander nicht verwandt waren. Außerdem ist zu beachten, dass die Tiere einer so definierten **Basispopulation** nicht unbedingt zur gleichen Zeit gelebt haben müssen. Da Inzuchtkoeffizienten nummerisch umso höher werden, je tiefer das Pedigree ist, also je mehr Generationen das Pedigree umfasst, sind die absoluten Werte der Inzuchtkoeffizienten mit Vorsicht zu interpretieren. Sofern man vergleichende Aussagen auf Basis individueller Inzuchtkoeffizienten machen will, sollte man die Anzahl der in der Berechnung berücksichtigten Vorfahrengenerationen standardisieren.

Vor- und Nachteile der Inzucht

Der **Begriff Inzucht** ist umgangssprachlich überwiegend negativ besetzt, aber neutral betrachtet weder nur gut oder nur schlecht, sondern zunächst in kleinen und geschlossenen Populationen zumindest über längere Zeit unvermeidbar. Auch in der Nutztierzucht wird meistens versucht, Inzucht zu vermeiden oder auf ein unvermeidliches Mindestmaß zu begrenzen. Kontrolliert und gezielt eingesetzt, kann der positive Effekt von Inzucht züchterisch genutzt werden. Der **Vorteil der Inzucht** besteht darin, dass der Prozess der Erhöhung des Anteils homozygoter Genorte in einer Population (d.h. Steigerung der Homozygotie) schneller erfolgt als nur durch Paarung von nicht verwandten Tieren. Inzucht ermöglicht deshalb bei strenger Selektion eine relativ rasche genetische Verankerung erwünschter Eigenschaften sowie Sicherheit in der Vererbung. Dies ist ein Grund, warum bei vielen heutigen Nutztierrassen in deren Entstehungsphase zwecks schnellerer Konsolidierung der Rasse zeitlich befristet mehr oder weniger intensive Inzucht angewendet wurde.

Inzuchtdepression

Kontinuierliche Inzucht ist allerdings mit einem Risiko behaftet und kann zu einem gehäuften Auftreten genetischer Anomalien bzw. Defekte (Erbfehler) führen. In jeder Population existieren durch Mutation entstandene rezessive Defektallele. Da Inzucht die Homozygotie in einer Population erhöht, erhöht sich auch die Wahrscheinlichkeit, dass das seltene Ereignis der homozygoten Ausprägung eines rezessiven Defektallels stattfindet. Inzucht erhöht also nur die Wahrscheinlichkeit, dass genetische Anomalien bzw. Defekte bei Tieren auftreten, bewirkt aber nicht die Entstehung rezessiver Defektallele durch Mutation. Durch die Steigerung der Homozygotie verursacht Inzucht automatisch eine Reduzierung der Heterozygotie in einer Population. Für Fitness- und Fruchtbarkeits-Merkmale findet man allerdings immer wieder Hinweise darauf, dass heterozygote Tiere den homozygoten überlegen sind. Auf diesem Unterschied beruht z.B. die in der Kreuzungszucht (Kap. 7.2) ausgenutzte Heterosis (Kap. 4.9.6). Mit der Reduzierung der Heterozygotie kann daher eine Verminderung der Fitness und Leistungsfähigkeit der Tiere beobachtet werden, die als **Inzuchtdepression** bezeichnet wird. Inzuchtdepression entspricht somit in gewisser Weise einer „negativen“ Heterosis und tritt weniger bei den Leistungsmerkmalen (z. B. Milchmenge, Gewichtszunahme, Fleischanteil am Schlachtkörper) als bei Merkmalen der Fitness und Fruchtbarkeit auf. Inzuchtdepressionen sind auch der Hauptgrund dafür, warum bei den Reinzucht-Methoden (Kap. 7.1) enge Verwandtenpaarungen vermieden werden.

Inzuchtsteigerung pro Generation, effektive Populationsgröße

Die für die züchterische Beurteilung wichtigste Kenngröße im Zusammenhang mit Inzucht ist die durchschnittliche **Inzuchtsteigerung pro Generation** in einer Population (auch durchschnittliche Inzuchtrate oder Inzuchtzunahme pro Generation genannt). In geschlossenen Populationen kommt es in Abhängigkeit von der Populationsgröße früher oder später durch unvermeidliche Verwandtenpaarungen zu einer automatischen Inzuchtsteigerung pro Generation. Aber auch in offenen Populationen kommt es durch den starken Einsatz von wenigen Vatertieren in der künstlichen Besamung zu bewussten oder unbewussten Verwandtenpaarungen und daraus folgend zu Inzucht. Die durchschnittliche Inzuchtsteigerung pro Generation in einer Population kann mithilfe der sogenannten **effektiven Populationsgröße (N_e)** abgeschätzt werden. Die effektive Populationsgröße entspricht nicht der Anzahl tatsächlicher Zuchttiere in einer Population, sondern ist eine fiktive Hilfsgröße, um die relativ abstrakte durchschnittliche Inzuchtsteigerung leichter verstehen und interpretieren zu können. Laut Definition entspricht die effektive Populationsgröße der Anzahl Zuchttiere einer hypothetischen idealen Population, in der die gleiche durchschnittliche Inzuchtsteigerung erwartet wird wie in einer existierenden realen Population. Wenn die Anzahl männlicher und weiblicher Tiere in einer Population unterschiedlich ist, so kann die effektive Populationsgröße (N_e) nach Sewall Wright folgendermaßen abgeschätzt werden:

$$N_e = \frac{4N_m \cdot N_w}{N_m + N_w} \qquad \text{Formel 4.4}$$

wobei:

N_e = effektive Populationsgröße,
N_m bzw. N_w = Anzahl realer männlicher bzw. weiblicher Tiere in der Population.

Ausgehend von der effektiven Populationsgröße (N_e) kann die **Inzuchtsteigerung pro Generation (ΔF)** in einer Population unter der Annahme von zufälliger Paarung wie folgt berechnet werden:

$$\Delta F = \frac{1}{2N_e} \qquad \text{Formel 4.5}$$

Da in einer realen Population die Anzahl männlicher Tiere (N_m) aufgrund der höheren Reproduktionsrate (und verstärkt durch künstliche Besamung) um vieles kleiner ist als die der weiblichen Tiere (N_w) wird

ΔF weitgehend von der Anzahl männlicher Tiere in der Population bestimmt. Dieser Effekt soll im Beispiel 4.6 demonstriert werden.

Beispiel 4.6: In einer Zuchtpopulation beim Schwein gibt es 50 Eber und 1000 Sauen.
Frage: Schätzen Sie die zu erwartende durchschnittliche Inzuchtsteigerung pro Generation für diese Situation und für 10 und 5 Eber bei gleicher Anzahl Sauen.

a) $N_m = 50, N_w = 1000$
→ $N_e = (4N_m \cdot N_w)/(N_m+N_w) = (4 \cdot 50 \cdot 1000)/1050 = 200.000/1050 = 190,4762$
→ $\Delta F = 1/(2N_e) = 1/(2 \cdot 190,4762) = 0,0026 = 0,26\%$

b) $N_m = 10, N_w = 1000$
→ $N_e = (4N_m \cdot N_w)/(N_m+N_w) = (4 \cdot 10 \cdot 1000)/1010 = 40.000/1010 = 39,6040$
→ $\Delta F = 1/(2N_e) = 1/(2 \cdot 39,6040) = 0,0126 = 1,26\%$

c) $N_m = 5, N_w = 1000$
→ $N_e = (4N_m \cdot N_w)/(N_m+N_w) = (4 \cdot 5 \cdot 1000)/1005 = 20.000/1005 = 19,9005$
→ $\Delta F = 1/(2N_e) = 1/(2 \cdot 19,9005) = 0,0251 = 2,51\%$

Die Ergebnisse aus Beispiel 4.6 zeigen klar, dass die Reduzierung der Anzahl Eber einen starken Einfluss auf die durchschnittliche Inzuchtsteigerung pro Generation erwarten lässt, wobei noch einmal darauf hingewiesen wird, dass die Ergebnisse nur unter der Annahme von zufälliger Paarung zutreffen. In der züchterischen Praxis werden die Tiere aber aufgrund ihrer genetischen Veranlagung unterschiedlich häufig und nicht zufällig gepaart. Deshalb wird die aufgrund der Pedigree-Informationen der einzelnen Tiere berechnete **tatsächliche Inzuchtsteigerung pro Generation** von der gemäß Formel 4.5 theoretisch zu erwartenden etwas nach oben oder unten abweichen. Die Kenntnis und Kontrolle der Entwicklung der tatsächlichen Inzuchtsteigerung pro Generation in einer Zuchtpopulation ist eine wichtige Maßnahme der Qualitätssicherung in einem praktischen Zuchtprogramm. Dabei wird oft von der Faustregel ausgegangen, dass die durchschnittliche Inzuchtsteigerung kleiner als 1% pro Generation sein soll.

Fragen zu Kapitel 4.2–4.5

- Wie lauten die MENDEL-Regeln? Zu welchen Erklärungen kam MENDEL aufgrund seiner Erkenntnisse? In welchen Situationen weichen die Spaltungsverhältnisse von den MENDEL'schen Erwartungswerten ab?
- In der Rinderrasse „Shorthorn" bedeutet HH = gehörnt, Hh = gehörnt, hh = hornlos und RR = rotes Fell, Rr = stichelfarbiges Fell, rr =

weißes Fell. Eine hornlose weiße Kuh wird mit einem gehörnten (homozygoten) roten Bullen gepaart. Welche Nachkommen sind in der F1- und F2-Generation zu erwarten? Geben Sie die relativen Häufigkeiten der Geno- und Phänotypen an und erläutern Sie anhand der Ergebnisse die MENDEL-Regeln.

- Was verstehen Sie unter Genotyp- und Allelfrequenz? In welchem Zusammenhang stehen Genotyp- und Allelfrequenz?
- Was verstehen Sie unter dem HARDY-WEINBERG-Gesetz? Durch welchen Zusammenhang zwischen Genotyp- und Allelfrequenzen wird der Zustand ausgedrückt, dass sich eine ideale Population im HARDY-WEINBERG-Gleichgewicht befindet?
- Welche praktische Anwendung des HARDY-WEINBERG-Gesetzes kennen Sie?
- Welche Faktoren beeinflussen Allelfrequenzen? Erläutern Sie kurz die verschiedenen Faktoren.
- In der Rinderrasse Deutsche Holstein segregiert ein rezessiver Rotfaktor. Tiere mit dem Genotyp SS und Sr sind schwarz-weiß (schwarzbunt genannt), und Tiere mit dem Genotyp rr sind rot-weiß (rotbunt genannt). In einer Zuchtpopulation sind 9000 von 100.000 Tieren rot-weiß. Schätzen Sie die Frequenz des S-Allels in der Population. Wie hoch ist der erwartete Anteil heterozygoter Träger des Rotfaktors in der Population, wenn Sie davon ausgehen, dass sich die Population im HARDY-WEINBERG-Gleichgewicht befindet? Aus der Anpaarung seines schwarz-weißen Bullen an eine rot-weiße Kuh wird ein rot-weißes Kalb geboren. Mit welcher Wahrscheinlichkeit wird wieder ein rot-weißes Kalb geboren, wenn Sie die beiden Tiere noch einmal miteinander paaren?
- Spongioforme Enzephalopathie (Scrapie) beim Schaf wird homozygot rezessiv vererbt. Die betroffenen Schafe können über deren Produkte ein Gesundheitsrisiko für den Menschen darstellen. In einer Untersuchung der englischen Schafrasse Suffolk waren 12 von 4500 Schafen von Scrapie befallen. Wie hoch ist der geschätzte Anteil der heterozygoten Anlageträger in der Population? Wie viele Generationen dauert es, bis sich die Allelfrequenz des rezessiven Allels bei Selektion gegen den rezessiven Genotyp um die Hälfte verringert?
- Was verstehen Sie unter Verwandtschaft? Welche Voraussetzung muss erfüllt sein, dass Verwandtschaft vorliegen kann? Wie kann ein Verwandtschaftskoeffizient interpretiert werden?
- Was verstehen Sie unter Inzucht? Welche Voraussetzung muss erfüllt sein, dass Inzucht vorliegen kann? Wie kann ein Inzuchtkoeffizient interpretiert werden?
- Welcher Zusammenhang besteht zwischen Inzuchtkoeffizient und Verwandtschaftskoeffizient?
- Was verstehen Sie unter Inzuchtdepression? Wodurch kann das Auftreten von Inzuchtdepression erklärt werden? Welche Merkmale sind hauptsächlich von Inzuchtdepression betroffen?

- Welche Kenngröße der Inzucht ist für die züchterische Beurteilung einer Population von entscheidender Bedeutung?
- Erstellen Sie den Stammbaum für einen Nachkommen einer Vater-Tochter-Paarung und beweisen Sie, dass der Inzuchtkoeffizient dieses Nachkommens 0,25 beträgt (Annahme: Inzuchtkoeffizient des gemeinsamen Vorfahren ist Null). Der ingezüchtete Nachkomme wird an einen nicht verwandten Paarungspartner angepaart. Wie hoch wird der Inzuchtkoeffizient eines Nachkommens aus dieser Paarung sein?

4.6 Qualitative und quantitative Merkmale

Qualitative Merkmale

Bisher haben wir nur Merkmale betrachtet, die eine eindeutige Ausprägung oder Kategorie zeigen: z. B. rotes – braunes, geschecktes – einfarbiges Fell; stressempfindliche – stressstabile Schweine. Die Merkmale zeigen qualitativ verschiedene Kategorien, zwischen denen es keine fließenden Übergänge gibt. Es handelt sich dabei um diskrete bzw. kategorische Merkmale (entweder/oder), die keine kontinuierliche, sondern eine **diskontinuierliche Variation** zeigen. Werden genau zwei Kategorien ausgeprägt, so wird das Merkmal als dichotom *(gr. dichotómos: zweigeteilt, halbiert)* bezeichnet, bei mehreren Kategorien spricht man von polychotomen Merkmalen. An der Ausprägung derartiger Merkmale sind gewöhnlich die **Allele** nur **eines** oder **weniger Genorte** beteiligt. Sie spielen in der Tierzucht vor allem in ihrer negativen Form, d. h. als Erbfehler, eine Rolle. Bei derartigen Merkmalen ist die Anzahl auftretender Geno- und Phänotypen gering. Sie werden als **qualitative Merkmale** bezeichnet.

Quantitative Merkmale

Die meisten wirtschaftlich wichtigen Merkmale in der tierischen Produktion – wie z. B. Milchmenge, Gewichtszunahme, Fleischanteil am Schlachtkörper, Fruchtbarkeit u. a. – können innerhalb natürlicher Grenzen alle möglichen Zwischenwerte annehmen. Sie werden durch Wiegen, Messen, Zählen etc. quantitativ erfasst und zeigen eine **kontinuierliche Variation**. Häufig verwendete Skalen sind Gewicht (kg), Größe (cm), Fläche (cm^2) oder Gehalte (%). In vielen Fällen werden auch Merkmale in physikalisch-chemischen Einheiten angegeben (z. B. Helligkeitswerte, pH-Werte, Leitfähigkeit etc.) An der Ausprägung derartiger Merkmale sind üblicherweise die **Allele vieler Genorte** beteiligt und es treten deshalb sehr viele Geno- und Phänotypen auf. Je mehr Loci und Allele die Merkmalsausprägung beeinflussen, desto besser wird sich die Verteilung der Geno- und Phänotypen einer kontinuierlichen Form nähern. Sie werden als **quantitative Merkmale** bezeichnet und die **Quantitative Genetik** ist jener Bereich der Genetik, der sich mit ihnen beschäftigt. Die Grundprinzipien der Quantitativen Genetik sind wie jene der Populationsgenetik unverzichtbares Rüstzeug für die Tierzucht.

Schwellenwert-Merkmale

Bei einigen wenigen quantitativen Merkmalen tritt die Ausprägung allerdings nur in zwei oder wenigen Kategorien auf (z. B. Trächtigkeit,

Krankheitsresistenz, Geburtsverlauf). Obwohl auch hier die genetischen Voraussetzungen für eine kontinuierliche Variation gegeben sind, ist phänotypisch nur eine diskontinuierliche Variation vorhanden. Derartige Merkmale besitzen Schwelleneigenschaften, da für die Erreichung einer Merkmalskategorie eine bestimmte Anzahl (Schwelle) in dieser Richtung wirkender Allele (des gleichen oder verschiedener Gene) erforderlich ist. **Schwellenwert-Merkmale** zeigen eine diskontinuierliche phänotypische Verteilung, haben aber einen kontinuierlichen genetischen Hintergrund.

Subjektive Benotungssysteme

Andere quantitative Merkmale wiederum können nur schwer oder überhaupt nicht durch Messen, Zählen, Wiegen etc. genau erfasst werden. Dies betrifft vor allem die Beurteilung des Verhaltens und des Exterieurs von Nutztieren. Es wird deshalb mit **subjektiven Benotungssystemen** gearbeitet. In diesen Fällen ist es sehr wichtig, dass die Benotung in standardisierter Form geschieht. Dies ist insbesondere dann durch Schulung und Vergleichstests sicherzustellen, wenn die Klassifizierung von verschiedenen Personen durchgeführt wird. Wichtig ist dabei, dass nicht nur die Mittelwerte der von den verschiedenen Personen durchgeführten Bewertungen übereinstimmen, sondern die Personen die Skalen auch in gleicher Form ausnutzen, damit ähnliche Verteilungen der Klassenhäufigkeiten vorliegen. Zusätzlich ist noch zu berücksichtigen, ob die Klassen in geordneter (ordinaler) oder ungeordneter (nominaler) Form vorliegen. Bei einer **ordinalen Skala** beschreiben die geordneten Klassen entweder verbal oder in nummerisch codierter Form eine Zunahme der Merkmalsausprägung; z. B. Schulnoten-System oder Klassen für die Beschreibung des Kalbeverlaufs bei der Kuh (1 = Leichtgeburt, 2 = Normalgeburt, 3 = Schwergeburt, 4 = Kaiserschnitt, 5 = Verlust). Die höhere Zahl bezeichnet also eine stärkere Ausprägung des Merkmals. **Nominale Klassen** dagegen beschreiben unterschiedliche Zustände, ohne dass diese in eine sinnvolle Reihenfolge gebracht werden können. Ein Beispiel hierfür sind unterschiedliche Farbausprägungen in der Pferdezucht (Rappe, Schimmel, Fuchs, Brauner etc.). Die Farben folgen zwar einem genetischen Muster, jedoch sind sie nicht oder nur teilweise in eine abgestufte Reihenfolge zu bringen.

Umwelt und Quantitative Genetik

Quantitative Merkmale werden nicht nur von einer großen Anzahl Loci, sondern auch von vielen **umweltbedingten Faktoren** (z. B. Klima, Fütterung, Haltung, Hygiene) beeinflusst. Je mehr Faktoren beteiligt sind, umso mehr nähert sich die umweltbedingte Merkmalsvariation einer kontinuierlichen Verteilung. Werden genetisch gleiche Tiere (z. B. eineiige Zwillinge) unter verschiedenen Umweltbedingungen (z. B. Fütterung) gehalten, so werden sie sich trotz des gleichen Genotyps in ihrem Phänotyp (z. B. Milchmenge) unterscheiden. Der Genotyp legt zwar das Leistungspotenzial eines Tieres fest, die tatsächlich erbrachte Leistung ist aber von den jeweiligen Umweltbedingungen abhängig. Diese umweltbedingten und deshalb nicht vererbbaren Veränderungen des Phänotyps sind bei allen quantitativen Merkmalen vorhanden. Da sie züchterisch nicht nutzbar sind, ist es eine wichtige Aufgabe der

Tab. 4.10 Eigenschaften und Beispiele qualitativer und quantitativer Merkmale

Eigenschaft	qualitative Merkmale	quantitative Merkmale
Variation:		
diskontinuierlich	Blutgruppe, Hornlosigkeit, Erbfehler, Farbe	
kontinuierlich		Körpergröße, Milchmenge, Fleischanteil, Eier, Fruchtbarkeit
Anzahl Genorte:		
1	Blutgruppe, Hornlosigkeit, Erbfehler	–
2–5	Erbfehler, Farbe	–
viele	–	Körpergröße, Milchmenge
viele	–	Fleischanteil, Eier, Fruchtbarkeit
Umwelteinfluss:		
kein	Blutgruppe, Hornlosigkeit, Erbfehler	–
gering	Farbe (oder kein Umwelteinfluss)	Körpergröße
mittel	–	Milchmenge, Fleischanteil, Eier
groß	–	Fruchtbarkeit, Krankheitsresistenz

Quantitativen Genetik, und daher natürlich auch der Tierzucht, die **phänotypische Variabilität** in die **genetisch bedingte** und die **umweltverursachte** Varianzkomponente zu zerlegen und das Zusammenwirken von Genotyp und Umwelt näher zu beschreiben.

In Tab. 4.10 sind die **Eigenschaften** der **qualitativen** und **quantitativen Merkmale** anhand von Variation, Anzahl Genorte und Umwelteinfluss gruppiert und Beispiele angeführt.

4.7 Qualitativ- und quantitativ-genetische Vererbung

Monogenie und Oligogenie

Qualitative Merkmale, deren Vererbung durch die Allele nur eines oder weniger Genorte bestimmt wird, folgen einem qualitativ-genetischen Erbgang. Aufgrund der Anzahl beteiligter Genorte unterscheidet man zwischen einem monogenen *(gr. mónos: einzig, allein)* und oligogenen *(gr. olígos: wenig, gering)* Erbgang bzw. zwischen **Monogenie** und **Oligogenie**. Die entsprechenden qualitativen Merkmale werden deshalb auch als monogene bzw. oligogene Merkmale bezeichnet. Qualitativ-genetische Vererbung liegt dann vor, wenn es möglich ist eine Vererbungshypothese zu formulieren (z. B. im einfachen Fall die MENDEL-Regeln), und diese Hypothese *(lat. hypóthesis: Annahme, Grundlage)* mit hinreichender Genauigkeit durch die tatsächliche Verteilung der Phänotypen aus einer definierten genetischen Anpaarung bestätigt werden kann.

Polygenie und infinitesimales Modell

Quantitative Merkmale, deren Vererbung durch die Allele an vielen Genorten bestimmt wird, folgen einem quantitativ-genetischen Erbgang. Da viele Genorte beteiligt sind, spricht man von einem polygenen *(gr. polýs: viel, zahlreich)* Erbgang bzw. **Polygenie**, und die entsprechenden quantitativen Merkmale werden als polygene Merkmale bezeichnet. Quantitativ-genetische Vererbung ist dadurch gekennzeichnet, dass es nicht möglich ist, eine auf einzelnen Genorten beruhende Vererbungshypothese zu formulieren und diese experimentell zu bestätigen. Es wird deshalb vom sogenannten **infinitesimalen Modell** *(lat. infinitus: zahllos, unendlich viel)* ausgegangen. Dieses Modell wurde von R. A. FISHER im Jahr 1918 formuliert und besagt, dass die Expression (Ausprägung) eines Merkmals von sehr vielen (theoretisch unendlich vielen) ungekoppelten Genen mit jeweils sehr kleinen Effekten (Allelwirkungen) gesteuert wird. Die Vererbung kommt durch den aufsummierenden Effekt dieser Allelwirkungen zustande. In genetischen Analysen wird auch nur dieser aufsummierende Effekt betrachtet, der als Folge des zentralen Grenzwertsatzes einer Normalverteilung folgt. Beim infinitesimalen Modell handelt es sich um ein rein **operatives Modell**, das sich als Grundlage der Tier- und Pflanzenzüchtung in den vergangenen annähernd hundert Jahren als ausgesprochen nützlich und effizient erwiesen hat. Das Modell erhebt keineswegs den Anspruch, dass die Vererbung bei den meisten Merkmalen tatsächlich so geschieht, wie das Modell unterstellt.

QTL (Quantitative Trait Locus)

Seit mit molekulargenetischen Methoden einzelne Gene oder Chromosomenabschnitte gezielt analysiert werden können, ist bekannt, dass an der Vererbung wichtiger Leistungsmerkmale einige wenige sogenannte **Hauptgene** *(engl. Major Genes)* mit großen Effekten und viele weitere Gene mit kleinen Effekten mitwirken. Chromosomenabschnitte, die mit genetischen Markern (Kap. 3.9) identifiziert bzw. markiert werden können, und ein oder mehrere Hauptgene enthalten, werden als QTL bezeichnet. **QTL** bedeutet **Q**uantitative **T**rait **L**ocus *(dt. Quantitativer Merkmalsgenort)* und bezeichnet allgemein einen Genomabschnitt, der ein Gen oder mehrere eng gekoppelte Gene enthält, und dessen unterschiedliche Varianten (häufig als „QTL-Allele" bezeichnet) unterschiedliche phänotypische Ausprägungen eines Merkmals bewirken. Auch wenn ein Teil der genetischen Varianz durch ein oder wenige QTL mit großen Effekten bedingt ist, ist die Summe aller Allelwirkungen doch in den meisten Fällen hinreichend gut durch eine Normalverteilung zu beschreiben. Dies erklärt auch, warum trotz aller Fortschritte in der molekulargenetischen Forschung das infinitesimale Modell nach wie vor das gebräuchliche Standardmodell der Vererbung quantitativer Merkmale ist und eine ausreichend gute Annäherung an die Realität darstellt.

4.8 Modell der Leistung

Um das Konzept des Modells der Leistung leichter nachvollziehen zu können, werden wir zuerst den dafür benötigten genetischen Hintergrund etwas genauer beleuchten. Gemäß dem infinitesimalen Modell wird die Expression (Ausprägung) eines quantitativen Merkmals von sehr vielen ungekoppelten Genen mit jeweils sehr kleinen Effekten gesteuert. Es sind also sehr viele Genorte mit den jeweiligen Allelen und deren wechselseitigen Wirkungen beteiligt. Betrachten wir die Wechselwirkungen zwischen den Allelen an einem Locus, sogenannte **Intra-Locus-Interaktionen** *(lat.intra: innerhalb)*, so sind folgende Allelwirkungen möglich:

Intra-Locus-Interaktionen

- **Additive** *(lat. additivus: hinzufügend)* **Allelwirkung:** Die Allele an einem Locus wirken additiv und die heterozygoten Tiere (Aa) zeigen eine mittlere Ausprägung zwischen den Phänotypen der homozygoten Tiere (AA, aa); die additive Allelwirkung wird auch als intermediäre Allelwirkung bezeichnet.
- **Dominante** *(lat. dominans: herrschend)* bzw. **rezessive** *(lat. recessum: nicht in Erscheinung tretend)* **Allelwirkung:** Ein Allel dominiert die Wirkung des anderen Allels an einem Locus, wobei bei vollständiger Dominanz die dominant homozygoten (AA) und heterozygoten (Aa) Tieren den gleichen Phänotyp zeigen. Unvollständige Dominanz liegt dann vor, wenn der Phänotyp der heterozygoten Tiere (Aa) nahe beim Phänotyp der dominant homozygoten (AA) Tiere liegt, und Überdominanz, wenn der Phänotyp der heterozygoten (Aa) Tiere eine stärkere Merkmalsausprägung zeigt als die dominant homozygoten (AA) Tiere.

Inter-Loci-Interaktionen

Betrachten wir die Wechselwirkungen zwischen Allelen an verschiedenen Loci, sogenannte **Inter-Loci-Interaktionen** *(lat.inter: zwischen)* so sprechen wir von einer **epistatischen Allelwirkung** *(gr. epístasis: Aufsicht über, Leitung)*. Epistasie bedeutet, dass die Wirkung eines Allels an einem Genort durch die Wirkung eines Allels an einem anderen Genort verstärkt oder reduziert wird. Epistatische und dominante Allelwirkungen werden in der Gruppe der **nicht-additiven Allelwirkungen** zusammengefasst.

Genotyp und genotypischer Wert

Die Kombinationen aller Allele an allen Genorten eines Tieres, die die Expression eines Merkmals steuern, bilden den **Genotyp** eines Tieres und die Summe aller Allelwirkungen der beteiligten Genorte ergeben den **genotypischen Wert** oder anders ausgedrückt die genetische Veranlagung eines Tieres für das entsprechende Merkmal. Der Begriff Genotyp muss also für ein quantitatives Merkmal in einem deutlich weiteren Sinn interpretiert werden als der Genotyp für ein qualitatives

Merkmal, bei dem die Allelkombinationen nur an einem (z.B. AA, Aa, aa), zwei (z.B. RREE, RrEe, rree) oder einigen wenigen Genorten betrachtet werden.

Modell der Leistung

Das Modell der Leistung (manchmal auch Modell der Merkmalsprägung genannt) geht davon aus, dass sich der **Phänotyp (P)** eines Tieres aus dem **Genotyp (G)** und den **Umwelteffekten (U)** zusammensetzt.

Phänotyp = **G**enotyp + **U**mwelteffekte

Unter dem **Phänotyp** verstehen wir die sichtbare oder messbare Ausprägung eines Merkmals eines Tieres (z.B. Milchmenge, Gewichtszunahme, Fleischanteil am Schlachtkörper) und unter dem **Genotyp** die Summe aller Allelwirkungen an allen Genorten für das entsprechende Merkmal, also den **genotypischen Wert** eines Tieres. Der genotypische Wert eines Tieres als Abweichung vom genotypischen Populationsmittel wird in der praktischen Tierzucht auch als **Zuchtwert** bezeichnet. Die genaue Definition des Begriffs Zuchtwert wird im Kap. 4.11 „Zuchtwert und Zuchtwertschätzung" erläutert. Die **Umwelteffekte** verursachen eine positive oder negative Abweichung des Phänotyps vom Genotyp (genotypischen Wert bzw. Zuchtwert). Die meisten Leistungsmerkmale sind von der Fütterung und Haltung der Tiere abhängig. Aber auch klimatische Bedingungen, Krankheiten, Behandlung der Tiere durch den Menschen und viele andere Faktoren beeinflussen die Leistung der Tiere. Generell können Umwelteffekte auf systematische (fixe) und zufällige Umwelteinflüsse zurückgeführt werden. **Systematische Umwelteinflüsse** zeigen ein wiederkehrendes Muster und können mit mathematisch-statistischen Methoden korrigiert werden; z.B. Region, Betrieb, Alter bei Geburt der Nachkommen, Geburtssaison. **Zufällige Umwelteinflüsse** sind solche, die nur temporär auf die Tiere einwirken und deshalb nur schwer erfasst werden können. So beeinflussen z.B. Temperaturschwankungen, eine unterschiedliche Zusammensetzung des Futters oder subklinische bzw. klinische Infektionen die Leistungen der Tiere. Zufällige Umwelteinflüsse sind nicht erfassbar und können deshalb auch nicht korrigiert werden.

Quantitative Merkmale und Normalverteilung

Die **Häufigkeitsverteilungen** der genotypischen Werte (Genotypen) und Umwelteffekte setzen sich bei quantitativen Merkmalen aus einer Summe von vielen einzelnen Effekten zusammen und entsprechen oft einer **Normalverteilung**. Wenn die Umwelteffekte die genotypischen Werte genügend verschleiern, dann kann bereits eine (theoretische) Ein-Locus-Situation im Ansatz zu einer kontinuierlichen phänotypischen Variation in der Population führen (Abb. 4.4).

Unter der Annahme, dass die Frequenzen für das Allel A mit einer additiven Wirkung von 150 kg und für das Allel a mit 100 kg Milchfett gleich hoch sind (d.h. $p = q = 0{,}5$), setzt sich die Population aus 25% AA-Genotypen, 50% Aa-Genotypen und 25% aa-Genotypen mit den genotypischen Werten 300, 250 bzw. 200 kg Milchfett zusammen (sie-

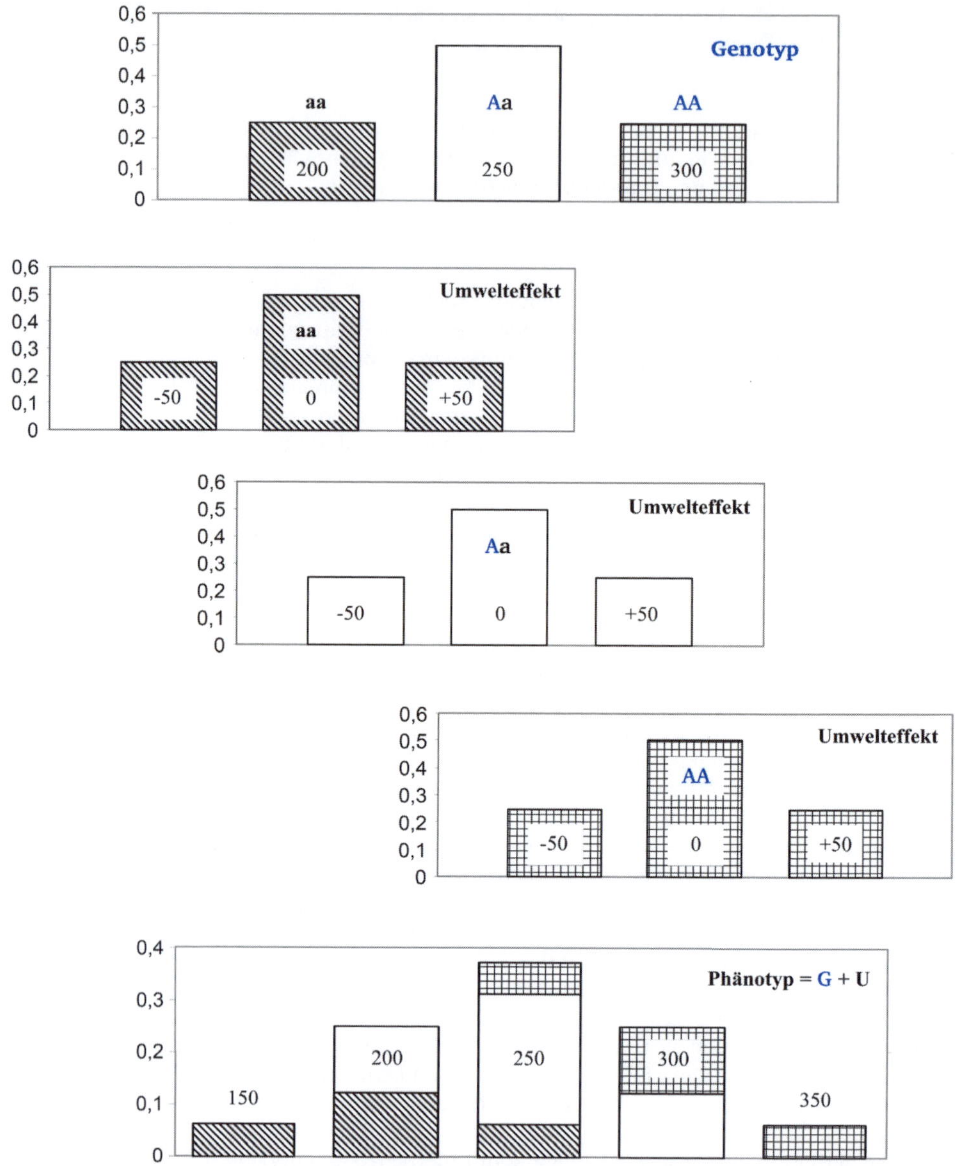

Abb. 4.4 Modell der Leistung: Merkmal Milchfett in kg (Rind), 1 Locus: a = 100 kg, A = 150 kg, systematische Umwelteffekte: –50, 0, +50 kg (HAIGER, 1988)

he obersten Teil der Abb. 4.4). Diese Tiere werden in je drei Umweltklassen gehalten, wobei schlechte Umweltverhältnisse die genetisch bedingte Milchfettmenge senken (U = −50 kg), gute steigern (U = +50 kg), und nur unter durchschnittlichen Umweltverhältnissen (U = ± 0 kg) die genetische Veranlagung (G) der gemessenen Leistung (P) entspricht. Dabei kommen mittlere Umweltverhältnisse häufiger vor (50%) als schlechte und gute (je 25%). Werden nun die drei verschiedenen Genotypen jeweils auf die drei verschiedenen Umweltklassen verteilt, ergibt sich der mittlere Teil der Abb. 4.4. Demnach werden 25% der aa-Kühe in schlechter Umwelt gehalten und leisten daher tatsächlich nur 150 kg Milchfett (150 = 200 − 50), 50% werden unter mittleren Umweltbedingungen gehalten und erbringen 200 kg Milchfett (200 = 200 + 0), und die verbleibenden 25% aa-Kühe werden in überdurchschnittlichen Umweltverhältnissen gehalten und produzieren deshalb 250 kg Milchfett (250 = 200 + 50). In gleicher Weise werden die Aa-Kühe auf die drei Umweltklassen verteilt und zeigen deshalb eine Leistung von 200, 250 bzw. 300 kg Milchfett. Die Verteilung der AA-Kühe auf die drei Umweltklassen führt zu 250, 300 bzw. 350 kg Milchfett. Zählt man nun alle Kühe mit den gleichen phänotypischen Leistungen zusammen, so erhält man 5 Leistungsklassen mit der entsprechenden Verteilung im untersten Teil der Abb. 4.4.

Grundsätzliche züchterische Schlussfolgerungen

Obwohl in Abb. 4.4 nur eine einfache theoretische Situation dargestellt ist, lassen sich aber **grundsätzliche züchterische Fragen** beantworten. Der Durchschnitt der Umwelteffekte entspricht dem Wert Null, sodass der Durchschnitt der Phänotypwerte dem Durchschnitt der genotypischen Werte entspricht. Wenn es daher möglich wäre, alle Tiere unter mittleren Umweltverhältnissen zu halten, wären die feststellbaren Leistungsunterschiede ausschließlich genetisch bedingt. Man könnte also sicher von der phänotypischen Leistung auf den genotypischen Wert bzw. Zuchtwert eines Tieres schließen. Da dies in der Praxis aber natürlich nicht möglich ist, werden die systematischen Umwelteffekte mit mathematisch-statistischen Methoden so gut wie möglich von den phänotypischen Leistungen wegkorrigiert. Auf der Basis dieser **umweltkorrigierten, phänotypischen Leistungen** kann dann der Zuchtwert eines Tieres geschätzt werden. Diese Vorgangsweise wird **Zuchtwertschätzung** genannt und sie ist ein wichtiges Instrument der Tierzucht (Kap. 4.11).

Ist jedoch nur die absolute Leistung eines Tieres bekannt und liegen keine Informationen über die systematischen Umwelteffekte vor, unter denen die Leistung erbracht wurde, so kann dies zu einer folgenschweren Fehleinschätzung des Zuchtwerts eines Tieres führen. Wählen wir in Abb. 4.4 beispielsweise eine Kuh mit einer durchschnittlichen phänotypischen Leistung von 250 kg Milchfett aus, so können wir mit einer Wahrscheinlichkeit von 66% erwarten, dass sie auch genotypisch eine Durchschnittskuh ist (d. h. Aa). Es besteht aber auch eine Wahrscheinlichkeit von jeweils 17%, dass sie eine aa-Kuh ist, die in einer überdurchschnittlichen Umwelt stand bzw. eine AA-Kuh in einer schlechten

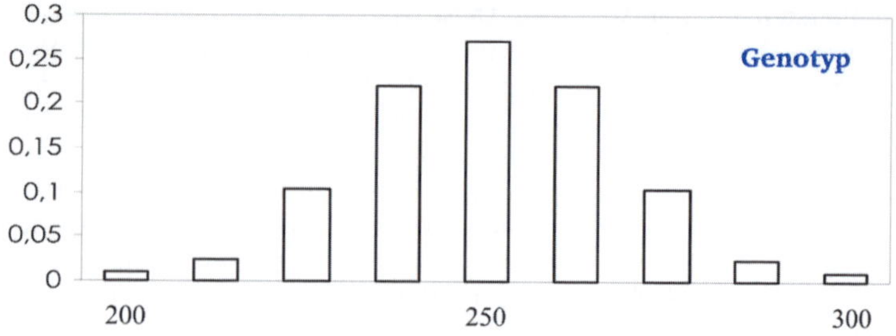

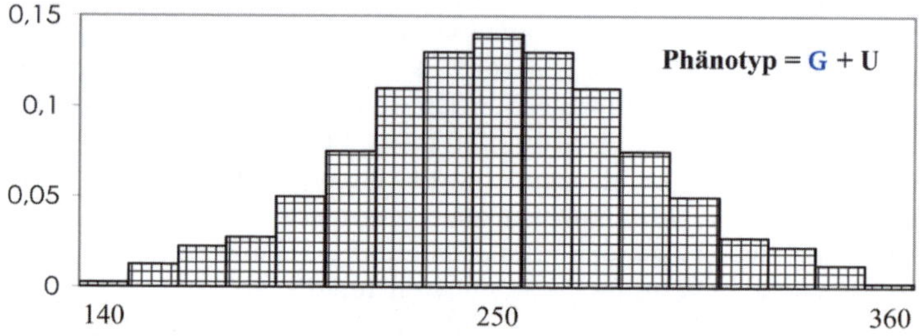

Abb. 4.5 Modell der Leistung: Merkmal Milchfett in kg (Rind), 4 Loci: a=b=c=d = 25 kg, A=B=C=D = 37,5 kg; systematische Umwelteffekte: −60, −40, −20, 0, +20, +40, +60 kg (HAIGER, 1988)

Umwelt. Selbst wenn wir eine Kuh kaufen, die 300 kg Milchfett erbrachte, also 50 kg über dem Populationsdurchschnitt von 250 kg, besteht eine Wahrscheinlichkeit von 50%, dass es sich genetisch gesehen nur um eine Durchschnittskuh (Aa) handelt, die eine besonders gute Fütterung, Haltung und Pflege erfahren hat. So gesehen ist eine Kuh mit 250 kg Milchfett aus einem unterdurchschnittlichen Betrieb (AA: 250 = 300 − 50) züchterisch deutlich höher einzuschätzen als eine Kuh mit 250 kg Milchfett aus einem überdurchschnittlichen Betrieb (aa: 250 = 200 + 50). Anders gesagt bedeutet dies, dass bei der Selektion oder beim Kauf von Zuchttieren immer auf den geschätzten Zuchtwert geachtet werden sollte. Wenn dieser aber nicht zur Verfügung steht, dann sollte zumindest die phänotypische Leistung eines Tieres immer im Vergleich zum Populationsdurchschnitt und auf keinen Fall nur absolut beurteilt werden.

Je mehr Loci, Allele und Umwelteffekte den Phänotyp beeinflussen, desto besser wird die Verteilung der genotypischen Werte und Phänotypen einer Normalverteilung entsprechen. In Abb. 4.5 werden 4 Loci und 7 Umweltklassen angenommen und es ist schon klarer ersichtlich, dass sich bei **quantitativen Merkmalen** die **Umwelteffekte** leistungshemmend, neutral oder leistungssteigernd auf die genetische Veranlagung auswirken. Die MENDEL-Regeln treffen zwar auf die einzelnen Loci zu, allerdings können durch die additiven Allelwirkungen an mehreren Loci und die umweltbedingten Leistungsabweichungen keine eindeutigen Spaltungszahlen mehr beobachtet werden.

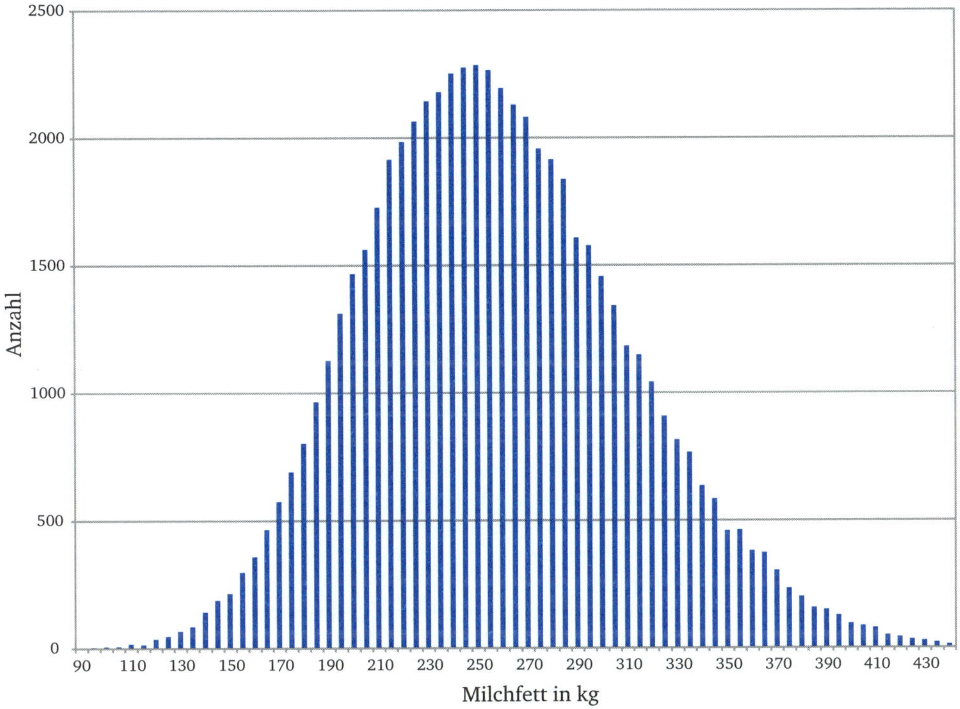

Abb. 4.6 Verteilung des quantitativen Merkmals Milchfett (kg) für Kühe der Rasse Fleckvieh in der 1. Laktation im Jahr 2014 in Österreich (n = 65.665, Quelle: ZuchtData Ges.m.b.H.)

Mit zunehmender Anzahl Loci und Umweltklassen kommt es zu **fließenden Übergängen** vom kleinsten bis zum größten Wert und die meisten Leistungen gruppieren sich nahe um den Mittelwert, d.h. die typische kontinuierliche Variation eines quantitativen Merkmals in Form einer Normalverteilung wird erreicht. Dies wird in Abb. 4.6 anhand von realen Leistungsdaten für das Merkmal Milchfett jener österreichischen Kühe der Rasse Fleckvieh, die im Jahr 2014 ihre 1. Laktation abgeschlossen hatten, demonstriert.

4.9 Populationsparameter

Für die Beschreibung von quantitativen Merkmalen in einer Population werden Populationsparameter verwendet. Die **Schätzung der Populationsparameter** basiert auf Leistungsdaten der Merkmale und populationsgenetischen Modellen (z.B. Modell der Leistung). Eine Voraussetzung für die Parameterschätzung sind Annahmen über die **statistische Verteilung** der untersuchten Merkmale. In der Tierzucht wird häufig angenommen, dass kontinuierliche Merkmale normal verteilt sind, was sowohl durch empirische Beobachtungen als auch durch den zentralen Grenzwertsatz der Statistik gerechtfertigt ist. Eine **Normalverteilung** kann durch zwei **statistische Parameter**, nämlich **Mittelwert (μ)** und **Varianz (σ^2)**, vollständig beschrieben werden. Die Schätzung statistischer und genetischer Parameter erfolgt an einer Stichprobe der Grundgesamtheit. Die Parameter in der Grundgesamtheit werden deshalb üblicherweise mit griechischen Buchstaben (μ, σ, σ^2, ρ ...) und deren Schätzwerte in der Stichprobe mit lateinischen Buchstaben ($\bar{x}$, s, s^2, r ...) bezeichnet. Schätzwerte von Populationsparametern werden oft auch in Form des griechischen Symbols mit „Dach" geschrieben (z. B. $\hat{\mu}$). Aus Gründen der einfacheren Handhabung und Verständlichkeit werden in diesem Buch nur lateinische Buchstaben verwendet.

Die Schätzung der statistischen und genetischen Populationsparameter ist kein Selbstzweck, sondern diese Parameter werden benötigt, um den Erfolg von züchterischen Maßnahmen, d. h. den **Zuchtfortschritt** von Zuchtprogrammen (Kap. 5), abschätzen zu können. Sie werden aber auch in Auswertungen benötigt, die die Grundlage für die Entscheidung liefern, ob ein einzelnes Tier für die Zucht verwendet wird oder nicht. Diese Auswertungen bezeichnet der Tierzüchter als **Zuchtwertschätzung** (Kap. 4.11) und die Entscheidung als **Selektion** (siehe Kap. 6).

Grundlegende Populationsparameter

Unter der Voraussetzung einer Normalverteilung der Merkmale können folgende grundlegenden **Populationsparameter** definiert werden:

- Populationsdurchschnitt (PD),
- phänotypische Varianz und Standardabweichung (s_P^2 und s_P),
- genetische Varianz und Standardabweichung (s_G^2 und s_G),
- additiv genetische Varianz und Standardabweichung (s_A^2 und s_A),
- Heritabilität (h^2),
- phänotypische Korrelation zwischen zwei Merkmalen (r_P),
- (additiv) genetische Korrelation zwischen zwei Merkmalen (r_A bzw. r_G).

Werden für die Parameterschätzung erweiterte populationsgenetische Modelle verwendet, so erhält man zusätzliche genetische Parameter. Es handelt sich dabei z. B. um Genotyp-Umwelt-Interaktionen, die Wiederholbarkeit, Effekte der gemeinsamen Wurfumwelt, Aufspaltung der Parameter in maternale und paternale Komponente, Heterosis- und Rekombinationseffekte. Im Folgenden werden wir uns auf die Grundprinzipien der Populationsparameter Heritabilität, Wiederholbarkeit, Effekt der gemeinsamen Wurfumwelt, genetische Korrelation, Genotyp-Umwelt-Interaktion und Heterosis beschränken.

4.9.1 Heritabilität

Entsprechend dem Modell der Leistung in Kap. 4.8 (P = G + U) setzt sich die phänotypische Varianz (s_P^2) eines Merkmals in einer Population aus der genetischen (s_G^2) und umweltbedingten Varianz (s_U^2) zusammen, wobei die umweltbedingte Varianz nur die zufälligen Umwelteinflüsse widerspiegelt (s_{ZU}^2) und deshalb manchmal auch als zufällige Restvarianz bezeichnet wird. Die systematischen Umwelteinflüsse spielen keine Rolle, weil sie mit mathematisch-statistischen Methoden korrigiert werden können. Wird nun die genetische Varianz eines Merkmals (s_G^2) in ein mathematisches Verhältnis zur phänotypischen Varianz eines Merkmals (s_P^2) gesetzt, so erhalten wir einen Populationsparameter, der als **Heritabilität** eines Merkmals in einer Population bezeichnet und mit h^2 symbolisiert wird:

$$h^2 = \frac{s_G^2}{s_P^2} = \frac{s_G^2}{s_G^2 + s_{ZU}^2} \qquad \text{Formel 4.6}$$

Aus Formel 4.6 ist klar ersichtlich, dass die Heritabilität ein Quotient quadratischer Größen ist und folglich Werte von $0 \leq h^2 \leq 1$ annehmen kann bzw. in Prozent ausgedrückt von $0 \leq h^2 \leq 100\%$.

Funktion der Heritabilität

Stellt sich nun die Frage, wie die Heritabilität (die auch als Erblichkeit bezeichnet wird) aus züchterischer Sicht zu interpretieren ist? Ganz allgemein ausgedrückt ist die Heritabilität der wichtigste genetische Populationsparameter, wobei die Funktion der **Heritabilität** darin besteht, dass sie ein **Maß** für die **Stärke der Beziehung** zwischen den **phänotypischen Leistungen** und den **genotypischen Werten** (Zuchtwerten) für **ein Merkmal** in einer Population darstellt. Die Heritabilität gibt damit Auskunft darüber, welche Möglichkeiten vorhanden sind, in einer Population das entsprechende quantitative Merkmal durch züchterische Maßnahmen zu verbessern. Ist die Heritabilität sehr gering (nahezu Null), so bedeutet dies, dass für das entsprechende Merkmal nur eine sehr geringe genetische Varianz vorhanden ist und sich die phänotypische Varianz fast ausschließlich aus der zufälligen Umweltvarianz (s_{ZU}^2) zusammensetzt. Es bestehen also nur sehr geringe genetische Unterschiede zwischen den Tieren einer Population und somit sind züchterische Maßnahmen (z. B. Selektion) weniger effektiv. Dies bedeutet aber nicht, dass Merkmale mit geringer Heritabilität nicht erfolgreich züchterisch bearbeitet werden können. Es ist allerdings für den gleichen Zuchtfortschritt ein viel größerer organisatorischer und finanzieller Aufwand zu leisten als für Merkmale mit hoher Heritabilität. Eine hohe Heritabilität lässt den Schluss zu, dass die Unterschiede zwischen den Tieren größtenteils genetisch bedingt sind und somit Selektionsmaßnahmen leichter und schneller erfolgreich sind. Aus diesem Grund spielt die Heritabilität für die Prognose des möglichen Zuchtfortschritts in einem Zuchtprogramm eine entscheidende Rolle (siehe Kap. 5).

Eigenschaften der Heritabilität

Die **Heritabilität** eines Merkmals hat folgende Eigenschaften, die bei der Interpretation zu beachten sind:

- Sie ist **populationsspezifisch**: Die Heritabilität differiert zwischen verschiedenen Populationen. Sie ist genau genommen nur für die Population gültig, für die sie geschätzt wurde. Dennoch sind die Heritabilitäten in unterschiedlichen Populationen für die gleichen Merkmale meistens ziemlich ähnlich.
- Es handelt sich um einen **Schätzwert**: Die Schätzung erfolgt auf Basis einer Stichprobe der gesamten Population und ist deshalb mit einem Schätzfehler behaftet. Über die Genauigkeit eines h^2-Schätzwertes gibt die Standardabweichung der Heritabilität Auskunft ($h^2 \pm s_{h^2}$). Die Standardabweichung ist vom Umfang und von der Familienstruktur der Stichprobe abhängig.
- Der Schätzwert ist von **Modell** und **Schätzmethode** abhängig: Die Wahl des populationsgenetischen Modells und der Schätzmethode haben Einfluss auf den h^2-Schätzwert. Für die richtige Interpretation eines h^2-Schätzwertes ist deshalb die Kenntnis des Modells und der Schätzmethode wichtig. Einfache Schätzmethoden sind z. B. eine Varianzanalyse, bei der die Väter als Varianzursache betrachtet werden und die durch sie verursachte Varianzkomponente geschätzt wird (Halbgeschwister-Analyse) oder eine Eltern-Nachkommen-Regression. In komplexeren Analysen werden alle Verwandtschaftsbeziehungen korrekt berücksichtigt (z. B. REML-Tiermodell).

Größenordnungen der Heritabilität

Züchterisch wichtige **Merkmalsgruppen** sind durch gewisse Größenordnungen der Heritabilitäten charakterisiert. Merkmale, die die Fitness beschreiben (Fruchtbarkeit, Wurfgröße, Krankheitsresistenz etc.) sind durch **niedrige Heritabilitäten** (0,01–0,15) gekennzeichnet. Die typischen Leistungsmerkmale (z. B. Wachstum, Milch-, Fleisch-, Lege-, Wollleistung) weisen **mittlere Heritabilitäten** (0,15–0,40) auf, während für Skelettmerkmale (Körperform, Knochenmaße) **hohe Heritabilitäten** (0,5–0,7) geschätzt werden. Eine Heritabilität von 1 ist nur für qualitative Merkmale (z. B. Blüten- oder Kornfarbe) möglich, weil deren Ausprägung nicht von der Umwelt beeinflusst wird und deshalb die phänotypische Varianz nur auf der genetischen Varianz beruht. In Tab. 4.11 sind Schätzwerte der Heritabilität für ausgewählte Merkm ale bei Rind, Schwein, Schaf und Huhn zusammengefasst.

Im Hinblick auf die Anwendung der Heritabilität in der züchterischen Praxis und deren richtige Interpretation, müssen wir die Definition der Heritabilität noch etwas differenzierter betrachten. In Formel 4.6 ist die genetische Varianz (s_G^2) als die **gesamte genetische Varianz** definiert; d. h. sie setzt sich aus den Varianzkomponenten basierend auf den additiven (s_A^2), dominanten (s_D^2) und epistatischen (s_E^2) Allelwirkungen zusammen. In diesem Fall handelt es sich um die **Heritabilität im weiteren Sinn** ($h^2_{i.\,w.\,S.}$).

$$h^2 = h^2_{i.\,w.\,S.} = \frac{s_G^2}{s_P^2} = \frac{s_A^2 + s_D^2 + s_E^2}{s_A^2 + s_D^2 + s_E^2 + s_{ZU}^2} \qquad \text{Formel 4.7}$$

Tab. 4.11 Schätzwerte der Heritabilität (h^2) für ausgewählte Merkmale bei Rind, Schwein, Schaf und Huhn

Tierart	Merkmal	h^2 von – bis
Rind	Zwischenkalbezeit	0,01 – 0,10
	Non-Return-Rate	0,01 – 0,10
	Milchmenge	0,20 – 0,40
	Fettgehalt	0,30 – 0,50
	Tägliche Zunahme	0,20 – 0,50
	Widerristhöhe	0,40 – 0,70
Schwein	Wurfgröße	0,05 – 0,15
	Tägliche Zunahme	0,25 – 0,45
	Rückenspeckdicke	0,30 – 0,50
	Körperlänge	0,50 – 0,60
Schaf	Reinwollgewicht	0,30 – 0,50
	Stapellänge	0,30 – 0,60
Huhn	Schlupffähigkeit	0,10 – 0,20
	Körpergewicht	0,30 – 0,50
	Anzahl Eier pro Henne	0,15 – 0,30
	Eigewicht	0,30 – 0,50

Die **dominante** und **epistatische** Varianzkomponente können mit praktischen Leistungsdaten weder gemeinsam noch getrennt sauber geschätzt werden. Die dafür benötigten sehr hohen Anforderungen an die Datenstruktur und -qualität sind in der Praxis nur sehr selten gegeben. Außerdem haben die wenigen vorliegenden empirischen Analysen ergeben, dass die dominante und epistatische Varianz ähnlich geringe Anteile an der gesamten genetischen Varianz ausmachen. Aus züchterischer Sicht ist außerdem nur jener Teil des genotypischen Wertes der Tiere primär von Interesse, der an die Nachkommen weitergegeben werden kann und in den durchschnittlichen Leistungen der Nachkommen wirksam und sichtbar wird, also die additiven Allelwirkungen und daraus folgend die additiv genetische Varianz. Da dominante und epistatische Allelwirkungen keine oder nur eine geringe Beständigkeit zwischen den Generationen ausweisen, werden sie nicht systematisch genutzt und deshalb vernachlässigt. Wird also für die genetische Varianzkomponente nur die **additiv genetische Varianz** (s_A^2) berücksichtigt und ins Verhältnis zur phänotypischen Varianz gesetzt, so erhalten wir in Formel 4.8 die **Heritabilität im engeren Sinn** ($h^2_{i.\,e.\,S.}$).

$$h^2 = h^2_{i.\,e.\,S.} = \frac{s_A^2}{s_P^2} = \frac{s_A^2}{s_A^2 + s_{ZU}^2} \qquad \text{Formel 4.8}$$

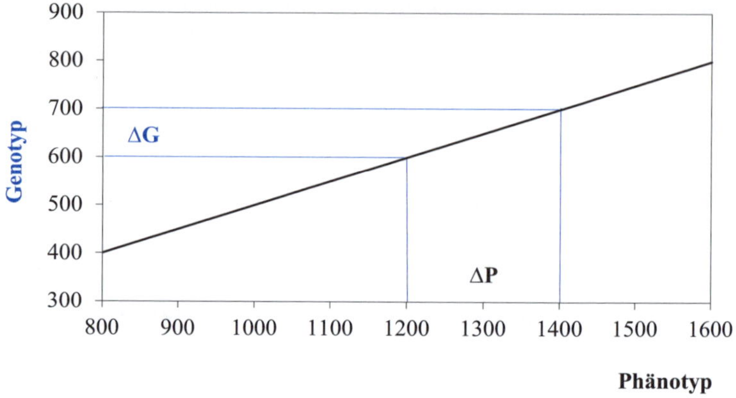

Abb. 4.7 Heritabilität als Regression von Genotyp auf Phänotyp. Beispiel Rind: Merkmal tägliche Zunahme in Gramm, $h^2 = 0{,}50$ → $\Delta G = 0{,}5\ \Delta P$

Wir müssen in Formel 4.8 aber berücksichtigen, dass sich die nicht-additiv genetischen Varianzkomponenten (s_D^2) und (s_E^2) nicht einfach in Luft aufgelöst haben, sondern in der zufälligen Umweltvarianz (s_{ZU}^2) enthalten sind. Somit ergibt sich zwangsläufig, dass die Heritabilität im weiteren Sinn immer höher ist als die Heritabilität im engeren Sinn ($h^2_{i.\,w.\,S.} > h^2_{i.\,e.\,S.}$). Da für züchterische Zwecke nur die additiv genetische Varianzkomponente von primärem Interesse ist, verstehen wir unter „Heritabilität ohne Zusatz" immer die Heritabilität im engeren Sinn. Die Schätzwerte in Tab. 4.11 sind deshalb auch als Heritabilität im engeren Sinn zu interpretieren.

Heritabilität aus statistischer Sicht

Aus statistischer Sicht kann die **Heritabilität** eines Merkmals auch als **Regressionskoeffizient** des Genotyps (abhängige Variable) auf den Phänotyp (unabhängige Variable) interpretiert werden. Gemäß der Definition eines linearen Regressionskoeffizienten ergibt sich sinngemäß, dass die Heritabilität angibt, um wie viele Einheiten eines Merkmals sich der Genotyp ändert, wenn sich der Phänotyp um eine Einheit verändert. In Abb. 4.7 ist die Heritabilität als Regression des Genotyps auf den Phänotyp grafisch dargestellt. Die Heritabilität als Regressionskoeffizient darf aber nicht für die absolute Leistung eines Tieres interpretiert werden, da der Genotyp eines Tieres genetisch fixiert und daher während des Lebens eines Tieres konstant ist. Der dargestellte Zusammenhang gilt vielmehr für die Abweichung der Leistung eines Tieres (oder einer Gruppe von Tieren) vom Populationsdurchschnitt bzw. einer definierten Bezugsbasis oder für die Leistungsdifferenz zwischen zwei Tieren (deshalb ΔP). Allgemein gilt deshalb: Beträgt die phänotypische Differenz X Einheiten, so ist auf genetischer Ebene im Durchschnitt eine Differenz von $h^2 \times$ X Einheiten zu erwarten. Diese Beziehung kann genutzt werden, um den Zuchtwert eines Tieres zu schätzen. Dies ist allerdings nur dann möglich, wenn das entsprechende Merkmal direkt am Tier gemessen werden kann, also eine sogenannte Eigenleistung vorliegt (siehe Kap. 4.11).

Die **Heritabilität** kann auch als Quadrat des Korrelationskoeffizienten (r_{GP}) zwischen Genotyp und Phänotyp interpretiert werden ($h^2 = r_{GP}^2$). In diesem Fall entspricht sie aus statistischer Sicht dem **Bestimmtheitsmaß** (r_{GP}^2) und sagt aus, welcher Anteil der phänotypischen Varianz durch die genetische Wirkung erklärt werden kann. Die Wurzel aus h^2, also h, entspricht somit der Korrelation zwischen dem Genotyp und Phänotyp ($h = r_{GP}$). Sie gibt deshalb auch Auskunft über die sogenannte **Zuverlässigkeit der Zuchtwertschätzung**, die wiederum eine sehr wichtige Rolle für die Berechnung des Zuchtfortschritts spielt (Kap. 5).

4.9.2 Wiederholbarkeit

Während manche Merkmale wie z.B. Erstkalbealter, Nutzungsdauer oder Schlachtgewicht naturgemäß pro Tier nur einmal erfasst werden können, ist es in anderen Fällen möglich, das gleiche Merkmal mehrmals zu erfassen und damit die Genauigkeit der Merkmalserfassung zu erhöhen. Die wiederholte Merkmalserfassung kann zu verschiedenen Zeitpunkten erfolgen wie z.B. die Milchmenge der Kuh in der ersten, zweiten oder dritten Laktation, die Wurfgröße der Sau bei verschiedenen Würfen oder die Anzahl Eier der Henne in verschiedenen Legeperioden. Wiederholte Messungen können allerdings auch zeitgleich erfolgen, wie z.B. die Erfassung der Rückenspeckdicke beim Schwein mit Ultraschall an verschiedenen Messpunkten oder die wiederholte Messung der Widerristhöhe von Tiere durch zwei Personen. Grundvoraussetzung für alle Arten von wiederholten Messungen ist aber, dass es sich bei den **Wiederholungen genetisch um das gleiche Merkmal handelt**, d.h., dass die gleichen Allele die wiederholte Merkmalsausprägung verursachen. Bei wiederholt gemessenen Merkmalen ist es außerdem wichtig zu berücksichtigen, dass es auch viele nicht-genetische Faktoren gibt, die eine Ähnlichkeit wiederholter Messungen am gleichen Tier bewirken. Beispiele hierfür sind:

- Ein Kalb einer Fleischrinderrasse hat eine Mutter mit einer hohen Milchleistung. Das dadurch mögliche gute Wachstum in der Säugeperiode wirkt nach dem Absetzen fort und führt dazu, dass das Tier auch später hohe tägliche Zunahmen vorweist.
- In der ersten Laktation einer Milchkuh schädigt eine klinische Mastitis ein Euterviertel so nachhaltig, dass die Milchleistung dieses Euterviertels in allen weiteren Laktationen reduziert ist.
- Ein sehr gutes Sportpferd wird von einem unterdurchschnittlichen Reiter ausgebildet und schneidet daher in Prüfungen immer am unteren Rand seines Leistungsvermögens ab.

Permanente und zufällige Umwelteffekte

Um diese **nicht-genetischen Faktoren** berücksichtigen zu können, wird im Modell der Leistung die Umweltkomponente in die **permanenten** und **zufälligen** Umwelteffekte aufgeteilt. Obwohl üblicherweise nur von permanenten Umwelteffekten gesprochen wird, beinhalten diese aber alle jene permanent auf das Tier wirkenden Effekte, die nicht auf additiven Allelwirkungen beruhen. Somit tragen die nicht-additiven Allelwirkungen Dominanz und Epistasie zu den permanenten Umwelteffekten bei, da sie auch dauerhaft auf ein Tier einwirken. Die phänotypische Varianz (s_P^2) eines Merkmals mit wiederholten Leistungen setzt sich somit aus der additiv genetischen Varianz (s_A^2), der permanenten Umweltvarianz (s_{PU}^2) und der zufälligen Umweltvarianz (s_{ZU}^2) zusammen ($s_P^2 = s_A^2 + s_{PU}^2 + s_{ZU}^2$). Der Umstand, dass die **wiederholten Leistungen eines Tieres aufgrund genetischer und nicht-genetischer Faktoren ähnlich** sind, wird durch die **Wiederholbarkeit** (w^2) ausgedrückt:

$$w^2 = \frac{s_A^2 + s_{PU}^2}{s_A^2 + s_{PU}^2 + s_{ZU}^2} \qquad \text{Formel 4.9}$$

Die Wiederholbarkeit kann, wie die Heritabilität, Werte zwischen 0 und 1 annehmen, ist jedoch mindestens so groß wie die Heritabilität ($h^2 \leq w^2 \leq 1$). Daraus ist ersichtlich, dass die Wiederholbarkeit der oberen Grenze der Heritabilität entspricht und wenn keine permanente Umweltvarianz existiert, ist die Wiederholbarkeit gleich der Heritabilität. Da die Wiederholbarkeit bei wiederholt erbrachten Merkmalen methodisch leichter zu berechnen ist als die Heritabilität, ist die Wiederholbarkeit ein brauchbarer erster Schätzwert für die Größenordnung der Heritabilität eines quantitativen Merkmals in einer Population. Die Wiederholbarkeit gibt auch Auskunft darüber, ob durch wiederholte Messungen eine Erhöhung der Genauigkeit zu erreichen ist. Ist die Wiederholbarkeit hoch (und daher wenig zufällige Umweltvarianz vorhanden), so bewirken wiederholte Messungen nur eine geringe Erhöhung der Genauigkeit. Bei niedriger Wiederholbarkeit dagegen können wiederholte Messungen einen nutzbaren Zuwachs an Genauigkeit bringen, wobei der Genauigkeitszuwachs von der Anzahl wiederholter Messungen pro Tier abhängig ist.

4.9.3 Effekt der gemeinsamen Wurfumwelt

Ein weiterer Effekt tritt bei multiparen Tieren auf, wenn die Nachkommen eines Reproduktionsvorgangs gemeinsam aufgezogen werden. Dies ist bei Schweinen, Schafen und Ziegen der Fall, weil die Ferkel bzw. Lämmer eines Wurfs üblicherweise eine gemeinsame Säugeperiode durchlaufen. Ähnlich ist die Situation aber z. B. auch bei Zuchtfischen wie Lachsen, wo in einem Zuchtprogramm sehr große Vollgeschwistergruppen so lange gemeinsam und getrennt von anderen Gruppen aufgezogen werden, bis die Fische bei einer gewissen Körpergröße individuell gekennzeichnet werden können.

Gemeinsame Wurfumwelt

In allen Fällen teilen die **Wurfgeschwister** in der ersten Lebensphase eine **gemeinsame Umwelt**, die zwischen den Wurfgeschwistern eine erhöhte Ähnlichkeit bewirken kann. Insbesondere bei den Säugern ist die Milchmenge und -zusammensetzung der Mutter eine entscheidende

Komponente, aber auch die pränatale Umwelt, also die Wachstumsbedingungen und die Ernährung im Uterus, spielen eine wichtige Rolle. In solchen Fällen geht man im Modell der Leistung davon aus, dass sich die phänotypische Varianz (s_P^2) eines Merkmals aus der additiv genetischen Varianz (s_A^2), der gemeinsamen Umweltvarianz (s_{GU}^2) und der zufälligen Umweltvarianz (s_{ZU}^2) zusammensetzt ($s_P^2 = s_A^2 + s_{GU}^2 + s_{ZU}^2$), wobei die nicht-additiven Allelwirkungen Dominanz und Epistasie in der zufälligen Umweltvarianz enthalten sind. Der **Effekt der gemeinsamen Wurfumwelt** (c^2) ist folgendermaßen definiert:

$$c^2 = \frac{s_{GU}^2}{s_P^2}$$ Formel 4.10

Der Effekt der gemeinsamen Wurfumwelt kann, wie die Wiederholbarkeit und Heritabilität, Werte zwischen 0 und 1 annehmen ($0 \leq c^2 \leq 1$) und entspricht jenem Anteil der phänotypischen Varianz, den die gemeinsame Wurfumwelt erklärt. Der c^2-Effekt beruht auf dem Phänomen, dass sich Vollgeschwister aus dem gleichen Wurf (d. h. Wurfgeschwister) ähnlicher sind als Vollgeschwister aus verschiedenen Würfen. Aus dem Unterschied dieser beiden Ähnlichkeiten kann dann der Effekt der gemeinsamen Wurfumwelt geschätzt werden.

4.9.4 Genetische Korrelation

Der genetische Korrelationskoeffizient (r_G) ist ebenso wie die Heritabilität ein wichtiger genetischer Populationsparameter. Während sich die Heritabilität nur auf ein Merkmal bezieht, beschreibt die **genetische Korrelation** die **Beziehung** zwischen den genotypischen Werten (Zuchtwerten) **zweier Merkmale** in einer Population. Die direkt messbare Beziehung zwischen zwei Merkmalen ist die phänotypische Korrelation (r_P), die aus den phänotypischen Leistungen der Tiere einer Population berechnet werden kann. Die phänotypische Korrelation setzt sich aus der genetischen (r_G) und umweltbedingten Korrelation (r_U) zusammen (Modell der Leistung). Züchterisch interessant ist aber nur die **additiv genetische Korrelation** (r_A), weil die Dominanz- und Epistasieeffekte keine oder nur eine geringe Beständigkeit zwischen den Generationen aufweisen und deshalb vernachlässigt werden können. Spricht man in der Tierzucht von der **genetischen Korrelation**, so entspricht diese der **additiv genetischen Korrelation**. Ursache für genetische Korrelationen sind vor allem ein funktionaler Zusammenhang zwischen zwei Merkmalen (z. B. Milchfettmenge steht in einem funktionalen Zusammenhang mit Milchmenge und Milchfettgehalt der Milch), Pleiotropie und Kopplung.

Wirkung der genetischen Korrelation

Die **Wirkung** der **genetischen Korrelation** zwischen Merkmalen besteht darin, dass eine Veränderung eines Merkmals auch zu Veränderungen der korrelierten Merkmale führt. Die genetische Korrelation (und natürlich auch die phänotypische und umweltbedingte) kann **po-**

sitiv, neutral oder **negativ** sein ($-1 \leq r_A \leq +1$). Positive Korrelation bedeutet eine Veränderung der korrelierten Merkmale in die gleiche Richtung. Bei negativer Korrelation dagegen tritt eine Merkmalsveränderung in entgegen gesetzter Richtung auf. **Positiv** und **negativ** im mathematischen Sinn entspricht allerdings nicht immer **erwünscht** und **unerwünscht** im züchterischen Sinn. So ist z. B. beim Schwein die Korrelation zwischen Rückenspeckdicke und Fleischanteil mathematisch negativ, züchterisch aber erwünscht, weil eine Verminderung der Rückenspeckdicke mit einer Erhöhung des Fleischanteils einhergeht. Der Grad der Veränderung des korrelierten Merkmals hängt von der Höhe der genetischen Korrelation ab. Wenn zu einseitig auf ein Merkmal gezüchtet wird und unerwünschte Korrelationen missachtet werden, führt dies zu unerwünschten Folgen; so führt z. B. Zucht auf extreme Leistungen häufig zu Problemen in Fitness und Krankheitsresistenz. Unerwünschte Korrelationen werden auch als **antagonistisch** *(gr. antagonistés: Gegner, Feind)* und erwünschte Korrelationen als **synergistisch** *(gr. synergía: Mitarbeit, gemeinschaftliche Tätigkeit)* bezeichnet.

Hilfsmerkmal und korrelierter Zuchtfortschritt

Manche Leistungsmerkmale können nur schwer oder gar nicht erfasst werden, weil deren Messung viel Zeit und Geld erfordert. In solchen Fällen können genetische Korrelationen auch für die indirekte Verbesserung von anderen Merkmalen verwendet werden; z. B. kann eine höhere tägliche Zunahme indirekt die Futterverwertung verbessern, und die tägliche Zunahme ist zudem viel billiger messbar als die Futterverwertung. Man spricht dann von **Hilfsmerkmalen** und dem dadurch erreichten **korrelierten Zuchtfortschritt** oder korrelierten Selektionserfolg (Kap. 5.3).

In Tab. 4.12 sind einige genetische Korrelationen für Merkmale bei Rind, Schwein, Schaf und Huhn zusammengefasst. Für die züchterische Arbeit ist die Kenntnis der Höhe der genetischen Korrelationen zwischen den Leistungsmerkmalen und ihre Wirkungsweise (d. h. antagonistisch oder synergistisch), ebenso wie der Heritabilitäten der beteiligten Merkmale, eine sehr wichtige Voraussetzung. Für die Schätzung der genetischen Korrelation gelten die gleichen Anmerkungen wie für die Schätzung der Heritabilität, also dass die Schätzwerte populationsspezifisch sind und von der Stichprobengröße und dem Schätzverfahren abhängen. Je geringer die Heritabilität der beteiligten Merkmale ist, desto schwieriger ist die Schätzung ihrer genetischen Korrelation.

4.9.5 Genotyp-Umwelt-Interaktion

Genotyp-Umwelt-Interaktion (GUI) bedeutet ganz allgemein, dass zwischen dem **Genotypwert** (Zuchtwert) eines Tieres und der **Umwelt**, in der sich das Tier befindet, eine **Wechselwirkung** besteht. In der Tierzucht geht es in diesem Zusammenhang um die Frage, ob die **Rangierung der Tiere** nach ihrer Leistung in verschiedenen Umwelten (z. B.

Tab. 4.12 Schätzwerte für genetische Korrelationen (r_A) zwischen ausgewählten Merkmalen bei Rind, Schwein, Schaf und Huhn

Tierart	Merkmal	Merkmal	r_A von – bis
Rind	Milchmenge	Milchfettgehalt	−0,10 – 0,50
		Milchproteinmenge	+0,60 – +0,80
		Widerristhöhe	+0,30 – +0,50
	Widerristhöhe	Brusttiefe	+0,70 – +0,80
Schwein	Tägliche Zunahme	Futterverwertung	−0,50 – −0,80
	Rückenspeckdicke	Körperlänge	−0,20 – −0,40
		Fleischanteil	−0,25 – −0,45
	Fleischanteil	Fleischqualität	−0,20 – −0,60
Schaf	Schmutzwollgewicht	Reinwollgewicht	+0,65 – +0,75
	Reinwollgewicht	Stapellänge	+0,10 – +0,25
Huhn	Anzahl Eier	Eimasse	−0,15 – −0,40
		Futterverwertung	−0,15 – −0,90
		Körpergewicht	−0,20 – −0,50

Produktionsintensität, d. h. vor allem Fütterungsniveau und/oder Haltungssystem, Klimazone etc.) gleich oder verschieden ist? Die Problematik der GUI ist entweder aus der Sicht einzelner Tiere oder aus Sicht einer ganzen Population zu betrachten.

GUI aus verschiedenen Perspektiven

Aus Sicht einzelner Tiere bedeutet dies, dass es innerhalb einer Population zwei oder mehrere Umwelten gibt; z. B. ökologische und konventionelle Bewirtschaftungsweise, oder allgemein ausgedrückt: extensive und intensive Produktionsweise. Aus Sicht einer Population geht es um die relative Überlegenheit bestimmter Populationen in verschiedenen Umwelten. Ein bekanntes Beispiel dafür ist die Überlegenheit autochtoner *(gr. autóchthon: eingeboren, aus dem Lande selbst)* westafrikanischer Rinderrassen in Gebieten mit Trypanosomenbefall (Erreger der Schlafkrankheit). Während europäische Rinderrassen in diesen Gebieten eine geringere Lebens- und Nutzungsdauer haben, sind die regionalen Rassen trypanosomentolerant und daher in der Gesamtleistung überlegen. Unter europäischen Bedingungen ist die Reihenfolge dagegen umgekehrt.

Typen von GUI

GUI können in verschiedenen Ausprägungen auftreten. Drei mögliche **Typen von GUI** sind in Abb. 4.8 schematisch dargestellt, wobei die y-Achse eine allgemeine Form von Leistung auf einer Ordinalskala (d. h. steigende Skalierung bedeutet höhere Leistung) repräsentiert. Auf der x-Achse sind die Umwelten 1 und 2 dargestellt und die verbundenen Symbole repräsentieren zwei Genotypen (leeres und volles Symbol), die in zwei verschiedenen Umwelten unterschiedliche Leistungen erbringen.

Abb. 4.8 Ausprägungsformen der Genotyp-Umwelt-Interaktion (GUI)

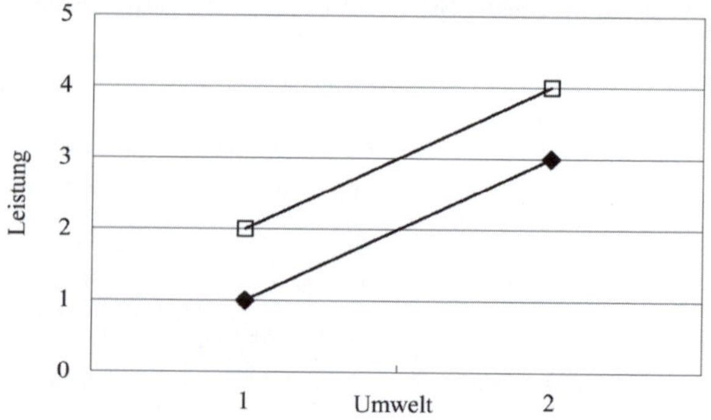

Typ I: keine GUI,
Rangierung gleich, Differenz gleich.

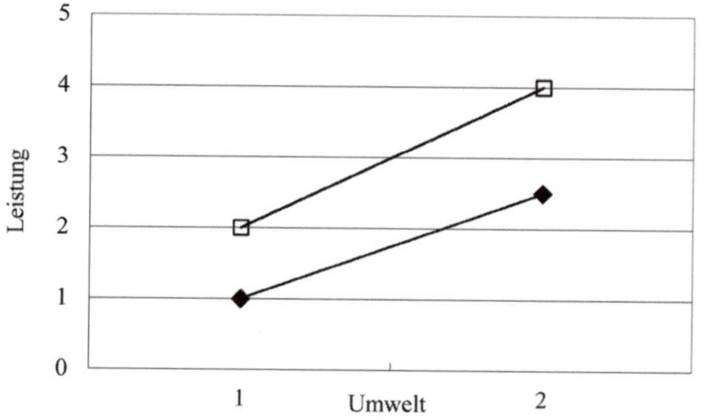

Typ II: schwache GUI,
Rangierung gleich, Differenz verschieden.

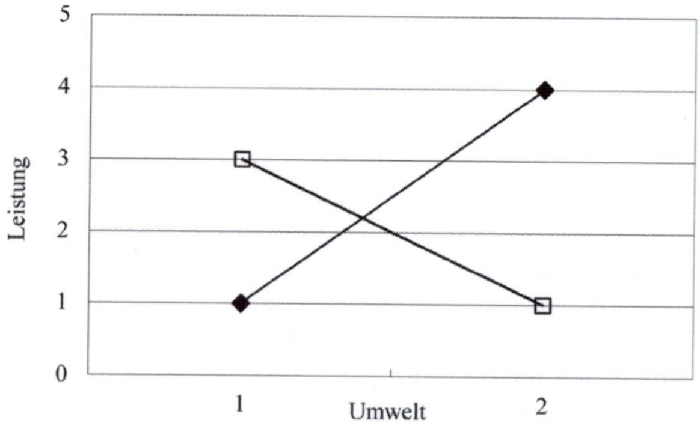

Typ III: starke GUI,
Rangierung verschieden, Differenz verschieden.

Die Genotypen können nun aus Sicht einzelner Tiere oder einer ganzen Population interpretiert werden. Grundvoraussetzung für eine GUI ist, dass die Leistungsdifferenz zwischen den beiden Genotypen in beiden Umwelten unterschiedlich ist. Da dies für **Typ I** nicht zutrifft, liegt auch keine GUI vor. Obwohl die Leistungsniveaus in beiden Umwelten unterschiedlich sind, ist die Rangierung der Tiere und die Leistungsdifferenz zwischen den Tieren dieselbe. Diese Situation stellt aus züchterischer Sicht eine Art Idealzustand dar. **Typ II** stellt eine schwache GUI dar, die bei einer größeren Leistungsdifferenz zwischen den Genotypen auch stärker ausgeprägt sein kann. Das aus züchterischer Sicht entscheidende Kriterium ist aber, dass die Genotypen in beiden Umwelten dieselbe Rangierung aufweisen; d. h. die genetisch wertvollen Genotypen zeigen in beiden Umwelten auch die höheren Leistungen. **Typ III** ist aus züchterischer Sicht sehr kritisch zu sehen, weil sowohl die Leistungsdifferenz als auch die Rangierung der Genotypen in beiden Umwelten verschieden ist; d. h. die genetisch wertvollen Tiere in einer Umwelt, „versagen" in der anderen Umwelt. Diese Situation tritt immer wieder auf, wenn leistungsstarke Zuchttiere aus gemäßigten Klimazonen (wie Europa, Nordamerika, Australien und Neuseeland) im Rahmen der Entwicklungszusammenarbeit in tropischen und subtropischen Regionen eingesetzt werden.

4.9.6 Heterosis

Definition der Heterosis

Bei der Kreuzung verschiedener Populationen kann man beobachten, dass die durchschnittliche Leistung der Nachkommen nicht dem Durchschnitt der beiden Elternpopulationen entspricht, sondern systematisch von diesem Durchschnitt abweicht. Dieses Phänomen wird als **Heterosis** *(gr. héteros: verschieden, von anderer Art)* bezeichnet und in Kreuzungszucht-Methoden (siehe Kap. 7.2) systematisch ausgenützt. Heterosis ist definiert als die Abweichung der durchschnittlichen Nachkommenleistung vom Durchschnitt der Elternpopulationen. Heterosis bezieht sich aber nicht auf eine einzelne Paarung, sondern auf ein ganzes Paarungssystem, und deshalb ist die Heterosis als Populationsparameter zu interpretieren.

Beispiel für Heterosis

Zum besseren Verständnis der Heterosis nehmen wir folgende Situation an: In einem Legehennen-Zuchtprogramm wird die Population A mit einer durchschnittlichen Legeleistung von 280 Eiern pro Legeperiode ($PD_A = 280$) mit der Population B mit einer durchschnittlichen Legeleistung von 300 Eiern pro Legeperiode ($PD_B = 300$) gekreuzt. Für die Hennen der F1-Generation (A × B) wird eine mittlere Legeleistung von 295 Eiern (NKD = 295) festgestellt. Da die Heterosis als Abweichung des Nachkommendurchschnitts (NKD) vom erwarteten Durchschnitt der Elternpopulationen definiert ist, ergibt sich folgende Heterosis (H):

$$H = NKD - [(PD_A + PD_B)/2] = 295 - [(280 + 300)/2] = +5$$

Die absolute Heterosis beträgt also 5 Eier pro Legeperiode und kann auch relativ in Prozent des Elterndurchschnitts ausgedrückt werden. In diesem Fall sind dies 5/290 = 0,0172 · 100 = 1,72%.

Ein weiteres empirisch zu beobachtendes Phänomen ist, dass die Heterosis nicht vollständig erhalten bleibt, wenn mit den Tieren der F1-Generation weitergezüchtet wird. Paart man F1-Tiere untereinander und erstellt eine F2-Generation, so gehen in der Regel 50% der Heterosis der F1-Generation wieder verloren und die F2-Generation weicht mit der halben Heterosis (H/2) vom erwarteten Durchschnitt der Ausgangspopulationen ab. Weitere Kreuzungsgenerationen (F3, F4 etc.) bleiben theoretisch etwa auf dem Niveau der F2-Generation, wobei die tatsächlich beobachtete Überlegenheit gegenüber dem Durchschnitt der Ausgangspopulationen in höheren Kreuzungsgenerationen allerdings nach und nach verloren geht. Diesen Prozess bezeichnet man als **Rekombinationsverlust**.

Heterosis ein Phänomen

Das Phänomen der Heterosis kann bis heute genetisch nicht vollständig erklärt werden. Die wesentliche Ursache scheint der höhere Heterozygotiegrad der Kreuzungspopulation und die damit verbundenen nicht-additiven Allelwirkungen **Dominanz** und **Überdominanz** zu sein. Heterosis tritt vor allem bei Merkmalen mit niedriger Heritabilität auf, also vor allem bei Merkmalen aus den Bereichen Fruchtbarkeit und Fitness (z. B. Fruchtbarkeit, Wurfgröße, Aufzuchtleistung, Krankheitsresistenz). Bei den wichtigen mittel bis hoch heritablen Leistungsmerkmalen (z. B. Milchmenge, Gewichtszunahme, Fleischanteil am Schlachtkörper, Körpergröße) ist der Effekt der Heterosis nur sehr gering. Heterosis ist eine Leistungssteigerung, die mit einem erhöhten Heterozygotiegrad in der Population einhergeht. Inzuchtdepression dagegen ist eine Leistungsminderung, die mit einem verminderten Heterozygotiegrad zusammenhängt (Kap. 4.5.2). Zudem treten beide Phänome, **Heterosis** und **Inzuchtdepression**, vor allem bei gering heritablen Merkmalen auf. Dies deutet darauf hin, dass es sich bei Heterosis und Inzuchtdepression im Prinzip um das gleiche Phänomen handelt und Heterosis deshalb auch in gewisser Weise als „positive" Inzuchtdepression verstanden werden kann.

Formen der Heterosis

Die bisherigen Betrachtungen der Heterosis bezogen sich nur auf den Fall, dass die F1-Tiere die Leistung im entsprechenden Merkmal selbst, d. h. direkt erbringen. Es hat aber jede genetische Komponente eines Merkmals – also die direkte, maternale *(lat. mater: Mutter)* und paternale *(lat. pater: Vater)* Komponente – das Potenzial für Heterosis. Es wird deshalb zwischen folgenden Formen der Heterosis unterschieden:

- **Individuelle Heterosis** liegt vor, wenn die durchschnittliche Leistung von Kreuzungs-Nachkommen vom Durchschnitt der reingezüchteten Elternpopulationen abweicht.
- **Maternale Heterosis** liegt vor, wenn die Anzahl oder die Leistung von Nachkommen von weiblichen Kreuzungstieren über den vergleichbaren Werten von Nachkommen von Reinzucht-Müttern liegt.

- **Paternale Heterosis** liegt vor, wenn die Anzahl oder die Leistung von Nachkommen von männlichen Kreuzungstieren über den vergleichbaren Werten von Nachkommen von Reinzucht-Vätern liegt.

Maternale Heterosis beruht meistens auf der intrauterinen *(lat. intra: innerhalb; uterus: Gebärmutter)* Entwicklung der Nachkommen sowie auf der Milchleistung und den Muttereigenschaften während der Säugeperiode. Paternale Heterosis dagegen ist meist auf Merkmale der Befruchtungsfähigkeit und Spermaqualität beschränkt.

Heterosis positiv oder negativ

Heterosis kann prinzipiell sowohl **positiv** als auch **negativ** sein (besser: erwünscht bzw. unerwünscht). Züchterisch interessant ist nur die positive (erwünschte) Heterosis, die allerdings – wie schon erwähnt – meist nur bei Merkmalen mit niedriger Heritabilität, wie z. B. Fruchtbarkeit, Wurfgröße, Aufzuchtleistung, Krankheitsresistenz etc., in einem nennenswerten Ausmaß erwartet werden kann. Das Ausmaß der Heterosis ist für jede Kreuzung in Abhängigkeit von den jeweils beteiligten Populationen und deren Stellung spezifisch, weil bei jeder Kreuzung unterschiedliche Allelwirkungen auftreten. So kann immer wieder eine unterschiedliche Heterosis für reziproke Kreuzungen (A × B und B × A) beobachtet werden, wobei meistens eine der beiden Alternativen systematisch besser ist als die andere. Vor der praktischen Anwendung eines Kreuzungszucht-Programms sollten deshalb umfangreiche Testkreuzungen durchgeführt werden, mit denen die spezifischen Heterosiseffekte untersucht werden, und dann die am besten geeignete Kombination umgesetzt wird.

4.10 Leistungsprüfung

Die Erfassung und Kenntnis der **phänotypischen Leistungen** von Tieren ist eine unbedingte Voraussetzung für die nachfolgenden züchterischen Maßnahmen Zuchtwertschätzung und Selektion, und daraus folgend für den angestrebten Zuchtfortschritt. Die **systematische Erfassung** von **tierischen Leistungen** in einer Zuchtpopulation wird als **Leistungsprüfung** bezeichnet.

Neben der züchterischen Bedeutung spielt die Leistungsprüfung aber auch eine wichtige wirtschaftliche Rolle in einem Zuchtprogramm, weil sie einen großen Teil der Züchtungskosten verursacht. Die Bezeichnung systematische Erfassung beinhaltet selbsterklärend eine langfristige Perspektive, was auch in dem alten Sprichwort **„Züchten bedeutet Denken in Generationen“** zum Ausdruck kommt. Kurzfristige Maßnahmen in der Leistungsprüfung verursachen nur Kosten und führen zu keinem nachhaltigen Zuchtfortschritt. Die Organisation der Leistungsprüfung muss deshalb gut geplant und deren Durchführung konsequent umgesetzt werden.

Auswahl der Merkmale

Für die Auswahl der Merkmale, die in der Leistungsprüfung erfasst werden, müssen einige Kriterien berücksichtigt werden. Primär sind

– wie im Zuchtziel – diejenigen Merkmale zu verwenden, die sich nachhaltig auf die Rentabilität der tierischen Produktion auswirken, also eine dementsprechende wirtschaftliche Bedeutung haben. Die Merkmale müssen eine ausreichende Heritabilität und/oder eine entsprechend hohe genetische Korrelation mit Merkmalen im Zuchtziel aufweisen. Zusätzlich sind **Messbarkeit** und **Messkosten** in Betracht zu ziehen. Grundsätzlich sind deshalb Merkmale geeignet, die **einfach, zuverlässig** und **kostengünstig** an vielen Tieren gemessen werden können.

Leistungsprüfung als zusätzliche Informationsgrundlage

Die Leistungsprüfung liefert aber nicht nur Informationen für die züchterischen Maßnahmen Zuchtwertschätzung und Selektion, sondern auch für **populationsgenetische Analysen** wie z. B. Schätzung von Heritabilitäten, phänotypischer und genetischer Korrelationen, die wiederum Voraussetzungen für die Zuchtwertschätzungen sind. Zusätzlich liefert sie auch Informationen für **Herdenmanagement-Maßnahmen**. Dies trifft vor allem auf die Milchleistungsprüfung im Feld zu, weil z. B. Fütterungspläne aufgrund der aktuellen Leistungsergebnisse angepasst werden können. Die regelmäßigen tierindividuellen Informationen über die Eutergesundheit (Zellzahl) sind ebenfalls wichtige Informationen für das Herdenmanagement. Zusätzlich kann der Züchter sein Herdenmanagement durch den Vergleich des Leistungsniveaus seines Betriebes mit dem Durchschnitt anderer Betriebe, gruppiert nach bestimmten Kriterien wie Gemeinde, Region, Produktionsgebiet etc. laufend kritisch überprüfen. Zunehmend hat auch die Verknüpfung der Daten aus der Leistungsprüfung mit Daten von Tiergesundheitsdiensten, d. h. mit tierindividuellen Gesundheitsinformationen, eine wichtige Bedeutung für Zuchtprogramme und Herdenmanagement-Maßnahmen.

Art der Leistungsprüfung

Grundsätzlich wird die **Art der Leistungsprüfung** aufgrund des Ortes, an dem sie durchgeführt wird, und aufgrund des Verwandtschaftsverhältnisses der geprüften Tiere zum Proband unterschieden, wobei unter Proband der jeweilige Selektionskandidat oder das jeweilige Zuchttier zu verstehen ist.

4.10.1 Ort der Leistungsprüfung

Es wird zwischen Feldprüfung und Stationsprüfung unterschieden. Während die **Feldprüfung** in den Zuchtbetrieben, (teilweise noch) auf Auktionen oder in Schlachthöfen stattfindet, wird die **Stationsprüfung** in speziell dafür eingerichteten Betrieben – den sogenannten Prüfanstalten oder Prüfstationen – durchgeführt.

Die **Feldprüfung** hat die **Vorteile**, dass viele Tiere geprüft werden können und die Kosten pro Tier relativ günstig sind. **Nachteile** sind, dass wegen fehlender technischer Möglichkeiten nur vergleichsweise einfach zu messende Merkmale erfasst werden können und die Leistungen von verschiedenen systematischen Umwelteffekten (d. h. Betriebseinflüsse wie Fütterungsintensität und Management) beeinflusst werden. Feldprüfungen erfordern einen hohen logistischen und organisatorischen Aufwand. Die Nachteile der Feldprüfung sind die **Vorteile** der **Stationsprüfung**, weil die Tiere ihre Leistungen unter gleichen Umweltbedingungen erbringen und diese mit höherem technischen Aufwand genau gemessen werden können (vor allem das Merkmal Futterverwertung). Die **Nachteile** sind, dass die Anzahl geprüfter Tiere aus Kapazitätsgründen begrenzt ist und hohe Kosten pro Prüftier anfallen. Zusätzlich muss berücksichtigt werden, dass die Tiere von vielen verschiedenen Zuchtbetrieben stammen und deshalb ein relativ hoher Infektionsdruck mit diversen Krankheiten und ein damit verbundenes Ausfallsrisiko der Prüftiere bestehen. Weichen außerdem die standardisierten Umweltbedingungen an der Prüfstation zu sehr von den praxisüblichen ab, so kann auch das Problem von Genotyp-Umwelt-Interaktionen (Kap. 4.9.5) auftreten.

4.10.2 Verwandtschaftsverhältnis zum Probanden

Für die Schätzung des Zuchtwertes eines Probanden (Tieres) können entweder die phänotypischen Leistungen des Probanden selbst, oder die von verwandten Tieren verwendet werden. Deshalb unterscheidet man zwischen:

Vorfahrenprüfung: Die Leistungen der Vorfahren (Eltern, Groß-, Urgroßeltern etc.) sind schon bei Geburt des Probanden bekannt; allerdings wurden sie in früheren Generationen erbracht und sind deshalb nicht „up-to-date“. Vorfahren-Leistungen eignen sich gut als Vor-Informationen über einen Probanden.

Eigenleistungsprüfung: Liefert direkte Informationen über den Probanden, steht aber nicht immer zur Verfügung (z. B. Schlachtleistung, Milchleistung für männliche Tiere); wiederholte Leistungen verbessern zwar den Informationsgehalt (Zuverlässigkeit), verlängern aber auch die Zeitperiode bis alle Leistungen zur Verfügung stehen. Dies gilt natürlich auch für wiederholte Leistungen bei der nachfolgenden Geschwister- und Nachkommenprüfung.

Geschwisterprüfung: Liefert entweder Vollgeschwister-Leistungen bei multiparen Tierarten (Schwein, Schaf, Ziege) bzw. aus Embryotransfer bei uniparen Tierarten (Rind) oder Halbgeschwister-Leistungen. Der Informationsgehalt ist stark von der Anzahl Voll- bzw. Halbgeschwister-Leistungen abhängig, wobei jener von Vollgeschwister-Leistungen bei gleicher Anzahl aufgrund des höheren Verwandtschaftskoeffizienten immer höher ist.

Nachkommenprüfung: Die künstliche Besamung ermöglicht (vor allem beim Rind) sehr viele Nachkommen pro männlichem Tier. Diese Nachkommen sind untereinander Halbgeschwister und bei multiparen Tierarten ergibt sich eine gemischte Struktur von Voll- und Halbgeschwistern. Viele Nachkommen-Leistungen haben einen sehr guten Informationsgehalt (Zuverlässigkeit), allerdings muss eine Generation gewartet werden, bis die Leistungen zur Verfügung stehen.

Kombination dieser vier Varianten: Durch Kombination der verschiedenen Leistungen erhöht sich der Informationsgehalt und damit die Zuverlässigkeit der Zuchtwertschätzung. Diese Situation wird mit einem BLUP-Tiermodell (Kap. 4.11 bzw. 8.3.4) optimal ausgenützt.

Zusammenfassend kann gesagt werden, dass die **Leistungsprüfung** einerseits die **Informationsgrundlage** darstellt für
- Zuchtwertschätzung und Selektion,
- populationsgenetische Analysen sowie
- Herdenmanagement-Maßnahmen

und andererseits muss im Rahmen eines Zuchtprogramms für die Leistungsprüfung festgelegt werden,
- **welche Merkmale** (wirtschaftliche Bedeutung, Messbarkeit, Messkosten),
- bei **welchen Tieren** (Vorfahren-, Eigen-, Geschwister-, Nachkommenleistung),
- in **welcher Art** (Feld-, Stationsprüfung) und in **welchem Umfang** (Zuverlässigkeit der Zuchtwertschätzung, Kosten) geprüft werden sollen.

4.11 Zuchtwert und Zuchtwertschätzung

In der Zuchtwertschätzung werden die phänotypischen und, wenn vorhanden, molekulargenetischen (Kap. 3.9) Daten aus der Leistungsprüfung mit den Abstammungsinformationen aus dem Zuchtbuch verknüpft, um Zuchtwerte für alle züchterisch interessanten Tiere zu schätzen. Auf Basis der geschätzten Zuchtwerte und anderer Informationen über das entsprechende Tier (z. B. Fundament, Gesundheit, Eutermerkmale etc.) werden dann die am besten geeigneten männlichen und weiblichen Tiere selektiert, gepaart und somit die nächste Generation Tiere erstellt. Eine sinnvolle Zuchtwertschätzung setzt unbedingt eine korrekte Erfassung der Leistungs- und Abstammungsdaten, sowie eine professionelle Datenverwaltung und Datenaufbereitung voraus.

Zuchtwert

Stellt sich nun die Frage, was überhaupt ein Zuchtwert ist und warum dieser geschätzt werden muss? Im Kap. 4.8 „Modell der Leistung" wurde der genotypische Wert eines Tieres als Summe aller Allelwirkungen an allen Genorten eines Tieres definiert und dem Zuchtwert eines Tieres für ein Merkmal gleichgesetzt. Diese Definition muss präzisiert werden: Der **Zuchtwert** eines Tieres beruht nur auf den **additiven Allelwirkungen** und ist jener züchterische Wert eines Tieres, der in den durchschnittlichen Leistungen seiner Nachkommen wirksam und sichtbar wird. Der Zuchtwert eines Tieres ist deshalb nur **jener Teil des genotypischen Wertes** der auf den **additiven Allelwirkungen** beruht und deshalb an die **Nachkommen weitergegeben** werden kann. Diese Weitergabe erfolgt je zur Hälfte von Vater und Mutter und ist bei jedem Nachkommen zufallsbedingt verschieden (Mendelian Sampling).

Genotypischer Wert und Zuchtwert

Ein alternativer Zugang, den **Unterschied** zwischen **genotypischem Wert** und **Zuchtwert** eines Tieres zu erklären bzw. besser zu verstehen, ist folgender: Man stelle sich vor, dass der genotypische Wert eines Tieres dem Wert aller Allelwirkungen für die eigene Leistung des Tieres entspricht, und der Zuchtwert des Tieres dem Wert der Allelwirkungen für die Leistung der Nachkommen. Also dem Wert jener Allelwirkungen eines Tieres, die zur Hälfte an die Nachkommen weitergegeben werden können. Dies ist auch der Grund dafür, dass ein Tier nur die Hälfte seines Zuchtwertes an die Nachkommen weitergeben kann (die andere Hälfte kommt vom Paarungspartner). Dieser Zusammenhang ist auch aus der **mathematischen Definition** des **Zuchtwertes** ersichtlich. Da der Zuchtwert (ZW) nur auf den additiven Allelwirkungen beruht, wird er oft auch mit A symbolisiert:

$$ZW = A = 2 \cdot (NKD - PD) \qquad \text{Formel 4.11}$$

wobei:
ZW = A = Zuchtwert eines Tieres,
NKD = Durchschnitt der phänotypischen Leistungen der Nachkommen,
PD = phänotypischer Populationsdurchschnitt.

Wahrer Zuchtwert

Die Beziehung in Formel 4.11 ist in dieser sehr einfachen Form, nämlich der Schlussfolgerung von einer Differenz phänotypischer Leistungen (NKD – PD) auf den Zuchtwert eines Tieres, allerdings nur dann gültig, wenn die Anzahl Nachkommen sehr groß ist (theoretisch unendlich), die Paarungspartner genetisch dem Durchschnitt der Population entsprechen und die Umweltbedingungen für die Nachkommen im Durchschnitt jenen der Population entsprechen. Aus der mathematischen Definition des Zuchtwertes (Formel 4.11) geht also klar hervor, dass der **wahre Zuchtwert** (A) eines Tieres **grundsätzlich unbekannt bleibt**, weil die dafür notwendigen Bedingungen in der Praxis nie vollständig erfüllbar sind. Der Zuchtwert eines Tieres kann deshalb nur mehr oder weniger genau geschätzt werden.

Geschätzter Zuchtwert

Der **geschätzte Zuchtwert** (gA) eines Tieres ist ein **populationsspezifischer Wert**, d.h. er ist nur für die Population gültig, für die er geschätzt wird (genau so wie Heritabilitäten und genetische Korrelationen). Außerdem ist er ein **relativer Wert**, der sich auf eine definierte **Bezugsbasis** (z.B. Populationsdurchschnitt) bezieht und positiv oder negativ ist, je nachdem, ob die zu erwartenden durchschnittlichen Leistungen der Nachkommen ober- oder unterhalb der definierten Bezugsbasis liegen. Er wird ausgedrückt in naturalen Einheiten des Merkmals (z.B. +330 kg Milch, −25 g tägliche Zunahme, +0,45% Muskelfleischanteil) oder in Zuchtwertpunkte umgerechnet, wobei die Bezugsbasis üblicherweise mit 100 Punkten festgelegt wird; d.h. Tiere mit einem geschätzten

Zuchtwert über bzw. unter 100 haben einen positiven bzw. negativen Zuchtwert. Relativer Wert bedeutet außerdem noch, dass der geschätzte Zuchtwert eines Tieres kein fixer Wert ist, sondern sich von Zuchtwertschätzung zu Zuchtwertschätzung ändern kann. Das Ausmaß der Änderung hängt davon ab, ob und wie viele zusätzliche Informationen aus der Leistungsprüfung für die aktuelle Zuchtwertschätzung zur Verfügung stehen. Zusätzlich verändert sich der geschätzte Zuchtwert eines Tieres auch über die Zeit relativ zur Bezugsbasis. Man spricht dann von der „Abschreibung" der Zuchtwerte (Kap. 8.3.4). Der **geschätzte Zuchtwert** ist also ein relativer, flexibler Wert, der von der Art und dem Umfang der Informationsquellen und auch von der Zeit abhängt.

Prinzip der Zuchtwertschätzung

Im Prinzip geht es bei der **Zuchtwertschätzung** (ZWS) darum, auf Basis des Modells der Leistung (P = A + U) mit mathematisch-statistischen Methoden die systematischen (fixen) Umwelteffekte (z. B. Region, Betrieb, Alter bei Geburt der Nachkommen, Geburtssaison) herauszukorrigieren ($P - U_{system} = P_{korr}$) und dann auf Basis von Verwandtschaftsbeziehungen von den umweltkorrigierten, phänotypischen Leistungen auf den geschätzten Zuchtwert zu schließen (P_{korr} → Verwandtschaft → gA). Die Güte der Schätzung hängt ab vom **Schätzmodell** (wie genau können die systematischen Umwelteffekte erfasst werden) und von der Art und dem Umfang der zur Verfügung stehenden phänotypischen Leistungen (Vorfahren-, Eigen-, Geschwister-, Nachkommenleistungen). Die Zuchtwertschätzung ist also umso zuverlässiger, je genauer das Schätzmodell ist und je mehr Informationen aus der Leistungsprüfung verfügbar sind; d. h., umso höher ist dann auch die Korrelation (r_{AgA}) zwischen dem wahren (A) und geschätzten Zuchtwert (gA). Die **Zuverlässigkeit der Zuchtwertschätzung** wird auch als Genauigkeit der Zuchtwertschätzung bezeichnet und entspricht üblicherweise der Korrelation (r_{AgA}) zwischen dem wahren (A) und geschätzten Zuchtwert (gA). Ebenso kann aber auch das Quadrat dieser Korrelation, also das Bestimmtheitsmaß (r^2_{AgA}), angegeben werden und dieses wird dann als **Sicherheit der Zuchtwertschätzung** bezeichnet. Obwohl wir diese Korrelation empirisch nicht bestimmen können, da wir ja die wahren Zuchtwerte nicht messen können, ist es möglich, basierend auf theoretischen Überlegungen (auf die nicht näher eingegangen wird) einen Wert für diese Korrelation (r_{AgA}) zu berechnen (Kap. 5.1).

Methodisch gesehen stellt sich in der züchterischen Praxis das Problem für die Zuchtwertschätzung so dar, dass aus einer Vielzahl von Leistungsinformationen verwandter und nicht verwandter Tiere die Zuchtwerte der züchterisch interessanten Tiere (Selektionskandidaten) für mehrere Merkmale gleichzeitig möglichst genau geschätzt werden sollten. Dazu stehen verschiedene, methodisch komplexe mathematisch-statistische Verfahren zur Verfügung, die alle auf der **multiplen Regressionsrechnung** basieren. An dieser Stelle soll nur das oben beschriebene Prinzip der Zuchtwertschätzung für die einfachste mögliche Situation, nämlich eine Eigenleistung eines Merkmals als Informationsquelle, mit einem Beispiel demonstriert werden. In diesem Fall gilt, dass die Heritabilität eines Merkmals dem Regressionskoeffizienten des Zuchtwerts (abhängige Variable) auf den Phänotyp (unabhängige Variable) entspricht, wobei der Phänotyp nicht als die absolute Leistung des Tieres, sondern als Abweichung der Leistung von einer definierten Bezugsbasis zu interpretieren ist (Kap. 4.9.1). Der geschätzte Zuchtwert (gA) kann deshalb wie folgt berechnet werden:

$$gA_i = h^2 \cdot (P_i - BB_i) \qquad \text{Formel 4.12}$$

wobei:
gA_i = geschätzter Zuchtwert des i-ten Tieres,
h^2 = Heritabilität des betreffenden Merkmals,
P_i = phänotypische Eigenleistung des i-ten Tieres und
BB_i = Bezugsbasis des i-ten Tieres.

Beispiel 4.7: Die Kühe Linde, Eva und Zita erbrachten im Merkmal Milchmenge eine Leistung von 7800, 8200 und 7600 kg. Der Durchschnitt der Stallgefährtinnen (d.h. die Bezugsbasis) der Kuh Linde ist 7300 kg, der Kühe Eva und Zita 8000 bzw. 7900 kg. Für das Merkmal Milchmenge wurde eine Heritabilität von 0,30 geschätzt.
Aufgabe: Schätzen Sie die Zuchtwerte der Kühe Linde, Eva und Zita für das Merkmal Milchmenge.

Kuh Linde: $gA_{Linde} = 0{,}3 \cdot (7800 - 7300) = +150$ kg
Kuh Eva: $gA_{Eva} = 0{,}3 \cdot (8200 - 8000) = +\ 60$ kg
Kuh Zita: $gA_{Zita} = 0{,}3 \cdot (7600 - 7900) = -\ 90$ kg

Die phänotypischen Leistungen der drei Kühe werden um den systematischen Umwelteffekt Betrieb korrigiert, indem wir nicht die absoluten Leistungen der Kühe, sondern deren Abweichungen vom Stalldurchschnitt verwenden, also ($P_i - BB_i$), und diese nur noch mit der Heritabilität multiplizieren müssen. Obwohl die Kuh Eva eine deutlich höhere Milchmenge erzeugt hat als die Kuh Linde, hat sie einen niedrigeren geschätzten Zuchtwert, da sie die höhere absolute Leistung auf einem höheren durchschnittlichen Leistungsniveau (d.h. Betriebsniveau) erbracht hat. Die Zuverlässigkeit der Zuchtwertschätzung entspricht in unserem Beispiel der Wurzel aus der Heritabilität ($r_{AgA} = h$), somit $\sqrt{0{,}3} = 0{,}5477$, was einer Sicherheit der Zuchtwertschätzung von $r^2_{AgA} = 0{,}5477^2 = 0{,}30$ entspricht. Diese Werte sind im unteren Bereich, was aber bei nur einer Eigenleistung als Informationsquelle zu erwarten ist. Allgemein ist zu beachten, dass die **Zuverlässigkeit der Zuchtwertschätzung** nur von der Art und dem Umfang der Informationsquellen und der Heritabilität des Merkmals abhängt, aber in keinem Fall davon, ob es sich um hohe oder niedrige Leistungen handelt. Je niedriger die Heritabilität ist, desto mehr Informationen (vor allem Nachkommenleistungen) sind notwendig, um eine vorgegebene Zuverlässigkeit bzw. Sicherheit zu erreichen. In der **züchterischen Praxis** steht üblicherweise mehr als nur eine Eigenleistung als Informationsquelle zur Verfügung; z. B. wiederholte Eigenleistungen, Vorfahren-, Geschwister-, Nachkommenleistungen und Kombinationen dieser Informationsquellen. Methodisch bedeutet dies, dass der Regressionskoeffizient h^2 je nach Art der Informationsquelle erweitert werden muss, indem z. B. bei wiederholten Eigenleistungen die Anzahl Wiederholungen und die Wiederholbarkeit des Merkmals, bei Nachkommenleistungen die Anzahl Nachkommen und das Verwandtschaftsverhältnis berücksichtigt werden muss. Je komplexer die Struktur der Informationsquellen, desto anspruchsvoller ist natürlich das jeweilige Schätzmodell für die Zuchtwertschätzung.

BLUP-Tiermodell

Das derzeit beste **Schätzmodell** in der konventionellen Zuchtwertschätzung ist das sogenannte **BLUP-Tiermodell** (Kap. 8.3.4). **BLUP** steht für **B**est **L**inear **U**nbiased **P**rediction *(dt. beste lineare unverzerrte Vorhersage)* und wurde federführend von C. R. HENDERSON in den Jahren nach 1960 entwickelt. Es ist heute die Grundlage der meisten praktisch genutzten Zuchtwert-Schätzverfahren. BLUP ist ein allgemeines statistisches Verfahren zur Schätzung von Effekten, bei deren Realisation der Zufall eine Rolle spielt. Die Abkürzung BLUP beschreibt die statistischen Eigenschaften der mit BLUP errechneten Schätzwerte, nämlich Erwartungstreue und Minimumvarianz. Diese Eigenschaften garantieren für die jeweils verwendeten Leistungsdaten, dass es zu keiner systematischen Über- oder Unterschätzung, d. h. keiner Verzerrung, der Zuchtwerte (= Erwartungstreue) und im Durchschnitt zu einer Minimierung des Schätzfehlers (= Minimumvarianz) kommt. Mindestens genauso wichtig wie die theoretische Ableitung des Schätzprinzips war die Entwicklung einer Rechenstrategie – die sogenannten **Mischmodell-Gleichungen**. Auf Basis der Mischmodell-Gleichungen war es erst möglich, mit Computern BLUP-Zuchtwerte zu berechnen. Heute werden in einer BLUP-Zuchtwertschätzung Gleichungssysteme mit mehreren Millionen Unbekannten gelöst.

Tiermodell

Tiermodell (TM) bedeutet, dass die Zuchtwerte aller männlichen und weiblichen Zuchttiere geschätzt, und gleichzeitig die systematischen Umwelteffekte herauskorrigiert werden können. Der Hauptvorteil eines Tiermodells liegt darin, dass alle über die Verwandtschaftsbeziehungen eines Tieres verfügbaren Leistungen in der Zuchtwertschätzung berücksichtigt werden können; d. h. neben den schon bekannten Vorfahren-, Eigen-, Geschwister- und Nachkommenleistungen auch die Leistungen der Seitenverwandten (Onkel, Tante, Neffe, Nichte, Cousins etc.). Voraussetzung natürlich dafür ist, dass die Verwandtschaftsbeziehungen bekannt und im Stammbaum des Tieres (Pedigree) korrekt erfasst sind.

Fragen zu Kapitel 4.6–4.11

- Was verstehen Sie unter qualitativen und quantitativen Merkmalen? Beschreiben Sie deren wichtigste Eigenschaften und nennen Sie Beispiele für qualitative und quantitative Merkmale.
- Was sind Schwellenwert-Merkmale?
- In welchem Zusammenhang stehen quantitative Merkmale, infinitesimales Modell und QTL?
- Was sind Intra-Locus-Interaktionen bzw. Inter-Loci-Interaktionen und was haben sie mit dem Modell der Leistung zu tun?
- Erklären Sie Funktion und Eigenschaften des wichtigsten genetischen Populationsparameters.
- Was verstehen Sie unter genetischer Korrelation und welche Bedeutung hat sie für die Tierzucht?
- Erklären Sie den Begriff Genotyp-Umwelt-Interaktion (GUI). Unterstützen Sie Ihre Erklärung mit schematischen Darstellungen.
- Was verstehen Sie unter Heterosis? Wodurch kann das Auftreten von Heterosis erklärt werden? Bei welchen Merkmalen kann Heterosis hauptsächlich genutzt werden?
- Welche Formen von Heterosis kennen Sie? Erklären Sie die Unterschiede zwischen den Formen.
- Was verstehen Sie unter Leistungsprüfung? Für welche Maßnahmen bzw. Tätigkeiten stellt die Leistungsprüfung die Informationsgrundlage dar?
- Welche Festlegungen müssen im Rahmen eines Zuchtprogramms für die Leistungsprüfung getroffen werden?
- Welche Arten der Leistungsprüfung werden aufgrund des Ortes der Prüfung und des Verwandtschaftsverhältnisses zum Proband unterschieden? Erläutern Sie die Vor- und Nachteile der jeweiligen Methode.
- Welche Daten werden in der Zuchtwertschätzung verknüpft?
- Was ist ein Zuchtwert und warum muss dieser geschätzt werden?
- Welche Eigenschaften hat ein geschätzter Zuchtwert? Wie kann er dargestellt werden, und wie muss er interpretiert werden?
- Erläutern Sie das allgemeine Prinzip der Zuchtwertschätzung.
- Das derzeit beste Schätzmodell in der konventionellen Zuchtwertschätzung ist das BLUP-Tiermodell. Erklären Sie die Begriffsteile BLUP und Tiermodell.

5 Zuchtfortschritt

Züchten bedeutet, die besten männlichen und weiblichen Tiere einer Generation zu selektieren und mit ihnen Nachkommen zu erzeugen, die im Durchschnitt besser sind als die Eltern. Züchten bedeutet deshalb auch „Denken in Generationen" und ist eine langfristige Tätigkeit. Das Ziel der Tierzucht besteht also darin, die Tiere einer Zuchtpopulation genetisch im Sinne des Zuchtziels zu verändern, d.h. die erwünschten Allelfrequenzen und daraus folgend die erwünschten Genotypfrequenzen zu erhöhen. Die Wirkung dieser gerichteten genetischen Veränderung einer Zuchtpopulation kann durch den Zuchtfortschritt quantifiziert werden. Der Zuchtfortschritt (ZF) ist als Differenz zwischen dem Durchschnitt der Nachkommenpopulation (NKD) und dem Durchschnitt der Elternpopulation (PD) definiert (Abb. 5.1). Für den Begriff **Zuchtfortschritt** werden als Synonyme *(lat. synonymos: gleichbedeutend)* auch **Selektionserfolg** oder **genetischer Fortschritt** verwendet, und er wird häufig traditionell mit ΔG symbolisiert. Zunächst betrachten wir den direkten Zuchtfortschritt, der die genetische Veränderung in dem Merkmal quantifiziert, auf das selektiert wird. Der direkte Zuchtfortschritt führt aber auch in anderen Merkmalen, die mit dem selektierten Merkmal genetisch korreliert sind, zu genetischen Veränderungen und daraus folgend zu korrelierten bzw. indirekten Zuchtfortschritten. In diesem Kapitel werden die wesentlichen theoretischen Grundlagen für die Abschätzung des direkten und korrelierten Zuchtfortschritts dargestellt. Es handelt sich hierbei um einen der wichtigsten methodischen Bereiche der Tierzucht, da für alle züchterischen Entscheidungen deren Auswirkung auf den Zuchtfortschritt ein wesentliches Bewertungskriterium ist.

5.1 Direkter Zuchtfortschritt

Wir gehen zum Einstieg wiederum von der einfachsten Situation in der Tierzucht aus: Es wird nur auf ein quantitatives Merkmal selektiert, dieses Merkmal ist normal verteilt und kann bei männlichen und weiblichen Tieren gemessen werden (d. h. Eigenleistung), es werden gleich viele männliche und weibliche Tiere selektiert und es wird Zufallspaarung praktiziert.

Die grundlegende Beziehung für den **Zuchtfortschritt** lautet:

$$ZF = NKD - PD \qquad \text{Formel 5.1}$$

Selektionsdifferenz

wobei NKD und PD die phänotypischen Durchschnitte der Nachkommen- und Elternpopulation darstellen. Am Zuchtfortschritt sind also immer zwei Generationen, nämlich die Eltern und deren Nachkommen, beteiligt, wobei die Elterntiere aufgrund der Leistung im Selektionsmerkmal ausgewählt werden. Dafür legen die Züchter eine sogenannte **Selektionsgrenze** fest und Tiere, deren Leistungen oberhalb der Selektionsgrenze liegen, werden selektiert und Tiere unterhalb der Selektionsgrenze werden gemerzt (d. h. nicht als Eltern für die nächste Generation verwendet). Der Anteil selektierter Elterntiere wird auch als Remonte oder Remontierungsanteil bezeichnet und die Stärke der Selektion wird durch die **Selektionsdifferenz** (SD) ausgedrückt. Sie entspricht der Überlegenheit des Durchschnitts der selektierten Eltern (RD = Remontendurchschnitt) gegenüber dem Populationsdurchschnitt und lautet wie folgt:

$$SD = RD - PD \qquad \text{Formel 5.2}$$

Die Zusammenhänge zwischen Eltern- und Nachkommenpopulation, Selektionsdifferenz und Zuchtfortschritt sind in Abb. 5.1 grafisch dargestellt.

Formel 5.1 definiert, wie der Zuchtfortschritt bestimmt werden kann, wenn die Nachkommengeneration bereits vollständig erzeugt und die Leistungen gemessen wurden. Aus Sicht der züchterischen Praxis ist diese Vorgangsweise völlig unrealistisch, weil die Züchter die ganze Nachkommengeneration abwarten müssten, bis der Zuchtfortschritt ermittelt werden könnte. Für die Züchter ist es deshalb von großer Bedeutung, den **Zuchtfortschritt vorhersagen** bzw. vorausschauend einschätzen zu können. In Abb. 5.1 ist ersichtlich, dass der Durchschnitt der Nachkommenpopulation (NKD) nicht mit dem Durchschnitt der selektierten Tiere (RD) übereinstimmt. NKD liegt immer zwischen PD und RD. Dieser Effekt wird auch als „Regression der Nachkommen zum Populationsmittel“ bezeichnet und beruht darauf, dass nur der additiv-genetische Teil der Selektionsdifferenz an die Nachkommen weitergegeben werden kann. Dieser Teil der Selektionsdifferenz entspricht der Heritabilität des Merkmals. Wie schon in Kap. 4.9.1 bespro-

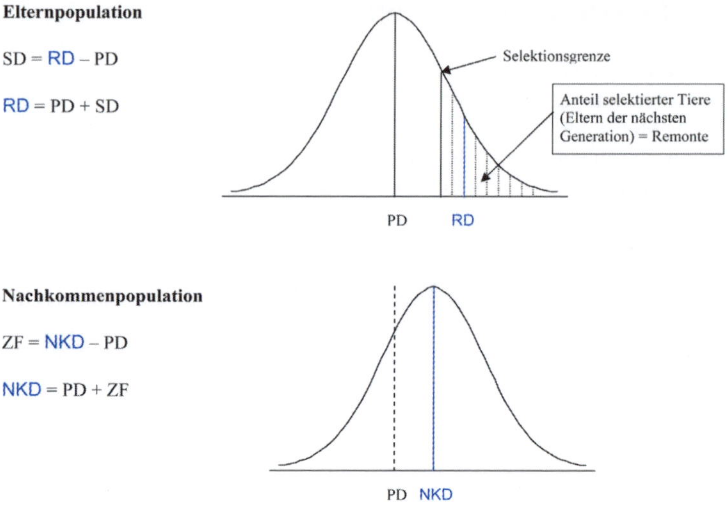

Abb. 5.1 Selektionsdifferenz (SD), Remontendurchschnitt (RD), Populationsdurchschnitt (PD), Nachkommendurchschnitt (NKD) und Zuchtfortschritt (ZF)

chen, entspricht die Heritabilität (statistisch gesehen) der Regression des Genotyps (abhängige Variable) auf eine phänotypische Leistungsabweichung (unabhängige Variable). In unserem Fall entspricht die phänotypische Leistungsabweichung der Selektionsdifferenz (SD) und deshalb entspricht der erwartete Zuchtfortschritt der mit der Heritabilität regressierten Selektionsdifferenz, also:

$$ZF = h^2 SD \qquad \text{Formel 5.3}$$

Der **Zuchtfortschritt** hängt somit von der **Heritabilität** und der **Selektionsdifferenz** ab. Für die Vorhersage des Zuchtfortschritts muss demgemäß einerseits die Heritabilität des Merkmals bekannt sein und andererseits die Selektionsdifferenz nach der Selektionsentscheidung ermittelt werden. Diese Vorgangsweise ist nach wie vor nicht sehr praxisgerecht, obwohl der Zuchtfortschritt deutlich früher als gemäß Formel 5.1 bestimmt werden könnte, nämlich noch vor der Geburt der Nachkommen.

Remonte, Remontierungsanteil

Die Selektionsdifferenz lässt sich aber auch direkt aus dem Anteil selektierter Tiere ableiten. Für die Selektionsentscheidung wird eine Selektionsgrenze festgelegt und die Tiere nach dem Selektionsmerkmal rangiert. Alle Tiere, die oberhalb der Selektionsgrenze liegen, werden selektiert, also für die Erzeugung von Nachkommen ausgewählt und bilden die **Remonte**. Unter diesen Bedingungen hängt die Selektionsdifferenz (SD) nur von der Größe der Remonte ab (d. h. je kleiner die Remonte umso größer die SD) und, bei gleich großer Remonte von der phänotypischen Standardabweichung (s_P) des Merkmals (d. h. je größer s_P umso größer SD). Der Anteil selektierter Tiere wird oft auch als **Remontierungsanteil** oder **-rate** (p) bezeichnet.

Selektionsintensität

Die Selektionsdifferenz (SD) ist eine Größe in der Dimension des jeweiligen Merkmals; z. B. kg Milch, % Milchfett, % Muskelfleischanteil, cm Körperlänge, Anzahl Eier usw. Dies ist zwar anschaulich, erschwert aber den Vergleich verschiedener Merkmale. Um von den Maßeinheiten unabhängig zu werden, wird die Selektionsdifferenz durch die phänotypische Standardabweichung des Merkmals (s_P) dividiert. Diese standardisierte Selektionsdifferenz wird als **Selektionsintensität** (i) bezeichnet und entspricht somit der Abweichung der selektierten Tiere vom Populationsdurchschnitt in phänotypischen Standardeinheiten:

$$i = \frac{SD}{s_P} \rightarrow SD = s_P i \qquad \text{Formel 5.4}$$

und damit ergibt sich aus Formel 5.3

$$ZF = h^2 SD = h^2 s_P i = \frac{s_A^2}{s_P^2} s_P i = s_A \frac{s_A}{s_P} i = s_A hi = s_A ih \qquad \text{Formel 5.5}$$

Selektionsintensität, Remontierungsanteil

Die **Selektionsintensität** (i) ist nur vom **Remontierungsanteil** (p) abhängig und kann aus der Tabelle der standardisierten Normalverteilung abgelesen werden (Tab. 5.1). Die Beziehung zwischen Remontierungsanteil und Selektionsintensität ist im Bereich von p = 0,9–0,2 ungefähr linear. Bei kleinen Remontierungsanteilen steigt die Selektionsintensität allerdings steil an, wie in Abb. 5.2 deutlich ersichtlich ist. Theoretisch gesehen kann also der größte Zuchtfortschritt dann erwartet werden, wenn der Remontierungsanteil möglichst klein, und daraus folgend die Selektionsintensität möglichst hoch ist. Dem Remontierungsanteil sind aber in Abhängigkeit von der Tierart (d. h. unipar oder multipar), der Reproduktionstechnik (künstliche Besamung oder Natursprung) und

Tab. 5.1 Selektionsintensität (i) in Abhängigkeit vom Remontierungsanteil (p); (Auszug: Schüler et al., 2001)

p	i	p	i	p	i
0,90	0,195	0,20	1,400	0,10	1,755
0,80	0,350	0,19	1,428	0,09	1,804
0,70	0,497	0,18	1,458	0,08	1,858
0,60	0,644	0,17	1,489	0,07	1,918
0,50	0,798	0,16	1,521	0,06	1,985
0,45	0,880	0,15	1,554	0,05	2,063
0,40	0,966	0,14	1,590	0,04	2,154
0,35	1,058	0,13	1,627	0,03	2,268
0,30	1,159	0,12	1,667	0,02	2,421
0,25	1,271	0,11	1,709	0,01	2,665

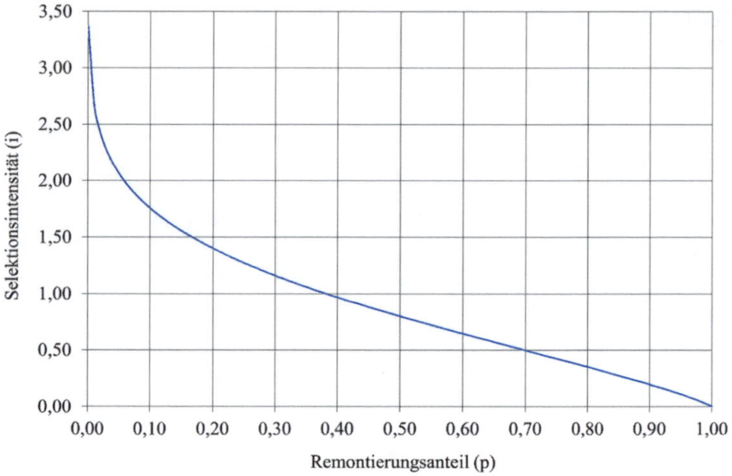

Abb. 5.2 Beziehung zwischen Remontierungsanteil (p) und Selektionsintensität (i)

der Nutzungsdauer der Elterntiere natürliche Grenzen gesetzt (Kap. 5.2). Deshalb besteht eine der wichtigsten Aufgaben der Zuchtplanung darin, die Selektionsintensität für eine gegebene Situation in einem Zuchtprogramm zu optimieren. In den Bereich des exponentiellen Anstiegs der Selektionsintensität mit $p < 0,1$ gelangt man in der Regel nur durch den intensiven Einsatz von künstlicher Besamung (Kap. 8.3.6). Deshalb sind die sogenannten Besamungs-Zuchtprogramme (Kap. 8.4) im Vergleich zu Zuchtprogrammen, die im Wesentlichen auf Natursprung basieren, deutlich effizienter.

Streng genommen gelten die Werte für die Selektionsintensität (i) in Tab. 5.1 und Abb. 5.2 nur für unendlich große Populationen. In sehr kleinen Populationen (weniger als 100 Tiere) weichen die realisierbaren Selektionsintensitäten zum Teil erheblich von den hier angegebenen ab und müssen deshalb korrigiert werden. Diese korrigierten Selektionsintensitäten können aus speziellen Tabellen entnommen werden, wie zum Beispiel bei SCHÜLER et al. (2001).

Mit der Beziehung $ZF = s_A ih$ (Formel 5.5) kann der Zuchtfortschritt vor der Selektionsentscheidung und ohne Ermittlung der Selektionsdifferenz vorhergesagt werden. Eine Möglichkeit, die für die praktische Tierzucht eine sehr große Bedeutung hat. Weicht die Situation von unserem einfachsten Fall (d.h. 1 Merkmal, 1 Eigenleistung) ab – was in der züchterischen Praxis natürlich der Regelfall ist – dann muss h in Formel 5.5 durch r_{AgA} ersetzt werden.

Zuverlässigkeit der Zuchtwertschätzung

Die Zuverlässigkeit der Zuchtwertschätzung (r_{AgA}) entspricht der Korrelation zwischen dem wahren und geschätzten Zuchtwert und wird auch als Genauigkeit der Zuchtwertschätzung bezeichnet (Kap. 4.11). Die Höhe der Zuverlässigkeit der Zuchtwertschätzung hängt von der

Tab. 5.2 Zuverlässigkeit der Zuchtwertschätzung bzw. Korrelation zwischen dem wahren und geschätzten Zuchtwert (r_{AgA}) für ausgewählte Situationen

Informationsquelle(n)		r_{AgA}
Vorfahren	1 Elter	$0{,}5\,h$
	1 Großelter	$0{,}25\,h$
	1 Urgroßelter	$0{,}125\,h$
Eigenleistung	1 Eigenleistung	h
	n Eigenleistungen w^2 = Wiederholbarkeit	$\sqrt{\frac{n}{1 + n\,(n-1)w^2}} \times h$
Vollgeschwister	1 Vollgeschwister	$0{,}5\,h$
	n Vollgeschwister	$\sqrt{\frac{n}{1 + (n-1)\,0{,}5\,h^2}} \times 0{,}5h$
Halbgeschwister	1 Halbgeschwister	$0{,}25\,h$
	n Halbgeschwister	$\sqrt{\frac{n}{1 + (n-1)\,0{,}25\,h^2}} \times 0{,}25h$
Nachkommen	1 Nachkomme	$0{,}5\,h$
	n Nachkommen	$\sqrt{\frac{n}{1 + (n-1)\,0{,}25\,h^2}} \times 0{,}5h$
Vorfahren	Mutter + Vater	$\sqrt{0{,}5}\;h$
	Mutter + Muttersmutter + + Vatersmutter	$\sqrt{\frac{24 - 8\,h^2 - h^4}{16\,(4 - h^4)}} \times h$
Vorfahren + Eigenleistung	h^2 der Eigenleistung t = r_{AgA} für Vorfahren	$\sqrt{\frac{h^2 + t^2 - 2\,h^2 t^2}{1 - h^2 t^2}}$
Eigenleistung + Vollgeschwister	h^2 der Eigenleistung n = Anzahl Vollgeschwister	$\sqrt{\frac{4 + n - 2\,h^2}{4 + (n-1)2\,h^2 - n\,h^4}} \times h$

Art und dem Umfang der Informationsquellen ab (Vorfahren-, Eigen-, Geschwister-, Nachkommenleistungen, Kombinationen), die für die Zuchtwertschätzung zur Verfügung stehen. In Tab. 5.2 ist r_{AgA} für ein paar ausgewählte Situationen bezüglich Art und Umfang der Informationsquellen zusammengestellt.

Stehen von einer **Eigenleistung** wiederholte Informationen zur Verfügung, z.B. wiederholte Messungen der Widerristhöhe eines Bullen oder die Milchmengen mehrerer Laktationen einer Kuh, so werden diese zusätzlichen Informationen durch einen Gewichtungsfaktor für h berücksichtigt (Tab 5.2, Eigenleistung, Wurzelausdruck). Leistungen von **verwandten Tieren** (Vorfahren, Voll-, Halbgeschwister und Nachkommen) haben nicht den gleichen Informationsgehalt wie Leistungen, die direkt am Tier gemessen werden können. Aus diesem Grund wird *h* mit dem jeweiligen durchschnittlichen Verwandtschaftskoeffizienten (Kap. 4.5.1) gewichtet. Stehen Leistungen von mehreren Halb- oder Vollgeschwistern oder Nachkommen zur Verfügung, so werden diese zusätzlich durch entsprechende Gewichtungsfaktoren (Tab. 5.2, Wurzelausdrucke) berücksichtigt. Bei der **Kombination** verschiedener Informationsquellen wird deren Informationswert ihrer Bedeutung entsprechend in den jeweiligen Formeln berücksichtigt (Tab. 5.2, unteres Drittel).

Zuchtfortschritt pro Generation

Der **Zuchtfortschritt pro Generation** hängt allgemein formuliert von folgenden Faktoren ab:

$$ZF = s_A i r_{AgA} \qquad \text{Formel 5.6}$$

wobei:

ZF = Zuchtfortschritt pro Generation in einem bestimmten Merkmal,
s_A = additiv genetische Standardabweichung des betreffenden Merkmals,
i = Selektionsintensität in der Population,
r_{AgA} = Zuverlässigkeit der Zuchtwertschätzung für das betreffende Merkmal (Korrelation zwischen dem wahren und geschätzten Zuchtwert).

Mit dem Beispiel 5.1 wird die Vorgangsweise für die Berechnung des Zuchtfortschritts pro Generation für eine praktische Fragestellung demonstriert.

Beispiel 5.1: In einer Rinderpopulation wurde durch Messung mit einer Schublehre eine durchschnittliche Brustbreite von 52,0 cm mit einer phänotypischen Standardabweichung von 3,5 cm festgestellt. Für die Heritabilität der Brustbreite wurde ein Wert von 0,49 geschätzt.

Frage: Welcher Zuchtfortschritt pro Generation bzw. welche durchschnittliche Brustbreite ist in der nächsten Generation zu erwarten, wenn die 40% breitesten Bullen und Kühe ausgewählt werden?

Bei solchen Fragestellungen empfiehlt es sich, die gegebenen Informationen und gesuchten Antworten zu strukturieren und in die entsprechenden mathematischen Symbole zu übersetzen.

Gegeben ist: PD = 52,0 cm, s_P= 3,5 cm, h^2 = 0,49, p = 0,40, LP-Informationsquelle = 1 Eigenleistung

Gesucht ist: ZF und NKD

$ZF = s_A i r_{AgA}$

$s_A : h^2 = \frac{s_A^2}{s_P^2} \rightarrow s_A^2 = h^2 s_P^2 \rightarrow s_A = h s_P = \sqrt{0{,}49} \cdot 3{,}5 = 0{,}7 \cdot 3{,}5$
$= 2{,}45$ cm

i: p = 0,40 → i = 0,966 (aus Tab. 5.1)

r_{AgA}: 1 Eigenleistung = $h = \sqrt{0{,}49} = 0{,}70$ (aus Tab. 5.2)

$ZF = 2{,}45 \cdot 0{,}966 \cdot 0{,}70 = 1{,}6567 \approx 1{,}66$ cm pro Generation

NKD = PD + ZF = 52,0 + 1,66 = 53,66 cm

Generationsintervall

Zuchtfortschritt pro Zeiteinheit

Der Zuchtfortschritt gemäß Formel 5.6 bezieht sich auf eine Generation. In der praktischen Tierzucht sind die Generationen aber nicht klar abgrenzbar, da die Selektion kontinuierlich stattfindet. Aus diesem Grund wird der Zuchtfortschritt auf eine klare Zeiteinheit – üblicherweise ein Jahr – bezogen. Zu diesem Zweck wird der Zuchtfortschritt pro Generation auf das jeweilige **Generationsintervall** (T) bezogen und der **Zuchtfortschritt pro Zeiteinheit** (ZF/T) ergibt sich wie folgt:

$$ZF/T = \frac{s_A i r_{AgA}}{T} \qquad \text{Formel 5.7}$$

Allgemein versteht man unter dem Generationsintervall den durchschnittlichen zeitlichen Abstand zwischen zwei aufeinanderfolgenden Generationen in Zeiteinheiten bzw. Jahren. Das Generationsintervall wird üblicherweise als das durchschnittliche Alter der Eltern bei Geburt ihrer zur Zucht verwendeten Nachkommen definiert. Das Generationsintervall hängt aber nicht nur von den biologischen Gegebenheiten einer Tierart ab, sondern ganz maßgeblich auch von der vom Züchter bestimmten Nutzungsdauer der Tiere in einer Zuchtpopulation. Zwischen **Generationsintervall** und **Selektionsintensität** besteht eine Wechselwirkung, weil länger genutzte Zuchttiere in der Regel mehr Nachkommen haben und deshalb der Remontierungsanteil geringer sein kann. Allerdings verursacht ein längeres Generationsintervall bei sonst gleichbleibenden Bedingungen natürlich auch einen geringeren Zuchtfortschritt pro Zeiteinheit.

Wenn wir also im Beispiel 5.1 davon ausgehen, dass das Generationsintervall 5,5 Jahre beträgt, so ergibt sich für das Merkmal Brustbreite ein Zuchtfortschritt pro Jahr von ZF/T = 1,66/5,5 = 0,3018 ≈ 0,30 cm.

5.2 Mehr-Pfade-Modell

Bestandesergänzung

In einer Zuchtpopulation besteht sehr häufig ein großer Unterschied zwischen den züchterischen Möglichkeiten bei den männlichen und weiblichen Tieren. Dies ist im Wesentlichen durch die unterschiedlichen Reproduktionsraten (auch Vermehrungsraten genannt) begründet. Eine Zuchtpopulation besteht zum überwiegenden Teil aus weiblichen Tieren, die je nach Reproduktionsrate einen oder mehrere Nachkommen pro Reproduktionszyklus gebären (unipar bzw. multipar). Männliche Tiere werden in Abhängigkeit von der **Reproduktionstechnik** (Natursprung oder künstliche Besamung) mit mehreren bis sehr vielen weiblichen Tieren gepaart und machen deshalb nur einen kleinen Teil der Population aus. Bei künstlicher Besamung (Kap. 8.3.6) werden viel weniger männliche Tiere für die Belegung der weiblichen Tiere gebraucht als bei Natursprung. So können z. B. aus einem Ejakulat eines Bullen ca. 200–300 oder beim Eber ca. 20–30 Besamungsportionen produziert und dadurch die männliche Reproduktionsrate gegenüber dem Natursprung sehr stark erhöht werden. Für die Erhaltung der Populationsgröße, d. h. für die **Bestandesergänzung**, werden deshalb deutlich weniger männliche als weibliche Tiere gebraucht. Die Remontierungsanteile der männlichen Tiere sind deshalb geringer und sie können daher schärfer selektiert werden als weibliche Tiere. Begrenzend für den Remontierungsanteil der weiblichen Tiere ist die Anzahl zuchttauglicher weiblicher Nachkommen im Leben eines weiblichen Zuchttiers, was wiederum von der Reproduktionsrate und der durchschnittlichen Nutzungsdauer abhängig ist.

Remontierungsanteil, Reproduktionsrate, Nutzungsdauer

Nehmen wir z. B. an, dass eine durchschnittliche Kuh in einer Zuchtpopulation bei vier Geburten vier Kälber mit einem Geschlechtsverhältnis von 1:1 zur Welt bringt. Damit die Populationsgröße konstant bleibt, muss mindestens ein weibliches Kalb die Zuchtreife erreichen, um seine Mutter ersetzen zu können. Unter Berücksichtigung eines Anteils zuchttauglicher weiblicher Rinder von 0,90 muss der Remontierungsanteil für die Kühe deshalb über 0,56 liegen, weil: $1 = (4:2) \cdot 0{,}90 \cdot p \rightarrow p = 1:(2 \cdot 0{,}9) = 0{,}56$. Ist die Aufzuchtquote geringer als 0,90 oder hat eine Kuh im Durchschnitt weniger als vier Kälber, so erhöht sich der notwendige Remontierungsanteil. Umgekehrt kann bei einer höheren Aufzuchtquote und einer höheren Anzahl weiblicher Nachkommen der Remonterungsanteil gesenkt und die Kühe können schärfer selektiert werden. Multipare Tierarten mit Mehrlingsgeburten wie Schweine können deshalb auf der weiblichen Seite deutlich schärfer selektiert werden als Tierarten mit nur einem oder zwei Nachkommen pro Geburt. In Tab. 5.3 sind Größenordnungen für praktisch übliche Remontierungsanteile für Rind, Schwein und Schaf zusammengefasst.

In der **praktischen Tierzucht** werden also männliche Tiere schärfer selektiert als weibliche Tiere und es stehen für beide Geschlechter die Leistungen von verschiedenen Informationsquellen zur Verfügung, was unterschiedliche Zuverlässigkeiten der Zuchtwertschätzung zur Folge

Tab. 5.3 Größenordnungen für Remontierungsanteile (p) für weibliche und männliche Tiere bei Rind, Schwein und Schaf

Tierart	weibliche Tiere	männliche Tiere
Rind	0,50 – 0,70	0,01 – 0,30
Schwein	0,10 – 0,20	0,01 – 0,10
Schaf	0,40 – 0,60	0,01 – 0,20

hat. Außerdem haben weibliche und männliche Tiere fast immer auch unterschiedlich lange Generationsintervalle. Diese Situation ist sehr deutlich in der Milchrinderzucht zu beobachten, weil aufgrund der Nachkommenprüfung die Besamungsbullen einerseits eine deutlich höhere Zuverlässigkeit der Zuchtwertschätzung haben als die Kühe, andererseits aber das Generationsintervall mit sieben bis acht Jahren klar länger ist als jenes für die Kühe mit etwa vier Jahren.

Mehr-Pfade-Modell

Für die Berechnung des Zuchtfortschritts kann diese Situation durch ein sogenanntes **Mehr-Pfade-Modell** abgebildet werden. Im einfachsten Fall haben wir bei den männlichen und weiblichen Tieren unterschiedliche Selektionsintensitäten, Zuverlässigkeiten der Zuchtwertschätzung und Generationsintervalle, während die additiv genetische Standardabweichung als geschlechtsunabhängiger Populationsparameter in der Regel unbeeinflusst bleibt und deshalb für beide Geschlechter dieselbe ist. Es wird also zuerst der Zuchtfortschritt pro Generation (Formel 5.6) für den männlichen und weiblichen Pfad getrennt berechnet (*ZFm* und *ZFw*) und dann der **durchschnittliche Zuchtfortschritt pro Generation** (*dZF*) wie folgt ermittelt:

$$dZF = \frac{ZFm + ZFw}{2} \qquad \text{Formel 5.8}$$

Der **durchschnittliche Zuchtfortschritt pro Zeiteinheit** (*dZF/T*) wiederum ergibt sich durch die Berücksichtigung der pfadspezifischen Generationsintervalle *Tm* und *Tw*:

$$dZF/T = \frac{ZFm + ZFw}{Tm + Tw} \qquad \text{Formel 5.9}$$

wobei:

dZF/T = durchschnittlicher Zuchtfortschritt pro Zeiteinheit,
ZFm, ZFw = Zuchtfortschritt der männlichen, weiblichen Tiere pro Generation,
Tm, Tw = Generationsintervall der männlichen, weiblichen Tiere in Zeiteinheiten (Jahren).

Vier-Pfade-Modell

In komplexeren Zuchtprogrammen kann auch zwischen mehr als zwei Pfaden unterschieden werden. Bekannt ist etwa das klassische **Vier-Pfade-Modell** in der Milchrinderzucht. Dabei werden die männlichen Tiere in die zwei Selektionsgruppen (Pfade) Bullenväter (BV) und Kuhväter (KV) und die weiblichen Tiere in die zwei Selektionsgruppen

(Pfade) Bullenmütter (BM) und Kuhmütter (KM) geteilt. Diese vier Selektionsgruppen werden dann gezielt für die Erzeugung von männlichen und weiblichen Nachkommen gepaart. Der durchschnittliche Zuchtfortschritt pro Zeiteinheit für dieses Vier-Pfade-Modell ergibt sich dann als Erweiterung von Formel 5.9 wie folgt:

$$dZF/T = \frac{ZF_{BV} + ZF_{BM} + ZF_{KV} + ZF_{KM}}{T_{BV} + T_{BM} + T_{KV} + T_{KM}} \qquad \text{Formel 5.10}$$

Zwei-Pfade-Modell

Mit den Beispielen 5.2 und 5.3 wird die Vorgangsweise für die Berechnung des durchschnittlichen Zuchtfortschritts pro Generation und pro Zeiteinheit für ein **Zwei-Pfade-Modell** anhand einer praktischen Fragestellung demonstriert.

Beispiel 5.2: Die durchschnittliche Milchmenge einer Rinder-Zuchtpopulation beträgt laut Leistungsprüfung 8000 kg Milch mit einer phänotypischen Standardabweichung von 900 kg. Für die Heritabilität wurde ein Wert von 0,30 geschätzt.

Frage: Um wie viele Kilogramm ist die durchschnittliche Milchmenge in der nächsten Generation höher bzw. welches durchschnittliche Leistungsniveau ist in der nächsten Generation zu erwarten, wenn die besten 10% Bullen aufgrund der Leistungen von je 50 Töchtern und die 60% besten Kühe aufgrund der eigenen Leistung und der ihrer Mutter selektiert werden?

Gegeben ist: PD = 8000 kg, s_P = 900 kg, h^2 = 0,30, p_{Bullen} = 0,10, LP-Informationsquelle für Bullen = 50 Nachkommen, $p_{Kühe}$ = 0,60, LP-Informationsquelle für Kühe = 1 Eigen- + 1 Mutterleistung (Vorfahre).

Gesucht ist: dZF und NKD

$$dZF = \frac{ZFm + ZFw}{2}$$

$$s_A : h^2 = \frac{s_A^2}{s_P^2} \rightarrow s_A^2 = h^2 s_P^2 \rightarrow s_A = h s_P$$

$$= \sqrt{0{,}30} \times 900 = 0{,}5477 \times 900 = 492{,}93 \text{ kg}$$

Bullen (männlicher Pfad):

i : p = 0,10 → i = 1,755 (aus Tab. 5.1)

r_{AgA} : 50 Nachkommenleistungen $= \sqrt{\frac{n}{1 + (n-1)0{,}25h^2}}\ 0{,}5h$ (aus Tab. 5.2)

$$r_{AgA} = \sqrt{\frac{50}{1 + (50-1)0{,}25 \cdot 0{,}30}}\ 0{,}5 \cdot \sqrt{0{,}30} =$$

$$= \sqrt{10{,}6952} \times 0{,}5 \times 0{,}5477 = 3{,}2704 \times 0{,}2739 = 0{,}8956$$

$$ZFm = 492{,}93 \times 1{,}755 \times 0{,}8956 = 774{,}78 \text{ kg}$$

Kühe (weiblicher Pfad):

i : p = 0,60 → i = 0,644 (aus Tab. 5.1)

r_{AgA}: 1 Eigen- + 1 Mutterleistung = $\sqrt{\frac{h^2 + t^2 - 2h^2t^2}{1 - h^2t^2}}$

wobei $t = r_{AgA}$ für 1 Elter (aus Tab. 5.2)

$t = 0{,}5 \times h = 0{,}5 \times 0{,}5477 = 0{,}2739 \rightarrow \; t^2 = 0{,}2739^2 = 0{,}075$

$$r_{AgA} = \sqrt{\frac{0{,}30 + 0{,}075 - 2 \times 0{,}30 \times 0{,}075}{1 - 0{,}30 \times 0{,}075}} = \sqrt{\frac{0{,}3300}{0{,}9775}} = 0{,}5810$$

$ZFw = 492{,}93 \times 0{,}644 \times 0{,}5810 = 184{,}44$ kg

$dZF = \frac{ZFm + ZFw}{2} = \frac{774{,}78 + 184{,}44}{2} = 479{,}61 \approx 480$ kg Milch pro Generation

NKD = PD + ZF = 8000 + 480 = 8480 kg Milch

Es kann also erwartet werden, dass die durchschnittliche Milchmenge in der nächsten Generation um 480 kg höher sein wird als in der Elterngeneration und deshalb die Nachkommengeneration ein durchschnittliches Leistungsniveau von 8480 kg Milch haben wird.

Beispiel 5.3: Wie groß ist der durchschnittliche Zuchtfortschritt pro Jahr im Merkmal Milchmenge im Beispiel 5.2, wenn das Generationsintervall für die Bullen 6,5 Jahre und für die Kühe 4,5 Jahre beträgt?
Gegeben ist: siehe Beispiel 5.2, Tm = 6,5 und Tw = 4,5
Gesucht ist: dZF/T

$$dZF/T = \frac{ZFm + ZFw}{Tm + Tw} = \frac{774{,}78 + 184{,}44}{6{,}5 + 4{,}5} = 87{,}20$$

≈ 88 kg Milch pro Jahr

Der durchschnittliche Zuchtfortschritt von 88 kg Milch pro Jahr im Beispiel 5.3 entspricht etwa 18% der additiv genetischen Standardabweichung (87,20/492,93) oder ca. 10% der phänotypischen Standardabweichung (87,20/900) des Merkmals Milchmenge. Dies sind Werte, die in der Praxis in Rinder-Zuchtprogrammen durchaus für die wichtigsten Leistungsmerkmale erreicht werden können.

Gedanklicher Fehler

In diesem Zusammenhang sei auf einen bei Klausuren immer wieder festgestellten **gedanklichen Fehler der Studierenden** hingewiesen. Für die Berechnung des durchschnittlichen Zuchtfortschritts pro Zeiteinheit wird (aus welchen Gründen auch immer) nicht Formel 5.9 verwendet, sondern eine Vorgangsweise gewählt, die anhand von Beispiel 5.3 demonstriert wird: Ausgehend von Formel 5.7 wird für den männlichen und weiblichen Pfad getrennt der Zuchtfortschritt pro Zeiteinheit berechnet (ZFm/T = 774,78/6,5 = 119,20 und ZFw/T = 184,44/4,5 = 40,99) und anschließend für dZF/T das arithmetische Mittel von ZFm/T und ZFw/T gebildet [(119,20 + 40,90)/2 = 80,05 kg Milch pro Jahr]. Es ist klar ersichtlich, dass dieses Ergebnis nicht richtig ist, weil die beschriebene Vorgangsweise nur dann dasselbe Ergebnis wie Formel 5.9 liefert, wenn das männliche und weibliche Generationsintervall exakt gleich lang ist. Es ist deshalb unumgänglich, für die Berechnung des durchschnittlichen Zuchtfortschritts pro Zeiteinheit konsequent Formel 5.9 zu verwenden.

Faktoren des Zuchtfortschritts

Abschließend kann allgemein zusammengefasst werden, dass der **Zuchtfortschritt** von den **vier Faktoren**

- additiv genetische Standardabweichung,
- Selektionsintensität,
- Zuverlässigkeit der Zuchtwertschätzung (Korrelation zwischen dem wahren und geschätzten Zuchtwert) und
- Generationsintervall bestimmt wird.

Daraus ist auch klar ersichtlich, dass das Ziel der **Zuchtplanung**, d.h. der Planung und Organisation eines Zuchtprogramms, darin besteht, den erwarteten Zuchtfortschritt bei gegebenem Ressourceneinsatz zu maximieren. Grundlage hierfür sind im einfachsten Fall die Formeln für den direkten und korrelierten Zuchtfortschritt. Es ist aber auch offensichtlich, dass es sich in der Regel nicht um ein Maximierungs-, sondern um ein Optimierungsproblem handelt, da die Veränderung eines Faktors meist auch Auswirkungen auf die anderen Faktoren des Zuchtfortschritts hat.

5.3 Korrelierter Zuchtfortschritt

Zuchtfortschritt beinhaltet keine züchterische Wertigkeit

Wenn eine genetische Korrelation zwischen zwei Merkmalen besteht, dann führt eine erfolgreiche direkte Selektion auf das Merkmal X auch zu Veränderungen im Merkmal Y. Diese durch die genetische Korrelation bedingte Veränderung wird als **korrelierter Zuchtfortschritt** bezeichnet. An dieser Stelle muss darauf hingewiesen werden, dass der Begriff korrelierter Zuchtfortschritt ebenso wie der häufig synonym verwendete Begriff korrelierter Selektionserfolg keine züchterische Wertigkeit beinhaltet. „Fortschritt" bzw. „Erfolg" beschreibt in diesem Zusammenhang nur, dass die Selektion zu einer Veränderung geführt hat. Ob diese Veränderung in Bezug auf das Zuchtziel positiv oder negativ zu bewerten ist, ist eine andere Sache. Beim korrelierten Zuchtfortschritt kann häufig beobachtet werden, dass die direkte Selektion auf ein Leistungsmerkmal zu züchterisch unerwünschten Veränderungen in den sogenannten funktionalen Merkmalen aus den Bereichen Reproduktion (Fruchtbarkeit) und Fitness führt. Aus diesem Grund ist die Kenntnis der korrelierten Zuchtfortschritte für ein nachhaltiges Zuchtprogramm von größter Bedeutung. Ebenso ist vom nummerischen Vorzeichen des Zuchtfortschritts – wie bei der genetischen Korrelation (Kap. 4.9.4) – nicht darauf zu schließen, ob es sich um eine züchterisch negativ oder positiv zu bewertende Veränderung handelt. Insbesondere bei vielen Effizienzmerkmalen, wie etwa beim Besamungsindex (Anzahl Besamungen je Trächtigkeit) oder bei der Futterverwertung (kg Futter je kg Zunahme), aber auch bei anderen Merkmalen wie der Rückenspeckdicke, sind nummerisch negative Zuchtfortschritte züchterisch erwünscht.

Der korrelierte Zuchtfortschritt ($ZF_{Y \cdot X}$) im Merkmal Y bei direkter Selektion auf das Merkmal X setzt sich folgendermaßen zusammen:

$$ZF_{Y \cdot X} = i_{(X)} r_{AgA(X)} r_{A(XY)} s_{A(Y)} \qquad \text{Formel 5.11}$$

wobei:

$ZF_{Y \cdot X}$ = korrelierter Zuchtfortschritt pro Generation im Merkmal *Y* bei Selektion auf Merkmal *X*,
$i_{(X)}$ = Selektionsintensität für Merkmal *X*,
$r_{AgA(X)}$ = Zuverlässigkeit der Zuchtwertschätzung für Merkmal *X*,
$r_{A(XY)}$ = additiv genetische Korrelation zwischen den Merkmalen *X* und *Y*,
$s_{A(Y)}$ = additiv genetische Standardabweichung des Merkmals *Y*.

Der korrelierte Zuchtfortschritt pro Zeiteinheit ergibt sich (wie in Formel 5.7, 5.9 und 5.10), indem der korrelierte Zuchtfortschritt pro Generation ($ZF_{Y \cdot X}$) auf das Generationsintervall (T) bezogen wird ($ZF_{Y \cdot X}/T$).

Die **Bedeutung** des **korrelierten Zuchtfortschritts** für ein praktisches **Zuchtprogramm** kann in die folgenden drei Themenbereiche zusammengefasst werden:

Leistung versus Gesundheit

In Zuchtprogrammen konzentriert sich die Selektion häufig nur auf die züchterische Verbesserung einiger weniger, wirtschaftlich wichtiger Leistungsmerkmale. Aufgrund der dargestellten Zusammenhänge ist es aber offensichtlich, dass sich auch alle mit den Leistungsmerkmalen genetisch korrelierten Merkmale verändern. Diese zu erwartenden Veränderungen müssen abgeschätzt und in der Gesamtbewertung eines Zuchtprogramms mitberücksichtigt werden. So kann z. B. durch die züchterische Verbesserung von Leistungsmerkmalen die genetische Anfälligkeit für Krankheiten zunehmen, was zusätzliche Kosten verursacht und daher in der gesamtwirtschaftlichen Bewertung des Zuchtprogramms berücksichtigt werden muss.

Hilfsmerkmale

Für einige züchterisch interessante Merkmale ist es nur unter erschwerten Bedingungen (z. B. mit hohem technischen Aufwand und/ oder hohen Kosten) oder gar nicht möglich, diese direkt am lebenden Zuchttier zu prüfen. Dies trifft z. B. für Merkmale des Schlachtkörpers zu, die exakt nur am geschlachteten Tier gemessen werden können; oder für Merkmale der Nutzungsdauer, die erst spät im Leben eines

Tieres anfallen und daher für eine frühzeitige Selektionsentscheidung nicht zur Verfügung stehen; oder für Gesundheitsmerkmale, da eine klinische Diagnose für jedes einzelne Zuchttier nicht finanzierbar ist. In solchen Fällen basiert die Selektionsentscheidung oft auf sogenannten **Hilfsmerkmalen**. Dies sind Merkmale, die selbst nicht im Zuchtziel enthalten sind, die aber mit wichtigen Zuchtziel-Merkmalen genetisch korreliert und routinemäßig messbar sind (Kap. 4.9.4). Beispiele für Hilfsmerkmale sind die mit dem Ultraschallverfahren am lebenden Tier gemessene Rückenspeckdicke als Hilfsmerkmal für den Schlachtkörperwert; die Verbleiberate, d. h. der Anteil Töchter eines Bullen, die mindestens 60 Monate alt geworden sind, als Hilfsmerkmal für die Nutzungsdauer; oder die Zellzahl, d. h. die bei der Milchleistungsprüfung bestimmte Anzahl somatische Zellen pro Milliliter Milch, als Hilfsmerkmal für die Mastitisanfälligkeit (d. h. Eutergesundheit). Für diese Hilfsmerkmale kann eine umfangreiche Leistungsprüfung durchgeführt und auf deren Basis die Selektionsentscheidung getroffen werden. Allerdings ist es nicht das primäre Ziel, das jeweilige Hilfsmerkmal züchterisch zu verbessern, sondern das genetisch korrelierte und ökonomisch bedeutende Zuchtziel-Merkmal.

Stations- und Feldprüfung

Stationsprüfungen haben grundsätzlich den Vorteil, dass Merkmale unter standardisierten Umweltbedingungen genau erfasst werden können. Allerdings ist zu beachten, dass die Umweltbedingungen auf Station meist von denen in der Praxis abweichen. So ist z. B. das Merkmal Prüftagszunahme auf Station nicht notwendigerweise das genetisch gleiche Merkmal wie die Lebenstagszunahme im Feld. Da das Ziel eines Zuchtprogramms aber die Verbesserung der Leistungen unter Feldbedingungen sein muss, ist es in diesem Fall also angebracht, den korrelierten Zuchtfortschritt des Merkmals Lebenstagszunahme im Feld für die Bewertung unterschiedlicher Prüfalternativen heranzuziehen.

Fragen zu Kapitel 5

- In einem Zuchtprogramm für Angorakaninchen liegt der mittlere Schurertrag in der aktuellen Zuchtpopulation bei 920 g Angorawolle mit einer phänotypischen Standardabweichung von 98 g. Für die Heritabilität des Schurertrags wurde ein Wert von 0,42 geschätzt. Die Selektion der Rammler und Häsinnen erfolgt aufgrund der eigenen Leistung und der von zwei Vollgeschwistern. Es werden die 15% besten Rammler und die 30% besten Häsinnen zur Zucht verwendet. Welcher durchschnittliche Schurertrag ist in der nächsten Generation zu erwarten? Welcher durchschnittliche Zuchtfortschritt pro Jahr kann erwartet werden, wenn das Generationsintervall der Rammler 16 und jenes der Häsinnen 13 Monate beträgt?
- In einer Ziegenpopulation beträgt die durchschnittliche Leistung der leistungsgeprüften Ziegen im Merkmal Milchfettmenge 43,4 kg mit einer phänotypischen Standardabweichung von 3,76 kg. Für die Heritabilität der Milchfettmenge wurde ein Wert von 0,45 geschätzt. Die Selektion der 15% besten Böcke erfolgt aufgrund der Leistung

von 10 Töchtern, die der besten 40% Ziegen aufgrund ihrer 1. und 2. Laktationsleistung (w^2 = 0,80). Welche durchschnittliche Milchfettmenge kann in der nächsten Generation erwartet werden? Wie groß ist der durchschnittliche Zuchtfortschritt pro Jahr, wenn das Generationsintervall der Böcke 3,9 und jenes der Ziegen 3,1 Jahre beträgt?

- Die Widerristhöhe in der Zuchtpopulation der Rinderrasse Fleckvieh beträgt im Durchschnitt 148,2 cm mit einer phänotypischen Standardabweichung von 4,10 cm. Für die Heritabilität der Widerristhöhe wurde ein Wert von 0,58 geschätzt. Jedes potenzielle Zuchttier wird dreimal gemessen (w^2 = 0,87) und als Eltern für die nächste Generation werden die 7% größten Bullen und die 65% größten Kühe selektiert. Welche durchschnittliche Widerristhöhe ist in der nächsten Generation zu erwarten? Wie groß ist der durchschnittliche Zuchtfortschritt pro Jahr, wenn das Generationsintervall der Bullen 6,9 und jenes der Kühe 4,2 Jahre beträgt?
- Ein Schweine-Zuchtverband selektiert die Eber und Sauen aufgrund der Leistung von 4 Vollgeschwistern, die eine Stationsprüfung durchlaufen. Als Selektionskriterium wird das Merkmal Muskelfleischanteil verwendet. Dieses Merkmal wird durch eine vereinfachte grobgewebliche Zerlegung der Vollgeschwister am Schlachthof der Prüfstation erhoben und beträgt im Durchschnitt 58,3% mit einer phänotypischen Standardabweichung von 2,93%. Für die Heritabilität des Merkmals Muskelfleischanteil wurde ein Wert von 0,38 geschätzt. Es werden die 4% besten Eber und die 20% besten Sauen zur Zucht verwendet. Welcher durchschnittliche Muskelfleischanteil kann in der nächsten Generation erwartet werden? Wie groß ist der durchschnittliche Zuchtfortschritt pro Jahr, wenn das Generationsintervall der Eber 2,1 und jenes der Sauen 2,4 Jahre beträgt?

6 Selektion

Das Ziel der Tierzüchter ist es, durch bestimmte Maßnahmen die Tiere einer Zuchtpopulation im Sinne des Zuchtziels in ihrer Leistungsfähigkeit und ihrem Aussehen bzw. Exterieur *(lat. exterior: auf der Außenseite)* weiterzuentwickeln. Den Tierzüchtern stehen grundsätzlich zwei Möglichkeiten zur Verfügung, die genetischen Veranlagungen der Tiere einer Population zu verändern; d. h. die Allelfrequenzen der erwünschten Eigenschaften und daraus folgend der erwünschten Genotypfrequenzen zu erhöhen. Die erste Möglichkeit ist die Auswahl von Tieren als Eltern, also die **Selektion**, und die zweite Möglichkeit ist die Art, wie die ausgewählten Elterntiere miteinander gepaart werden, also die gerichtete Paarung. Während die Methoden der gerichteten Paarung unter dem Überbegriff Zuchtmethoden im Kap. 7 ausführlich behandelt werden, werden in diesem Kapitel verschiedene Aspekte der Selektion dargestellt.

Künstliche und natürliche Selektion

Unter **Selektion** im tierzüchterischen Sinne verstehen wir die gezielte Auswahl von Tieren als Eltern der nächsten Generation, wobei die Züchter entscheiden, ob und wie viele Nachkommen die Tiere haben werden und wie lange sie als Eltern genutzt werden. Da die Selektionsentscheidung von Menschen getroffen wird, wurde diese Art der Selektion von CHARLES DARWIN als **künstliche Selektion** bezeichnet. Die künstliche Selektion war das wesentliche Charakteristikum der Domestikation und ist heute eine der wichtigsten züchterischen Maßnahmen in einem Zuchtprogramm. Ihre Wirkung hat entscheidend zur Entwicklung der heutigen leistungsstarken Nutztierrassen beigetragen. Dem gegenüber steht die **natürliche Selektion**, bei der die Auswahl und Fortpflanzung der am besten an die Umwelt angepassten Tiere ohne menschlichen Einfluss stattfindet. Die natürliche Selektion bildete das Kernstück der DARWIN'schen Selektions- und Abstammungstheorie (Kap. 1.1.1) und ist auch heute noch ein zentrales Element der modernen Evolutionstheorie.

Ziel, Effekt und Wirkung der Selektion

Das **Ziel der Selektion** ist, wie schon erwähnt, die gerichtete genetische Veränderung einer Zuchtpopulation im Sinne des Zuchtziels. Der grundsätzliche **Effekt der Selektion** besteht in der Veränderung der erwünschten Allelfrequenzen und daraus folgend der erwünschten Genotypfrequenzen in einer Zuchtpopulation. Diese Veränderungen lassen sich allerdings für quantitative Merkmale nicht direkt erfassen, weil die Genotypen der Tiere an den einzelnen Genorten nicht bestimmt werden können. Quantifizieren lässt sich dagegen aber die **Wirkung der Selektion** anhand der Veränderung des Populationsdurchschnitts sowie der phänotypischen und genetischen Varianz eines Merkmals über Generationen hinweg. Die Veränderung des Populationsdurchschnitts wiederum entspricht dem Zuchtfortschritt, dessen wesentliche theoretische Grundlagen im Kap. 4 dargestellt werden.

Bevor wir die verschiedenen Aspekte der Selektion genauer betrachten, müssen wir uns aber bewusst machen, dass die züchterische Beeinflussung einer Zuchtpopulation durch künstliche, vom Menschen gesteuerte Selektion in der Realität auch immer unter **gleichzeitiger Wirkung** der natürlichen Selektion stattfindet. In anderen Worten: Tierzüchter können die natürliche Selektion nicht völlig ausschalten! Die natürliche Selektion wirkt von der Zeugung an und eliminiert durch die Verhinderung der Einnistung des Embryos in die Gebärmutter oder durch Früh- und Spätaborte Tiere, die den Züchtern später für die Selektion nicht zur Verfügung stehen. Auch nach der Geburt wirkt die natürliche Selektion durch die unterschiedliche Vitalität *(frz. vitalité, lat. vitalitas: Lebenskraft)* der Tiere bis zu deren Zuchtreife. Aber auch danach kann die natürliche Selektion noch durch die unterschiedliche Fertilität *(lat. fertilitas: Fruchtbarkeit)* der Elterntiere wirken. Für unsere folgenden Betrachtungen vernachlässigen wir allerdings die Wirkung der natürlichen Selektion; einerseits aus Gründen der Einfachheit und andererseits, weil Allele von Genen für Leistungsmerkmale nur bedingt durch sie beeinflusst werden.

6.1 Selektionsbedingte Verringerung der Varianz

Auf der Ebene der einzelnen Gene bewirkt Selektion eine Veränderung der Allelfrequenzen. Allele mit positiver Wirkung auf das unter Selektion stehende Merkmal werden angereichert, während die Frequenz ungünstiger Allele abnimmt. Selektion führt deshalb langfristig zu einer **Verringerung** der **genetischen Varianz**, da die Allelfrequenzen gegen 0 oder 1 streben. Daraus folgend müsste Selektion über sehr viele Generationen hinweg an allen Genorten das jeweils günstigste Allel fixieren und, vernachlässigt man die durch Mutation neu hinzukommende Varianz, nach und nach die gesamte genetische Varianz aufbrauchen. Im infinitesimalen Modell (Kap. 4.7) ist diese selektionsbedingte Verringerung der genetischen Varianz jedoch sehr gering und auch in langfristigen Selektionsexperimenten kaum nachzuweisen. Mit einem Rückgang der genetischen Varianz ist auch zu erwarten, dass der **realisierbare Zuchtfortschritt** geringer wird. Experimentell konnte dies allerdings nur in Situationen beobachtet werden, in denen bestimmte Merkmale züchterisch auf ein Niveau gebracht wurden, das eine physiologische Grenze darstellt. In der züchterischen Praxis ist deshalb eine durch Varianzverlust bedingte Reduzierung des Zuchtfortschritts am ehesten bei Merkmalen zu erwarten, die züchterisch minimiert werden sollen, weil bei diesen Merkmalen ein absolutes Minimum existiert (z. B. Null Millimeter Rückenspeckdicke), während dagegen eine Steigerung eines Merkmals zumindest theoretisch unbegrenzt möglich ist. Bei vielen Leistungsmerkmalen, für die eine züchterische Steigerung angestrebt wird, war für die Zeit zwischen 1970 und 2000 eine sehr deutliche Steigerung des Zuchtfortschritts pro Generation zu beobachten. Es muss aber berücksichtigt werden, dass diese Steigerung zu einem beträchtlichen Teil auf eine methodische und organisatorische Verbesserung der Zuchtprogramme in diesem Zeitraum zurückzuführen ist.

Skaleneffekt und BULMER-Effekt

In der Praxis wird die selektionsbedingte Verringerung der Varianz meist durch sogenannte **Skaleneffekte** überlagert. Darunter versteht man, dass mit einer Steigerung des mittleren phänotypischen Niveaus auch die phänotypische Varianz steigt. So ist z. B. in einer Milchvieh-Population mit einem mittleren Leistungsniveau von 4.000 kg die Varianz geringer als in einer Population mit 8.000 kg. Dies ist darauf zurückzuführen, dass der Variationskoeffizient, also das Verhältnis von phänotypischer Standardabweichung zum Mittelwert, im Verlauf der Selektion in etwa konstant bleibt. Da durch Selektion in der Regel das Leistungsniveau und damit wegen des Skaleneffekts die phänotypische Varianz erhöht wird, überlagert dieses Phänomen meist die theoretisch erwartete Verringerung der genetischen Varianz. Die Selektionsentscheidung als solches hat aber auch einen direkten Einfluss auf die Varianz der Nachkommengeneration, weil die phänotypische Varianz der remontierten (d. h. selektierten) Elterntiere im Vergleich zur gesamten Elterngeneration vermindert ist. Zusätzlich ist auch die genetische Varianz der remontierten Elterntiere ungefähr im gleichen Verhältnis reduziert. Dieser Effekt wurde erstmals von MICHAEL G. BULMER (1971) beschrieben und wird daher auch als **BULMER-Effekt** bezeichnet. Die Einengung der Varianz ist umso größer, je höher die Selektionsintensität ist. In praktisch durchgeführten Zuchtprogrammen kann die Verringerung der genetischen Varianz durch den BULMER-Effekt durchaus bis zu 20% betragen. Dieser Effekt beruht allerdings nicht auf der Veränderung von Allelfrequenzen und ist daher reversibel. Sobald über einige Generationen keine Selektion auf das betreffende Merkmal mehr stattfindet, kehrt die genetische Varianz wieder auf den ursprünglichen Wert zurück.

6.2 Selektionsformen

Gerichtete Selektion

Die wichtigste Form der Selektion ist die **gerichtete Selektion**. Sie hat das Ziel, den Populationsdurchschnitt in einem Merkmal über die Generationen in Richtung des Zuchtziels zu verbessern. Gleichzeitig führt

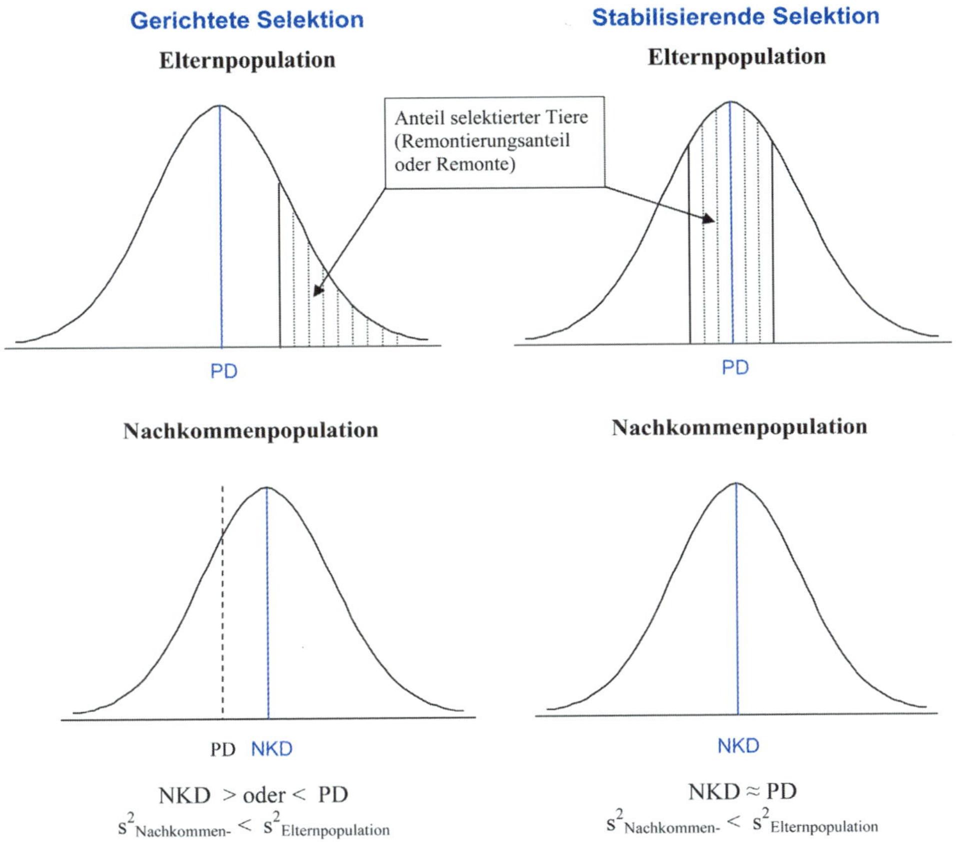

Abb. 6.1 Gerichtete Selektion und stabilisierende Selektion: Langfristige Veränderung des Populationsdurchschnitts sowie der phänotypischen und genetischen Varianz über Generationen hinweg (PD = Populationsdurchschnitt der Elterngeneration, NKD = Nachkommendurchschnitt)

die gerichtete Selektion langfristig zu einer Verringerung der phänotypischen und genetischen Varianz des Merkmals über Generationen hinweg. In Abb. 6.1 (linke Hälfte) sind diese Zusammenhänge grafisch dargestellt, wobei die Normalverteilungen die phänotypischen Werte eines unter Selektion befindlichen Merkmals in der Eltern- (oben) und Nachkommenpopulation (unten) darstellen. Es muss allerdings ergänzt werden, dass die Verbesserung des Populationsdurchschnitts je nach Merkmal eine Erhöhung, aber auch eine Reduzierung bedeuten kann. Wird im Sinne des Zuchtziels eine Reduzierung des Populationsdurchschnitts angestrebt, wie z. B. bei den Merkmalen Rückenspeckdicke, Futterverwertung (kg Futter pro kg Zuwachs), Besamungsindex (Anzahl Besamungen je Trächtigkeit) oder Aufzuchtverluste, so befindet sich der Anteil selektierter Tiere natürlich auf der linken Seite der

Normalverteilung und der zu erwartende Nachkommendurchschnitt (NKD) wird kleiner sein als der Elterndurchschnitt (PD). In der Tier- und Pflanzenzucht wird überwiegend die gerichtete Selektion angewendet.

Stabilisierende Selektion

Die zweite praktisch relevante Form der Selektion ist die **stabilisierende Selektion**. Sie soll – wie der Name schon ausdrückt – zur Stabilisierung eines Merkmals beitragen. Die stabilisierende Selektion hat also das Ziel, das Leistungsniveau in einem Merkmal, d. h. den Populationsdurchschnitt, möglichst konstant zu halten. Um dies zu erreichen, werden Tiere mit einem mehr oder weniger durchschnittlichen Leistungsniveau und keinesfalls Tiere mit extremen Merkmalswerten als Eltern der nächsten Generation selektiert (Abb. 6.1, rechte Hälfte). Durch diese Vorgangsweise wird versucht, extreme Abweichungen vom Populationsmittel nach oben und unten züchterisch zu vermeiden und damit langfristig die phänotypische und genetische Varianz in der Population zu verringern. In der Tierzucht wird eine stabilisierende Selektion dann angewendet, wenn das mit gerichteter Selektion erreichte oder ein schon vorhandenes Niveau möglichst ausgeglichen erhalten werden soll. Beispiele für solche Merkmale sind Euterform (Zitzenstellung, Zitzenlänge, Zitzendicke), Melkbarkeit (Milchmenge pro Minute), bestimmte Exterieurmerkmale (Beckenneigung, Beckenlänge, Winkel des Sprunggelenks) oder Fleischbeschaffenheit. Auch im Merkmal Muskelfleischanteil beim Schwein ist heute in einigen Rassen der Optimalwert erreicht und eine weitere Steigerung wird nicht mehr angestrebt.

6.3 Selektionsmethoden

Selektionsmethoden können nach verschiedenen Kriterien eingeteilt werden. In diesem Kapitel werden die Kriterien „Informationsquellen" und „Zeitpunkt der Selektionsentscheidung" nur überblicksartig beschrieben, während auf das Kriterium „Anzahl Selektionsmerkmale" und hier vor allem auf die Methoden der Mehr-Merkmal-Selektion, nämlich Tandemselektion, Mindestleistungsselektion und Indexselektion, entsprechend ihrer praktischen Bedeutung ausführlicher eingegangen wird.

Informationsquellen

Phänotypische Leistungen, geschätzte Zuchtwerte, molekulargenetische Informationen

Grundsätzlich stehen für Selektionsentscheidungen phänotypische Leistungen, geschätzte Zuchtwerte oder molekulargenetische Informationen zur Verfügung. **Phänotypische Leistungen** bilden die Grundlage für die Zuchtwertschätzung und sollten in der professionellen Tierzucht nicht direkt als Selektionskriterien verwendet werden. Stehen aber – aus welchen Gründen auch immer – für die Selektionsentscheidung nur phänotypische Eigenleistungen der Tiere zur Verfügung, so wird diese Selektionsmethode als phänotypische Selektion oder **Mas-**

senselektion bezeichnet. Die wichtigsten Selektionskriterien in der praktischen Tierzucht sind geschätzte Zuchtwerte (Kap. 4.11, Kap. 8.3.4 und Kap. 8.3.5). Seit mit molekulargenetischen Methoden einzelne Gene, Chromosomenabschnitte bzw. das ganze Genom gezielt analysiert werden (Genkartierung und Genomanalyse), können auch molekulargenetische Informationen wie z. B. genetische Marker oder direkte Gensequenzen für Selektionsentscheidungen verwendet werden. Genetische Marker treten in verschiedenen Formen auf und die derzeit wichtigsten in der Tierzucht verwendeten sind die sogenannten Mikrosatelliten und SNPs. Weiterführende Informationen über die genannten genetischen Marker finden Sie aus molekulargenetischer Sicht im Kap. 3.9 und aus Sicht der Anwendung für Selektionsentscheidungen in einem Zuchtprogramm in Kap. 8.3.4 und 8.3.5.

Zeitpunkt der Selektionsentscheidung

Stufenselektion

In der züchterischen Praxis liegen die für die Selektion notwendigen Leistungsinformationen häufig nicht gleichzeitig vor, weil diese sowohl vom Selektionskandidaten selbst als auch von verwandten Tieren stammen können. Vorfahrenleistungen liegen immer früher als Eigenleistungen vor und Nachkommenleistungen stehen erst erheblich später zur Verfügung (Kap. 4.10). Es wäre oft ineffizient mit der Selektionsentscheidung zu warten, bis alle Leistungen vorliegen, da unter dieser Voraussetzung Selektionskandidaten mit schlechten Leistungen in den früh vorliegenden Merkmalen trotzdem bis zur endgültigen Entscheidung gehalten (d. h. weiter gefüttert) werden müssten. In solchen Fällen kann eine Stufenselektion angewendet werden, bei der sequentielle Selektionsentscheidungen in Abhängigkeit von vorliegenden Informationen zu unterschiedlichen Altersstufen eines Tieres getroffen werden. So kann z. B. die Selektion von Bullen einer Zweinutzungsrasse in zwei Stufen erfolgen: 1. Stufe im Alter von ca. 12 Monaten (Zuchtreife) aufgrund seines sogenannten Pedigree-Zuchtwertes (d. h. Duchschnitt der geschätzten elterlichen Zuchtwerte) und seiner eigenen körperlichen Entwicklung, und die 2. Stufe im Alter von etwa 6 Jahren, wenn die ersten Milchleistungen seiner Töchter (Nachkommenleistungen) vorliegen. Ein anderes Beispiel sind die Bullenmütter in der Milchrinderzucht. Zunächst werden potenzielle Bullenmütter-Kandidatinnen nach dem Pedigree-Zuchtwert stark vorselektiert. Nach der Typbewertung (d. h. subjektiven Bewertung des Exterieurs) der Färsen (Jungkühe) und dem Vorliegen der Einsatzleistung in der ersten Laktation findet der nächste Selektionsschritt statt. Weitere Selektionsstufen sind vorgesehen, wenn die Leistungen der ersten und (gegebenenfalls) späteren Laktationen vorliegen. Die Bedeutung der Stufenselektion in der züchterischen Praxis ist allerdings durch die Anwendung der genomisch-unterstützten Selektion (Kap. 8.3.5) in den letzten Jahren deutlich gesunken.

Anzahl Selektionsmerkmale

Ein-Merkmal-Selektion

Aufgrund der Anzahl Merkmale, die im Zuchtziel berücksichtigt werden, wird zwischen der Ein-Merkmal-Selektion und der Mehr-Merkmal-Selektion unterschieden. Bei der **Ein-Merkmal-Selektion** wird davon ausgegangen, dass das Zuchtziel nur aus einem Merkmal besteht. In diesem Fall wird eine Selektionsgrenze für das Merkmal festgelegt, und die Zuchttiere werden anhand ihrer Leistung in diesem Merkmal rangiert. Leistung bedeutet im einfachsten Fall die phänotypische Eigenleistung (d.h. Massenselektion), üblicherweise aber ein geschätzter Zuchtwert eines Tieres für das entsprechende Merkmal. Anschließend werden die Tiere, deren Leistungen oberhalb der Selektionsgrenze liegen, als Eltern für die nächste Generation selektiert und sie bilden die Remonte bzw. den Remontierungsanteil (Kap. 5.1). Aufgrund dieser Vorgangsweise wird die Ein-Merkmal-Selektion manchmal auch als **Schwellenwert-Selektion** oder Stutzungsselektion *(engl. truncation selection; to truncate: stutzen, abschneiden, kürzen)* bezeichnet und entspricht einer gerichteten Selektion für das entsprechende Merkmal. Bei einer stabilisierenden Selektion würde man jene Tiere remontieren, deren Leistungen zwischen einer unteren und oberen Selektionsgrenze liegen (Kap. 6.2).

Mehr-Merkmal-Selektion

Da die Ein-Merkmal-Selektion aus methodischer Sicht eine einfache und überschaubare Situation darstellt, sind wir bei unseren Überlegungen zum Thema Zuchtfortschritt (Kap. 5) und Selektionsformen (Kap. 6.2) auch von ihr ausgegangen. In der züchterischen Praxis wird die Ein-Merkmal-Selektion aber nur noch sehr selten angewendet, weil der ökonomische Gesamtnutzen von Zuchttieren immer von mehr als nur einem Merkmal anhängt. Das Zuchtziel besteht deshalb praktisch immer aus mehreren Merkmalen mit unterschiedlicher wirtschaftlicher Bedeutung. Damit ein solches Zuchtziel in einem Zuchtprogramm umgesetzt werden kann, sind also Selektionsmethoden notwendig, die eine gleichzeitige Selektion auf mehrere Merkmale ermöglichen. Tandemselektion, Mindestleistungsselektion und Indexselektion sind solche Methoden, und sie werden oft auch als die klassischen Methoden der **Mehr-Merkmal-Selektion** bezeichnet.

6.3.1 Tandemselektion

Eine bessere Bezeichnung wäre wohl **serielle Selektion**, weil die Selektionsmerkmale nacheinander züchterisch verbessert werden. Eine Festlegung der Selektionsreihenfolge ist deshalb notwendig. Es wird mit einem Merkmal begonnen, und wenn das Zuchtziel für dieses Merkmal erreicht ist, wird das nächste Merkmal züchterisch bearbeitet. Diese nacheinander folgende Ein-Merkmal-Selektion wird fortgesetzt, bis die Zuchtziele für alle Merkmale erreicht sind. Diese Methode ist zwar in der Praxis einfach anzuwenden, sie ist aber auch wenig effizient, weil während der Selektion auf das entsprechende Merkmal in den anderen

Merkmalen nur korrelierte Zuchtfortschritte erwartet werden können. Diese sind deutlich geringer als bei direkter Selektion und können bei unerwünschten genetischen (antagonistischen) Korrelationen negativ bzw. unerwünscht sein, was zu einem züchterischen „Zickzack-Kurs" führen kann. Die Tandemselektion wird in der Praxis nur noch selten angewendet. Historisch gesehen war die Tandemselektion die erste Selektionsmethode mit der versucht wurde, mehrere Merkmale im Zuchtziel zu berücksichtigen.

6.3.2 Mindestleistungsselektion

Diese Selektionsmethode wird auch als „Selektion nach fixen bzw. unabhängigen Selektionsgrenzen" bezeichnet. Für jedes Merkmal im Zuchtziel wird eine **Mindestleistung** (eine andere Bezeichnung für Selektionsgrenze) festgelegt, wobei diese Mindestleistung im einfachsten Fall wiederum eine phänotypische Eigenleistung ist, besser aber ein geschätzter Zuchtwert (basierend auf Eigen- und/oder Verwandtenleistungen) sein sollte. Es werden dann aber nur jene Tiere als Eltern der nächsten Generation selektiert, die die **Mindestleistungen** in **allen Merkmalen** erfüllen. Die unterschiedliche Bedeutung der einzelnen Merkmale kann durch die Höhe der jeweiligen Mindestleistung berücksichtigt werden. Das Prinzip der Mindestleistungsselektion ist in Abb. 6.2 für zwei Merkmale grafisch dargestellt, wobei zum leichteren Verständnis umweltkorrigierte, phänotypische Eigenleistungen (und nicht geschätzte Zuchtwerte) als Merkmale verwendet werden.

Vor- und Nachteil der Mindestleistungsselektion

Der **Vorteil** der Mindestleistungsselektion besteht darin, dass sie in der Praxis leicht umsetzbar ist und im Gegensatz zur Tandemselektion bereits ab den ersten Generationen zu direkten Zuchtfortschritten in allen Merkmalen führt. Der **Nachteil** ist, dass bei konsequenter Umsetzung auch Tiere aus der Zucht ausgeschieden werden müssen, die zwar

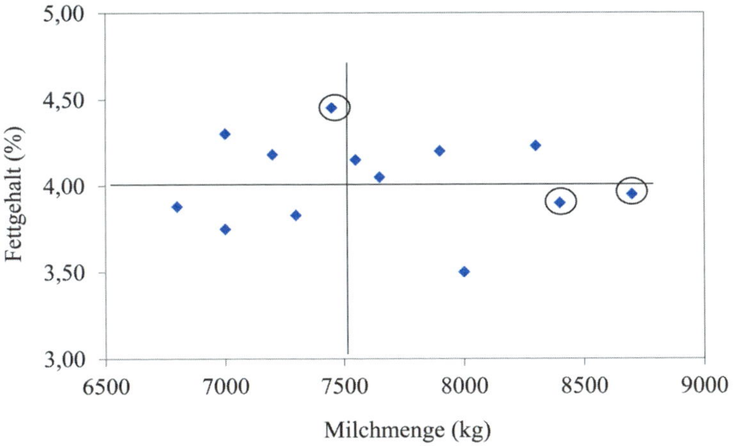

Abb. 6.2 Prinzip der Mindestleistungsselektion (Selektion nach fixen bzw. unabhängigen Selektionsgrenzen): Selektionsgrenzen sind 7500 kg Milch und 4,00% Fettgehalt in der Milch; selektiert werden nur die Kühe im oberen rechten Sektor

in einem Merkmal die Mindestanforderung nicht ganz erfüllen, in einem anderen aber dafür deutlich darüberliegen (siehe eingekreiste Symbole in Abb. 6.2). Die Mindestleistungsselektion bietet für solche genetisch durchaus interessante Tiere keine Kompensationsmöglichkeit. Dies kann zu einem raschen Verlust von genetischer Variabilität in der Zuchtpopulation führen. Die Methode ist starr und die Nachteile sind umso größer, je mehr Merkmale im Zuchtziel berücksichtigt werden. Außerdem können keine genetischen Korrelationen zwischen den Merkmalen berücksichtigt werden.

Obwohl schon lange bekannt ist, dass die Mindestleistungsselektion nicht zum optimalen Ergebnis führt, finden sich Elemente dieser Selektionsmethode auch heute noch in vielen praktischen Zuchtprogrammen. Dies ist immer dann der Fall, wenn für Selektionskandidaten in einem oder einigen Merkmalen absolute Mindestleistungen gefordert werden. So wird z. B. manchmal in der Milchrinderzucht für Bullenmütter eine Mindestleistung in der ersten Laktation oder in der Schweinezucht für Sauen eine Mindest-Wurfgröße im ersten Wurf verlangt. Diese Vorgehensweise ist besonders dann fragwürdig, wenn die Selektion aufgrund absoluter Leistungen ohne Umweltkorrektur erfolgt, es sich um Mindestanforderungen an die Eigenleistung in Merkmalen mit geringer Heritabilität (z. B. Fruchtbarkeit) handelt, oder durch diese Vorauswahl ein signifikanter Teil der möglichen Selektionskandidaten von der Remontierung ausgeschlossen wird.

6.3.3 Indexselektion

Grundsätzliches Konzept der Indexselektion

Diese Selektionsmethode wird auch als „Selektion nach flexiblen bzw. abhängigen Selektionsgrenzen“ bezeichnet. Das grundsätzliche Konzept der **Indexselektion** besteht darin, dass **alle Merkmale** im Zuchtziel nach einem bestimmten **Gewichtungsprinzip** zu einem für die Selektion entscheidenden **Index-Wert** zusammengefasst werden. Unter Merkmale verstehen wir bei der Indexselektion entweder umweltkorrigierte, phänotypische Leistungen (Eigen- und/oder Verwandtenleistungen) oder geschätzte Zuchtwerte (basierend auf Eigen- und/oder Verwandtenleistungen). Das dafür verwendete Gewichtungsprinzip kann auf einfachen bis komplexen mathematisch-statistischen Ansätzen beruhen. Dieses grundsätzliche Konzept wird neben der Tierzucht auch in vielen wirtschafts- und sozialwissenschaftlichen Bereichen angewendet, um verschiedene Informationen mit einer bestimmten Gewichtung in einem Index-Wert zusammenzufassen, der wiederum für die Beurteilung eines Sachverhaltes herangezogen werden kann: z. B. Aktienindex, Verbraucherpreisindex, Mietenindex, ifo-Geschäftsklimaindex, Human Development Index (HDI). Das **Prinzip** der **Indexselektion** ist in Abb. 6.3 für zwei Merkmale grafisch dargestellt, wobei zum leichteren Verständnis wiederum umweltkorrigierte, phänotypische Eigenleistungen als Merkmale verwendet werden.

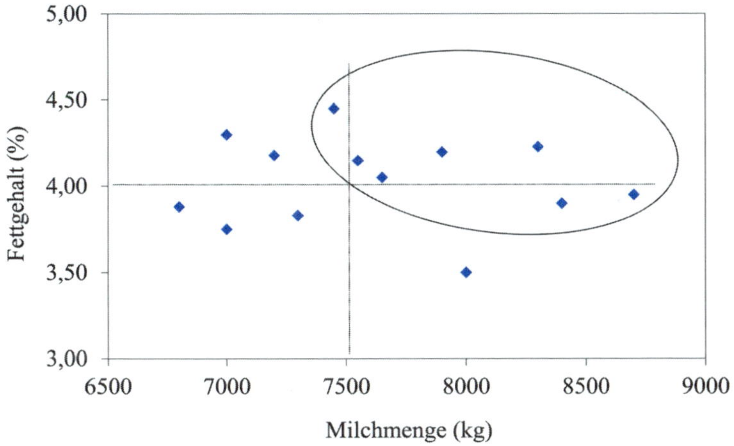

Abb. 6.3 Prinzip der Indexselektion (Selektion nach flexiblen bzw. abhängigen Selektionsgrenzen): Selektiert werden die Tiere innerhalb der Ellipse, die das verwendete Gewichtungsprinzip symbolisiert; zum Vergleich sind die Selektionsgrenzen der Mindestleistungsselektion gestrichelt eingezeichnet

Vor- und Nachteil der Indexselektion

Der **Vorteil** der Indexselektion besteht darin, dass Tiere schwächere Leistungen durch überdurchschnittliche Leistungen in anderen Merkmalen kompensieren können. Außerdem sind aus mathematisch-statistischer Sicht gute methodische Voraussetzungen für Optimierungsansätze für die Ableitung des Gewichtungsprinzips gegeben (z. B. Maximierung der Korrelation zwischen dem wahren und geschätzten Gesamtzuchtwert). Der **Nachteil** ist, dass die Selektionsentscheidung eigentlich erst dann möglich ist, wenn für alle Merkmale im Selektions-Index die Leistungsinformationen vorliegen. Dieser Nachteil kann aber durch die Anwendung einer Stufenselektion kompensiert werden, indem verschiedene Selektionsindizes zu unterschiedlichen Alterstufen der Tiere berechnet werden.

Gemeinsame Basis für die Merkmale

Da im **Index-Wert** Merkmale mit verschiedenen **naturalen Einheiten** (z. B. Kilogramm Milch, Prozent Fett bzw. Protein in der Milch, tägliche Zunahmen in Gramm, Nutzungsdauer in Tagen etc.) zusammengefasst werden, müssen die Merkmale auf eine **gemeinsame Basis** gebracht werden. Im einfachsten Fall können Punkte diese gemeinsame Basis sein; üblicherweise werden die naturalen Einheiten aber mithilfe von **wirtschaftlichen Gewichten** in Geldeinheiten (z. B. Euro) transformiert. Für die Ermittlung bzw. Ableitung von wirtschaftlichen Gewichten gibt es verschiedene, zum Teil sehr komplexe ökonomische Methoden, auf die hier nicht näher eingegangen werden soll. Allgemein gilt, dass im Selektions-Index die wirtschaftliche Bedeutung eines Merkmals in Form des **Grenznutzens** berücksichtigt werden kann. Dabei entspricht der Grenznutzen dem zusätzlichen Ertrag, der aufgrund einer durch Selektion bedingten genetischen Verbesserung der Leistung um eine Einheit nach Abzug der zusätzlichen Kosten anfällt. Oder anders ausgedrückt: Das wirtschaftliche Gewicht eines Merkmals entspricht dem Grenznutzen der durch Selektion bedingten genetischen Verbesserung der Leistung um eine Einheit.

Praktische Umsetzung der Indexselektion

Im Folgenden werden die Möglichkeiten der praktischen Umsetzung der Indexselektion in Abhängigkeit vom jeweils verwendeten Gewichtungsprinzip als **Punkte-Index, Basis-Index, Selektions-Index** und **Tiermodell-Index** überblicksartig dargestellt. Generell gilt für alle genannten Index-Formen, dass Tiere, die genau dem Populationsdurchschnitt (oder einer definierten Bezugsbasis) entsprechen, einen Index-Wert von Null erhalten, und deshalb über- bzw. unterdurchschnittlich veranlagte Tiere einen positiven bzw. negativen Index-Wert haben. Analog zur Zuchtwertschätzung (Kap. 4.11) kann der Null-Index für die Bezugsbasis auch auf das häufig verwendete Niveau 100 transformiert werden, und dementsprechend erhalten über- bzw. unterdurchschnittlich veranlagte Tiere einen Index-Wert über bzw. unter 100.

Punkte-Index

Punkte-Index

Der Punkte-Index ist die einfachste Form der Indexselektion und kann angewendet werden, wenn für die Merkmale Eigenleistungen, aber keine Heritabilitäten und wirtschaftlichen Gewichte zur Verfügung stehen. In diesem Fall können für jedes Tier die standardisierten, phänotypischen Leistungsabweichungen vom Populationsdurchschnitt (oder einer definierten Bezugsbasis) in den verschiedenen Merkmalen $[(P_i-PD_i)/s_{pi}]$ mit zuvor festgelegten Punkten bewertet, und anschließend die Punkte für die einzelnen Merkmale zu einem **Punkte-Index** addiert werden ($I = P_1 + P_2 + \ldots + P_n$). Diese Vorgangsweise ist zwar einfach anzuwenden, aus züchterischer Sicht aber unbefriedigend, weil das genetische Konzept der Heritabilität und Zuchtwertschätzung nicht berücksichtigt wird und somit nur phänotypische Eigenleistungen als Informationsquelle für die Selektionsentscheidung herangezogen werden. Mit dem Beispiel 6.1 wird der Punkte-Index anhand von drei Kühen demonstriert.

Beispiel 6.1: In einer Milchrinder-Population sind für die Merkmale Milchmenge, Milchfett- und Milchproteingehalt die in Tab. 6.1 zusammengefassten Populationsparameter und die Eigenleistungen der Kühe Lena, Alma und Gusti bekannt.
Frage: Welche der drei Kühe werden Sie aufgrund eines Punkte-Index selektieren?

Tab. 6.1 Populationsdurchschnitt (PD), phänotypische Standardabweichung (s_p), festgelegte Punkte pro s_p und Eigenleistungen der Kühe Lena, Alma und Gusti für einen Punkte-Index

Merkmal	PD	s_p	Punkte pro s_p	Lena	Alma	Gusti
Milchmenge, kg	7400	900	90	8600	6900	7400
Milchfettgehalt, %	4,0	0,25	10	3,6	4,5	4,0
Milchproteingehalt, %	3,3	0,20	50	3,2	3,4	3,3

Kuh Lena:

P_1 = 8600 → (8600 − 7400)/900 = 1200/900 = 1,3333 s_p
→ 1,3333 · 90 = +120,0 Punkte

P_2 = 3,6 → (3,6 − 4,0)/0,25 = −0,4/0,25 = −1,60 s_p
→ −1,60 · 10 = −16,0 Punkte

P_3 = 3,2 → (3,2 − 3,3)/0,20 = −0,1/0,20 = −0,10 s_p
→ −0,50 · 50 = −25,0 Punkte

→ I_{Lena} = +120,0 + (−16,0) + (−25,0) = +79,0 Punkte

Kuh Alma:

P_1 = 6900 → (6900 − 7400)/900 = −500/900 = −0,5556 s_p
→ −0,5556 · 90 = −50,0 Punkte

P_2 = 4,5 → (4,5 − 4,0)/0,25 = 0,5/0,25 = 2,00 s_p
→ 2,00 · 10 = +20,0 Punkte

P_3 = 3,4 → (3,4 − 3,3)/0,20 = 0,1/0,20 = 0,50 s_p
→ 0,50 · 50 = +25,0 Punkte

→ I_{Alma} = −50,0 + 20,0 + 25,0 = −5,0 Punkte

Kuh Gusti:

P_1 = 7400 → (7400 − 7400)/900 = 0,0/900 = 0,00 s_p
→ 0,00 · 90 = 0,0 Punkte

P_2 = 4,0 → (4,0 − 4,0)/0,25 = 0,0/0,25 = 0,00 s_p
→ 0,00 · 10 = 0,0 Punkte

P_3 = 3,3 → (3,3 − 3,3)/0,20 = 0,0/0,20 = 0,00 s_p
→ 0,00 · 50 = 0,0 Punkte

→ I_{Gusti} = 0,0 + 0,0 + 0,00 = 0,0 Punkte

Aufgrund des **Punkte-Index** wird die Selektionskandidatin Lena mit 79,0 Punkten selektiert und als Mutter für die nächste Generation verwendet. Aus den Einzelergebnissen für die Merkmale ist klar ersichtlich, dass Lena vor allem aufgrund ihrer Überlegenheit im wichtigen Merkmal Milchmenge (90 Punkte pro s_p) ihre unterdurchschnittliche Leistung in den weniger wichtigen Merkmalen Milchfett- und Milchproteingehalt kompensieren kann. Kuh Alma dagegen kann ihre Schwäche in der Milchmenge nicht durch ihre Stärke in den beiden Merkmalen Milchfett- und Milchproteingehalt wettmachen und bleibt mit −5,0 Punkten in Summe unter dem Populationsdurchschnitt. Kuh Gusti entspricht in allen drei Merkmalen genau dem Populationsdurchschnitt und erhält deshalb exakt 0 Punkte.

Basis-Index

Basis-Index

Eine methodische Weiterentwicklung, und daher für die Tierzucht besser geeignet, ist der sogenannte **Basis-Index**. Beim Basis-Index (manchmal auch als Heritabilitäts-Index bezeichnet; HEIDHUES, 1962), werden die standardisierten, phänotypischen Leistungsabweichungen vom Populationsdurchschnitt (oder einer definierten Bezugsbasis) in den verschiedenen Merkmalen mit der jeweiligen Heritabilität und dem wirtschaftlichen Wert gewichtet und dann zum Index-Wert aufsummiert. Allerdings ist auch der Basis-Index nur für Eigenleistungen in den einzelnen Merkmalen anwendbar. Der Index-Wert für den Basis-Index wird folgendermaßen berechnet:

$$I = \sum_{i=1}^{n} w_i h_i^2 \frac{P_i - PD_i}{s_{p(i)}}$$ Formel 6.1

wobei
I = Basis-Index mit n = Anzahl Merkmale,
w_i = wirtschaftliches Gewicht des Merkmals i,
h_i^2 = Heritabilität des Merkmals i,
P_i = phänotypische Leistung im Merkmal i,
PD_i = phänotypischer Populationsdurchschnitt (Bezugsbasis) des Merkmals i,
$s_{p(i)}$ = phänotypische Standardabweichung des Merkmals i.

Indexselektion und Zuchtwertschätzung

Ein methodischer **Schwachpunkt** des Basis-Index besteht jedoch darin, dass die genetischen und phänotypischen Korrelationen zwischen den Merkmalen sowie die Verwandtenleistungen (d. h. Vorfahren-, Geschwister- und Nachkommenleistungen) nicht berücksichtigt werden können. Der Basis-Index ist trotz dieser methodischen Schwächen eine für einfache Situationen leicht anwendbare tierzüchterische Index-Form, weil die standardisierten, phänotypischen Leistungsabweichungen mit der jeweiligen Heritabilität gewichtet werden. Diese Vorgangsweise entspricht der Zuchtwertschätzung bei Vorliegen einer Eigenleistung eines Merkmals (Kap. 4.11); d. h. für die Selektionsentscheidung werden geschätzte Zuchtwerte der einzelnen Merkmale als Informationsquellen verwendet. Die zusätzliche Gewichtung der geschätzten Zuchtwerte der einzelnen Merkmale mit dem jeweiligen wirtschaftlichen Gewicht ermöglicht die Zusammenfassung zu einem Index-Wert. An dieser Stelle wird auch erstmals klar erkennbar, dass die **Indexselektion** in einer sehr engen Beziehung zur **Zuchtwertschätzung** steht und in Form des Basis- und Selektions-Index (siehe nächstes Unterkapitel) sogar eine Doppelfunktion als **Selektions-** und **Zuchtwertschätzmethode** innehat.

Zuvor soll aber noch mit Beispiel 6.2 der Unterschied zwischen Punkte- und Basis-Index anhand der drei Kühe aus Beispiel 6.1 demonstriert werden. Wir benötigen als zusätzliche Informationen die Heritabilitäten der drei Merkmale und deren wirtschaftliche Gewichte (d. h. Grenznutzen), die die Festlegung von Punkten pro standardisierter, phänotypischer Leistungsabweichung ersetzen.

Beispiel 6.2: In einer Milchrinder-Population sind für die Merkmale Milchmenge, Milchfett- und Milchproteingehalt die in Tab. 6.2 zusammengefassten Populationsparameter und die Eigenleistungen der Kühe Lena, Alma und Gusti bekannt.
Frage: Welche der drei Kühe werden Sie aufgrund eines Basis-Index selektieren?

Tab. 6.2 Wirtschaftliches Gewicht (w) in Euro-Cent pro Einheit, Heritabilität (h^2), phänotypische Standardabweichung (s_p), Populationsdurchschnitt (PD) und Eigenleistungen der Kühe Lena, Alma und Gusti für einen Basis-Index

Merkmal	w	h^2	s_p	PD	Lena	Alma	Gusti
Milchmenge, kg	18	0,30	900	7400	8600	6900	7400
Milchfettgehalt, %	2	0,50	0,25	4,0	3,6	4,5	4,0
Milchproteingehalt, %	10	0,40	0,20	3,3	3,2	3,4	3,3

Kuh Lena:

$$\begin{aligned} I_{Lena} &= [18 \cdot 0{,}30\,(8600 - 7400)/900] + [2 \cdot 0{,}50\,(3{,}6 - 4{,}0)/0{,}25] \\ &+ [10 \cdot 0{,}40\,(3{,}2 - 3{,}3)/0{,}20] = [+7{,}20] + [-1{,}60] + [-2{,}00] \\ &= +3{,}6 \text{ Euro-Cent (bzw. Index-Wert)} \end{aligned}$$

Kuh Alma:

$$\begin{aligned} I_{Alma} &= [18 \cdot 0{,}30\,(6900 - 7400)/900] + [2 \cdot 0{,}50\,(4{,}5 - 4{,}0)/0{,}25] \\ &+ [10 \cdot 0{,}40\,(3{,}4 - 3{,}3)/0{,}20] = [-3{,}00] + [+2{,}00] + [+2{,}00] \\ &= +1{,}0 \text{ Euro-Cent (bzw. Index-Wert)} \end{aligned}$$

Kuh Gusti:

$$\begin{aligned} I_{Gusti} &= [18 \cdot 0{,}30\,(7400 - 7400)/900] + [2 \cdot 0{,}50\,(4{,}0 - 4{,}0)/0{,}25] \\ &+ [10 \cdot 0{,}40\,(3{,}3 - 3{,}3)/0{,}20] = [0{,}0] + [0{,}0] + [0{,}0] \\ &= 0{,}0 \text{ Euro-Cent (bzw. Index-Wert)} \end{aligned}$$

Einheit des Index-Wertes

Da im **Basis-Index** als wirtschaftliches Gewicht Geldeinheiten verwendet werden, entspricht das Ergebnis, also der Index-Wert, ebenfalls Geldeinheiten, d. h. in unserem Fall Euro-Cent. In der praktischen Tierzucht spricht allerdings niemand von Geldeinheiten, sondern es werden die neutralen Begriffe **Index-Punkte** oder auch nur **Index** bzw. **Punkte** verwendet. Die **Einheit des Index-Wertes** spielt für die Selektionsentscheidung keine Rolle, denn der Index-Wert soll ja nur das züchterische Potenzial von Selektionskandidaten auf einer Ordinalskala (d. h. in einer Rangliste) widerspiegeln. Die Kuh Gusti erhält auch beim Basis-Index exakt 0 Index-Punkte, weil sie in ihrem Leistungspotenzial genau dem Populationsdurchschnitt entspricht. Obwohl die relative Gewichtung der Merkmale (18:2:10) genau gleich ist wie im Punkte-Index

(90:10:50), bekommt die Kuh Alma im Basis-Index mit +1,0 einen positiven Index-Wert. Dies ist darauf zurückzuführen, dass die Heritabilitäten der Merkmale berücksichtigt werden, und deshalb die unterdurchschnittliche Leistung der Kuh Alma in der Milchmenge weniger stark ins Gewicht fällt und durch ihre Stärke in den beiden Merkmalen Milchfett- und Milchproteingehalt kompensiert werden kann. Die Kuh Lena wird mit +3,6 Index-Punkten auch mit einem Basis-Index als die beste Selektionskandidatin selektiert.

Selektions-Index

Selektions-Index und Indexgewichte

Eine unbedingte Voraussetzung für eine effiziente Selektion auf mehrere Merkmale ist aber die Berücksichtigung der genetischen Korrelationen zwischen den Merkmalen sowie von Verwandtenleistungen. Dies wird methodisch durch die Anwendung des Konzepts der linearen, multiplen Regression erreicht, indem die Gewichtungsfaktoren $w_i h_i^2$ im Basis-Index durch **partielle Regressionskoeffizienten** (b_i) ersetzt werden. Diese partiellen Regressionskoeffizienten, auch **Indexgewichte** genannt, berücksichtigen neben dem wirtschaftlichen Gewicht und der Heritabilität auch die genetischen Korrelationen zwischen den Merkmalen und die Art und den Umfang der Informationsquellen aus der Leistungsprüfung (d.h. Vorfahren-, Eigen-, Geschwister-, Nachkommenleistung und deren Kombinationen). Ein derartiger Index wird als optimierter Index bezeichnet, weil für die Berechnung der partiellen Regressionskoeffizienten (b_i) von dem Optimierungsansatz „Maximierung der Korrelation zwischen dem wahren und geschätzten Gesamtzuchtwert (r_{AgA})“ ausgegangen wird. In der züchterischen Praxis wird allerdings das Eigenschaftswort optimiert fast immer weggelassen, und es wird üblicherweise nur die Bezeichnung **Selektions-Index** oder **Index** verwendet. Um den genannten Optimierungsansatz überhaupt mathematisch umsetzen zu können, muss zuerst ein **wahrer Gesamtzuchtwert** (A) definiert werden. Der wahre Gesamtzuchtwert enthält alle jene Merkmale, die züchterisch bearbeitet werden sollen und somit im **Zuchtziel** enthalten sind.

$$A = w_1 A_1 + w_2 A_2 + \ldots + w_m A_m \qquad \text{Formel 6.2}$$

wobei:
A = wahrer Gesamtzuchtwert,
m = Anzahl Merkmale im wahren Gesamtzuchtwert,
w_i = wirtschaftliches Gewicht des Merkmals i,
A_i = wahrer Einzelzuchtwert des Merkmals i.

Wahrer Gesamtzuchtwert entspricht dem Zuchtziel

Der wahre Gesamtzuchtwert (A) und die wahren Einzelzuchtwerte (A_i) sind grundsätzlich unbekannt. Der wahre Zuchtwert eines Tieres kann deshalb nur mehr oder weniger genau geschätzt werden (Kap. 4.11). Um den **wahren Gesamtzuchtwert** schätzen zu können, wird ein **Selektions-Index** mit n Merkmalen definiert (Formel 6.3). Für diese Merkmale müssen phänotypische Leistungen verschiedener Informationsquellen aus der Leistungsprüfung (d.h. Vorfahren-, Eigen-, Geschwister-, Nachkommenleistung und deren Kombinationen) zur Verfügung stehen. Es wird allgemein davon ausgegangen, dass die im Selektions-Index verwendeten phänotypischen Leistungen vorab für systematische Umwelteffekte korrigiert sind (Kap. 4.11: $P - P_{system} = P_{korr}$).

$$I = b_1X_1 + b_2X_2 + ... + b_nX_n \qquad \text{Formel 6.3}$$

wobei:
I = Selektions-Index,
n = Anzahl Merkmale, für die phänotypische Leistungen zur Verfügung stehen,
b_i = Indexgewicht (partieller Regressionskoeffizient) des Merkmals i,
X_i = phänotypische Leistungsabweichung vom Populationsdurchschnitt (Bezugsbasis) im Merkmal i.

Selektions-Index entspricht dem geschätzten Gesamtzuchtwert

Die **Index-Merkmale** sind entweder dieselben Merkmale wie im Gesamtzuchtwert (d.h. m = n), oder sie sind mit jenen im Gesamtzuchtwert genetisch korreliert (d.h. m > n oder m < n) und somit Hilfsmerkmale (Kap. 4.9.4). Der **Selektions-Index** ist also nichts anderes als der **geschätzte Gesamtzuchtwert** und ist deshalb neben seiner Funktion als Methode der Mehr-Merkmal-Selektion auch als Methode der Zuchtwertschätzung zu interpretieren. Die Berechnung der Indexgewichte (b_i) erfolgt mit der Methode der Matrix-Rechnung unter der Bedingung, dass die Korrelation zwischen dem wahren und geschätzten Gesamtzuchtwert, d.h. zwischen A und I ($r_{AgA} = r_{AI}$), maximiert, und das Abweichungsprodukt $(A{-}I)^2$, d.h. die Rest- oder Fehlervarianz, bei der Schätzung von A minimiert wird. Die Indexgewichte sind für alle Tiere einer Selektionsgruppe bzw. eines Pfades (Kap. 5.2) identisch, da beim Selektions-Index davon ausgegangen wird, dass für diese Tiere die gleichen phänotypischen Informationsquellen aus der Leistungsprüfung zur Verfügung stehen. Daraus folgt natürlich auch, dass die Zuverlässigkeit bzw. Genauigkeit der Zuchtwertschätzung (Kap. 4.11) für alle Tiere einer Selektionsgruppe gleich ist. Die Berechnung der geschätzten Einzelzuchtwerte der Merkmale und des geschätzten Gesamtzuchtwerts, d.h. des Selektions-Indexes, erfolgt, indem die phänotypischen Leistungsabweichungen der einzelnen Informationsquellen (X_1 bis X_n) mit den entsprechenden Indexgewichten (b_1 bis b_n) multipliziert und danach zum Selektions-Index aufsummiert werden. Mit Beispiel 6.3 wird die Vorgangsweise für die Berechnung des Selektions-Indexes in der Schweinezucht demonstriert.

Beispiel 6.3: In einem Schweine-Zuchtverband wird für die Zuchtwertschätzung und Selektion ein Selektions-Index verwendet, wobei folgende Merkmale im wahren Gesamtzuchtwert (d. h. im Zuchtziel) und als Index-Merkmale verwendet werden:
Merkmale im **Gesamtzuchtwert** (für Eber und Sauen gleich, m = 3):

A = $w_1A_1 + w_2A_2 + w_3A_3$
A_1 = FUV = Futterverwertung (kg Futter pro kg Zuwachs) mit $w_1 = -13{,}8$ Euro,
A_2 = MFA = Muskelfleischanteil (%) mit $w_2 = 0{,}50$ Euro,
A_3 = FBZ = Fleischbeschaffenheitszahl $w_3 = 1{,}05$ Euro.

Index-Merkmale für **Eber** (n = 5):
$I_E = b_1X_1 + b_2X_2 + b_3X_3 + b_4X_4 + b_5X_5$

X_1 = Ø FUV von 2 Vollgeschwistern auf Station (d. h. direkte LP-Info für A_1),
X_2 = Ø MFA von 2 Vollgeschwistern auf Station (d. h. direkte LP-Info für A_2),
X_3 = Ø FBZ von 2 Vollgeschwistern auf Station (d. h. direkte LP-Info für A_3),
X_4 = Rückenspeckdicke in mm (RSD), gemessen mit einem Ultraschall-Gerät am jeweiligen Eber-Selektionskandidat (d. h. 1 Eigenleistung im Zuchtbetrieb); RSD ist ein Hilfsmerkmal, das über die genetischen Korrelationen mit A_1, A_2, A_3 verknüpft ist (also eine indirekte LP-Info für A_1, A_2, A_3),
X_5 = Lebenstageszunahme in g (LTZU) des jeweiligen Eber-Selektionskandidaten (d. h. 1 Eigenleistung im Zuchtbetrieb); LTZU ist ein Hilfsmerkmal, das über die genetischen Korrelationen mit A_1, A_2, A_3 verknüpft ist (also eine indirekte LP-Info für A_1, A_2, A_3).

Index-Merkmale für **Sauen** (n = 2):
Da die Sauen in einem früheren Alter als die Eber selektiert werden, stehen die Leistungen der Vollgeschwister aus der Stationsprüfung zum Zeitpunkt der Selektion als Index-Merkmale noch nicht zur Verfügung; der Sauen-Index besteht deshalb nur aus den beiden Hilfsmerkmalen RSD und LTZU in Form einer Eigenleistung der jeweiligen Sauen-Selektionskandidatin.
$I_S = b_6X_6 + b_7X_7$

X_6 = Rückenspeckdicke in mm (RSD), gemessen mit einem Ultraschall-Gerät an der jeweiligen Sauen-Selektionskandidatin (d. h. 1 Eigenleistung im Zuchtbetrieb); RSD ist ein Hilfsmerkmal, das über die genetischen Korrelationen mit A_1, A_2, A_3 verknüpft ist (also eine indirekte LP-Info für A_1, A_2, A_3),
X_7 = Lebenstageszunahme in g (LTZU) der jeweiligen Sauen-Selektionskandidatin (d. h. 1 Eigenleistung im Zuchtbetrieb); LTZU ist ein Hilfsmerkmal, das über die genetischen Korrelationen mit A_1, A_2, A_3 verknüpft ist (also eine indirekte LP-Info für A_1, A_2, A_3).

Interpretation Beispiel 6.3

Bevor der Selektions-Index in der züchterischen Praxis angewendet werden kann, muss zuerst einmalig für alle Eber und Sauen die Berechnung der benötigten sieben Indexgewichte (b_1 bis b_7) mit einem Computerprogramm durchgeführt werden. Dazu müssen für die Merkmale im wahren Gesamtzuchtwert und die beiden Hilfsmerkmale die jeweiligen phänotypischen Standardabweichungen, Heritabilitäten, Effekte der gemeinsamen Wurfumwelt (c^2-Effkete), wirtschaftlichen Gewichte, phänotypischen und genetischen Korrelationen sowie die Art und der Umfang der Informationsquellen aus der Leistungsprüfung (in unserem Fall: 2 Vollgeschwister, 1 Eigenleistung) berechnet bzw. definiert werden. In unserem Beispiel verzichten wir der Einfachheit halber auf die Darstellung der phänotypischen Standardabweichungen, Heritabilitäten, c^2-Effekte sowie phänotypischen und genetischen Korrelationen. Für die Berechnung der Index-Werte muss auch noch eine **Bezugsbasis** für die **Index-Merkmale** festgelegt werden. In diesem Beispiel wird der Populationsdurchschnitt verwendet. Basierend auf den phänotypischen Leistungen der Vollgeschwister auf Station bzw. der Eigenleistungen im Zuchtbetrieb kann dann gemäß Formel 6.3 der Index-Wert für die Eber- und Sauen-Selektionskandidaten über einige Generationen hinweg berechnet werden. Begleitend zur praktischen Selektionsarbeit müssen in regelmäßigen Abständen die für die Berechnung der Indexgewichte verwendeten Populationsparameter bezüglich ihres Ni-

Tab. 6.3 Berechnung des Selektions-Indexes für Eber Igor und Sau Laura. Beschreibung der Index-Merkmale siehe Text. PD = Populationsdurchschnitt, LP-Info = phänotypische Information aus der Leistungsprüfung, Xi = phänotypische Leistungsabweichung vom PD (LP-Info minus PD), b_i = Indexgewicht, r_{AI} = Zuverlässigkeit der Zuchtwertschätzung (Korrelation zwischen wahrem Gesamtzuchtwert und Index)

Index-Merkmal	PD	LP-Info	X_i	b_i	b_iX_i
Eber Igor:					
FUV (kg/kg)	2,96	2,25	−0,71	−3,1641	2,2465
MFA (%)	57,1	60,2	3,1	0,3474	1,0769
FBZ (Punkte)	100	95	−5	0,0521	−0,2605
RSD (mm)	22,3	19,8	−2,5	−0,0965	0,2413
LTZU (g)	730	785	55	0,0033	0,1815
Index Igor = +2,2465 + (+1,0769) + (−0,2605) + (+0,2413) + (+0,1815) = +3,49 Euro; r_{AI} = 0,41					
Sau Laura:					
RSD (mm)	22,3	26,7	4,4	−0,1341	−0,5900
LTZU (g)	730	591	−139	0,0034	−0,4726
Index Laura = −0,5900 + (−0,4726) = −1,06 Euro; r_{AI} = 0,17					

veaus überprüft werden. Wenn sich die Populationsparameter verändern, was sie früher oder später unweigerlich tun werden, müssen die Indexgewichte durch eine neue Berechnung aktualisiert werden. In Tab. 6.3 ist die **Berechnung der Index-Werte** für den Eber Igor und die Sau Laura zusammengefasst dargestellt.

Der Eber Igor hat einen deutlich positiven Selektions-Index von +3,49 (Euro bzw. Index-Punkte) und er wird deshalb sicher als Zuchteber für die Erstellung der nächsten Generation selektiert, während die Sau Laura mit einem Selektions-Index von −1,06 (Euro bzw. Index-Punkte) als Zuchtsau nicht infrage kommt. Da für die Berechnung der Index-Werte der Eber neben den Eigenleistungen auch die durchschnittlichen Leistungen von zwei Vollgeschwistern aus der Stationsprüfung zur Verfügung stehen, ist die Zuverlässigkeit bzw. Genauigkeit der Selektions-Indize für die Eber immer höher (r_{AI} = 0,41) als für die Sauen (r_{AI} = 0,17).

Selektions-Index mit Restriktionen

Ein **Schwachpunkt** des **Selektions-Index** besteht allerdings darin, dass ausschließlich der Zuchtfortschritt in Geldeinheiten, d. h. der Gesamtzuchtwert maximiert wird. Bei Merkmalsantagonismen (unerwünschte genetische Korrelationen) besteht aber die Gefahr, dass sich wirtschaftlich „schwache" oder gering heritable Merkmale in unerwünschter Richtung verändern können (z. B. Leistungsmerkmale versus Furchtbarkeitsmerkmale, oder Muskelfleischanteil versus Fleischbeschaffenheit). Eine Lösung für dieses Problem ist ein **Selektions-Index** mit **Restriktionen** *(lat. restrictio: Ein-, Beschränkung)* bezüglich des Zuchtfortschritts in gewissen Merkmalen – ein sogenannter **restriktiver Index** (auch restringierter Index genannt). Das Prinzip aller Restriktionsansätze besteht darin, dass bei der Berechnung der Indexgewichte in das „freie Spiel der Merkmale im Sinne ihrer wirtschaftlichen Bedeutung" eingegriffen wird. Es wird also für einzelne Merkmale unabhängig von ihrer wirtschaftlichen Bedeutung eine bestimmte genetische Entwicklung (d. h. ein in diesem Merkmal mindestens zu erreichender Zuchtfortschritt) vorgegeben. Diese Vorgangsweise bewirkt, dass der Zuchtfortschritt in den anderen (wirtschaftlich wichtigeren) Merkmalen im Vergleich zum nicht restriktiven Index geringer sein wird, in den unter Restriktion stehenden Merkmalen sich aber in die vorgegebene Richtung entwickeln wird.

Beispiel für restriktiven Index

Ein **Beispiel** für einen **restriktiven Index** kann folgendermaßen lauten: Das Niveau des Merkmals Fleischbeschaffenheitzahl (FBZ) soll stabilisiert werden bzw. darf nicht schlechter werden. Wir sprechen dann auch von einer Nullrestriktion, weil keine genetische Veränderung im Merkmal FBZ erwünscht ist. Um dieses Ziel zu erreichen, muss bei der Berechnung der Indexgewichte für das Merkmal FBZ jenes fiktive wirtschaftliche Gewicht rechnerisch abgeleitet werden, das die Stabilisierung des Niveaus des Merkmals FBZ erwarten lässt. Mit einem restriktiven Index besteht auch die Möglichkeit, in einem Merkmal einen erwünschten Zuchtfortschritt anzustreben. Wenn z. B. das Niveau im

Merkmal intramuskulärer Fettgehalt (IMF) pro Generation um 0,15 additiv genetische Standardabweichung (0,15 s_A) steigen soll, so muss eben jenes fiktive wirtschaftliche Gewicht für das Merkmal IMF ermittelt werden, das diesen erwünschten Zuchtfortschritt erwarten lässt. Restriktionen sind häufig auch bei jenen Merkmalen notwendig, deren wirtschaftliche Bedeutung schwer zu quantifizieren ist, oder die aus bestimmten Gründen im Zuchtziel stärker gewichtet werden sollen, als es aus rein ökonomischer Sicht gerechtfertigt wäre.

Zusammenfassend kann Folgendes gesagt werden: Allgemein ausgedrückt ist ein **Selektions-Index** eine **lineare Kombination** von Informationen (siehe Formel 6.3). Statistisch gesehen handelt es sich um eine **multiple, lineare Regressionsgleichung**, wobei die Größe der **partiellen Regressionskoeffizienten** (b_i), die ja wiederum nichts anderes als Gewichtungsfaktoren sind, von der Heritabilität und dem wirtschaftlichen Gewicht des jeweiligen Merkmals abhängt, sowie von den genetischen und phänotypischen Korrelationen zwischen den Merkmalen und von der Art und dem Umfang der Informationsquellen aus der Leistungsprüfung (d.h. Vorfahren-, Eigen-, Geschwister-, Nachkommenleistung und deren Kombinationen).

Klassischer Selektions-Index

Die von LANOY N. HAZEL and JAY L. LUSH Anfang der 1940er-Jahre entwickelte **Selektions-Index-Theorie**, auf der der Selektions-Index beruht, ist zugleich eine **Zuchtwert-Schätzmethode**, bei der simultan, d.h. gleichzeitig, mehrere Merkmale und Informationsquellen berücksichtigt werden können. Der Selektions-Index wurde mehrere Jahrzehnte lang in der praktischen Zucht als Methode für die Zuchtwertschätzung angewendet und wird deshalb auch häufig als „klassischer Selektions-Index“ bezeichnet. Abgelöst wurde der **Selektions-Index** als Methode für die Zuchtwertschätzung durch das **BLUP-Verfahren** (Kap. 4.11, Kap. 8.3.4). In der Praxis durchgesetzt hat sich das BLUP-Verfahren allerdings erst in den 1980er-Jahren als leistungsfähige und bezahlbare Computerkapazitäten zur Verfügung standen. Die genetisch-statistische Theorie hinter beiden Verfahren ist identisch. Sie unterscheiden sich primär darin, dass die Korrektur der systematischen Umwelteffekte im BLUP-Verfahren gleichzeitig mit der Schätzung der Zuchtwerte erfolgen kann. Zusätzlich können beim BLUP-Verfahren für die Schätzung der Zuchtwerte alle über die Verwandtschaftsbeziehungen eines Tieres verfügbaren Leistungen berücksichtigt werden. Das dafür verwendete Schätzmodell ist das sogenannte **BLUP-Tiermodell**.

Tiermodell-Index

Tiermodell-Index

Der **Tiermodell-Index** ist ein Index, der auf geschätzten BLUP-Tiermodell-Zuchtwerten für die einzelnen Merkmale basiert. Bei dem im vorigen Unterkapitel besprochenen „klassischen Selektions-Index“ wird davon ausgegangen, dass für alle Tiere einer Selektionsgruppe die gleichen phänotypischen Informationsquellen aus der Leistungsprüfung zur Verfügung stehen. Es sind deshalb auch die Indexgewichte und die Zuverlässigkeit bzw. Genauigkeit der Zuchtwertschätzung für alle Tiere gleich. Durch die Einführung des **BLUP-Tiermodells** in der Zuchtwertschätzung stehen für die Indexselektion aber nicht mehr phänotypische Leistungsinformationen der einzelnen Merkmale zur Verfügung, sondern deren **geschätzte Zuchtwert**. In den geschätzten BLUP-Tiermodell-Zuchtwerten sind somit die Heritabilität des jeweiligen Merkmals, die genetischen Korrelationen zwischen den Merkmalen und die für jedes Tier individuelle Art und Umfang der Informationen aus der Leistungsprüfung vollständig berücksichtigt. Da in der BLUP-Tiermodell-Zuchtwertschätzung für jedes Tier mithilfe der sogenannten **Verwandtschaftsmatrix** alle über die Verwandtschaftsbeziehungen verfügbaren Leistungen verwendet werden können, stehen für jedes Tier individuell verschiedene Informationen zur Verfügung. Dies ist auch der Grund, warum jedes Tier eine individuelle Zuverlässigkeit bzw. Genauigkeit der Zuchtwertschätzung hat (Kap. 8.3.4). Im Tiermodell-Index müssen dann nur noch die geschätzten BLUP-Tiermodell-Zuchtwerte mit ihren wirtschaftlichen Gewichten multipliziert und aufsummiert werden.

$$A = w_1 A_1 + w_2 A_2 + ... + w_m A_m$$
$$I = w_1 gA_1 + w_2 gA_2 + ... + w_n gA_n$$
Formel 6.4

wobei:
A = wahrer Gesamtzuchtwert bzw. wahre Einzelzuchtwerte
m = Anzahl Merkmale im wahren Gesamtzuchtwert,
I = Tiermodell-Index (Index auf Basis geschätzter BLUP-Tiermodell-Zuchtwerte),
n = Anzahl Merkmale in der BLUP-Tiermodell-Zuchtwertschätzung,
wi = wirtschaftliches Gewicht des Merkmals i,
gA_i = geschätzter BLUP-Tiermodell-Zuchtwert des Merkmals i.

Der **Tiermodell-Index** ist also eine Art der **Indexselektion**, die nicht – wie der Basis- und Selektions-Index – gleichzeitig auch eine Methode der Zuchtwertschätzung ist. Im Gegensatz zum Basis- und Selektions-Index muss deshalb vor der Bildung des Index-Wertes in einem getrennten Arbeitsschritt mit einem Computerprogramm zuerst die Zuchtwertschätzung für die einzelnen Merkmale mit einem BLUP-Tiermodell durchgeführt werden. Anschließend können die geschätzten BLUP-Tiermodell-Zuchtwerte mit dem jeweiligen wirtschaftlichen Wert gewichtet und dann zu dem für die Selektionsentscheidung verwendeten Tiermodell-Index addiert werden.

Fragen zu Kapitel 6

- Was verstehen Sie unter Selektion im tierzüchterischen Sinn?
- Erklären Sie Ziel, Effekt und Wirkung der Selektion.
- Wie und wodurch verändert sich die Varianz selektierter Merkmale in einer Population?
- Was ist der BULMER-Effekt?

- Welche Selektionsformen kennen Sie? Erklären Sie die Unterschiede zwischen den Selektionsformen und unterstützen Sie Ihre Erklärungen mit schematischen Darstellungen.
- Welche Informationsquellen können grundsätzlich für Selektionsentscheidungen herangezogen werden?
- Erklären Sie den Begriff Stufenselektion.
- Welche Methoden der Mehr-Merkmal-Selektion sind Ihnen bekannt? Erläutern Sie die grundsätzlichen Eigenschaften dieser Methoden.
- Erklären Sie das grundsätzliche Konzept der Indexselektion und erläutern Sie deren Vor- und Nachteile.
- Welche Möglichkeiten kennen Sie, das Konzept der Indexselektion praktisch umzusetzen? Erläutern Sie die wichtigsten Kennzeichen dieser Möglichkeiten.
- Was verstehen Sie unter einem restriktiven Index?
- Worin unterscheidet sich grundsätzlich ein Selektions-Index von einem Tiermodell-Index?

7 Zuchtmethoden

Das Ziel der Tierzüchter ist es, durch bestimmte Maßnahmen die Tiere einer Zuchtpopulation im Sinne des Zuchtziels in ihrer Leistungsfähigkeit und ihrem Aussehen bzw. Exterieur *(lat. exterior: auf der Außenseite)* weiterzuentwickeln. Den Tierzüchtern stehen grundsätzlich zwei Möglichkeiten zur Verfügung, die genetischen Veranlagungen der Tiere einer Population zu verändern; d.h. die Allelfrequenzen der erwünschten Eigenschaften und daraus folgend der erwünschten Genotypfrequenzen zu erhöhen. Die erste Möglichkeit ist die Auswahl der Elterntiere, also die Selektion, und die zweite Möglichkeit ist die Art, wie die ausgewählten Elterntiere miteinander gepaart werden, also die **gerichtete Paarung**. Während die Selektion im Kap. 6 umfassend behandelt wird, werden in diesem Kapitel die Methoden der gerichteten Paarung, die sogenannten **Zuchtmethoden**, besprochen. Für den Begriff Zuchtmethoden werden als Synonyme *(lat. synonymos: gleichbedeutend)* auch Paarungssysteme oder Zuchtverfahren verwendet.

Reinzucht- und Kreuzungszucht-Methoden

Mit dem bewährten und einfachen Prinzip der Paarung „die Besten mit den Besten“ sind schon lange vor der systematischen Anwendung von Zuchtmethoden teilweise beachtliche Zuchtfortschritte erreicht worden. Dieses Prinzip gilt grundsätzlich nach wie vor für die verschiedenen Zuchtmethoden. Die beiden großen Gruppen **Reinzucht-** und **Kreuzungszucht-Methoden** basieren auf der Ausnützung additiv genetischer und nicht-additiv genetischer Allelwirkungen (Dominanz und Überdominanz) sowie auf der systematischen Nutzung genetischer Unterschiede in den Leistungen zwischen verschiedenen Populationen. Für die Beschreibung der Zuchtmethoden werden bewusst die Begriffe „Population“ bzw. „Zuchtpopulation“ anstelle des Begriffs „Rasse“ verwendet. **Rasse** ist im Gegensatz zu Population genetisch nicht eindeutig definiert. Unter einer Rasse versteht man üblicherweise eine Gruppe von domestizierten Tieren der gleichen Art, die sich in morphologischen (Exterieur), physiologischen (Leistungen) und ethologischen Merkmalen (Verhalten) ähnlich sind und eine gemeinsame Zuchtgeschichte haben.

Eine **Population** bzw. **Zuchtpopulation** dagegen ist eine Gruppe von domestizierten Tieren der gleichen Art, die die zuvor genannten Eigenschaften aufweist, zusätzlich aber eine Paarungsgemeinschaft bildet und einen gemeinsamen Genpool (Summe der Erbanlagen aller Tiere) darstellt. In einer Zuchtpopulation haben deshalb alle Tiere die Chance, im Rahmen eines Zuchtprogramms miteinander gepaart zu werden. Innerhalb einer Rasse dagegen besteht diese Chance meistens nicht, weil in der praktischen Tierzucht eine Rasse üblicherweise aus mehreren Zuchtpopulationen besteht, die sich auf bestimmte Regionen oder Länder beziehen können (z. B. Rasse Fleckvieh beim Rind: Deutsche Fleckvieh-Population, Österreichische Fleckvieh-Population, Europäische Fleckvieh-Population). Dies trifft vor allem auf die in mehreren Ländern oder auf verschiedenen Kontinenten verbreiteten Rassen zu. Es findet aber meistens ein mehr oder weniger intensiver Austausch von Zuchttieren, Samen oder Embryonen zwischen den Zuchtpopulationen einer Rasse statt.

Population bzw. Zuchtpopulation

In Tab. 7.1 sind die **Zuchtmethoden** systematisch gruppiert dargestellt. Für die Systematik der Zuchtmethoden gibt es in der Literatur verschiedene Vorschläge. Zum Beispiel können die Zuchtmethoden Verdrängungs- und Kombinationszucht je nach Perspektive den Reinzucht- oder Kreuzungszucht-Methoden zugeordnet werden. Da bei beiden Zuchtmethoden aber das langfristige Ziel die Reinzucht ist, werden sie in Tab. 7.1 den Reinzucht-Methoden zugeordnet.

Zuchtmethoden

Tab. 7.1 Einteilung der Zuchtmethoden

Reinzucht-Methoden	
In offener Population:	**In geschlossener Population:**
Reinzucht	Inzucht
Veredelungszucht	Linienzucht
Verdrängungszucht	Erhaltungszucht
Kombinationszucht	
Kreuzungszucht-Methoden	
Diskontinuierliche:	**Kontinuierliche:**
Einfach-Kreuzung	Rotationskreuzung:
Mehrfach-Kreuzung:	– Wechselkreuzung
– Drei-Wege-Kreuzung	– Drei-Wege-Rotation
– Rückkreuzung	
– Vier-Wege-Kreuzung	
Terminalrotation	

7.1 Reinzucht-Methoden

Werden Tiere innerhalb **einer Population** gepaart – man spricht auch von Zucht mit einer Population – so handelt es sich um Reinzucht-Methoden. Reinzucht-Methoden basieren überwiegend auf der Ausnützung von **additiven Allelwirkungen** und führen langfristig zu vermehrter **Homozygotie**; d.h. der Anteil homozygoter Genorte wird erhöht und die Tiere werden langfristig genetisch einheitlicher und deshalb in ihren Leistungen ausgeglichener bzw. uniformer. Zuchttiere einer Reinzucht-Population werden als „reinrassig" bezeichnet. Reinzucht-Methoden können in einer offenen oder geschlossenen Population angewendet werden. **Offene Population** bedeutet, dass durch die Immigration von Tieren, Samen oder Embryonen Allele gezielt aus anderen Populationen derselben Rasse oder, zeitlich befristet, sogar aus Populationen einer anderen Rasse hereingeholt werden können. **Geschlossene Population** dagegen bedeutet, dass keine Immigration von Allelen aus anderen Populationen zugelassen ist.

7.1.1 Reinzucht-Methoden in offener Population

Reinzucht

Häufigste Reinzucht-Methode

Von Reinzucht als Zuchtmethode spricht man bei Paarung innerhalb einer Population unter weitgehender Vermeidung von Verwandtenpaarungen. Reinzucht ist eine relativ einfache und sichere Zuchtmethode, weil sie von Generation zu Generation überwiegend leistungsstabile Nachkommen erwarten lässt; d.h. es sind keine durch Rekombinationsverluste verursachte Einbrüche im Leistungsniveau zu erwarten. Reinzucht ist die in allen Nutztierarten und Rassen am **häufigsten angewendete Zuchtmethode**. Sie war die Voraussetzung dafür, dass etwa ab 1850 aus der Vielfalt regionaler Landschläge in Kombination mit Veredelungs-, Verdrängungs- und Kombinationszucht die heutigen Nutztierrassen entstanden sind und deren heutiges Leistungsniveau erreicht wurde. Gleichzeitig mit der Etablierung der Reinzucht kam es zu Zusammenschlüssen von Züchtern zu Züchtervereinigungen und zur Einrichtung von Zuchtbüchern, auch Stamm- oder Herdbücher genannt, in denen die Tiere einer Zuchtpopulation systematisch erfasst werden. Reinzucht wird deshalb in der praktischen Tierzucht oft auch als **Herdbuchzucht** bezeichnet. Bei einigen wenigen Rassen (z.B. Englisches Vollblutpferd, Islandpferd) wurden die Zuchtbücher geschlossen. Dies bedeutet, dass nur noch Tiere in das Zuchtbuch eingetragen werden können, deren Eltern bereits im Zuchtbuch der betreffenden Rasse eingetragen sind. Diese extreme Form der „Reinrassigkeit" hat aber bei anderen Nutztierrassen keine Bedeutung.

Veredelungszucht

Bestimmte Merkmale veredeln

Bei der Veredelungszucht werden Paarungen in einer Population A teilweise und zeitlich befristet mit vorwiegend männlichen Tieren aus einer anderen Population B durchgeführt. Dabei soll die Population A in ihren wesentlichen Eigenschaften erhalten bleiben und nur bestimmte erwünschte Merkmale der Population B kontrolliert in Population A eingeführt werden. In der Pferdezucht wurden z. B. in der Rasse Haflinger nach dem Zweiten Weltkrieg Arabische Vollblut-Hengste eingesetzt, um die Rasse leichter, edler und als Reitpferd handlicher zu machen. Auch der Einsatz Englischer Vollblut-Hengste in den Deutschen Warmblut-Populationen oder die künstliche Besamung von Fleckvieh- oder Pinzgauer-Kühen mit Samen von Red Holstein-Bullen sind Beispiele für eine Veredelungszucht. Wird die Veredelungszucht langfristig durchgeführt – was nicht ihrer grundsätzlichen Konzeption entspricht – dann kann sie in eine Verdrängungszucht übergehen.

Verdrängungszucht

Verdrängung des Genpools

Ziel ist die kontinuierliche Verdrängung des Genpools der Population A durch den Genpool der Population B. Dazu werden langfristig Tiere (vorwiegend Vatertiere) der Population B als Paarungspartner der Population A eingesetzt. Dieses Ziel könnte am schnellsten erreicht werden, wenn alle männlichen und weiblichen Tiere der Population A durch Tiere der Population B ersetzt werden. Diese Vorgangsweise ist aber in der Praxis für eine ganze Population nicht üblich, weil sie sehr teuer ist. Die Verdrängungszucht ist daher eine zwar relativ langsame, dafür aber kostengünstige Möglichkeit, den Genpool einer Population durch den Genpool einer anderen Population zu ersetzen. Beispiele für Verdrängungszucht sind der Einsatz von Bullen bzw. Samen der amerikanischen Rassen Holstein Friesian bzw. Brown Swiss in den deutschen, österreichischen und schweizerischen Populationen der Rassen Schwarzbunte und Braunvieh ab ca. 1965. Beim Schwein wurde zwischen 1950 und 1970 das Deutsche veredelte Landschwein durch die Niederländische Landrasse verdrängt und dann als Deutsche Landrasse wieder rein weitergezüchtet. Wird die Verdrängungszucht nicht konsequent durchgeführt, so kommt es zur Kombination (Vermischung) der Genpools der beiden Populationen. Diese Art der Verdrängungszucht stellt einen fließenden Übergang zur Kombinationszucht dar.

Kombinationszucht

Neue Rasse kombinieren

Ziel ist die Bildung einer neuen „synthetischen“ Rasse *(engl. synthetics)* durch die Kombination guter Leistungseigenschaften von zwei oder mehr Rassen, die anschließend in Reinzucht weitergezüchtet wird. Ein klassisches Beispiel in der Fleischrinder-Zucht ist die Rasse Santa Gertrudis. Ab 1920 wurde die Hitzetoleranz des Zebu-Rindes mit der Zuwachsleistung des Shorthorn-Rindes kombiniert, um eine neue Rasse zu züchten, die eine gute Hitzeverträglichkeit und hohe Gewichtszunahmen in sich vereint. Bei der Kombinationszüchtung sollen also wertvolle Eigenschaften einer Population erhalten bleiben und mit nützlichen Merkmalen einer anderen Population kombiniert werden. Kombinationszucht erfordert wegen der Aufspaltung der Nachkommen in den Folgegenerationen eine strenge Selektion auf den Typ der neuen Rasse. Es dauert daher einige Generationen, bis sich die neue Rasse stabilisiert bzw. einheitliche Typen und ein ausgeglichenes Leistungsniveau erreicht werden. Je mehr Ausgangsrassen kombiniert werden sollen, umso länger dauert es, bis sich die neue Rasse konsolidiert und etabliert. Andere Beispiele für Kombinationszucht sind die Fleischrassen Deutsch Angus (Aberdeen Angus × deutsche Zweinutzungsrassen) und Brangus (Brahman × Angus). In der ehemaligen DDR wurden die drei Milchrinder-Rassen Schwarzbunte, Jersey und Holstein Friesian in der neuen Rasse „SMR" (Schwarzbuntes Milchrind) kombiniert. Nach der deutschen Wiedervereinigung im Jahr 1990 ist diese synthetische Rasse aber sehr rasch durch Verdrängungszucht mit Holstein Friesian Bullen verschwunden. Das Göttinger Minischwein, eine weltweit bedeutende Modelltier-Rasse (Versuchstiere), wurde in den 1960er-Jahren als synthetische Rasse mit den Anteilen 60% Vietnamesisches Hängebauchschwein, 33% Minnesota Minipig und 7% Deutsche Landrasse entwickelt. Viele der heutigen Nutztierrassen sind durch mehr oder weniger systematische Kombinationszucht aus regionalen Landschlägen entstanden und mit Veredelungs-, Verdrängungs- und Reinzucht weiterentwickelt worden.

7.1.2 Reinzucht-Methoden in geschlossener Population

Inzucht

Inzuchtkoeffizient

Unter Inzucht versteht man die systematische Paarung verwandter Tiere. Eine etwas präzisere Definition von Inzucht lautet: Inzucht ist die Paarung von Tieren, die untereinander näher verwandt sind als der Durchschnitt der Population, der sie angehören. Voraussetzung für Inzucht ist, dass das entsprechende Tier in seinem Stammbaum (Pedigree) auf der väterlichen und mütterlichen Seite mindestens einen gemeinsamen Ahnen aufweist. Inzucht bewirkt eine Steigerung der Homozygotie bei den Tieren. Die schärfste Form einer Inzuchtpaarung ist eine Vollgeschwister- bzw. Elter-Nachkommen-Paarung. Der Grad der Inzucht für ein Tier oder für den Durchschnitt einer Population kann mit dem **Inzuchtkoeffizienten** quantitativ beschrieben werden (Kap. 4.5.2). Der Vorteil der Inzucht besteht darin, dass der Prozess der Erhöhung des Anteils homozygoter Genorte in einer Population (d.h. die Steigerung der Homozygotie) wesentlich schneller erfolgt als durch Reinzucht. Inzucht kann daher als intensive Form der Reinzucht gesehen werden und ermöglicht bei strenger Selektion eine relative rasche genetische Verankerung erwünschter Eigenschaften sowie Sicherheit in der Vererbung. Dies ist ein Grund, warum bei vielen heutigen Nutztierrassen in deren Entstehungsphase zwecks schnellerer Konsolidierung der Rasse zeitlich befristet mehr oder weniger intensiv Inzucht angewendet wurde.

Inzuchtdepression

Kontinuierliche Inzucht ist allerdings mit Risiko behaftet und kann rasch zu einer Verminderung der Fitness und Leistungsfähigkeit der Nachkommen führen. Aufgrund dieser sogenannten **Inzuchtdepressionen** (Kap. 4.5.2) werden bei den anderen Reinzucht-Methoden enge Verwandtenpaarung en vermieden, und die Entwicklung des Inzuchtkoeffizienten wird überwacht. In **praktischen Zuchtprogrammen** führt eine intensive Selektion immer auch zu einer Inzuchtsteigerung, weil nur wenige, häufig noch dazu verwandte Tiere als Eltern der nächsten Generation ausgewählt werden. Infolgedessen sind die Nachkommen untereinander stärker verwandt als dies ohne Selektion der Fall wäre, und es steigt die Wahrscheinlichkeit, dass in der Folgegeneration verwandte Tiere gepaart werden, deren Nachkommen dann ingezüchtet sind. Allgemein ist die Inzucht in einer Population umso größer, je stärker selektiert wird und je kleiner die Anzahl der Zuchttiere ist, insbesondere der mittels künstlicher Besamung eingesetzter Vatertiere.

Modelltier-Populationen

Inzucht als **Zuchtmethode** wird bei Tieren systematisch nur für die Erzeugung genetisch uniformer **Modelltier-Populationen** (Labortiere) für die biologische und genetische Forschung angewendet. Inzuchtpopulationen in der Modelltier-Zucht, v. a. Mäuse, Ratten, Kaninchen und Fruchtfliegen *(Drosophila melanogaster)*, haben einen Inzuchtkoeffizienten nahe 100%, der durch viele Generationen Inzestpaarungen (Vollgeschwister, Elter-Nachkommen) und strenger Selektion gegen Inzuchtdepressionen erreicht wird. Im Zuge solcher Zuchtprogramme geht aber ein Großteil der Linien aufgrund von Reproduktions- und Fitnessproblemen verloren, und in nur wenigen Linien wird eine nahezu vollständige Inzucht erreicht. Sinn und Zweck dieser Inzuchtpopulationen bzw. Inzuchtlinien ist die Ausschaltung der genetischen Varianz, weil sich dadurch Unterschiede zwischen Behandlungen (z. B. Arzneimittel, genetische Fragestellungen) statistisch mit einer geringeren Tierzahl absichern lassen.

Nutztier-Populationen

Inzucht als **Zuchtmethode** hat bei **landwirtschaftlichen Nutztieren** praktisch keine Bedeutung, da die Erzeugung von Inzuchtpopulationen bzw. Inzuchtlinien – vorausgesetzt es wäre überhaupt erfolgreich möglich – viel zu teuer wäre und wegen der Generationsintervalle viel zu lange dauern würde. Entsprechende Versuche der Entwicklung von Inzuchtlinien bei Nutztieren sind durchwegs gescheitert, auch weil Nutztiere eine höhere Inzuchtsensitivität zeigen. Zudem ist bei Nutztieren eine ausreichende genetische Variabilität als Voraussetzung für Zuchtfortschritt und für die genetische Adaptation an sich verändernde Umweltbedingungen unbedingt erforderlich.

Inzuchtsteigerung pro Generation

Ein anderer wichtiger Parameter im Zusammenhang mit Inzucht ist die **Inzuchtsteigerung pro Generation** in einer Population (Kap. 4.5.2). In geschlossenen Populationen kommt es in Abhängigkeit von der Populationsgröße früher oder später durch unvermeidliche Verwandtenpaarungen zu einer automatischen Inzuchtsteigerung pro Generation.

Aber auch in offenen Populationen kommt es bei künstlicher Besamung durch den starken Einsatz von wenigen Vatertieren zu bewussten oder unbewussten Verwandtenpaarungen und daraus folgend zu Inzucht. Die Kontrolle und Kenntnis der Inzuchtsteigerung pro Generation ist eine wichtige züchterische Maßnahme in der Reinzucht und vor allem in der Erhaltungszucht.

Linienzucht

Linienzucht und Zuchtlinien

Eine milde bzw. langsame Form der Inzucht ist die Linienzucht. Dieser Mittelweg zwischen systematischer Inzucht und Reinzucht wird manchmal auch als Familienzucht bezeichnet. Die grundsätzliche Idee der Linienzucht besteht darin, die außergewöhnliche genetische Veranlagung eines oder mehrerer Zuchttiere, sogenannter Liniengründer, in den folgenden Generationen in Form von **Zuchtlinien** innerhalb einer Population zu erhalten und weiterzuentwickeln. Zu diesem Zweck werden sowohl Verwandten- als auch Fremdpaarungen durchgeführt. Um das Risiko von Inzuchtdepressionen zu vermindern, wird dabei die Paarung von eng verwandten Tieren bewusst vermieden. In der praktischen Tierzucht wird dann von den jeweiligen Kuh-, Bullen-, Eber-, Sauen-, Hengst- und Stutenlinien bzw. -familien gesprochen. In der Geflügel- und zum Teil in der Schweinezucht wurden und werden durch eine konsequentere Form der Linienzucht **geschlossene Zuchtlinien** mit speziellen Leistungseigenschaften entwickelt (z. B. erhöhte Fruchtbarkeit von Mutterlinien, sehr gute Fleischleistung von Vaterlinien). Voraussetzung für diese Art der Linienzucht ist eine strenge Leistungsselektion, um mögliche Inzuchtdepressionen zu verhindern. Diese Zuchtlinien werden dann als Ausgangslinien für verschiedene Kreuzungszucht-Methoden verwendet.

Das Konzept der Linienzucht, insbesondere wenn es sich um Linien handelt, die über einen Elternpfad (also z. B. Hengst- oder Stutenlinien in der Pferdezucht, Kuhfamilien in der Rinderzucht) definiert sind, ist aus heutiger Sicht kritisch zu sehen. Es war in früheren Zeiten sicher ein hilfreicher und pragmatischer Ansatz, um innerhalb komplexer Populationen Zuchtlinien mit bestimmten Merkmalsprofilen zu entwickeln. In Zeiten entwickelter methodischer Ansätze wie Tiermodell-Zuchtwertschätzung, Indexselektion und Zuchtplanung stehen allerdings andere Werkzeuge zur Verfügung, um die gleichen Ziele schneller und effizienter zu erreichen.

Erhaltungszucht

Erhaltung des Genpools

Diese Methode wird bei gefährdeten und vom Aussterben bedrohten Nutztierrassen angewendet. Ziel ist die Erhaltung des gesamten Genpools der entsprechenden Population. Aufgrund der meist sehr kleinen Populationen sind Verwandtenpaarungen nahezu unvermeidbar. Deshalb sind Kenntnis und Kontrolle der Inzuchtsteigerung pro Generation grundlegende Voraussetzungen für eine erfolgreiche Erhaltungszucht. Aufbauend auf einem konsequenten Anpaarungsplan steht die Minimierung der Inzuchtsteigerung pro Generation im Vordergrund und die Selektion auf Leistung, d. h. die Remontierung von Tieren für die Erstellung der nächsten Generation, spielt nur eine untergeordnete Rolle.

7.2 Kreuzungszucht-Methoden

Werden Tiere aus **verschiedenen Populationen** systematisch gepaart – man spricht auch von Zucht mit mehreren Populationen – so handelt es sich um Kreuzungszucht-Methoden. Das Ziel dabei ist es, unterschiedliche Leistungsveranlagungen von Tieren verschiedener Populationen zu kombinieren und neben diesen Kombinationseffekten auch Kreuzungseffekte, die sogenannte Heterosis (Kap. 4.9.6), auszunützen. Während die Kombinationseffekte auf **additiven Allelwirkungen** basieren, wird die Heterosis von **nicht-additiven Allelwirkungen** (Dominanz und Überdominanz) verursacht. Kreuzungszucht-Methoden führen zu vermehrter **Heterozygotie** in den Kreuzungstieren, d. h. zu einem erhöhten Anteil heterozygoter Genorte in den Kreuzungstieren. Dieser Effekt geht allerdings wieder zum Teil verloren, wenn mit den Kreuzungstieren weitergezüchtet wird. Das Ausmaß der Auswirkungen der vermehrten Heterozygotie in Form von Kombinationseffekten und Heterosis hängt direkt von der Differenz der Leistungsniveaus der Populationen ab: je größer die Differenz, umso größer die Effekte.

Kombinations- bzw. Stellungseffekte

Voraussetzung dafür, dass **Kombinationseffekte** überhaupt genutzt werden können, ist die richtige Wahl der Stellung der Populationen als Vater und Mutter in einem Kreuzungsschema. Kombinationseffekte werden deshalb auch als **Stellungseffekte** bezeichnet, und ein praktisches Beispiel dafür ist die einfache Gebrauchskreuzung der Schweinerassen Pietrain × Landrasse. Pietrain zeigt eine hohe Fleischleistung bei gleichzeitig geringer Wurfgröße. Landrasse dagegen weist bei geringer Fleischleistung eine hohe Wurfgröße auf. Wird nun Pietrain als Vater und Landrasse als Mutter verwendet, so sind viele Nachkommen (Wurfgröße der Mutter) mit einer mittleren Fleischleistung (Kombination Vater × Mutter) zu erwarten. Die geringe Wurfgröße der Vaterrasse Pietrain ist für dieses System ohne Konsequenz, da mit den Kreuzungsnachkommen nicht weitergezüchtet wird. Die Kreuzungstiere werden nur für die Erzeugung von Fleisch verwendet bzw. gebraucht: deshalb auch die Bezeichnung **Gebrauchskreuzung**. Es wird also durch die richtige Ausnutzung der verschiedenen Leistungsveranlagungen der beiden Populationen eine effizientere Fleischerzeugung als mit Reinzuchttieren erreicht.

Heterosis

Heterosis liegt dann vor, wenn bei Kreuzungen die durchschnittliche Leistung der Nachkommen vom Durchschnitt der Elternpopulationen abweicht (Kap. 4.9.6). Jede genetische Komponente eines Merkmals – also die direkte, maternale und paternale Komponente – hat das Potenzial für Heterosis. Es wird deshalb in der Kreuzungszucht zwischen folgenden Formen der Heterosis unterschieden:

- **Individuelle Heterosis** liegt vor, wenn die durchschnittliche Leistung von Kreuzungs-Nachkommen vom Durchschnitt der reingezüchteten Elternpopulationen abweicht.
- **Maternale Heterosis** liegt vor, wenn die Anzahl oder die Leistung von Nachkommen von weiblichen Kreuzungstieren über den vergleichbaren Werten von Nachkommen von Reinzucht-Müttern liegt.
- **Paternale Heterosis** liegt vor, wenn die Anzahl oder die Leistung von Nachkommen von männlichen Kreuzungstieren über den vergleichbaren Werten von Nachkommen von Reinzucht-Vätern liegt.

Maternale Heterosis beruht meist auf der intrauterinen *(lat. intra: innerhalb; uterus: Gebärmutter)* Entwicklung der Nachkommen sowie auf der Milchleistung und den Muttereigenschaften während der Säugeperiode. Paternale Heterosis dagegen ist meist auf Merkmale der Befruchtungsfähigkeit und Spermaqualität beschränkt. **Heterosis** kann prinzipiell sowohl **positiv** als auch **negativ** sein (besser: erwünscht bzw. unerwünscht). Züchterisch interessant ist natürlich nur die positive (erwünschte) Heterosis, die allerdings – wie schon erwähnt – nur bei Merkmalen mit niedriger Heritabilität, wie z. B. Fruchtbarkeit, Wurfgröße, Aufzuchtleistung, Krankheitsresistenz etc., in einem nennenswerten Ausmaß erwartet werden kann. Das Ausmaß der Heterosis ist für jede Kreuzung in Abhängigkeit von den jeweils beteiligten Populationen und deren Stellung spezifisch, weil bei jeder Kreuzung unterschiedliche Allelwirkungen auftreten. So kann immer wieder eine unterschiedliche Heterosis für reziproke Kreuzungen (A × B und B × A) beobachtet werden, wobei meistens eine der beiden Alternativen systematisch besser ist als die andere. Vor der praktischen Anwendung eines Kreuzungszucht-Programms sollten deshalb umfangreiche Testkreuzungen durchgeführt werden, mit denen die spezifischen Heterosiseffekte untersucht werden, und dann die am besten geeignete Kombination umgesetzt wird.

Ohne Reinzucht keine Kreuzungszucht

In der Kreuzungszucht wird grundsätzlich zwischen **diskontinuierlichen** und **kontinuierlichen Kreuzungszucht-Methoden** unterschieden. Voraussetzung für beide Gruppen von Kreuzungszucht-Methoden sind rein gezüchtete Ausgangspopulationen. Deshalb gilt: **ohne Reinzucht** ist **keine Kreuzungszucht** möglich. Diese Aussage geht von der grundsätzlichen Annahme aus, dass die züchterische Weiterentwicklung der Reinzuchttiere auf Basis ihrer Reinzuchtleistungen erfolgt und die daraus folgenden Leistungspotenziale der Ausgangspopulationen in den Kreuzungstieren kombiniert werden. Untersuchungen mit Leistungsdaten aus der züchterischen Praxis bestätigen diese Annahme, weil im Allgemeinen für die wirtschaftlich bedeutenden Merkmale hohe genetische Korrelationen zwischen den Leistungen der Reinzucht- und Kreuzungsnachkommen derselben Elterntiere festgestellt werden. Die modernen Methoden der Zuchtwertschätzung – Stichwort BLUP-Tiermodell – bieten in der züchterischen Praxis außerdem die Möglichkeit, für die Selektion der Reinzuchttiere neben den Reinzucht- auch Kreuzungsleistungen zu berücksichtigen und somit die Effizienz der Zuchtwertschätzung und Selektion zu erhöhen.

Spezielle Kreuzungszucht-Methoden (RRS, RS)

Ausgehend von der Hybridmais-Züchtung stehen für die Tierzucht auch **spezielle Kreuzungszucht-Methoden** zur Verfügung, bei denen vor allem die systematische Nutzung der nicht-additiv genetischen Allelwirkungen im Vordergrund steht. Zu diesem Zweck werden die Tiere der Ausgangspopulationen nicht aufgrund ihrer Reinzuchtleistungen, sondern nur aufgrund der Leistungen ihrer Kreuzungsnachkommen selektiert. Diese speziellen Kreuzungszucht-Methoden, die sogenannte **Reziproke Rekurrente Selektion** (RRS) und **Rekurrente Selektion** (RS), kommen wegen ihrer methodischen Anforderungen grundsätzlich nur für Tierarten mit hoher Reproduktionsrate und kurzem Generationsintervall, also Geflügel und Schwein, infrage. Die praktische Umsetzung ist aber sehr zeitaufwendig und teuer, sodass sie sich in der Tierzucht (ausgenommen Hühnerzucht) nicht durchgesetzt haben und deshalb nicht weiter besprochen werden.

Schematische Darstellung

In den Abb. 7.1–7.3 sind die verschiedenen **Kreuzungszucht-Methoden** schematisch dargestellt. Dabei symbolisieren Quadrate Zuchttiere von Populationen (Rassen, Linien), die als Vatertiere eingesetzt werden; Kreise solche, die als Muttertiere verwendet werden; Parallelogramme männliche und weibliche Kreuzungstiere, sogenannte Endprodukte, die nur für den Gebrauch als Nutztiere und nicht als Zuchttiere verwendet werden.

7.2.1 Diskontinuierliche Kreuzungszucht-Methoden

Gebrauchskreuzung, End- und Nebenprodukte

Bei den diskontinuierlichen Kreuzungszucht-Methoden werden Kreuzungstiere erzeugt, die bestimmte Genanteile der Ausgangspopulationen enthalten und ausschließlich für den Gebrauch als Nutztiere (z. B. Mastrind, -schwein, -huhn, Legehenne, Pute) und nicht als Zuchttiere verwendet werden, wie dies teilweise bei kontinuierlichen Kreuzungszucht-Methoden der Fall ist. Diese Kreuzungstiere werden deshalb auch als Endprodukte und die entsprechenden Methoden als **Gebrauchs-** oder **Terminalkreuzungen** bezeichnet. Die **Endprodukte** müssen also immer wieder aus den rein gezüchteten Eltern- oder Großeltern-Populationen (Ausgangspopulationen) neu erzeugt werden. Der große Vorteil der diskontinuierlichen Kreuzungszucht-Methoden liegt darin, dass jede Population eine eindeutige Stellung im Kreuzungsschema aufweist und deshalb Stellungseffekte und Heterosis gezielt genutzt werden können. Der Nachteil ist, dass bei komplexeren Methoden wie den Mehrfach-Kreuzungen in der ersten Kreuzungsgeneration ein erheblicher Anteil sogenannter Nebenprodukte anfällt. **Nebenprodukte** sind F1-Kreuzungstiere, die aufgrund ihrer Leistung oder ihres Geschlechts nicht für die Erzeugung der Endprodukte verwendet werden können. Sie können im Vergleich zu den Endprodukten allerdings nur zu einem geringeren Preis vermarktet werden. Ganz allgemein erfor-

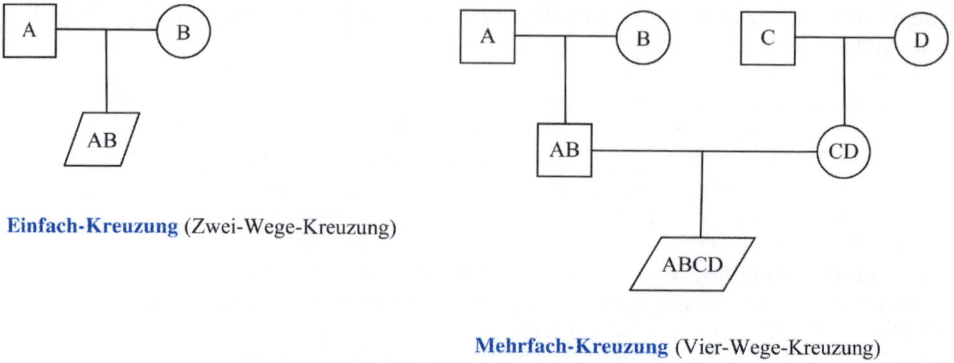

Abb. 7.1 Schematische Darstellung Einfach-Kreuzung (links): A = Väter, B = Mütter, AB = männliche + weibliche Endprodukte (jeweils 50% A- und B-Genanteile) und rechts Mehrfach-Kreuzung (Vier-Wege-Kreuzung): A + B = Großeltern väterlicherseits, C + D = Großeltern mütterlicherseits, AB = männliche F1-Kreuzungstiere = Väter (jeweils 50% A- und B-Genanteile), CD = weibliche F1-Kreuzungstiere = Mütter (jeweils 50% C- und D-Genanteile), ABCD = männliche + weibliche Endprodukte (jeweils 25% A-, B-, C- und D-Genanteile)

dern Mehrfach-Kreuzungen einen beträchtlichen zuchtorganisatorischen Aufwand; d.h. in den Ausgangspopulationen muss Reinzucht betrieben werden, und es sind zusätzlich Betriebe für die Erzeugung der F1-Kreuzungstiere und der Endprodukte erforderlich (Kap. 8.1). Außerdem ist in einem solchen arbeitsteiligen Produktionssystem der Verkehr von lebenden Tieren zwischen den Betrieben erforderlich. Die damit verbundene Problematik der Übertragung von Krankheiten ist unvermeidbar gegeben und erfordert deshalb konsequente hygienische Maßnahmen.

Einfach-Kreuzung

Einfachste Kreuzungszucht-Methode

Sie ist organisatorisch die einfachste Kreuzungszucht-Methode mit dem Ziel, zwei komplementär veranlagte Populationen (Rassen, Linien) zu kombinieren und dadurch Kreuzungstiere zu erzeugen, die ausschließlich für den Gebrauch als Nutztiere und nicht für die weitere Zucht verwendet werden. Dabei werden in den Kreuzungstieren **Stellungseffekte** und die **individuelle Heterosis** genutzt (Abb. 7.1). Typische Beispiele dafür gibt es in der Fleischerzeugung:

- Kombination von Fleischleistung und Fruchtbarkeit bei Schwein und Schaf: Eber einer Fleischrasse wie z.B. Pietrain werden mit Sauen fruchtbarer Rassen wie Landrasse, Edelschwein oder gefährdeten Rassen wie Schwäbisch-Hällisches Schwein gepaart; Böcke von Fleischschafen wie z.B. Texel, Schwarzköpfiges Fleischschaf oder Suffolk werden mit Mutterschafen von Landschafen wie Merinolandschaf, Bergschaf, Rhönschaf oder Heidschnucke gepaart.
- Für die Belegung von Milchkühen, die nicht für die Bestandesergänzung der Reinzuchtherden benötigt werden, werden Bullen oder Sperma von Fleischrassen verwendet; z.B. indem Holstein Friesian

oder Braunvieh-Kühe mit Sperma von Fleischrassen wie Charolais, Blonde d'Aquitaine, Limousin oder Weißblaue Belgier besamt werden. Bei dieser Methode kann die hohe Milchleistung der Mutter weiter genützt werden, und die Kreuzungskälber zeichnen sich durch eine deutlich verbesserte Fleischleistung aus. Im Englischen wird diese Methode deshalb auch als „Beef from Dairy" bezeichnet. Diese Art der Gebrauchskreuzung ist allerdings nur für jenen Teil der Kühe der Milchrasse möglich, die nicht für die Sicherstellung der Remontierung der Reinzucht-Population benötigt werden und wird an Bedeutung gewinnen, wenn kostengünstig gesextes Sperma der Fleischrassen (Kap. 8.3.6) mit guten Befruchtungserfolgen verfügbar ist.
Dieses Konzept kann auch bei Milchschafen (z. B. Ostfriesisches Milchschaf, Lacaune) bzw. Milchziegen (z. B. Saanenziege) angewendet werden, indem ein Teil der weiblichen Tiere mit Böcken einer Fleischschaf- bzw. Fleischziegen-Rasse angepaart wird.

Andere Bezeichnungen für Einfach-Kreuzung

Die **Einfach-Kreuzung** wird auch als einfache Gebrauchskreuzung, F1-Gebrauchskreuzung, Zwei-Wege-Kreuzung, Zwei-Rassen-Kreuzung oder Zwei-Linien-Kreuzung bezeichnet. Der methodische Unterschied zur Reinzucht-Methode Kombinationszucht sei noch einmal betont. Er besteht darin, dass die positiven Leistungseigenschaften der Ausgangspopulationen nur einmalig in den Kreuzungstieren genutzt werden. Es wird deshalb mit den Kreuzungstieren nicht weitergezüchtet.

Artkreuzung (Maulesel und Maultier)

Eine spezielle Form einer Einfach-Kreuzung ist die **Artkreuzung**. Der Begriff Artkreuzung als solches ist eigentlich gar nicht möglich bzw. unlogisch, da sich Tiere verschiedener Arten freiwillig aufgrund der Artbarriere nicht paaren. Der allgemeine **biologische Artbegriff** besagt nämlich, dass all jene Tiere Angehörige einer Art sind, die sich unter natürlichen Bedingungen freiwillig paaren und fruchtbare Nachkommen erzeugen. Unter menschlicher Obhut ist es möglich, mit der Paarung Esel × Pferd die natürliche Artbarriere zu überwinden. Diese Nachkommen (Maulesel bzw. Maultier) sind in der Regel allerdings unfruchtbar. Aufgrund der großen Heterosis sind sie aber widerstandsfähig und sehr belastbar. Sie wurden deshalb – und werden zum Teil immer noch – als Trag- und Zugtiere eingesetzt. **Maulesel** entstehen aus der Paarung Pferdehengst × Eselstute, **Maultiere** aus Eselhengst × Pferdestute. Das Aussehen bzw. der Typ dieser Tiere, vor allem Größe, Kopfform und Haarkleid, wird meistens von der Mutterseite dominiert. Umgangssprachlich werden diese typischen Erkennungsmerkmale als „die Mutter schlägt durch" bezeichnet. Dieses „Durchschlagen der Mutter" kann auch als „Eselsbrücke" für die Unterscheidung der Bezeichnungen Maulesel und Maultier verwendet werden: ist die Mutter ein **Esel**, wird das Kreuzungstier als Maul**esel** bezeichnet; wenn nicht, dann als Maultier. Andere Artkreuzungen von einer gewissen praktischen Bedeutung sind jene zwischen Rind und Bison („Beefalo") und Moschus- und Pekingente („Mulardenente").

Mehrfach-Kreuzung

Drei-Wege-Kreuzung

Mehrfach-Kreuzungen sind Zuchtmethoden mit drei oder vier beteiligten Populationen (Rassen, Linien). Es wird grundsätzlich zwischen der Drei- und Vier-Wege-Kreuzung unterschieden, wobei der **Begriff „Weg“** als Platzhalter für Population, Rasse oder (Zucht)linie zu interpretieren ist. Die **Drei-Wege-Kreuzung** ist eine Weiterentwicklung der Einfach-Kreuzung, wobei weibliche F1-Kreuzungstiere mit männlichen Tieren einer dritten Population (Rasse, Linie) für die Erzeugung der Endprodukte gepaart werden (Abb. 7.2). Sie ist hauptsächlich in der Schweine-, aber auch Schaf- und Geflügelzucht verbreitet. Eine in der Schweinezucht verbreitete Rassen-Zusammensetzung ist folgende: mit den Mutterrassen Landrasse × Edelschwein werden F1-Kreuzungssauen erzeugt, die wiederum für die Erzeugung der Endprodukte mit der Vaterrasse Pietrain angepaart werden. Da auf der Mutterseite Kreuzungstiere zum Einsatz kommen, kann bei den F1-Kreuzungssauen die **maternale Heterosis** voll ausgenutzt werden (v. a. in den Merkmalen Wurfgröße und Aufzuchtleistung). In den Endprodukten wiederum wirken sich die **Stellungseffekte** und die **individuelle Heterosis** positiv aus. Allerdings muss bei den Endprodukten auch mit leichten Rekombinationsverlusten gerechnet werden, da ihre Mütter Kreuzungstiere sind. Organisatorisch erfordert die Drei-Wege-Kreuzung für eine erfolgreiche praktische Umsetzung eine gute Koordination zwischen den Reinzucht-Betrieben und jenen, die die Erzeugung der weiblichen F1-Kreuzungstiere und der Endprodukte durchführen. Außerdem erweisen sich, zumindest in der Schweinezucht, die niedrigeren Erlöse in der Vermarktung der männlichen Nebenprodukte als zusätzliches Problem.

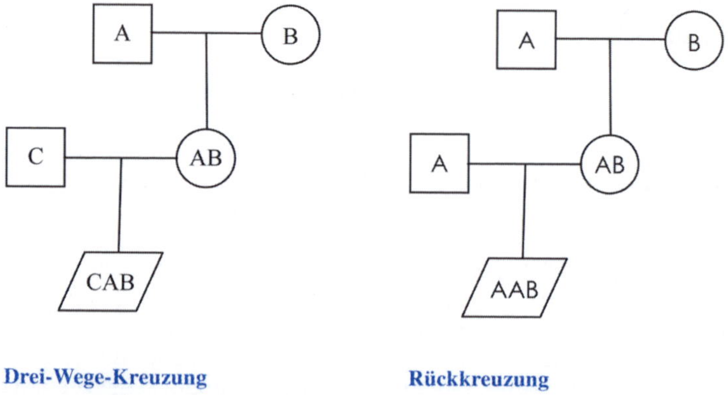

Abb. 7.2 Schematische Darstellung Mehrfach-Kreuzung: **Drei-Wege-Kreuzung** (links): A + B = Großeltern mütterlicherseits, AB = F1-Kreuzungstiere = Mütter (jeweils 50% A- und B-Genanteile), C = Väter, CAB = männliche + weibliche Endprodukte (50% C- und jeweils 25% A- und B-Genanteile). **Rückkreuzung** (rechts): A = Großväter mütterlicherseits bzw. Väter, B = Großmütter mütterlicherseits, AB = F1-Kreuzungstiere = Mütter (jeweils 50% A- und B-Genanteile), AAB = rückgekreuzte männliche + weibliche Endprodukte (75% A- und 25% B-Genanteile)

Die **Rückkreuzung** ist vom Ablauf her eine Drei-Wege-Kreuzung, bei der allerdings nur zwei Populationen (Rassen, Linien) beteiligt sind. Als Vaterpopulation wird eine der beiden Großeltern-Populationen verwendet und somit wird auf diese rückgekreuzt (Abb. 7.2). Da gute weibliche F1-Kreuzungstiere nur aus zwei Populationen mit ausgeprägten Muttereigenschaften erzeugt werden können, können bei einer Rückkreuzung keine fleischbetonten Vaterpopulationen verwendet werden. Rückkreuzungen verzichten deshalb bewusst auf einen großen Teil der Stellungs- bzw. Kombinationseffekte. In der Schweinezucht wurden Rückkreuzungen ab 1970 hauptsächlich in Ländern etabliert, die Bacon für den britischen Markt produzierten. Dazu wurden üblicherweise die Rassen Large White und Landrace verwendet: z. B. Large White × (Large White × Landrace). Wird eine Rückkreuzung wiederholt durchgeführt, dann geht sie in eine Verdrängungszucht über.

Rückkreuzung

Bei einer **Vier-Wege-Kreuzung** werden sowohl auf der Vater- als auch auf der Mutterseite männliche bzw. weibliche F1-Kreuzungstiere für die Erzeugung der Endprodukte verwendet (Abb. 7.1). Im Vergleich zur Drei-Wege-Kreuzung kann bei der Vier-Wege-Kreuzung zusätzlich zur **maternalen Heterosis** in den weiblichen F1-Kreuzungstieren auch die **paternale Heterosis** in den männlichen F1-Kreuzungstieren voll genutzt werden. Dafür müssen auf der Vaterseite aber ebenfalls geringe Rekombinationsverluste in Kauf genommen werden. In den Endprodukten wiederum wirken sich die **Stellungseffekte** und die **individuelle Heterosis** positiv aus. Organisatorisch ist die Vier-Wege-Kreuzung aufwendiger als die Drei-Wege-Kreuzung, da zusätzlich männliche F1-Kreuzungstiere erzeugt werden müssen und weibliche Nebenprodukte anfallen. Dennoch hat sich die Vier-Wege-Kreuzung vor allem in der Geflügelzucht durchgesetzt und bewährt.

Vier-Wege-Kreuzung

7.2.2 Kontinuierliche Kreuzungszucht-Methoden

Bei kontinuierlichen Kreuzungen wird mit den weiblichen Kreuzungstieren regelmäßig von Generation zu Generation weitergezüchtet. Der Vorteil der kontinuierlichen Kreuzungen liegt darin, dass die Remontierung der Mütter aus den weiblichen Kreuzungstieren erfolgen kann und deshalb nur die Väter aus Reinzucht-Populationen zugekauft werden müssen. Aus hygienischer Sicht wird dieser Vorteil zusätzlich verstärkt, weil der Tierverkehr deutlich reduziert wird und bei künstlicher Besamung sogar ganz vermieden werden kann. Nachteile sind die von Generation zu Generation **schwankenden Genanteile** der beteiligten Populationen in den **Endprodukten** und die dadurch bedingten schwankenden Leistungsniveaus. Als Endprodukte werden die männlichen und die nicht für die Remontierung benötigten weiblichen Kreuzungstiere der jeweiligen Generation bezeichnet. Damit die Endprodukte möglichst ähnlich sind, werden oft relativ ähnliche Populationen ver-

Schwankende Genanteile in Endprodukten

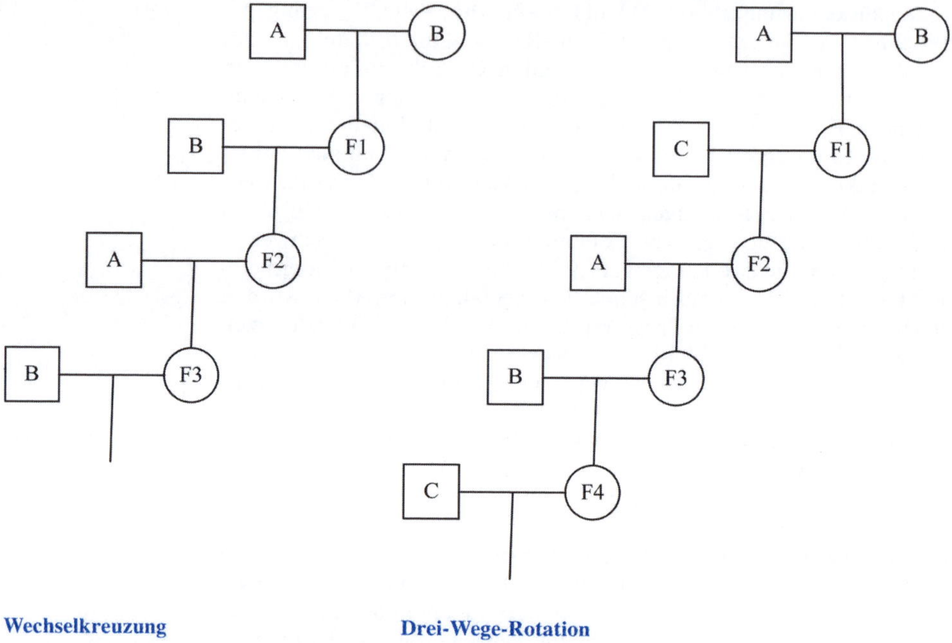

Abb. 7.3 Schematische Darstellung der **Wechselkreuzung** (links) und **Drei-Wege-Rotation** (rechts): A, B, C = männliche Tiere der Ausgangspopulationen, B = weibliche Tiere einer Ausgangspopulation, F1-, F2-, F3-, F4-Kreuzungstiere (schwankende Genanteile): besten weiblichen für Weiterzucht (d. h. Remontierung) bzw. männliche und nicht für die Weiterzucht benötigte weibliche als Endprodukte in der jeweiligen Generation

wendet. Dies führt aber dazu, dass die Stellungseffekte und die Heterosis nicht optimal ausgenützt werden können. Kontinuierliche Kreuzungszucht-Methoden haben deshalb in der Nutztierzucht in intensiven Produktionssystemen keine größere praktische Bedeutung erlangt. Für extensive Produktionssysteme oder Entwicklungsländer können sie eine relativ kostengünstige Alternative darstellen, da die weiblichen Tiere selber remontiert werden können und über die Vaterseite, meist unter Einsatz der künstlichen Besamung (Kap. 8.3.6), Zuchtfortschritt, d. h. ein besseres Leistungsniveau, in die Population gelangt.

Rotationskreuzung

Wechselkreuzung

Die einfachste Form der kontinuierlichen Kreuzung ist die **Wechselkreuzung**. Bei ihr werden abwechselnd zwei Populationen (Rassen, Linien) gekreuzt. Aus organisatorischen Gründen wird mit den weiblichen Kreuzungstieren weitergezüchtet und männliche Reinzuchttiere werden zugekauft. Die Wechselkreuzung beginnt wie eine Einfach-Kreuzung und in den folgenden Generationen werden abwechselnd die beiden Ausgangspopulationen (Rassen, Linien) als Vater eingesetzt (Abb. 7.3). Dies resultiert in einer Schwankung der Genanteile der Ausgangspopulationen in den Kreuzungstieren. Nach einigen Generationen ergibt sich eine stabile Mischpopulation, in der sich die Genanteile bei durchschnittlich ⅓ und ⅔ einpendeln. Ab der zweiten Generation trägt jeweils die aktuelle Vaterpopulation den größeren und die nächste Vaterpopulation den kleineren Genanteil bei.

Drei-Wege-Rotation

Bei einer **Drei-Wege-Rotation** werden abwechselnd drei Populationen (Rassen, Linien) gekreuzt. Eine Drei-Wege-Rotation beginnt ebenfalls wie eine Einfach-Kreuzung und in den folgenden Generationen wird auf der Vaterseite abwechselnd mit einer der drei Ausgangspopulationen (Rassen, Linien) angepaart (Abb. 7.3). Nach einigen Generationen ergibt sich ebenfalls eine stabile Mischpopulation, in der sich die Genanteile bei durchschnittlich 1/7, 2/7 und 4/7 einpendeln. Ab der zweiten Generation trägt jeweils die aktuelle Vaterpopulation den größten und die nächste Vaterpopulation den kleinsten Genanteil bei.

Terminalrotation

Terminalrotation

Der hauptsächliche Nachteil der Rotationskreuzungen ist, wie schon erwähnt, die die unvollständige Ausnützung der Stellungseffekte und Heterosis, sowie die genetische Heterogenität der erzeugten Tiere von Generation zu Generation. Abhilfe dagegen schafft die Terminalrotation, die eine **Mischung** aus einer **kontinuierlichen** und **diskontinuierlichen Kreuzung** darstellt. Dies spiegelt sich auch in der Positionierung der Terminalrotation zwischen diesen beiden Methodengruppen in Tab. 7.1 wider. Es wird z. B. auf der Mutterseite eine Wechselkreuzung durchgeführt und für die Erzeugung der Endprodukte die jeweiligen Kreuzungsmütter in jeder Generation mit derselben typischen Vaterrasse gepaart (d. h. eine Einfach-Kreuzung bzw. Terminalkreuzung durchgeführt). Durch diese Vorgangsweise können bei den Endprodukten die Stellungseffekte voll genützt werden, während auf der Mutterseite die Vorteile der kontinuierlichen Kreuzung erhalten bleiben. Durch den konstanten Genanteil von 50% der Vaterpopulation in den Endprodukten in jeder Generation fallen die schwankenden Genanteile auf der Mutterseite nicht mehr so stark ins Gewicht. Die Endprodukte sind deshalb gleichmäßiger. Obwohl die Terminalrotation theoretisch attraktiv ist, hat sie aufgrund der organisatorischen Anforderungen keine praktische Bedeutung erlangt.

Fragen zu Kapitel 7

- Was verstehen Sie unter Zuchtmethoden? In welche beiden großen Gruppen werden die Zuchtmethoden eingeteilt?
- Nennen Sie die grundsätzlichen Kennzeichen der Reinzucht-Methoden.
- Welche Methoden der Reinzucht kennen Sie?
- Erläutern Sie die wichtigsten Eigenschaften der verschiedenen Reinzucht-Methoden.
- Nennen Sie die grundsätzlichen Kennzeichen der Kreuzungszucht-Methoden.

- Welche Methoden der Kreuzungszucht kennen Sie?
- Erläutern Sie die wichtigsten Eigenschaften der verschiedenen Kreuzungszucht-Methoden. Unterstützen Sie Ihre Erklärungen mit schematischen Darstellungen der Kreuzungszucht-Methoden.

8 Zuchtprogramm

Allgemein ausgedrückt ist ein Zuchtprogramm nichts anderes als eine systematische Abfolge von züchterischen Maßnahmen mit dem Zweck, einem definierten Zuchtziel näherzukommen und somit Zuchtfortschritt zu erreichen – oder anders ausgedrückt – die genetischen Veranlagungen der Zuchttiere einer Population zu verändern. In diesem Kapitel werden zuerst überblicksartig die wirtschaftlichen und rechtlichen Rahmenbedingungen für ein Zuchtprogramm beschrieben und anschließend wird das **Grundkonzept eines Zuchtprogramms** skizziert und besprochen, das für alle Nutztierarten gültig ist. Trotz dieser Allgemeingültigkeit haben die jeweiligen Zuchtprogramme in der Praxis in Abhängigkeit von Reproduktionsrate (unipare, multipare Tierart), Reproduktionstechnik (Natursprung, künstliche Besamung, Embryotransfer etc.), Zuchtmethode (Rein- oder Kreuzungszucht), Daten-Informations-System (Leistungsprüfung, Zuchtwertschätzung), Populationsgröße, finanziellen Ressourcen etc. unterschiedliche organisatorische Strukturen und Abläufe. Es werden deshalb abschließend die beiden organisatorischen **Grundstrukturen von Zuchtprogrammen** gegenübergestellt.

8.1 Produktionssystem und Zuchtpyramide

Perspektiven der Tierzucht

Unsere bisherigen Betrachtungen der praktischen Tierzucht erfolgten nur aus der Perspektive der Tierzüchter; d. h. es standen Selektions- und Zuchtmethoden und deren Auswirkungen auf die Veränderungen von Allel- und Genotypfrequenzen und genetischer Varianz im Vordergrund. Diese Sichtweise widerspiegelt sich auch in einer der möglichen Definitionen von **Tierzucht** bzw. **züchten**, nämlich: Züchten ist die gezielte Selektion und gerichtete Paarung von Tieren einer Zuchtpopulation mit der Absicht Nachkommen zu erzeugen, die im Durchschnitt in ihren Eigenschaften einem definierten Zuchtziel näher sind als die Elterngeneration (d. h. Zuchtfortschritt zu erreichen). Wird diese Pers-

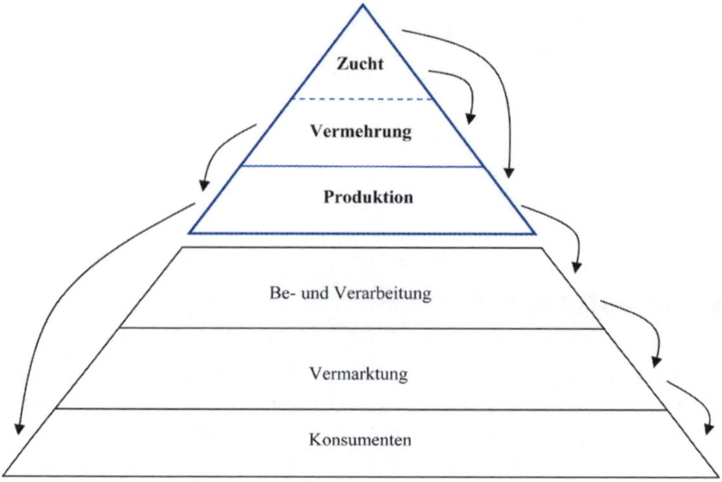

Abb. 8.1 Stufen eines tierischen Produktionssystems mit Zuchtpyramide, die aus den Stufen Zucht, Vermehrung und Produktion besteht und den landwirtschaftlichen Teil des Produktionssystems umfasst

pektive um die der Produzenten und Konsumenten von tierischen Nahrungsmitteln erweitert, so rücken die **Wirtschaftlichkeit** der tierischen Erzeugung und die **Produktqualität** in den Vordergrund. Im Deutschen Tierzuchtgesetz (TierZG, 2006) war (bis 2018) im § 1 „Anwendungsbereich des Gesetzes" der 2. Absatz folgendermaßen wörtlich formuliert:

„Im züchterischen Bereich ist die Erzeugung der in Absatz 1 bezeichneten Tiere (Anmerkung der Autoren: Rinder, Schweine, Schafe, Ziegen, Pferde und Esel), auch durch Bereitstellung öffentlicher Mittel, so zu fördern, dass

- die Leistungsfähigkeit der Tiere unter Berücksichtigung der Tiergesundheit erhalten und verbessert wird,
- die Wirtschaftlichkeit, insbesondere Wettbewerbsfähigkeit, der tierischen Erzeugung verbessert wird,
- die von den Tieren gewonnenen Erzeugnisse den an sie gestellten qualitativen Anforderungen entsprechen und
- eine genetische Vielfalt erhalten wird."

Tierisches Produktionssystem und Zuchtpyramide

Tierzucht ist also nicht Selbstzweck, sondern Teil eines **tierischen Produktionssystems**, in dem die verschiedenen Stufen in Form einer Wertschöpfungskette aufeinander aufbauen. Für die grafische Darstellung solcher Produktionssysteme wird oft eine Pyramide verwendet. Die Konsumenten von tierischen Nahrungsmitteln bilden dabei das Fundament und die Tierzucht stellt die Spitze dar (Abb. 8.1), wobei Tierzucht aber immer im Zusammenhang mit Tierernährung und Tierhaltung gesehen werden muss. In Abb. 8.1 sind die Stufen **Zucht, Vermehrung** und **Produktion** hervorgehoben, weil sie die sogenannte **Zuchtpyramide** bilden und den landwirtschaftlichen Teil des tierischen Produktionssystems umfassen. Zu den nachgelagerten Stufen Be- und Verarbeitung und Vermarktung gibt es je nach Produktgruppe eine mehr oder weniger intensive organisatorische Verbindung (auch vertikale Integration genannt). Basis jedes tierischen Produktionssystems sind die Konsumenten im In- und Ausland mit ihrer ganzen Vielfalt an Ansprüchen und Verhalten. Alle Stufen stehen in wechselseitiger Beziehung (siehe Pfeile in Abb. 8.1) und jede Stufe hat spezifische Erwartungen an die Produkte der vorgelagerten Stufe.

Koordinierte Zusammenarbeit

Erfolgreiche tierische Produktion ist also nur dann möglich, wenn die Ziele der jeweiligen Stufen zumindest auf die nachgelagerte Stufe abgestimmt sind. Die Züchter sollten deshalb ihre **Zuchtziele** auf die Bedingungen in der Produktionsstufe ausrichten (und nicht auf ihre eigenen Erwartungen), weil die Betriebe der Produktionsstufe die Hauptabnehmer ihrer Produkte in Form von Zuchttieren, Samen und Embryonen sind. Grundvoraussetzung für eine erfolgreiche Tierzucht und tierische Produktion ist deshalb eine **koordinierte Zusammenarbeit** zwischen den Stufen Zucht, Vermehrung und Produktion (vertikale Integration oder Kooperation). Dies ist deshalb wichtig, weil die Marktkonzentrationen in den Stufen Be- und Verarbeitung und Vermarktung ganz einfach eine Bündelung des Angebots in der Produktionsstufe erfordern. Im Folgenden werden die wichtigsten allgemeinen Kennzeichen und Aufgaben der drei Stufen der Zuchtpyramide schlagwortartig zusammengefasst.

Zuchtstufe

Zuchtpopulation

Umfasst jenen Teil der Tiere, die individuell im Zuchtbuch registriert sind, unter Leistungsprüfung stehen, für die Zuchtwerte geschätzt und die gezielt selektiert und gerichtet gepaart werden. Diese Zuchttiere bilden die **Zuchtpopulation**; sie sind im Besitz von eigenständigen Züchtern, die in Züchtervereinigungen (Eingetragene Vereine, Genossenschaften oder ähnliche Gesellschaftsformen) organisiert sind, bzw. von Zuchtunternehmen (Kapitalgesellschaften wie z. B. GmbH, AG) oder von Besamungsorganisationen (private oder diverse Gesellschaftsformen). Als Zuchtmethoden werden überwiegend Reinzucht-Methoden angewendet. Wird die züchterische Arbeit nur in einer sehr kleinen Kernpopulation (Nukleus) durchgeführt, so spricht man von einem Nukleus-Zuchtprogramm.

Vermehrungsstufe

Arbeitsteilung

Die Anwendung von Methoden der Mehrfach-Kreuzung (Kap. 7.2.1) erfordert eine **Arbeitsteilung**. Die Zuchtstufe wird deshalb um die Vermehrungsstufe erweitert. Die Hauptaufgabe der Betriebe in der Vermehrungsstufe ist es, mit Tieren aus der Zuchtstufe F1-Kreuzungstiere (v. a. weibliche) zu erzeugen, aber auch Reinzuchttiere nur zu vermehren. In der Vermehrungsstufe wird üblicherweise nur noch eine einfache Leistungsprüfung in Form einer Eigenleistungsprüfung im Feld zur Qualitätsüberprüfung durchgeführt; d. h. Tiere, die eine vorgegebene Mindestleistung nicht erbringen, werden geschlachtet bzw. können nicht vermarktet werden. Die Arbeitsteilung zwischen Zucht-

und Vermehrungsstufe ermöglicht es, mit kleinen Zuchtpopulationen (Ausgangsrassen, Ausgangslinien) konsequent und sehr effektiv züchterisch zu arbeiten und ist typisch für Tierarten mit einer hohen weiblichen Reproduktionsrate (Geflügel, Schwein, Kaninchen, teilweise Schaf).

Produktionsstufe

Tierische Nahrungsmittel

Alle landwirtschaftlichen Betriebe, die **tierische Nahrungsmittel** erzeugen und zu diesem Zweck Tiere, Samen oder Embryonen aus der Zucht- oder Vermehrungsstufe zukaufen, bilden die Produktionsstufe; z. B. Milchviehbetriebe, Kälber- und Rindermastbetriebe, Mutterkuhbetriebe, Ferkelerzeuger (können auch der Vermehrungsstufe zugeordnet werden), Schweinemastbetriebe, Milchschafbetriebe, Lämmermastbetriebe, Milchziegenbetriebe, Legehennenbetriebe, Geflügelmastbetriebe (Masthühner, Puten). Natürlich sind auch alle landwirtschaftlichen Betriebe in der Zucht- und Vermehrungsstufe „Produktionsbetriebe" im Sinne des Wortes. Weil sie aber züchterische Aufgaben erfüllen, haben sie in der Zuchtpyramide eine gesonderte Stellung.

8.2 Rechtliche Rahmenbedingungen

Neben dem primären Ziel „Friede und Wohlergehen" ist für die **Europäische Union (EU)** die Erreichung und Sicherung einer Wirtschaftsunion (Binnenmarkt) mit freiem Warenverkehr, freiem Dienstleistungsverkehr, freiem Personenverkehr und freiem Kapitalverkehr ein zentrales Kennzeichen. Dies gilt auch für die Landwirtschaft und Fischerei und somit für Zuchttiere, deren Samen, Eizellen und Embryonen. Aus diesem Rechtsverständnis der EU ergibt sich als Regelungsansatz für das **Tierzuchtrecht** die Beschränkung auf die Förderung des freien Handels mit Zuchttieren, deren Samen, Eizellen und Embryonen, sowie die Vermeidung von Wettbewerbsverzerrungen unter Berücksichtigung der Erhaltung genetischer Ressourcen und der Einhaltung des Tierschutzes.

EU-Recht

Grundsätzlich kennt das **EU-Recht** drei Rechtsakte. Eine **Verordnung** (engl.: Regulation) wird vom Rat oder der Europäischen Kommission unter Mitwirkung des Europäischen Parlamentes erlassen und ist in allen Mitgliedsstaaten unmittelbar gültig und anzuwenden. In den Mitgliedsländern dürfen nur noch nationale Durchführungsbestimmungen erlassen werden. Ein typisches Beispiel für diese Rechtsform stellt das landwirtschaftliche Marktordnungsrecht dar. Dieser Rechtsform untergeordnet sind die **Richtlinie** (engl.: Directive) und der **Beschluss** (engl.: Decision), wobei eine Richtlinie noch in nationales Recht umgesetzt werden muss. Bis zum Jahr 2016 bestand das EU-Tierzuchtrecht aus jeweils einer Richtlinie pro Tierart mit darauf aufbauenden Durchführungsbestimmungen. Dies ist auch der Grund dafür, dass es in

Deutschland und Österreich bis zum 1. November 2018 umfassende nationale Tierzuchtgesetze und dazugehörende nationale Verordnungen gibt.

EU-Tierzuchtverordnung

Mit der im Jahr 2016 neu verlautbarten **EU-Tierzuchtverordnung** (TierzuchtVO, 2016), die ab dem 1. November 2018 zur Anwendung kommt, wird das Recht für alle Tierarten in einem Rechtsakt zusammengefasst. Darauf basierend gibt es EU-Durchführungsregelungen für einzelne Fachbereiche (z. B. Form und Inhalt von Tierzuchtbescheinigungen). Die davon betroffenen Tierarten sind Rinder (und Büffel), Schweine, Schafe, Ziegen und Equide (Pferde, Esel). Für Geflügel (Hühner, Puten), Honigbienen, in Aquakultur gehaltene Fische und Krustentiere sowie Heimtiere (Hunde, Katzen) gibt es keine tierzuchtrechtlichen Regelungen. Die EU-Tierzuchtverordnung ist in allen Mitgliedsstaaten unmittelbar anzuwenden und darf national nur durch Durchführungsbestimmungen (z. B. Regelung der Zuständigkeit von Behörden), Strafbestimmungen und der Regelung von der EU-Tierzuchtverordnung nicht abgedeckter Bereiche (z. B. andere Tierarten) ergänzt werden. Die **EU-Tierzuchtverordnung** ist inhaltlich in die folgenden 13 Kapitel gegliedert:

- Allgemeine Bestimmungen (z. B. Begriffsbestimmungen)
- Anerkennung von Zuchtverbänden und Zuchtunternehmen in Mitgliedsstaaten und Genehmigung von Zuchtprogrammen
- Rechte und Pflichten von Züchtern, Zuchtverbänden und Zuchtunternehmen
- Eintragung von Zuchttieren in Zuchtbücher und Zuchtregister und Zulassung zur Zucht
- Leistungsprüfung und Zuchtwertschätzung
- Referenzzentren der Europäischen Union
- Tierzuchtbescheinigungen
- Verbringung von Zuchttieren und deren Zuchtmaterial in die Union
- Zuständige Behörden, die ein Zuchtprogramm bei reinrassigen Zuchttieren durchführen
- Amtliche Kontrollen und andere Tätigkeiten, Amtshilfe, Zusammenarbeit und Durchsetzung durch Mitgliedstaaten
- Kommissionskontrollen
- Befugnisübertragung und Durchführung
- Schlussbestimmungen

Tierschutzgesetz und Tierzucht

Neben den tierzuchtspezifischen Regelungen hat aber auch das **Tierschutzgesetz** für die Tierzucht eine wichtige Bedeutung. So heißt es wörtlich im Deutschen Tierschutzgesetz (TierSchG, 2006) in § 11 1b:

„(1) Es ist verboten, Wirbeltiere zu züchten oder durch biotechnische Maßnahmen zu verändern, soweit im Falle der Züchtung züchterische Erkenntnisse oder im Falle der Veränderung Erkenntnisse, die Veränderungen durch biotechnische Maßnahmen betreffen, erwarten lassen, dass als Folge der Zucht oder Veränderung

1. bei der Nachzucht, den biotechnisch veränderten Tieren selbst oder deren Nachkommen erblich bedingt Körperteile oder Organe für den artgemäßen Gebrauch fehlen oder untauglich oder umgestaltet sind und hierdurch Schmerzen, Leiden oder Schäden auftreten oder
2. bei den Nachkommen
   - mit Leiden verbundene erblich bedingte Verhaltensstörungen auftreten,
   - jeder artgemäße Kontakt mit Artgenossen bei ihnen selbst oder einem Artgenossen zu Schmerzen oder vermeidbaren Leiden oder Schäden führt oder
   - die Haltung nur unter Schmerzen oder vermeidbaren Leiden möglich ist oder zu Schäden führt."

Da alle landwirtschaftlichen Nutztiere (mit Ausnahme der Honigbienen) Wirbeltiere sind, gelten diese Bestimmungen natürlich auch für die Durchführung von Zuchtprogrammen. Dies bedeutet aber auch Einschränkungen in der praktischen Zucht, wie z.B. für die extreme Fleischrasse „Weißblaue Belgier" beim Rind. Da die Kälber dieser Rasse ein deutlich erhöhtes Geburtsgewicht bei einer gleichzeitig extremen Bemuskelung der Mütter haben, kommen in der Reinzucht die weitaus meisten Kälber routinemäßig mittels Kaiserschnitt zur Welt, um Schwergeburten und damit verbundene Komplikationen zu vermeiden. Die Durchführung eines Zuchtprogramms mit der Rasse „Weißblaue Belgier" ist deshalb im Hinblick auf § 11 b (1) in Deutschland nicht möglich.

8.3 Grundkonzept eines Zuchtprogramms

Zuchtprogramm und Organisationsinstrumente

Für die Konzipierung eines Zuchtprogramms müssen zwei allgemeingültige, grundsätzliche Fragen beantwortet werden, nämlich: **„Was wollen wir erreichen?"** und **„Wie können wir es erreichen?"** Die Beantwortung der ersten Frage entspricht der Formulierung des Zuchtziels, die der zweiten der Koordinierung der züchterischen Maßnahmen (Werkzeuge) und der damit verbundenen Tätigkeiten. Die Beantwortung dieser kurzen und klaren Fragen widerspiegelt sich im **Grundkonzept eines Zuchtprogramms**, das in Tab. 8.1 schematisch dargestellt ist. Es ist klar ersichtlich, dass die einzelnen Maßnahmen in ihrem zeitlichen Ablauf koordiniert und die für die Umsetzung verantwortlichen Organisationen bzw. Personen bestimmt werden müssen. Für die erfolgreiche Durchführung eines Zuchtprogramms sind deshalb die grundlegenden **Organisationsinstrumente** Arbeitsteilung und Koordination, die sich naturgemäß gegenseitig bedingen, von entscheidender Bedeutung. **Arbeitsteilung** und **Koordination** wiederum beziehen sich auf die zwei zentralen **Organisationsstrukturen** Ablauf- und Aufbauorganisation. Beide Begriffe stammen aus dem Bereich der Unternehmensplanung und sind auch für ein Zuchtprogramm gültig und anwendbar.

Tab. 8.1 Grundkonzept eines Zuchtprogramms

Maßnahme	Tätigkeit
← **Zuchtziel**	Welches Leistungsniveau sollen die Tiere der nächsten Generationen erreichen?
↓	
Zuchtbuch ←	Eindeutige Identifizierung der Zuchttiere Eintragung in das Zuchtbuch mit ihrer Abstammung
↓	
Leistungsprüfung ←	Erfassung der Leistung der Tiere in verschiedenen Merkmalen (Phänotyp)
↓	
Zuchtwertschätzung →	Schätzung der genetischen Veranlagung der Tiere (Genotyp) auf Basis der Ergebnisse der Leistungsprüfung
↓	
Selektion	Auswahl der besten männlichen und weiblichen Zuchttiere auf Basis der Zuchtwerte und anderer Informationen
↓	
Paarung →	Gerichtete Paarung der besten männlichen und weiblichen Zuchttiere für die Erstellung der nächsten Generation
↓	
← **Zuchtfortschritt** (Selektionserfolg)	Differenz der durchschnittlichen Leistungsniveaus zwischen Eltern- und Nachkommen-Generation (F1-Generation)
↓	
Übertragung des Zuchtfortschritts	Übertragung des Zuchtfortschritts in die Produktionsstufe durch Verkauf von Zuchttieren, Samen oder Embryonen

Ablauforganisation

Die **Ablauforganisation** eines Zuchtprogramms beschreibt den zeitlichen Ablauf verschiedener züchterischer Maßnahmen und die damit verbundenen Tätigkeiten (Tab. 8.1). Sie ist also nichts anderes als die Beantwortung der Frage: **„Wann wird was gemacht?“** Dem Modell der Ablauforganisation liegt im Allgemeinen das Prinzip des **Regelkreises** mit mehr oder weniger stark ausgeprägten Unterzyklen zugrunde (siehe Pfeile in Tab. 8.1). Die Ablauforganisation eines Zuchtprogramms ist also kein starres System, sondern der jeweiligen Situation flexibel anzupassen. Bestimmte Maßnahmen sind regelmäßig, andere hingegen nur aus gegebenem Anlass notwendig. Die Maßnahme **Zuchtziel** wird in Abhängigkeit vom realisierten Zuchtfortschritt und allgemeiner wirtschaftlicher Rahmenbedingungen (Kosten und Erlöse der tierischen Produktion) von Zeit zu Zeit angepasst oder neu ausgerichtet.

Die Maßnahmen **Zuchtbuch** bis **Paarung** dagegen sind kontinuierlich zu tätigen und entsprechen dem züchterischen Tagesgeschäft einer Zuchtorganisation. **Leistungsprüfung** und **Zuchtwertschätzung** bilden einen sehr eng gekoppelten Unterzyklus, weil Zuchtwerte auf Basis phänotypischer Leistungsdaten geschätzt werden. Die Übertragung des Zuchtfortschritts ist das Bindeglied zwischen der Zucht-, (wenn vorhanden) Vermehrungs- und Produktionsstufe.

Aufbauorganisation

An der Umsetzung der verschiedenen Maßnahmen eines Zuchtprogramms sind meistens mehrere unabhängige Organisationen beteiligt, wie z. B. Züchtervereinigung, Organisationen für Leistungsprüfung, Datenverarbeitung und Zuchtwertschätzung sowie Besamung und Embryotransfer. Für die erfolgreiche Durchführung eines Zuchtprogramms ist deshalb auch dessen **Aufbauorganisation** – also die Frage **„Wer macht was?"** – festzulegen. Dies gilt ebenso für die Abteilungen (Tochterunternehmen) eines Zuchtunternehmens, das die genannten Tätigkeiten üblicherweise in eigener Verantwortung durchführt.

Zuchtplanung

Neben der organisatorischen Strukturierung eines Zuchtprogramms ist dessen **züchterische Optimierung** – also die Beantwortung der Frage **„Wie wird was gemacht?"** – das zentrale Element eines Zuchtprogramms. Dafür stehen die verschiedenen Methoden der Zuchtplanung zur Verfügung. Die **Zuchtplanung** befasst sich mit der Planung und Optimierung von Zuchtprogrammen; d. h. mit der Planung und Optimierung der Gestaltung, der Abstimmung und der züchterischen Auswirkungen der verschiedenen Maßnahmen eines Zuchtprogramms. Je nach Reproduktionsrate (unipare, multipare Tierart), Reproduktionstechnik (Natursprung, künstliche Besamung, Embryotransfer etc.), Zuchtmethode (Rein- oder Kreuzungszucht), Dateninformationssystem (Leistungsprüfung, Zuchtwertschätzung), Populationsgröße, finanziellen Ressourcen etc. haben Zuchtprogramme in der Praxis unterschiedliche organisatorische Strukturen und Abläufe.

Vorgangsweise bei der Zuchtplanung

Im Folgenden wird zum besseren Verständnis die grundlegende Vorgangsweise bei der Zuchtplanung kurz erläutert. In einem ersten Schritt wird ein **Zuchtprogramm** anhand von zahlreichen Input-Parametern (z. B. Populationsgröße, Anteil der Zuchtstufe an der gesamten Population, Anteil der selektierten männlichen und weiblichen Tiere, Nutzungsdauer der männlichen und weiblichen Tiere, Anteil künstlicher Besamung, Kosten für die Leistungsprüfung, Personalkosten, u. v. m.) mithilfe eines Computerprogramms **modelliert** (d. h. mathematisch formuliert) und dann werden verschiedene Output-Parameter berechnet. Beispiele für Output-Parameter sind: Zuchtfortschritt (in naturalen und monetären Einheiten), Züchtungsertrag, Züchtungskosten, Züchtungsgewinn, Selektionsintensitäten und Generationsintervalle. In einem zweiten Schritt werden ein oder mehrere Input-Parameter variiert (z. B. Anteil der selektierten männlichen und/oder weiblichen Tiere, Anteil der Zuchtstufe an der gesamten Population, Kosten für die Leistungsprüfung etc.) und die Auswirkungen auf die Output-Parameter berechnet. Es stehen dann in Abhängigkeit von der Anzahl

Variationsstufen mehrere **alternative Zuchtprogramme** zur Verfügung, die anhand bestimmter Output-Parameter (z. B. naturaler bzw. monetärer Zuchtfortschritt pro Jahr und Züchtungsgewinn) bewertet werden können. Für die praktische Durchführung kann das am besten geeignete Zuchtprogramm ausgewählt werden, wobei die Effizienz eines Zuchtprogramms, d. h. eine möglichst optimale **Balance** zwischen **Zuchtfortschritt** und **Züchtungsgewinn**, im Vordergrund stehen soll. Für die Modellierung der Zuchtprogramme werden verschiedene methodische Ansätze (deterministisch oder stochastisch) und spezielle Planungsmethoden (z. B. Genfluss-Methode) verwendet.

Definition Zuchtprogramm

In der Einleitung zu Kap. 8 wurde der Begriff **Zuchtprogramm** ganz allgemein als eine systematische Abfolge von züchterischen Maßnahmen mit dem Zweck, einem definierten Zuchtziel näherzukommen und somit Zuchtfortschritt zu erreichen, definiert. Abschließend wird folgende, inhaltlich erweiterte Definition vorgeschlagen, die das in Tab. 8.1 dargestellte Grundkonzept eines Zuchtprogramms verbal kompakt beschreibt:

Ein Zuchtprogramm ist eine **systematische Abfolge von züchterischen Maßnahmen** mit dem Zweck

- im Sinne des definierten Zuchtziels,
- auf der Grundlage umfassender Leistungs- und Abstammungsinformationen,
- die Zuchtwerte potenzieller Zuchttiere zu schätzen,
- mit den am besten geeigneten Zuchttieren die nächste Generation zu erzeugen
- und den erzielten Zuchtfortschritt in die Produktionsstufe zu übertragen.

In den folgenden Kapiteln werden die wichtigsten Aspekte der züchterischen Maßnahmen eines Zuchtprogramms aus Sicht der praktischen Umsetzung bzw. Durchführung eines Zuchtprogramms beleuchtet und kommentiert.

8.3.1 Zuchtziel

Die Definition des Zuchtziels ist eine der wichtigsten und gleichzeitig schwierigsten Entscheidungen bei der Erstellung eines Zuchtprogramms. Mit dem **Zuchtziel** wird die Richtung vorgegeben, in die die genetische Entwicklung einer Population erfolgen soll. Es gibt aber keinen methodischen Ansatz, der die Definition des bestmöglichen Zuchtziels für eine bestimmte Population garantieren kann. Dazu fehlt sowohl das Wissen über die physiologischen Auswirkungen längerfristiger Selektionsmaßnahmen als auch die Möglichkeit, künftige Produktions- und Absatzbedingungen mit Sicherheit vorauszusagen. Allgemein gilt jedoch, dass der Zucht von Nutztieren physiologische Grenzen gesetzt sind. Ein **Zuchtziel** kann deshalb langfristig nur dann richtig sein, wenn die Anforderungen an die **Leistung** mit der **Vitalität** (Fitness bzw. Gesundheit) der Tiere im Einklang stehen.

Traditionelles Zuchtziel

Traditionellerweise wurden (und werden noch teilweise) Zuchtziele durch Festlegung bestimmter zu erreichender Mindestleistungen in den einzelnen Merkmalen definiert. Ein typisches Beispiel für ein solches Zuchtziel lautete beim Fleckvieh: „Eine Durchschnittsleistung von über 7000 kg Milch mit mindestens 3,9% Fett, 3,7% Eiweiß sowie über 1300 g Tageszunahmen bei Jungbullen mit einer Schlachtausbeute von mehr als 60%". Derart konkret formulierte Zuchtziele für verschiedene Merkmale sind zwar anschaulich und deshalb bei den Züchtern auch beliebt, allerdings lassen sie die teilweise komplexen genetischen (v. a. antagonistischen, also unerwünschten) Beziehungen zwischen den Merkmalen außer Acht. Außerdem gibt es keine geeignete Selektionsmethode, mit der solche mehr oder weniger willkürlichen Leistungsvorgaben für eine Reihe von Merkmalen in der praktischen Zuchtarbeit umgesetzt werden könnten. Solche Zuchtziele laufen deshalb zwangsläufig große Gefahr, nur zu Papier gebracht, aber nicht realisiert zu werden.

Allgemeine Definition des Zuchtziels

Der Wert eines landwirtschaftlichen Nutztieres resultiert primär aus seinem ökonomischen Beitrag zum Einkommen aus der tierischen Produktion. Der **ökonomische Ansatz** für die Definition des Zuchtziels geht deshalb von den Kosten und Erlösen der tierischen Produktion aus. Er verwendet diese Parameter für die Bewertung der wirtschaftlichen Bedeutung der verschiedenen Merkmale. Ein Problem besteht allerdings darin, dass wechselnde Produktionsbedingungen einen Einfluss auf die Kosten und Erlöse und somit auch auf die wirtschaftliche Bedeutung der Merkmale haben. Die Bewertung der wirtschaftlichen Bedeutung der Merkmale soll außerdem für zukünftige Produktionsbedingungen erfolgen, was die Definition des Zuchtziels nicht gerade vereinfacht. Der ökonomische Ansatz erweist sich besonders dann als geeignet, wenn die dadurch bedingten physiologischen Konsequenzen für die Vitalität (Fitness bzw. Gesundheit) der Tiere berücksichtigt werden. DIETRICH FEWSON hat deshalb 1993 folgende allgemeingültige Definition des Zuchtziels vorgeschlagen: **„Erstellung von vitalen Tieren, die unter den zukünftigen Produktionsbedingungen einen höchstmöglichen Gewinn sicherstellen"**. Eine derart allgemeine Definition des Zuchtziels hat zwar einerseits den Nachteil, dass sie eben sehr allgemein ist, andererseits aber den Vorteil, für alle Nutztierarten anwendbar zu sein und genügend Spielraum zu lassen. Außerdem steht mit der **Indexselektion** (Kap. 6.3.3) eine Methode für die unmittelbare züchterische Umsetzung des jeweiligen Zuchtziels zur Verfügung (d. h. Selektions-Index bzw. Tiermodell-Index).

Produktionsmerkmale und funktionelle Merkmale

Es stellt sich nun die Frage, **welche** und **wie viele Merkmale** im **Zuchtziel** berücksichtigt werden sollen? Primär sind diejenigen Merkmale im Zuchtziel zu berücksichtigen und ökonomisch zu gewichten, die sich nachhaltig auf die Rentabilität in der tierischen Produktion auswirken. Für diesen Zweck können zwei grundsätzliche Gruppen von Merkmalen unterschieden werden: einerseits Merkmale, die die Erlöse aus der tierischen Produktion erhöhen, und andererseits solche, die die Kosten der tierischen Produktion senken. Die Merkmale der ersten Gruppe werden als **Produktionsmerkmale** bezeichnet (z. B. Anzahl abgesetzter Ferkel, Milchmenge, Muskelfleischanteil, Wurfgröße, Eimasse, Rohwollgewicht). Diejenigen der zweiten Gruppe umfassen den Komplex der Reproduktion und Tiergesundheit (Fitness) und werden als **funktionale Merkmale** – manchmal auch als Fitnessmerkmale – bezeichnet (z. B. Aufzuchtverluste, Zwischenkalbezeit, Non-Return-Rate, Nutzungsdauer, Zellzahl).

Auswahl der Merkmale im Zuchtziel

Für die Beantwortung der Frage, wie **viele Merkmale** im **Zuchtziel** berücksichtigt werden sollen, gibt es keine allgemeingültige Regel, sondern nur Orientierungshilfen. Ein wichtiges Grundprinzip ist, dass bei gleichzeitiger Berücksichtigung mehrerer Merkmale der Zuchtfortschritt in jedem einzelnen Merkmal immer geringer ist, als wenn nur auf dieses eine Merkmal gezüchtet würde. Bildlich kann man sich das so vorstellen, dass die Züchter eine begrenzte Anzahl Gewichte zur Verfügung haben, mit denen sie verschiedene Merkmale im Zuchtziel gewichten können. Besteht das Zuchtziel nur aus einem Merkmal, so können alle Gewichte auf dieses Merkmal konzentriert werden. Nimmt man weitere Merkmale hinzu, so müssen Gewichte von dem einen Merkmal weggenommen und auf die anderen Merkmale verteilt werden. Dies führt automatisch zu einer geringeren Gewichtung und damit auch zu einem geringeren Zuchtfortschritt im ursprünglichen Merkmal. Aus diesem Grund ist es meist nicht Erfolg versprechend, sehr viele verschiedene Merkmale im Zuchtziel zu kombinieren. Es ist deshalb eine wichtige Aufgabe der **Zuchtplanung**, eine **sinnvolle Auswahl** der **Zuchtziel-Merkmale** zu treffen und deren relative Gewichtung im Zuchtziel festzulegen. Mit zunehmender Anzahl Merkmale wird es auch immer aufwendiger, die benötigten Parameter (d. h. Heritabilitäten, genetische Korrelationen und wirtschaftliche Gewichte) zu schätzen bzw. abzuleiten.

Heritabilitäten und genetische Korrelationen der Merkmale

Bezüglich **Heritabilitäten** und **genetische Korrelationen** sind folgende allgemeingültige Zusammenhänge zu berücksichtigen (Kap. 4.9.1, 4.9.4 und 4.10): Je höher die Heritabilität (Erblichkeit) eines Merkmals ist, desto einfacher ist es, dieses Merkmal züchterisch zu verbessern. Für hoch heritable (erbliche) Merkmale ist es oft ausreichend, die Selektionsentscheidung auf der Basis von Eigenleistungen der Selektionskandidaten zu treffen. Für gering heritable (erbliche) Merkmale dagegen muss zusätzlich eine kosten- und zeitaufwendige Verwandtenprüfung, das bedeutet in den meisten Fällen eine Nachkommenprüfung, durchgeführt werden. Des Weiteren sind auch die genetischen Korrelationen der Merkmale im Zuchtziel von Bedeutung. Sind zwei Merkmale züchterisch erwünscht korreliert, ist es einfach, in beiden Merkmalen einen Zuchtfortschritt zu machen, da schon die züchterische Verbesserung des einen Merkmals einen korrelierten Zuchtfortschritt im anderen Merkmal bewirkt. Sind hingegen zwei Zuchtziel-Merkmale züchterisch unerwünscht (antagonistisch) korreliert, ist es deutlich schwieriger, in beiden Merkmalen einen Zuchtfortschritt zu erreichen. In manchen Zuchtprogrammen wird daher versucht, für genetisch antagonistische Merkmalskomplexe (z. B. Fruchtbarkeit und Fleischleistung) jeweils spezialisierte Rassen (Linien) zu züchten, die dann in einer Kreuzungsstufe kombiniert werden. Beispiele hierfür sind Schweine-Zuchtprogramme mit auf Fruchtbarkeit und tägliche Zunahme selektierten Mutterrassen und auf Fleischleistung selektierten Vaterrassen (Kap. 7.2.1).

Empfehlungen für Anzahl Merkmale

Als untere Grenze kann empfohlen werden, pro **Leistungskomplex** (Zucht-, Milch-, Mast-, Schlacht-, Lege-, Wollleistung) ein bis zwei repräsentative Merkmale zu berücksichtigen. Eine andere Empfehlung lautet, dass mit 10–15 Merkmalen der gesamte **Leistungsbereich** einer Nutztierart ausreichend erfasst werden kann. Außerdem ist es wichtig, im Auge zu behalten, dass Leistungen nur dann effektiv verbessert werden können, wenn dafür auch adäquate Leistungsprüfungen durchgeführt bzw. eingerichtet werden. Ist dies nicht der Fall, reduziert sich der Wert einer Berücksichtigung im Zuchtziel im Prinzip auf eine zu Papier gebrachte Willensäußerung. Für die Entscheidung, welche Merkmale im Zuchtziel berücksichtigt werden, müssen daher immer auch die Kosten der damit verbundenen Leistungsprüfung in Erwägung gezogen werden.

Zuchtziel und wahrer Gesamtzuchtwert

Die Erreichung eines **Zuchtziels** im Sinne von FEWSON erfordert immer die Konzipierung eines **wahren Gesamtzuchtwertes** in Geldeinheiten. Der wahre Gesamtzuchtwert in Geldeinheiten stellt somit die **mathematische Formulierung** des Zuchtziels dar. Für die züchterische Umsetzung dieser mathematischen Formulierung steht die **Indexselektion** zur Verfügung, wobei der Selektions-Index bzw. der Tiermodell-Index dem **geschätzten Gesamtzuchtwert** entspricht (Kap. 6.3.3). In der züchterischen Praxis wird allerdings nicht exakt zwischen dem wahren und geschätzten Gesamtzuchtwert unterschieden. Es wird üblicherweise nur der Begriff Gesamtzuchtwert oder **ökonomischer Gesamtzuchtwert** verwendet, und es ist damit der geschätzte Gesamtzuchtwert (Selektions-Index bzw. Tiermodell-Index) gemeint. Mithilfe der **Zuchtplanung** können die zu erwartenden Zuchtfortschritte für den geschätzten Gesamtzuchtwert und die einzelnen Merkmale vorausgeschätzt werden. Damit kann das Zuchtziel – wie es von den Züchtern verständlicherweise gewünscht wird – in konkreten Zahlen wie z. B. Geldeinheiten oder naturalen Merkmalseinheiten (kg Milch, % Muskelfleischanteil, g tägliche Zunahme etc.) ausgedrückt werden. Sollten die geschätzten Zuchtfortschritte für bestimmte Merkmale nicht den Zielvorstellungen entsprechen, so besteht methodisch die Möglichkeit, die wirtschaftliche Gewichtung dieser Merkmale zu verändern und damit die zu erwartenden Zuchtfortschritte innerhalb bestimmter Grenzen vorzugeben. Diese Vorgangweise wird als **restriktiver** bzw. **restringierter Index** (Kap. 6.3.3) bezeichnet.

Wirtschaftliche Gewichte für Merkmale

Für die Schätzung des Gesamtzuchtwertes und die Berechnung des monetären Zuchtfortschritts werden **wirtschaftliche Gewichte** für die einzelnen Merkmale benötigt. Für die Ermittlung bzw. Ableitung von wirtschaftlichen Gewichten gibt es verschiedene, zum Teil sehr komplexe Methoden, auf die hier nicht näher eingegangen werden kann. Grundsätzlich kann zwischen objektiven und nicht-objektiven Methoden unterschieden werden.

Objektive Methoden

Kennzeichen der **objektiven Methoden** ist die Verwendung eines Modells, mit welchem die Kosten und Erträge tierischer Produktionssysteme (z. B. Milchviehhaltung, Färsenaufzucht, Bullenmast, Kälbermast, F1-Kreuzungssauen-Erzeugung, Ferkelproduktion, Schweinmast etc.) mathematisch beschrieben werden (oder anders ausgedrückt: ... mit welchem die Kosten und Erträge tierischer Produktionssysteme modelliert werden). In der Tierzucht werden überwiegend **bio-ökonomische Modelle** verwendet. In diesen Modellen werden ökonomische Zusammenhänge (z. B. Rohertrag = Preis × Menge) und biologische Beziehungen (z. B. Energie- und Proteinbedarf für tierische Leistungen, Wachstumsfunktionen, Altersstruktur einer Herde bzw. Population in Abhängigkeit der Nutzungsdauer etc.) gemeinsam verwendet, um die Kosten und Erträge einer durchschnittlichen Herde (bzw. eines durchschnittlichen Betriebs) zu berechnen. Solch ein Modell wird auch als **Herdenmodell** bezeichnet. Zu den objektiven Methoden zählen neoklassische Methoden wie z. B. die Grenzkostenrechnung, die den Grenznutzen ermittelt (Kap. 6.3.3), lineare und dynamische Optimierung und Gewinngleichungen (profit functions).

Nicht-objektive Methoden

Nicht-objektive Methoden basieren auf **subjektiven** Einschätzungen und Erfahrungswerten von Züchtern, Fachleuten oder Konsumenten (z. B. Interviews, Expertenbefragungen mit der Delphi-Methode, partizipatorische Methoden). Sie werden vor allem dann verwendet, wenn für die jeweiligen Merkmale keine Marktpreise zur Verfügung stehen. Die Ableitung fiktiver wirtschaftlicher Gewichte für einen restriktiven Index kann ebenfalls zu den nicht-objektiven Methoden gezählt werden.

8.3.2 Zuchtbuch

Zuchtbuchnummer für Identifizierung

Für die gezielte Selektion und gerichtete Paarung von Zuchttieren ist deren eindeutige **Identifizierung** eine logische Voraussetzung. Zu diesem Zweck muss ein Zuchttier mit einer tierindividuellen Nummer, der sogenannten **Zuchtbuchnummer**, dauerhaft so gekennzeichnet werden, dass seine Identität festgestellt werden kann. Die Kennzeichnung kann durch Anbringung von Ohrmarken, durch Tätowierung oder auf elektronische Art (subkutane Chips) erfolgen. Bei Pferden sind auch Brandzeichen möglich. Die eindeutige Identifizierung mithilfe der Zuchtbuchnummer und damit die eindeutige Unterscheidbarkeit der Zuchttiere ist aber auch eine unbedingte Voraussetzung dafür, dass alle verfügbaren Verwandtschaftsbeziehungen zwischen den Zuchttieren in der Zuchtwertschätzung mit dem BLUP-Tiermodell (Kap. 8.3.4) genutzt werden können.

Zuchtbuch und Züchtervereinigung

Die Einführung von **Zuchtbüchern**, auch Herd- oder Stammbücher genannt, in denen die Tiere einer Zuchtpopulation systematisch erfasst wurden, um deren Abstammung zu dokumentieren und dieses Wissen für die Anpaarungen zu verwenden, war ein wichtiger Schritt für die praktische Etablierung der Tierzucht. Ab der zweiten Hälfte des 19. Jahrhunderts wurden in vielen Ländern **Züchtervereinigungen** gegründet, deren Hauptaufgaben die Führung der Zuchtbücher und die Definition von Rassestandards waren. Die Aufnahme von Tieren in das Zuchtbuch und dessen Führung ist auch heute noch eine der zentralen Aufgaben einer Züchtervereinigung. Die Anforderungen für die behördliche Anerkennung von Zuchtverbänden und Zuchtunternehmen und deren Aufgaben bezüglich der Führung von Zuchtbüchern und Zuchtregistern sind deshalb ausführlich in der EU-Tierzuchtverodnung (TierzuchtVO, 2016) geregelt. Aus diesem Grund werden für ein besseres Verständnis der Zusammenhänge die wichtigsten Fachbegriffe gemäß Artikel 2 der EU-Tierzuchtverordnung angeführt (teilweise gekürzt):

- **Zuchttier:** ein reinrassiges Zuchttier oder ein Hybridzuchtschwein;
- **Zuchtmaterial:** Samen, Eizellen und Embryonen von Zuchttieren, die für die assistierte (d.h. künstliche) Reproduktion entnommen bzw. erzeugt werden;
- **Reinrassiges Zuchttier:** ein Tier, das in der Hauptabteilung eines Zuchtbuchs eingetragen ist;
- **Hybridzuchtschwein:** ein Tier der Art Schwein, das in einem Zuchtregister eingetragen ist und aus einer gezielten Kreuzung stammt oder für gezielte Kreuzungen verwendet wird;
- **Zuchtverband:** eine Züchtervereinigung, Zuchtorganisation oder öffentliche Einrichtung (z.B. Staatliches Pferdegestüt), die für die Duchführung eines Zuchtprogramms bei reinrassigen Zuchttieren anerkannt ist;
- **Zuchtunternehmen:** eine Züchtervereinigung, Zuchtorganisation, ein privates Unternehmen oder eine öffentliche Einrichtung, die/das für die Durchführung eines Zuchtprogramms bei Hybridzuchtschweinen anerkannt ist;
- **Privates Unterrnehmen**: ein privates Unternehmen mit einem Zuchtprogramm, an dem entweden keine Züchter teilnehmen oder an dem nur eine beschränkte Zahl von Züchtern teilnimmt;
- **Zuchtbuch:** ein Herdbuch, ein Flockbuch, ein Stutbuch, eine Kartei oder ein Datenträger, das/die/der von einem Zuchtverband geführt wird und zumindest aus einer Hauptabteilung besteht;
- **Zuchtregister:** eine von einem Zuchtunternehmen geführte Kartei oder ein Datenträger, in der/dem Hybridzuchtschweine mit Angaben zu ihrer Abstammung eingetragen werden;
- **Tierzuchtbescheinigung:** eine für ein Zuchttier oder dessen Zuchtmaterial ausgestellte Bescheinigung mit Angaben über die Abstammung, die Identifizierung und, soweit verfügbar, die Ergebnisse einer Leistungsprüfung oder Zuchtwertschätzung;

Zuchtbuch und Zuchtregister

Zuchtbuch und **Zuchtregister** sind heutzutage meistens mehr oder weniger komplexe elektronische Datenbanken. Allgemein besteht ein Zuchtbuch bzw. Zuchtregister zumindest aus einer Hauptabteilung und einem möglichen Anhang. Legt der Zuchtverband bzw. das Zuchtunternehmen unterschiedliche Anforderungen bezüglich der Leistungen fest, so kann die Hauptabteilung in mehrere Abteilungen unterteilt werden (z. B. Abteilungen A, B, C, D). Zuchttiere sind dann in die Hauptabteilung des Zuchtbuchs bzw. Zuchtregisters einzutragen, wenn sie bezüglich ihrer Abstammung die in der EU-Tierzuchtverodnung festgelegten Mindestanforderungen (d.h. Anzahl Abstammungsgenerationen) erfüllen. Aufbau und Anforderungen für die Eintragung von Zuchttieren in ein Zuchtbuch bzw. Zuchtregister müssen vom Zuchtverband bzw. Zuchtunternehmen nachvollziehbar dokumentiert werden. Für die Erzeugung von Nachkommen dürfen Zuchttiere und deren Zuchtmaterial nur gemeinsam mit einer **Tierzuchtbescheinigung** abgegeben werden.

Lebensnummernsystem als Ziel

Weil die genannten rechtlichen Vorschriften aber nur **innerhalb einer Zuchtpopulation** anzuwenden sind, bereitet in der praktischen Anwendung die nicht eindeutige Unterscheidbarkeit von Zuchttieren vor allem in der Zuchtwertschätzung mit dem BLUP-Tiermodell immer wieder Schwierigkeiten. Verwenden z. B. Züchtervereinigungen in Nord- und Süddeutschland für dieselbe Rasse nicht ein einheitliches, eindeutiges Nummernsystem, so verursacht der Austausch von Zuchttieren und die damit verbundene notwendige Übernahme der Abstammungsdaten in das andere Zuchtbuch zusätzlichen organisatorischen Aufwand und ist eine sehr häufige Fehlerquelle. Ein anderes Beispiel ist die Verwendung nicht eindeutiger Nummernsysteme für die Kennzeichnung von Reinzuchttieren in der Zuchtstufe und Kreuzungstieren in der Vermehrungs- und Produktionsstufe. Dadurch ist die sinnvolle und informative Verknüpfung von Leistungsdaten aus der Rein- und Kreuzungszucht für die Zuchtwertschätzung unnötig erschwert oder sogar unmöglich. Das Ziel aller beteiligten Züchtervereinigungen sollte daher ein national einheitliches **Lebensnummernsystem** für jede Nutztierart sein. Lebensnummer bedeutet, dass jedes Zuchttier in einem Staatsgebiet eine eindeutige Zuchtbuchnummer bekommt, die es sein Leben lang behält, auch wenn es z. B. durch Verkauf die Züchtervereinigung wechselt. Während für Rinder, Schafe, Ziegen und Pferde Kennzeichnungssysteme in diesem Sinne schon (überwiegend) umgesetzt sind, sind bei Schweinen immer noch viele nicht eindeutige Nummernsysteme in Anwendung. Werden Lebensnummern zusätzlich mit internationalen Ländercodes (z. B. DE für Deutschland, AT für Österreich, CH für Schweiz, usw.) kombiniert, so ist auch eine eindeutige internationale (oder EU-weite) Identifizierung und somit eine effizientere Umsetzung von Zuchtprogrammen möglich.

8.3.3 Leistungsprüfung

Die Erfassung und Kenntnis der **phänotypischen Leistungen** von Tieren ist eine unbedingte Voraussetzung für die nachfolgenden züchterischen Maßnahmen Zuchtwertschätzung und Selektion, und daraus folgend für den angestrebten Zuchtfortschritt. Die **systematische Erfassung** von **tierischen Leistungen** in einer Zuchtpopulation wird als **Leistungsprüfung** bezeichnet. Sie nimmt eine Schlüsselstellung im Grundkonzept eines Zuchtprogramms ein (Tab. 8.1). Neben der züchterischen Bedeutung spielt die Leistungsprüfung aber auch eine wichtige wirtschaftliche Rolle in einem Zuchtprogramm, weil sie einen großen Teil der Züchtungskosten verursacht. Die Bezeichnung systematische Erfassung beinhaltet selbsterklärend eine langfristige Perspektive, was auch in der alten Redewendung **„Züchten bedeutet Denken in Generationen"** zum Ausdruck kommt. Kurzfristige Maßnahmen in der Leistungsprüfung verursachen nur Kosten und führen zu keinem nachhaltigen Zuchtfortschritt. Die Organisation der Leistungsprüfung muss deshalb gut geplant und deren Durchführung konsequent umgesetzt werden.

Auswahl der Merkmale

Für die **Auswahl der Merkmale**, die in der Leistungsprüfung erfasst werden, müssen einige Kriterien berücksichtigt werden. Primär sind – wie im Zuchtziel – diejenigen Merkmale zu verwenden, die sich nachhaltig auf die Rentabilität der tierischen Produktion auswirken, also eine dementsprechende wirtschaftliche Bedeutung haben. Die Merkmale müssen eine ausreichende Heritabilität und/oder eine entsprechend hohe genetische Korrelation mit Merkmalen im Zuchtziel aufweisen. Zusätzlich sind **Messbarkeit** und **Messkosten** in Betracht zu ziehen. Grundsätzlich sind deshalb Merkmale geeignet, die **einfach, zuverlässig** und **kostengünstig** an vielen Tieren gemessen werden können.

Leistungsprüfung als zusätzliche Informationsgrundlage

Die Leistungsprüfung liefert aber nicht nur Informationen für die züchterischen Maßnahmen Zuchtwertschätzung und Selektion, sondern auch für **populationsgenetische Analysen** wie z. B. Schätzung von Heritabilitäten, phänotypischer und genetischer Korrelationen, die wiederum Voraussetzungen für die Zuchtwertschätzungen sind. Zusätzlich liefert sie auch Informationen für **Herdenmanagement-Maßnahmen** (Kap. 4.10). Zunehmend hat auch die Verknüpfung der Daten aus der Leistungsprüfung mit Daten von Tiergesundheitsdiensten, d. h. mit tierindividuellen Gesundheitsinformationen, eine wichtige Bedeutung für Zuchtprogramme und Herdenmanagement-Maßnahmen.

Art der Leistungsprüfung

Grundsätzlich wird die **Art der Leistungsprüfung** aufgrund des Ortes, an dem sie durchgeführt wird (Feld- oder Stationsprüfung), und aufgrund des Verwandtschaftsverhältnisses der geprüften Tiere zum Proband (Vorfahren-, Eigenleistungs-, Geschwister- und Nachkommenprüfung) unterschieden (Kap. 4.10). Eine organisatorische Mischform zwischen **Feld-** und **Stationsprüfung** ist die sogenannte **Testherden-Prüfung**, die im deutschsprachigen Raum, insbesondere in der Milchrinderzucht, diskutiert und im englischsprachigen Raum schon häufig durchgeführt wird. Die Testherden-Prüfung ist im Grunde genommen eine in Praxisbetriebe verlagerte, vereinfachte Stationsprüfung. Testherden sind ausgewählte, meist überdurchschnittlich große und überdurchschnittlich gut geführte Praxisbetriebe. In diesen Betrieben können mit einem gezielt eingesetzten höheren Aufwand mehr züchterisch interessante Merkmale erfasst werden, was mit einer flächendeckenden Feldprüfung zu teuer wäre. Die Testherden-Prüfung hat den großen Vorteil, dass in den Testherden erheblich genauere Informationen über funktionale Merkmale (Kap. 8.3.1) und Gesundheitsinformationen erhältlich sind, als wenn in den Zuchtbetrieben mehr oder weniger regelmäßig Aufzeichnungen durchgeführt werden. Ein Risiko der Testherden-Prüfung besteht allerdings darin, dass, ähnlich wie bei der Stationsprüfung, aufgrund der überdurchschnittlich guten Umweltbedingungen **Genotyp-Umwelt-Interaktionen** zwischen den Testherden und „normalen" Praxisbetrieben auftreten können (Kap. 4.9.5).

Molekulargenetische Informationen

Wenn in einem Zuchtprogramm routinemäßig eine **marker-unterstützte** bzw. **genomisch-unterstützte Selektion** (Kap. 8.3.5) erfolgen soll, so ist es zusätzlich notwendig – unabhängig von der Art der Leistungsprüfung – für die Bestimmung der **molekulargenetischen Informationen** organisches Probenmaterial (d. h. Gewebe-, Sperma- oder Blutproben) der Selektions-Kandidaten zu beschaffen, in dafür geeigneten Labors zu analysieren und die sehr großen Mengen an molekulargenetischen Informationen (z. B. mehrere zehntausend bis hunderttausend SNPs pro Tier) in einer Datenbank zu verwalten.

Leistungsprüfung und Zuchtbuch

Allgemein ausgedrückt werden in der **Zuchtwertschätzung** die phänotypischen und, wenn vorhanden, molekulargenetischen (Kap. 3.9) **Daten aus der Leistungsprüfung** mit den Abstammungsinformationen aus dem **Zuchtbuch** verknüpft, um Zuchtwerte für alle züchterisch interessanten Tiere zu schätzen. Auf Basis der geschätzten Zuchtwerte und anderer Informationen (z. B. Fundament, Gesundheit, Eutermerkmale etc.) werden dann die am besten geeigneten männlichen und weiblichen Tiere selektiert, gepaart und somit die nächste Generation Tiere erstellt. Eine sinnvolle Zuchtwertschätzung setzt deshalb unbedingt eine korrekte Erfassung der Leistungs- und Abstammungsdaten sowie eine professionelle Datenverwaltung und Datenaufbereitung voraus.

Durchführung der Leistungsprüfung

Die **Durchführung** bzw. die Überwachung der Durchführung von **Leistungsprüfungen** muss bei autorisierten Institutionen liegen, um Unbeeinflussbarkeit und Unabhängigkeit zu gewährleisten. Solche autorisierten Institutionen sind Züchtervereinigungen, Landeskontrollverbände, Landwirtschaftskammern oder Behörden wie z. B. Landesanstalten für Landwirtschaft. Eine wichtige Grundlage für die internationale Vereinheitlichung von Leistungsprüfungen sind die „Recording Guidelines" des **I**nternational **C**ommittee for **A**nimal **R**ecording **(ICAR)**. ICAR wurde 1951 als kleine regionale Organisation in Rom gegründet und entwickelte sich zu einer nicht auf Profit ausgerichteten, internationalen Nicht-Regierungs-Organisation mit derzeit ca. 60 Mitgliedern. Das Ziel von ICAR ist die Standardisierung der Leistungsprüfungen und der Auswertungen durch Formulierung von Definitionen und Normen für das Messen bzw. Erfassen von tierischen Leistungen. Die Richtlinien und Empfehlungen beinhalten Mindestanforderungen zur Sicherstellung einer hinreichenden Vereinheitlichung der Leistungsprüfungen in den Mitgliedsländern und einer maximalen Flexibilität bei der Wahl der Methoden.

Festlegungen für Zuchtprogramm

Kurz zusammengefasst kann gesagt werden, dass in einem **Zuchtprogramm** für die züchterische Maßnahme **Leistungsprüfung** festgelegt werden muss,

- **welche Merkmale** (wirtschaftliche Bedeutung, Messbarkeit, Messkosten),
- bei **welchen Tieren** (Vorfahren-, Eigen-, Geschwister-, Nachkommenleistung),
- in **welcher Art** (Feld-, Stationsprüfung) und in **welchem Umfang** (wie viele Tiere, wie viele Wiederholungen) geprüft werden sollen.

8.3.4 Zuchtwertschätzung und Daten-Informations-System

Der theoretische Hintergrund von Zuchtwert und Zuchtwertschätzung wird in Kap. 4.11 grundsätzlich dargestellt. In diesem Kapitel soll deshalb der Bereich Zuchtwert und Zuchtwertschätzung aus Sicht der tierzüchterischen Praxis in einem Zuchtprogramm betrachtet werden. In der **Zuchtwertschätzung** werden die phänotypischen und, wenn vorhanden, molekulargenetischen (Kap. 3.9) **Informationen** aus der **Leistungsprüfung** mit den **Abstammungsinformationen** aus dem **Zuchtbuch** verknüpft, um Zuchtwerte für alle züchterisch interessanten Tiere zu schätzen. Auf Basis der geschätzten Zuchtwerte und anderer Informationen (z.B. Fundament, Gesundheit, Eutermerkmale etc.) werden dann die am besten geeigneten männlichen und weiblichen Tiere selektiert, gepaart und somit die nächste Generation Tiere erzeugt. Eine sinnvolle Zuchtwertschätzung setzt deshalb unbedingt eine korrekte Erfassung der Leistungs- und Abstammungsdaten sowie eine professionelle Datenverwaltung und Datenaufbereitung voraus. Dies klingt allerdings einfacher als es in der praktischen Umsetzung oftmals tatsächlich ist.

Daten-Informations-Systeme

Die Koordination und technische Realisierung der verschiedenen Datenflüsse aus Leistungsprüfung und Zuchtbuch sind z.B. bei den großen Rinder- und Schweine-Zuchtprogrammen nur mit komplexen **Daten-Informations-Systemen** und leistungsfähigen Datenbanken möglich. Das größte Datenvolumen weist dabei die Feldprüfung für Milchleistung beim Rind auf und ein paar Zahlen sollen die Dimension andeuten. In Deutschland werden im Durchschnitt pro Jahr ca. 3,7 Mio. Kühe (Stand 2015) auf Milchleistung geprüft, indem von jeder Kuh durchschnittlich acht Tagesleistungen im Zuchtbetrieb erfasst und anschließend diverse Milchinhaltsstoffe im Labor analysiert werden (Kap. 2.2.5). Der Aufbau und der Betrieb solcher Daten-Informations-Systeme werden von den Züchtervereinigungen nicht mehr selber durchgeführt, sondern an spezialisierte Dienstleistungsunternehmen ausgelagert. Dabei sind eine verständliche und übersichtliche Darstellung sowie eine einfache Bereitstellung der geschätzten Zuchtwerte für die Züchter via Internet oder Papier (z. B. Besamungskataloge) genauso wichtig wie die Zuchtwertschätzung selbst.

Methoden der Zuchtwertschätzung

In der Tierzucht besteht das **Zuchtziel** üblicherweise aus mehreren Merkmalen mit unterschiedlicher wirtschaftlicher Bedeutung. Damit ein solches Zuchtziel in einem Zuchtprogramm umgesetzt werden kann, sind also Methoden notwendig, mit denen die Zuchtwerte für die einzelnen Merkmale geschätzt und anschließend zu einem für die Selektion entscheidenden Index-Wert zusammengefasst werden können. Als **Methoden** für die **Zuchtwertschätzung** stehen einerseits der **Selektions-Index** und andererseits das **BLUP-Verfahren** zur Verfügung. Die genetische Theorie für beide Verfahren ist grundsätzlich dieselbe und basiert auf der von LANOY N. HAZEL and JAY L. LUSH Anfang der 1940er-Jahre entwickelten Selektions-Index-Theorie (Kap. 6.3.3). Der Selektions-Index wurde mehrere Jahrzehnte lang in der praktischen Zucht als Methode für die Zuchtwertschätzung angewendet und wird deshalb auch häufig als „klassischer Selektions-Index" bezeichnet. Abgelöst wurde der Selektions-Index als Methode für die Zuchtwertschätzung durch die von CHARLES R. HENDERSON in den Jahren nach 1960 entwickelte **BLUP-Zuchtwertschätzung**. Ausschlaggebend dafür waren vor allem folgende Gründe: Die Schätzung der Zuchtwerte für jeweils ein einzelnes Tier – wie beim Selektions-Index – ist nicht optimal, da die Selektion immer zwischen vielen Tieren einer Zuchtpopulation auf der gleichen Datenbasis erfolgen sollte. Daher sollte auch die Zuchtwertschätzung für alle Selektionskandidaten gleichzeitig, d. h. simultan, auf der gleichen Datenbasis erfolgen. Dies kann der Selektions-Index nicht leisten, sehr wohl aber die BLUP-Zuchtwertschätzung. Der wesentliche methodische Unterschied zur BLUP-Zuchtwertschätzung besteht darin, dass im Selektions-Index die Korrektur der systematischen Umwelteffekte (Kap. 4.11: $P - P_{system} = P_{korr}$) vorab und ohne Berücksichtigung des genetischen Niveaus der Vergleichsgruppe durchgeführt wird. Werden z. B. genetisch wertvolle Elterntiere, d. h. Tiere mit hohen geschätzten Zuchtwerten, überproportional häufig in Herden mit einem hohen genetischen Durchschnittsniveau eingesetzt, dann führt dies zu verzerrten Zuchtwerten. In der BLUP-Zuchtwertschätzung hingegen werden die Schätzung der Zuchtwerte und die Umweltkorrektur simultan durchgeführt. Dadurch wird das genetische Niveau der Vergleichstiere korrekt berücksichtigt und es kommt zu keinen Verzerrungen bei den geschätzten Zuchtwerten.

BLUP-Zuchtwertschätzung

BLUP steht für **B**est **L**inear **U**nbiased **P**rediction *(dt. beste lineare unverzerrte Vorhersage)* und ist heute die Grundlage der meisten praktisch genutzten Zuchtwert-Schätzverfahren. **BLUP** ist ein allgemeines **statistisches Verfahren** zur Schätzung von Effekten, bei deren Realisation der Zufall eine Rolle spielt. Aus züchterischer Sicht entspricht die Verschmelzung einer Samen- mit einer Eizelle bei der Befruchtung im wahrsten Sinne des Wortes einer zufälligen Realisation von Effekten, nämlich additiver Allelwirkungen. Mit BLUP geschätzte Zuchtwerte sind also nichts anderes als geschätzte additiv-genetische Effekte, die durch die zufällige Verschmelzung einer Samen- und Eizelle in einem Merkmal eines Tieres realisiert werden. Die **Abkürzung BLUP** beschreibt die statistischen Eigenschaften der mit BLUP errechneten Schätzwerte, nämlich **Erwartungstreue** und **Minimumvarianz**. Diese Eigenschaften garantieren für die jeweils verwendeten Leistungsdaten, dass es zu keiner systematischen Über- oder Unterschätzung, d. h. keiner Verzerrung der Zuchtwerte (= Erwartungstreue) und im Durchschnitt zu einer Minimierung des Schätzfehlers (= Minimumvarianz) kommt. Mindestens genauso wichtig wie die theoretische Ableitung des Schätzprinzips war die Entwicklung einer Rechenstrategie, der sogenannten **Mischmodell-Gleichungen**. Auf Basis der Mischmodell-Gleichungen war es erst möglich, mit Computern BLUP-Zuchtwerte zu berechnen. In der Praxis hat sich die BLUP-Zuchtwertschätzung deshalb erst durchgesetzt, als leistungsfähige und bezahlbare Computerkapazitäten zur Verfügung standen (ca. Anfang 1990). Heute werden bei der BLUP-Zuchtwertschätzung Gleichungssysteme mit mehreren hundert Millionen Unbekannten gelöst.

Kennzeichen der BLUP-Zuchtwertschätzung

Die wesentlichen **Kennzeichen** der **BLUP-Zuchtwertschätzung** können folgendermaßen zusammengefasst werden:

- Die Schätzung der Zuchtwerte erfolgt für alle männlichen und weiblichen Tiere simultan in einem Rechengang.
- Die Leistungen aller verfügbaren verwandten Tiere werden mittels der sogenannten Verwandtschaftsmatrix korrekt berücksichtigt.
- Die Schätzung der Zuchtwerte und die Korrektur der systematischen Umwelteffekte erfolgt simultan; dadurch kommt es zu keiner Verzerrung der geschätzten Zuchtwerte bei genetisch unterschiedlichen Vergleichsgruppen und nicht zufälliger Verteilung (z. B. Tiere mit hohen geschätzten Zuchtwerten werden bevorzugt in Herden mit gutem Management eingesetzt).

Routinemäßige BLUP-Zuchtwertschätzung

Für die **routinemäßige BLUP-Zuchtwertschätzung** in einem Zuchtprogramm sind ein professionell organisiertes Daten-Informations-System und eine zentrale Datenbank unbedingte Voraussetzungen. Während in der Rinderzucht z. B. nur dreimal jährlich die Zuchtwertschätzung durchgeführt wird, erfolgt dies beim Schwein üblicherweise wöchentlich. Da jedoch immer für alle Tiere der Zuchtpopulation die Zuchtwerte neu geschätzt werden, ist der Rechenaufwand jedes Mal erheblich. Die Berechnung der Zuchtwerte nur für ein einzelnes oder einige wenige Tiere ist mit diesem Verfahren nur sehr schwer möglich und wird deshalb üblicherweise auch nicht durchgeführt. Anders als beim Selektions-Index fällt die **Genauigkeit** bzw. **Zuverlässigkeit der Zuchtwertschätzung** nicht automatisch als „Nebenprodukt" der Berechnungen an, sondern muss in einem relativ aufwendigen Verfahren approximativ ermittelt werden. Häufig wird jedoch der Genauigkeit der Zuchtwertschätzung in der züchterischen Praxis eine zu große Bedeutung beigemessen. Theoretische Untersuchungen zeigen, dass der maximale Zuchtfortschritt dann erreicht wird, wenn die Tiere mit dem höchsten geschätzten Zuchtwert unabhängig von der Genauigkeit selektiert werden. Die Genauigkeit der Zuchtwertschätzung ist allerdings dann von Bedeutung, wenn der Risikoaspekt in betriebswirtschaftlichen Entscheidungen, etwa einer Besamungsstation oder eines Zuchtverbandes, von Bedeutung ist. Ebenso ist es aus Sicht des Marketings häufig sinnvoll, geschätzte Zuchtwerte erst ab einer bestimmten Mindestgenauigkeit zu veröffentlichen, da sehr ungenau geschätzte Zuchtwerte sich mit steigender Genauigkeit (z.B. aufgrund von Nachkommenleistungen) noch stark verändern.

Modelle der BLUP-Zuchtwertschätzung

Es würde den Rahmen dieses Buches bei weitem übersteigen, die mathematischen Details der BLUP-Zuchtwertschätzung darzustellen. Es soll stattdessen versucht werden, die grundsätzlichen **Modelle** der **BLUP-Zuchtwertschätzung** vorzustellen und deren praktische Anwendung zu diskutieren. Abschließend sollen noch die wichtigsten Aspekte für die richtige Interpretation geschätzter Zuchtwerte erläutert werden.

Modelle der BLUP-Zuchtwertschätzung

Vatermodell

Die ersten routinemäßig durchgeführten BLUP-Zuchtwertschätzungen wurden etwa ab 1980 für die Milchleistung der Rasse Holstein Friesian in der amerikanischen Milchrinderzucht entwickelt und basierten auf dem **Vatermodell**. In diesem Modell wird als genetischer Effekt auf die Leistung eines Tieres nur der additiv-genetische Effekt des Vaters berücksichtigt. Es können daher nur Zuchtwerte für Väter geschätzt werden, wobei allerdings Verwandtschaften zwischen den Vätern berücksichtigt werden können. Der offensichtliche Nachteil des Vatermodells ist, dass ein Teil des Zuchtwertes eines Tieres, nämlich der Effekt der Mutter und der sogenannte Mendelian-Sampling-Effekt (d.h. die Abweichung eines Nachkommen-Zuchtwerts vom Durchschnitt der Eltern), nicht berücksichtigt wird. Dem steht aber vor allem der rechentechnische Vorteil gegenüber, dass die Anzahl der zu schätzenden Vatereffekte im Verhältnis zu den Effekten aller Tiere sehr gering ist. Vatermodelle werden manchmal noch für Merkmale mit geringer Heritabilität genutzt, bei denen hinreichend genau geschätzte Zuchtwerte ohnehin nur für Tiere mit sehr vielen Nachkommen zu erhalten sind.

Tiermodell

Mittlerweile wurde das Vatermodell jedoch in den meisten Fällen vom sogenannten **Tiermodell** abgelöst. Im Tiermodell wird für die Leistung jedes Tieres der additiv-genetische Effekt des Tieres selbst berücksichtigt. Die genetische Verknüpfung aller Zuchtwerte wird durch die additiv-genetische Verwandtschaftsmatrix hergestellt. Das Tiermodell berücksichtigt deshalb, anders als das Vatermodell, über die **Verwandtschaftsmatrix** alle verfügbaren Verwandtschaftsbeziehungen und schätzt für **jedes Tier einen Zuchtwert**. Dafür ist es allerdings notwendig, dass das Mischmodell-Gleichungssystem für jedes Tier mit Leistungsinformationen sowie für alle verwandten Tiere jeweils eine Gleichung enthält. Die zu lösenden Gleichungssysteme sind deshalb um ein Vielfaches größer und auch komplexer strukturiert als die Gleichungssysteme bei einem Vatermodell. Ein entscheidender methodischer Durchbruch war die Entdeckung von C. R. HENDERSON im Jahr 1975, dass die für die Lösung des Gleichungssystems benötigte Inverse der Verwandtschaftsmatrix direkt aus den Abstammungsinformationen, einer sogenannten Pedigree-Liste, erstellt werden kann. Aufgrund der Entwicklung der Computerkapazitäten sowie effizienter Lösungsalgorithmen sind Tiermodell-Gleichungssysteme auch für sehr große Zuchtpopulationen mit einigen hundert Millionen Unbekannten effizient zu lösen.

Ein-Merkmal-Modell

Die Modelle für die BLUP-Zuchtwertschätzung können neben der berücksichtigten Verwandtschaftsstruktur (d.h. Vater- oder Tiermodell) auch aufgrund der Struktur der Merkmale gruppiert werden. Im einfachsten Fall, dem sogenannten **Ein-Merkmal-Modell**, wird für jedes Tier mit Leistungsinformationen nur ein Merkmal berücksichtigt, etwa die 305-Tage-Leistung im Merkmal Milchmenge in der ersten Laktation oder der Muskelfleischanteil im Schlachtkörper. In diesem Fall muss für das betrachtete Merkmal nur die Heritabilität als genetischer Parameter bekannt sein, und es wird auch nur für dieses Merkmal ein Zuchtwert geschätzt. Eine Erweiterung des Ein-Merkmal-Modells ist das **Wiederholbarkeits-Modell**. In diesem Modell wird berücksichtigt, dass manche Merkmale am gleichen Tier mehrmals gemessen werden können, wie z.B. die Futteraufnahme in verschiedenen Mastabschnitten oder der Milchproteingehalt in der 1., 2. und 3. Laktation. Voraussetzung für die Anwendbarkeit des Wiederholbarkeits-Modells ist, dass es sich bei dem wiederholt gemessenen Merkmal genetisch um ein und dasselbe Merkmal handelt. Die geschätzte genetische Korrelation zwischen den Wiederholungen muss also möglichst nahe 1,0 liegen. Neben der Heritabilität muss auch die Wiederholbarkeit als Populationsparameter berücksichtigt werden. Die Genauigkeit der geschätzten Zuchtwerte ist jedenfalls höher als die aus dem Ein-Merkmal-Modell, insbesondere für Merkmale mit geringer Wiederholbarkeit und vielen wiederholten Messungen.

Mehr-Merkmal-Modell

In der Praxis wird am häufigsten das **Mehr-Merkmal-Modell** verwendet, weil mit diesem Modell die Zuchtwertschätzung für mehrere Merkmale gleichzeitig durchgeführt werden kann. Dabei kann es sich einerseits um biologisch grundsätzlich unterschiedliche Merkmale handeln, wie z.B. Milchmenge, Milchfett-, Milchproteingehalt und somatischer Zellgehalt der Milch bei Kühen oder Muskelfleischanteil und pH-Wert des Fleisches beim Schwein. Andererseits kann es sich aber auch um wiederholte Messungen des gleichen Merkmals am gleichen Tier handeln, wenn sich herausgestellt hat, dass es sich genetisch nicht um das dasselbe Merkmal handelt. So wurde z.B. häufig beobachtet, dass sich die Milchmenge in der ersten Laktation einer Kuh genetisch von der Milchmenge in höheren Laktationen unterscheidet, weil die genetische Korrelation zwischen der Milchmenge in der ersten und dritten Laktation etwa $r_A \leq 0{,}80$ beträgt. Diesen Fall kann ein Wiederholbarkeits-Modell nicht korrekt abbilden, und es ist deshalb besser, ein Mehr-Merkmal-Modell zu definieren, in dem die Milchmenge in der 1., 2. und 3. Laktation als drei verschiedene Merkmale betrachtet wird. In Mehr-Merkmal-Modellen werden neben den Heritabilitäten auch die genetischen und phänotypischen Korrelationen zwischen allen Merkmalen berücksichtigt. Jedes Tier erhält deshalb jeweils einen geschätzten Zuchtwert für alle im Modell enthaltenen Merkmale, unabhängig davon, ob es in dem jeweiligen Merkmal eine Leistung erbracht hat oder nicht. Dies bedeutet auch, dass Zuchtwerte für zukünftige Leistungen vorgeschätzt werden. So erhält z. B. eine Kuh, die die erste Laktation abgeschlossen hat, einen vorgeschätzten Zuchtwert für die Milchmenge in der zweiten und dritten Laktation. Diese vorgeschätzten Zuchtwerte beruhen auf den im Mehr-Merkmal-Modell verwendeten genetischen Korrelationen zwischen den Merkmalen, und die der Schätzung zugrunde liegende (geringe) Informationsmenge wird korrekt berücksichtigt.

Testtags-Modell

Eine Sonderform des Mehr-Merkmal-Modells ist das sogenannte **Testtags-Modell**. Dieses Modell wurde für wiederholte Messungen des gleichen Merkmals entwickelt, wobei für jedes Tier relativ viele und unterschiedlich häufige Messungen zur Verfügung stehen, und zusätzlich für die Entwicklung der Merkmalswerte ein typischer biologischer Verlauf wie z. B. eine Laktationskurve, eine Wachstumskurve oder eine Legeleistungskurve unterstellt werden kann. Beispiele dafür sind die wiederholten Messungen des Tagesgemelks einer Kuh im Rahmen der Milchleistungsprüfung oder wiederholte Wiegungen im Verlauf des Wachstums von Masttieren. In einem Testtags-Modell wird eine typische mittlere Verlaufskurve, also z. B. eine Laktationskurve im Fall der Tagesgemelke oder eine Wachstumskurve im Fall der wiederholten Wiegungen, unterstellt. Innerhalb der Testtags-Modelle wird nochmals in das sogenannte **Fixed Regression Testtags-Modell** und **Random Regression Testtags-Modell** unterschieden. Auf die methodischen Unterschiede und deren Vor- und Nachteile kann und soll nicht weiter eingegangen werden. In der praktischen Zuchtwertschätzung werden Testtags-Modelle vor allem beim Rind für die Merkmale der Milchleistung verwendet.

Normalverteilung nicht immer gegeben

Damit bei der **BLUP-Zuchtwertschätzung** ihre zentralen statistischen Eigenschaften, nämlich Erwartungstreue und Minimumvarianz der geschätzten Zuchtwerte, auch tatsächlich erwartet werden können, ist es erforderlich, dass die Merkmale zumindest annähernd **normal verteilt** sind. Dies trifft zwar für viele quantitative Merkmale (Kap. 4.6) zu, manche Merkmale weichen jedoch stark von dieser Annahme ab. So zeigen Merkmale wie z. B. der somatische Zellgehalt der Milch eine stark rechtsschiefe Verteilung, weil die Zellzahl in gesunden Eutern zwischen ca. 10.000 und 100.000 somatischen Zellen pro Milliliter Milch schwankt, während die Zellzahl in subklinisch entzündeten Eutern mehrere hunderttausend und bei klinischen Entzündungen mehrere Millionen Zellen betragen kann (Kap. 2.2.3). In diesem Fall müs-

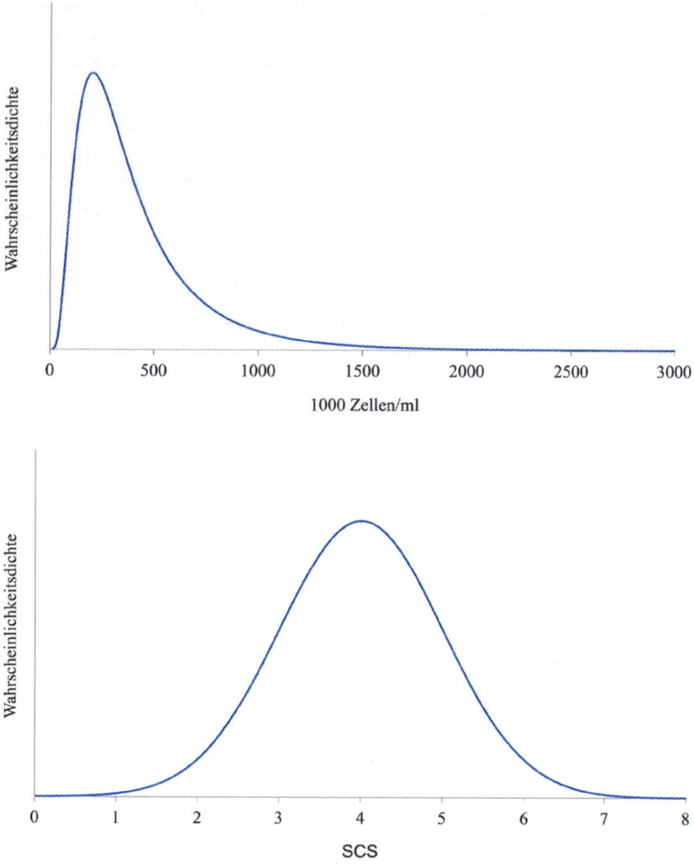

Abb. 8.2 Wahrscheinlichkeitsdichte der Zellzahl/ml (oben) und des SCS (unten). Beide Verteilungen sind identisch und unterscheiden sich nur in der Skalierung der x-Achse

sen die Merkmalswerte der Zellzahl für die BLUP-Zuchtwertschätzung mit einer logarithmischen **Transformation** in das neue Merkmal „Somatic Cell Score" (SCS) umgerechnet werden. Das transformierte Merkmal SCS ist normal verteilt (Abb. 8.2) und deshalb können korrekte BLUP-Zuchtwerte geschätzt werden. Andere quantitative Merkmale wiederum zeigen nur eine **eingeschränkte kontinuierliche Variation**, weil nur bestimmte ganzzahlige Werte möglich sind. Beispiele dafür sind die Wurfgröße beim Schwein oder subjektive Bewertungsnoten auf einer Skala von z. B. 1–9. Wenn in diesen Fällen mindesten vier bis fünf Klassen vorkommen und die mittleren Klassen am häufigsten besetzt sind, also „annähernd" normal verteilt sind, dann können auch für solche Merkmale BLUP-Zuchtwerte geschätzt werden, ohne einen großen Fehler zu machen.

Schwellenwert-Modell

Einige quantitative Merkmale treten sogar nur in zwei oder wenigen Klassen auf. Beispiele dafür sind trächtig – nicht trächtig, lebend – tot, resistent – nicht resistent, gesund – leicht erkrankt – schwer erkrankt oder die Wurfgröße bei Schaf und Ziege, wo nur drei bis vier Klassen (Einling, Zwillinge, Drillinge, Vierlinge) besetzt sind und sich oft die weitaus meisten Beobachtungen in der Klasse Einling finden. Solche Merkmale werden als **Schwellenwert-Merkmale** bezeichnet. Das Schwellenwert-Modell basiert auf der Annahme, dass der diskreten Merkmalsausprägung (z. B. gesund – krank) eine kontinuierliche Variable (z. B. Anfälligkeit für die Krankheit) zugrunde liegt. Nur wenn der „Anfälligkeitswert" eines Tieres einen Schwellenwert überschreitet, wird das Tier krank, wobei der Anfälligkeitswert sowohl von genetischen als auch von Umweltfaktoren (z. B. Hygieneniveau in der Herde) abhängig ist. Schwellenwert-Merkmale zeigen also eine diskontinuierliche phänotypische Verteilung, haben aber einen kontinuierlichen genetischen Hintergrund. Die Zuchtwertschätzung für solche Merkmale wird deshalb aufgrund der statistischen Verteilungseigenschaften nicht mit einem BLUP-Modell, sondern mit dem sogenannten **Schwellenwert-Modell** durchgeführt.

Überlebensanalyse

Ein weiterer Merkmalstyp von praktischer Relevanz in der Zuchtwertschätzung sind Merkmale, die in Zeiteinheiten (Tage, Monate, Jahre) ausgedrückt werden. Beispiele dafür sind die Zeit bis zur ersten Reproduktion weiblicher Tiere (Erstkalbe-, Erstferkel- oder Erstlammalter), der zeitliche Abstand zwischen zwei Geburten (Zwischenkalbe-, Zwischenwurfzeit) und besonders die **Nutzungsdauer** von weiblichen Tieren (vor allem von Milchkühen oder Sauen). Diese Merkmale werden auch als zeitabhängige Merkmale oder Zeitvariablen bezeichnet. Sie sind meist rechtsschief verteilt, d. h. eine gewisse Mindestdauer kann in der Regel aus biologischen Gründen nicht unterschritten werden, auf der anderen Seite sind aber sehr lange Zeiten möglich. Neben dieser Schiefe machen es aber noch andere statistische Besonderheiten, auf die nicht genauer eingegangen werden kann, erforderlich, dass für Zeitvariablen spezielle Auswertungskonzepte angewendet werden. So kann die Zuchtwertschätzung für das Merkmal Nutzungsdauer mit einer weiterentwickelten Form der aus der Humanmedizin stammenden **Überlebensanalyse** *(engl. Survival Analysis)* durchgeführt werden.

Marker-unterstützte und genomische Zuchtwertschätzung

Bisher sind wir davon ausgegangen, dass für die BLUP-Zuchtwertschätzung **phänotypische Leistungsinformationen** aus der Leistungsprüfung für die jeweiligen Merkmale verwendet werden. Es können aber auch **molekulargenetische Informationen** wie z. B. mit einem Gentest direkt bestimmbare Genotypen (z. B. MHS-Gen beim Schwein mit den 3 Genotypen C/C, C/T, T/T) oder die in Kap. 3.9 beschriebenen genetischen Marker Mikrosatelliten und SNPs als zusätzliche Informationsquellen für die Zuchtwertschätzung verwendet werden. **Genetische Marker** werden dabei im Sinne des Wortes als Markierungen von sogenannten QTL (Kap. 4.7) verwendet. **QTL** bedeutet **Q**uantitative **T**rait

Locus *(dt. Quantitativer Merkmalsgenort)* und bezeichnet allgemein einen Genomabschnitt, der ein Gen oder mehrere eng gekoppelte Gene enthält, und dessen unterschiedliche Varianten (häufig als „QTL-Allele“ bezeichnet) unterschiedliche phänotypische Ausprägungen eines Merkmals bewirken. Voraussetzung für die Zuchtwertschätzung mit genetischen Markern ist natürlich, dass die Tiere für die jeweiligen Marker typisiert sein müssen. Diese Vorgangsweise wird dann allgemein als **marker-unterstützte Zuchtwertschätzung** bezeichnet, weil die molekulargenetischen Informationen die phänotypischen Informationen unterstützen. Unterschiedliche Varianten der marker-unterstützten Zuchtwertschätzung wurden zwischen 1990 und 2010 in verschiedenen Zuchtprogrammen unter Verwendung von **Mikrosatelliten-Markern** implementiert. Obwohl theoretische Untersuchungen gezeigt hatten, dass die Einbeziehung von Markerinformationen zu einer höheren Genauigkeit der Zuchtwertschätzung führen sollte, blieb der in der züchterischen Praxis messbare Effekt deutlich hinter den Erwartungen zurück. Dies kann vor allem auf zwei Faktoren zurückgeführt werden: Die verwendeten Mikrosatelliten-Marker waren aufgrund der zu geringen Markerdichte für diese Anwendung nicht optimal geeignet; aber vor allem ist es nicht gelungen, für die wichtigsten Zuchtziel-Merkmale eine ausreichende Anzahl QTL mit großen Effekten zu kartieren, die dann in der Zuchtwertschätzung genutzt werden konnten.

Genomische Zuchtwertschätzung

Eine grundlegende Weiterentwicklung der marker-unterstützten Zuchtwertschätzung ist die **genomische Zuchtwertschätzung**, bei der als **genetische Marker** sehr viele **SNPs** verwendet werden. Basierend auf der Array-Technologie (einem Miniaturisierungsverfahren) kann seit etwa 2005 mit sogenannten „SNP-Chips“ das Genom eines Nutztieres über alle Chromosomen hinweg simultan für sehr viele identifizierte (d. h. aus der Genkartierung bekannte) SNPs typisiert werden. Je nach verwendetem SNP-Chip stehen dann pro Tier die Typisierungsergebnisse von mehreren zehntausend bis mehreren hunderttausend SNP-Genotypen zu sehr günstigen Kosten zur Verfügung (Stand 2016: ca. 0,1 Euro-Cent pro SNP-Genotyp und Tier).

Grundkonzept und Referenzstichprobe

Das **Grundkonzept** der genomischen Zuchtwertschätzung besteht darin, dass zunächst an einer sogenannten **Lern-** bzw. **Referenzstichprobe** ein Modell entwickelt wird, mit dem aufgrund der SNP-Informationen die Zuchtwerte möglichst genau vorhergesagt werden können. Die Lernstichprobe besteht hierbei aus einer größeren Gruppe von Tieren, für die sowohl SNP-Genotypen als auch möglichst genaue Zuchtwert-Informationen vorliegen. Meist werden hierfür männliche Tiere verwendet, für die bereits ein sehr genau geschätzter konventioneller Zuchtwert basierend auf vielen Nachkommenleistungen verfügbar ist, welcher dann als **„Quasi-Phänotyp“** verwendet werden kann. Auf Grundlage dieser „Quasi-Phänotypen“ schätzt man mit einem multiplen Regressionsansatz für jeden SNP-Genotyp seinen Effekt auf das Merkmal, für das die genomische Zuchtwertschätzung durchgeführt werden soll. Da die Anzahl SNPs (in der Regel mehrere Zehntausend)

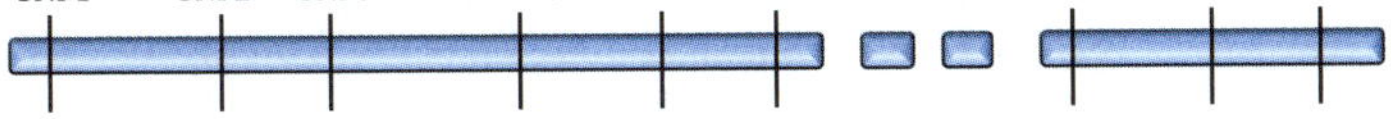

Tier		SNP1	SNP2	SNP3	SNP4	SNP5	SNP6	SNP7	SNP8	SNP9	ggZW
1	SNP-Genotyp	AA	AT	CC	CG	CT	GG	TT	TC	GC	
	Effekt	+30	-5	+8	-2	-7	+1	+12	+23	-2	+58
2	SNP-Genotyp	AC	AT	TT	GG	CT	GA	CC	TC	GG	
	Effekt	+15	-5	+2	-4	-7	+3	-12	+23	-4	+11
3	SNP-Genotyp	CC	TT	CT	CG	CT	AA	CT	CC	CC	
	Effekt	0	+5	+5	-2	-7	+5	0	+7	0	+13

Abb. 8.3 Prinzip der Summenformel in der genomischen Zuchtwertschätzung. Die schematische Darstellung zeigt einen Ausschnitt des Genoms mit 9 SNP von 3 Tieren. Für jedes Tier sind die SNP-Genotypen und deren geschätzte Effekte auf ein fiktives Merkmal angegeben. Der geschätzte genomische Zuchtwert (ggZW) eines Tieres entspricht der Summe aller Effekte der SNP-Genotypen. Beachte: Gleiche Genotypen an einem SNP haben bei verschiedenen Tieren auch gleiche Effekte und es handelt sich um additive SNP-Effekte, d. h. die Effekte der Heterozygoten liegen immer genau im Mittelwert der Homozygoten, wie z. B. am ersten SNP zu erkennen ist

meist größer ist als die Anzahl Tiere in der Lernstichprobe (meist Hunderte oder Tausende), müssen hier, ähnlich wie beim Testtags-Modell, sogenannte Random Regression Methoden angewendet werden; das hierfür verwendete Verfahren wird daher auch oft als **Random Regression BLUP (RRBLUP)** bezeichnet. Als Ergebnis dieser Analyse erhält man für jeden SNP-Genotyp einen geschätzten Effekt auf das Zielmerkmal. Der **geschätzte genomische Zuchtwert (ggZW)** eines Tieres ist dann einfach die Summe aller seiner SNP-Effekte. Diese Art der Berechnung genomischer Zuchtwerte wird daher auch als **Summenformel** bezeichnet. Im Gegensatz zur marker-unterstützten Zuchtwertschätzung verzichtet man hier auf einen statistischen Test, d. h. es werden nicht nur diejenigen SNPs ins Modell aufgenommen, die einen statistisch signifikanten Effekt auf das Zielmerkmal haben, sondern es werden alle SNPs unabhängig von der Größe des Effekt berücksichtigt. Auf diese Weise erfasst man auch die Effekte der vielen Gene mit kleiner Wirkung, die, wie man heute weiß, zu einem erheblichen Teil an der Vererbung komplexer Merkmale beteiligt sind. In Abb. 8.3 ist das **Prinzip** der **Summenformel** für ein vereinfachtes Beispiel mit drei Tieren und neun SNPs schematisch dargestellt. Sobald die SNP-Effekte geschätzt sind, ist es möglich, für jedes Tier, für das die SNP-Genotypen bekannt sind, einen genomischen Zuchtwert zu berechnen, unabhängig davon, ob für das Tier auch Eigen- oder Nachkommenleistungen vorliegen. Dies bedeutet, dass genomische Zuchtwerte schon für neu geborene Tiere oder im Extremfall sogar für Embryonen geschätzt werden können, was in vielen Zuchtprogrammen eine frühzeitige Selektion und damit eine starke Verkürzung des Generationsintervalls ermöglicht (Kap. 8.3.5 und 8.4).

RRBLUP vs. Bayes-Verfahren

Das dargestellte **RRBLUP-Verfahren** geht davon aus, dass die Effekte aller SNP im Genom aus der gleichen statistischen Verteilung stammen und daher ähnlich groß sind. Es sei an dieser Stelle darauf hingewiesen, dass es sich bei den auf den SNP-Chips befindlichen SNPs in der

Regel um sogenannte Typ-II-Marker handelt (Kap. 3.9); dies bedeutet, dass die SNPs selbst keinen kausalen Effekt auf das Merkmal haben, sondern nur mit Genen assoziiert *(lat. associare: zugesellen, vereinigen)* sind, die die Merkmale beeinflussen. Tatsächlich ist allerdings bekannt, dass manche Gene ein Merkmal stärker beeinflussen als andere Gene, und viele Gene gar keinen Einfluss auf die züchterisch relevanten Merkmale haben Es wurden daher als Alternative zu RRBLUP die sogenannten **Bayes-Verfahren** vorgeschlagen, die bei der Schätzung der Effekte implizit eine Auswahl zwischen den Markern treffen und einzelnen SNPs sehr große Effekte zuordnen können. Obwohl diese meist sehr rechenaufwendigen Verfahren in der Theorie genauer sein sollten als RRBLUP, hat sich dies in der praktischen Anwendung auf reale Datensätze nicht bestätigt, sodass aktuell unter dem Gesichtspunkt der Effizienz und Robustheit **RRBLUP** für die genomische Zuchtwertschätzung das Verfahren der Wahl ist und in den meisten Routineanwendungen verwendet wird.

pVK und rVK

Interessanterweise gibt es eine zweite, mathematisch völlig analoge Modellierung, die zu exakt den gleichen Schätzwerten für die genomischen Zuchtwerte wie RRBLUP führt, aber ein etwas anderes Verständnis der Hintergründe der genomischen Zuchtwertschätzung ermöglicht. In der konventionellen BLUP Zuchtwertschätzung werden die genetischen Ähnlichkeiten der Tiere mittels der Pedigree-basierten Verwandtschaftsmatrix in das Modell eingebracht. Diese enthält für jedes Paar von Tieren jeweils den **Pedigree-basierten Verwandtschaftskoeffizienten (pVK)**, der anhand der bekannten Abstammungsinformationen berechnet werden kann (Kap. 4.5.1). Verwandtschaft spiegelt den Anteil herkunftsgleicher Allele wider, d.h. je höher die Verwandtschaft zwischen zwei Individuen ist, desto wahrscheinlicher ist es, dass die Tiere an einem Genort Allele tragen, die Kopien desselben Allels eines gemeinsamen Ahnen sind. Der pVK stellt den statistischen Erwartungswert für diesen Anteil herkunftsgleicher Allele dar, allerdings kann die tatsächliche Anzahl herkunftsgleicher Allele – und damit der **realisierte Verwandtschaftskoeffizient (rVK)** – zwischen Loci (Abb. 8.4) und zwischen Tieren variieren. Der rVK wird im Mittel über viele SNPs berechnet und kann in relativ weiten Grenzen um den Erwartungswert herum variieren. So ist z.B. der pVK zwischen Großväter und Enkel immer 0,25, während der rVK für jede Großvater-Enkel-Kombination individuell verschieden ist und erfahrungsgemäß zwischen 0,15 und 0,35 liegt. Unter Verwendung der rVK kann für alle mit SNP-Chips genotypisierten Tiere eine **realisierte Verwandtschaftsmatrix** aufgebaut werden. Die Beziehung zwischen pVK und rVK ist exemplarisch in Abb. 8.5 für eine Legehennen-Population dargestellt.

RRBLUP und GBLUP

Ersetzt man nun in der BLUP-Zuchtwertschätzung die Pedigree-basierte Verwandtschaftsmatrix durch die SNP-basierte realisierte Verwandtschaftsmatrix, erhält man exakt die gleichen geschätzten genomischen Zuchtwerte wie mittels RRBLUP unter Anwendung der Summenformel. Dieser Ansatz wird auch als **Genomisches BLUP (GBLUP)** be-

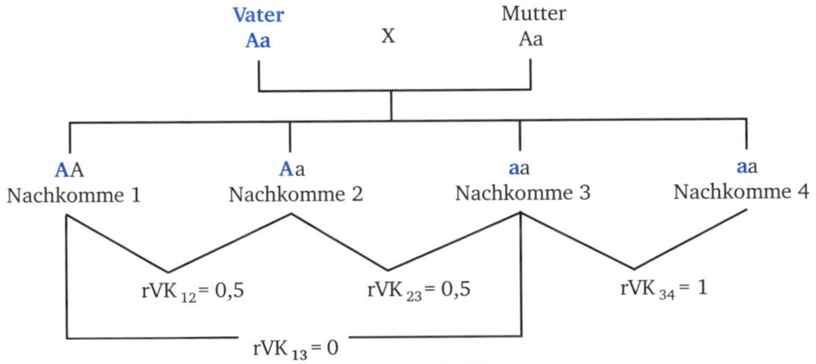

Abb. 8.4 Beispiel für mögliche realisierte Verwandtschaftskoeffizienten (rVK) zwischen Vollgeschwistern an einem SNP-Locus. Bei Vollgeschwister sind im Durchschnitt 50% der Allele aufgrund der gemeinsamen Ahnen Vater und Mutter herkunftsgleich. Die Nachkommenpaare (1,2), (2,3) und (2,4) teilen sich jeweils ein herkunftsgleiches Allel und somit entspricht der rVK dem Erwartungswert des Pedigree-basierten Verwandtschaftskoeffizienten (pVK) von 0,5. Nachkomme 1 und 3 sowie 1 und 4 teilen sich kein herkunftsgleiches Allel und sind daher an diesem SNP-Locus nicht verwandt. Bei den Nachkommen 3 und 4 hingegen sind beide Allele herkunftsgleich und somit haben diese Nachkommen an diesem SNP-Locus einen rVK von 1

zeichnet und ist in der Regel rechentechnisch effizienter als RRBLUP. Man kann also auf zwei Wegen genomische Zuchtwerte schätzen:

1. Es werden für alle verfügbaren SNP-Genotypen im Genom Effekte geschätzt und für jedes Tier die jeweiligen Effekte mit der Summenformel zum genomischen Zuchtwert addiert **(RRBLUP)**;
2. Es werden in der BLUP-Zuchtwertschätzung statt der erwarteten Pedigree-basierten, die SNP-basierten realisierten Verwandtschaften zwischen den Tieren verwendet, um die Ähnlichkeit der Tiere zu modellieren **(GBLUP)**.

Genauigkeit genomische Zuchtwertschätzung

Die genomische Zuchtwertschätzung hat im Rahmen der genomisch-unterstützten Selektion (Kap. 8.3.5) schnell eine breite Akzeptanz gefunden, da sie es ermöglicht, für junge Tiere genauere Zuchtwerte zu schätzen als dies mit konventionellen Verfahren möglich ist. Die **Genauigkeit** der **genomischen Zuchtwertschätzung** hängt dabei von einer Reihe von Faktoren ab:

- **Größe der Lernstichprobe:** Grundsätzlich gilt, dass die Genauigkeit umso höher ist, je größer die Lernstichprobe ist.
- **Genetische Distanz** zwischen der Lernstichprobe und den Selektionskandidaten: Die Tiere der Lernstichprobe sollten möglichst nah verwandt sein mit den Tieren, die auf Basis der genomischen Zuchtwerte selektiert werden sollen. Im Idealfall enthält die Lernstichprobe die Eltern oder zumindest die Väter der Selektionskandidaten. Hingegen hat sich gezeigt, dass bei großen genetischen Distanzen, also wenn z. B. die Tiere der Lernstichprobe aus einer anderen Rasse oder

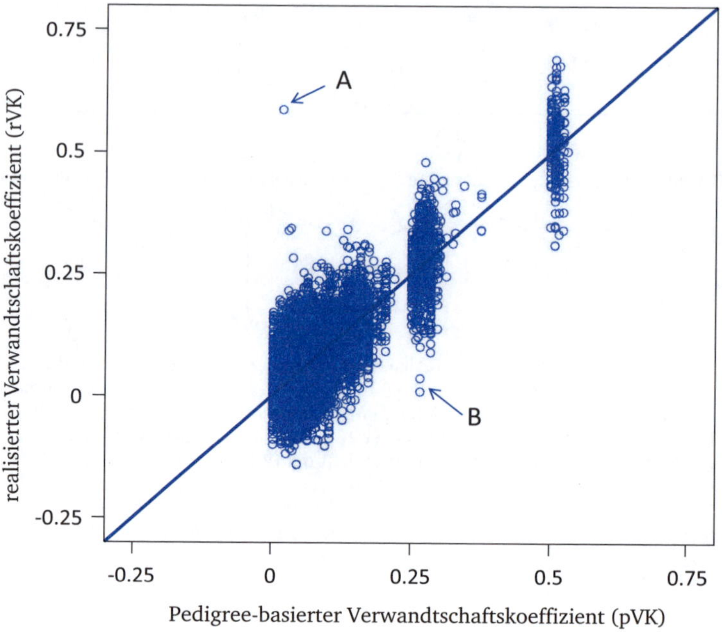

Abb. 8.5 Vergleich Pedigree-basierter (pVK) und realisierter Verwandtschaftskoeffizient (rVK) am Beispiel einer Legehennen-Population mit mehreren tausend SNP-Genotypen. Jeder Punkt steht für die Verwandtschaft eines Paars von Tieren. pVK haben scharfe Untergrenzen (z. B. bei 0, 0,25 oder 0,5), während die rVK stark um den Erwartungswert des pVK streuen und sogar negative Werte annehmen können. Aufgrund solcher Vergleiche können auch Fehler in der Abstammung von Tieren erkannt werden: Im Fall A handelt es sich um ein Paar von Tieren, für die im Pedigree keine gemeinsamen Ahnen vorhanden sind, der rVK aber sehr hoch ist; im Fall B ist der pVK auf Halbgeschwister-Niveau, tatsächlich scheinen die Tiere aber nicht verwandt zu sein (Quelle: M. Erbe, LfL Grub, 2016)

einer anderen Zuchtpopulation innerhalb der gleichen Rasse stammen, keine ausreichenden Genauigkeiten erreicht werden können.

- **Effektive Populationsgröße:** Bei einem hohen Inzuchtgrad und damit einer geringen effektiven Populationsgröße (Kap. 4.5.2) sind Marker in längeren stabilen Haplotypen (Kap. 3.5) kombiniert und dadurch auch mit weiter entfernten Genen gekoppelt. Hierdurch werden die Geneffekte besser über Marker erfasst, was zu einer höheren Genauigkeit der genomischen Zuchtwertschätzung führt. Eine ansonsten im Sinne der Inzuchtvermeidung eigentlich unerwünschte kleine effektive Populationsgröße ist also für die Genauigkeit der genomischen Zuchtwertschätzung eher vorteilhaft.
- **Genauigkeit der konventionellen Zuchtwerte**, die als „Quasi-Phänotypen" in die genomische Zuchtwertschätzung eingehen. Da diese Genauigkeiten nur für Tiere mit vielen Nachkommenleistungen ausreichend hoch sind, hat es sich hier bewährt, vor allem nachkommen-

geprüfte Väter mit SNP-Chips zu genotypisieren und für die Lernstichprobe zu nutzen. Zu beachten ist hier, dass bei ausreichend großen Nachkommengruppen die konventionellen Zuchtwerte auch für gering heritable Merkmale recht genau sein können, sodass die genomische Zuchtwertschätzung insbesondere auch ein erhebliches Potenzial für die züchterische Bearbeitung von Fitness- und Reproduktionsmerkmale bietet.

- **Genetische Architektur des Merkmals:** Hierunter versteht man zunächst die Anzahl der für ein Merkmal relevanten Gene sowie die Größenverteilung der Effekte. Generell geht man davon aus, dass für polygen vererbte Merkmale, die durch viele Allele an vielen Genorten mit sehr kleinen Allelwirkungen (Effekten) beeinflusst werden (z. B. somatischer Zellgehalt in der Milch), RRBLUP bzw. GBLUP verlässlich die höchste Genauigkeit liefert. Für Merkmale, deren Vererbung von den Allelen an einem oder wenigen Genorten mit sehr großen Effekten dominiert wird (z. B. Milchfettgehalt), ist zumindest theoretisch zu erwarten, dass Bayes-Verfahren mit Variablenselektion vorteilhaft sind. Allerdings sind die Zusammenhänge zwischen genetischer Merkmalsarchitektur und Genauigkeit der genomischen Zuchtwertschätzung bisher wenig verstanden, und es liegt möglicherweise ein erhebliches Verbesserungspotenzial in der gezielten Modellentwicklung für spezielle Merkmalsarchitekturen.
- **Markerdichte:** Generell ist die Genauigkeit proportional zum Logarithmus der Markerdichte (d. h. Anzahl SNPs pro Megabasenpaare) und steigt mit höherer Dichte an. Aufgrund der logarithmischen Beziehung gilt aber, dass für eine signifikante Erhöhung der Genauigkeit die Markerdichte nicht nur um einige Prozent erhöht, sondern vervielfacht werden muss. Zudem wurde beobachtet, dass dieser Zusammenhang nur bis zu einer bestimmten Markerdichte gilt und darüber hinaus kein Genauigkeitszuwachs mehr erfolgt. In der Milchrinderzucht ist dieser Schwellenwert mit den verfügbaren High-Density-Chips (ca. 750.000 SNPs = 250 SNPs/Megabasenpaare) erreicht. Dies erklärt auch, warum sequenzbasierte genomische Zuchtwerte, die alle ca. 10 Mio. SNPs im Genom verwenden, zu keiner weiteren Verbesserung der Genauigkeit führen.

Mehr-Schritt-Verfahren oder Ein-Schritt-Verfahren

Die **genomische Zuchtwertschätzung**, wie bislang besprochen, liefert genomische Zuchtwerte ausschließlich für Tiere, für die SNP-Genotyp-Informationen verfügbar sind. In der Zuchtpraxis ist es aber wichtig, alle Tiere, egal ob genotypisiert oder nicht, anhand eines einheitlich definierten Zuchtwerts zu rangieren, um die besten als Eltern der nächsten Generation selektieren zu können. Weiterhin ist es auch klar, dass die SNP-Informationen nicht nur für das genotypisierte Tier selbst, sondern auch für seine unmittelbaren Verwandten zu einer genaueren Zuchtwertschätzung führen können. Aus diesem Grund wurden zwei grundsätzlich **unterschiedliche Verfahren** vorgeschlagen, wie genomische und konventionelle Zuchtwerte kombiniert werden können:

- **Mehr-Schritt-Verfahren:** Dieses Verfahren besteht prinzipiell aus drei Schritten, wobei im **ersten Schritt** eine konventionelle, d. h. nicht-genomische Zuchtwertschätzung für alle Tiere der Population durchgeführt wird. Im **zweiten Schritt** werden die konventionellen Zuchtwerte der mit SNP-Chips genotypisierten Tiere als „Quasi-Phänotypen" in einer genomischen Zuchtwertschätzung, etwa mit GBLUP, verwendet. Die resultierenden genomischen Zuchtwerte werden in diesem Zusammenhang als **direkte genomische Werte (dGW)** bezeichnet. Im **dritten Schritt** werden die dGW der genotypisierten Tiere mit den konventionellen Zuchtwerten aller Tiere kombiniert, was auch als „blending" *(engl. to blend: vermischen, verschneiden)* bezeichnet wird. Dies erfolgt mittels einer Art Selektions-Index (Kap. 6.3.3), der die unterschiedlichen Zuchtwerte entsprechend ihres Informationsgehalts korrekt gewichtet. Das Ergebnis ist für jedes Tier ein kombinierter Zuchtwert, der als **genomisch-unterstützter Zuchtwert (gZW)** bezeichnet wird. Mehr-Schritt-Verfahren sind in der Praxis weit verbreitet, da sie leicht in die bestehenden Zuchtwertschätzungsroutinen integriert werden können. Sie haben allerdings den Nachteil, dass sie nicht alle Informationen effizient nutzen, für manche genotypisierten Tiere keinen gZW ausweisen können, und insbesondere der dritte Schritt auf verschiedenen Annahmen und Approximationen *(lat. approximare: sich nähern, Annäherung)* beruht, die von den wahren Gegebenheiten deutlich abweichen können.
- **Ein-Schritt-Verfahren:** Es handelt sich bei diesem Verfahren, das auch als **single-step-GBLUP (ssGBLUP)** bezeichnet wird, um eine BLUP-Zuchtwertschätzung für alle Tiere, egal ob mit SNP-Chips genotypisiert oder nicht. Dabei werden in einer **gemischten Verwandtschaftsmatrix** für die genotypisierten Tiere die realisierten Verwandtschaftskoeffizienten (rVK) und für die nicht genotypisierten Tiere die Pedigree-basierten Verwandtschaftskoeffizienten (pVK) verwendet. Die Lösung des Gleichungssystems führt dann unmittelbar zu **genomisch-unterstützten Zuchtwerten (gZW)**, die alle Informationsquellen in optimaler Weise kombinieren. In der BLUP-Zuchtwertschätzung wird für die Lösung des Gleichungssystems die Inverse der Verwandtschaftsmatrix benötigt, und ähnlich wie für die Pedigree-basierte Verwandtschaftsmatrix im Tiermodell, existiert auch für die gemischte Verwandtschaftsmatrix ein effizienter Algorithmus, um deren Inverse direkt aufzustellen. Im Vergleich zum Mehr-Schritt-Verfahren ist ssGBLUP konzeptionell deutlich überzeugender, allerdings ist die rechentechnische Umsetzung erheblich anspruchsvoller, da die zu lösenden Gleichungssysteme sehr umfangreich sein können (in der Milchrinderzucht sind mehrere Zehn-Millionen Gleichungen keine Ausnahme) und die Lösung nummerische Probleme bereiten kann. Langfristig ist aber zu erwarten, dass sich das Ein-Schritt-Verfahren in der Praxis aufgrund seiner konzeptionellen Überlegenheit durchsetzen wird.

„In the era of genomics, phenotype is king"

Abschließend sei deutlich darauf hingewiesen, dass für eine sinnvolle **genomische Zuchtwertschätzung** natürlich nach wie vor **phänotypische Leistungsinformationen** aus der Leistungsprüfung unbedingt notwendig sind. SNP-Genotypen können phänotypische Leistungsinformationen nur unterstützen, aber keinesfalls ersetzen. Diesen entscheidenden Aspekt hat MIKE COFFEY im Jahr 2010 mit dem Merksatz „In the era of genomics, phenotype is king" prägend formuliert. Genau genommen müssten alle diese Zuchtwert-Begriffe eigentlich mit dem Eigenschaftswort „geschätzt" versehen werden, weil es sich ja um Schätzwerte handelt, was aber im praktischen Sprachgebrauch der Einfachheit halber meist nicht gemacht wird.

Darstellung und Interpretation geschätzter Zuchtwerte

Relativzuchtwerte

In der züchterischen Praxis wird sprachlich meistens nicht zwischen **wahrem** und **geschätztem Zuchtwert** unterschieden. Es wird üblicherweise nur der Begriff Zuchtwert verwendet und es ist damit natürlich der geschätzte Zuchtwert gemeint. Zuchtwerte werden zunächst auf der jeweiligen Merkmalsskala als Abweichung von einer Bezugsbasis (z. B. Populationsmittel) geschätzt. Sie werden in naturalen Einheiten des Merkmals (z. B. +330 kg Milch, −25 g tägliche Zunahme, +0,45% Muskelfleischanteil) dargestellt oder in Zuchtwertpunkte umgerechnet, wobei die Bezugsbasis üblicherweise mit 100 Punkten festgelegt wird; d. h. Tiere mit einem geschätzten Zuchtwert über bzw. unter 100 haben einen positiven bzw. negativen Zuchtwert. Diese umgerechneten Zuchtwerte werden auch als **Relativzuchtwerte** bezeichnet. Damit die Relativzuchtwerte der einzelnen Tiere leicht interpretiert und verglichen werden können, ist es üblich, sie so zu skalieren, dass eine Standardabweichung der Relativzuchtwerte einem bestimmten Wert entspricht. Als Bezugsbasis eignet sich der durchschnittliche Zuchtwert eines oder mehrerer Geburtsjahrgänge. In Deutschland und Österreich wird z. B. für die Rinderrassen Fleckvieh und Braunvieh als Bezugsbasis der durchschnittliche Zuchtwert der 8- bis 10-jährigen Bullen auf den Wert 100 gesetzt. Die Standardabweichung der Relativzuchtwerte wird auf den Wert 12 eingestellt, sodass man sofort erkennen kann, dass ein Tier mit z. B. Relativzuchtwert 124 um zwei Standardabweichungen über der Bezugsbasis liegt. Gemäß den Eigenschaften der Normalverteilung bedeutet dies, dass dieses Tier zu den ca. 2,5% besten Tieren der Zuchtpopulation gehört.

Sicherheit der Zuchtwerte

Neben den Zuchtwerten wird meistens auch noch ein Maß für die Genauigkeit bzw. Zuverlässigkeit der Zuchtwerte angegeben. Hier ist es üblich, die **Sicherheit der Zuchtwerte** anzugeben, die im Rahmen der Zuchtwertschätzung approximativ berechnet wird. Die Sicherheit ist das Quadrat der Korrelation zwischen wahren und geschätzten Zuchtwerten ($r^2_{\hat{A}gA}$) und wird in Prozent angegeben. Da die Sicherheit sowohl von der Informationsmenge als auch von der Heritabilität des jeweiligen Merkmals abhängig ist, unterscheiden sich die Sicherheiten für die verschiedenen Merkmalskomplexe. Während für hoch erbliche Merkmale wie z.B. die Milchmenge durch die Nachkommenprüfung der Töchter durchschnittliche Sicherheiten für Bullen-Zuchtwerte von etwa 90% erreichbar sind, sind für gering erbliche Fruchtbarkeits-Merkmale häufig nur durchschnittliche Sicherheiten in der Größenordnung von 40–60% möglich. Einzelne Bullen, von denen hunderte oder tausende Töchter geprüft wurden, erreichen in den genannten Merkmalskomplexen Sicherheiten von 95 bzw. 99%.

Allgemeine Definition Zuchtwert

Geschätzte **Zuchtwerte** haben einige besondere **Eigenschaften**, die man verstehen muss, um Zuchtwerte sinnvoll interpretieren und damit arbeiten zu können. Bevor wir auf diese Eigenschaften genauer eingehen, ist es wohl angebracht, ein paar Aspekte zum Begriff Zuchtwert aus Kap. 4.11 kurz zusammenzufassen. Sehr allgemein ausgedrückt ist der **Zuchtwert** eines Tieres jener züchterische Wert, der in den durchschnittlichen Leistungen seiner Nachkommen wirksam und sichtbar wird. Der züchterische Wert eines Tieres entspricht aber nur jenem Teil des genotypischen Wertes, der auf den **additiven Allelwirkungen** beruht und deshalb an die **Nachkommen weitergegeben** werden kann. Diese Weitergabe erfolgt je zur Hälfte von Vater und Mutter und ist bei jedem Nachkommen zufallsbedingt verschieden (Mendelian Sampling). Ein alternativer Zugang, den **Unterschied** zwischen **genotypischem Wert** und **Zuchtwert** eines Tieres zu erklären bzw. besser zu verstehen, ist folgender: Man stelle sich vor, dass der genotypische Wert eines Tieres dem Wert aller Allelwirkungen für die eigene Leistung des Tieres entspricht, und der Zuchtwert des Tieres dem Wert der Allelwirkungen für die Leistung der Nachkommen. Also dem Wert jener zufällig ausgewählten Hälfte der Allele eines Tieres, die an die Nachkommen weitergegeben werden. Dies ist auch der Grund dafür, dass ein Tier nur die Hälfte seines Zuchtwertes an die Nachkommen weitergeben kann (die andere Hälfte kommt vom Paarungspartner).

Eigenschaften geschätzter Zuchtwerte

Die wichtigsten **Eigenschaften geschätzter Zuchtwerte** sind folgende:

- Der geschätzte Zuchtwert eines Tieres ist ein **relativer, populationsspezifischer Wert**, der sich auf eine definierte **Bezugsbasis** in einer bestimmten **Population** bezieht. Nehmen wir z.B. an, dass für ein männliches Tier in Population A ein positiver Zuchtwert geschätzt wird. Dieses Tier wird also genetisch als überdurchschnittlich eingeschätzt, und die Verwendung als Vatertier würde das genetische Niveau der Population A verbessern. Zusätzlich wird dieses Vatertier über die künstliche Besamung auch in Population B eingesetzt, die allerdings ein höheres genetisches Niveau und damit eine höhere Bezugsbasis aufweist. In diesem Fall könnte es sein, dass der geschätzte Zuchtwert dieses Tieres bezogen auf Population B negativ ist, also genetisch als unterdurchschnittlich eingeschätzt wird und zur züchterischen Weiterentwicklung von Population B nicht beitragen kann. Gerade in Nutztier-Populationen, die international durch Sperma- und Embryonenaustausch stark vernetzt sind, ist eine Vergleichbarkeit der national geschätzten Zuchtwerte dringend erforderlich. In der Milchrinderzucht wurde deshalb der sogenannte

MACE-Ansatz (**M**ultiple **A**cross **C**ountry **E**valuation) entwickelt, der eine Umrechnung von national geschätzten Zuchtwerten in international vergleichbare Zuchtwerte ermöglicht. Eine unbedingte Voraussetzung für die Entwicklung solcher Methoden ist einerseits eine einheitliche internationale Kennzeichnung der Zuchttiere, und andererseits die Schaffung einer ausreichenden genetischen Verknüpfung der verschiedenen nationalen Zuchtpopulationen durch Zuchttier-, Sperma- und Embryonenaustausch.

- Der **geschätzte Zuchtwert** ist im Gegensatz zu den Erbanlagen (Genotyp) eines Tieres **keine fixe Größe**, sondern ändert sich mit dem Umfang der Leistungsinformationen und damit mit der Genauigkeit bzw. Zuverlässigkeit der Zuchtwertschätzung (r_{AgA}). Ein ungenau geschätzter Zuchtwert von jungen Tieren kann sich noch stark ändern, wenn weitere Leistungsinformationen (v. a. Nachkommenleistungen) hinzukommen, während sich ein genau geschätzter Zuchtwert nur noch wenig verändern wird. Für ein und dasselbe Tier werden deshalb bei aktualisierten Zuchtwertschätzungen mehr oder weniger verschiedene Zuchtwerte geschätzt.
- Die Bezugsbasis wird üblicherweise für jede Zuchtwertschätzung oder zumindest einmal jährlich aktualisiert bzw. angepasst, indem die ältesten Tiere der Geburtsjahrgänge, die die Bezugsbasis bilden, durch nachrückende jüngere Tiere ersetzt werden. Man spricht deshalb auch von einer **gleitenden Bezugsbasis**. Die Verwendung einer gleitenden Bezugsbasis hat den Vorteil, dass sich die geschätzten Zuchtwerte immer auf die aktuelle Zuchtpopulation beziehen. Der Nachteil besteht allerdings darin, dass die geschätzten Zuchtwerte der älteren Tiere kontinuierlich **„abgeschrieben“** werden. Dies kommt dadurch zustande, dass die jüngeren Geburtsjahrgänge bei einem positiven Zuchtfortschritt den älteren im Durchschnitt genetisch überlegen sind und damit die Bezugsbasis kontinuierlich über die Jahre erhöht wird. Die Erhöhung der Bezugsbasis für einen bestimmten Zeitraum entspricht somit dem kumulierten *(lat. cumulare: anhäufen, steigern)* realisierten Zuchtfortschritt in diesem Zeitraum (Abb. 8.6). Würde man die Bezugsbasis fixieren, dann hätten irgendwann alle Zuchttiere positive Zuchtwerte. Man würde also schnell den Überblick verlieren, welche Tiere aktuell tatsächlich genetisch überlegen sind, da für die Interpretation die jeweilige Bezugsbasis in absoluten Einheiten bekannt sein müsste, um die geschätzten Zuchtwerte richtig beurteilen zu können. Obwohl eine schnelle **Abschreibung der Zuchtwerte** in der Praxis vereinzelt als negativ empfunden wird, so ist sie aus züchterischer Sicht sehr erfreulich, da sie ein quantitativer Ausdruck dafür ist, dass das Zuchtprogramm erfolgreich umgesetzt und somit Zuchtfortschritt realisiert wird.
- Der **geschätzte Zuchtwert** eines Tieres entspricht dem **doppelten Wert** der erwarteten Leistungsabweichung seiner Nachkommen von der Bezugsbasis, weil von einem Tier als Elter nur der halbe Chromosomensatz und somit nur die **Hälfte seines Zuchtwerts** an die Nachkom-

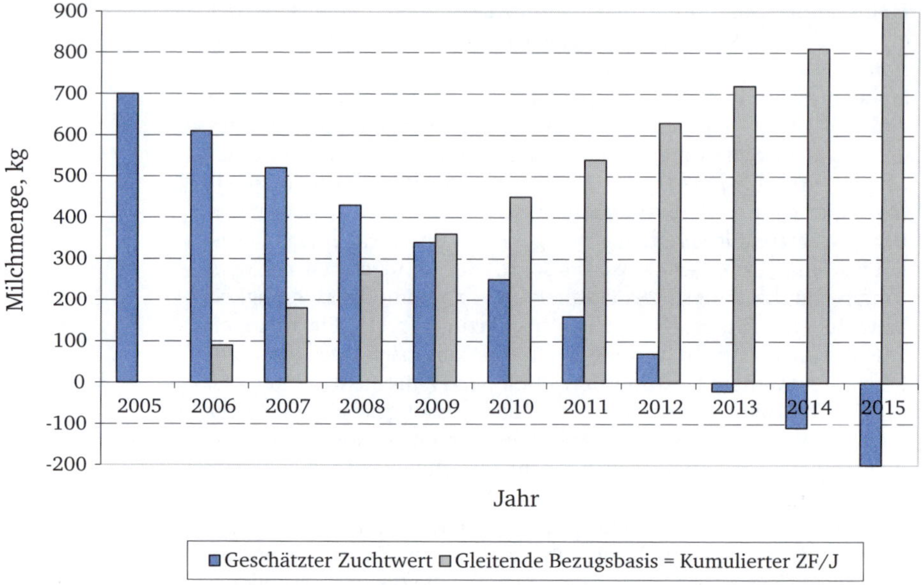

Abb. 8.6 Gleitende Bezugsbasis und Abschreibung der Zuchtwerte am Beispiel des Bullen Ferdinand für das Merkmal Milchmenge (kg) für die Jahre 2005–2015 (Annahme: +90 kg Milch durchschnittlicher Zuchtfortschritt pro Jahr (ZF/J) und damit jährliche Steigerung der Bezugsbasis)

men weitergegeben werden kann (die andere Hälfte kommt vom Paarungspartner); beträgt z. B. der geschätzte Zuchtwert des Vaters +200 kg, so sind in den Nachkommen väterlicherseits deshalb nur durchschnittlich +100 kg (additive Allelwirkungen) zu erwarten.

- Das Ausmaß der in den Nachkommen züchterisch nutzbaren additiven Allelwirkungen hängt nicht nur von der genetischen Veranlagung des Tieres selbst ab, sondern auch von jener der jeweiligen Paarungspartner **(Kombinationseffekt)**; z. B. Vater +200 kg und Mutter −50 kg, dann sind im Durchschnitt in den Nachkommen nur +75 kg [(200 − 50)/2] zu erwarten.
- Solange ein Tier weder eine Eigenleistung noch Nachkommenleistungen hat, entspricht sein geschätzter Zuchtwert dem **Durchschnitt der geschätzten Zuchtwerte seiner Eltern** (auch Pedigree-Zuchtwert bzw. Pedigree-Index genannt). Dabei werden beide Elternzuchtwerte unabhängig von der jeweiligen Sicherheit gleich gewichtet. Außerdem besteht definitiv kein systematischer Unterschied zwischen dem väterlichen und mütterlichen Beitrag zum geschätzten Zuchtwert des Nachkommen, wie manchmal fälschlicherweise angenommen wird.
- Die **Varianz geschätzter Zuchtwerte** ist von deren **Sicherheit** abhängig ($s^2_{gA} = r^2_{AgA} \cdot s^2_A$). Theoretisch vollständig sicher geschätzte Zuchtwerte entsprechen deshalb den wahren Zuchtwerten (weil $r^2_{AgA} = 1$) und

haben die gleiche Varianz wie die wahren Zuchtwerte. Dies bedeutet für die Praxis, dass, je höher die Sicherheit der geschätzten Zuchtwerte ist, diese umso stärker variieren, und deshalb die Tiere umso besser anhand ihrer geschätzten Zuchtwerte unterschieden werden können. Die praktisch maximale Sicherheit der Zuchtwertschätzung von annähernd 100% ist aber nur anhand einer sehr umfangreichen Nachkommenprüfung (d. h. mehrere hundert bis tausend Nachkommen) erreichbar. Stehen für ein Tier gar keine Leistungsinformationen zur Verfügung, wie es z. B. beim Zukauf von Zuchttieren, Sperma oder Embryonen aus einer anderen Zuchtpopulation vorkommen kann, dann entspricht das Populationsmittel dem besten Schätzwert für dessen Zuchtwert. Basiert ein geschätzter Zuchtwert nur auf sehr wenigen Informationen, so wird er stark zum Populationsmittel regressiert (d. h. angepasst bzw. ausgeglichen).
- Der **geschätzte Zuchtwert** ist unabhängig von seiner Sicherheit **erwartungstreu**. Dies bedeutet, dass bei der Einbeziehung weiterer Leistungsinformationen der geschätzte Zuchtwert eines Tieres mit gleicher Wahrscheinlichkeit steigt oder fällt.

Definition geschätzter Zuchtwert

Da der Begriff geschätzter Zuchtwert viele Aspekte beinhaltet, ist es nicht einfach, eine prägnante und praxisgerechte Definition zu finden. Trotzdem soll dies zusammenfassend und abschließend folgendermaßen versucht werden:

Der **geschätzte Zuchtwert** eines Tieres ist jener **relative, populationsspezifische** züchterische Wert, der in den durchschnittlichen Leistungen seiner Nachkommen wirksam und sichtbar wird. Er ist im statistischen Sinn ein **Erwartungswert**, der in Abhängigkeit von den verfügbaren Leistungsinformationen nur mehr oder weniger genau geschätzt werden kann.

8.3.5 Selektion

Unter Selektion im tierzüchterischen Sinn verstehen wir die gezielte Auswahl von männlichen und weiblichen Tieren als Eltern der nächsten Generation, wobei die Züchter entscheiden, ob und wie viele Nachkommen die Tiere haben werden und wie lange sie als Eltern genutzt werden. In einem Zuchtprogramm stellt sich deshalb die Frage, wie viele der besten männlichen und weiblichen Tiere selektiert werden sollen bzw. wie groß die entsprechenden Remontierungsanteile und daraus folgend die Selektionsintensitäten sein sollen. Die grundlegenden Beziehungen zwischen Remontierungsanteil, Selektionsintensität und Zuchtfortschritt werden in Kap. 5.1 ausführlich besprochen. In diesem Kapitel sollen die wichtigsten Aspekte kurz zusammengefasst und ergänzend einige Überlegungen aus Sicht eines Zuchtprogramms diskutiert werden.

Selektionsintensität und Remontierungsanteil

Die **Selektionsintensität** (i) ist ein entscheidender Einflussfaktor auf den **Zuchtfortschritt** pro Generation (ZF = $s_A i r_{AgA}$). Sie steht in einem funktionalen Zusammenhang mit dem **Remontierungsanteil** (p) und kann aus der Tabelle der standardisierten Normalverteilung abgelesen werden (Kap. 5, Tab. 5.1). Die Beziehung zwischen Remontierungsanteil und Selektionsintensität ist im Bereich von p = 0,9–0,2 ungefähr linear. Bei kleinen Remontierungsanteilen steigt die Selektionsintensität allerdings steil an (Kap. 5, Abb. 5.2). Theoretisch gesehen kann also der größte Zuchtfortschritt dann erwartet werden, wenn der Remontierungsanteil möglichst klein, und daraus folgend die Selektionsintensität möglichst hoch ist. Dem Remontierungsanteil sind aber in der **züchterischen Praxis** in Abhängigkeit von der Tierart (d.h. unipar oder multipar), der Reproduktionstechnik (künstliche Besamung oder Natursprung) und der Nutzungsdauer der Elterntiere natürliche Grenzen gesetzt. Außerdem muss bei sehr kleinen Remontierungsanteilen im Auge behalten werden, dass durch vermehrte Verwandtenpaarungen die Inzuchtsteigerung pro Generation schnell ansteigen kann (Kap. 4.5.2). Deshalb besteht eine der wichtigsten Aufgaben der Zuchtplanung darin, die Selektionsintensität für eine gegebene Situation in einem Zuchtprogramm zu optimieren.

Bestandesergänzung

In einer **Zuchtpopulation** besteht sehr häufig ein großer Unterschied zwischen den züchterischen Möglichkeiten bei den männlichen und weiblichen Tieren. Dies ist im Wesentlichen durch die unterschiedlichen Reproduktionsraten begründet. Eine Zuchtpopulation besteht zum überwiegenden Teil aus weiblichen Tieren, die je nach Reproduktionsrate einen oder mehrere Nachkommen pro Reproduktionszyklus gebären (unipar bzw. multipar). Männliche Tiere werden in Abhängigkeit von der **Reproduktionstechnik** (Natursprung oder künstliche Besamung) mit mehreren bis sehr vielen weiblichen Tieren gepaart und machen deshalb nur einen kleinen Teil der Population aus. Bei künstlicher Besamung (Kap. 8.3.6) werden viel weniger männliche Tiere für die Belegung der weiblichen Tiere gebraucht als bei Natursprung. So können z.B. aus einem Ejakulat eines Bullen 200 – 300 oder beim Eber 20 – 30 Besamungsportionen produziert und dadurch die männliche Reproduktionsrate gegenüber dem Natursprung sehr stark erhöht werden. Für die Erhaltung der Populationsgröße, d.h. für die **Bestandesergänzung**, werden deshalb deutlich weniger männliche als weibliche Tiere gebraucht. Die Remontierungsanteile der männlichen Tiere sind deshalb geringer und sie können daher schärfer selektiert werden als weibliche Tiere. Begrenzend für den Remontierungsanteil der weiblichen Tiere ist die Anzahl zuchttauglicher weiblicher Nachkommen im Leben eines weiblichen Zuchttiers, was wiederum von der Reproduktionsrate und der durchschnittlichen Nutzungsdauer abhängig ist. Nehmen wir z.B. an, dass eine durchschnittliche Kuh in einer Zuchtpopulation bei vier Geburten vier Kälber mit einem Geschlechtsverhältnis von 1:1 zur Welt bringt. Damit die Populationsgröße konstant bleibt, muss mindestens ein weibliches Kalb die Zuchtreife erreichen, um seine Mut-

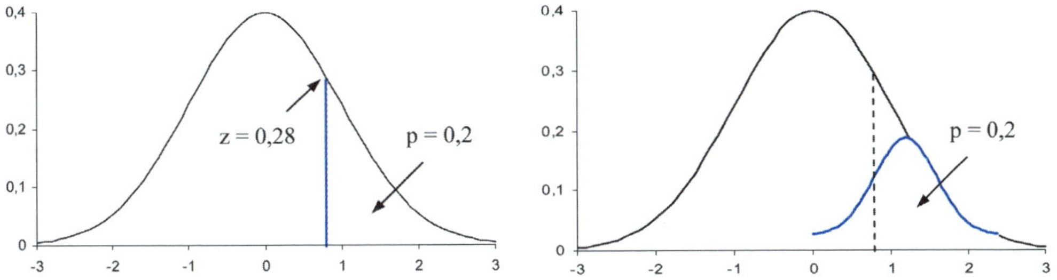

Theorie: i = z/p = 0,28/0,20 = 1,40 Praxis: i ≈ 1,08

Abb. 8.7 Selektionsintensität in Theorie und Praxis (Pirchner, 1979)

ter ersetzen zu können. Unter Berücksichtigung eines Anteils zuchttauglicher weiblicher Rinder von 0,90 muss der Remontierungsanteil für die Kühe deshalb über 0,56 liegen, weil: 1 = (4:2) · 0,90 · p → p = 1:(2 · 0,9) = 0,56. Ist die Aufzuchtquote geringer als 0,90 oder hat eine Kuh im Durchschnitt weniger als vier Kälber, so erhöht sich der notwendige Remontierungsanteil. Umgekehrt kann bei einer höheren Aufzuchtquote und einer höheren Anzahl weiblicher Nachkommen der Remonterungsanteil gesenkt und die Kühe können schärfer selektiert werden. Multipare Tierarten mit Mehrlingsgeburten wie Schweine können deshalb auf der weiblichen Seite deutlich schärfer selektiert werden als Tierarten mit nur einem oder zwei Nachkommen pro Geburt. In Tab. 5.3 in Kap. 5.1 sind Größenordnungen für praktisch übliche Remontierungsanteile für Rind, Schwein und Schaf zusammengefasst.

Selektionsintensität in Theorie und Praxis

Die vom Remontierungsanteil abgeleiteten Werte für die **Selektionsintensität** (aus der Tabelle der standardisierten Normalverteilung, Kap. 5, Tab. 5.1) sind die maximal erreichbaren und deshalb üblicherweise nur theoretisch umsetzbar. Ein Grund dafür ist, dass in der **züchterischen Praxis** nicht immer exakt gemäß der definierten Selektionsgrenze selektiert werden kann. Ursache für diese „unscharfe" Selektion besteht primär darin, dass für die praktische Selektionsentscheidung neben dem geschätzten Zuchtwert auch andere Kriterien Bedeutung haben. So können selektionswürdige Tiere z. B. aus Gesundheitsgründen nicht zur Verfügung stehen und müssen deshalb durch Tiere unterhalb der Selektionsgrenze ersetzt werden. Es soll in der züchterischen Praxis aber auch schon vorgekommen sein, dass Tiere, die die Selektionskriterien nicht erfüllen, aus objektiv nicht nachvollziehbaren Gründen (Prestige, persönlicher Interessenskonflikt etc.) selektiert wurden. In Abb. 8.7 sind beispielhaft eine **theoretische** und **praktische** Situation gegenübergestellt. In beiden Situationen ist der Remontierungsanteil gleich groß, nämlich p = 0,20. Die praktische Selektionsintensität und damit die Überlegenheit der selektierten Tiere ist aber geringer als die theoretisch mögliche (i ≈ 1,08 gegenüber 1,40). Für die Beurteilung und Interpretation von alternativen Zuchtprogrammen, die mithilfe der Zuchtplanung modelliert werden, muss deshalb unbedingt berücksichtigt werden, dass die berechneten Selektionsintensitäten und die daraus folgenden Zuchtfortschritte in der züchterischen Praxis nie in vollem Umfang realisiert werden können.

Außerdem ist zu berücksichtigen, dass die Tabellenwerte für die Selektionsintensität streng genommen nur für unendlich große Zuchtpopulationen gültig sind. In der Praxis wird aus mehr oder weniger großen, also endlichen, Zuchtpopulationen selektiert, und deshalb sind die realisierbaren Selektionsintensitäten geringfügig niedriger als die theoretischen Tabellenwerte. Nur in sehr kleinen Zuchtpopulationen, d. h. weniger als 100 Tiere, sind die realisierbaren Selektionsintensitäten zum Teil erheblich niedriger als die theoretischen Tabellenwerte und müssen deshalb korrigiert werden. Diese korrigierten Selektionsintensitäten können aus speziellen Tabellen entnommen werden, wie zum Beispiel bei SCHÜLER et al. (2001).

Selektionsgrenze pro Selektionsgruppe

Damit die in einem **Zuchtprogramm** angestrebten **Remontierungsanteile** in der züchterischen Praxis umgesetzt werden können, muss für die verschiedenen Selektionsgruppen jeweils eine **Selektionsgrenze** für das entsprechende Selektionskriterium (z. B. geschätzter Gesamtzuchtwert) definiert werden. Eine **Selektionsgruppe** (auch Pfad bzw. Selektionspfad genannt) ist eine Gruppe von Tieren, für die die gleiche Selektionsgrenze angewendet wird. Jede Zuchtpopulation besteht zumindest aus zwei Selektionsgruppen, nämlich männliche und weibliche Tiere. In komplexeren Zuchtprogrammen werden männliche und weibliche Tiere in mehrere Selektionsgruppen aufgeteilt (Kap. 5.2), und für jede Selektionsgruppe muss eine Selektionsgrenze festgelegt werden.

Die **Festlegung** der **Selektionsgrenze** in Abhängigkeit vom **Remontierungsanteil** kann auf zwei Arten erfolgen. Die empirische Vorgehensweise besteht darin, dass die Tiere der jeweiligen Selektionsgruppe nach dem Selektionskriterium rangiert werden und der dem Remontierungsanteil entsprechende Anteil Tiere selektiert wird. Der Wert des Selektionskriteriums des letzten noch selektierten Tieres entspricht der Selektionsgrenze. Die analytische Vorgangsweise geht davon aus, dass das Selektionskriterium (z. B. geschätzter Gesamtzuchtwert) als normal verteilt angenommen werden kann, dessen Populationsdurchschnitt und Standardabweichung bekannt sind, sowie der vom Remontierungsanteil abhängige u-Wert der Normalverteilung aus Tab. 8.2 zur Verfügung steht. Die **Selektionsgrenze** kann dann in Abhängigkeit von der Größe des Remontierungsanteils folgendermaßen berechnet werden:

- Wenn $p \leq 0{,}50 \rightarrow SG = PD + u \cdot s$
- Wenn $p \geq 0{,}50 \rightarrow SG = PD - u \cdot s$
- wobei, p = Remontierungsanteil, SG = Selektionsgrenze, PD = Populationsdurchschnitt, u = u-Wert der Normalverteilung, s = Standardabweichung.

Tab. 8.2 u-Werte zur Berechnung der Selektionsgrenzen für verschiedene Remontierungsanteile (p), (Auszug: Essl, 1987)

p	u	p	u	p	u
0,90/0,10	1,282	0,20/0,80	0,842	0,10/0,90	1,282
0,85/0,15	1,036	0,19/0,81	0,878	0,09/0,91	1,341
0,70/0,30	0,524	0,18/0,82	0,915	0,08/0,92	1,405
0,75/0,25	0,674	0,17/0,83	0,954	0,07/0,93	1,476
0,60/0,40	0,253	0,16/0,84	0,994	0,06/0,94	1,555
0,55/0,45	0,126	0,15/0,85	1,036	0,05/0,95	1,645
0,50/0,50	0,000	0,14/0,86	1,080	0,04/0,96	1,751
0,45/0,55	0,126	0,13/0,87	1,126	0,03/0,97	1,881
0,30/0,70	0,524	0,12/0,88	1,175	0,02/0,98	2,054
0,25/0,75	0,674	0,11/0,89	1,227	0,01/0,99	2,326

Zum besseren Verständnis werden die Zusammenhänge mit Beispiel 8.1 demonstriert.

Beispiel 8.1: In einem Schweine-Zuchtprogramm ist das Selektionskriterium der Gesamtzuchtwert Mast- und Schlachtleistung (GZW-MS), d. h. im Zuchtziel werden Merkmale der Mast- und Schlachtleistung berücksichtigt. Die Zuchtwertschätzung erfolgt mit einem BLUP-Tiermodell, wobei der Populationsdurchschnitt auf 100 Index-Punkte mit einer Standardabweichung von 20 Index-Punkten eingestellt ist.
Gesucht ist: Selektionsgrenze für GZW-MS, wenn 5% der Eber selektiert werden sollen?
Weil $p \leq 0{,}50 \rightarrow SG = PD + u \cdot s$
$p = 0{,}05 \rightarrow u = 1{,}645$ (Tab. 8.2) $\rightarrow SG = 100 + 1{,}645 \cdot 20 = 132{,}9$
(Index-Punkte GZW-MS)

Hauptkriterium der Selektion

Zusammenfassend kann gesagt werden, dass das **Hauptkriterium der Selektion** immer der geschätzte Gesamtzuchtwert sein sollte. Grundvoraussetzung für diese Vorgehensweise ist aber natürlich, dass die selektierten Tiere in anderen Kriterien wie Fundament, Gesundheit, Exterieur (z. B. Eutermerkmale) gewisse Mindestanforderungen erfüllen müssen; d. h. Tiere mit Beinschwächen, Gesundheitsproblemen oder z. B. Zitzenfehlstellungen bei Milchkühen sind trotz überdurchschnittlichem Gesamtzuchtwert von der Zucht auszuschließen, also auszumerzen. Damit die Züchter aber auch die Möglichkeit haben, individuelle züchterische Schwerpunkte setzen zu können, ist es sicher angebracht und vernünftig, den Züchtern neben den geschätzten

Gesamt- und Teilzuchtwerten auch die geschätzten Zuchtwerte für alle anderen in der Zuchtwertschätzung erfassten Merkmale zur Verfügung zu stellen.

Marker- und genomisch-unterstützte Selektion

Marker-unterstützte Selektion

Bisher sind wir davon ausgegangen, dass als Selektionskriterien **geschätzte Zuchtwerte**, basierend auf phänotypischen Leistungsinformationen aus der Leistungsprüfung, für die jeweiligen Merkmale verwendet werden. Es können aber auch **molekulargenetische Informationen** wie z. B. mit einem Gentest direkt bestimmbare Genotypen (z. B. MHS-Gen beim Schwein mit den 3 Genotypen C/C, C/T, T/T) oder die in Kap. 3.9 beschriebenen genetischen Marker als zusätzliche Informationsquellen für die Zuchtwertschätzung verwendet werden. Wir sprechen dann allgemein von **marker-unterstützter Selektion**. Dieser Begriff wurde hauptsächlich für Anwendungen verwendet, in denen mittels Marker-Informationen (z. B. Mikrosatelliten) einzelne merkmalsrelevante QTLs in die Selektionsentscheidung miteinbezogen wurden.

Genomisch-unterstützte Selekton

Basiert die Selektionsentscheidung allerdings auf genomisch-unterstützten Zuchtwerten (Kap. 8.3.4), so bezeichnen wir dies als **genomisch-unterstützte Selektion**. In der züchterischen Praxis wird die Bezeichnung genomisch-unterstützte Selektion aber überwiegend nur verkürzt als **genomische Selektion** verwendet. Diese verkürzte Bezeichnung ist etwas irreführend, weil sie eigentlich signalisiert, dass nur genomische Informationen zur Selektionsentscheidung verwendet werden, was aber nicht der Fall ist, da die genomischen Informationen (d. h. SNPs) die phänotypischen Leistungsinformationen zwar ergänzen, aber in keinem Fall vollständig ersetzen können. Zunächst ist die Schätzung genomisch-unterstützter Zuchtwerte nur eine konsequente Weiterentwicklung der etablierten Methodik im Sinne einer Erweiterung der Datenbasis. Allerdings eröffnet sie auch eine grundsätzlich **neue Selektionsmöglichkeit**. So ist es mit der (klassischen) konventionellen BLUP-Zuchtwertschätzung z. B. nicht möglich, zwischen Vollgeschwistern eine begründete Selektionsentscheidung zu treffen, da die vorgeschätzten BLUP-Zuchtwerte für Vollgeschwister genau gleich sind, nämlich der Durchschnitt der geschätzten elterlichen Zuchtwerte. Der Durchschnitt der geschätzten elterlichen Zuchtwerte wird auch als **Pedigree-Zuchtwert** bzw. Pedigree-Index bezeichnet. Erst wenn für Vollgeschwister Eigen- oder Nachkommenleistungen vorliegen, können die tierindividuellen additiv-genetischen Effekte der Vollgeschwister geschätzt werden und daraus folgend unterscheiden sich dann die geschätzten BLUP-Zuchtwerte.

SNPs sind frühe Eigenleistungen

SNPs sind im Grunde sehr **früh verfügbare Eigenleistungen**, die nach der Geburt durch Typisierung ermittelt werden können. Genau genommen kann der genomisch-unterstützte Zuchtwert eines Individuums ab dem Zeitpunkt bestimmt werden, an dem die genetische Identität des Tieres feststeht, also nach Verschmelzung der Ei- und Samenzelle, sodass z. B. der genomisch-unterstützte Zuchtwert auch schon für Embryonen bestimmt werden kann. Die genomisch-unterstützte Zuchtwertschätzung ermöglicht es also, z.B. in der **Milchrinderzucht** aus durch Embryotransfer (Kap. 8.3.6) erzeugten Vollbrüdern jenen Jungbullen für den Zuchteinsatz zu selektieren, der den höchsten genomisch-unterstützten Zuchtwert hat. Diese Vorgehensweise bei der Selektion wird dann als **Vorselektion** von Jungbullen bezeichnet und entspricht der ersten Stufe einer Stufenselektion (Kap. 6.3). Im Hinblick auf die praktische Effizienz eines Zuchtprogramms hat die Möglichkeit der frühen züchterischen Differenzierung von Vollbrüdern bei Jungbullen allerdings nur sehr geringe Auswirkungen. Bei der multiparen Tierart **Schwein** hat die Vorselektion von Vollgeschwistern eine deutlich größere Bedeutung, weil pro Wurf immer mehrere Vollbrüder (Eber) und Vollschwestern (Sauen) vorhanden sind.

Züchterisches Potenzial

Das **züchterische Potenzial** der **genomisch-unterstützten Selektion** liegt allgemein darin, dass die früh verfügbaren genomisch-unterstützten Zuchtwerte eine (teilweise deutlich) höhere Schätzgenauigkeit haben als Pedrigree-Zuchtwerte (d.h. die Durchschnitte der geschätzten elterlichen Zuchtwerte). Dies ermöglicht eine sicherere und schärfere Selektion der (vor allem) männlichen und weiblichen Elterntiere für den Zuchteinsatz zu einem frühen Zeitpunkt sowie eine Reduzierung des durchschnittlichen Generationsintervalls.

8.3.6 Paarung und reproduktionsbiologische Verfahren

Der Begriff **Paarung** im züchterischen Sinn muss aus **zwei Perspektiven** betrachtet werden. Einerseits verstehen wir ganz allgemein darunter, wie die Elterntiere miteinander gepaart werden, also die Methoden der gerichteten **Paarung**, die als **Zuchtmethoden** bezeichnet und im Kap. 7 ausführlich beschrieben werden. Andererseits bezieht sich der Begriff **Paarung** auf die konkrete Zusammenführung eines männlichen und weiblichen Tieres zum Zwecke der **Reproduktion** (Fortpflanzung) im jeweiligen Zuchtbetrieb. Für die Planung und Organisation eines Zuchtprogramms muss deshalb zuerst festgelegt werden, welche Zuchtmethode angewendet werden soll. Für die praktische Durchführung eines Zuchtprogramms stellt sich dann die Frage, welches der selektierten männlichen Tiere soll mit welchem der selektierten weiblichen Tiere auf welche Art und Weise, d.h. mittels Natursprung oder reproduktionsbiologischem Verfahren, gepaart werden? In diesem Kapitel sollen zuerst noch einige Aspekte der züchterischen Tätigkeit Paarung aus Sicht eines Zuchtprogramms erörtert und dann die wichtigsten **reproduktionsbiologischen Verfahren** überblicksartig zusammengefasst werden.

Kombinationseignung

Grundsätzlich sollen durch die Paarung (Kombination) der genetisch besten männlichen und weiblichen Tiere Nachkommen erzeugt werden, die in ihrem durchschnittlichen Leistungsniveau dem definierten Zuchtziel näher sind. Die **Auswahl** der **Paarungspartner** hängt aber nicht nur von der genetischen Veranlagung der Paarungspartner (d.h.

den geschätzten Zuchtwerten), sondern auch von deren **Kombinationseignung** ab. So beeinflusst z. B. der **Verwandtschaftskoeffizient** zwischen den Paarungspartnern deren Kombinationseignung. Bei Reinzucht sollten die Paarungspartner möglichst nicht verwandt sein, während bei Linienzucht Verwandtenpaarungen teilweise gezielt durchgeführt werden und bei systematischer Inzucht enge Verwandtenpaarungen sogar Voraussetzung sind. Ein anderer Aspekt der Kombinationseignung besteht darin, eine mögliche Schwäche eines Tieres durch die Stärke seines Paarungspartners gezielt auszugleichen. Diese Form der Paarung wird deshalb auch **Ausgleichspaarung** genannt. Es stellt sich auch die Frage, ob die selektierten männlichen Tiere alle gleich häufig oder die Besten deutlich häufiger als Vatertiere eingesetzt werden sollten. Durch einen überproportional starken Einsatz der besten männlichen Tiere könnte der theoretisch erwartbare Zuchtfortschritt zwar erhöht werden, allerdings muss berücksichtigt werden, dass einige wenige sehr stark eingesetzte Vatertiere in den nächsten Generationen die Wahrscheinlichkeit nicht vermeidbarer Verwandtenpaarungen erhöhen, und damit auch die Inzuchtsteigerung pro Generation und das damit verbundene Risiko von Inzuchtdepressionen (Kap. 4.5.2).

Gezielte und freie Paarung

Basierend auf dem Vier-Pfade-Modell (Kap. 5.2) werden in Milchrinder-Zuchtprogrammen oft die Begriffe **gezielte Paarung** und **freie Paarung** verwendet. Prinzipiell ist jede Paarung in einem Zuchtprogramm gezielt, also gerichtet und beabsichtigt. Da in einer Züchtervereinigung die Züchter die Eigentümer der Zuchtkühe sind, liegt die letzte Entscheidung für die Paarung bei den Züchtern und nicht bei einer zentralen Zuchtleitung. Eine **gezielte Paarung**, oft auch als **Elitepaarung** bezeichnet, ist also eine von der Zuchtleitung vorgeschlagene Paarung eines Bullenvaters (Synonyme: Elitebulle, Top-Bulle) mit einer Bullenmutter (Synonyme: Elitekuh, Top-Kuh) zur Erstellung der nächsten Bullengeneration. Gezielte Paarungen werden aber auch mit **Anpaarungsverträgen** zwischen Züchter und Zuchtleitung bzw. Besamungsstation rechtlich festgelegt. Eine **freie Paarung** dagegen ist eine Paarung eines Kuhvaters mit einer Kuhmutter und basiert nur auf den individuellen Vorstellungen des Züchters.

Reproduktionsbiologische Verfahren

Prinzipiell kann jeder Eingriff des Menschen in das natürliche Reproduktionsgeschehen der Nutztiere als biotechnologische Maßnahme betrachtet werden, wenn Biotechnologie bei Nutztieren ganz allgemein als Anwendung biologischen Wissens für praktische Bedürfnisse interpretiert wird. In diesem weiten Sinn können historisch gesehen schon ganz einfache Maßnahmen wie das gezielte Zusammenführen von Paarungspartnern oder die Kastration männlicher Tiere als biotechnologische Verfahren verstanden werden.

Biotechnologie bei Nutztieren

Als **reproduktionsbiologische Verfahren** werden heute Verfahren bezeichnet, bei denen mit zum Teil erheblichem technologischen Aufwand Reproduktionsleistungen erzielt werden, wie sie in der natürlichen Fortpflanzung nicht möglich sind. Reproduktionsbiologische Verfahren werden auch als Reproduktionsbiotechnologien oder im praktischen Sprachgebrauch kurz als Reproduktionstechnik bezeichnet. Unter dem Überbegriff **Biotechnologie bei Nutztieren** werden heute im Wesentlichen einerseits **reproduktionsbiologische Verfahren** wie künstliche Besamung, Embryotransfer und damit zusammenhängende Technologien und andererseits **molekulargenetische Verfahren** zusammengefasst. Molekulargenetische Verfahren können, allgemein ausgedrückt, dafür verwendet werden, spezifische DNA-Sequenzen (Gene oder genetische Marker) zu identifizieren, zu lokalisieren, zu vergleichen oder zu manipulieren; z. B. Genomanalyse, Molekulare Diagnostik zur Erkennung von Erbfehlern (Gentests), Nachweis von Abstammung bzw. Identitätssicherung (DNA- Fingerprinting), Identifizierung von genetischen Markern (z. B. SNPs) oder Gentransfer zur Erzeugung gentechnisch veränderter Nutztiere.

Kennzeichen reproduktionsbiologischer Verfahren

Die praktische Durchführung der Paarung erfolgt entweder in Form des **Natursprungs** (in der Praxis auch als „Sprung aus der Hand" bzw. „Decken" bezeichnet) oder durch die Anwendung eines „künstlichen" **reproduktionsbiologischen Verfahrens**. Das gemeinsame Kennzeichen der reproduktionsbiologischen Verfahren besteht darin, dass die Reproduktionsraten der männlichen und weiblichen Tiere erhöht bzw. beeinflusst werden können. Ausgangspunkt war im deutschsprachigen Raum ab etwa 1950 die künstliche Besamung beim Rind, wobei deren Anwendung ursprünglich nicht aus züchterischen, sondern aus hygienischen Gründen erfolgte. Ziel war die Eindämmung von sogenannten **Deckseuchen**. Darunter versteht man durch Natursprung übertragbare, seuchenhafte Infektionskrankheiten bei Tieren. Bei Nutztieren auftretende Deckseuchen verursachten – und verursachen teilweise auch heute noch – wirtschaftliche Schäden und unterliegen daher tierseuchenrechtlicher Überwachung durch die Veterinärbehörden.

Tierzucht und Reproduktion

Bevor die wichtigsten reproduktionsbiologischen Verfahren im Folgenden überblicksartig dargestellt werden, sei noch darauf hingewiesen, dass manche Leute die Begriffe Tierzucht und Reproduktion durcheinander bringen oder sogar gleichsetzten. **Tierzucht** und **Reproduktion** sind grundsätzlich zwei verschiedenen Disziplinen, wobei Tierzucht ein Teilgebiet der Genetik und Reproduktion ein Teilgebiet der Physiologie ist. Aber natürlich sind beide Teilgebiete in der praktischen Umsetzung eines Zuchtprogramms sehr eng miteinander verbunden.

Künstliche Besamung (KB)

Männliche Tiere werden regelmäßig mithilfe einer künstlichen Vagina bzw. Scheide (Rind, Pferd, Schaf, Ziege) oder per Hand (Schwein) abgesamt. Das Ejakulat wird mikroskopisch untersucht, mit Verdünner (Nährstoffe für Spermien) und anderen Substanzen versetzt und auf mehrere Samenportionen aufgeteilt (Bulle: 200–300; Eber: 20–30; Hengst: 30–40, Schaf- und Ziegenbock: 15–20). Die Samenportionen können mittels **Flüssigkonservierung** kurzfristig haltbar gemacht werden (1–5 Tage) und müssen innerhalb dieses Zeitraums für die KB verwendet werden. In der Praxis wird diese Form von konserviertem Sperma auch als „Frischsperma" bezeichnet. Eine andere Form der Konservierung ist die **Tiefgefrier-** bzw. **Kryokonservierung** *(gr. krýos: Kälte, Frost)*, die eine langfristige Lagerung (mehrere Jahre bis Jahrzehnte) ermöglicht. Allerdings hat sich die Tiefgefrierkonservierung in der Praxis nur beim Rind und teilweise beim Pferd durchgesetzt. Bei Schwein, Schaf und Ziege ist der Besamungserfolg bei Verwendung von aufgetauten Samenportionen im praktischen Routineeinsatz zu gering und deshalb wird fast ausschließlich Frischsperma verwendet. Die großen **Vorteile der KB** aus züchterischer Sicht bestehen darin, dass die männliche Reproduktionsrate deutlich erhöht werden kann und das Vatertier für die Anpaarung physisch nicht anwesend sein muss. Zusätzlich ermöglicht die Verwendung von Tiefgefriersperma sowohl einen sehr starken Einsatz eines Bullen während eines kurzen Zeitraums (z. B. als Jungbulle), als auch die Langzeitlagerung des Spermas über den Tod des Bullen hinaus. Außerdem erleichtert und verbilligt die KB den weltweiten Austausch von männlichen Genen und erhöht somit die genetische Verknüpfung der Zuchtpopulationen. Größenordnungen für Ejakulatmenge, Spermien pro Milliliter Ejakulat und Spermien pro Besamungsportion für verschiedene Nutztierarten sind in Tab. 2.2 im Kap. 2 zusammengefasst.

Embryotransfer (ET)

Der Begriff **Embryotransfer** *(gr. émbryon: im Anfangsstadium der Entwicklung befindlicher Keimling; lat. transferre: verpflanzen, hinübertragen)* umfasst bei allen **landwirtschaftlichen Nutztieren** folgende Vorgänge:

1. Auswahl des Spendertieres (Donor)
2. Hormonelle Auslösung der Superovulation
3. Besamung des Spendertieres
4. Gewinnung der Embryonen
5. Beurteilung der Entwicklungsfähigkeit der Embryonen
6. Auswahl und Vorbereitung (hormonelle Brunstsynchronisation) der Empfängertiere (Rezipienten)
7. Transfer der Embryonen

Was die künstliche Besamung für die Reproduktionsrate der männlichen Tiere bedeutet, sollte der Embryotransfer (ET) für die weibliche Reproduktionsrate uniparer Nutztierarten sein. Diese Schlussfolgerung ist nicht ganz korrekt, weil ein männliches Tier durch KB mehrere tausend und ein weibliches Tier durch ET im besten Fall einige Dutzend Nachkommen haben kann. Für einen ET wird bei einem ausgewählten **Spendertier** hormonell eine **Superovulation** ausgelöst, wodurch auf den Eierstöcken des Tieres vermehrt befruchtungsfähige Eizellen heranreifen. Nach der anschließenden Besamung werden mehrere befruchtete Embryonen entnommen, bevor sie sich in der Gebärmutter einnisten können. Die gewonnenen Embryonen werden frisch oder nach Tiefgefrierlagerung auf hormonell **brunst-** bzw. **zyklus-synchronisierte Empfängertiere** übertragen (transferiert). Brunst- bzw. zyklus-synchronisiert bedeutet, dass sich alle Empfängertiere im selben empfangsbereiten Zyklusstadium befinden müssen. Gewinnung und Transfer der Embryonen erfolgen bei Rind (und Pferd) unblutig mit speziellen Kathetern durch Spülung. Bei Schaf, Ziege und Schwein kommen noch überwiegend chirurgische (blutige) oder minimal-invasive Verfahren zur Anwendung. Obwohl der ET beim Rind schon seit Anfang der 1980er-Jahre in der Praxis eingeführt ist, bleibt die Erfolgsrate von durchschnittlich 2,5 geborenen Kälbern pro gespülter Spenderkuh bis heute deutlich hinter den Erwartungen zurück. Diese Quote ist zu gering, um Rinder-Zuchtprogramme strukturell zu verändern. Der ET hat sich deshalb bis heute nicht vorrangig als Instrument der Zucht, sondern vor allem als Hilfsmittel zur besseren wirtschaftlichen Nutzung von Bullenmüttern in der Praxis etabliert. Während der ET beim Rind ein integraler Teil des praktischen Reproduktionsmanagements ist, ist die Anwendung bei den anderen Nutztierarten nur sehr gering. Ein großer Vorteil des ET besteht darin, dass aus seuchenhygienischer Sicht der internationale Austausch von Zuchttieren in Form von Embryonen sicherer ist als in Form von lebenden Tieren.

Kryokonservierung von Embryonen

Für eine langfristige Lagerung oder für den Transport über weite Strecken können Embryonen mit verschiedenen Methoden **tiefgefroren** bzw. **kryokonserviert** *(gr. krýos: Kälte, Frost)* werden. Die Kryokonservierung von Embryonen beim Rind ist seit langem praxistauglich. Die durchschnittlichen Überlebensraten von Rinderembryonen, basierend auf morphologischer *(gr. morphé: Gestalt, Form)* Beurteilung unter dem Mikroskop, liegen zwischen 80 und 100% im Morula- und Blastozystenstadium. Nach dem Transfer solcher Embryonen können Trächtigkeitsraten zwischen 50 und 60% erreicht werden. Für Schaf und Ziege sind ähnliche Erfolgsquoten möglich, während beim Schwein die Kryokonservierung von Embryonen noch immer mit niedrigen Überlebensraten verbunden ist. Interessant ist, dass es bis heute noch bei keiner Nutztierart gelungen ist, Eizellen (Oozyten) mit ausreichend hohen Erfolgsquoten (d. h. lebensfähig nach dem Auftauen) tiefzugefrieren. Die **Kryokonservierung** von **Embryonen** und **Spermien** ermöglicht eine langfristige Lagerung von **Genreserven** für bedrohte Nutztierrassen, wobei die Embryonen den Vorteil haben, dass sie genetisch gesehen diploide Zygoten (Individuen) sind und nicht nur eine Stichprobe von haploiden Gameten wie die Samenportionen.

In-Vitro-Produktion von Embryonen (IVP)

Eine Alternative zum ET stellt die **In-Vitro-Produktion** von Embryonen (IVP) dar. Im Gegensatz zum ET gewinnt man bei der IVP **unbefruchtete Eizellen** aus weiblichen Tieren. Diese werden im Labor, d. h. „in vitro“ *(lat. im Glas)*, gereift, mit Sperma befruchtet und bis zu einem übertragungsfähigen Stadium kultiviert. Die **IVP** umfasst also die drei Schritte **In-Vitro-Reifung, In-Vitro-Befruchtung (IVF)** und **In-Vitro-Kultivierung.** Beim Rind kann dieses Verfahren routinemäßig in der Praxis angewendet werden. Die Eizellen können entweder durch ultraschallgeleitete Follikelpunktion, auch als **Ovum Pick-Up (OPU)** bezeichnet, wiederholt von Spenderkühen oder direkt von den Eierstöcken geschlachteter Spitzenkühe gewonnen werden. Der Vorteil von OPU gegenüber dem klassischen ET besteht darin, dass für die Gewinnung der Eizellen die Spendertiere nicht mehr hormonell stimuliert (Superovulation) werden müssen. Nach dem Transfer von IVP-Embryonen können in etwa 40–60% der Fälle Trächtigkeiten erwartet werden, allerdings wird ein erhöhter Anteil embryonaler Mortalität beobachtet. Ob die IVP im routinemäßigen Einsatz jene Erfolgsraten erreichen wird, die notwendig sind, um Rinder-Zuchtprogramme strukturell zu verändern, wird sich in der Praxis zeigen. Von züchterischen Aspekten abgesehen, spielt die In-Vitro-Produktion von Embryonen für die Grundlagenforschung eine wichtige Rolle, weil mit diesem reproduktionsbiologischen Verfahren große Mengen an Embryonen hergestellt werden können.

Geschlechtssortierung (Sexing) von Spermien und Embryonen

Das Geschlecht eines Säugetieres wird dadurch bestimmt, ob ein X- oder Y-Chromosom-tragendes Spermium die **X-Chromosom-tragende Eizelle** befruchtet, was entweder in einem weiblichen XX- oder männlichen XY-Tier resultiert. Da das X-Chromosom etwas größer ist als das Y-Chromosom, haben X-Chromosom-tragende Spermien etwas mehr DNA (3–5%) als Y-Chromosom-tragende Spermien. Dieser Unterschied kann in der **Durchfluss-Zytometrie** zur Trennung von männlichen und weiblichen Spermien genützt werden. Dazu werden die einzelnen Spermien mit einem DNA-spezifischen Farbstoff gefärbt, einzeln in kleinen Tropfen durch den Durchfluss-Zytometer geschickt, mit einem Laserstrahl angeregt und die abgegebene Fluoreszenzintensität in Abhängigkeit von der DNA-Menge berechnet. Anschließend werden die je nach DNA-Gehalt unterschiedlich elektrisch aufgeladen Spermien anhand der unterschiedlichen Ladung getrennt. Dieses Verfahren ermöglicht eine geschlechtsspezifische Trennung von über 90%, d. h. bei Verwendung von gesextem bzw. geschlechtssortiertem Sperma kann mit einer Wahrscheinlichkeit von etwa 90% mit dem gewünschten Geschlecht der Nachkommen gerechnet werden. **Sperma-Sexing** konnte bisher erfolgreich bei Rind, Schaf, Pferd, Schwein und Kaninchen eingesetzt werden.

Allerdings ist dieses Verfahren für den **praktischen Besamungseinsatz** derzeit nur beim Rind geeignet und hat zudem noch einige Nachteile. Der Hauptnachteil ist die (noch) zu geringe Kapazität des Durchfluss-Zytometers, was zur Folge hat, dass nicht genügend Spermien pro Zeiteinheit getrennt werden können. Eine gesexte Besamungsportion enthält deshalb deutlich weniger Spermien als eine normale Portion (etwa 10–20% der Spermienanzahl einer nicht gesexten Portion) und zusätzlich ist die Vitalität der gesexten Spermien wegen des DNA-Farbstoffs häufig eingeschränkt. Dadurch ist der Besamungserfolg im praktischen Einsatz dementsprechend (ca. 10–20%) reduziert und außerdem sind die Kosten pro gesexter Besamungsportion relativ hoch. Der Einsatz von **gesextem Sperma** ist aber insbesondere in Kombination mit der **In-Vitro-Produktion** von Embryonen interessant. Durch eine verbesserte Technologie der Spermientrennung wird sich auch das derzeit noch geringe Angebot an gesextem Bullensperma in der Praxis ausweiten und kann den organisatorischen Ablauf eines Milchrinder-Zuchtprogramms beeinflussen. So könnte aus den besten Kuhmüttern gezielt die weibliche Remonte und aus den Bullenmüttern gezielt die Söhne erzeugt werden. Züchterisch weniger wertvolle Kühe könnten mit „männlichem Fleischrindersperma“ besamt werden, sodass nur männliche Gebrauchskreuzungskälber zu erwarten wären. Für einen breiten Einsatz der Technologie sind allerdings eine Verbesserung des Besamungserfolges und eine Senkung der Kosten erforderlich. Das **Geschlecht** kann natürlich auch an **Embryonen** bestimmt werden. Dazu wird aus dem Embryo eine Biopsie in Form einiger embryonaler Zellen entnommen, die DNA extrahiert und mithilfe einer DNA-Sonde Y-Chromosom-spezifische Sequenzen (d.h. männlicher Embryo) gesucht. Diese Y-Chromosom-spezifischen Sequenzen werden in der Polymerase-Kettenreaktion (PCR) vervielfältigt und können dann in einer Elektrophorese sichtbar gemacht werden. Auf diese Weise können männliche und weibliche Embryonen unterschieden werden. Die Entwicklungsfähigkeit der Embryonen ist durch die Biopsie nicht beeinträchtigt. Dieses Verfahren kann im Rahmen des ET oder der IVP durchgeführt werden.

Somatischer Kerntransfer (Embryosplitting, Klonen)

Wenn ein Embryo im Morula- und Blastozystenstadium durch einen mikrochirurgischen Eingriff geteilt wird, so können identische, eineiige (monozygote) Zwillinge erstellt werden und man spricht von **Embryosplitting**. Sie stellen den kleinsten möglichen **Klon** *(gr. klón: Spross, Sprössling)* dar. Größere Anzahlen identischer Nachkommen können aber nur durch einen **somatischen Kerntransfer** erzeugt werden. Das Verfahren des somatischen Kerntransfers wird oft auch nur als **Klonen** bezeichnet, wobei die präzise Bezeichnung **somatisches** bzw. **reproduktives Klonen** lautet. Allgemein handelt es sich um ein Verfahren, bei dem aus einer diploiden somatischen *(gr. soma: Körper)* Zelle eines Tieres eine genetische Kopie, also ein identischer Zwilling, erzeugt werden kann. Dabei wird aus einer haploiden Eizelle (Oozyte) der Zellkern entfernt und das diploide Material (d.h. Zellkern und Cytoplasma) einer somatischen Spenderzelle in die entkernte Eizelle transferiert (übertragen). Beide Anteile werden danach durch elektrische Impulse miteinander verschmolzen und es wird die weitere Teilung stimuliert, wobei das genetische Programm des übertragenen Zellkerns in einen embryonalen Zustand zurückprogrammiert wird, sodass eine neue Entwicklung beginnen kann. Nach einer In-Vitro-Kultivierung kann der

Embryo anschließend auf geeignete Empfängertiere übertragen werden. Nach vielen vergeblichen Versuchen gelang im Jahr 1997 der **erste erfolgreiche Kerntransfer** aus einer Euterepithelzelle (Schaf „Dolly“). Mittlerweile ist das somatische bzw. reproduktive Klonen bei allen wichtigen landwirtschaftlichen Nutztieren (und einigen Haustieren) erfolgreich durchgeführt worden. Es ist jedoch aufgrund der geringen Erfolgsraten, der hohen Kosten sowie der mangelnden gesellschaftlichen Akzeptanz im deutschsprachigen Raum als Züchtungstechnik nicht etabliert. Abgesehen davon führt somatisches bzw. reproduktives Klonen zu **genetischer Uniformität**, während eine Grundvoraussetzung für erfolgreiche Tierzucht **genetische Variabilität** ist. Erste kommerzielle Anwendungen in den USA basieren auf der Klonierung von exzellenten Fleischrinderbullen, die dann im Natursprung in Fleischrinderherden eingesetzt werden können. Hier handelt es sich also eher um eine Maßnahme zur Übertragung von Zuchtfortschritt als um einen Beitrag zur Erzeugung von Zuchtfortschritt. Vielfach wird auch übersehen, dass sich geklonte Nachkommen aufgrund verschiedener genetischer, epigenetischer (d. h. nicht direkt auf DNA-Sequenzebene beruhender) und umweltbedingter Einflussfaktoren phänotypisch erheblich unterscheiden können. Insbesondere bei Merkmalen aus dem Bereich Fruchtbarkeit und Krankheitsresistenz ist zu erwarten, dass zwischen den „identischen Kopien“ eines Tieres eine große phänotypische Variabilität bestehen wird.

8.3.7 Zuchtfortschritt, genetischer Trend, Übertragung des Zuchtfortschritts

Züchterische und wirtschaftliche Bewertungskriterien

Der Zuchtfortschritt (genetische Überlegenheit, Selektionserfolg) ist das wichtigste züchterische Bewertungskriterium eines Zuchtprogramms. Die wesentlichen theoretischen Grundlagen der bestimmenden Faktoren des Zuchtfortschritts, nämlich additiv genetische Standardabweichung, Selektionsintensität, Zuverlässigkeit bzw. Genauigkeit der Zuchtwertschätzung sowie Generationsintervall und deren Zusammenhänge, werden ausführlich im Kap. 5 dargestellt. Allgemein ausgedrückt entspricht der **Zuchtfortschritt** der durchschnittlichen **monetären** bzw. **naturalen Überlegenheit** der Nachkommen der selektierten Tiere gegenüber der Elterngeneration in der Zuchtstufe. Der Zuchtfortschritt wird dabei entweder als Zuchtfortschritt pro Generation oder als Zuchtfortschritt pro Zeiteinheit (z. B. Jahr) ausgedrückt. Das Ziel der Zuchtplanung (Kap. 8.3) besteht demgemäß nicht nur darin, den erwarteten Zuchtfortschritt bei gegebenem Ressourceneinsatz zu maximieren, sondern zu optimieren, da die Veränderung eines Faktors meist auch Auswirkungen auf die anderen Faktoren des Zuchtfortschritts hat.

Da die praktische Durchführung eines Zuchtprogramms Kosten (v. a. Leistungsprüfung und Personal) verursacht, sollten für die Bewertung von Zuchtprogrammen neben dem **züchterischen Bewertungskriterium** Zuchtfortschritt auch **wirtschaftliche Bewertungskriterien** wie z. B. Züchtungsertrag, Züchtungskosten und Züchtungsgewinn herangezogen werden.

Kosten-Nutzen-Analyse

Für Zuchtprogramme sollte deshalb neben der züchterischen Optimierung im Rahmen der Zuchtplanung auch eine **Kosten-Nutzen-Analyse** durchgeführt werden, bei der die Züchtungskosten dem Nutzen in Form des Züchtungsgewinns (d. h. Züchtungsertrag minus Züchtungskosten) gegenübergestellt werden. Da der Züchtungsertrag, der wiederum auf dem Zuchtfortschritt beruht, später als die Züchtungskosten anfällt (nämlich erstmals in der Nachkommengeneration), müssen für eine seriöse wirtschaftliche Bewertung die Züchtungskosten und der Züchtungsertrag auf einen gemeinsamen Bezugszeitpunkt diskontiert, d. h. abgezinst, werden. Die praktische Durchführung eines Zuchtprogramms entspricht deshalb aus ökonomischer Sicht einem Investitionsprojekt mit einer vorgegeben Investitionsdauer. Es sollte daher für die Entscheidung, in welcher organisatorischen Form (d. h. Struktur und Ablauf) ein Zuchtprogramm durchgeführt wird, immer die **Effizienz des Zuchtprogramms**, d. h. eine möglichst optimale Balance zwischen Zuchtfortschritt und Züchtungsgewinn, im Vordergrund stehen.

Dokumentation und Monitoring

Voraussetzung für eine erfolgreiche praktische Umsetzung eines Zuchtprogramms ist die Etablierung eines nachvollziehbaren Informationsprozesses, dessen wichtigsten Maßnahmen die schriftliche **Dokumentation** und das **Monitoring** des Zuchtprogramms sind. Monitoring *(lat. monitor: Mahner, Warner)* bedeutet ganz allgemein das systematische Beobachten, Analysieren und Auswerten eines bestimmten Prozesses. In unserem Fall entspricht der Prozess den durchzuführenden züchterischen Tätigkeiten des Zuchtprogramms. Die Ergebnisse des Monitorings sollten in periodischen Abständen (z. B. jährlich) in Berichten zusammengefasst werden, und bei Abweichungen von den im Zuchtprogramm dokumentierten Zielvorgaben sollte mit entsprechenden organisatorischen Maßnahmen reagiert werden.

Genetischer Trend

Genetischer Trend entspricht realisiertem Zuchtfortschritt

Wie schon erwähnt, ist der Zuchtfortschritt das wichtigste züchterische Bewertungskriterium eines Zuchtprogramms. Es stellt sich also die Frage, in welchem Ausmaß kann der Zuchtfortschritt in der Praxis realisiert und in welcher Form kann der **realisierte Zuchtfortschritt** quantifiziert bzw. dargestellt werden? Wenn ein Zuchtprogramm erfolgreich umgesetzt wird und damit die Selektionsmaßnahmen in einer Zuchtpopulation wirken, dann sind die geschätzten Zuchtwerte von jüngeren Tieren höher als die von älteren Tieren. Dieser Vorgang wird als **Abschreibung der Zuchtwerte** bezeichnet und kommt dadurch zustande, dass die jüngeren Geburtsjahrgänge bei einem positiven Zuchtfortschritt den älteren im Durchschnitt genetisch überlegen sind (Kap. 8.3.4). Werden nun von den geschätzten Zuchtwerten einer Selektionsgruppe (z. B. Bullen) die durchschnittlichen geschätzten Zucht-

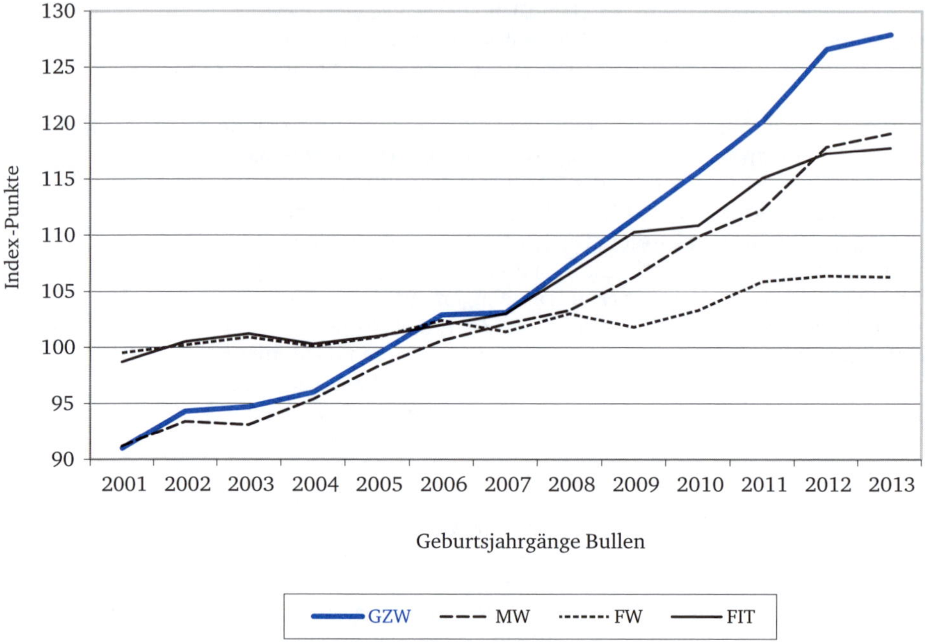

Abb. 8.8 Zuchtprogramm Fleckvieh Austria: Genetische Trends für den Gesamtzuchtwert (GZW) und die Teilzuchtwerte Milchwert (MW), Fleischwert (FW) und Fitnesswert (FIT) für Fleckvieh-Bullen der Geburtsjahrgänge 2001–2013 (Quelle: ZuchtData, 2015)

werte pro Geburtsjahrgang berechnet und für eine bestimmte Zeitperiode tabellarisch oder grafisch dargestellt, so wird die Entwicklung dieser durchschnittlichen geschätzten Zuchtwerte pro Geburtsjahrgang als **genetischer Trend** bezeichnet. Genetische Trends können für jede Tiergruppe und für jede Art von geschätzten Zuchtwerten berechnet werden, d. h. für ein einzelnes Merkmal ausgedrückt in naturalen Einheiten bzw. als Relativzuchtwert, aber auch für den Gesamtzuchtwert oder Teilzuchtwerte. **Teilzuchtwerte** sind Indizes (auch Subindizes genannt), die aus Merkmalen eines bestimmten Leistungskomplexes (z. B. Milch, Fleisch, Fitness) bestehen und zusammengefasst den Gesamtzuchtwert bilden. In Abb. 8.8 sind beispielhaft genetische Trends für den Gesamtzuchtwert (GZW) und die Teilzuchtwerte Milchwert (MW), Fleischwert (FW) und Fitnesswert (FIT) für die Fleckvieh-Bullen der Geburtsjahrgänge 2001–2013 für das Zuchtprogramm Fleckvieh Austria dargestellt.

Genetischer Trend eines praktischen Zuchtprogramms

Aus Abb. 8.8 ist ersichtlich, dass sich der durchschnittliche geschätzte GZW der im Zuchtprogramm eingesetzten Bullen von 2001–2013 deutlich verbessert hat. In Zahlen ausgedrückt sind dies 36,5 Relativzuchtwert-Punkte (127,5 – 90,0) und somit durchschnittlich 3,04 Punkte pro Jahr (36,5/12). Umgelegt auf eine Standardabweichung des geschätzten GZW von eingestellten 12 Punkten entsprechen die 3,04 Punkte pro Jahr einem durch die Bullen realisierten Zuchtfortschritt pro Jahr von 0,25 Standardabweichung (3,04/12). Dies ist eine im internationalen Vergleich absolut konkurrenzfähige Größenordnung für eine milchbetonte Zweinutzungsrasse wie Fleckvieh (Kap. 9.1.2) und dokumentiert eine auf dem Bullenpfad erfolgreiche praktische Umsetzung des Zuchtprogramms Fleckvieh Austria. Der MW zeigt bis zum Geburtsjahrgang 2007 eine ganz ähnliche Entwicklung wie der GZW und fällt dann ab. Diese reduzierte Steigerung des MW war durch die Neuausrichtung des Zuchtziels mit einer stärkeren Gewichtung des FIT im Jahr 2002 (gemeinsam mit Bayern und Baden-Württemberg) durchaus beabsichtigt und ist auch in der deutlich positiven Entwicklung des FIT ersichtlich. Der FW hat sich während dieser 12 Jahre auf stabilem bis leicht positivem Niveau gehalten. Die Entwicklung von MW, FW und FIT widerspiegeln auch die züchterische Weiterentwicklung der Rasse Fleckvieh von einer Zweinutzungsrasse zu einer milchbetonten Zweinutzungsrasse.

Übertragung des Zuchtfortschritts

Grundvoraussetzung für eine erfolgreiche Tierzucht und tierische Produktion ist eine **koordinierte Zusammenarbeit** zwischen den Stufen Zucht, Vermehrung und Produktion. Tierzüchter sollten deshalb ihre Zuchtziele auf die Bedingungen in der Produktionsstufe ausrichten (und nicht auf ihre eigenen Erwartungen), weil die Betriebe in der Produktionsstufe die Hauptabnehmer ihrer Produkte in Form von Zuchttieren, Samen und Embryonen sind. Die **Übertragung des Zuchtfortschritts** ist deshalb die abschließende züchterische Maßnahme eines Zuchtprogramms und stellt das **Bindeglied** zwischen der Zucht-, Vermehrungs- (wenn vorhanden) und Produktionsstufe dar. Der in der Zuchtstufe erzielte Zuchtfortschritt sollte dabei möglichst vollständig und rasch in die nachgelagerten Stufen übertragen werden. Dies kann über den Verkauf von lebenden Zuchttieren, den Einsatz der künstlichen Besamung oder anderer reproduktionsbiologischer Verfahren erfolgen (Kap. 8.3.6). In Abb. 8.9 sind vier grundlegende Übertragungsmodelle gegenübergestellt, in denen die Aspekte der **Zuchtpyramide** als landwirtschaftlicher Teil eines tierischen Produktionssystems (Kap. 8.1) und die der **Zuchtmethoden** (Kap. 7) verknüpft dargestellt sind.

Übertragungsmodelle

Die Eignung der verschiedenen Übertragungsmodelle ist maßgeblich von der tierartspezifischen Reproduktionsrate abhängig. **Ausgangsbasis** für alle vier Modelle ist die züchterische Bearbeitung von einer oder mehreren Populationen (Rassen, Linien) mit überwiegend **Reinzucht-Methoden** in der jeweiligen Zuchtstufe. **Modell I** steht für eine Zuchtpyramide mit nur **einer Rasse**, z.B. bei Rind, Schaf, Ziege oder Pferd. Es ist besonders typisch für ein Besamungs-Zuchtprogramm in der Milchrinderzucht. Dabei werden in der Zuchtstufe über den Eigenbedarf hinaus genetisch verbesserte Bullen erzeugt und in der Produk-

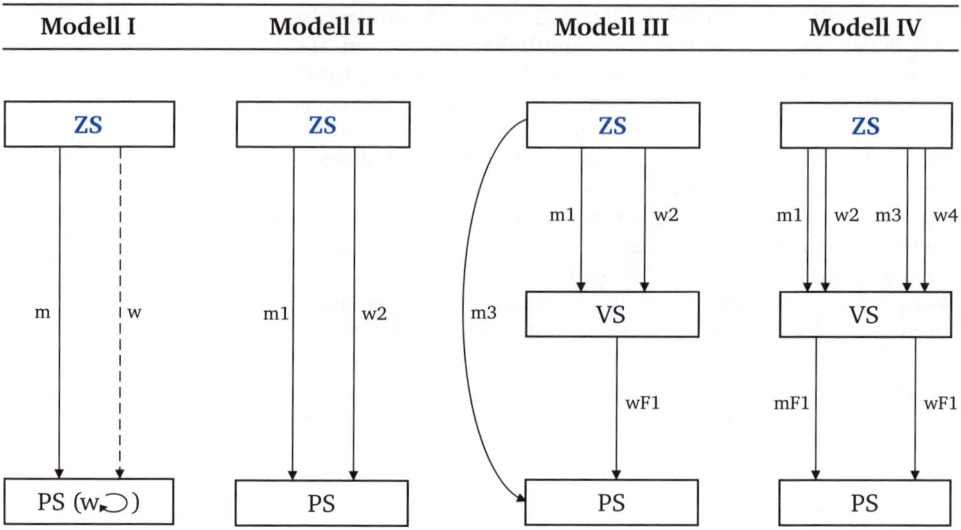

Abb. 8.9 Übertragungsmodelle für den Zuchtfortschritt: ZS = Zuchtstufe, VS = Vermehrungsstufe, PS = Produktionsstufe, m = männliche Tiere, w = weibliche Tiere, w↻ = Eigenremontierung der weiblichen Tiere, mF1 bzw. wF1 = männliche bzw. weibliche F1-Kreuzungstiere

tionsstufe fast ausschließlich über die künstliche Besamung in großem Umfang eingesetzt. Wenn, wie bei Schaf und Ziege, nahezu vollständig mit Natursprung oder, wie beim Pferd, verbreitet mit Natursprung gearbeitet wird, dann ist der Einsatz der männlichen Tiere in der Produktionsstufe naturgemäß limitiert. In diesem Fall sind dann mehr männliche Tiere aus der Zuchtstufe notwendig als bei künstlicher Besamung, wodurch aber auch die Selektionsintensität der männlichen Tiere und daraus folgend der zu übertragende männliche Zuchtfortschritt geringer ist. Grundsätzlich werden die **weiblichen Tiere** in der Produktionsstufe von den Betrieben durch die sogenannte **Eigenremontierung** selbst nachgezogen, und nur die männlichen Tiere aus der Zuchtstufe übernommen. In der Praxis kommen natürlich auch Mischformen vor, indem neben den männlichen Tieren in einem gewissen Umfang auch weibliche Tiere aus der Zuchtstufe mehr oder weniger kontinuierlich in die Produktionsstufe verkauft werden (dargestellt durch den gestrichelten Pfeil der weiblichen Tiere).

Modell II unterscheidet sich von Modell I dadurch, dass die Übertragung des Zuchtfortschritts aus der Zuchtstufe über zwei Rassen erfolgt und repräsentiert eine **Einfach-Kreuzung** bei Rind, Schaf oder Schwein, die auch als einfache Gebrauchskreuzung, Zwei-Rassen-Kreuzung oder Zwei-Wege-Kreuzung bezeichnet wird (Kap. 7.2.1). In der Praxis gibt es auch für dieses Modell Mischformen, wenn die jungen weiblichen Tiere in der Produktionsstufe nicht direkt aus der Zuchtstufe zugekauft, sondern eigenremontiert werden; dabei wird ein Teil der weiblichen Tiere in der Produktionsstufe mit männlichen Tieren derselben Rasse aus der Zuchtstufe angepaart, um junge weibliche Reinzuchttiere für die Bestandesergänzung zu erzeugen. In diesem Fall müsste der Pfeil der weiblichen Tiere gestrichelt dargestellt werden. Beispiele dafür sind: **Rindfleisch-Erzeugung** (Mutterkühe): junge Fleckvieh-Mutterkühe werden nicht aus der Zuchtstufe zugekauft, sondern ein Teil der Fleckvieh-Mutterkühe wird mit Fleckvieh-Bullen und der andere Teil mit Fleischrasse-Bullen (z.B. Limousin, Angus, Charolais) belegt. **Lammfleisch-Erzeugung:** Ein Teil der Mutterschafe von Landschafen (z.B. Merinolandschaf, Bergschaf, Rhönschaf, Heidschnucke) wird mit Reinzucht-Böcken der entsprechenden Rasse und der andere Teil mit Fleischschaf-Böcken (z.B. Schwarzköpfiges Fleischschaf, Suffolk, Texel) gedeckt. **Ferkelerzeugung:** Ein Teil der Mutterrasse (z.B. Landrasse, Edelschwein, Schwäbisch-Hällisches Schwein) wird mit Reinzucht-Ebern der entsprechenden Rasse und der andere Teil mit Vaterrasse-Ebern (z.B. Pietrain) belegt.

Modell III und **IV** repräsentieren Übertragungsmodelle für **Mehrfach-Kreuzungen** (Kap. 7.2.1) und sind hauptsächlich bei multiparen Tierarten wie Schwein und Geflügel (Huhn, Pute), aber auch zum Teil beim Schaf, zu finden. Die Übertragung des Zuchtfortschritts aus der Zuchtstufe erfolgt über drei bzw. vier Ausgangsrassen oder Ausgangslinien. Während Modell III z.B. eine typische Drei-Rassen-Kreuzung beim Schwein darstellt, beschreibt **Modell IV** eine Vier-Linien-Kreuzung beim Huhn für die Erzeugung von Lege- bzw. Masthybriden (d.h. Legehennen bzw. Broiler).

8.4 Grundstrukturen von Zuchtprogrammen

Obwohl das im Kap. 8.3 detailliert dargestellte **Grundkonzept** eines Zuchtprogramms für alle Nutztierarten gültig ist, so haben Zuchtprogramme in der Praxis in Abhängigkeit von Reproduktionsrate (unipare, multipare Tierart), Reproduktionstechnik (Natursprung, künstliche Besamung, Embryotransfer etc.), Zuchtmethode (Rein- oder Kreuzungszucht), Daten-Informations-System (Leistungsprüfung, Zuchtwertschätzung), Populationsgröße, finanziellen Ressourcen etc. unterschiedliche organisatorische Strukturen und Abläufe. In diesem Kapitel wird nur auf die beiden organisatorischen **Grundstrukturen** von Zuchtprogrammen, nämlich **kooperative Zuchtprogramme** und **Nukleus-Zuchtprogramme** etwas näher eingegangen. Auf eine detaillierte Beschreibung der organisatorischen Struktur von Zuchtprogrammen für die einzelnen Nutztierarten und Produktionssysteme wird in diesem Buch aus Gründen der Übersichtlichkeit bewusst verzichtet.

8.4.1 Kooperative Zuchtprogramme

Kooperative Zuchtprogramme sind dadurch gekennzeichnet, dass die züchterische Arbeit mit Reinzucht-Methoden in der Zuchtstufe durchgeführt und der **Zuchtfortschritt** direkt in die Produktionsstufe übertragen wird (Abb. 8.9, Modell I oder II). Die Zuchttiere (zumindest die weiblichen) sind üblicherweise im Besitz von wirtschaftlich und rechtlich selbstständigen Züchtern, die in der Regel in **kooperativen Zuchtorganisationen**, den Züchtervereinigungen (vulgo „Zuchtverband"), in Form von Genossenschaften, eingetragenen Vereinen oder ähnlichen Gesellschaftsformen organisiert sind, und das Zuchtprogramm gemeinsam durchführen. Wenn als Reproduktionstechnik die künstliche Besamung eingesetzt wird, dann sind die dafür verwendeten männlichen Tiere im Besitz von Besamungsorganisationen, den sogenannten Besamungsstationen. **Besamungsstationen** werden entweder direkt von Züchtervereinigungen, eigenständigen kooperativen oder privatrechtlichen Gesellschaften betrieben. Kooperative Zuchtprogramme sind typisch für Rind, Schaf, Ziege oder Pferd, also **Nutztierarten** mit **geringer** weiblicher Reproduktionsrate.

Konventionelles Besamungs-Zuchtprogramm

Künstliche Besamung

Eine wichtige Bestimmungsgröße für den Zuchtfortschritt eines kooperativen Zuchtprogramms besteht darin, wie umfangreich die **künstliche Besamung (KB)** in der Zucht- und Produktionsstufe eingesetzt werden kann. Je höher der Anteil der KB, umso weniger männliche Tiere werden für den Natursprung benötigt, was wiederum eine schärfere Selektion der männlichen Tiere ermöglicht und somit aufgrund der höheren Selektionsintensität zu einem höheren Zuchtfortschritt im männlichen Selektionspfad und indirekt auch im weiblichen Selektionspfad führt. Ein weiterer Vorteil der KB besteht darin, dass pro männlichem Tier viele weibliche Nachkommen (Töchter) erzeugt werden können, deren Leistungsprüfergebnisse für die **geschlechtsbegrenzten Merkmale** (Kap. 4.1) der Leistungskomplexe **Milch** und **Fruchtbarkeit** eine entscheidende Voraussetzung für möglichst genau geschätzte Zuchtwerte für die männlichen Tiere für diese Merkmale sind. Berücksichtigt werden muss allerdings, dass die zweite Selektionsstufe der männlichen Tiere aufgrund der Nachkommenprüfung erst später erfolgen kann, sich das männliche Generationsintervall somit verlängert, und sich dadurch der Zuchtfortschritt der männlichen Tiere pro Zeiteinheit verringert (Kap. 5.2, Formel 5.9). Wenn die KB in einem kooperativen Zuchtprogramm eine wesentliche Rolle spielt (z. B. mehr als 80% beträgt), dann wird ein solches Zuchtprogramm auch als **konventionelles Besamungs-Zuchtprogramm** bezeichnet.

Vier-Pfade-Modell

Konventionelle Besamungs-Zuchtprogramme sind besonders typisch für die **Milchrinderzucht** und konnten seit Mitte der 1960er-Jahre durch die praxistaugliche Anwendung der KB beim Rind (v. a. wegen der Möglichkeit der Tiefgefrierkonservierung) weltweit umgesetzt werden. Als Grundlage diente das von JAMES M. RENDEL und ALAN ROBERTSON im Jahr 1950 beschriebene **Vier-Pfade-Modell** (Kap. 5.2), bei dem die männlichen Tiere in die zwei Selektionsgruppen (Pfade) Bullenväter (BV) und Kuhväter (KV) und die weiblichen Tiere in die zwei Selektionsgruppen (Pfade) Bullenmütter (BM) und Kuhmütter (KM) geteilt werden. Diese vier Selektionsgruppen werden dann gezielt für die Erzeugung von männlichen und weiblichen Nachkommen gepaart. Praktisch umsetzbar wurde das Vier-Pfade-Modell durch die von HARALD SKJERVOLD und HANS-JÜRGEN LANGHOLZ im Jahr 1964 beschriebene und auch heute noch gültige Grundstruktur eines konventionellen Besamungs-Zuchtprogramms (das auch Nachkommen-Prüfsystem (NKP-System) in Kombination mit KB genannt wird).

Gezielte und freie Paarung

Basierend auf dem Vier-Pfade-Modell werden in **Milchrinder-Zuchtprogrammen** oft die Begriffe gezielte Paarung und freie Paarung verwendet. Prinzipiell ist jede Paarung in einem Zuchtprogramm gezielt, also gerichtet und beabsichtigt. Da in einer Züchtervereinigung die Züchter die Eigentümer der Zuchtkühe sind, liegt die letzte Entscheidung für die Paarung bei den Züchtern und nicht bei einer zentralen Zuchtleitung. Eine **gezielte Paarung**, oft auch als **Elitepaarung** bezeichnet, ist also eine von der Zuchtleitung vorgeschlagene Paarung eines Bullenvaters (Synonyme: Elitebulle, Top-Bulle) mit einer Bullenmutter (Synonyme: Elitekuh, Top-Kuh) zur Erstellung der nächsten Bullengeneration. Gezielte Paarungen werden aber auch mit Anpaarungsverträgen zwischen Züchter und Zuchtleitung bzw. Besamungsstation rechtlich festgelegt. Eine **freie Paarung** dagegen ist eine Paarung eines Kuhvaters mit einer Kuhmutter und basiert nur auf den individuellen Vorstellungen des Züchters.

Ablauf der Selektion in einem Besamungs-Zuchtprogramm

Der **Ablauf der Selektion** in einem konventionellen Besamungs-Zuchtprogramm, basierend auf dem Vier-Pfade-Modell, ist in Abb. 8.10 dargestellt. Die männlichen Nachkommen aus den gezielten Paarungen (Elitepaarungen) von Bullenvätern (Elitebullen) mit Bullenmüttern (Elitekühen) stellen die Ausgangsbasis für die Selektion der Bullen der nächsten Generation dar. **Jungbullen** (auch Test- bzw. Prüfbullen genannt) sind jene zuchtreifen Bullen der nächsten Generation, die aufgrund ihres Pedigree-Zuchtwertes (d.h. Durchschnitt der geschätzten elterlichen Zuchtwerte) und ihrer eigenen körperlichen Entwicklung im Alter von ca. 12 Monaten in der **ersten Selektionsstufe** für den Zucht- bzw. Testeinsatz selektiert werden. Testeinsatz bedeutet, dass ein gewisser Teil der Kuhmütter – der sogenannte **Testanteil** einer Zuchtpopulation (20–30%) – mit Jung- bzw. Testbullen besamt wird, um von den Töchtern aus diesen Testanpaarungen Nachkommenleistungen (Milch, Fruchtbarkeit) für die Jung- bzw. Testbullen zu erhalten.

Wartebullen

Während der Zeit, in der die Bullen auf die Nachkommenleistungen ihrer Töchter „warten“, werden diese Bullen als **Wartebullen** bezeichnet. Während diesen ca. 3 Jahren (Tab. 8.3) werden die Wartebullen nicht in der KB eingesetzt, sie müssen sprichwörtlich durch die Warteperiode „durchgefüttert“ werden. Die Kosten der Wartebullen-Haltung

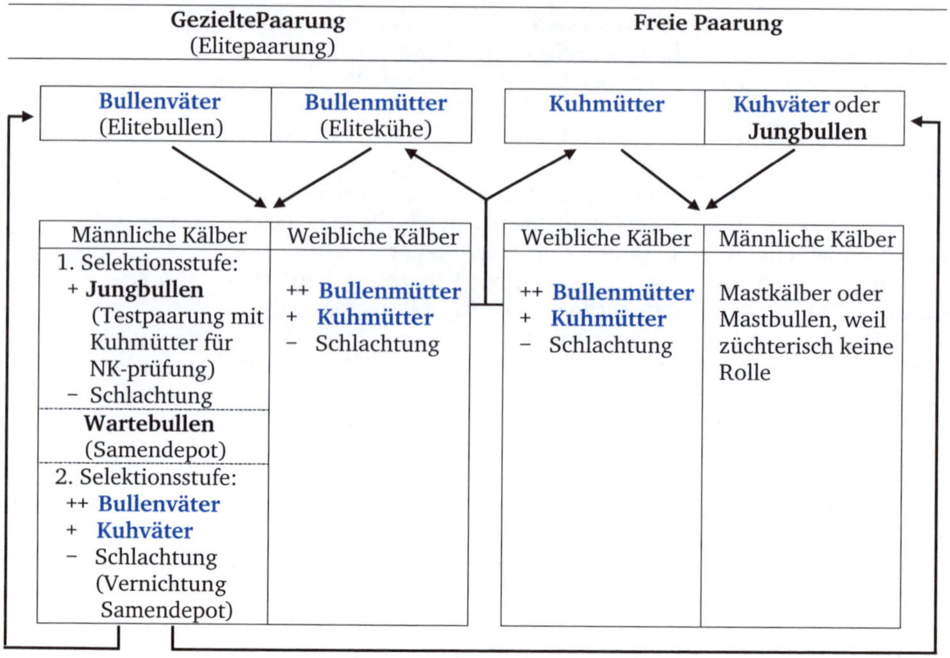

Abb. 8.10 Ablauf der Selektion in einem konventionellen Besamungs-Zuchtprogramm basierend auf dem Vier-Pfade-Modell

sind deshalb, neben den Kosten für die Leistungsprüfung, eine wichtige Komponente der Züchtungskosten eines Besamungs-Zuchtprogramms. Eine Alternative zur Wartebullen-Haltung ist die **Sperma-Langzeitlagerung**, bei der von den Jung- bzw. Testbullen nach ihrem Testeinsatz ein bestimmtes Samendepot angelegt wird, und die Jung- bzw. Testbullen danach geschlachtet werden. Dadurch können die Kosten der Wartebullen-Haltung reduziert werden, allerdings steht später für den Einsatz der Bullen- und Kuhväter jeweils nur ein begrenztes Samendepot zur Verfügung. Außerdem muss berücksichtigt werden, dass für die Tiefgefrierlagerung der Samendepots auch Kosten anfallen, und das Samendepot eines Bullen, der in der zweiten Selektionsstufe nicht selektiert wird, vernichtet werden muss.

Zweite Selektionsstufe

Nach der **zweiten Selektionsstufe** (die Nachkommenleistungen der Töchter wurden für die Zuchtwertschätzung verwendet) werden die ehemaligen Jung- bzw. Testbullen als **Bullenväter** oder **Kuhväter** (auch geprüfte Altbullen bzw. geprüfte Vererber genannt) in der Zucht- und Produktionsstufe eingesetzt oder aus der Zucht ausgeschlossen, d. h. geschlachtet. Jeder Bullen- bzw. Kuhvater in einem konventionellen Besamungs-Zuchtprogramm war somit einmal ein Jung- bzw. Testbulle. Da alle anderen männlichen Nachkommen aus den freien Paarungen (Kuhväter × Kuhmütter) für die Zucht keine Rolle spielen,

Tab. 8.3 Zeitlicher Ablauf der Ereignisse bis zur Selektion eines Bullen- oder Kuhvaters in einem konventionellen Besamungs-Zuchtprogramm (NKP-System)

Jahre (Alter)	Ereignis	Status
0,0	Geburt	männliches Kalb (aus gezielter Paarung)
1,0–1,5	1. Selektionsstufe (Spermagewinnung, Testeinsatz)	Jung- bzw. Testbulle
2,0–2,5	Geburt der Töchter	Wartebulle
4,0–4,5	1. Abkalbung der Töchter	Wartebulle
5,0–5,5	Abschluss 1. Laktation der Töchter und ZWS mit NK-Leistungen	Wartebulle
5,5–6,0	2. Selektionsstufe	Bullen- oder Kuhvater

werden die väterlichen Gene – d.h. die genetische Überlegenheit (Zuchtfortschritt) – nur über die Bullenväter und die mütterlichen Gene nur über die Bullenmütter auf die Bullen der Folgegeneration übertragen. Die weiblichen Nachkommen erhalten ihre Gene väterlicherseits von Bullen- oder Kuhvätern und Jung- bzw. Testbullen, mütterlicherseits von Bullen- oder Kuhmüttern, wobei der Anteil Bullenmütter an allen Zuchtkühen sehr gering ist (1–5%), sodass nur wenige Kühe der Folgegeneration ihre mütterlichen Gene von Bullenmüttern bekommen. Kühe der Folgegeneration können aufgrund ihrer Leistungen bzw. geschätzter Zuchtwerte wiederum Bullen- oder Kuhmütter werden, oder sie werden geschlachtet bzw. an Produktionsbetriebe verkauft.

Kennzeichen eines Besamungs-Zuchtprogramms

Ein wichtiges Kennzeichen eines konventiollen Besamungs-Zuchtprogramms (NKP-Systems) für Milchrinder ist die Tatsache, dass die meisten züchterisch relevanten Merkmale geschlechtsbegrenzt sind, d.h. nur von weiblichen Tieren (Kühen) realisiert werden. Für die Selektion der männlichen Tiere (Bullenväter, Kuhväter) spielen deshalb die Leistungen der Töchter, also die Nachkommenprüfung, eine entscheidende Rolle. Nachkommenleistungen haben einen sehr guten Informationsgehalt, d.h. sie ermöglichen, in Abhängigkeit von ihrem Umfang, eine hohe bis sehr hohe Zuverlässigkeit bzw. Genauigkeit der Zuchtwertschätzung (Kap. 8.3.4), bedingen aber ein **langes Generationsintervall** für die **männlichen Tiere**. In Tab. 8.3 ist der zeitliche Ablauf der Ereignisse bis zur Selektion eines Bullen- oder Kuhvaters in einem konventionellen Besamungs-Zuchtprogramm zusammengefasst. Laut Definition entspricht das **Generationsintervall** dem durchschnittlichen Alter der Eltern bei Geburt ihrer zur Zucht verwendeten Nachkommen. Ausgehend von den Annahmen in Tab. 8.3 dauert deshalb das durchschnittliche Generationsintervall der Bullen in Abhängigkeit davon, wie lange die geprüften Altbullen als Bullen- und Kuhväter in der KB eingesetzt werden, etwa 7–8 Jahre.

Optimiertes Besamungs-Zuchtprogramm

Wenn wir davon ausgehen, dass ein konventionelles Besamungs-Zuchtprogramm mithilfe der Zuchtplanung für die gegebenen Rahmenbedingungen züchterisch optimiert wurde, d. h. vor allem die optimale Anzahl Jung- bzw. Testbullen und die optimale Anzahl Nachkommen pro Jungbulle (die sogenannte Gruppengröße) ermittelt wurden, so tragen im Durchschnitt die **Bullenväter** 40–50%, die **Bullenmütter** 20–30%, die **Kuhväter** ebenfalls 20–30% und die **Kuhmütter** 5–10% zum gesamten Zuchtfortschritt pro Jahr bei. Die Anteile der Bullenväter, Bullenmütter und Kuhväter spiegeln die entscheidende Bedeutung der **KB** und der **gezielten Paarungen** (Elitepaarungen) wider. Die KB ermöglicht eine große Anzahl Nachkommen pro Bulle (männliche Reproduktionsrate), wodurch für die Bullen eine genaue Zuchtwertschätzung (umfangreiche Nachkommenleistungen) und eine strenge Selektion durchgeführt werden können. Die geringe Reproduktionsrate der Kühe (unipare Tierart und häufig kurze Nutzungsdauer) stellt aus züchterischer Sicht einen klaren Nachteil dar, der bei den Bullenmüttern durch die sehr hohe Selektionsintensität ausgeglichen werden kann, bei den Kuhmüttern aber aufgrund der geringen Selektionsintensität mit einem Anteil von nur 5–10% am gesamten Zuchtfortschritt voll zur Geltung kommt. Die Zuverlässigkeit bzw. Genauigkeit der Zuchtwertschätzung für die Kühe ist aufgrund der verfügbaren Leistungsinformationen (Vorfahren-, Eigenleistung, vielleicht einige Halbgeschwister) naturgemäß immer geringer als für die Bullen (umfangreiche Nachkommenleistungen).

Problem langes Generationsintervall

Konventionelle Besamungs-Zuchtprogramme basierend auf dem **Vier-Pfade-Modell** waren seit Mitte der 1960er-Jahre weltweit die Basis für die praktischen züchterischen Erfolge in der Milchrinderzucht. Es gab aber immer wieder Überlegungen, das durch Nachkommenprüfung und 2-Stufen-Selektion bedingte lange Generationsintervall der Bullen- und Kuhväter zu verkürzen. Eine Möglichkeit wäre, Jungbullen verstärkt als Kuhväter in der freien Paarung und als Bullenväter in der gezielten Paarung einzusetzen. Man könnte dann von einem **Jungbullen-Besamungs-Zuchtprogramm** sprechen, bei dem teilweise oder bewusst darauf verzichtet wird, auf die Töchterleistungen für die zweite Selektionsstufe zu warten. Diese Vorgangsweise würde zwar das Generationsintervall der männlichen Tiere verkürzen, gleichzeitig aber auch die Zuverlässigkeit bzw. Genauigkeit der geschätzten Zuchtwerte der Bullen- und Kuhväter deutlich reduzieren. Dies war der entscheidende Grund, warum sich der Verzicht auf die Töchterleistungen für die zweite Selektionsstufe in der Praxis nicht durchgesetzt hatte.

Genomisch-unterstütztes Besamungs-Zuchtprogramm

Neue Situation

Eine ganz neue Situation ergibt sich etwa seit dem Jahr 2010 durch die Möglichkeit, das Verfahren der genomisch-unterstützten Selektion (Kap. 8.3.5) in ein konventionelles Besamungs-Zuchtprogramm zu integrieren, welches dann als **genomisch-unterstütztes Besamungs-Zuchtprogramm** bezeichnet werden kann. Im praktischen Sprachgebrauch

Tab. 8.4 Genauigkeiten (bzw. Zuverlässigkeiten) verschiedener geschätzter Relativzuchtwerte junger Bullen in der deutschen Holstein-Milchrinder-Population. Der konventionelle Zuchtwert (konvZW) entspricht dem Elternmittel, der direkte genomische Wert (dGW) resultiert aus der genomischen Zuchtwertschätzung und der genomisch-unterstützte Zuchtwert (gZW) ist eine Kombination aus konvZW und dGW. In der letzten Spalte ist die Anzahl Töchterleistungen angeführt, die beim konvZW zu ähnlichen Genauigkeiten führt wie beim gZW (Quelle: F. Reinhardt, vit Verden, 2016)

Relativzuchtwerte	Genauigkeit			entspricht ca. der Genauigkeit eines konvZW aufgrund von:
	konvZW	dGW	gZW	
Milch (RZM)	0,57	0,83	0,85	50 Töchtern mit 3 Probemelken
Eutergesundheit (RZS)	0,56	0,86	0,87	85 Töchtern mit 3 Probemelken
Exterieur (RZE)	0,52	0,74	0,76	25 beurteilten Töchtern
Nutzungsdauer (RZN)	0,50	0,74	0,76	50 Töchtern in der 2. Laktation
Fruchtbarkeit (RZR)	0,48	0,68	0,71	80 Töchtern in der 1. Laktation

wird aber oft nur die verkürzte Bezeichnung **genomisches Zuchtprogramm** verwendet, was leicht missverstanden werden kann. Zur Präzisierung sei deshalb darauf hingewiesen, dass in einem genomischen Zuchtprogramm phänotypische Informationen kombiniert mit genomisch-unterstützten Zuchtwerten (Kap 8.3.4) für die Selektionentscheidung verwendet werden.

Züchterisches Potenzial

Das **züchterische Potenzial** eines genomisch-unterstützten Besamungs-Zuchtprogramms liegt allgemein darin, dass die früh verfügbaren genomisch-unterstützten Zuchtwerte von jungen Tieren eine (teilweise deutlich) höhere Schätzgenauigkeit haben als Pedrigree-Zuchtwerte (d.h. die Durchschnitte der geschätzten elterlichen Zuchtwerte). Der Zuwachs an Genauigkeit ist in Tab. 8.4 für verschiedene Merkmale in der Rinderzucht illustriert. Während z.B. die Genauigkeit des konventionellen Zuchtwerts (konvZW) eines jungen Bullen für das Merkmal Milchleistung 0,57 beträgt, ist die Genauigkeit des direkten genomischen Werts (dGW) für solche Bullen 0,83, und der aus beiden kombinierte genomisch-unterstützte Zuchtwert (gZW) hat eine Genauigkeit von 0,85. Ohne genomische Informationen kann eine solche Genauigkeit erst erreicht werden, wenn für 50 Töchter des Bullen die Leistungen der ersten drei Probemelken verfügbar sind. Zu diesem Zeitpunkt ist der Bulle schon mindesten 7 Jahre alt, während der gZW bereits zur Verfügung steht, wenn der Bulle geboren ist.

Frühe Publikation verhindert Patentierung

Wie groß die **Vorteile** der **genomisch-unterstützten Selektion** in der Praxis sein können, hat Schaeffer (2006) in einer einfachen Zuchtplanungsrechnung schon vor der praktischen Einführung des Verfahrens in der Milchrinderzucht gezeigt. Er legte dabei die Struktur des kanadischen Holstein-Zuchtprogramms zugrunde, das exemplarisch für alle zu dem Zeitpunkt bestehenden konventionellen Besamungs-Zuchtprogrammen in Ländern mit intensiver Milchrinderzucht gesehen werden kann. Ausgehend von diesem Zuchtprogramm modellierte er die wichtigsten Änderungen bei Nutzung geschätzter genomischer Zuchtwerte und berechnete die erwartete Steigerung des Zuchtfortschritts pro Jahr. Interessanter Weise berichtete L. R. SCHAEFFER später, dass er diese einfache Modellrechnung so schnell publiziert hat, um zu verhindern, dass die Idee der genomischen Selektion von „interessierter Seite" patentiert wird. Durch die Veröffentlichung war eine entscheidende formale Voraussetzung für die Patentierbarkeit, nämlich die „Neuheit", nicht mehr gegeben. In der Folge war eine Patentierung nicht mehr möglich und die genomische Selektion konnte weltweit von jeder Zuchtorganisation angewendet werden.

Im **konventionellen Besamungs-Zuchtprogramm** (Abb. 8.10) werden mit der gezielten Paarung von Bullenvätern mit Bullenmüttern Jungbullen (Test- bzw. Prüfbullen) erzeugt, die einer Töchter-Nachkommenprüfung unterzogen werden. Hierzu werden sie an einen Teil der Kuhmütter (Testanteil) angepaart. Bis die Töchter aus diesen Anpaarungen selbst abgekalbt und eine erste Laktationsleistung erbracht haben, werden die Bullen als Wartebullen gehalten. Aufgrund der Nachkommen-basierten Zuchtwerte werden dann die besten Bullen ausgewählt und sowohl als Kuhväter in der freien Paarung, die allerbesten auch als Bullenväter in der gezielten Paarung eingesetzt. Die zu diesem Zuchtschema korrespondierenden **Kenngrößen** wie Remontierungsanteil, Selektionsintensität, Genauigkeit der Zuchtwertschätzung und Generationsintervall sind für das **SCHAEFFER-Beispiel** im oberen Teil der **Tab. 8.5** dargestellt. Setzt man diese Parameter in das Vier-Pfade-Modell (Kap. 5.2) ein, ergibt sich ein erwarteter Zuchtfortschritt von 0,215 genetischen Standardabweichungen pro Jahr. Die genetische Standardabweichung für das Merkmal Milchmenge beträgt etwa s_A = 500 kg, somit ist der erwartete Zuchtfortschritt pro Jahr ca. 100 kg und dies entspricht durchaus dem in der züchterischen Praxis beobachteten genetischen Trend.

Verkürzung des Generationsintervalls

Das **genomisch-unterstützte Besamungs-Zuchtprogramm** unterscheidet sich vom konventionellen Besamungs-Zuchtprogramm vor allem durch den **Verzicht** auf eine **Nachkommenprüfung** der **Bullen**. Die aus der gezielten Paarung hervorgehenden Jungbullen erhalten, nachdem sie mit dem SNP-Chip typisiert wurden, genomisch-unterstützte Zuchtwerte, auf deren Basis die besten für den Besamungseinsatz ausgewählt werden. Diese Zuchtwerte sind zwar deutlich weniger genau als die Zuchtwerte auf Basis von Töchterleistungen (Tab. 8.5, unterer Teil), dafür reduziert sich aber auch das Generationsintervall auf der Väterseite massiv. Unter der Annahme, dass Bullen- und Kuhväter sowie Bullenmütter genomisch-unterstützt selektiert und möglichst früh eingesetzt werden, ergibt sich ein erwarteter Zuchtfortschritt pro Jahr von 0.467 s_A, was mehr als einer **Verdoppelung** des **Zuchtfortschritts** entspricht. Dieser Effekt ist ganz überwiegend auf die massive **Verkürzung** des **Generationsintervalls** auf der Bullenseite zurückzuführen, was die

Tab. 8.5 Berechnung des erwarteten Zuchtfortschritts pro Jahr (ZF/J) nach dem Vier-Pfade-Modell für ein konventionelles Besamungs-Zuchtprogramm (A) und ein genomisch-unterstütztes Besamungs-Zuchtprogramm (B), bei dem Bullen und Bullenmütter auf Grundlage des genomisch-unterstützten Zuchtwerts selektiert werden (i = Selektionsintensität, r_{AgA} = Genauigkeit der Zuchtwertschätzung, T = Generationsintervall). In Variante B sind die gegenüber Variante A **veränderten** Parameter **blau** gekennzeichnet (Schaeffer, 2006)

(A)	Selektionspfad	Remontierung	i	r_{AgA}	r_{AgA}	T
	Bullenväter	5%	2,06	0,99	2,04	6,50
	Kuhväter	20%	1,40	0,75	1,05	6,00
	Bullenmütter	2%	2,42	0,60	1,45	5,00
	Kuhmütter	85%	0,27	0,50	0,14	4,25
					4,68	21,75
				erwarteter ZF/J	4,68/21,75 = 0,215 s_A	

(B)	Selektionspfad	Remontierung	i	r_{AgA}	$i \cdot r_{AgA}$	T
	Bullenväter	5%	2,06	**0,75**	**1,54**	**1,75**
	Kuhväter	20%	1,40	0,75	1,05	**1,75**
	Bullenmütter	2%	2,42	**0,75**	**1,82**	**2,00**
	Kuhmütter	85%	0,27	0,50	0,14	4,25
					4,55	**9,75**
				erwarteter ZF/J	**4,55/9,75 = 0,467s_A**	

geringeren Genauigkeiten der genomisch-unterstützten Zuchtwerte mehr als aufwiegt.

Andere züchterische Infrastruktur

Ein **genomisch-unterstütztes Besamungs-Zuchtprogramm** führt nicht nur zu mehr Zuchtfortschritt pro Jahr, sondern erfordert auch eine andere **züchterische Infrastruktur**. Bei konsequenter Umsetzung kann die sehr teure Wartebullen-Haltung vollständig entfallen, und auch die (bislang meist subventionierten) Test-Anpaarungen erübrigen sich. Nicht entfallen kann hingegen die Leistungsprüfung, da zur permanenten Re-Kalibration der genomischen Zuchtwertschätzung immer auch aktuelle Leistungsdaten benötigt werden (Stichwort Referenzstichprobe). Neu hingegen ist die Notwendigkeit, eine ausreichende Anzahl Jungbullen zu genotypisieren, wofür eine entsprechende **genomische Logistik-Infrastruktur** bezüglich Auswahl der zu typisierenden Tiere, Probennahme, Laboranalytik, Datenmanagement und genomisch-unterstützter Zuchtwertschätzung geschaffen werden muss. Da die Typisierungskosten (Stand 2016: ca. 100 Euro pro Tier) nur einen Bruchteil der Kosten der Nachkommenprüfung und Wartebullenhaltung (ca. 25.000 Euro pro Bulle) ausmachen, sind die Züchtungskosten bei genomisch-unterstützten Zuchtprogrammen geringer als bei konventionellen Besamungs-Zuchtprogrammen. Zudem können weit mehr Bullen (und Kühe) in die genomisch-unterstützte Selektion einbezogen werden als im konventionellen System, sodass die **Selektionsintensität** in der genomisch-unterstützten Selektion sogar noch deutlich erhöht werden kann (dieser Aspekt ist im Beispiel in Tab. 8.5 noch nicht berücksichtigt).

Höheres Riskio berücksichtigen

Beim Einsatz genomisch-unterstützt selektierter **Jungbullen** ist allerdings zu berücksichtigen, dass aufgrund der geringeren Genauigkeit der genomisch-unterstützten Zuchtwerte auch ein **höheres Risiko** besteht, dass die wahren Zuchtwerte von den genomisch-unterstützten Zuchtwerten stark abweichen. Dies soll mit folgenden **Beispiel** veranschaulicht werden: Ein **nachkommengeprüfter Bulle** hat einen Zuchtwert von +1500 kg Milch und liegt somit 3 genetische Standardabweichungen über dem Populationsmittel. Die Genauigkeit des Zuchtwerts ist $r_{AgA} = 0{,}99$. Dann ist damit zu rechnen, dass mit 95% Wahrscheinlichkeit der wahre Zuchtwert zwischen +1420 kg und +1580 kg liegt. Fallen für den Bullen weitere Töchterleistungen an, wodurch sich der geschätzte Zuchtwert immer mehr dem wahren Zuchtwert annähert (Kap. 8.3.4), so ist das Risiko sehr gering, dass der Bulle im Zuchtwert deutlich abfällt (oder ansteigt). Für einen **selektierten Jungbullen** mit genomisch-unterstütztem Zuchtwert von +1500 kg sei die Genauigkeit nur $r_{AgA} = 0{,}75$. In diesem Fall liegt der wahre Zuchtwert mit 95% Wahrscheinlichkeit zwischen +880 kg und +2120 kg. Es besteht also ein deutlich höheres Risiko, dass der Zuchtwert des Bullen nach Berücksichtigung der ersten Töchterleistungen sich stark verändert. Da es sich um **erwartungstreue Zuchtwerte** handelt, sind eine Verbesserung und eine Verschlechterung gleich wahrscheinlich. Allerdings reagieren Züchter sehr sensibel auf den „Absturz“ eines hoch eingeschätzten Bullen, während ein unverhoffter Anstieg des Zuchtwerts gerne dem eigenen „Züchterblick“ zugutegeschrieben wird. Für ein praktisches Zuchtprogramm, aber auch für den einzelnen Züchter, bedeutet dies, dass zur **Risiko-Minimierung** immer eine breite Auswahl von genomisch-unterstützt selektierten Bullen eingesetzt werden sollte. Während das Risiko, dass der Zuchtwert eines einzelnen Bullen „einbricht“ doch erheblich ist, ist dies bei einer Gruppe von Bullen im Durchschnitt weit weniger wahrscheinlich, da sich zufällige Abweichungen nach oben und nach unten ausgleichen.

Funktionale Merkmale stärken

Die Einführung der genomisch-unterstützten Besamungs-Zuchtprogramme in der Milchrinderzucht war von der Sorge begleitet, dass in der Folge der realisierte Zuchtfortschritt pro Jahr noch mehr als ohnehin schon von Verbesserungen in den Produktionsmerkmalen (auch Leistungsmerkmale genannt) dominiert wird. Diese Sorge ist nicht ganz unberechtigt, da **funktionale Merkmale** (Kap. 8.3.1) im Zuchtziel zwar zu etwa der Hälfte gewichtet werden, die tatsächlichen Zuchtfortschritte pro Jahr allerdings überwiegend bei den Produktionsmerkmalen realisiert werden. Dies liegt vor allem an der **geringen Heritabilität** der wichtigsten funktionalen Merkmalskomplexe Gesundheit und Fruchtbarkeit, aber auch an deren unerwünschten genetischen Korrelationen (Kap. 4.9.4) zu den Produktionsmerkmalen. Modellrechnungen haben gezeigt, dass die **genomisch-unterstützte Selektion** diese Problematik zwar nicht verschärft, aber trotzdem die Gefahr bestehen bleibt, dass sich die Schere zwischen Zuchtfortschritt in den Produktionsmerkmalen und den funktionalen Merkmalen weiter öffnet. Um diesem unerwünschten Trend entgegenzuwirken, kann eine höhere Gewichtung funktionaler Merkmale im Gesamtzuchtwert erwogen werden, viel wichtiger wäre allerdings eine **intensivere Leistungsprüfung** bei Gesundheits- und Fruchtbarkeits-Merkmalen als Grundlage für eine erfolgreichere Selektion. In der Diskussion ist hier insbesondere die Einrichtung spezialisierter Betriebe, sogenannte **Testherden** (Kap. 8.3.3), in denen Bullen nach einem geplanten Versuchsdesign eingesetzt werden und in denen eine detaillierte und standardisierte Merkmalserfassung für Merkmale wie Fruchtbarkeit, Stoffwechselstabilität oder Klauengesundheit durchgeführt wird, die deutlich über das hinausgeht, was im Rahmen der flächendeckenden Leistungsprüfung möglich ist.

Inzuchtsteigerung kontrollieren

Von Interesse ist auch, wie sich die Einführung der genomisch-unterstützten Selektion auf die **Inzuchtsteigerung** pro Generation (Kap. 4.5.2) in einer Zuchtpopulation auswirkt. Diese ist vor allem in der Holstein-Milchrinderzucht durchaus problematisch, da in der Vergangenheit einzelne Spitzenbullen sehr stark eingesetzt wurden und einige wenige Bullen in den Stammbäumen fast aller Besamungsbullen vorkommen. Praktisch äußert sich das zu hohe Inzuchtniveau vor allem in Form von immer wieder auftretenden **Häufungen** neuer, rezessiver **Erbfehler**, die durch den massiven Einsatz einzelner Bullen verursacht werden, die Anlageträger eines rezessiven Defekts sind. Die dann notwendigen züchterischen Sanierungsmaßnahmen (Kap. 4.4.2) verursachen nicht nur erhebliche Kosten, sondern Erbfehler bzw. genetische Defekte sind auch meist aus Tierschutz-Sicht ausgesprochen problematisch. **Genomische Informationen** können allerdings auch hier helfen, ursächliche **Mutationen** schnell zu identifizieren und dann die entsprechenden Sanierungsmaßnahmen effizienter durchführen zu können.

Optimum Genetic Contribution

Seit Einführung der genomisch-unterstützten Zuchtprogramme in der Milchrinderzucht werden deutlich mehr verschiedene Bullen in der künstlichen Besamung eingesetzt als zu Zeiten der konventionellen Zuchtprogramme, wobei die genomisch-unterstützt selektierten Bullen im Durchschnitt mit einer geringeren Anzahl Besamungen eingesetzt und über einen kürzeren Zeitraum genutzt werden. Diese breitere Streuung hat zwar zu einer Verringerung der Inzuchtsteigerung pro Generation geführt, die Inzuchtsteigerung pro Jahr hingegen ist aufgrund des kürzeren Generationsintervalls gestiegen. Neue züchterische Strategien basierend auf der Theorie der **„Optimum Genetic Contribution“** ermöglichen es heute, den maximalen Zuchtfortschritt pro Jahr bei Einhaltung eines vorgegebenen Höchstwertes für die Inzuchtsteigerung zu erreichen, und erlauben es somit, die Inzuchtentwicklung im Rahmen des Zuchtprogramms aktiv zu steuern.

Umsetzung in züchterischer Praxis

Die Einführung der genomisch-unterstützten Selektion in der Milchrinderzucht wurde in den verschiedenen Zuchtorganisationen durchaus unterschiedlich gestaltet: Während manche Organisationen von Anfang an vollständig auf das neue Modell gesetzt haben, waren andere etwas vorsichtiger und haben zunächst beide Systeme parallel laufen lassen. Ohne Zweifel gibt es nach wie vor eine Nachfrage nach älteren nachkommengeprüften Bullen, deren genetische Qualität sich schon in der Leistung ihrer Töchter bewiesen hat. Letztendlich ist es eine **unternehmerische Entscheidung** eines Zuchtverbandes, aber auch jeden Züchters, mit welcher Strategie er den größten Erfolg in seinem Tätigkeitsgebiet zu erreichen glaubt. Generell ist der **Trend** zur **genomisch-unterstützten Selektion** in der Milchrinderzucht wohl nicht mehr umkehrbar. Sechs Jahre nach Einführung der genomisch-unterstützten Zuchtwertschätzung in der deutschen Holsteinzucht im Jahr 2010 werden genomisch-unterstützt selektierte Jungbullen schon bei mehr als 50% der Besamungen genutzt. Der genetische Trend für Produktionsmerkmale hat sich tatsächlich in etwa verdoppelt, und für alle funktionalen Merkmale sind zumindest leicht positive Trends zu erkennen. Weiterhin sind die heutigen Top-Listen der Bullen mit den höchsten geschätzten Zuchtwerten etwa im Verhältnis 10:1 von genomisch-unterstützt selektierten Jungbullen dominiert. Dies hat zwei Ursachen: zum einen sind die Jungbullen deutlich jünger als die nachkommengeprüften Bullen im Wiedereinsatz (auch Altbullen genannt) und haben dadurch im Mittel schon 4–5 Jahre Zuchtforschritt mehr realisiert als die Altbullen. Zum anderen werden sehr viel mehr Jungbullen genotypisiert als Altbullen nachkommengeprüft, wodurch dann auch sehr viel mehr genomisch-unterstützt selektierte Jungbullen in der Spitzengruppe vertreten sind.

Zukünftig strukturelle Verwerfungen?

Eine **neuartige Situation** ist, dass sich die Zuchtarbeit in der Zuchtstufe durch „genomische Methoden" partiell von der Verbindung zur Produktionsstufe (Kap. 8.1, Abb. 8.1) abkoppeln kann. Jeder, der über eine validierte „Summenformel" (Kap. 8.3.4) verfügt, kann heute männliche Kälber in großer Zahl typisieren, für diese geschätzte genomische Zuchtwerte berechnen, und mit etwas Glück einen Spitzenbullen finden und vermarkten, ohne sich an den Kosten der Leistungsprüfung zu beteiligen, die ja die Grundlage aller züchterischen Arbeit ist. Mit solchen oder ähnlichen Geschäftsmodellen drängen zurzeit internationale Unternehmen auf die Märkte im deutschsprachigen Raum, was aufgrund des Wettbewerbsrechts schwierig zu unterbinden ist und langfristig durchaus zu strukturellen Verwerfungen führen kann.

8.4.2 Nukleus-Zuchtprogramme

Nukleus-Zuchtprogramme *(lat. nucleus: Kern)* sind dadurch gekennzeichnet, dass die züchterische Arbeit in der Zuchtstufe in kleinen **Kernpopulationen** überwiegend mit Reinzucht-Methoden durchgeführt wird. Zusätzlich wird häufig wegen der notwendigen Arbeitsteilung die

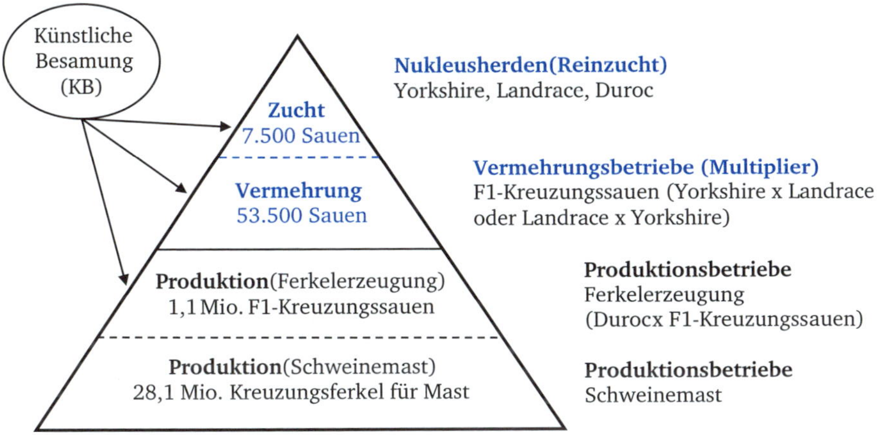

Abb. 8.11 Nukleus-Zuchtprogramm „DanBred International", basierend auf den drei Schweinerassen Yorkshire, Landrace (Mutterrassen) und Duroc (Vaterrasse) für die Erzeugung und Mast von Kreuzungsferkeln (Drei-Wege-Kreuzung) in Dänemark

Zuchtstufe um eine **Vermehrungsstufe** erweitert. Die Hauptaufgabe der Betriebe in der Vermehrungsstufe ist es, mit Tieren aus der Zuchtstufe, auch **Basiszucht** genannt, F1-Kreuzungstiere zu erzeugen, aber auch Reinzuchttiere nur zu vermehren. In der Vermehrungsstufe wird üblicherweise nur noch eine einfache Leistungsprüfung in Form einer Eigenleistungsprüfung im Feld zur Qualitätsüberprüfung durchgeführt; d. h. Tiere, die eine vorgegebene Mindestleistung nicht erbringen, werden geschlachtet.

Multiplikationseffekt

Die **Arbeitsteilung** zwischen Zucht- und Vermehrungsstufe ermöglicht es, mit kleinen Nukleuspopulationen (Ausgangsrassen, Ausgangslinien) konsequent und sehr effektiv züchterisch zu arbeiten. Die Übertragung des **Zuchtfortschritts** aus der Zuchtstufe in die Vermehrungs- und Produktionsstufe erfolgt üblicherweise durch Methoden der **Mehrfach-Kreuzung** (Kap. 7.2.1 und Abb. 8.6, Modell III oder IV). Nukleus-Zuchtprogramme sind typisch für multipare **Nutztierarten** mit **hoher** weiblicher Reproduktionsrate (d. h. Geflügel, Schwein und Kaninchen). Kennzeichnend ist, dass durch die hohe weibliche Reproduktionsrate und die dazwischengeschaltete Vermehrungsstufe ein großer **Multiplikationseffekt** in der **Produktionsstufe** erzielt werden kann.

Beispiel Nukleus-Zuchtprogramm Schwein

Ein eindrucksvolles Beispiel aus der züchterischen Praxis ist das in Dänemark durchgeführte Zucht- und Produktionssystem beim **Schwein**. Es ist geprägt durch eine sehr straffe Integration von der Zucht bis zur Vermarktung, die seit etwa 1970 von den Schlachtbetrieben ausgegangen ist (Abb. 8.1). Das **Nukleus-Zuchtprogramm „DanBred International"** basiert auf den drei Rassen Yorkshire, Landrace (Mutterrassen) und Duroc (Vaterrasse) und ist durch eine konsequente Aufgabentrennung zwischen Zucht-, Vermehrungs- und Produktionsstufe gekennzeichnet (Abb. 8.11).

Ca. 45 Nukleusherden mit etwa 7.500 Zuchtsauen betreiben Reinzucht mit umfangreicher Leistungsprüfung (Station, Feld), konsequenter Selektion auf Basis geschätzter Zuchtwerte und fast ausschließlichem Einsatz der künstlichen Besamung (ca. 95%). Die etwa 150 Vermehrungsbetriebe (Multiplier) mit rund 53.500 Zuchtsauen erhalten die Zuchttiere aus der Zuchtstufe und erzeugen F1-Kreuzungssauen für die Ferkelerzeugung. In der Produktionsstufe werden in den Ferkelerzeuger-Betrieben mit etwa 1,1 Mio. F1-Kreuzungssauen und der Vaterrasse Duroc jährlich ca. 28,1 Mio. Kreuzungsferkel erzeugt, wovon rund 70% in spezialisierten Mastbetrieben gemästet und die restlichen 30% lebend exportiert werden (überwiegend nach Deutschland und Polen). Die in Dänemark gemästeten Schweine werden fast zur Gänze im Inland geschlachtet und verarbeitet, wobei ungefähr 90% des Produktionsvolumens exportiert werden muss. Dänemark ist mit einer Produktion von rund 284 kg Schlachtgewicht pro Einwohner das mit Abstand schweineintensivste Land der Welt. Zum Vergleich: Niederlande und Spanien jeweils ca. 75 kg, Deutschland rund 70 kg, Österreich etwa 60 kg und die Schweiz rund 30 kg Schlachtgewicht pro Einwohner (Kap. 1.2.2, Tab. 1.7).

In der **Schweinezucht** sind entweder international agierende **private Zuchtunternehmen** oder national bzw. regional agierende **Züchtervereinigungen** tätig, wobei Nukleus-Zuchtprogramme von Züchtervereinigungen in der praktischen Umsetzung und Entscheidungsfindung einen kooperativen Charakter haben (Verweis: Aufbauorganisation bzw. „Wer macht was?"), während in privaten Zuchtunternehmen das Zuchtprogramm zentral gesteuert und umgesetzt wird. Die Integration der Zucht-, Vermehrungs- und Produktionsstufe ist in den verschiedenen Nukleus-Zuchtprogrammen unterschiedlich stark ausgeprägt. Das dänische System mit seiner straffen Integration bis auf die Vermarktungsstufe ist außergewöhnlich. Üblicherweise kontrollieren **private Zuchtunternehmen** nur die Zucht- und Vermehrungsstufe und ihre Marktprodukte sind F1-Kreuzungssauen und Sperma der Endstufeneber bzw. Eber für den Natursprung, während bei **Züchtervereinigungen** auch die Produktionsstufe mit den Ferkelerzeuger- und Schweinemast-Betrieben in die Integration einbezogen sein kann. Weltweit betrachtet decken private Zuchtunternehmen und Züchtervereinigungen jeweils etwa 50% des Marktes für F1-Kreuzungssauen und Eberspera ab, wobei davon ausgegangen werden kann, dass die Marktanteile der privaten Zuchtunternehmen in den nächsten Jahren steigen werden.

Beispiel Nukleus-Zuchtprogramm Legehennen

Da **Legehennen** eine deutlich höhere Reproduktionsrate als Sauen haben, ist natürlich auch der **Multiplikationsfaktor** in der Produktionsstufe dementsprechend größer. Dieser Effekt soll anhand einiger theoretischer Überlegungen für die Produktion von Hühnereiern in Deutschland demonstriert werden. In Deutschland werden pro Jahr rund 13,2 Milliarden Hühnereier produziert. Ausgehend von einer durchschnittlichen jährlichen Legeleistung von 300 Eiern sind somit

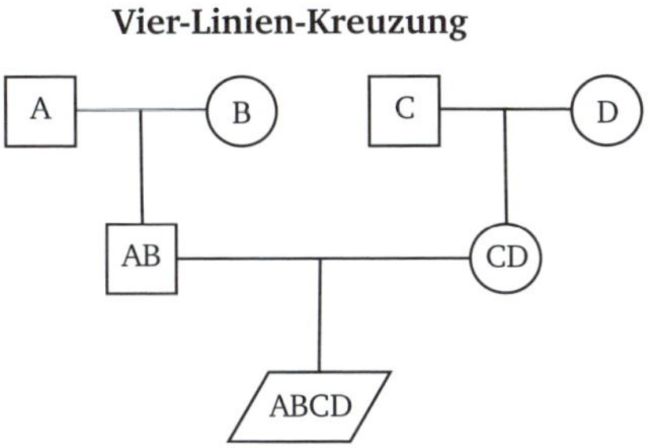

Urgroßeltern:
100 D-Urgroßeltern-Hennen mit
Ø 55 weiblichen D-Nachkommen

Großeltern:
5.500 D-Großeltern-Hennen mit
Ø 80 weiblichen CD-Nachkommen

Eltern:
440.000 CD-Eltern-Hennen mit
Ø 100 weiblichen ABCD-Nachkommen

Abb. 8.12 Multiplikationseffekt eines Nukleus-Zuchtprogramms für Legehennen (Vier-Linien-Kreuzung mit Übertragungsmodell IV): theoretische Anzahl benötigter CD-Eltern-Hennen, D-Großeltern- und D-Urgroßeltern-Hennen für die Erzeugung von 44 Millionen Legehennen, die jährlich 13,2 Milliarden Hühnereier produzieren (Tiere für die Hähne-Linien A, C, AB und die Hennen-Linie B werden vernachlässigt)

ca. 44 Millionen Legehennen notwendig. Diese Legehennen werden auch als **Legehybriden** bezeichnet, weil sie üblicherweise die **Endprodukte (ABCD)** einer Vier-Linien-Kreuzung sind (Kap. 7.2.1). Es stellt sich nun die Frage, wie viele CD-Eltern-Hennen, D-Großeltern- und D-Urgroßeltern-Hennen notwendig sind, um 44 Millionen Legehybriden pro Jahr zu erzeugen? Natürlich werden auch Tiere für die Hähne-Linien A, C, AB und die Hennen-Linie B benötigt, was wir aber vorerst vernachlässigen (Abb. 8.12).

Wenn wir weiterhin davon ausgehen, dass pro CD-Eltern-Henne durchschnittlich 100 weibliche ABCD-Legehybriden erwartet werden können (50% der Küken sind männlich und können nicht verwendet werden), dann benötigen wir in der **Vermehrungsstufe**, den sogenannten **Elterntier-Herden**, 440.000 CD-Eltern-Hennen. Unter der Annahme, dass pro D-Großeltern-Henne durchschnittlich 80 CD-Eltern-Hennen erzeugt werden können, dann sind in der **Zuchtstufe** nur noch 5.500 **D-Großeltern-Hennen** notwendig, um in der Produktionsstufe, d.h. in den Legehennen-Betrieben, mit 44 Millionen Legehybriden 13,2 Milliarden Hühnereier pro Jahr zu produzieren. Damit die 5.500 D-Großeltern-Hennen in der Zuchtstufe für die Kreuzung mit der C-Hähne-Linie zur Verfügung stehen, werden nur 100 **D-Urgroßeltern-Hennen** benötigt, wenn wir davon ausgehen, dass durchschnittlich 55 D-Großeltern-Hennen pro D-Urgroßeltern-Henne erwartet werden können. Die Anzahl Tiere, die für die Hähne-Linien A, C, AB und die Hennen-Linie B benötigt werden, können in gleicher Weise „zurückgerechnet" werden, wobei zu berücksichtigen ist, dass für die Hähne-Linien in Abhängigkeit vom Hahn-Hennen-Verhältnis in den Herden (z.B. 1:10) dementsprechend weniger Hähne benötigt werden.

Diese enorme Effizienz von Nukleus-Zuchtprogrammen bei Huhn und Pute ist der entscheidende Grund dafür, dass in der **Geflügelzucht** weltweit in jeder Nutzungsrichtung jeweils nur noch zwei bis drei **pri-**

vate **Zuchtunternehmen** tätig sind, die mehr als 90% des Weltmarktes an Lege- und Masthybriden (Broiler und Puten) abdecken. Diese Zuchtunternehmen führen für die weltweit verschiedenen Märkte differenzierte Zuchtprogramme durch und bieten deshalb Endprodukte mit unterschiedlichen, den jeweiligen Umwelt- und Produktionsbedingungen angepassten Leistungsprofilen an.

Genomisch-unterstützte Nukleus-Zuchtprogramme

Auch in Nukleus-Zuchtprogrammen in der **Schweine-** und **Geflügelzucht** können **genomisch unterstützte Zuchtwerte** zu einer Steigerung des Zuchtfortschritts pro Jahr führen. Allerdings beruht diese, anders als in der Milchrinderzucht (Kap. 8.4.1), **nicht** auf einer **Verkürzung** des **Generationsintervalls**, da in der Zuchtstufe von Nukleus-Zuchtprogrammen meist Vatertiere unmittelbar nach Erreichung der Zuchtreife für einen relativ kurzen Zeitraum eingesetzt werden. Aus diesem Grund ist das männliche Generationsintervall meist schon sehr nahe am biologischen Minimum und kann kaum weiter verkürzt werden. Allerdings liegen zum Zeitpunkt der Auswahl der Selektionskandidaten meist nur Elternleistungen, fallweise Geschwister- und Eigenleistungen vor, sodass die Genauigkeit der geschätzten Zuchtwerte zum Zeitpunkt der Selektion vergleichsweise gering ist. Durch die Einbeziehung der genomischen Informationen kann die Genauigkeit der Zuchtwertschätzung zu diesem Zeitpunkt erhöht werden, was sich auch direkt auf den Zuchtfortschritt auswirkt (Kap. 5.1, Formel 5.7).

Beispiel Schweine-Zuchtprogramm

Weiterhin können durch genomische Informationen **neue Selektionsstufen** eingeführt werden. Hierzu ein Beispiel: In einem **Schweine-Zuchtprogramm** sollen nach einer gezielten Anpaarung 2 Eberferkel für die Aufzucht als potenzielle Jungeber ausgewählt werden. Eine Sau hat einen Wurf mit 12 gesunden Ferkel, davon 6 männliche. Ohne genomische SNP-Informationen haben alle Ferkel den gleichen geschätzten Zuchtwert, nämlich den Durchschnitt der Zuchtwerte der beiden Eltern (Pedigree-Zuchtwert), sodass die Auswahl der 2 Jungeber aus den 6 männlichen Ferkeln nur nach dem Zufallsprinzip erfolgen kann. Werden aber die 6 männlichen Ferkel (oder auch alle) mit SNP-Chips genotypisiert, dann kann mit der genomischen Zuchtwertschätzung für jedes Ferkel ein eigener genomisch-unterstützter Zuchtwert geschätzt werden. Auf dieser Grundlage können jene 2 männlichen Ferkel als potenzielle Jungeber ausgewählt werden, die voraussichtlich besser sind als der Durchschnitt der Eltern. Diese Vorgehensweise wird auch als **Vorselektion** (Kap. 8.3.5) bezeichnet, und hierdurch kann ein Zuchtfortschritt an einer Stelle im Zuchtprogramm realisiert werden, an der vorher keine züchterisch begründete Auswahl möglich war.

Schwierigkeiten bei Schwein und Geflügel

Zuchtplanungsrechnungen für Schweine- und Geflügel-Zuchtprogramme haben gezeigt, dass durch den Einsatz der **genomisch-unterstützten Selektion** der erwartete Zuchtfortschritt pro Jahr um ca. 10–20% gesteigert werden kann. Diese Verbesserungen sind zwar bei weitem nicht so spektakulär wie die erwartete Verdoppelung des Zuchtfortschritts pro Jahr in der Milchrinderzucht (Tab. 8.5, Kap. 8.4.1), rechtfertigen aber doch entsprechende Investitionen der Zuchtorganisationen in die Schaffung einer entsprechenden **genomischen Logistik-Infrastruktur**. Schwierigkeiten, die sich bei der Einführung der genomischen Zuchtwertschätzung und genomisch-unterstützten Selektion in der Schweine- und Geflügelzucht ergeben haben, sind die im Vergleich zur Rinderzucht meist wesentlich **kleineren Lern-** bzw. **Referenzstichproben** sowie das ungünstige Verhältnis der Typisierungskosten zum Wert des Tieres (ein Rind hat einen deutlich höheren monetären Wert als ein Schwein oder Huhn). Ähnlich wie in der Milchrinderzucht ist es wichtig, die **Inzuchtsteigerung** in den relativ kleinen geschlossenen Basiszucht-Populationen zu kontrollieren.

Ungenutztes Potenzial

Ein erhebliches, aber bislang noch weitgehend ungenutztes Potenzial liegt in der Verwendung genomischer Informationen zur Vorhersage der phänotypischen Leistungen von Kreuzungstieren (Kap. 7.2). Diese Kreuzungsleistungen hängen nicht nur von den additiv-genetischen Zuchtwerten der Reinzucht-Eltern ab, sondern auch von nicht-additiven Kombinationseffekten (Heterosis). Zudem spielen hier komplexe Interaktionen auf genetischer Ebene (Epistasie), sowie zwischen Genetik und Haltungsbedingungen (Genotyp-Umwelt-Interaktion) eine Rolle. All diesen Effekten wird bislang in der konventionellen Kreuzungszucht wenig Beachtung geschenkt. Die Verfügbarkeit genomischer Informationen in Kombination mit einer verbesserten Merkmalserfassung bei den Kreuzungstieren in der Produktionsstufe eröffnet neue Möglichkeiten, die Zucht mehr darauf auszurichten, dass Leistung und Fitness der Tiere in der Produktionsstufe gezielt optimiert wird.

Fragen zu Kapitel 8

- Welche Beziehung besteht zwischen Tierzucht und tierischem Produktionssystem? Was verstehen Sie in diesem Kontext unter dem Begriff Zuchtpyramide?
- Für welche Tierarten ist die EU-Tierzuchtverordnung anzuwenden, für welche nicht?
- Erläutern Sie das Grundkonzept eines Zuchtprogramms (Maßnahmen, Tätigkeiten) anhand einer schematischen Darstellung. Interpretieren Sie in diesem Zusammenhang die zwei zentralen Organisationsstrukturen Ablauf- und Aufbauorganisation.
- Was verstehen Sie unter Zuchtplanung? Beschreiben Sie kurz die grundsätzliche Vorgangsweise bei der Zuchtplanung.
- Wie können Sie den Begriff Zuchtprogramm verbal allgemein und inhaltlich erweitert definieren?
- Wie kann eine allgemeingültige Definition des Zuchtziels lauten? Welchen Vor- und Nachteil hat diese allgemeine Definition?
- In welche grundsätzlichen Gruppen können Merkmale, die im Zuchtziel berücksichtigt werden sollen, unterschieden werden? Führen Sie Beispiele an.

- Welche grundsätzlichen Orientierungshilfen gibt es für die Beantwortung der Frage, wie viele Merkmale im Zuchtziel berücksichtigt werden sollen?
- In welchem Zusammenhang stehen das Zuchtziel und der wahre Gesamtzuchtwert und wie kann das Zuchtziel züchterisch umgesetzt werden?
- Welche grundsätzlichen Methoden zur Ermittlung bzw. Ableitung von wirtschaftlichen Gewichten für Merkmale im Zuchtziel kennen Sie? Erläutern Sie kurz die Kennzeichen dieser Methoden.
- Was verstehen Sie unter einem Zuchtbuch bzw. Zuchtregister, einem Zuchtverband bzw. Zuchtunternehmen und einer Tierzuchtbescheinigung?
- Welche Festlegungen müssen im Rahmen eines Zuchtprogramms für die züchterische Maßnahme Leistungsprüfung getroffen werden?
- Welche Methoden der Zuchtwertschätzung kennen Sie? Worin unterscheiden sie sich?
- Was verstehen Sie unter BLUP-Zuchtwertschätzung? Wie können die wesentlichen Kennzeichen der BLUP-Zuchtwertschätzung zusammengefasst werden?
- Worin unterscheidet sich bei der BLUP-Zuchtwertschätzung das Vatermodell vom Tiermodell?
- Wie können die Modelle für die BLUP-Zuchtwertschätzung aufgrund der Struktur der Merkmale unterschieden werden?
- Welche Möglichkeiten gibt es, für Merkmale Zuchtwerte zu schätzen, wenn diese Merkmale nicht annähernd normal verteilt sind?
- Was verstehen Sie unter genomischer Zuchtwertschätzung? Beschreiben Sie das Grundkonzept?
- Worin unterscheidet sich die Pedigree-basierte Verwandtschaftsmatrix von der realisierten Verwandtschaftsmatrix?
- Welche zwei Modelle kennen Sie genomische Zuchtwerte zu schätzen?
- Welche zwei Verfahren stehen in der züchterischen Praxis zur Verfügung, um genomische und konventionelle Zuchtwerte zu kombinieren?
- Von welchen Faktoren hängt die Genauigkeit der genomischen Zuchtwerte ab?
- Erklären Sie den Unterschied zwischen Zuchtwert und genotypischem Wert eines Tieres.
- Wie kann eine prägnante und praxisgerechte Definition des Begriffs „geschätzter Zuchtwert eines Tieres" lauten?
- Erläutern Sie kurz die wichtigsten Eigenschaften geschätzter Zuchtwerte, die für deren richtige Interpretation beachtet werden müssen.
- Was verstehen Sie unter „Abschreibung der Zuchtwerte"? Warum ist eine in der Praxis vereinzelt als negativ empfundene schnelle Abschreibung der Zuchtwerte aus züchterischer Sicht sehr erfreulich?

- In welchem Zusammenhang stehen Remontierungsanteil und Selektionsintensität?
- Warum sind die praktisch realisierbaren Remontierungsanteile der männlichen und weiblichen Tiere in einer Zuchtpopulation unterschiedlich?
- Was verstehen Sie unter genomisch-unterstützter Selektion? Welche neue Möglichkeit bietet sie bzw. worin liegt allgemein das züchterische Potenzial der genomisch-unterstützten Selektion?
- Erläutern Sie die beiden Perspektiven, aus denen der Begriff Paarung im züchterischen Sinn betrachtet werden muss.
- Was verstehen Sie im Zusammenhang mit Paarung unter Kombinationseignung bzw. Ausgleichspaarung und gezielte bzw. freie Paarung?
- Was ist das gemeinsame Kennzeichen reproduktionsbiologischer Verfahren? Welche dieser Verfahren sind in der züchterischen Praxis von Bedeutung?
- Warum hat die künstliche Besamung (KB) eine so enorme Bedeutung für die praktische Zucht? Worin unterscheidet sich die KB bei Rind und Schwein?
- Was verstehen Sie unter Embryotransfer (ET)? Beschreiben Sie kurz die bei allen Nutztierarten notwendigen Vorgänge bzw. Arbeitsschritte des ET.
- Was verstehen Sie unter Kryokonservierung von Spermien und Embryonen? Worin besteht der große Vorteil der Kryokonservierung?
- Was verstehen Sie unter In-Vitro-Produktion von Embryonen (IVP)?
- Worauf beruht das Prinzip der Geschlechtssortierung (Sexing) von Spermien und Embryonen?
- Nennen Sie mögliche züchterische Vorteile der Anwendung von gesextem Sperma in der Rinderzucht.
- Warum sollte für ein Zuchtprogramm neben der züchterischen Optimierung auch eine Kosten-Nutzen-Analyse durchgeführt werden?
- Zuchtfortschritt ist das wichtigste züchterische Bewertungskriterium eines Zuchtprogramms. In welcher Form kann der praktisch realisierte Zuchtfortschritt quantifiziert bzw. dargestellt werden?
- Welche grundlegenden Übertragungsmodelle des Zuchtfortschritts kennen Sie? Erläutern Sie die Übertragungsmodelle anhand einer schematischen Darstellung.
- Wodurch sind kooperative Zuchtprogramme grundsätzlich gekennzeichnet? Für welche Nutztierarten sind kooperative Zuchtprogramme typisch?
- Welche biologischen Gründe führen dazu, dass in manchen Nutztierarten kooperative und in anderen Nutztierarten Nukleus-Zuchtprogramme überwiegen?
- Beschreiben Sie den Ablauf eines konventionellen Besamungs-Zuchtprogramms beim Milchrind mithilfe einer schematischen Darstellung.

- Wie groß sind unter optimierten Bedingungen im Durchschnitt die Beiträge der vier Selektionspfade zum gesamten Zuchtfortschritt pro Jahr in einem konventionellen Besamungs-Zuchtprogramm beim Milchrind? Welche Schlussfolgerungen lassen sich daraus für die praktische Umsetzung ziehen?
- Worin unterscheidet sich ein genomisch-unterstütztes Besamungs-Zuchtprogramm grundsätzlich von einem konventionellen Besamungs-Zuchtprogramm beim Milchrind?
- Wodurch sind Nukleus-Zuchtprogramme grundsätzlich gekennzeichnet? Für welche Nutztierarten sind Nukleus-Zuchtprogramme typisch?
- Wie groß ist das Potenzial zur Steigerung des Zuchtfortschritts pro Jahr in einem genomisch-unterstützten Nukleus-Zuchtprogramm bei Huhn oder Schwein im Vergleich zu einem genomisch-unterstützten Besamungs-Zuchtprogramm beim Milchrind? Was sind die Gründe dafür?
- Welche genetischen Faktoren spielen bei der Leistung der Kreuzungstiere in der Produktionsstufe zusätzlich zu den additiv-genetischen Zuchtwerten eine Rolle?

9 Nutzungsrichtungen und Rassen landwirtschaftlicher Nutztiere

Im Kap. 1.1 wird einführend die allgemeine Frage gestellt, wie es möglich war, dass die Tierzucht im Laufe der Zeit eine so beeindruckende Vielfalt an **Rassen landwirtschaftlicher Nutztiere** hervorgebracht hat. Die Beantwortung dieser einfach klingenden, fachlich aber anspruchsvollen Frage sollte dem interessierten Leser nach dem Studium der Kapitel 1–8 nicht nur möglich sein, sondern sogar Vergnügen bereiten. Stellt sich abschließend also noch die Frage, welche **Rassen** innerhalb der Nutztierarten Rind, Schwein, Schaf, Ziege, Pferd, Huhn und Pute gibt es überhaupt und welche **Kennzeichen** haben sie bzw. wodurch unterscheiden sie sich? Die Einteilung der Rassen einer Nutztierart ist von jeher uneinheitlich und kann nach verschiedenen Gesichtspunkten erfolgen, was vor allem in älteren Lehrbüchern ersichtlich ist. Heute werden die Rassen überwiegend nach der dominierenden **Nutzungsrichtung** bzw. der Stellung in einem Kreuzungs-Zuchtprogramm eingeteilt. Ziel dieses Kapitels ist es, die wichtigsten Kennzeichen der Nutzungsrichtungen der einzelnen Nutztierarten zu erläutern und die entsprechenden Rassen zuzuordnen, wobei wir uns auf die wichtigsten in Deutschland, Österreich und der Schweiz züchterisch bearbeiteten Rassen beschränken. Zusätzlich wird die Stellung der jeweiligen Nutztierart in der zoologischen Systematik dargestellt und deren Abstammung von der entsprechenden Wildart kurz beschrieben. Es sei an dieser Stelle noch einmal darauf hingewiesen, dass Aussagen zu Wildformen und Domestikation immer Hypothesencharakter *(gr. hypóthesis: Grundlage, Annahme)* haben und gegebenenfalls aufgrund neuer wissenschaftlicher Erkenntnisse aktualisiert werden müssen.

Rassen und Biodiversität

Obwohl der Begriff Rasse in der Tierzucht eine sehr wichtige Rolle spielt, muss jedem Tierzüchter klar sein, dass eine Rasse im genetischen Sinn nicht eindeutig definierbar ist, weil die Differenzierung in Rassen innerhalb einer Art zum Teil subjektiv und kulturell bedingt ist.

Im Allgemeinen versteht man unter einer **Rasse** eine Gruppe von domestizierten Tieren der gleichen Art, die sich in morphologischen, physiologischen und ethologischen Merkmalen, d.h. im Aussehen bzw. Exterieur *(lat. exterior: auf der Außenseite)*, in der Leistung und im Verhalten ähnlich sind und eine gemeinsame **Zuchtgeschichte** haben. Ein wichtiger Einflussfaktor auf die Entstehung der heutigen Rassen war die Gründung von Züchtervereinigungen, die in der zweiten Hälfte des 19. Jahrhunderts vor allem in England ihren Ausgang nahm. Durch die Einführung von Zuchtbüchern, die Definition von Rassestandards (phänotypische Merkmale) und eine mehr oder weniger konsistente Zuchtstrategie (häufig unter Anwendung milder Inzucht) bildeten sich in wenigen Generationen aus den sogenannten Landschlägen (Kap. 1.1.3) eigenständige Rassen heraus. Viele dieser Rassen haben heute ihre Bedeutung verloren und sind durch die „Leistungsrassen" verdrängt worden oder sind in diesen aufgegangen. In den wichtigsten Nutztierarten sind heute jeweils nur weniger als ein Dutzend Rassen von globaler wirtschaftlicher Bedeutung. Andererseits existieren nach Schätzungen der FAO weltweit ca. 5.000 Nutztierrassen. Ungefähr ein Fünftel dieser Rassen ist allerdings vom Aussterben bedroht und jährlich sterben etwa 1–2% dieser Rassen aus. Die Erhaltung der Rassenvielfalt bei Nutztieren ist ein wichtiges Element der allgemeinen Zielsetzung der Erhaltung der **Biodiversität**. Hierzu haben sich im Rahmen der „Convention on Biological Diversity" 1992 mehr als 100 Staaten verpflichtet, darunter Deutschland, Österreich und die Schweiz.

Es sei noch ausdrücklich darauf hingewiesen, dass die einzelnen Rassen in diesem Lehrbuch nicht verbal beschrieben und auch keine Fotos gezeigt werden. Eine vollständige und sinnvolle Beschreibung von Rassen kann nur in Kombination mit Farbfotos erfolgen. Dies ist hier einerseits aus drucktechnischen bzw. finanziellen Gründen nicht möglich (kleine Schwarzweiß-Fotos sind im Zeitalter des Internets wenig sinnvoll) und anderseits würde es den Umfang des Buches sprengen. Es wird deshalb bei der jeweiligen Tierart auf entsprechende Fachbücher und Internet-Adressen verwiesen.

9.1 Rinder

9.1.1 Abstammung

Die Stellung der **Rinder** in der zoologischen Systematik nach GRZIMEK (1988) ist in Tab. 9.1 auszugsweise dargestellt. Zoologisch ist der Begriff „Rinder" viel weiter gefasst zu verstehen, als man es bei Betrachtung unserer Hausrinder annehmen möchte. Innerhalb der großen Familie der Hornträger *(Bovidae)*, zu denen z.B. auch Gazellen, Gemsen, Schafe und Ziegen gehören, bilden die Rinder *(Bovinae)* eine Unterfamilie mit vier Gattungen. Die **Hausrinder** der Welt sind aus fünf Arten der Gattungen Eigentliche Rinder *(Bos)* und Asiatische Büffel *(Bubalus)* entstanden. Innerhalb der Gattung *Bos* wurde nur die Art Kouprey

Tab. 9.1 Stellung der Rinder in der zoologischen Systematik nach GRZIMEK (1988)

Klasse:		**Säugetiere** (Mammalia)	
Ordnung:	**Paarhufer** *(Artiodactyla)*		Unpaarhufer *(Perissodactyla)*
Unterordnung:	**Wiederkäuer** *(Ruminantia)*	Nichtwiederkäuer *(Nonruminantia)*	
Familie:	Giraffen Gabelhorntiere Hirschferkel Hirsche **Hornträger** *(Bovidae)*	Pekaris Flusspferde Schweine	Tapire Nashörner Pferde
Unterfamilie:	12 Unterfamilien, z. B. Gazellenartige Gemsenartige Böcke oder Ziegenartige **Rinder** *(Bovinae)* mit 4 Gattungen		
Gattung:	Bison Afrikanische Büffel Asiatische Büffel *(Bubalus)* **Eigentliche Rinder** *(Bos)* mit 5 Arten		
Art:	Kouprey **(Bos sauveli)** Gaur *(Bos gaurus)* Bateng *(Bos javanicus)* Yak *(Bos poephagus)* **Auerochse** *(Bos primigenius)* – **ausgestorben**		

(Bos sauveli) – ein von der Ausrottung bedrohtes Wildrind in Kambodscha – nicht domestiziert. Aus den heute in Südostasien gefährdeten wilden Arten Gaur *(Bos gaurus)* und Banteng *(Bos javanicus)* entstanden die als Gayal (Mithan) und Balirind bezeichneten Hausrinder. Die in den Hochländern (4.500–6.000 m) des Himalajas bedrohte Wildart Yak *(Bos poephagus)* ist die Stammform des Hausyaks.

Europäische Hausrinder und Buckelrinder

Von der ausgestorbenen Wildart **Auerochse** oder **Ur** *(Bos primigenius)* stammen all jene Hausrinder ab, die in die zwei Gruppen (manchmal auch als Typen oder Unterarten bezeichnet) **Europäische Hausrinder** *(Bos taurus)* und **Buckelrinder** bzw. **Zebus** *(Bos indicus)* eingeteilt werden. Der Auerochse dürfte im indischen Raum entstanden sein, von wo aus er sich in weite Gebiete Eurasiens und Nordafrikas und schließlich vom Pazifik bis zum Atlantik verbreitete. In diesem sehr weiten Gebiet mit unterschiedlichen geografischen Bedingungen wird es wohl zur Bildung von Unterarten gekommen sein, von denen im Westen die Europäischen Hausrinder *(Bos taurus)* und im Osten die Buckelrinder bzw. Zebus *(Bos indicus)* abstammen. Die Auerochsen lebten in Au- und Mischwäldern, aber auch Steppen und bevorzugten im Allgemeinen ein milderes Klima. Es waren mächtige, große Tiere, die durch einen ausgeprägten Geschlechtsdimorphismus *(gr. dímorphos: zweigestaltig)*,

d. h. Unterschiede in Größe und Gewicht zwischen den Geschlechtern, gekennzeichnet waren. Sie hatten ein rötlich braunes bis schwarzes, dichtes Fell mit einem hellen Rückenstreifen (Aalstrich) und nach vorne geschwungene, lyraförmige Hörner. Da der Auerochse Nahrungskonkurrent des Hausrindes war, wurde er sehr stark bejagt und 1627 wurde das letzte europäische Exemplar in Polen erlegt. Die heute in Zoos und Wildparks gehaltenen „rückgezüchteten Auerochsen" sind Hausrinder, die dem Erscheinungsbild der Stammart ähnlich sind.

Wasserbüffel

Das Hausrind **Wasserbüffel** ist die domestizierte Form der Wildart Asiatischer Wasserbüffel *(Bubalis arnee)* und vor allem als Arbeitstier der Reisbauern bekannt. Die Zentren der Domestikation lagen wahrscheinlich in Südchina, Indonesien und Indien. Das Verbreitungsgebiet des Haustiers Wasserbüffel ist sehr viel weiter als jenes der Wildart. Es reicht von Japan, China, Indonesien, Indien bis Ost- und Nordafrika, Ost- und Südeuropa sowie Australien und Südamerika. Wasserbüffel sind neben der Verwendung als **Arbeitstiere** („lebende Traktoren") auch wichtige **Fleisch-** und **Milchlieferanten**, zumal deren Fleisch in hinduistisch geprägten Regionen (z. B. Indien) im Gegensatz zu Fleisch von Zebus und Rindern gegessen wird. In Europa hat der in der Originalversion aus der Milch des Wasserbüffels hauptsächlich in Italien erzeugte „Mozzarella di bufala" eine gewisse Bedeutung. Ein besonderes Kennzeichen der Wasserbüffelmilch gegenüber der Kuhmilch ist der sehr hohe Fett- und Proteingehalt (ca. 7,5 bzw. 5%). Die Hörner der Asiatischen und Afrikanischen Büffel *(Bubalus* und *Syncerus)* haben einen dreieckigen Querschnitt, während die Hörner der Eigentlichen Rinder *(Bos)* einen runden oder ovalen Querschnitt aufweisen. Aus der Gattung Afrikanische Büffel *(Syncerus)* – auch Kaffernbüffel genannt – sind keine domestizierten Arten hervorgegangen.

Bison und Wisent

Die Gattung Bison *(Bison)* umfasst die zwei Arten **Amerikanischer Bison** *(Bison bison)* und **Wisent** oder **Europäischer Bison** *(Bison bonasus)*. Von einigen Zoologen werden der Amerikanische Bison und der Wisent nicht als eigene Arten, sondern nur als Unterarten betrachtet. Wie auch immer: Beide Arten wurden nie domestiziert und kommen in Nationalparks in Nordamerika bzw. in der Region Polen, Litauen, Weißrussland, Ukraine und Russland sowie in Zoos vor. Mittlerweile werden in Nordamerika aber auch wieder Bisons auf Ranches für die kommerzielle Fleischproduktion gehalten. Anders als die amerikanische Bezeichnung „buffalo" vermuten lässt, handelt es sich beim Bison nicht um einen Büffel im zoologischen Sinn. Die enge Verwandtschaft zwischen Bison und Wisent zeigt sich darin, dass eine Paarung beider Arten zu fruchtbaren Nachkommen in beiden Geschlechtern führt. Dies ist wohl ein Hinweis darauf, dass Bison und Wisent zoologisch nicht als eigene Arten, sondern nur als Unterarten gesehen werden können. Kreuzungen mit allen Arten der Gattung *Bos* sind möglich, führen aber meist zu unfruchtbaren männlichen Nachkommen.

9.1.2 Nutzungsrichtungen und Rassen

Zebus bzw. **Buckelrinder** *(Bos indicus)* sind vorwiegend in Asien, Afrika und zum Teil auch in Mittel- und Südamerika verbreitet. Die Tiere zeichnen sich durch einen **Buckel** und eine **gute Hitzetoleranz** aus. Der Buckel des Zebus im Nacken- bzw. Schulterbereich ist kein Fettspeicher, sondern besteht vor allem aus dem *Musculus trapezius* und dem *Musculus rhomboideus*. Beide Muskeln kommen bei allen Rindern vor, sind aber beim Zebu extrem ausgebildet (hypertrophiert). Einige Zeburassen wurden verstärkt auf Milch (z.B. Tharparkar, Red Sindhi, Sahiwal) und Fleisch (z.B. Boran, Brahman, Sahiwal) gezüchtet, während bei den meisten Rassen nach wie vor die Arbeitsleistung (z.B. Hariana, Gir, Ongole, Guzerat) in Kombination mit Milch und Fleisch im Vordergrund steht. Allein in Indien gibt es etwa 20 Zeburassen. Während in Indien aus religiösen Gründen (Hinduismus) Rindfleisch zum Teil nicht gegessen wird, spielen Zebu-Rassen in anderen Teilen Asiens und vor allem in Afrika als Lieferanten von tierischem Protein eine wichtige Rolle für die menschliche Ernährung. Die **Europäischen Hausrinder** *(Bos taurus)* sind buckellos und werden meistens nur als **Rinder** bezeichnet. Sie werden vor allem in den gemäßigten Zonen von Europa, Nord- und Südamerika, Asien, Australien und Neuseeland für die Milch- und Fleischerzeugung gehalten. Die unterschiedlichen **Nutzungsrichtungen** führten in der Zucht dieser Rassen zu sogenannten Einnutzungs- und Zweinutzungs-Rassen. Bei **Einnutzungs-Rassen** ist die Zucht auf eine Leistung konzentriert (Milch oder Fleisch), während bei **Zweinutzungs-Rassen** Milch- und Fleischleistung gleichzeitig züchterisch bearbeitet werden.

Einnutzungs-Rassen

Einnutzungs-Rassen werden in **Milchrassen** und **Fleischrassen** unterschieden. Streng genommen gibt es keine Einnutzungs-Rassen, denn bei allen Rassen haben Milch, Fleisch und Fitness (Fruchtbarkeit) eine gewisse Bedeutung. Die Bezeichnung „Einnutzung“ bezieht sich deshalb nur auf die dominierende Nutzungsrichtung.

- **Milchrassen** sind durch eine hohe Milchleistung und geringe Bemuskelung gekennzeichnet. Aus physiologischer Sicht *(gr. physiología: Stoffwechsel)* entsprechen diese Tiere dem sogenannten **Umsatztyp**; d.h. sie haben die Fähigkeit, große Futtermengen zu fressen und die aufgenommenen Futternährstoffe sehr effizient in Milch umzusetzen. Von der Seite betrachtet sind Milchrassen folgendermaßen gekennzeichnet: feiner, trockener Kopf (d.h. die Schädelknochen sind sehr gut erkennbar), gering bemuskelte Vorhand (d.h. Schulter), lange Mittelhand (enthält großen Verdauungstrakt), gering bemuskelte Hinterhand (d.h. Keule) mit hoch aufgehängtem, großem Euter. Umsatztyp
- **Fleischrassen** dagegen zeichnen sich durch hohe tägliche Zunahmen, eine gute bis ausgeprägte Bemuskelung und eine eher geringe Ansatztyp

Milchleistung aus. Aus physiologischer Sicht entsprechen diese Tiere dem sogenannten **Ansatztyp**; d. h. sie haben die Fähigkeit, die aufgenommenen Futternährstoffe primär in Form von Muskeln (d. h. Protein) und Fett anzusetzen. Die übliche Haltungsform für Fleischrinder ist die sogenannte **Mutterkuh-Haltung**, bei der die Kuh nicht gemolken wird, sondern das Kalb ca. 10 Monate bei der Mutter bleibt und saugt. Die Milchmenge der Mutterkuh muss deshalb während der Säugezeit nur als zusätzliche Nahrung zum Grundfutter (z. B. Gras, Silage, Heu) reichen und ist daher dementsprechend gering (ca. 2.500–3.500 kg). Von der Seite betrachtet sind Fleischrassen folgendermaßen gekennzeichnet: relativ kleiner Kopf, gut bemuskelte Vor- (d. h. Schulter), Mittel- (d. h. Rücken) und Hinterhand (d. h. Keule) mit kleinem Euter. Der Rumpf hat dadurch eine „Rechtecksform“. Innerhalb der Fleischrassen (aber auch der anderen Nutzungsrichtungen) werden Rinder zusätzlich in die Gruppen **klein-, mittel-** und **großrahmige Rassen** unterschieden. Kleinrahmige Fleischrassen sind üblicherweise frühreif und wachsen und verfetten daher relativ schnell (v. a. bei intensiver Fütterung), während großrahmige Fleischrassen spätreif sind, langsamer wachsen und deshalb auch langsamer verfetten. Viele Fleischrassen haben sich nach dem Zweiten Weltkrieg aus sogenannten Arbeitsrassen bzw. Dreinutzungs-Rassen (Milch-, Fleisch- und Zugleistung) entwickelt, weil Rinder mit guter Arbeitsleistung in der Regel auch gut bemuskelt sind. Als Folge der Motorisierung war die Arbeitsleistung nicht mehr gefragt und die Zuchtziele wurden deshalb einseitig auf die Fleischleistung ausgerichtet.

Zweinutzungs-Rassen

Milch und Fleisch im Zuchtziel

Zweinutzungs-Rassen sind dadurch gekennzeichnet, dass sowohl auf Milch- als auch auf Fleischleistung gezüchtet wird. Im Phänotyp stehen sie deshalb zwischen Milch- und Fleischrassen. Je nach Gewichtung der Milch- und Fleischleistung im Zuchtziel kann auch noch zwischen **milchbetonten** und **fleischbetonten Zweinutzungs-Rassen** unterschieden werden. Der Übergang von Milchrassen zu milchbetonten Zweinutzungs-Rassen bzw. von fleischbetonten Zweinutzungs-Rassen zu Fleischrassen ist in der Praxis fließend. Eine eindeutige Zuordnung ist deshalb oft nicht möglich und hängt von der Einschätzung der jeweiligen Person ab. In der Europäischen Union und anderen Regionen der industrialisierten Welt sind viele, insbesondere fleischbetonte Zweinutzungs-Rassen in ihrem Bestand gefährdet. Die Überlegenheit der Einnutzungs-Rassen in der Milch- bzw. Fleischleistung hat viele dieser Rassen seit den 1970er-Jahren unter enormen wirtschaftlichen Druck gesetzt und zu drastischen Rückgängen der Bestände geführt, sodass heute viele dieser Rassen bedroht oder gefährdet sind. **Beispiele** dafür sind in **Deutschland**: Deutsches Schwarzbuntes Niederungsvieh, Hinterwälder, Vorderwälder, Gelbvieh, Murnau-Werdenfelser, Limpurger, Glanrind, Rotes Höhenvieh, Ansbach-Triesdorfer; in **Österreich**: Murbodner, Kärntner Blondvieh, Waldviertler Blondvieh, Tux-Zillertaler Rind, Original Braunvieh, Pustertaler Sprintzen, Ennstaler Bergschecken; und in der **Schweiz**: Evolèner Rind, Rätisches Grauvieh und Edelweiss-Simmentaler.

Robustrassen

Diese Rassen sind **robust** bzw. **anspruchslos** bezüglich Futter, Haltung und Witterungsbedingungen und sind deshalb besonders für extensive Produktionsverfahren von Fleisch – wie ganzjährige Freilandhaltung – geeignet. Sie sind meistens kleinrahmig, aber nicht frühreif, wachsen langsam und werden ausschließlich in der Mutterkuh-Haltung verwendet. Da **Robustrassen** nur für die **Fleischproduktion** geeignet sind, könnten sie auch als eigene Gruppe den Fleischrassen zugeordnet werden. Da das durchschnittliche Leistungsniveau der Robustrassen aber deutlich niedriger ist als jenes der Fleischrassen, werden sie in diesem Lehrbuch als eigene Nutzungsrichtung betrachtet.

Extensive Fleischproduktion

In Tab. 9.2 sind Rinderrassen, die in Deutschland, Österreich und der Schweiz züchterisch bearbeitet werden, den verschiedenen Nutzungsrichtungen zugeordnet und als zusätzliche Information ist ihr ursprüngliches Zuchtgebiet (Herkunft) angeführt.

Farbfotos und teilweise Beschreibungen von **Rinderrassen** sind bei folgenden Quellen zu finden:

- PORTER, V., 2010: Schöne Kühe. Landwirtschaftsverlag GmbH, Münster-Hiltrup
- SAMBRAUS, H. H., 2011: Farbatlas Nutztierrassen. 7. Auflage, Verlag Eugen Ulmer Stuttgart
- SAMBRAUS, H. H., 2010: Farbatlas seltene Nutztiere. Verlag Eugen Ulmer Stuttgart
- SAMBRAUS, H. H., 2010: Gefährdete Nutztierrassen. 3. Auflage, Verlag Eugen Ulmer Stuttgart
- Internet allgemein: Die Bezeichnung der Rasse mit der Bilder-Suchfunktion „googeln“
- aid infodienst (Ernährung, Landwirtschaft, Verbraucherschutz e. V.): www.aid.de > Landwirtschaft > Nutztiere
- Fleischrinderzuchtverband Schleswig-Holstein und Hamburg: www.fleischrinderzucht.de > Rassen
- Gesellschaft zur Erhaltung alter und gefährdeter Haustierrassen e. V. (GEH): www.g-e-h.de > Rassebeschreibungen
- Arche Austria – Verein zur Erhaltung seltener Nutztierrassen: www.arche-austria.at > Rassen
- Österreichische Nationalvereinigung für Genreserven (ÖNGENE): www.oengene.at > Rassen
- Schweizerische Stiftung für die kulturhistorische und genetische Vielfalt von Pflanzen und Tieren (ProSpecieRara): www.prospecierara.ch > Tiere

Tab. 9.2 Nutzungsrichtungen mit Rinderrassen *(Bos taurus)*, die in Deutschland, Österreich und der Schweiz gezüchtet werden

Nutzungsrichtung	Rasse (ausgewählt)	Herkunft
Einnutzungs-Rassen		
• Milchrassen	Holstein Friesian/Holstein	USA/D
	Brown Swiss/Braunvieh	USA/CH, A, D
	Jersey	GB
• Fleischrassen		
Kleinrahmige Fleischrassen	Aberdeen Angus	GB
Mittelrahmige Fleischrassen	Deutsch Angus	D
	Limousine	F
	Weißblaue Belgier	B
	Hereford	GB
Großrahmige Fleischrassen	Charolais	F
	Blonde d'Aquitaine	F
	Uckermärker	D
Zweinutzungs-Rassen		
• Milchbetonte Zweinutzungs-Rassen	Fleckvieh	CH, A, D
	Angler (Rotvieh)	D
• Zweinutzungs-Rassen	Rotbunte Doppelnutzung	D
	Schwarzbuntes Niederungsrind	D
	Vorderwälder und Hinterwälder	D
	Limpurger	D
	Murnau-Werdenfelser	D
	Original Braunvieh	CH, A, D
	Pinzgauer	A
	Tiroler Grauvieh	A
	Rätisches Grauvieh	CH
• Fleischbetonte Zweinutzungs-Rassen	Gelbvieh (Frankenvieh)	D
	Evolèner	CH
	Eringer	CH
Robustrassen	Highland Cattle (Schott. Hochlandrind)	GB
	Galloway	GB
	Salers	F

- Arbeitsgemeinschaft Deutscher Rinderzüchter (ADR): www.adr-web.de > Über uns > Mitglieder
- Zentrale Arbeitsgemeinschaft Österreichischer Rinderzüchter (ZAR): www.zar.at > Rinderzucht in Österreich
- Arbeitsgemeinschaft Schweizerischer Rinderzüchter (ASR): www.asr-ch.ch
- Oklahoma State University, USA, Breeds of Livestock: www.ansi.okstate.edu/breeds

Bedeutung der Rinderrassen

Die **Bedeutung** der verschiedenen **Rinderrassen** in Deutschland, Österreich und der Schweiz ist in Tab. 9.3 dargestellt. Da bei der offiziellen statistischen Erhebung des Rinderbestandes die Rassenzugehörigkeit nicht berücksichtigt wird, basieren die Angaben in Tab. 9.3 auf der Anzahl Zuchtkühe, die von den Züchtervereinigungen erfasst werden. Weiters ist davon auszugehen, dass der Anteil Zuchttiere an der gesamten Population (d.h. die Zuchtstufe) nicht in allen Rassen gleich groß ist. Dies bedeutet, dass die relativen Anteile der Rinderrassen am gesamten Rinderbestand eines Landes gegenüber den relativen Anteilen an den Zuchtkühen etwas verzerrt sein werden.

Die Milchrasse **Holstein** wird international auch als Holstein Friesian bezeichnet und es gibt die zwei Farbrichtungen schwarz-weiß bzw. rot-weiß. Die rot-weißen Tiere, die nur knapp 10% ausmachen, werden auch als **Red Holstein** bezeichnet. Die ursprüngliche Bezeichnung der

Tab. 9.3 Relative Anteile (%) der Rinderrassen bzw. Gruppen von Rinderrassen an den Zuchtkühen in Deutschland, Österreich und der Schweiz im Jahr 2014 (ADR, 2015; ZAR, 2015; SBV, 2015)

Deutschland		**Österreich**		**Schweiz**	
Milch- und Zweinutzungs-Rassen	%	**Milch- und Zweinutzungs-Rassen**	%	**Milch- und Zweinutzungs-Rassen**	%
Holstein	65,4	Fleckvieh	69,2	Fleckvieh	45,8
Fleckvieh	25,6	Braunvieh	12,0	Braunvieh	36,3
Braunvieh	4,8	Holstein	10,3	Holstein	12,8
Rotvieh	0,5	Pinzgauer	1,7	Eringer	1,2
Sonstige	1,0	Grauvieh	0,9	Sonstige	0,8
		Sonstige	0,3		
Fleischrassen	**2,1**	**Fleischrassen**	**4,7**	**Fleischrassen**	**2,3**
Seltene Rassen	**0,6**	**Seltene Rassen**	**1,0**	**Seltene Rassen**	**0,6**
Gesamt Stück	2.893,7	Gesamt Stück	422,5	Gesamt Stück	450,0
Einheit	Tsd.	Einheit	Tsd.	Einheit	Tsd.

schwarz-weißen und rot-weißen Holstein-Rinder lautete im deutschsprachigen Europa **Schwarzbunte** bzw. **Rotbunte**, die beide **Zweinutzungs-Rassen** waren. Nachdem diese Zweinutzungs-Rassen seit etwa 1965 durch Verdrängungszucht mit amerikanischen Holstein-Tieren zu Milchrassen weiterentwickelt worden waren, wurden im Jahr 1995 in Deutschland die bis dahin getrennt geführten Rassen Deutsche Schwarzbunte und Deutsche Rotbunte zu einer Rasse (d. h. zu einem Zuchtbuch) mit der Bezeichnung **Deutsche Holstein** fusioniert. Die Bezeichnungen Schwarzbunte und Rotbunte sind im Sprachgebrauch aber noch immer stark verankert, was auch darin ersichtlich ist, dass in einigen offiziellen Statistiken die zwei Farbvarianten getrennt unter den Bezeichnungen Holstein-Sbt bzw. Holstein-Rbt ausgewiesen werden. Die Rasse **Fleckvieh** wird überwiegend nur in Deutschland, Österreich und der Schweiz als milchbetonte Zweinutzungs-Rasse gezüchtet, während sie in nicht deutschsprachigen Ländern weltweit unter der Bezeichnung **Simmental** (gemäß dem ursprünglichen Stammzuchtgebiet in der Schweiz) geführt und als Fleischrasse für die Mutterkuh-Haltung gezüchtet wird.

Holstein, Braunvieh, Fleckvieh dominant

Aus Tab. 9.3 ist klar ersichtlich, dass in allen drei Ländern 90–95% aller Zuchtkühe nur drei Rassen angehören, nämlich **Holstein, Braunvieh** (Milchrassen) und **Fleckvieh** (milchbetonte Zweinutzungs-Rasse). Auffallend ist, dass die in Deutschland (und international) dominierende Rasse Holstein (65,4%) in Österreich und der Schweiz deutlich schwächer vertreten ist (10,3 bzw. 12,8%). Während die Rasse Fleckvieh in Deutschland mit einem Anteil von 25,6% eine deutlich geringere Bedeutung als Holstein hat, ist Fleckvieh in Österreich mit 69,2% die mit Abstand dominierende Rasse und in der Schweiz mit 45,8% die größte Rasse. Braunvieh ist in der Schweiz mit 36,3% die zweitgrößte Rasse und damit deutlich wichtiger als in Österreich und Deutschland (12,0 bzw. 4,8%). In Deutschland bestehen zudem starke regionale Unterschiede: Während im Norden die Rasse Holstein dominiert, haben in Süddeutschland Fleckvieh und im Allgäu (Bayern) das Braunvieh die größte Bedeutung.

Fleischrinder geringe Bedeutung

Die Gruppe der **Fleischrinder** spielt mit 2,1% in Deutschland, 2,4% in der Schweiz und 4,7% in Österreich nur eine sehr geringe tierzüchterische Rolle. Diese geringen Anteile sind auch darauf zurückzuführen, dass erst Anfang der 1980er-Jahre in den drei Ländern mit dem Import und der anschließenden Zucht von spezialisierten Fleischrassen begonnen wurde. Werden die Anteile der Fleischrinder in Deutschland und Österreich auf die verschieden Rassen aufgeteilt (nicht in Tab. 9.3 angeführt), so wird ersichtlich, dass in beiden Ländern etwa drei Viertel (77,0 bzw. 75,2%) der Zuchtkühe sechs bzw. fünf Rassen angehören. In **Deutschland**: Fleckvieh-Fleisch (Zuchtrichtung Fleisch) mit 18,5%, Limousine 17,2%, Angus 14,9%, Charolais 13,7%, Uckermärker 6,5% und Galloway 6,2%. In **Österreich**: Fleckvieh-Fleisch 24,1%, Murbodner 21,8%, Pinzgauer-Fleisch 12,4%, Charolais 9,0% und Limousine 7,9%. Der jeweilige Rest teilt sich auf diverse andere Fleischrassen auf.

Für die Schweiz stand keine detaillierte Statistik für die Fleischrassen zur Verfügung.

Abschließend sei darauf hingewiesen, dass in der Europäischen Union (EU28) trotz vieler Fleischrassen etwa zwei Drittel des Rindesfleisches mit männlichen Tieren von Rassen erzeugt wird, die für die Milchproduktion gehalten werden. Dies ist dadurch bedingt, dass es in der EU28 ca. 23 Millionen Milchkühe (Stand 2014) gibt, die Hälfte der Kälber dieser Kühe männlich sind und deshalb nur für die Kälber- oder Bullenmast verwendet werden können.

9.2 Schweine

9.2.1 Abstammung

Die Stellung der Schweine in der zoologischen Systematik nach Grzimek (1988) ist in Tab. 9.4 auszugsweise dargestellt. Die zoologische Familie der Schweine (Suidae) umfasst fünf Gattungen, wobei nur die Art Wildschwein *(Sus scrofa)* der Gattung Wildschwein *(Sus)* domestiziert wurde. Unsere Hausschweine sind domestizierte Formen der Unterarten Europäisches Wildschwein *(Sus scrofa scrofa)* und Ostasiatisches Bindenschwein *(Sus scrofa vittatus)*, manchmal auch Ostasiatisches Wildschwein genannt. Die Art Wildschwein ist sehr weit verbreitet (Westeuropa bis Ostsibirien, im Norden bis ca. 55. Breitengrad, im Süden bis

Tab. 9.4 Stellung der Schweine in der zoologischen Systematik nach Grzimek (1988)

Klasse:		**Säugetiere (Mammalia)**	
Ordnung:	Paarhufer *(Artiodactyla)*		Unpaarhufer *(Perissodactyla)*
Unter-ordnung:	Wiederkäuer *(Ruminantia)*	*Nichtwiederkäuer (Nonruminantia)*	
Familie:	Hirschferkel Hirsche Giraffen Gabelhorntiere Hornträger	 Pekaris Flusspferde Schweine *(Suidae)* mit 5 Gattungen	Tapire Nashörner Pferde
Gattung:		Afrikanische Busch-, Fluss- oder Pinselohrschweine Afrikanische Riesenwaldschweine Afrikanische Warzenschweine Indonesiche Hirscheber Wildschweine *(Sus)* mit 5 Arten	
Art:		Bartschwein *(Sus barbatus)* mit 5 Unterarten Celebesschwein *(Sus celebensis)* Pustelschwein *(Sus verrucosus)* mit 2 Unterarten Zwergwildschwein *(Sus salvanius)* Wildschwein *(Sus scrofa)* mit 16 Unterarten	

Indien und indonesische Inselwelt). Domestikationszentren lagen im östlichen Mittelmeerraum (Anatolien) und südlich der Ostsee (Europäisches Wildschwein) sowie in Südostasien (Ostasiatisches Bindenschwein). Wildschweine sind – wie der Mensch – Allesfresser, sie ernähren sich also von pflanzlicher und tierischer Kost. Da sie nur einige wenige Schweißdrüsen haben, müssen sie bei hohen Temperaturen die Körperwärme durch Suhlen in Sumpf- oder Wasserlachen regulieren.

Europäisches Wildschwein und Ostasiatisches Bindenschwein

Europäische Wildschweine bevorzugen Laub-, Misch- und Buschwälder mit sumpfigen Plätzen. Sie haben ein dichtes, dunkelbraunes Borstenkleid mit Unterwolle, durch das sie besonders im Winter gut vor Kälte geschützt sind. Wildschweine sind ökologisch sehr anpassungsfähige, intelligente und soziale Tiere. Sie konnten sich nicht von ungefähr als einzige Wildart eines landwirtschaftlichen Nutztieres trotz starker Bejagung ununterbrochen in Mitteleuropa halten. **Ostasiatische Bindenschweine** sind kleiner, schlanker und weniger behaart als Europäische Wildschweine. Ihre Bezeichnung haben sie von einem hellen Borstenstreifen, der über den Rüssel und meistens auch über die Wangen läuft.

Bei manchen Hausschweinen blieben typische Kennzeichen der Wildschweine wie Stehohren und Hängeschwanz bestehen, bei anderen kam es zur Ausbildung von Hängeohren und Ringelschwanz. Bis ins 18. Jahrhundert wurden Hausschweine in Europa sehr frei gehalten. Sie mussten sich ihr Futter überwiegend selbst in den Wäldern suchen und bekamen nur Abfälle zugefüttert. Durch diese Haltungsform kam es wohl immer wieder zu Vermischungen mit Wildschweinen, und die Hausschweine hatten sich deshalb im Typ kaum von Wildschweinen unterschieden. Es waren langbeinige, schlanke Tiere mit einem lang gestreckten Kopf, einem langen Rüssel und einem Borstenkamm auf dem Rücken. Um 1800 betrug das Schlachtalter von Schweinen etwa 1,5 Jahre mit einem Gewicht von ca. 50 kg, heute etwa 6 Monate mit einem Schlachtgewicht von ca. 100 kg. Übrigens: Außer dem **Schwein** hat kein anderes großes Säugetier eine ähnlich **hohe Reproduktionsrate**. Sauen werden mit ca. sechs Monaten geschlechtsreif, werfen zweimal pro Jahr und bringen pro Wurf durchschnittlich 10–12 Ferkel zur Welt. Das bedeutet, dass eine Sau ausreicht, um viele Schlachtschweine pro Jahr zu erzeugen. Insofern war das Schwein geradezu die ideale Art für die Domestikation mit dem Ziel der effizienten Fleischproduktion.

9.2.2 Nutzungsrichtungen und Rassen

Erst Ende des 18. Jahrhunderts begann die eigentliche **Zuchtgeschichte** in England. Dort schuf die beginnende Industrialisierung wachsenden Wohlstand und damit eine steigende Nachfrage nach Fleisch und Fett, insbesondere in den schnell wachsenden Industriestädten. Intensiverer Ackerbau führte zu höheren Erträgen, was wiederum eine bessere Ernährung der Schweine ermöglichte (v. a. Kartoffeln). Schweine waren

Tab. 9.5 Einteilung der Schweinerassen nach Färbung der Haut und Borsten sowie Ohrstellung

Farbe	Ohrstellung	Rasse (ausgewählt)
einfarbig weiß	Stehohren	Edelschwein (Large White, Yorkshire)
einfarbig weiß	Schlappohren	Landrasse (Landrace)
einfarbig rot	Schlappohren	Duroc
einfarbig schwarz	Schlappohren	Large Black
weiß gescheckt	Stehohren	Pietrain
weiß gescheckt	Schlappohren	Buntes Bentheimer Schwein, Turopolje
schwarz-weiß gegürtelt	Stehohren	Hampshire
schwarz-weiß gegürtelt	Schlappohren	Angler Sattelschwein, S-H-Schwein*
schwarz, weiße Abzeichen	Stehohren	Berkshire
schwarz, weiße Abzeichen	Schlappohren	Poland China

* Schwäbisch-Hällisches Schwein

nicht mehr direkte Nahrungskonkurrenten des Menschen. Durch den weltweiten Handel konnten die Engländer frühreife Schweine aus Südostasien (Thailand, Vietnam, China) importieren und mit einheimischen Schweinen kreuzen. Es entwickelten sich **Schweinetypen**, die vorerst nach ihrer regionalen Herkunft (Grafschaft), später nach Größe und Farbe benannt wurden. So wird die wichtigste englische Schweinerasse „Large White" auch heute noch nach ihrer regionalen Herkunft „Yorkshire" (Nordosten von England) genannt. Ab Mitte des 19. Jahrhunderts kamen Large White Schweine auf das europäische Festland und wurden in die diversen Landschläge eingekreuzt. Daraus entstanden die Edelschwein- bzw. Yorkshire-Populationen. Die heutigen Rassen mit der Bezeichnung „Landrasse" gingen aus den regionalen dänischen und deutschen Landrassen hervor, wobei vor allem Dänemark die Landrasse-Zucht sehr stark beeinflusste. Die englische Landrasse (Landrace) geht auf schwedische Landrasse-Tiere zurück, die ab 1950 nach Großbritannien eingeführt wurden.

Färbung und Ohrstellung

Da bei Schweinen nur die Farben weiß, schwarz, rot-braun und grau auftreten, können Schweinerassen unabhängig von ihrer Nutzungsrichtung auch nach der **Färbung** der **Haut** und **Borsten** sowie der **Ohrstellung** eingeteilt werden (Tab. 9.5). Wenn zwei Farben vorkommen (meist weiß und schwarz), dann unterscheidet man gescheckte und gegürtelte Rassen sowie solche mit weißen Abzeichen an Beinen und Rüssel. Innerhalb der Farbtypen können steh- und schlappohrige Rassen unterschieden werden. Bei einzelnen Rassen, z. B. Mangalitza, Vietnamesischen Hängebauchschweinen und chinesischen Rassen kommen auch unterschiedliche Färbungen vor.

Nutzungsrichtungen, Stellung in Kreuzungszucht

Die Einteilung der Schweinerassen in **Nutzungsrichtungen** im Sinne von Einnutzungs- oder Zweinutzungs-Rassen wie beim Rind ist nicht üblich, weil heutzutage in den industrialisierten Ländern die Nutzung nur auf die Fleischerzeugung ausgerichtet ist (so gesehen könnte man von Einnutzungs-Rassen sprechen). Schlachtschweine sollen hohe tägliche Zunahmen bei guter Futterverwertung haben und einen hohen Muskelfleischanteil (MFA) im Schlachtkörper aufweisen. Fett als Energielieferant hat für die menschliche Ernährung keine Bedeutung mehr, sondern spielt nur noch eine Rolle als Geschmacksträger im Zusammenhang mit der Fleischbeschaffenheit und für die Erzeugung von Wurstwaren. Diese Anforderungen an die Schlachtschweine können am besten durch die Anwendung verschiedener **Kreuzungszucht-Methoden** (siehe Kap. 7.2) erreicht werden. Schweinerassen können deshalb am besten gemäß ihrer **Stellung** in einem Kreuzungszucht-Programm in **Mutter-** oder **Vaterrassen** eingeteilt werden.

Mutterrassen

Mutterrolle

Tiere der Mutterrassen und Kreuzungstiere aus diesen Rassen (F1-Sauen bzw. Kreuzungssauen bzw. Hybridsauen) haben folgende Eigenschaften: hohe Fruchtbarkeit (d.h. große, ausgeglichene und regelmäßige Würfe mit hoher Aufzuchtleistung), gute Muttereigenschaften, gutes Fundament (d.h. Füße und Beine), hohe tägliche Zunahmen, durchschnittlicher Muskelfleischanteil und sehr gute Fleischbeschaffenheit. Zusätzlich wird auch eine lange Nutzungsdauer der Sauen in der Ferkelproduktion angestrebt. Als **Mutterassen** verwendet werden z.B. **Edelschwein, Landrasse, Duroc** und **Leicoma** (nur in Deutschland).

Vaterrassen

Vaterrolle

Tiere der Vaterrassen und Kreuzungstiere aus diesen Rassen (F1-Eber bzw. Kreuzungseber bzw. Hybrideber) sind durch gute tägliche Zunahmen, effiziente Futterverwertung, sehr hohen Muskelfleischanteil und gute Fleischbeschaffenheit gekennzeichnet. Als **Vaterrassen** verwendet werden z.B. **Pietrain, Hampshire, Duroc, Edelschwein (Large White)**. Pietrain ist die Vaterrasse mit dem höchsten Muskelfleischanteil und wird in Deutschland und Österreich sehr stark eingesetzt. Der ausgeprägte Muskelfleischanteil bedingt, wie bei allen Vaterrassen, eine geringere Fruchtbarkeit (Wurfgröße) gegenüber den Mutterrassen, was aber aufgrund der Stellung als Vaterrasse keine Rolle spielt, da mit den Kreuzungsnachkommen nicht weitergezüchtet wird (Kap. 7.2).

Mutter- und Vaterrolle

Auffallend ist, dass die Rassen **Edelschwein** (Large White) und **Duroc** sowohl als Mutter- und Vaterrasse verwendet werden. Dies lässt sich insofern erklären, als die Leistungsprofile von Zuchtpopulationen innerhalb einer Rasse unterschiedlich sein können. So haben z.B. die Schweizerischen Schweinezüchter im Jahr 2002 beschlossen, mit jenen Zuchttieren der Mutterrasse Edelschwein, die eine genetische Veranlagung für ausgezeichnete Mast- und Schlachtleistungen hatten, die neue Zuchtpopulation **Edelschwein-Vaterlinie** (ESV) zu begründen. Seither wird ESV im Zuchtbuch als eigene Zuchtlinie geführt und als Vaterrasse (in der Schweiz Vaterlinie genannt) mit den Mutterassen Edelschwein und Landrasse in einer Drei-Rassen-Kreuzung eingesetzt. Die Rasse Duroc wird in Dänemark als Vaterrasse in einer Drei-Rassen-Kreuzung mit den Mutterrassen Yorkshire und Landrace verwendet. Seit dem Import der Duroc-Tiere aus den USA und Kanada Ende der 1970er-Jahre wurde der dänische Duroc konsequent als Vaterrasse (d.h. Erhöhung des Muskelfleischanteils) in Reinzucht weiterentwickelt, während in anderen Produktionssystemen ein weniger fleischreicher Duroc-Typ als Mutterrasse eingesetzt wird.

In vielen Kreuzungszucht-Programmen – vor allem in denen von weltweit operierenden **Zuchtunternehmen** – werden neben reingezüchteten Rassen sehr oft spezielle **Mutter-** und **Vaterlinien** verwendet. Diese Linien setzen sich aus verschiedenen Rassen zusammen, deren Genanteile aber meistens nicht bekannt sind (d.h. sie sind ein „Betriebsgeheimnis" des jeweiligen Unternehmens). Aber auch diese Unternehmen arbeiten überwiegend mit den genannten Rassen als Ausgangsrassen für diese Linien. In der landwirtschaftlichen Praxis ist allerdings das **„Rassenkonzept"** fast schon durch ein **„Herkunftskonzept"** abgelöst: Fragt man einen Schweinemäster oder Ferkelerzeuger, mit welchen Tieren er arbeitet, wird er häufig auf die Linie eines Zuchtunternehmens oder einer Züchtervereinigung verweisen als auf die Rasse bzw. die verwendete Kreuzung. Dies gilt neben der Schweinezucht in noch größerem Maße für die Geflügelzucht.

Traditionelle Rassen

Stark gefährdet

Durch die erfolgreiche Anwendung der Kreuzungszucht-Methoden haben einige Schweinerassen aufgrund des geringeren Leistungsniveaus sehr stark an Bedeutung verloren und sind in ihrem Bestand bedroht bzw. gefährdet. Diese Rassen sind durch einen großen Rahmen, gutes Fundament, beste Muttereigenschaften, Widerstandsfähigkeit und Langlebigkeit, aber geringeren Muskelfleisch- und dementsprechend höheren Fettanteil gekennzeichnet. Sie können als **traditionelle Rassen** im Sinne von Zweinutzungs-Rassen bezeichnet werden, weil Fleisch und Fett in der Schweinezucht traditionell *(lat. traditio: Überlieferung, Brauch, Gewohnheit)* bis Ende der 1960er-Jahre von Bedeutung war. Diese Rassen sind in ihrem Bestand überwiegend bedroht bzw. gefährdet. **Beispiele** dafür sind in **Deutschland**: Schwäbisch-Hällisches Schwein, Angler/Deutsches Sattelschwein, Buntes Bentheimer Schwein; in **Österreich**: Mangalitza, Turopolje und in der **Schweiz**: Wollschwein (Mangalitza).

Die Rasse Mangalitza (auch „Wollschwein" genannt) nimmt insofern eine Sonderstellung ein, weil sie durch einen sehr hohen Fettanteil (deshalb auch „Speckschwein" genannt), die langen, dichten und gekräuselten Borsten (deshalb auch „Wollschwein" genannt) und die kleine Wurfgröße (5–7 Ferkel) gekennzeichnet ist. Die Ferkel werden mit Streifen wie Wildschwein-Frischlinge geboren. Traditionelle Rasse eigenen sich sehr gut für eine extensive Produktionsweise mit Freilandhaltung. Sie können auch für Gebrauchskreuzungen mit Vaterrassen verwendet werden, um mit den Kreuzungsferkeln hochwertige Spezialprodukte für Nischenmärkte (z. B. ökologische Landwirtschaft, gehobene Gastronomie und Feinkost-Geschäfte) zu erzeugen.

Farbfotos und teilweise Beschreibungen von **Schweinerassen** sind bei folgenden Quellen zu finden:

- CASE, A., 2009: Schöne Schweine. Landwirtschaftsverlag GmbH, Münster-Hiltrup
- SAMBRAUS, H. H., 2011: Farbatlas Nutztierrassen. 7. Auflage, Verlag Eugen Ulmer Stuttgart
- SAMBRAUS, H. H., 2010: Farbatlas seltene Nutztiere. Verlag Eugen Ulmer Stuttgart
- SAMBRAUS, H. H., 2010: Gefährdete Nutztierrassen. 3. Auflage, Verlag Eugen Ulmer Stuttgart
- Internet allgemein: Die Bezeichnung der Rasse mit der Bilder-Suchfunktion „googeln“
- Schweizerisches Dienstleistungszentrum für Schweineproduktion (SUISAG): www.suisag.ch > Zucht > Rassen
- Gesellschaft zur Erhaltung alter und gefährdeter Haustierrassen e. V. (GEH): www.g-e-h.de > Rassebeschreibungen
- Arche Austria – Verein zur Erhaltung seltener Nutztierrassen: www.arche-austria.at > Rassen
- Österreichische Nationalvereinigung für Genreserven (ÖNGENE): www.oengene.at > Rassen
- Oklahoma State University, USA, Breeds of Livestock: www.ansi.okstate.edu/breeds

Bedeutung der Schweinerassen

Die **Bedeutung** der verschiedenen **Schweinerassen** in Deutschland, Österreich und der Schweiz ist in Tab. 9.6 dargestellt. Da bei der offiziellen statistischen Erhebung des Schweinebestandes die Rassenzugehörigkeit und der genetische Hintergrund (Reinzucht- oder Kreuzungstier) nicht berücksichtigt werden, basieren die Angaben in Tab. 9.6 auf der Anzahl Zuchtschweine, die von den Züchtervereinigungen erfasst werden. Weiters muss berücksichtigt werden, dass beim Schwein der Anteil reinrassiger Zuchttiere am gesamten Schweinebestand aufgrund der Nukleus-Zuchtprogramme sehr gering ist und der weitaus größte Anteil der Schweine Kreuzungstiere sind. Außerdem stehen keine Angaben über die Rassenzugehörigkeit und die Anzahl Zuchttiere von privaten Zuchtunternehmen zur Verfügung. Dies ist auch der Grund, warum in Deutschland aufgrund der starken Konkurrenzsituation im Jahr 2009 letztmalig Zuchtbuch-Daten von bäuerlichen Züchtervereinigungen veröffentlicht wurden.

Aus Tab. 9.6 ist klar ersichtlich, dass in allen drei Ländern der weitaus größte Teil der Zuchtsauen den **Mutterrassen** Edelschwein und

Tab. 9.6 Relative Anteile (%) der Schweinerassen an den Zuchtsauen in Deutschland im Jahr 2009 und Österreich bzw. der Schweiz im Jahr 2014 (ZDS, 2010; BMLFUW, 2015; SBV, 2015)

Deutschland		Österreich		Schweiz	
Rasse	%	Rasse	%	Rasse	%
Landrasse	55,6	Edelschwein	64,3	Edelschwein	86,4
Edelschwein	22,4	Landrasse	28,7	Landrasse	10,2
Pietrain	18,5	Pietrain	6,2	Edelschwein-Vaterlinie	2,1
Leicoma	1,1	Duroc	0,4	Duroc	0,6
Angler/Dt. Sattelschwein	1,0	S-H Schwein*	0,1	Pietrain	0,5
Duroc	0,7	Sonstige	0,3	Sonstige	0,3
S-H Schwein*	0,3				
Sonstige	0,4				
Gesamt Stück	27,3	Gesamt Stück	9,8	Gesamt Stück	9,9
Einheit	Tsd.	Einheit	Tsd.	Einheit	Tsd.

* Schwäbisch-Hällisches Schwein

Landrasse angehören (Deutschland: 78,0%, Österreich: 93,0%, Schweiz: 96,6%) wobei auffällt, dass in Österreich und der Schweiz das Edelschwein mit 64,3 bzw. 86,4% klar dominiert, in Deutschland aber die Landrasse mit 55,6%. Als **Vaterrasse** hat Pietrain in Deutschland und Österreich eine deutlich größere Bedeutung (18,5 bzw. 6,2%) als in der Schweiz (0,5%), wo die Edelschwein-Vaterlinie 2,1% Anteil an den Zuchtsauen aufweist. Die Rasse Duroc spielt in der Zucht in allen drei Ländern genauso wie die diversen traditionellen Rassen eine sehr geringe Rolle.

Abschließend sei noch auf ein paar **allgemeine Aspekte** der Schweinezucht bzw. -haltung hingewiesen. In großen Gebieten der Erde werden aus religiösen Gründen keine Schweine gehalten. Im Islam und in der jüdischen Religion gelten Schweine als unrein und werden deshalb nicht gegessen. Bestimmte Regionen wiederum – z. B. die Tropen – eignen sich aus klimatischen Gründen nur sehr bedingt für die intensive Schweinehaltung. Da Schweine nur sehr wenige Schweißdrüsen haben, ist in diesen Regionen für die Leistungsrassen eine entsprechende Klimatisierung notwendig.

9.3 Schafe

9.3.1 Abstammung

Die Stellung der **Schafe** in der zoologischen Systematik nach GRZIMEK (1988) ist in Tab. 9.7 auszugsweise dargestellt. Von der Wildart **Mufflon** (oder Orientalisches Wildschaf) stammen alle **Hausschafe** ab. Der

Tab. 9.7 Stellung der Schafe in der zoologischen Systematik nach Grzimek (1988)

Klasse:		**Säugetiere (Mammalia)**	
Ordnung:	**Paarhufer** *(Artiodactyla)*		Unpaarhufer *(Perissodactyla)*
Unterordnung:	**Wiederkäuer** *(Ruminantia)*	Nichtwiederkäuer *(Nonruminantia)*	
Familie:	Giraffen Gabelhorntiere Hirschferkel Hirsche **Hornträger** *(Bovidae)*	Pekaris Flusspferde Schweine	Tapire Nashörner Pferde
Unterfamilie:	12 Unterfamilien, z. B. Gazellenartige Gemsenartige Rinder **Böcke** oder **Ziegenartige** *(Caprinae)* mit 6 Gattungen		
Gattung:	Mähnenspringer Blauschafe Tahre Moschusochsen Steinböcke und Wildziegen **Schafe** *(Ovis)* mit 5 Arten		
Art:	Sibirisches Schneeschaf *(Ovis nivicola)* mit 5 Unterarten Dünnhorn- oder Dallschaf *(Ovis dalli)* mit 3 Unterarten Dickhornschaf *(Ovis canadensis)* mit 7 Unterarten Riesenwildschaf oder Argali *(Ovis ammon)* mit 6 Unterarten Mufflon oder **Orientalisches Wildschaf** *(Ovis orientalis)* mit 11 Unterarten		

Mufflon kommt in elf Unterarten vom Mittelmeer über Kleinasien bis Indien vor. Die Tiere leben in hügeligen Gebieten und im Gebirge. Anfang des 20. Jahrhunderts wurden Mufflons aus Korsika in Mitteleuropa ausgesetzt. Sie haben sich gut vermehrt und zählen heute zum jagdbaren Wild, dem sogenannten Muffelwild. Mufflons aus Korsika sind aber nicht die Urahnen unserer Hausschafe. Diese stammen aus Vorder- und Zentralasien, wo auch die frühesten Funde von domestizierten Schafen gemacht wurden.

Von Haarschafen zu Wollschafen

Schafe und Ziegen sind die ältesten Nutztiere des Menschen. Sie wurden ausgehend vom vorderen Orient vor ca. 9.000 Jahren domestiziert. Die Wolle der Schafe spielte dabei keine Rolle, weil die Mufflons sogenannte **Haarschafe** sind, die keine verspinnbaren Wollhaare haben. Die Wollbildung ist ein Ergebnis der Domestikation, wobei davon auszugehen ist, dass der Übergang von den **Haarschafen** zu den **Wollschafen** vor ca. 5.000 Jahren erfolgte. Die gezielte Nutzung der Schafe zur Wollerzeugung begann im 15. Jahrhundert in Spanien, und die spezialisierten Wollrassen entstanden erst vor ca. 200 Jahren. Schafe wurden von den Menschen hauptsächlich zur Fleisch-, Milch-, Woll- und Fellerzeugung gehalten und als Opfertiere verwendet. Sie haben auch heute noch in vielen Kulturen symbolischen Charakter und der Genuss von Schaffleisch und anderen Schafprodukten ist in allen bedeutenden Religionen erlaubt. Schafe haben eine außerordentlich gute **Anpassungsfähigkeit** und ermöglichen eine **vielseitige Nutzung**, weshalb sie sich mit dem Menschen weltweit verbreitet haben. Heute haben sie vor allem für die menschliche Ernährung in den großen Steppen und Halbwüsten der Erde eine wichtige Bedeutung. In Mitteleuropa werden Schafe häufig auf Grenzertragsböden gehalten, die sich für die Nutzung durch Rinder nicht eignen, und in den letzten Jahren werden sie auch wieder verstärkt zur Landschaftspflege eingesetzt (Kap. 2.9.3).

9.3.2 Nutzungsrichtungen und Rassen

Aufgrund der weltweit vielfältigen, an die verschiedensten Standorte angepassten Nutzung der Schafe ist eine alle Aspekte abdeckende übersichtliche Gliederung der Schafrassen nicht möglich. Eine pragmatische Vorgehensweise ist folgende: Wir unterscheiden einerseits gemäß der dominierenden Nutzungsrichtung Wolle, Fleisch oder Milch die Einnutzungs-Rassen **Merinoschafe, Fleischschafe** und **Milchschafe** sowie andererseits die Zwei- bzw. Dreinutzungs-Rassen **Landschafe** mit der Untergruppe **Pelzschafe**. Streng genommen gibt es, wie beim Rind, auch beim Schaf keine Einnutzungs-Rassen, denn bei allen Rassen haben Milch, Fleisch, Wolle und Fitness (Fruchtbarkeit) eine gewisse Bedeutung. Die Bezeichnung „Einnutzung“ bezieht sich deshalb nur auf die dominierende Nutzungsrichtung.

Merinoschafe

Feinste Wolle

Merinoschafe haben ein Vlies, das durch feine, nicht markhaltige, gut gekräuselte **Wollhaare** gekennzeichnet ist (Kap. 2.5). Merinoschafe ist ein Überbegriff für viele Merinorassen oder -linien, die auf spanische Schafe zurückgehen, und vor allem in Australien und Südafrika zu den heutigen spezialisierten **Feinwoll-Merinos** (Ø 20 µm Wollhaar-Durchmesser) weitergezüchtet wurden. Zur Erhöhung der Wollleistung werden Tiere mit großen Hautfalten bevorzugt. Wegen der Saugfähigkeit der gekräuselten Wolle zeigen Merinoschafe eine gewisse Empfindlichkeit gegenüber kaltem Regen. Sie kommen deshalb vorzugsweise in warmen und trockenen Regionen vor. Die Milch der Mutterschafe dient nur zum Säugen der Lämmer, und das Fleisch der nicht zur Zucht benötigten Lämmer fällt als Nebenprodukt an. Der Wortteil „Merino“ in den Namen der Fleischrasse Merinofleischschaf und den Landrassen Merinolandschaf sowie Merinolangwollschaf weist nur noch auf die Zuchtgeschichte dieser Rassen hin. Ab Anfang des 19. Jahrhunderts wurden verschiedene deutsche Landschafe mit spanischen und französischen Merinos veredelt, um die Feinheit und den Ertrag der Wolle zu verbessern. Dieser Effekt ist auch heute noch zumindest bei den Merinofleisch- und Merinolandschafen zu sehen, deren durchschnittliche Wollfeinheit mit 25 bzw. 28 µm Wollhaar-Durchmesser deutlich besser ist als die der anderen Rassen dieser Nutzungsrichtungen (> 33 µm). **Merinoschafe** bilden die Hauptrassen für die weltweite Produktion von hochwertigster Schafwolle. **Beispiele** für **Merinoschafe** sind: Australian Merino, New Zealand Merino, Argentina Merino, Rambouillet.

Fleischschafe

Ansatztyp

Unter Fleischproduktion beim Schaf versteht man üblicherweise in großen Teilen von Europa die Erzeugung von **Lammfleisch**. In anderen Regionen der Welt, d.h. in anderen Kulturkreisen, spielt aber auch das Fleisch von adulten Schafen für die Ernährung eine Rolle. Fleischschafe zeichnen sind durch hohe tägliche Zunahmen und eine gute bis ausgeprägte Bemuskelung (d.h. hohen Muskelfleischanteil) aus. Aus physiologischer Sicht *(gr. physiología: Stoffwechsel)* entsprechen diese Tiere dem sogenannten **Ansatztyp**; d.h. sie haben die Fähigkeit, die aufgenommenen Futternährstoffe primär in Form von Muskeln (d.h. Protein) und Fett anzusetzen. Die Milch der Mutterschafe dient nur zum Säugen der Lämmer. Die Wolle ist ein Nebenprodukt, dessen Erlös heute oft kaum noch die Schurkosten abdeckt. **Beispiele** für **Fleischschafe** sind: Schwarzköpfiges Fleischschaf, Merinofleischschaf, Weißes Alpenschaf, Braunköpfiges Fleischschaf, Suffolk, Texel, Ile de France, Charolais, Berrichon du Cher und Shropshire.

Milchschafe

Umsatztyp

Allein die Tatsache, dass Schafe gemolken werden, genügt noch nicht, sie den Milchschafen zuzuordnen. Milchschafe in Mitteleuropa sind Rassen, die dadurch gekennzeichnet sind, dass sie mehr als 300 kg Milch pro Laktation (d.h. in 240 Tagen) produzieren können. Sie sind durch eine hohe Milchleistung und eine geringe Bemuskelung gekennzeichnet. Aus physiologischer Sicht entsprechen diese Tiere dem sogenannten **Umsatztyp**; d.h. sie haben die Fähigkeit, die aufgenommenen Futternährstoffe sehr effizient in Milch umzusetzen. Das Fleisch der nicht zur Zucht benötigten Lämmer ist ein Nebenprodukt, ebenso die Wolle, deren Erlös heute oft nicht einmal mehr die Schurkosten abdeckt. Die Schafmilch-Produktion, insbesondere für die Käserei, hat in den Mittelmeerländern eine deutlich größere Bedeutung als in Mitteleuropa. **Beispiele** für **Milchschafe** sind: Ostfriesisches Milchschaf und Lacaune.

Landschafe

Standortanpassung
Landschaftspflege

Alle Schafrassen, die nicht eindeutig den Merino-, Fleisch- oder Milchschafen zugeordnet werden können, werden zu den **Landschafen** gezählt. Die Bezeichnung Landschafe kann einen leicht negativen Eindruck erwecken, der aber nicht gerechtfertigt ist. Landschafe erreichen naturgemäß kein hohes Niveau in der Woll-, Fleisch- und Milchleistung. Sie zeichnen sich aber grundsätzlich durch Standortanpassung, Widerstandsfähigkeit und Langlebigkeit aus und sind im Hinblick auf die Haltungsbedingungen wenig anspruchsvoll. Manche Landrassen sind sehr fruchtbar, weil sie einen ganzjährigen polyöstrischen Zyklustyp haben (Kap. 2.1) und deshalb auch als asaisonal bezeichnet werden. Weltweit gesehen können die meisten Landschafe als **Zwei-** oder **Dreinutzungs-Rassen** (Wolle, Fleisch, Milch für die menschliche Ernährung) bezeichnet werden. Da in Mitteleuropa Landschafe nicht gemolken werden und die Wolle nur eine sehr geringe Bedeutung hat (wenn überhaupt), sind Landschafe insofern als **Zweinutzungs-Rassen** zu sehen, als sie einerseits zur Lammfleischproduktion genutzt werden können (z. B. Gebrauchskreuzung mit Fleischschafen) und andererseits durch die Beweidung die Struktur der Landschaft erhalten. Aufgrund ihrer optimalen Anpassung an regionale Umweltbedingungen können diese Rassen für eine standortbezogene Landschaftspflege ökologisch sinnvoll genutzt werden, insbesondere zum Freihalten von Heideflächen und im Deichschutz (Kap. 2.9.3). Allerdings sind viele Rassen der Landschafe wegen der kleinen Bestände gefährdet bzw. bedroht. **Beispiele** für **Landschafe** sind in **Deutschland**: Merinolandschaf, Graue/Weiße Gehörnte Heidschnucke, Weiße Hornlose Heidschnucke (Moorschnucke), Coburger Fuchsschaf, Rhönschaf, Skudde, Weißes Bergschaf, Rohwolliges Pommersche Landschaf, Bentheimer Landschaf; in **Österreich**: (Tiroler) Bergschaf, Juraschaf (Schwarzbraunes Bergschaf), Kärntner Brillenschaf, Tiroler Steinschaf, Braunes Bergschaf, Krainer Steinschaf, Alpines Steinschaf, Zackelschaf, Montafoner Steinschaf, Waldschaf; und in der **Schweiz**: Walliser Schwarznasenschaf, Schwarzbraunes Bergschaf (Juraschaf), Engadiner Schaf, Bündner Oberländer Schaf, Spiegelschaf und Walliser Landschaf.

Pelzschafe

Hochwertige Pelze

Eine besondere Gruppe innerhalb der Landschafe bilden die Pelzschafe, bei denen die Erzeugung von Lammfellen besonderer Qualität im Vordergrund steht; wie z. B. Karakul und Romanov. Das **Karakul** ist ein grobwolliges Fettschwanzschaf, dessen Lämmer in der ersten Lebenswoche wegen des schwarzen oder grauen, gelockten Fells (Persianer, Breitschwanz) geschlachtet werden. Bei den Zuchttieren öffnen sich die Locken nach drei Monaten und sie sehen dann wie ganz „normale" Schafe aus. **Fettschwanz-** bzw. **Fettsteißschafe** sind Steppen- und Halbwüstentiere, die eine Fettreserve in Form eines „Höckers" am Schwanzansatz bzw. Beckenbereich bilden können, und an ähnliche Umweltbedingungen wie Kamele angepasst sind. Ein typischer Vertreter der Fettschwanzschafe ist neben dem Karakul auch das Awassi, das wichtigste Landschaf im vorderen Orient für die Milchproduktion. Das **Romanov** zeichnet sich durch hochwertige Pelze von älteren Lämmern und adulten Tieren aus, aber auch durch die sehr gute Fruchtbarkeit und beachtliche Milchleistung.

Haarschafe und Wollschafe

Aufgrund der Entwicklung des Haarkleids können die Rassen – unabhängig von der Nutzungsrichtung – in die Gruppen Haarschafe und

Wollschafe unterschieden werden. **Haarschafe** haben keine verspinnbaren Wollhaare und entsprechen in dieser Hinsicht der Wildart, dem Mufflon. Weltweit sind etwa 6% der Schafe Haarschafe und sie werden im Wesentlichen in tropischen Regionen gehalten, weil Wolle bei Hitze und hoher Luftfeuchtigkeit die Regulation der Körpertemperatur behindert und die Tiere anfälliger für Hautparasiten macht. **Beispiele** für **Haarschafe** sind das Kamerun-, Somali-, Senegal-, Guinea- und Massaischaf. Durch Einkreuzung von Haarschafen in Wollschafe wurde und wird versucht, Schafe zu züchten, bei denen sich aufgrund eines natürlichen Winter-Sommer-Haarwechsels eine Schur erübrigt. Beispiele dafür sind die Rassen Nolana und Dorper, die beide überwiegend als Fleischschafe genutzt werden.

Feinheit, Kräuselung der Wolle

Wollschafe können nach der Feinheit und Kräuselung der Wolle in **Grobwoll-, Mischwoll-** (Schlichtwoll-) und **Feinwoll-Rassen** unterschieden werden. Das Vlies von grob- und mischwolligen Schafen besteht aus kurzen Wollhaaren, die das Unterhaar bilden, und langen, glatten Grannenhaaren, die die Wollhaare überlagern. Auf solch einem Vlies läuft der Regen ab und kann nicht bis auf die Haut eindringen. Da die Grannenhaare lufthaltig sind, haben sie eine gute wärmeisolierende Wirkung. Grob- und Mischwolle ist charakteristisch für Landschafe in kühlen und feuchten Klimaregionen. Die Wolle kann zu Teppichen, Decken und gröberen Stoffen (Möbelstoffe, Tweed etc.) verarbeitet werden. Haben die Wollhaare nur eine sehr geringe (schlichte) Kräuselung, wird diese Mischwolle auch als **Schlichtwolle** bezeichnet. Das Vlies von feinwolligen Schafen (üblicherweise als Merinos bezeichnet) ist dadurch gekennzeichnet, dass Woll- und Grannenhaare praktisch nicht mehr zu unterscheiden sind. Durch die Zucht wurden die Grannenhaare feiner und sie haben den Markkanal verloren. Die feine, ausgeglichene und gut gekräuselte Wolle wird zu hochwertigsten feinen Stoffen (v. a. für die Bekleidungsindustrie) verarbeitet.

Farbfotos und teilweise Beschreibungen von **Schafrassen** sind bei folgenden Quellen zu finden:

- FISCHER, G., KUHN, R., RIEDER, H., VOLK, F., 2004: Schafe. Das Fotobuch für die Praxis, Verlag Eugen Ulmer Stuttgart
- LÖHLE, K., LEUCHT, W., 1997: Ziegen und Schafe. Verlag Eugen Ulmer Stuttgart
- SAMBRAUS, H. H., 2011: Farbatlas Nutztierrassen. 7. Auflage, Verlag Eugen Ulmer Stuttgart
- SAMBRAUS, H. H., 2010: Farbatlas seltene Nutztiere. Verlag Eugen Ulmer Stuttgart
- SAMBRAUS, H. H., 2010: Gefährdete Nutztierrassen. 3. Auflage, Verlag Eugen Ulmer Stuttgart
- STRITTMATTER, K., 2003: Schafzucht. Verlag Eugen Ulmer Stuttgart
- Internet allgemein: Die Bezeichnung der Rasse mit der Bilder-Suchfunktion „googeln“

- aid infodienst (Ernährung, Landwirtschaft, Verbraucherschutz e. V.): www.aid.de > Landwirtschaft > Nutztiere
- Schaf- und Ziegenzuchtverbände aus Bayern, Österreich und Südtirol: www.alpinetgheep.eu
- Schweizerischer Schafzuchtverband: http://szv.caprovis.ch > Schafrassen
- Gesellschaft zur Erhaltung alter und gefährdeter Haustierrassen e. V. (GEH): www.g-e-h.de > Rassebeschreibungen
- Arche Austria – Verein zur Erhaltung seltener Nutztierrassen: www.arche-austria.at > Tiere
- Österreichische Nationalvereinigung für Genreserven (ÖNGENE): www.oengene.at > Rassen
- Schweizerische Stiftung für die kulturhistorische und genetische Vielfalt von Pflanzen und Tieren (ProSpecieRara): www.prospecierara.ch > Tiere
- Oklahoma State University, USA, Breeds of Livestock: www.ansi.okstate.edu/breeds

Bedeutung der Schafrassen

Die **Bedeutung** der verschiedenen **Schafrassen** in Deutschland, Österreich und der Schweiz ist in Tab. 9.8 dargestellt. Da bei der offiziellen statistischen Erhebung des Schafbestandes die Rassenzugehörigkeit nicht berücksichtigt wird, basieren die Angaben in Tab. 9.8 auf der Anzahl weiblicher Zuchtschafe, die von den Züchtervereinigungen erfasst werden. Weiters ist davon auszugehen, dass der Anteil Zuchttiere an der gesamten Population (d. h. die Zuchtstufe) nicht in allen Rassen gleich groß ist. Dies bedeutet, dass die relativen Anteile der Schafrassen am gesamten Schafbestand eines Landes gegenüber den relativen Anteilen an den weiblichen Zuchtschafen etwas verzerrt sein werden.

Werden die in Tab. 9.8 angeführten relativen Anteile der Schafrassen für die Nutzungsrichtungen Land-, Fleisch- und Milchschafe zusammengefasst (in Tab. 9.8 nicht angeführt), so fällt auf, dass in allen drei Ländern die **Milchschafe** nur einen sehr geringen Anteil ausmachen (Deutschland 5,9%, Österreich 4,2%, Schweiz 8,3%). Während die **Landschafe** in Deutschland mit 51,5% und in Österreich mit sogar 88,9% die dominierende Nutzungsrichtung sind (**Fleischschafe** 42,6 bzw. 6,9%), haben in der Schweiz die Fleischschafe mit 53,5% eine deutlich größere Bedeutung als die Landschafe (38,1%). Allgemein ist ersichtlich, dass die **Schafzucht** durch eine beachtliche **Rassenvielfalt** gekennzeichnet ist, wobei allerdings berücksichtigt werden muss, dass viele Rassen kleine Zuchtpopulationen aufweisen und in ihrem Bestand bedroht bzw. gefährdet sind.

Bei den **Landschafen** hat in **Deutschland** das Merinolandschaf mit 16,2% die größte Bedeutung, gefolgt von Merinolangwollschaf, Graue Gehörnte Heidschnucke, Rhönschaf und Coburger Fuchsschaf mit jeweils etwa 4%. In **Österreich** dominiert klar das (Tiroler) Bergschaf mit 29,6% vor Merinolandschaf (12,2%) und Kärntner Brillenschaf

Tab. 9.8 Relative Anteile (%) der Schafrassen an den weiblichen Zuchtschafen in Deutschland, Österreich und der Schweiz im Jahr 2014 (VIT, 2015; BMLFUW, 2015; SBV, 2015)

Deutschland		**Österreich**		**Schweiz**	
Landschafe	**%**	**Landschafe**	**%**	**Landschafe**	**%**
Merinolandschaf	16,2	(Tiroler) Bergschaf	29,6	Walliser Schwarznasen-schaf	19,1
Merinolangwollschaf	4,4	Merinolandschaf	12,2	Schwarzbraunes Bergschaf*	11,7
Graue Gehörnte Heidschnucke	4,3	Kärntner Brillenschaf	10,5	Engadiner Schaf	3,2
Rhönschaf	4,0	Braunes Bergschaf	9,8	Spiegelschaf	1,7
Coburger Fuchsschaf	3,8	Juraschaf	7,8	Walliser Landschaf	1,1
Weiße Hornlose Heidschnucke	2,8	Tiroler Steinschaf	6,2	Bündner Oberländer Schaf	0,8
Rauwolliges Pommersche Landschaf	2,6	Krainer Steinschaf	5,8	Heidschnucke	0,5
Skudde	2,1	Waldschaf	2,8		
Bentheimer Landschaf	2,0	Alpines Steinschaf	1,2		
Weißes Bergschaf	1,3	Zackelschaf	1,0		
Leineschaf	1,2	Wall. Schwarznasen-schaf	1,0		
Weiße Gehörnte Heidschnucke	0,9	Montafoner Steinschaf	0,9		
Braunes Bergschaf	0,8	Coburger Fuchsschaf	0,1		
Leineschaf (ursprünglicher Typ)	0,7				
Waldschaf	0,6				
Brillenschaf	0,4				
Sonstige	3,4				
Fleischschafe	**%**	**Fleischschafe**	**%**	**Fleischschafe**	**%**
Schwarzköpfiges Fleischschaf	16,7	Shropshire	2,3	Weisses Alpenschaf	34,3
Texel	6,3	Suffolk	1,3	Braunköpfiges Fleischschaf	11,3
Merinofleischschaf	5,6	Texel	1,0	Texel	2,0
Suffolk	5,4	Schwarzköpfiges Fleischschaf	1,0	Suffolk	1,8
Weißköpfiges Fleischschaf	3,4	Dorper	0,5	Dorper	1,2
Shropshire	1,4	Berrichon du Cher	0,4	Charolais	0,9
Dorper	1,3	Ile de France	0,2	Ile de France	0,9
Ile de France	0,8	Weisses Alpenschaf	0,2	Shropshire	0,8
Sonstige	1,8			Rouge de l'Quest	0,4

Tab. 9.8 Relative Anteile (%) der Schafrassen an den weiblichen Zuchtschafen in Deutschland, Österreich und der Schweiz im Jahr 2014 (VIT, 2015; BMLFUW, 2015; SBV, 2015) **(Fortsetzung)**

Deutschland		Österreich		Schweiz	
Milchschafe		Milchschafe		Milchschafe	
Ostfriesisches Milchschaf	5,8	Ostfriesisches Milchschaf	2,7	Lacaune	5,0
Lacaune	0,1	Lacaune	1,5	Ostfriesisches Milchschaf	3,4
Gesamt Stück	741,8	Gesamt Stück	44,4	Gesamt Stück	71,6
Einheit	Tsd.	Einheit	Tsd.	Einheit	Tsd.

* auch Juraschaf genannt

(10,5%). In der **Schweiz** haben das Walliser Schwarznasenschaf und das Schwarzbraune Bergschaf mit 19,1 bzw. 11,7% die größte Bedeutung. Bei den **Fleischschafen** ist in **Deutschland** das Schwarzköpfige Fleischschaf mit 16,7% die wichtigste Rasse, vor Texel (6,3%) Merinowollschaft (5,6%) und Suffolk mit 5,4%. Während in der **Schweiz** das Weisse Alpenschaf mit 34,3% klar vor dem Braunköpfigen Fleischschaf (11,3%) dominiert, spielen die Fleischschafe in **Österreich** nur eine sehr geringe Rolle (Schwarzköpfiges Fleischschaf, Texel, Suffolk und Shropshire mit jeweils ca. 1–2%). Bei den **Milchschafen** werden in allen drei Ländern die Rassen Ostfriesisches Milchschaf und Lacaune züchterisch bearbeitet, wobei das Ostfriesische Milchschaf stärker vertreten ist. Die züchterische Bedeutung der Milchschafe ist aber, wie schon erwähnt, sehr gering.

9.4 Ziegen

9.4.1 Abstammung

Die Stellung der **Ziegen** in der zoologischen Systematik nach GRZIMEK (1988) ist in Tab. 9.9 auszugsweise dargestellt. Unsere **Hausziegen** stammen von den Wildarten **Schraubenziege** oder **Markhor** (schraubenförmige Hörner) und der **Bezoarziege** (sichelförmige Hörner) ab. Die Bezoarziege kommt vom östlichen Mittelmeer bis Pakistan vor, während die Schraubenziege im ferneren Asien beheimatet ist. Beide Arten sind in ihrem Bestand stark dezimiert bzw. gefährdet. Ziegen sind neben den Schafen die ältesten Nutztiere des Menschen. Sie wurden ausgehend vom vorderen Orient vor ca. 9.000 Jahren domestiziert. Ziegen sind wie Schafe sehr anpassungsfähig und haben sich deshalb weltweit in die unterschiedlichsten Klimaregionen verbreitet. Heute werden Ziegen überwiegend in den trockenen Regionen Asiens (v. a. China, Indien, Pakistan, Bangladesch, Iran) und Afrikas (v. a. Sudan, Nigeria, Äthiopien) gehalten; dort, wo Rinder weniger konkurrenzfähig sind. In

Tab. 9.9 Stellung der Ziegen in der zoologischen Systematik nach Grzimek (1988)

Klasse:	**Säugetiere** (Mammalia)		
Ordnung:	**Paarhufer** *(Artiodactyla)*		Unpaarhufer *(Perissodactyla)*
Unterordnung:	**Wiederkäuer** *(Ruminantia)*	Nichtwiederkäuer *(Nonruminantia)*	
Familie:	Giraffen Gabelhorntiere Hirschferkel Hirsche **Hornträger** *(Bovidae)*	Pekaris Flusspferde Schweine	Tapire Nashörner Pferde
Unterfamilie:	12 Unterfamilien, z. B. Gazellenartige Gemsenartige Rinder **Böcke** oder **Ziegenartige** *(Caprinae)* mit 6 Gattungen		
Gattung:	Mähnenspringer Blauschafe Tahre Moschusochsen Schafe **Steinböcke** und **Wildziegen** *(Capra)* mit 3 Arten		
Art:	Steinbock *(Capra ibex)* mit 10 Unterarten **Schraubenziege** oder **Markhor** *(Capra falconeri)* mit 7 Unterarten **Bezoarziege** *(Capra aegagrus)* mit 2 Unterarten		

Europa werden die meisten Ziegen in Griechenland und Spanien gehalten, gefolgt von Frankreich und Italien.

Besonderheiten der Ziegen

Ziegen sind **Gebirgstiere**, die gerne klettern und sich bevorzugt auf erhöhten Plätzen aufhalten. Dies gilt auch für Hausziegen, die deshalb nicht immer leicht eingezäunt zu halten sind. Hornlose Hausziegen lassen sich von Haarschafen durch markante Besonderheiten des Schwanzes unterscheiden. Der **Schwanz** von Schafen ist im Querschnitt rund, allseitig behaart (mit Ausnahme des Ostfriesischen Milchschafs) und er hängt. Jener von Ziegen hat einen flachen bis dreieckigen Querschnitt, die Unterseite ist unbehaart und er steht. Böcke tragen am Unterkiefer einen teilweise mächtigen **Bart**, der manchmal auch bei weiblichen Tieren in einer wenig ausgeprägten Form als Haarbüschel vorkommen kann. Außerdem können Ziegen am oberen Drittel des Halses, manchmal sogar an der Backe, kleine Hautausstülpungen aufweisen. Diese sogenannten **Glöckchen** haben, so weit bekannt ist, keine Funktion, sind aber immer wieder Anlass für abenteuerliche Interpretationen. Ziegen fressen im Gegensatz zu den Schafen auch das **Laub** von Sträuchern und Bäumen. Wenn es notwendig ist, stellen sie sich auf die Hinterbeine und drücken mit den Vorderbeinen die Äste herunter, um an die Blätter zu kommen. Dieses Fressverhalten der Ziegen hat Vor- und Nachteile: Einerseits können sie unter schwierigsten Futterbedingungen in trockenen Regionen den Menschen Nahrungsmittel liefern oder durch gezielte Beweidung als Landschaftspfleger gegen die Verbuschung eingesetzt werden. Andererseits können Ziegen, wenn sie in zu großen Beständen gehalten werden, die Zerstörung des Pflanzenbestandes ganzer Regionen und die damit verbundenen Bodenerosions-Probleme verursachen.

9.4.2 Nutzungsrichtungen und Rassen

Ziegen werden weltweit für die Erzeugung von **Milch** und **Fleisch** und zu einem sehr geringen Teil von **Wolle** (nur einige wenige Rassen) gehalten. Als Nebenprodukte fallen Ziegenfelle und Häute für die Erzeugung von hochwertigem Ziegenleder an. Weltweit sind deshalb die weitaus meisten Ziegenrassen genügsame **Zweinutzungs-Rassen**, die überwiegend in semiariden und ariden Gebieten gehalten werden, wobei in diesen Regionen die Fleischnutzung im Vordergrund steht, und die Tiere bei ausreichendem Futterangebot auch gemolken werden. **Beispiele** dafür sind: West- und Ostafrikanische Zwergziege, Somali Ziege und Damaskus Ziege (auch Schami genannt). In Europa entsprechen einige Rassen deutlich mehr dem Milchtyp und können je nach Milchleistung als **Milchziegen** im Sinne von **Einnutzungs-** oder **milchbetonten Zweinutzungs-Rassen** bezeichnet werden. Für die Entwicklung der Ziegenzucht hatten die **Schweizer Milchrassen** Saanenziege, Appenzeller Ziege, Toggenburger Ziege und Gemsfarbige Gebirgsziege eine wichtige Bedeutung. Sie wurden für die Veredelung der wichtigsten Ziegenrassen in Europa und vielen anderen Ländern verwendet. Die Schweiz kann deshalb als „Wiege“ der Ziegenzucht im Sinne einer Leistungszucht bezeichnet werden.

Milchziegen

Umsatztyp

Milchziegen im Sinne von **Einnutzungs-Rassen** zeichnen sich durch eine hohe Milchleistung und eine geringe Bemuskelung aus. Aus physiologischer Sicht *(gr. physiología: Stoffwechsel)* entsprechen diese Tiere dem sogenannten **Umsatztyp**; d.h. sie haben die Fähigkeit, die aufgenommenen Futternährstoffe sehr effizient in Milch umzusetzen. Das Fleisch der nicht zur Zucht benötigten Lämmer (auch Kitze, Zicklein oder Gitzi genannt) ist ein Nebenprodukt. Sehr gute Milchziegen sind extreme Umsatztypen, denn sie können pro Lakation (d.h. 240 Tage) eine Milchmenge produzieren, die dem 20fachen ihres Körpergewichts entspricht. Im Vergleich dazu schaffen sehr gute Milchkühe etwa das 15fache des Körpergewichts. **Beispiele** für solche Milchziegen sind die oben genannten Saanenziege, Appenzeller Ziege, Toggenburger Ziege, Gemsfarbige Gebirgsziege, Weiße und Bunte Deutsche Edelziege.

Milchbetonte Zweinutzungs-Rassen

Die anderen in Deutschland, Österreich und der Schweiz gezüchteten Ziegenrassen entsprechen aufgrund ihrer geringeren Milchleistung **Milchziegen** im Sinne von **milchbetonten Zweinutzugs-Rassen**. Sie sind allgemein ausgedrückt robuster und weniger anspruchsvoll bezüglich des Futters, allerdings sind fast alle dieser Rassen wegen der geringen Bestandszahlen gefährdet bzw. bedroht. **Beispiele** dafür sind in **Deutschland**: Thüringer Waldziege, Harzer Ziege, Holländer Schecke; in **Österreich**: Tauernschecken, Pinzgauer Ziege, Steirische Scheckenziege, Pinzgauer Strahlenziege, Blobe Ziege; und in der **Schweiz**: Walliser Schwarzhalsziege, Bündner Strahlenziege, Nera Verzasca, Pfauenziege, Stiefelgeiss, Capra Grigia und Kupferhalsziege. In allen drei Ländern wird – wenn auch in sehr geringem Umfang – die Anglo-Nubier Ziege gezüchtet. Eine Rasse, die aus Großbritannien stammt und auf indische und ägyptische Rassen zurückgeht. Die Anglo-Nubier Ziege wird und wurde wegen ihrer guten Hitzetoleranz weltweit zur Veredelungszucht in subtropischen und tropischen Regionen eingesetzt.

Fleischziegen

Ansatztyp

Unter Fleischproduktion bei der Ziege versteht man üblicherweise in großen Teilen von Europa die Erzeugung von **Kitzfleisch** (auch Zickleinoder Gitzifleisch genannt). In anderen Regionen der Welt, d. h. in anderen Kulturkreisen, spielt aber auch das Fleisch von adulten Ziegen für die Ernährung eine wichtige Rolle. Fleischziegen zeichnen sich durch hohe tägliche Zunahmen und eine gute bis ausgeprägte Bemuskelung (d.h. hohen Muskelfleischanteil) aus. Aus physiologischer Sicht entsprechen diese Tiere dem sogenannten **Ansatztyp**; d.h. sie haben die Fähigkeit, die aufgenommenen Futternährstoffe primär in Form von Muskeln (d.h. Protein) und Fett anzusetzen. Die Milch der Ziegen dient nur zum Säugen der Lämmer. In Europa wird nur eine Fleischziegen-Rasse gezüchtet, nämlich die aus Südafrika stammende **Burenziege**, die sich sehr gut als Vaterrasse in Gebrauchskreuzungen mit Milchziegen eignet.

Wollziegen

Feinste Wolle: Mohair und Kaschmir

Es gibt einige Ziegenrassen auf der Welt, deren Wolle geschoren wird. Die wichtigsten sind die Spezialrassen Angora- und Kaschmirziege, bei denen die Gewinnung hochwertigster Wolle im Vordergrund steht. Die **Angoraziege** stammt ursprünglich aus Kleinasien. Die Ziegen werden zweimal im Jahr geschoren und die Wolle wird unter der Bezeichnung **Mohair** vermarktet. Dieses Wort leitet sich vom arabischen „mukhayyar" ab, was so viel wie „bestes Vlies" bedeutet. Da die Tiere weiße, lange, seidig glatte und lockig herabhängende Wollhaare haben, sind sie nässe- und kälteempfindlich und daher für die Haltung in Mitteleuropa nicht gut geeignet. Die Hauptverbreitungsgebiete sind Südafrika, Neuseeland, Australien, Argentinien, die USA und die Türkei.

Kaschmir ist das marklose und daher sehr feine Unterhaar von Ziegen, das in allen Farben vorkommt; die häufigtformasten sind grau, braun und schwarz. Die daraus gewonnene Wolle wird auch unter der Bezeichnung Kaschmir vermarktet. **Kaschmirziegen** haben mehr und längeres Unterhaar als andere Ziegenrassen, deren Unterhaar dem Kaschmir zwar sehr ähnlich ist, die Qualität und die Menge ist aber zu unterschiedlich, um diese Fasern nutzen zu können. Neben dem Unterhaar haben Kaschmirziegen auch noch das markhaltige, lange und grobe Oberhaar und sind deshalb sehr gut gegen Kälte und Hitze geschützt. Herkunftsgebiete der Kaschmirziegen sind die Hochebenen und Hochgebirge in China, Monoglei, Nordindien, Pakistan, Iran, Afghanistan, Irak und angrenzenden Ländern. Kaschmirziegen gehören dort nicht einer einzelnen Rasse an, sondern bilden eine **Rassengruppe** von etwa 20 Rassen. In Europa bestehen seit Ende der 1980er-Jahre einige Initiativen (z. B. Island und Schottland), die Zucht von Kaschmirziegen zu etablieren. Kaschmirziegen werden üblicherweise nicht geschoren, sondern das extrem feine Unterhaar, das mit 15–20 µm Durchmesser eine der feinsten tierischen Fasern ist, wird aus dem Vlies herausgekämmt. Diese Form der Wollgewinnung ermöglicht zwar nur geringe, aber sehr hochwertige Erträge.

Farbfotos und teilweise Beschreibungen von **Ziegenrassen** sind bei folgenden Quellen zu finden:

- GALL, C., 2001: Ziegenzucht. 2. Auflage, Verlag Eugen Ulmer Stuttgart
- KÜHNEMANN, H., 2008: Ziegen. 2. Auflage, Verlag Eugen Ulmer Stuttgart
- LÖHLE, K., LEUCHT, W., 1997: Ziegen und Schafe. Verlag Eugen Ulmer Stuttgart
- SAMBRAUS, H. H., 2011: Farbatlas Nutztierrassen. 7. Auflage, Verlag Eugen Ulmer Stuttgart
- SAMBRAUS, H. H., 2010: Farbatlas seltene Nutztiere. Verlag Eugen Ulmer Stuttgart
- SAMBRAUS, H. H., 2010: Gefährdete Nutztierrassen. 3. Auflage, Verlag Eugen Ulmer Stuttgart
- Internet allgemein: Die Bezeichnung der Rasse mit der Bilder-Suchfunktion „googeln“
- aid infodienst (Ernährung, Landwirtschaft, Verbraucherschutz e. V.): www.aid.de > Landwirtschaft > Nutztiere
- Schaf- und Ziegenzuchtverbände aus Bayern, Österreich und Südtirol: www.alpinetgheep.eu
- Schweizerischer Ziegenzuchtverband: http://szzv.caprovis.ch > Rassen
- Gesellschaft zur Erhaltung alter und gefährdeter Haustierrassen e. V. (GEH): www.g-e-h.de > Rassebeschreibungen
- Arche Austria – Verein zur Erhaltung seltener Nutztierrassen: www.arche-austria.at > Rassen
- Österreichische Nationalvereinigung für Genreserven (ÖNGENE): www.oengene.at > Rassen

- Schweizerische Stiftung für die kulturhistorische und genetische Vielfalt von Pflanzen und Tieren (ProSpecieRara): www.prospecierara.ch > Tiere
- Oklahoma State University, USA, Breeds of Livestock: www.ansi.okstate.edu/breeds

Bedeutung der Ziegenrassen

Die **Bedeutung** der verschiedenen **Ziegenrassen** in Deutschland, Österreich und der Schweiz ist in Tab. 9.10 dargestellt. Da bei der offiziellen statistischen Erhebung des Ziegenbestandes die Rassenzugehörigkeit nicht berücksichtigt wird, basieren die Angaben in Tab. 9.10 auf der Anzahl weiblicher Zuchtziegen, die von den Züchtervereinigungen erfasst werden. Weiters ist davon auszugehen, dass der Anteil Zuchttiere an der gesamten Population (d. h. die Zuchtstufe) nicht in allen Rassen gleich groß ist. Dies bedeutet, dass die relativen Anteile der Ziegenrassen am gesamten Ziegenbestand eines Landes gegenüber den relativen Anteilen an den weiblichen Zuchtziegen etwas verzerrt sein werden.

Aus Tab. 9.10 ist klar ersichtlich, dass in allen drei Ländern etwa 65–70% der Zuchtziegen den **Milchziegen** im Sinne einer Einnutzungs-

Tab. 9.10 Relative Anteile (%) der Ziegenrassen an den weiblichen Zuchtziegen in Deutschland, Österreich und der Schweiz im Jahr 2014 (VIT, 2015; BMLFUW, 2015; SBV, 2015)

Deutschland		Österreich		Schweiz	
Rasse	%	Rasse	%	Rasse	%
Bunte Deutsche Edelziege	31,4	Saanenziege	50,7	Gemsfarbige Gebirgsziege	28,5
Weiße Deutsche Edelziege	29,4	Gemsfarbige Gebirgsziege	16,8	Saanenziege	24,4
Burenziege	16,2	Tauernschecken	10,2	Toggenburger Ziege	12,8
Thüringer Waldziege	6,2	Burenziege	4,2	Bündner Strahlenziege	7,5
Toggenburger Ziege	5,6	Pinzgauer Ziege	3,6	Walliser Schwarzhalsziege	7,3
Anglo-Nubier Ziege	2,2	Toggenburger Ziege	2,7	Burenziege	6,0
Saanenziege	1,9	Steirische Scheckenziege	2,5	Appenzeller Ziege	4,8
Walliser Schwarzhalsziege	1,4	Bunte Deutsche Edelziege	2,5	Pfauenziege	3,7
Angoraziege	0,9	Pfauenziege	2,4	Nera Verzasca	3,2
Harzer Ziege	0,8	Blobe Ziege	1,7	Stiefelgeiss	1,5
Zwergziege	0,6	Walliser Schwarzhalsziege	0,8	Anglo-Nubier Ziege	0,3
Holländer Schecken	0,5	Bündner Strahlenziege	0,8		
Poitevine	0,5	Pinzgauer Strahlenziege	0,6		
Sonstige	2,4	Anglo-Nubier Ziege	0,4		
Gesamt Stück	129,7	Gesamt Stück	11,9	Gesamt Stück	31,6
Einheit	Tsd.	Einheit	Tsd.	Einheit	Tsd.

Rasse angehören. In **Deutschland** 66,4% mit Bunter bzw. Weißer Deutschen Edelziege (31,4 bzw. 29,4%) und Toggenburger Ziege (5,6%); in **Österreich** 72,7% mit Saanenziege (50,7%), Gemsfarbiger Gebirgsziege (16,8%), Toggenburger Ziege (2,7%) und Bunter Deutscher Edelziege (2,5%); sowie in der **Schweiz** 70,5% mit Gemsfarbiger Gebirgsziege (28,5%), Saanenziege (24,4%), Toggenburger Ziege (12,8%) und Appenzeller Ziege (4,8%). Auffallend ist, dass in Deutschland die Saanenziege nur sehr gering, in Österreich die Weiße Deutsche Edelziege und in der Schweiz die beiden Deutschen Edelziegen gar nicht züchterisch bearbeitet werden, was mit der Zuchtgeschichte dieser Rassen zusammenhängt. Die **Fleischrasse** Burenziege hat in Deutschland mit 16,2% einen beachtlichen und damit deutlich höheren Anteil als in Österreich (4,2%) und in der Schweiz (6,0%). Der Rest verteilt sich in allen Ländern auf die diversen milchbetonten Zweinutzungs-Rassen, und in Deutschland auch auf die „Spezialrassen" Angoraziege und Zwergziege.

9.5 Pferde

9.5.1 Abstammung

Die Stellung der **Pferde** in der zoologischen Systematik nach GRZIMEK (1988) und IUCN (2002) ist in Tab. 9.11 auszugsweise dargestellt. Von den sieben Arten der Gattung Pferde oder Einhufer *(Equus)* sind die ersten vier Arten in Afrika beheimatet, während die drei Arten Halbesel (auch Asiatischer Wildesel genannt), Kiang (auch Tibetanischer Wildesel genannt) und Przewalski-Pferd (auch Mongolisches Wildpferd genannt) in Asien nur noch in kleinen Populationen vorkommen. Das **Przewalski-Pferd** *(Equus ferus przewalskii)* ist die einzige noch lebende Unterart des ausgestorbenen **Wildpferdes** *(Equus ferus)*, von dem unsere **Hauspferde** abstammen, wobei die Domestikationsgeschichte noch nicht restlos geklärt ist. Die **Hausesel** stammen vom Afrikanischen Wildesel *(Equus africanus)* ab. Die letzten echten Wildpferde wurden Ende des 19. Jahrhunderts vom russischen Offizier und Forschungsreisenden NIKOLAI MICHAILOWITSCH PRZEWALSKI in der Mongolei entdeckt und später nach ihm benannt. Ihr Bestand ist heute sehr stark bedroht. Es werden deshalb in der Mongolei Auswilderungsversuche von Przewalski-Pferden durchgeführt, die aus einem internationalen Erhaltungszucht-Programm mit in Zoos gehaltenen Przewalski-Pferden stammen. Das **Przewalski-Pferd** ist ein stämmiges und kompaktes Pferd vom Typ eines Ponys mit einem schweren Kopf. Typische Kennzeichen sind: rötlichbraune Fellfarbe an der Oberseite des Rumpfs, die Unterseite heller, dunkler Aalstrich auf dem Rücken, schwarze Stehmähne und Schweif, schwarze Beine oberhalb der Hufe sowie ein nahezu weißes „Mehlmaul". Von den echten Wildpferden müssen die **wildpferdeähnlichen Populationen** klar unterschieden werden. Wildpferdeähnliche Populationen bestehen aus verwilderten oder frei lebenden Hauspferden. Die bekanntesten sind die Mustangs in Nord- und Südamerika, die Ca-

Tab. 9.11 Stellung der Pferde in der zoologischen Systematik nach Grzimek (1988) und IUCN (2002)

Klasse:	**Säugetiere (Mammalia)**		
Ordnung:	Paarhufer *(Artiodactyla)*		**Unpaarhufer** *(Perissodactyla)*
Unterordnung:	Wiederkäuer *(Ruminantia)*	Nichtwiederkäuer *(Nonruminantia)*	
Familie:	Hirschferkel Hirsche Giraffen Gabelhorntiere Hornträger	Pekaris Flusspferde Schweine	Tapire Nashörner **Pferde** *(Equidae)*
Gattung:			**Pferde (Einhufer)** *(Equus)* mit 7 Arten
Art:			Steppenzebra *(Equus quagga)* – 6 UA* Bergzebra *(Equus zebra)* – 2 UA Grevy-Zebra *(Equus grevy)* Afrikan. Wildesel *(Equus africanus)* – 2 UA Halbesel *(Equus hemionus)* – 5 UA Kiang *(Equus kiang)* – 3 UA **Przewalski-Pferd** *(Equus ferus przewalskii)*

* UA = Unterart

margue-Pferde in Südfrankreich oder die Dülmener-Wildpferde im Merfelder Bruch, einem Naturschutzgebiet nahe der Stadt Dülmen im Münsterland in Deutschland. Alle Arten der Equiden lassen sich vom Menschen miteinander kreuzen. Die Nachkommen sind bis auf Ausnahmen allerdings unfruchtbar. Für die praktische Nutzung spielt nur die Paarung Esel × Pferd mit den entsprechenden Kreuzungstieren **Maultier** (Eselhengst × Pferdestute, volkstümlich „Muli") bzw. **Maulesel** (Pferdehengst × Eselstute) ein gewisse Rolle (Kap. 7.2.1).

Verhältnis Pferd und Mensch

Das Pferd wurde erst in einer zweiten Welle nach Schaf, Ziege, Schwein und Rind domestiziert. Es ist aber besonders eng mit der kulturellen Entwicklung des Menschen verknüpft, indem es als **Zug-** und **Reittier** bis zum Beginn der Motorisierung in den 1950er-Jahren einen entscheidenden Beitrag in der Landwirtschaft, im Transportwesen und in unzähligen Kriegen geleistet hatte. Heute ist das Pferd in den industrialisierten Regionen als landwirtschaftliches Nutztier nahezu bedeutungslos geworden und wird fast ausschließlich als **Sport-** und **Freizeitpferd** genutzt. Weltweit ist es nicht annähernd so zahlreich vertreten wie Rind, Schaf, Schwein und Ziege (Kap. 1.2.1, Tab. 1.1–1.3), es kommt aber in allen Klimazonen vor. Der Mensch hat zum Pferd immer ein engeres Verhältnis gehabt als zu den übrigen landwirtschaftlichen Nutztieren. Dies ist wohl darauf zurückzuführen, dass Pferde eine starke Sensibilität sowie Fähigkeit haben, sich auf den Menschen einzustellen und auf einfache körperliche oder akustische Anweisungen zu reagieren. Ein weiterer Grund für dieses besondere Verhältnis liegt wahrscheinlich auch darin, dass der Nutzungszweck des Pferdes nicht primär die Erzeugung tierischer Produkte für die menschliche Ernährung ist (d.h. Fleisch und Milch), sondern Leistungen in der Zusammenarbeit mit dem Menschen. Abschließend sei noch darauf verwiesen, dass bei **Pferden**, im Gegensatz zu anderen Nutzierarten, kein markanter Unterschied zwischen den **Geschlechtern** besteht. Hengste sind nur einige Zentimeter größer und etwas schwerer als Stuten. Allgemein sind sie am kompakteren Körperbau, am stärkeren Oberhals (der sogenannte Hengstkamm) sowie am heftigeren Temperament zu erkennen.

9.5.2 Nutzungsrichtungen und Rassen

Die Nutzungsrichtungen waren Jahrhunderte lang als **Zug-** bzw. **Arbeitspferde** und **Reitpferde** klar vorgegeben. Mit der Motorisierung ist die Bedeutung der Zugpferde zumindest in den industrialisierten Regionen der Welt drastisch zurückgegangen. Das physische Leistungsvermögen von Pferden hat überwiegend nur noch im **Sport**, der **Freizeitgestaltung** und als **Kulturgut** eine Bedeutung; z.B. Galopp- und Trabrennsport, Springsport, Dressursport, Vielseitigkeit (Military), Fahrsport (Gespanne, Kutschen), sowie als Freizeitpferde und Kulturgüter (Lipizzaner, Andalusier, diverse andere staatliche Gestüte). Die Erzeugung und der Konsum von Pferdefleisch ist sehr länderspezifisch und erfolgt in Deutschland, Österreich und der Schweiz in einem kaum wahrnehmbaren Umfang. Die Produktion von Stutenmilch für die menschliche Ernährung (diätetische Wirkung) und kosmetische Produkte ist eine arbeitsintensive Nischenproduktion.

Gruppen von Pferderassen

Die Benennung der Pferderassen erfolgt häufig nach dem ursprünglichen **Zuchtgebiet** wie z.B. Araber, Andalusier, Hannoveraner, Holsteiner, Mecklenburger, Oldenburger, Westfalen, Süddeutsches Kaltblut, Schwarzwälder Kaltblut, Schleswiger Kaltblut, Brabanter, Ardenner, Bretone, Noriker, Haflinger, Isländer, Shetland-Pony, Welsh-Pony oder nach dem **Ursprungsgestüt** wie Trakehner, Lipizzaner und Kladruber. Für die Zusammenfassung der Pferderassen zu Gruppen werden üblicherweise folgenden Kriterien verwendet:

- **Größe** (Widerristhöhe) bzw. **Gewicht**: Großpferde, Ponys und Kleinpferde bzw. leichte, mittelschwere, schwere Pferde
- **Interieur** *(lat. interior: im Inneren befindlich)* z.B. Charakter und Temperament: Vollblut-, Warmblut- und Kaltblutpferde
- **Nutzung:** Renn-, Reit-, Fahr- und Zugpferde

Dabei schließt ein Kriterium die anderen nicht aus. So können Großpferde Vollblut-, Warmblut- oder Kaltblutpferde sein, Zugpferde sind wiederum überwiegend Kaltblut- oder schwere Warmblutpferde und Reitpferde sind fast ausschließlich Warmblutpferde, Ponys und Kleinpferde. Für die Beurteilung und das Verständnis von **Pferderassen** ist es sehr hilfreich, die wichtigsten Kennzeichen der Vollblut-, Warmblut- und Kaltblutpferde zu kennen.

Vollblutpferde

Arabisches Vollblut, Reit- oder Rennpferde

Als Vollblutpferde im engeren Sinn gelten nur das Arabische und Englische Vollblut. Das **Arabische Vollblut** ist die älteste durch Züchtung entstandene Pferderasse, die durch die Jahrhunderte sehr stark von der strengen Selektion durch die harten Umweltbedingungen in den Wüstenregionen der Arabischen Halbinsel geformt wurde. Es sind mittelgroße, feingliedrige, edle Pferde, die sich durch hohe Ausdauer, Robustheit, Temperament, Langlebigkeit, Wendigkeit und hohes Regenerationsvermögen auszeichnen. Arabische Vollblüter sind vielseitig veranlagt und können als Reit- oder Rennpferd in verschiedenen Disziplinen, vor allem für Distanzritte, verwendet werden. Unter der Bezeichnung **Arabische Pferde** bzw. **Arabische Rassen** werden neben dem Arabischen Vollblut auch die Rassen Shagya-Araber, Anglo-Araber, Araber und Arabisches Halbblut zusammengefasst. Das Arabische Vollblut wurde und wird für die Veredelung vieler Pferderassen eingekreuzt und war auch Anfang des 18. Jahrhunderts maßgeblich an der züchterischen Entwicklung des Englischen Vollbluts beteiligt.

Englisches Vollblut, Rennpferde

Das **Englische Vollblut** entstand in England und wird seit über 200 Jahren nur auf **Rennleistung** gezüchtet, d. h. Schnelligkeit und Ausdauer für Galopp- und Hindernisrennen (Kap. 2.6). Es sind große Pferde mit feinem trockenen Kopf, muskulösem langen Hals, mittellangem Rücken, kräftiger und langer Kruppe (Muskeln der Beckenregion) und kräftigem Fundament. Seit 1793 ist das „General Stud Book" des Englischen Vollbluts geschlossen. Dies bedeutet, dass nur Tiere in das Zuchtbuch eingetragen werden können, deren Eltern bereits im Zuchtbuch eingetragen sind. Englische Vollblüter, oft werden sie nur als Vollblüter bezeichnet (im Englischen übrigens „Thoroughbred", was so viel wie „durchgezüchtet" bedeutet), werden heute weltweit gezüchtet und laufen in über 80 Ländern Rennen. Vollblüter sind vielseitig verwendbar, weshalb sie auch an der Entwicklung vieler Warmblutrassen beteiligt waren, und auch heutzutage immer wieder zur Veredelung eingesetzt werden. Eine andere Gruppe von **Rennpferden** stellt der sogenannte **Traber** dar, der für Trabrennen gezüchtet wird. Bei Trabrennen müssen die Pferde einen leichten, zweirädrigen, gummibereiften Rennwagen, den sogenannten Sulky, mit dem Fahrer ziehen und die vorgegebene Strecke in der **Gangart Trab** absolvieren. Dabei handelt es sich um einen speziellen, flachen Renntrab, der nahezu die Geschwindigkeit des gestreckten Galopps erreicht. Springt das Pferd während des Trabrennens in die Gangart Galopp um, so führt dies zur Disqualifikation.

Warmblutpferde

Sport- und Freizeitpferde

Das Warmblutpferd war früher ein kräftiges kombiniertes Reit- und Wagenpferd. Der schwere Warmbluttyp wurde dabei vor allem als Fahr- und Zugpferd verwendet. Mit der steigenden Motorisierung kam es ab Mitte der 1950er-Jahre bei nahezu allen Rassen durch Veredelung mit Englischem Vollblut und Arabischen Rassen zu einem Typwandel in Richtung **Sport-** und **Freizeitpferd**. Gleichzeitig kam es zu einem verstärkten Austausch von Zuchttieren zwischen den Zuchtverbänden, sodass sich die im Typ unterschiedlichen deutschen Warmblut-Rassen anglichen. Dies führte dazu, dass sich die Pferdezuchtverbände im Jahr 1975 dazu entschlossen haben, ein einheitliches **Rahmenzuchtziel** unter der Bezeichnung **„Deutsches Reitpferd"** für die regionalen Warmblut-Rassen zu formulieren. Die praktische Zuchtarbeit erfolgt nach wie vor in den einzelnen Zuchtverbänden mit individuellen Schwerpunkten, wobei Übereinstimmungen aber durchaus gewollt sind. Das Deutsche Reitpferd ist gutmütig, ausgeglichen, nervenstark, leistungsbereit und ausdauernd. Aufgrund seines Temperaments, seines Charakters und seiner Rittigkeit ist es in Europa das mit Abstand bedeutendste **Freizeitpferd** und weltweit gesehen führend als **Sportpferd** im Turniersport (d. h. springen) und in der Dressur (Kap. 2.6.2). **Beispiele** für **Warmblut-Rassen** – oder anders ausgedrückt – Beispiele für Zuchtpopulationen der deutsche Reitpferdezucht in **Deutschland** sind: Hannoveraner, Holsteiner, Mecklenburger, Oldenburger, Westfalen, Baden-Württemberger, Bayerisches Warmblut, Trakehner, Rheinländer, Mecklenburger. In **Österreich** und der **Schweiz** wird nur die Bezeichnung **Warmblut** verwendet. **Schwere Warmblüter** sind Pferde, die historisch gesehen auf die Rassen Ostfriese und Oldenburger zurückgehen, und nach der Konsolidierung der Bestände seit Mitte der 1990er-Jahre als Fahrpferde mit Reiteignung gezüchtet werden und wieder an Bedeutung gewinnen.

Kaltblutpferde

Zug- und Fahrpferde

Die Bezeichnung **Kaltblut** umfasst jene Pferderassen, die ein hohes Körpergewicht, eine kräftig entwickelte Muskulatur, ausgeprägte Körperformen (d. h. breite, tiefe Brust, gute Rippenwölbung, große und feste Hufe) sowie ein ruhiges Temperament haben und für den schweren Zug gezüchtet werden. Besondere Kennzeichen sind die „gespaltene Kruppe" (d. h. von hinten gesehen überragen die Muskeln der Beckenregion auf beiden Seiten das Kreuzbein) und der raumgreifende, energische Schritt. In anderen Sprachen werden diese Pferde deshalb als **„Schwere Pferde"** oder **„Zugpferde"** bezeichnet. Kaltblutpferde gehören zu den jüngsten Populationen unter den heute bekannten Pferderassen. Die Blütezeit der Kaltblutzucht dauerte etwa von 1850–1950, weil in dieser Zeit in der Landwirtschaft Pferde benötigt wurden, die für einen intensiveren Ackerbau mit tiefer Pflugfurche und schweren Erntegeräten geeignet waren. Aber auch im Transportgewerbe gab es einen Bedarf an kräftigen Zugpferden für den Transport schwerer Lasten. Seit Beginn der Motorisierung in den 1950er-Jahren ist die Bedeutung der Kaltblutpferde drastisch zurückgegangen und deshalb wurden die Zuchtziele für einige Rassen in Richtung leichterer Typ mit größerer Beweglichkeit für die verstärkte Verwendung als Reit- und Freizeitpferd geändert. Verwendung als **Zugtiere** finden **Kaltblutpferde** heute für die Holzrückung (d. h. bodenschonende Waldarbeit), als **Fahrpferd** für Kutschen und Schlitten (Tourismus, Sport) oder für Repräsentations- sowie Schauzwecke (z. B. Brauereigespanne für die Eröffnung des Münchner Oktoberfestes). Während in Deutschland, Österreich und der Schweiz alle Kaltblutrassen in ihrem Bestand mehr oder weniger stark bedroht bzw. gefährdet sind, gibt es z. B. in Italien, Frankreich und Belgien stabile Populationen, weil in diesen Ländern aufgrund der dortigen Verzehrsgewohnheiten diese Pferde für die Fleischproduktion verwendet werden. **Beispiele** für **Kaltblut-Rassen** in **Deutschland** sind Süddeutsches Kaltblut, Rheinisch-Deutsches Kaltblut, Schwarzwälder Kaltblut, Schleswiger Kaltblut, Pfalz-Ardenner Kaltblut und Noriker **(Österreich)** sowie Freiberger **(Schweiz)**.

Ponys und Kleinpferde

Vielfalt an Typen

Die Bezeichnung **Ponys und Kleinpferde** bringt zum Ausdruck, dass es sich um „kleine" Pferde handelt. Üblicherweise versteht man darunter Pferde, deren Widerristhöhe (auch Stockmaß genannt) kleiner als 148 cm ist. Diese Definition muss aber flexibel interpretiert werden, weil die Größe allein nicht als biologische Begründung ausreicht. Ponys und Kleinpferde gibt es in vielen verschiedenen Typen und Tiere einiger Rassen sind auch größer als 148 cm. Allgemein zeichnen sie sich durch Ausdauer, Fruchtbarkeit und Langlebigkeit aus, haben geringere Ansprüche an Fütterung und Haltung als andere Pferderassen und können sehr vielseitig verwendet werden (d. h. Reit-, Fahr-, Zug-, Tragpferd). Hauptsächlich eignen sie sich als **Reitpferde** für Kinder und Jugendliche, einige Rassen aber auch für Erwachsene. Ponys und Kleinpferde stammen überwiegend aus dem britischen und skandinavischen Raum und haben sich dort unter kargen Umweltverhältnissen an teilweise isolierten Standorten wie Inseln (z. B. Islandpferd, Shetland-Pony) entwickelt. Ausnahmen sind das Deutsche Reitpony und der Haflinger. Das **Deutsche Reitpony** ist ab etwa 1965 aus der Kreuzung verschiedener reinrassiger britischer Reitponys sowie der Kreuzung mit Großpferde-Hengsten hervorgegangen. Heute ist das Zuchtbuch des Deutschen Reitponys für 40 Rassen offen, und es wird Veredelungszucht betrieben. Der **Haflinger** stammt ursprünglich von kleinen Südtiroler Saumpferden ab, in die Noriker und Arabisches Vollblut eingekreuzt worden waren. Er hatte sich dadurch zu einem ausgezeichneten Vielzweckpferd für Landwirtschaft und Militär (Tragtier) entwickelt. Seit etwa 1900 wird die Rasse nach dem Bergdorf Hafling in der Nähe von Meran/Südtirol (bis 1919 ein Teil Österreichs) bezeichnet und die rassetypischen Merkmale sind die Fuchsfarbe mit heller oder weißer Mähne bzw. Schweif. Nach dem Zweiten Weltkrieg wurde der Haflinger durch Veredelungszucht mit Arabischen Vollblut-Hengsten zum gutmütigen und umgänglichen Freizeitpferd weiterentwickelt (v. a. reiten und fahren). **Beispiele** für **Ponys und Kleinpferde** in Deutschland, Österreich und der Schweiz sind: Deutsches Reitpony, Haflinger, Poney Romand, Islandpferd, Shetland Pony, Welsh Pony,

Fjordpferd, Connemara Pony, Lewitzer, New Forest Pony, Dartmoor Pony usw.

Farbfotos und teilweise Beschreibungen von **Pferderassen** sind bei folgenden Quellen zu finden:

- BEHLING, S., 2005: Pferderassen. Franckh-Kosmos Verlag Stuttgart
- EDWARDS, E. H., 2008: Pferde – Die neue Enzyklopädie. Dorling Kindersley Verlag, München
- HALLER, M., 2009: Der neue Kosmos Pferdeführer. Franckh-Kosmos Verlag Stuttgart
- HARTMANN, O., 2006: Pferdezucht. Verlag Eugen Ulmer Stuttgart
- SAMBRAUS, H. H., 2011: Farbatlas Nutztierrassen. 7. Auflage, Verlag Eugen Ulmer Stuttgart
- SAMBRAUS, H. H., 2010: Farbatlas seltene Nutztiere. Verlag Eugen Ulmer Stuttgart
- SAMBRAUS, H. H., 2010: Gefährdete Nutztierrassen. 3. Auflage, Verlag Eugen Ulmer Stuttgart
- Internet allgemein: Die Bezeichnung der Rasse mit der Bilder-Suchfunktion „googeln"
- Zentrale Arbeitsgemeinschaft Österreichischer Pferdezüchter (ZAP): www.pferdezucht-austria.at > Rassen
- Gesellschaft zur Erhaltung alter und gefährdeter Haustierrassen e. V. (GEH): www.g-e-h.de > Rassebeschreibungen
- Arche Austria – Verein zur Erhaltung seltener Nutztierrassen: www.arche-austria.at > Tiere
- Österreichische Nationalvereinigung für Genreserven (ÖNGENE): www.oengene.at > Rassen
- Deutsche Reiterliche Vereinigung (FN): www.pferd-aktuell.de
- Oklahoma State University, USA, Breeds of Livestock: www.ansi.okstate.edu/breeds

Bedeutung der Pferderassen

Die **Bedeutung** der verschiedenen **Pferderassen** in Deutschland, Österreich und der Schweiz ist in Tab. 9.12 dargestellt. Da bei der offiziellen statistischen Erhebung des Pferdebestandes die Rassenzugehörigkeit nicht berücksichtigt wird, basieren die Angaben in Tab. 9.12 auf der Anzahl Stuten, die von den Züchtervereinigungen erfasst werden. Weiters ist davon auszugehen, dass der Anteil Zuchttiere an der gesamten Population (d.h. die Zuchtstufe) nicht in allen Rassen gleich groß ist. Dies bedeutet, dass die relativen Anteile der Pferderassen am gesamten Pferdebestand eines Landes gegenüber den relativen Anteilen an den weiblichen Zuchttieren etwas verzerrt sein werden.

Aus Tab. 9.12 ist ersichtlich, dass in **Deutschland** Warmblutpferde bzw. das **Deutsche Reitpferd** mit 61,1% klar dominieren. Die auch unter Reitpferde zusammengefassten Arabischen Pferde (2,1%), Schweres Warmblut (1,4%) und Vollblut (0,3%) folgen mit sehr großem Abstand. In **Österreich** und der **Schweiz** haben Reitpferde mit jeweils knapp 20% Anteil an den Zuchtstuten eine deutlich geringere Bedeutung.

Tab. 9.12 Relative Anteile (%) der Pferderassen an den Zuchtstuten in Deutschland und Österreich im Jahr 2014 bzw. in der Schweiz im Jahr 2012 (FN, 2015; ZAP, 2015; SBV, 2015; AGROSCOPE, 2013)

Deutschland		Österreich		Schweiz	
Reitpferde	%	**Reitpferde**	%	**Reitpferde**	%
Warmblut/ Dt. Reitpferd	61,1	Warmblut	15,9	Warmblut	18,2
Arabische Pferde	2,1	Arabische Pferde	4,3	Arabische Pferde	1,7
Schweres Warmblut	1,4	Vollblut	0,4		
Vollblut	0,3				
Kaltblutpferde		**Kaltblutpferde**		**Kaltblutpferde**	
Süddeutsches Kaltblut	2,2	Noriker	30,9	Freiberger	60,0
Rhein.-Deutsches Kaltblut	1,4				
Schwarzwälder Kaltblut	1,1				
Schleswiger Kaltblut	0,2				
Sonstige	0,3				
Ponys und Kleinpferde		**Ponys und Kleinpferde**		**Ponys und Kleinpferde**	
Deutsches Reitpony	5,7	Haflinger	23,1	Haflinger	5,8
Islandpferd	5,6	Ponys (allg.)	3,6	Islandpferd	2,1
Haflinger	4,6			Shetland Pony	2,1
Shetland Pony	2,6			Sonstige	2,9
Welsh Pony	1,4				
Sonstige	3,8				
Rennpferde		**Rennpferde**		**Rennpferde**	
Englisches Vollblut	1,7	–	–	Galopp Schweiz	0,7
Traber	0,6	–	–	Suisse Trot	1,1
Spezialrassen	**3,9**	**Spezialrassen**	**21,8**	**Spezialrassen**	**5,3**
Gesamt Stück	85,2	Gesamt Stück	14,6	Gesamt Stück	5,0
Einheit	Tsd.	Einheit	Tsd.	Einheit	Tsd.

Kaltblutpferde spielen in **Deutschland** mit ca. 5% nur eine sehr untergeordnete Rolle, während sie in **Österreich** mit der Rasse Noriker (30,9%) und in der **Schweiz** mit der Rasse Freiberger (60,0%) eine große bzw. dominierende Stellung einnehmen. **Ponys und Kleinpferde** machen in **Deutschland** ungefähr 25% der Zuchtstuten aus, wobei das Deutsche Reitpony mit 5,7%, das Islandpferd mit 5,6% und der Haflinger mit

4,6% die wichtigsten sind, während in **Österreich** der Haflinger mit 23,1% klar dominiert. In der **Schweiz** ist auch der Haflinger die wichtigste Rasse der Ponys und Kleinpferde, hat aber mit 5,8% einen deutlich geringeren Anteil als in Österreich. Für Rennpferde, d.h. Englisches Vollblut und Traber, gibt es nur in Deutschland und der Schweiz eine organisierte Zucht, wobei deren Anteil mit 2,2 bzw. 1,9% aber sehr gering ist. Die unter der Bezeichnung **Spezialrassen** zusammengefassten Rassen sind hauptsächlich die sogenannten Westernpferde („Cowboy-Pferde") wie Quarter Horse, Paint Horse, Appaloosa oder die Rassen Pinto, Friesenpferd, Knapstrupper, Tinker und Lipizzaner.

Spezialrassen

Der sehr hohe Anteil Spezialrassen von 21,8% in Österreich ist vor allem durch eine außergewöhnlich große Quater Horse Population und die Rasse **Lipizzaner** bedingt. Sie sind die Pferde der **Spanischen Hofreitschule in Wien** (www.srs.at) und leisten weltweit für das touristische Image Österreichs einen wichtigen Beitrag. Die Lipizzaner gehen auf das 1580 in der Nähe von Triest gegründete Gestüt in Lipica (heute Slowenien) zurück. Zuchtziel war ein barockes Parade- und Repräsentationspferd. Ausgangsbasis waren spanische und italienische Barockpferde und ab Mitte des 19. Jahrhunderts wurden Arabische Vollblut-Hengste eingekreuzt. Die Lipizzaner-Zucht basiert auch heute noch auf den traditionellen sechs Hengstlinien. Nach dem Zusammenbruch der Habsburger-Monarchie im Jahr 1918 wurde die Zuchtherde aufgeteilt. Ein Drittel der Pferde blieb in Lipica und je ein Drittel wurde nach Österreich und Ungarn gebracht. Das österreichische Gestüt wurde in Piber bei Köflach (Steiermark) angesiedelt. Die **Fohlen** werden **schwarz** oder **braun geboren** und im Alter von fünf bis sieben Jahren werden die Pferde weiß. Andere Farben werden in Österreich zur Zucht nicht verwendet. Lipizzaner sind durch den ausdrucksvollen, oft ramsnasigen Kopf (d.h. leicht aufgewölbtes Nasenbein), den kräftigen, hoch aufgesetzten Hals und einen kräftigen, muskulösen Rücken gekennzeichnet. Sie haben eine Widerristhöhe von 150–160 cm und sind etwa 500 kg schwer. In der Spanischen Hofreitschule in Wien werden nur Hengste ausgebildet und für die Dressurvorführungen verwendet.

9.6 Geflügel (Hühner, Puten)

9.6.1 Abstammung

Die Stellung der Hühner und Puten (Truthühner) in der zoologischen Systematik nach RAETHEL (1988) ist in Tab. 9.13 auszugsweise dargestellt. Die Bezeichnung Puten wird in der zoologischen Systematik nicht verwendet. Die Abstammung der **Haushühner** ist nicht ganz genau geklärt, aber es waren neben dem Bankivahuhn wohl auch die anderen drei Arten beteiligt. Domestikationszentren waren vor ca. 4.500 Jahren im Raum Indien – Südchina – Indonesien. Für den Menschen dürfte für die Ernährung primär das Gelege von Interesse gewesen sein und erst in weiterer Folge wurde auch das Fleisch der Tiere verzehrt. Von Indien

Tab. 9.13 Stellung der Hühner und Puten (Truthühner) in der zoologischen Systematik nach Raethel (1988)

Klasse:	**Vögel (Aves)**	
Ordnung:	**Hühnervögel** *(Galliformes)*	
Familie:	**Eigentliche Fasane** *(Phasianidae)*	**Truthühner** *(Meleagrididae)*
Gattung:	48 Gattungen, z. B. Rebhühner Wachteln Pfaufasane Hühnerfasane **Kammhühner** *(Gallus)* mit 4 Arten	Pfauentruthühner Truthühner mit 1 Art
Art:	Sonnerathuhn *(Gallus sonnerati)* Lafayettehuhn *(Gallus lafayetti)* Gabelschwanzhuhn *(Gallus varius)* **Bankivahuhn** *(Gallus gallus)* mit 4 Unterarten	**Bronzetruthuhn** *(Meleagris gallopavo)* mit 7 Unterarten

aus wurden domestizierte Hühner ab 1.500 v. Chr. nach Westen verbreitet. Aus dem 5. und 4. Jahrhundert v. Chr. gibt es in Europa bereits Beschreibungen von verschiedenen Hühnerrassen und Techniken wie das Kapaunisieren (Kastrieren) und das Ausbrüten von Eiern. Ein erster Höhepunkt der Hühnerhaltung wurde in Europa im Mittelalter erreicht. Danach erst wieder ab der zweiten Hälfte des 19. Jahrhunderts als über England große und schwere asiatische Hühnerrassen importiert und in der Hühnerzucht verwendet wurden.

Puten (Haustruthühner) sind aus der Wildart **Bronzetruthühner** *(Meleagris gallopavo)* hervorgegangen. Die Heimat der wilden Truthühner liegt im südlichen Nordamerika und in Teilen Mittelamerikas. Ihr Lebensraum erstreckt sich von subtropischen Regionen bis in Hochwälder aus Kiefern und Eichen. Männliche Tiere sind doppelt so schwer wie weibliche und die Domestikation erfolgte wahrscheinlich im Gebiet des heutigen Mexiko. Truthühner sind die **größten** und **schwersten Hühnervögel**. Sie wurden um 1520 als „Indische Hühner“ nach Spanien gebracht und haben sich von dort in Europa verbreitet.

9.6.2 Nutzungsrichtungen und Rassen

Hühner und Puten haben als Nutztiere eine besondere Bedeutung, weil ihre Produkte Eier und Fleisch (bei Puten nur Fleisch) unabhängig von religiösen oder ethnischen Gründen gegessen werden und deshalb weltweit eine große Bedeutung für die menschliche Ernährung haben. Die sehr große Vielfalt an Hühnerrassen wird im deutschsprachigen Raum üblicherweise in sieben **Rassengruppen** eingeteilt. Die folgenden sehr kurzen Beschreibungen und vereinzelten Beispiele für Rassen sollen nur der groben Orientierung dienen und sind natürlich unvollständig:

- **Kämpfer** (ältestes Rassegeflügel, lange Beine, breite und muskulöse Brust, aufrechte Körperhaltung): Malayen, Asil, Shamo, Sumatra, Indische-, Vietnamesische-, Belgische und Englische Kämpfer (z. B. Cornish: hatte einen großen Einfluss auf die Broilerzucht)
- **Rassen im asiatischen TypHühner** (generell schwere Hühner, gute Lege- und Fleischleistung, dementsprechend großen Einfluss auf die Legehennen- und Broilerzucht): Rhodeländer (Rhode Island Reds), New Hampshire, Sussex, Plymouth Rock, Cochin, Brahma, Wyandotte, Amrocks, Dresdner Huhn, Deutsches Reichshuhn, Barnevelder und Sundheimer
- **Zwischentyp-Rassen** (mittelschwere Hühner, die nicht mehr dem asiatischen Typ, aber auch noch nicht den leichten europäischen Rassen entsprechen): Araucana, Dorking (Besonderheit: doppelte Hinterzehe, somit fünf Zehen), Ramelsloher, Sachsenhuhn, Altsteirer und Sulmtaler
- **Mittelmeer-Rassen** (leichte bis mittelschwere Rassen aus dem Raum Spanien-Italien, großen Einfluss auf die Legehennenzucht, v. a. Leghorn): Leghorn, Italiener, Andalusier, Kastilianer, Minorka
- **Nordeuropäische Rassen** (leichte bis mittelschwere Rassen): Rheinländer, Deutsche Sperber, Bergische Kräher, Westfälische Totleger, Ostfriesische Möven, Lakenfelder Huhn und Appenzeller Brathuhn
- **Haubenhühner** (Selektionskriterium ist Haubenform und Haubenausbildung, also „Schönheit"): Paduaner, Holländische Haubenhühner, Sultanhühner, Brabanter und Appenzeller Spitzhauben
- **Zwerghühner** (Unterscheidung zwischen eigentlichen Zwerghühner und verzwergten Großhühnern durch Zucht): Seidenhühner, Bantam, Sebright, Deutsche Zwerghühner, Holländische Zwerghühner bzw. Zwerg-Leghorn, Zwerg-Sussex, Zwerg-Seidenhühner.

Extreme Konzentration in der Hühner- und Putenzucht

Die Hühnerzucht (d. h. Hühner und Puten) für die tierische Produktion wird weltweit nur noch von zwei bis drei privaten Zuchtunternehmen durchgeführt und kontrolliert. Diese extreme Konzentration der Hühner- und Putenzucht war und ist deshalb möglich, weil ab den 1960er-Jahren von privaten Zuchtunternehmen in Anlehnung an Pflanzen-Zuchtprogramme sehr effiziente Nukleus-Zuchtprogramme etabliert (Kap. 8.4.2) wurden, um mit speziellen Kreuzungszucht-Methoden wie der Reziproken Rekurrenten Selektion (RRS) und Linienzucht (Kap. 7) **Lege-** und **Mast-Linien (Herkünfte)** zu züchten, mit denen durch Mehrfach-Kreuzungen die entsprechenden **Lege-** bzw. **Masthybriden** (bei Hühnern auch Broiler genannt) für die Eier- bzw. Fleischproduktion erzeugt werden. Allgemein betrachtet können diese speziellen Lege- und Mast-Linien als extrem spezialisierte **Einnutzungs-Linien (Herkünfte)** bezeichnet werden. Die wichtigsten **Ausgangsrassen** für die Züchtung von **Lege-Linien** waren die Rassen Leghorn (weiße Schalenfarbe) bzw. Rhodeländer (Rhode Island Reds) und New Hampshire (braune Schalenfarbe) sowie für die **Mast-Linien** die Rassen New Hampshire, Sussex, Plymouth Rock und Cornish. Die **Puten-Mast-Linien** gehen auf die Rassen Große Weiße Pute (American Large White, British White), Bronzepute und Rote Bourbon zurück.

Verschiedene Zuchtprogramme für weltweite Märkte

Diese Zuchtunternehmen führen für die weltweit verschiedenen Märkte differenzierte Zuchtprogramme durch und bieten deshalb Lege- bzw. Masthybriden (auch Endprodukte genannt) mit unterschiedlichen, den jeweiligen Umwelt- und Produktionsbedingungen angepassten **Leistungsprofilen** an. Die Lege- und Masthybriden (Broiler und Puten) werden entsprechend dem jeweiligen Leistungsprofil unter verschiedenen „Produktbezeichnungen" angeboten. So bietet z. B. das Zuchtunternehmen Lohmann Tierzucht in Cuxhaven/Deutschland (www.ltz.de) folgende Legehennen (d. h. Legehybride) an: „Lohmann LSL Classic" für weiße Eier (mit zwei Varianten für kleinere bzw. größere Eier), „Lohmann Brown Classic" für braune Eier (mit einer Variante für kleinere Eier), „Lohmann Tradition" für braune Eier und alternative Haltungssysteme sowie „Lohmann Silver" und „Lohmann Sandy". Oder das Zuchtunternehmen Aviagen Group mit der Zentrale in Huntsville/Alabama/USA (www.aviagen.com) z. B. die Broiler (d. h. Masthybride) „Abor Acres Plus", „Ross 308", „Ross 708", „Ross PM3" und die Puten-Hybride „Nicholas 300", „B.U.T 6",. „B.U.T 10" und „B.U.T Premium".

Die Putenzucht ist ähnlich organisiert wie die Hühnerzucht, allerdings werden nur **Mast-Linien** gezüchtet und die entsprechenden leichten, mittelschweren und schweren **Masthybrid-Typen** erzeugt, weil Puten-Eier für den menschlichen Konsum keinerlei Bedeutung haben und deshalb keine Legehybriden benötigt werden. Weltweit wirtschaftliche Bedeutung haben weiße und teilweise auch schwarze und bronzene Farbschläge vor allem in Nordamerika und Europa. Übrigens: Männliche Tiere werden als Truthähne, Puter, in der Schweiz aber auch als Truter bezeichnet, weibliche Tiere als Truthennen, Puten oder Truten (Schweiz).

Rassegeflügel für Schauzwecke

Das weltweite Angebot von sehr produktiven Lege- und Masthybriden hat – zumindest in den industrialisierten Regionen der Welt – zu einer massiven Verdrängung vieler **traditioneller Hühnerrassen** geführt, die mehrheitlich auf Eier und Fleisch gezüchtet wurden, also typische **Zweinutzungs-Rassen** waren. Hühner werden traditionell auch von **Hobbyzüchtern** nur für Schauzwecke gezüchtet. Man spricht dann von **Rassegeflügel** bzw. der Rassegeflügelzucht. Die dafür verwendeten Rassen sind sehr vielfältig, und typische Merkmale beziehen sich auf Färbung und Ausprägung der Federn (Bedeckung der Beine, Ausbildung von Hauben etc.), Kammformen, Größe und Gewicht. Neben Hühnern und Puten werden auch andere Nutzgeflügelarten wie Gänse, Enten, Wachteln, Perlhühner und Tauben züchterisch bearbeitet, auf die aber in diesem Lehrbuch nicht genauer eingegangen werden kann.

Farbfotos und teilweise Beschreibungen von **Hühnerrassen** sowie **Lege-** und **Masthybriden** sind bei folgenden Quellen zu finden:

- SCHMIDT, H., PROLL, R., 2005: Taschenatlas Hühner und Zwerghühner. Verlag Eugen Ulmer Stuttgart
- Internet allgemein: Den Begriff „Rassegeflügel" oder „Rassegeflügelzucht" googeln oder die Bezeichnung der Rasse mit der Bilder-Suchfunktion googeln
- Oklahoma State University, USA, Breeds of Livestock: www.ansi.okstate.edu/breeds >
- Lohmann Tierzucht: www.ltz.de >
- Aviagen Group: www.aviagen.com
- Hendrix Genetics: www.hendrix-genetics.com
- Groupe Grimaud – Hubbard: www.hubbardbreeders.com

Fragen zu Kapitel 9

- In welche Nutzungsrichtungen können Rinderrassen *(Bos taurus)* eingeteilt werden? Beschreiben Sie kurz die typischen Eigenschaften der Tiere dieser Nutzungsrichtungen und nennen Sie zumindest jeweils eine Rasse der genannten Nutzungsrichtungen.
- Diese Frage ist aus Sicht des jeweiligen Lesers zu beantworten: Welche Rinderrassen sind in Deutschland/Österreich/der Schweiz von Bedeutung und welchen Nutzungsrichtungen können sie zugeordnet werden?
- In welche Nutzungsrichtungen können Schweinerassen eingeteilt werden? Beschreiben Sie kurz die typischen Eigenschaften der Tiere dieser Nutzungsrichtungen und nennen Sie zumindest jeweils eine Rasse der genannten Nutzungsrichtungen.
- Diese Frage ist aus Sicht des jeweiligen Lesers zu beantworten: Welche Schweinerassen sind in Deutschland/Österreich/der Schweiz von Bedeutung und welchen Nutzungsrichtungen können sie zugeordnet werden?
- In welche Nutzungsrichtungen können Schafrassen eingeteilt werden? Beschreiben Sie kurz die typischen Eigenschaften der Tiere dieser Nutzungsrichtungen und nennen Sie zumindest jeweils eine Rasse der genannten Nutzungsrichtungen.
- Diese Frage ist aus Sicht des jeweiligen Lesers zu beantworten: Welche Schafrassen sind in Deutschland/Österreich/der Schweiz von Bedeutung und welchen Nutzungsrichtungen können sie zugeordnet werden?
- In welche Nutzungsrichtungen können Ziegenrassen eingeteilt werden? Beschreiben Sie kurz die typischen Eigenschaften der Tiere dieser Nutzungsrichtungen und nennen Sie zumindest jeweils eine Rasse der genannten Nutzungsrichtungen.
- Diese Frage ist aus Sicht des jeweiligen Lesers zu beantworten: Welche Ziegenrassen sind in Deutschland/Österreich/der Schweiz von

Bedeutung und welchen Nutzungsrichtungen können sie zugeordnet werden?

- In welche Nutzungsrichtungen (Gruppen) können Pferderassen eingeteilt werden? Beschreiben Sie kurz die typischen Eigenschaften der Tiere dieser Nutzungsrichtungen (Gruppen) und nennen Sie zumindest jeweils eine Rasse der genannten Nutzungsrichtungen (Gruppen).
- Diese Frage ist aus Sicht des jeweiligen Lesers zu beantworten: Welche Pferderassen sind in Deutschland/Österreich/der Schweiz von Bedeutung und welchen Nutzungsrichtungen (Gruppen) können sie zugeordnet werden?

10 Quellenverzeichnis

Kapitel 1

DRIESCH, A., 1987: Evolution und Haustiere. In: SIEWING (Hg): Evolution. Uni-Taschenbücher 748. Gustav Fischer Verlag Stuttgart, 393–414.

HALL, S., 2004: Livestock Biodiversity. Genetic Resources for the Farming of the Future. Blackwell Sciences Ltd.

HERRE, W., RÖHRS, M., 1990: Haustiere – zoologisch gesehen. Gustav Fischer Verlag, Stuttgart, New York.

KÜNZI, N., STRANZINGER, G., 1993: Allgemeine Tierzucht. Uni-Taschenbücher 1649, Verlag Eugen Ulmer Stuttgart.

KUTSCHERA, U., 2001: Evolutionsbiologie. Eine allgemeine Einführung. Parey Buchverlag im Blackwell Wissenschafts-Verlag.

RÖHRS, M., 1994: Entwicklung der Haustiere. In: KRÄUSSLICH (Hg): Tierzüchtungslehre. 4. Auflage, Verlag Eugen Ulmer Stuttgart, 3756.

SIMIANER, H., 2005: Perspektiven der Tierzuchtwissenschaft. Züchtungskunde, 77, 426–435.

Kapitel 2

AMA, 1999: Fleisch-Teilstücke, AMA-Katalog Anbieter und Sortimente. Agrarmarkt Austria Marketing GesmbH, Wien, Austria.

AUGUSTINI, C., DOBROWOLSKI, A., HEINING, F., 1993: Objektive Schlachtkörperbewertung beim Rind. In: Bundesanstalt für Fleischforschung (Hg): Beiträge zur Erzeugung und Vermarktung von Fleisch. Kulmbacher Reihe Band 12, 27–49.

BRANSCHEID, W., 1998: Die Komponenten des Schlachttierwertes. In: BRANSCHEID, HONIKEL, LENGERKEN, TROEGER (Hg): Qualität von Fleisch und Fleischwaren. Deutscher Fachverlag, Frankfurt/Main, Band 1, 85–90.

BRANSCHEID, W., 1998: Schlachtnebenprodukte und Schlachtabfälle. In: BRANSCHEID, HONIKEL, LENGERKEN, TROEGER (Hg): Qualität von Fleisch und Fleischwaren. Deutscher Fachverlag, Frankfurt/Main, Band 1, 409–436.

DROEGE, G., 1993: Die Honigbiene von A bis Z: Ein lexikalisches Fachbuch. DLV Deutscher Landwirtschaftsverlag Berlin.

ENDER, K., AUGUSTINI, C., 1998: Schlachttierwert von Rind und Kalb. In: BRANSCHEID, HONIKEL, LENGERKEN, TROEGER (Hg): Qualität von Fleisch und Fleischwaren. Deutscher Fachverlag, Frankfurt/Main, Band 1, 165–203.

ERNST, E., KALM, E., 1994: Grundlagen der Tierhaltung und Tierzucht. Pareys Studientexte 79. Verlag Paul Parey.

FISCHER, A., SÜSS, R., 2003: Erzeugung und Vermarktung von Wolle. In: STRITTMATTER, K.: Schafzucht. Eugen Ulmer Verlag Stuttgart, 227–245.

GRAVERT, H., 1994: Milch. In: KRÄUSSLICH (Hg): Tierzüchtungslehre. 4. Auflage, Verlag Eugen Ulmer Stuttgart, 195–212.

HEROLD, E., WEISS, K., 1999: Neue Imkerschule: Theoretisches und praktisches Grundwissen. 10. Auflage, Ehrenwirth Verlag München.

HOFMANN, K., 1998: Der Qualitätsbegriff bei Fleisch. In: BRANSCHEID, HONIKEL, LENGERKEN, TROEGER (Hg): Qualität von Fleisch und Fleischwaren. Deutscher Fachverlag, Frankfurt/Main, Band 1, 91–96.

HONIKEL, K. O., SCHWÄGELE, F., 1998: Biochemische Prozesse der Fleischbildung. In: BRANSCHEID, HONIKEL, LENGERKEN, TROEGER (Hg): Qualität von Fleisch und Fleischwaren. Deutscher Fachverlag, Frankfurt/Main, Band 2, 593–615.

KALLWEIT, E., 1992: Wachstum und Schlachtkörperqualität. In: GLODEK (Hg): Schweinezucht. 9. Auflage, Eugen Ulmer Verlag Stuttgart, 108–148.

KALLWEIT, E., 1988: Fleisch. In: KALLWEIT, KIELWEIN, FRIES, SCHOLTYSSEK: Qualität tierischer Nahrungsmittel. Fleisch-Milch-Eier. Uni-Taschenbücher 1484, Verlag Eugen Ulmer Stuttgart, 13–112.

KAPITZKE, G., 1987: Das Pferd von A–Z: Rasse, Zucht, Haltung. BLV Verlagsgesellschaft München.

KIELWEIN, G., 1988: Milch. In: KALLWEIT, KIELWEIN, FRIES, SCHOLTYSSEK: Qualität tierischer Nahrungsmittel. Fleisch-Milch-Eier. Uni-Taschenbücher 1484, Verlag Eugen Ulmer Stuttgart, 193–291.

KÜNZI, N., STRANZINGER, G., 1993: Allgemeine Tierzucht. Uni-Taschenbücher 1649, Verlag Eugen Ulmer Stuttgart.

LENGERKEN, G., 2003: Bedeutsame Entwicklungen in der Milcherzeugung. In: FAHR, LENGERKEN (Hg.): Milcherzeugung. Deutscher Fachverlag, 15–20.

LENGERKEN, G.,EDER, K., 2003: Milch in der Ernährung. In: FAHR, LENGERKEN (Hg.): Milcherzeugung. Deutscher Fachverlag, 25–40.

LOEFFLER, K., 2002: Anatomie und Physiologie der Haustiere. UTB 0013, 10. Auflage, Verlag Eugen Ulmer Stuttgart.

LOEFFLER, K., GÄBEL, G., 2015: Anatomie und Physiologie der Haustiere. UTB Band-Nr. 13, 14. Auflage, Verlag Eugen Ulmer Stuttgart.

NOWAK, M., FORKEL, G., 1989: Wolle vom Schaf. Eugen Ulmer Verlag Stuttgart.

PETERSEN, J., 1994: Eier. In: KRÄUSSLICH (Hg): Tierzüchtungslehre. 4. Auflage, Verlag Eugen Ulmer Stuttgart, 222–230.

PRÄNDL, O., 1988: Gewinnung von Fleisch – Definitionen: In: PRÄNDL, FISCHER, SCHNIEDHOFER, SINELL: Fleisch – Technologie und Hygiene der Gewinnung und Verarbeitung. Verlag Eugen Ulmer Stuttgart, 25–27.

RÖHE, R., 2003: Züchten Sie auf optimale Futteraufnahme. Schweinezucht und Schweinemast, 2, 30–33.

SAMBRAUS, H. H., 1991: Nutztierkunde. Uni-Taschenbücher 1622, Verlag Eugen Ulmer Stuttgart.

SAMBRAUS, H. H., 2001: Atlas der Nutztierrassen. 6. Auflage, Verlag Eugen Ulmer Stuttgart.

SCHAMS, D., 1983: Milchbildung. In: GRAVERT (Hg): Die Milch. Erzeugung, Gewinnung, Qualität. Verlag Eugen Ulmer Stuttgart, 139–164.

SCHOLTYSSEK, S., 1987: Geflügel. Tierzuchtbücherei. Verlag Eugen Ulmer Stuttgart.

SCHOLTYSSEK, S., 1988: Eier. In: KALLWEIT, KIELWEIN, FRIES, SCHOLTYSSEK: Qualität tierischer Nahrungsmittel. Fleisch-Milch-Eier. Uni-Taschenbücher 1484, Verlag Eugen Ulmer Stuttgart, 292–345.

SCHÖNMUTH, G.,SEELAND, G.,1994: Wachstum und Fleisch. In: KRÄUSSLICH (Hg): Tierzüchtungslehre. 4. Auflage, Verlag Eugen Ulmer Stuttgart, 168–191.

SCHULZ, J., 2003: Bau der Milchdrüse und Physiologie der Laktation. In: FAHR, LENGERKEN (Hg.): Milcherzeugung. Deutscher Fachverlag, 45–79.

SCHWARK, H.-J., 1994: Arbeits-, Reit- und Rennleistung. In: KRÄUSSLICH (Hg): Tierzüchtungslehre. 4. Auflage, Verlag Eugen Ulmer Stuttgart, 230–240.

SCHWARZ, K., 1994: Nährwert des Eies. In: TERNES, ACKER, SCHOLTYSSEK (Hg.): Ei und Eiprodukte, Verlag Paul Parey, 219–237.

SENFT, B., 1994: Adaption und Krankheitsresistenz. In: KRÄUSSLICH (Hg): Tierzüchtungslehre. 4. Auflage, Verlag Eugen Ulmer Stuttgart, 213–221.

SIMIANER, H., KÖNIG, S., 2002: Ist Zucht auf Krankheitsresistenz erfolgreich? Züchtungskunde, 74, 413–425.

SMIDT, D., 1994: Reproduktion. In: KRÄUSSLICH (Hg): Tierzüchtungslehre. 4. Auflage, Verlag Eugen Ulmer Stuttgart, 153–160.

STRITTMATTER, K., 2003: Landschaftspflege. In: STRITTMATTER, K.: Schafzucht. Eugen Ulmer Verlag Stuttgart, 297–319.

TRÖGER, F., 2003: Milchgewinnung. In: FAHR, LENGERKEN (Hg.): Milcherzeugung. Deutscher Fachverlag, 367–446.

UNSHELM, J., 1982: Physiologisch-morphologische Voraussetzungen und Grenzen. In: SMIDT (Hg.): Landwirtschaftliches Lehrbuch Band 2: Tierzucht. Verlag Eugen Ulmer, 143–157.

WALLNER, W., 1986: Imker-Praxis: Das Grundwissen für die Bienenwirtschaft. Österreichischer Agrarverlag Wien.

WARRISS, P. D., 2000: Meat Science. An Introductory Text. CABI Publishing, Oxon, UK.

WASSMUTH, R., 1994: Wolle. In: KRÄUSSLICH (Hg): Tierzüchtungslehre. 4. Auflage, Verlag Eugen Ulmer Stuttgart, 213–221.

WICKE, M., MAAK, S., LENGERKEN, G., REHFELD, C., 1998: Anatomisch-physiologische Grundlagen der Fleischqualität. In: BRANSCHEID, HONIKEL, LENGERKEN, TROEGER (Hg): Qualität von Fleisch und Fleischwaren. Deutscher Fachverlag, Frankfurt/Main, Band 2, 555–591.

WILLAM, A., MOSER, A., HAIGER, A., 1990: Grobgewebliche Zusammensetzung von Schweinehälften und Teilstücken. Der Förderungsdienst, 38, 302–305.

WILLAM, A., 1991: Parameter- und Zuchtwertschätzung für die Honigbiene *(Apis mellifera carnica)*. Dissertation. Universität für Bodenkultur Wien.

WILLAM, A., 1994: Unterschied zwischen Qualitätsfleisch und Fleischqualität. Blick ins Land, 5, 10–11.

WILLAM, A., FAST, H., RINGDORFER, F., 1994: Objektive Schätzung des Magerfleischanteils von Lämmerschlachtkörpern am Schlachtband. Archiv für Tierzucht, 37, 651–658.

WILLAM, A., FRICKH, J., 1998: Grobgewebliche Zusammensetzung der wichtigsten Teilstücke von Schweinehälften. Förderungsdienst/Beratungsservice Folge 32, 46, 13–16.

Kapitel 3–6

BOURDON, R. M., 2000: Understanding Animal Breeding. Prentice-Hall, Inc., USA, ISBN 0-13-096449-2.

BULMER, M. G., 1971: The effect of selection on genetic variability. Am.Nat. 105:201-211.

GELDERMANN, H., 1994: Genetische Grundlagen. In: KRÄUSSLICH (Hg): Tierzüchtungslehre. 4. Auflage, Verlag Eugen Ulmer Stuttgart, 67–99.

GELDERMANN, H., 2005: Tier-Biotechnologie. Verlag Eugen Ulmer Stuttgart.

HAIGER, A., 1988: Zucht. In: HAIGER, STORHAS, BARTUSSEK: Naturgemäße Viehwirtschaft. Verlag Eugen Ulmer Stuttgart, 37–93.

HAZEL, L. N., LUSH, J. L., 1942: The efficiency of three methods of selection. Journal of Heredity 33:393.

HAZEL, L. N., 1943: The genetic basis for constructing selection indices. Genetics 28, 476–490.

HEIDHUES, T., HENDERSON, C. R., 1962: Beitrag zum Problem des Basisindex. Zeitschrift für Tierzucht und Züchtungsbiologie 77, 297.

HENDERSON, C. R., 1973: Sire evaluation and genetic trend. Proc. Anim. Breed. And Genetics Symposium in Honour of Dr. Jay L. Lush. ASAS and ADSA, Champaign, Illinois, pp. 10–41.

KÖNIG, S., SIMIANER, H., 2007: Genomische Selektion – Grundlagen und Perspektiven in der Milchrinderzucht. Züchtungskunde, 80(1), 50–60.

SCHÜLER, L., SWALVE, H., GÖTZ, K.-U., 2001: Grundlagen der Quantitativen Genetik. Verlag Eugen Ulmer Stuttgart.

Kapitel 7

BIERDERMANN, G., 1982: Grundlagen der Züchtung. In: SMIDT (Hg.): Landwirtschaftliches Lehrbuch Band 2: Tierzucht. Verlag Eugen Ulmer, 85–135.

BOURDON, R. M., 2000: Understanding Animal Breeding. Prentice-Hall, Inc., USA, ISBN 0-13-096449-2.

ERNST, E., KALM, E., 1994: Grundlagen der Tierhaltung und Tierzucht. Pareys Studientexte 79. Verlag Paul Parey.

GLODEK, P., (1980): Zuchtmethoden. In: COMBERG (Hg): Tierzüchtungslehre. 3. Auflage, Verlag Eugen Ulmer Stuttgart, 215–245.

GLODEK, P., 1992: Methoden der Schweinezüchtung. In: GLODEK (Hg): Schweinezucht. Eugen Ulmer Verlag Stuttgart, 86–105.

SCHÜLER, L., SWALVE, H., GÖTZ, K.-U., 2001: Grundlagen der Quantitativen Genetik. Verlag Eugen Ulmer Stuttgart.

SIMON, D., 1994: Zuchtmethoden. In: KRÄUSSLICH (Hg): Tierzüchtungslehre. 4. Auflage Verlag Eugen Ulmer Stuttgart, 363–377.

Kapitel 8

BUSCH, W., WABERSKI, D., 2007: Künstliche Besamung bei Haus- und Nutztieren, Verlag Schattauer Stuttgart.

ESSL, A., 1987: Statistische Methoden in der Tierproduktion, Agrarverlag Wien.

FEWSON, D., 1993: Definition of breeding objective. In: Design of livestock breeding programs. The University of New England, Armidale NSW, Australia.

HENDERSON, C. R., 1975: Rapid method for computing inverse of a relationship matrix. Journal of Dairy Science 58, 1727–1730.

NEUNER, S., GÖTZ, K.-U., 2009: Strategien für die Integration von genomischer Selektion in das Rinderzuchtprogramm für Fleckvieh. Züchtungskunde, 81, 312–327.

NIEMANN, H., 2006: Biotechnologie. In: LENGERKEN, G., ELLENDORF, F., LENGERKEN, J. (Hg): Tierzucht. Verlag Eugen Ulmer Stuttgart, 113–127.

PIRCHNER, F., 1979: Populationsgenetik in der Tierzucht. 2. Auflage, Paul Parey Verlag.

RENDEL, J. M., ROBERTSON, A., 1950: Estimation of genetic gain in milk yield by selection in a closed herd of dairy cattle. J. Genetics, 50: 1–8.

SCHAEFFER, L. R., 2006: Strategy for applying genome-wide selection in dairy cattle. Anim. Breed. Genet., 123: 217–223.

SKJERVOLD, H., LANGHOLZ, H.-J., 1964: Factors affecting the optimum structure of A.I. breeding in dairy cattle. Zeitschrift für Tierzüchtung und Züchtungsbiologie, 80, 25–40.

THALLER, G., GÖTZ, K.-U., 2005: Notwendigkeit von und Anforderungen an Leistungsprüfungen bei landwirtschaftlichen Nutztieren. Züchtungskunde, 77, 472–477.

THALLER, G., 2009: Genomische Selektion – Stand der Wissenschaft. Züchtungskunde, 81, 14–22.

TierSchG, 2006: Vollzitat: Tierschutzgesetz in der Fassung der Bekanntmachung vom 18. Mai 2006 (BGBl. I, S. 1206, 1313), das zuletzt durch Artikel 8 Absatz 13 des Gesetzes vom 3. Dezember 2015 (BGBl. I, S. 2178) geändert worden ist.

TierZG, 2006: Vollzitat: Tierzuchtgesetz vom 21. Dezember 2006 (BGBl. I, S. 3294), das durch Verordnung vom 20. August 2008 (BGBl. I, S. 1749) geändert worden ist.

TierzuchtVO, 2016: Vollzitat: Verordnung (EU) 2016/1012 des Europäischen Parlaments und des Rates vom 8. Juni 2016 über die Tierzucht- und Abstammungsbestimmungen für die Zucht, den Handel und die Verbringung in die Union von reinrassigen Zuchttieren und Hybridschweinen sowie deren Zuchtmaterial und zur Änderung der Verordnung (EU) Nr. 652/2014, der Richtlinien des Rates 89/608/EWG und 90/425/EWG sowie zur Aufhebung einer Rechtsakte im Bereich der Tierzucht („Tierzuchtverordnung").

Kapitel 9

ADR, 2015: Rinderproduktion in Deutschland 2014 (Ausgabe 2015). Arbeitsgemeinschaft Deutscher Rinderzüchter e. V. (ADR), Bonn.

AGROSCOPE, 2013: Wirtschafts-, Gesellschafts- und Umweltpolitische Bedeutung des Pferdes in der Schweiz 2013. Schweizer Nationalgestüt Avenches

BEHLING, S., 2005: Pferderassen. Franckh-Kosmos Verlag Stuttgart.

BMLFUW, 2015: Tierische Produktion – Tabellensammlung. Bundesministerium für Land- und Forstwirtschaft, Umwelt und Wasserwirtschaft, Wien.

Deutsche Reiterliche Vereinigung (Hrsg.), 2008: Richtlinien für Reiten und Fahren: Haltung, Fütterung, Gesundheit und Zucht. Band 4, 14. Auflage, FN Verlag der Deutschen Reiterlichen Vereinigung GmbH.

Fischer, A., 2003: Deutsche Schafrassen. In: Strittmatter, K.: Schafzucht. Verlag Eugen Ulmer Stuttgart, 88–118.

FN, 2015: Jahresbericht 2014. Deutsche Reiterliche Vereinigung e. V. (FN), Warendorf.

Gall, C., 2001: Ziegenzucht. 2. Auflage, Verlag Eugen Ulmer Stuttgart.

Grzimek, B., 1988: GrzimekS Enzyklopädie – Säugetiere, Band 4 und 5. Kindler Verlag, München.

Hall, S., 2004: Livestock Biodiversity. Genetic Resources for the Farming of the Future. Blackwell Sciences Ltd., ISBN 0-632-05499-9.

Hartmann, O., 2006: Pferdezucht. Verlag Eugen Ulmer Stuttgart.

IUCN (2002): International Union for Conservation of Nature (IUCN), Moehlman, P. D. (Ed.): Equids: Zebras, Asses, and Horses. Status Survey and Conservation Action Plan. Part 3, Chapter 8: Taxonomy of Living Equidae. IUCN Publications Services Unit, United Kingdom, eMail: books@iucn.org

Korn, S., 2006: Züchtung, Haltung, Fütterung von Schafen. In: Lengerken, G., Ellendorf, F., Lengerken, J. (Hrsg.): Tierzucht. Landwirtschaftliches Lehrbuch. Eugen Ulmer Verlag Stuttgart, 414–431.

Künzi, N., Stranzinger, G., 1993: Allgemeine Tierzucht. Uni-Taschenbücher 1649, Verlag Eugen Ulmer Stuttgart.

Raethel, H.-S., 1988: Hühnervögel der Welt. 4. Auflage, Verlag J. Neumann-Neudamm.

Sambraus, H. H., 1991: Nutztierkunde. Uni-Taschenbücher 1622, Verlag Eugen Ulmer Stuttgart.

Sambraus, H. H., 2011: Atlas der Nutztierrassen. 7. Auflage, Verlag Eugen Ulmer Stuttgart.

Sambraus, H. H., 2006: Exotische Rinder. Verlag Eugen Ulmer Stuttgart.

SBV, 2015: Statistik Herdebuchtiere 2014. Schweizerischer Bauernverband (SBV), Bern.

Scholtyssek, S., Doll, P., 1978: Nutz- und Ziergeflügel. Verlag Eugen Ulmer Stuttgart.

Strittmatter, K., 2003: Herkunft und Abstammung der Schafe. In: Strittmatter, K.: Schafzucht. Eugen Ulmer Verlag Stuttgart, 78–87.

VIT, 2015: Trends – Fakten – Zahlen 2014. Vereinigte Informationssysteme Tierhaltung w. V. (VIT), Verden.

ZAP, 2015: Jahresbericht 2014. Zentrale Arbeitsgemeinschaft Österreichischer Pferdezüchter (ZAP), St. Pölten.

ZAR, 2015: Die Österreichische Rinderzucht 2014. Zentrale Arbeitsgemeinschaft Österreichischer Rinderzüchter (ZAR), Wien.

ZDS, 2010: Schweineproduktion 2009 in Deutschland (Ausgabe 2010). Zentralverband der Deutschen Schweineproduktion e. V. (ZDS), Bonn.

11 Sachregister